Martin Holtzhauer
Methoden in der Proteinanalytik

Springer-Verlag Berlin Heidelberg GmbH

Martin Holtzhauer (Hrsg.)

Methoden in der Proteinanalytik

Mit Beiträgen von
J. Behlke, M. Holtzhauer, E. Kleinpeter, R. Kraft,
G. Laßmann, W. Pfeil, K. Rohde und H. Welfle

Mit 208 Abbildungen und 65 Tabellen

 Springer

Dr. rer. nat. habil. Martin Holtzhauer
Institut für Biochemie und Molekulare Physiologie
Universität Potsdam
c/o Max-Delbrück-Centrum für Molekulare Medizin
Robert-Rössle-Str. 10, D-13122 Berlin-Buch

Die Deutsche Bibliothek – CIP-Einheitsaufnahme

Methoden in der Proteinanalytik / Martin Holtzhauer (Hrsg.).
Mit Beitr. von J. Behlke ... - Berlin ; Heidelberg ; New York ;
Barcelona ; Budapest ; Hongkong ; London ; Mailand ; Paris ;
Santa Clara ; Singapur ; Tokio : Springer, 1996

ISBN-13: 978-3-642-64837-3

NE: Holtzhauer, Martin [Hrsg.]; Behlke, Joachim

ISBN 978-3-642-64837-3   ISBN 978-3-642-61422-4 (eBook)
DOI 10.1007/978-3-642-61422-4

Einbandgestaltung: Struve & Partner, Heidelberg
Satz: Datenkonvertierung Fotosatz-Service Köhler OHG, Würzburg
Herstellung: PRODUserv Springer Produktions-Gesellschaft, Berlin
SPIN 10465919   02/3020 – 5 4 3 2 1 0 – Gedruckt auf säurefreiem Papier

Will man die vielfältigen Eigenschaften von Proteinen und die Komplexität ihrer Funktionen im zellulären Geschehen verstehen, ist eine Analyse ihrer Struktur insgesamt oder in Teilbereichen, ihrer Menge, ihres dynamischen Verhaltens und ihrer Interaktionen mit anderen Komponenten zellulärer und subzellulärer Systeme erforderlich. Da es unmöglich ist, mit einer einzigen Methode alle Aspekte zu beobachten, muß man experimentelle Fenster öffnen, mit denen die Existenz und die Funktionen eines Proteins im komplexen oder isolierten System beobachtet werden kann. Meist gewähren diese Fenster jedoch nur mehr oder minder große Blicke auf Teilaspekte eines Proteins.

Wenngleich auch die Beherrschung der einzelnen biochemischen und biophysikalischen Methoden ein hohes Maß an fachlicher Spezialisierung erfordern, sind für die Auswahl von Analysenmethoden, für die Probenbereitstellung und für die Diskussion mit den Fachleuten, besonders der instrumentellen Analytik, Grundkenntnisse proteinanalytischer Verfahren für Proteinbiochemiker, Molekularbiologen und Lebensmittelchemiker unabdingbar, so wie anderseits ein Blick über die Grenzen des eigenen Fachs die „Methodiker" stimulieren kann.

Im vorliegenden Buch wird eine Einführung in eine Vielzahl von methodischen Ansätzen der Proteinanalytik gegeben, deren wesentlichen Möglichkeiten, aber auch Grenzen für die Erforschung von Proteinen dargestellt werden. Die behandelten Gebiete reichen von der Ausnutzung chemischer, physikalischer und biologischer Prinzipien bis zur Anwendung der Informatik für die Analyse von quantitativen und qualitativen Proteinparametern. Die vorgestellten Methoden wurden auch besonders unter dem Aspekt einer sicherlich zunehmenden Vielfalt gentechnisch erzeugter oder modifizierter Proteine ausgewählt, bei denen es wichtig ist zu wissen, ob und/oder worin sie sich von ihren natürlichen Vorbildern unterscheiden.

Doch es mußten auch Kompromisse geschlossen werden. Einmal mußte eine Auswahl hinsichtlich des Methodenspektrums getroffen werden. Aus praktischen Gründen konnten keine Kapitel über Röntgenstrukturanalyse, elektrophysiologische, elektronenoptische Methoden oder andere mehr aufgenommen werden. Es fehlen auch bewußt molekularbiologische Ansätze. Diese Einschränkung erscheint insofern legitim, als daß durch molekularbiologische Experimente erzeugte Proteinveränderungen meist mit den dargestellten Techniken identifiziert und charakterisiert und mit nativen, aus biologischem Material gewonnenen Proteinen verglichen werden.

Um den Nicht-Spezialisten der jeweiligen Methode nicht durch eine Flut von oft hoch interessanten Details zu erschrecken und im Interesse einer besseren Überschaubarkeit, wurden in den einzelnen Kapiteln die Grundzüge des jeweiligen Gebiets behandelt. Durch die Erläuterung der methodenspezifischen Termini und die Angabe von grundlegender Literatur glauben die Autoren, eine weiterführende, vertiefende Beschäftigung zu erleichtern.

Damit ist das Hauptanliegen dieses Buchs umrissen: Verständnis für die Möglichkeiten biophysikalischer und biochemischer Proteinanalyse-Techniken zu wecken und eine theoretische und sprachliche Basis zu schaffen, auf der fruchtbringende Fragen an die Spezialisten gestellt und in der interdisziplinären Diskussion mit ihnen beantwortet werden können. In diesem Sinne richtet sich dieses Buch an alle „Protein-Fans", seien sie am Anfang oder schon fortgeschritten in ihrer Beschäftigung mit Proteinen, die mit ihnen bisher weniger vertrauten methodischen Ansätzen tiefer in das Universum der Proteine vordringen wollen.

Dank gilt allen Kolleginnen und Kollegen, die unsere Arbeit durch kritische Hinweise unterstützt haben. Stellvertretend für sie seien besonders Frau Dr. Welfle, Frau Bödner und Herr Dr. Misselwitz benannt.

Schließlich möchten an dieser Stelle die Autoren der Lektorin, Frau Dr. Börsch-Supan, für ihre Geduld, Unterstützung und fachkundige Hilfe sowie Frau Dr. Hertel vom Springer-Verlag für das verständnisvolle Eingehen auf unsere Wünsche aufrichtigen Dank abstatten.

Berlin, Februar 1996   Martin Holtzhauer

Autoren

Prof. Dr. rer. nat. Joachim Behlke
Humboldt-Universität zu Berlin, Institut für Biologie, c/o Max-Delbrück-Centrum für Molekulare Medizin, Robert-Rössle-Str. 10, 13122 Berlin

Dr. rer. nat. habil. Martin Holtzhauer
Universität Potsdam, Institut für Biochemie und Molekulare Physiologie, c/o Max-Delbrück-Centrum für Molekulare Medizin, Robert-Rössle-Str. 10, 13122 Berlin

Prof. Dr. rer. nat. Erich Kleinpeter
Universität Potsdam, Institut für Organische Chemie und Strukturanalytik, Am Neuen Palais 10, 14415 Potsdam

Dr. rer. nat. habil. Kraft, Regine
Humboldt-Universität zu Berlin, Institut für Organische Chemie und Bio-organische Chemie, c/o Max-Delbrück-Centrum für Molekulare Medizin, Robert-Rössle-Str. 10, 13122 Berlin

Dr. rer. nat. habil. Günter Laßmann
Technische Universität Berlin, Max-Volmer-Institut für Biophysikalische und Physikalische Chemie, c/o Max-Delbrück-Centrum für Molekulare Medizin, Robert-Rössle-Str. 10, 13122 Berlin

Prof. Dr. rer. nat. Wolfgang Pfeil
Universität Potsdam, Institut für Biochemie und Molekulare Physiologie, c/o Max-Delbrück-Centrum für Molekulare Medizin, Robert-Rössle-Str. 10, 13122 Berlin

Dr. rer. nat. Klaus Rohde
Max-Delbrück-Centrum für Molekulare Medizin, Robert-Rössle-Str. 10, 13122 Berlin

Prof. Dr. rer. nat. Heinz Welfle
Humboldt-Universität zu Berlin, Institut für Biochemie der Charité, c/o Max-Delbrück-Centrum für Molekulare Medizin, Robert-Rössle-Str. 10, 13122 Berlin

Inhaltsverzeichnis

%C	Gewichtsprozent Quervernetzer, bezogen auf Gesamtmenge Acrylamid
%T	Gewichtsprozent Gesamtmenge Acrylamid
2D	zweidimensional
A	(Peak-)Fläche
A	Absorption
A_R	Absorption von rechts circular polarisiertem Licht
A_L	Absorption von links circular polarisiertem Licht
A_{340}	Lichtabsorption bei 340 nm
A	Anisotropie
A_0	maximaler Betrag des Aniostropiegrades
a	atto (SI-Vorsatz, 10^{-18})
A	Auftrieb
α	Dissoziationsgrad
α	Drehwinkel
α	Umwandlungsgrad
ABTS	2,2′-Azinobis-(3-ethylbenzothiazolin-6-sulfonsäure)
AC	Affinitätschromatographie
AEDANS	*N*-(Iodacetylaminoethyl)-5-naphthylamin-1-sulfonat
Ag	Antigen
AgAk	Antigen-Antikörper-Komplex
Ak	Antikörper
ALB	Sekundärstrukturvorhersage-Verfahren von Finkelstein und Ptitsyn
ANS	1-Anilino-8-naphthalensulfonat
AP	alkalische Phosphatase
APS	Ammonium-peroxydisulfat („Ammoniumpersulfat")
APT	attached proton test
AS	Aminosäure(n)
ATZ	Anilinothianzolinon
β	Bohrsches Magneton
B	Magnetfeldstärke
B, B_2	2. Virialkoeffizient
B_2^*	nettoladungsbedingter 2. Virialkoeffizient
BCIP	5-Brom-4-chlor-3-indolylphosphat
BITC	Benzoylisothiocyanat

B_{max}	maximale Zahl an Bindungsstellen
Boc	*tert*-Butoxycarbonyl; Schutzgruppe für NH_2-Gruppen, speziell am Aminoende von Peptiden
c	Konzentration
c	Lichtgeschwindigkeit
c_0	Ausgangskonzentration
c_0	Lichtgeschwindigkeit im Vakuum
C_3	3. Virialkoeffizient
CA	Trägerampholyt (*engl.* carrier ampholyte)
CARS	kohärente anti-STOKES-RAMAN-Streuung
CCD	charge coupled device
CD	Circulardichroismus
CDR	Antigen-Komplementarität bestimmender Bereich (*engl.* complementarity determing region), hypervariabler Sequenzbereich
CE	Kapillarelektrophorese (*engl.* capillary electrophoresis)
C_H, C_L	(relativ) konstanter Bereich der schweren bzw. leichten Kette
C_H1, C_H2, C_H3	Domäne 1 bzw. 2 bzw. 3 des konstanten Bereichs der schweren Kette
c_i	Partialkonzentration der Komponente i
c_Q	Konzentration der Löschermoleküle
CID	Kollisions-induzierte Desorption
CMC	critical micelle concentration
COLOC	correlation through long range couplings
COM	Sekundärstrukturvorhersage-Verfahren von GARNIER als Kombination einzelner Verfahren
COSY	correlation spectroscopy
Cp	spezifische Wärme (ggf. auch partielle spezifische Wärme (in J/g/K))
Cp,ex.	excess heat capacity (in kJ/Mol/K)
CR	cooperative ratio ($CR = \Delta H^{cal} / \Delta H^{eff}$)
CTAB	Cetyl-trimethylammonium-bromid
D	Dalton (nicht-SI-Einheit der relativen Molmasse)
D	denaturierter Zustand
D	Diffusionskoeffizient
$D^o_{20,w}$	Diffusionskonstante, auf 20 °C und Wasser berechnet
D_{rot}	Rotationsdiffusionskonstante
D	Durchlässigkeit
d	dichroitisches Verhältnis
d	Durchmesser
d	Schichtdicke
$D_{20,w}$	Diffusionskoeffizient, auf 20 °C und Wasser berechnet
DABETH-AS	Diaminoazobenzen-thiohydantion-Aminosäure
DABITC	Diaminoazobenzen-isothiocyanat
dag	Dekagramm, 1 dag = 10 g
Dansyl	5-Dimethylaminonaphthalen-1-sulfonyl
DC	Dünnschichtchromatographie

D_i	Diffusionskoeffizient der Komponente i
dQ/dt	Wärmefluß
ΔCp	Wärmekapazitätsänderung (in kJ/Mol/K)
ΔC_{trs}	Höhe eines kalorimetrischen Peaks (in kJ/Mol/K)
$\Delta\varepsilon$	(molare) Absorptions(Extinktions)-Differenz
$\Delta\varepsilon$	molare circulardichroitische Absorption
ΔG	Änderung der freien Enthalpie (in kJ/Mol)
ΔG°	Änderung der freien Enthalpie unter Standardbedingungen
ΔH	Enthalpieänderung (in kJ/Mol)
ΔH°	Enthalpieänderung unter Standardbedingungen
ΔH^{cal}	kalorimetrisch bestimmte Enthalpieänderung
$\Delta H^{eff.}$	indirekt bestimmte, effektive Enthalpieänderung
$\Delta H^{v.\,H.}$	mit Hilfe der VAN'T HOFF-Gleichung bestimmte Enthalpieänderung
ΔS	Entropieänderung (in J/Mol/K)
ΔS°	Entropieänderung unter Standardbedingungen
ΔT	Differenz der Übergangstemperatur zwischen Mutante und Wildtyp $\Delta T = (T_{trs})_{Mutante} - (T_{trs})_{Wildtyp}$
$\Delta T_{1/2}$	Halbwertsbreite des kalorimetrischen Peaks
$\Delta(\Delta G)$	Differenz der freien Enthalpie zwischen Mutante und Wildtyp $\Delta(\Delta G) = (\Delta G)_{Mutante} - (\Delta G)_{Wildtyp}$
DTE	Dithioerythritol (*erythro*-1,4-Dimercapto-2,3-butandiol)
DTT	Dithiothreitol (*threo*-1,4 Dimercapto-2,3-butandiol)
ε_L	molarer Absorptionskoeffizient für links circular polarisiertes Licht
ε_R	molarer Absorptionskoeffizient für rechts circular polarisiertes Licht
ε	Kalibrierungskonstante
ε	(molarer) Absorptions(Extinktions)-Koeffizient
E	elektrische Feldstärke, elektrischer Feldvektor
E	Energie
E	EnergieBasis der natürlichen Logarithmen
E	Enzym
E	Extinktion (synonym verwendet mit dem Begriff „Absorption"; entspr. *engl.* absorbance)
E'' bzw. E'	Energie des angeregten Zustandes bzw. des Grundzustandes
e_0	Ladung
EDTA	Ethylendiamino-*N*,*N*,*N'*,*N'*-tetraessigsäure
EGTA	1,2-Bis-(2-aminoethoxyethan)-*N*,*N*,*N'*,*N'*-tetraessigsäure
E_L	Amplitude (Feldvektor) von links circular polarisiertem Licht
ENDOR	Elektron-Kern-Doppelresonanz
E_p	Energie eines Photons
EPR	Elektron-paramagnetische Resonanz (*synonym* mit ESR)
E_R	Amplitude (Feldvektor) von rechts circular polarisiertem Licht
ESEEM	Elektronenspinecho-Envelopmodulation
ESI	Elektronspray-Ionisation

ESR	Elektronenspinresonanz
E_T	Effizienz des Energietransfers
eV	Elektronenvolt
EXSY	two-dimensional exchange NMR spectroscopy
η	Viskosität
$[\eta]$	intrinsische Viskosität
Φ	Fläche
Φ	Kraft
Φ	Quantenausbeute
Φ_F	Quantenausbeute der Fluoreszenz
Φ_D	Fluoreszenz-Quantenausbeute des Donors
Φ_{D-A}	Fluoreszenz-Quantenausbeute des Donors in Gegenwart eines Akzeptors
f	phenyl
f	Reibungskoeffizient
f/f_0	Reibungsverhältnis
f_0	Reibungskoeffizient für die Kugel
f_i	Anteil der i-ten Konformation am CD-Spektrum
f_u	Anteil an aufgefaltetem Protein in einer Proteinlösung
FAB	fast atom bombardment
Fab	monovalentes Antigen-bindendes Antikörperfragment
$F(ab')_2$	bivalentes Antigen-bindendes Antikörperfragment
FACS	Fluoreszenz-unterstützte Zellsortierung (*engl.* fluorescence-assisted cell sorting)
Fc	kristallisierbares Antikörperfragment
FD	Felddesorption
FID	free induction decay
FITC	Fluoresceinisothiocyanat
FMN	Flavinmononucleotid
F_{Reib}	Reibungskraft
F_{Sed}	Sedimentationskraft
FTIR	FOURIER-Transform-Infrarot (-Spektroskopie)
Fv	Aminosäuresequenz-variables Antikörperfragment
g	Erdbeschleunigung
g	g-Faktor (Relativwert der Magnetfeldstärke für die Lage eines ESR-Signals)
G	Gewicht
$g^{(1)}_{(\tau)}$	Feld-Autokorrelationsfunktion
$g^{(2)}_{(\tau)}$	Intensitäts-Autokorrelationsfunktion
GC	Gaschromatographie
GEMSA	Guanidinoethyl-thiobernsteinsäure
GOR	Sekundärstrukturvorhersage-Verfahren von GARNIER, OSGUT-HORPE und ROBSON
GPC	Gelpermeationschromatographie (*synonym:* SEC, Gelfiltration)
GPI	Glycosyl-phosphatidylinositol
H	Höhe

h	PLANCKsches Wirkungsquantum
$\hbar$	PLANCKsches Wirkungsquantum $\hbar = \dfrac{h}{2\pi} = 1{,}05489\,\mathrm{J \cdot s}$
η	Viskosität
$\eta_{rel.}$	Viskosität
HBsu	Histon-ähnliches DNA-bindendes Protein aus *Bacillus subtilis*
[F79W]HBsu	gentechnisch modifizierte Variante von HBsu (Austausch von Phe79 gegen Trp)
HEPPS	4-(2-Hydroxyethyl)-1-piperazin-propansulfonsäure
HETP	theoretische Bodenzahl (*engl.* height equivalent to a theoretical plate)
HfS	Hyperfeinstruktur
HIC	hydrophobic interaction chromatography (*dt.* hydrophobe Chromatographie)
HIV-1	humanes Immundefizienz-Virus 1
HMQC	heteronuclear multiple quantum correlation spectroscopy
HPIEC	high-performance ion exchange chromatography
HPLC	Hochleistungs-Flüssigchromatographie (*engl.* high-performance liquid chromatography)
HPSEC	high-performance size exclusion chromatography
HRP	s. POD
Hz	Hertz
I	Intensität
I_0	Intensität des einfallenden Lichtes
I	Intensität des Lichts nach Passieren der Meßküvette
I	Kernspin
I.D.	innerer Durchmesser
I_0	Intensität des eingestrahlten Lichts
IAC	Immun-Affinitätschromatographie
IEC	ion exchange chromatography (*dt.* Ionenaustausch-Chromatographie)
IEF	isoelektrische Fokussierung
I_p	Photonen-Impuls
IR	infrarot
J	Joule
k	BOLTZMANN-Faktor
k	Kraftkonstante
K	Gleichgewichtskonstante
K	Löschkonstante
k_{-1}	Geschwindigkeitskonstante der Rückreaktion
k_1	Geschwindigkeitskonstante der Hinreaktion
K_A	Assoziations-Gleichgewichtskonstante
K_b	Bindungskonstante
k_B	BOLTZMANN-Konstante
K_D	Dissoziations-Gleichgewichtskonstante
K_D^{app}	scheinbare Dissoziationskonstante

K_d	Verteilungskoeffizient
KARS	kohärente anti-STOKES-RAMAN-Streuung
k_F	Strahlungsrelaxation
k_f	Übergangsrate
k_{ic}	innere Umwandlung
k_{isc}	Interkombination (*engl.* intersystem crossing)
$k_q(Q)$	Löschung („Quenching)
k_i	Zeitkonstante
k_T	Energieübertragungsrate
K_M	MICHELIS-MENTEN-Konstante
k_s	konzentrationsabhängige Konstante für die Sedimentation
kJ	Kilojoule
KRS	Mischkristall aus Thalliumbromid und Thalliumiodid
L	Ligand
λ	Wellenlänge
λ/4-Plättchen	Viertelwellenlängen-Plättchen
[L]	Ligandenkonzentration
LC	liquid chromatography (*dt.* Flüssigchromatographie)
$\vec{\mu}$	Dipolmoment, Übergangsmoment
μ_0	Dipolmoment des Grundzustandes
μ_1	Dipolmoment des angeregten Zustandes
μ_{01}	Übergangsmoment
μ	reduzierte Masse
μ	elektrophoretische Beweglichkeit
m	Masse
M	molare Kozentration
M	Molmasse, Molekulargewicht (auch M_W)
M	Quantenzahl „Multiplizität"
μ	reduzierte Masse eines Oszillators
mAk	monoklonaler Antikörper (*engl.* monoclonal antibody, mAb)
MALDI	Matrix-unterstützte Laserdesorptions-Ionisation
ME	2-Mercaptoethanol (Thioethylenglycol)
M_n	Zahlenmittel der Molmasse
MOPS	4-Morpholino-propansulfonsäure
M_r	relative Molmasse („Molekulargewicht", meist angegeben in Dalton D)
m_p	Photonen-Masse
MRW	mean residue weight
MS	Massenspektrometrie
M_w	Gewichtsmittel der Molmasse
M_W	Molmasse (*engl.* molecular weight)
n	Brechungsindex der Lösung
N_0	Anzahl der angeregten Moleküle
N	Anzahl der Moleküle
ν	Frequenz
ν_{vib}	Vibrationsfrequenz

ν_{em}	Frequenz des Emissionslichtes
ν_{exc}	Frequenz des Anregungslichtes (*engl.* excitation)
$\tilde{\nu}$	Wellenzahl
$\bar{\nu}$	partielles spezifisches Volumen
N	nativer Zustand
n_0	Brechungsindex des Lösungsmittel
NBT	Nitroblau-tetrazoliumsalz
NC	Nitrocellulose
NEM	*N*-Ethylmaleiimid
n_i	Teilchenzahl
NMR	Kernmagnetische Resonanz (*engl.* nuclear magnetic resonance)
NOE	nuclear Overhauser effekt (*dt.* Kern-OVERHAUSER-Effekt)
NOESY	NOE-COSY
n_{rs}	Zahl der Aminosäuren r im Zustand s
OMe	Methoxy; *hier:* Schutzgruppe für COOH-Gruppen am C-terminalen Ende von Peptiden
ORD	optische Rotationsdispersion
P	Polarisierbarkeit
P	Polarisationsgrad
P_0	maximaler Betrag des Polarisationsgrades
P	Reaktionsprodukt
P-BB	Protonen-Breitbandentkopplung
PAGE	Polyacrylamid-Gelelektrophorese
PAS	periodic acid / Schiff's reagent
PD	Plasmadesorption
PDB	Protein Data Base (spezielle Datenbank für Protein-Strukturdaten)
PHD	Sekundärstrukturvorhersage-Verfahren von ROST und SANDER
pI	isoelektrischer Punkt (pH-Wert, bei dem die Nettoladung eines Teilchen $\pm$ 0 ist)
p24	Kapsidprotein des humanen Immundefizienz-Virus 1
PIPES	1,4-Piperazin-diethansulfonsäure
PITC	Phenylisothiocyanat
PMSF	Phenylmethansulfonsäurefluorid
POD	Meerrettich-Peroxidase (*engl.* horse radish peroxidase, HRP)
ppm	parts per million (0,0001 %)
P_{rs}	Konformationsparameter
PVDF	Polyvinylidendifluorid
py	Pyridin bzw. pyridyl
$[\Psi]$	spezifische Elliptizität
Ψ_0	Wellenfunktion des Grundzustandes
Ψ_1	Wellenfunktion des angeregten Zustandes
Θ	Anteil gebundener Moleküle
Θ	Elliptizität
$[\Theta]$	molare Elliptizität

$[\Theta]_{MRW}$	molare Elliptizität bezogen auf die mittlere molare Masse der Aminosäurereste
Θ	Streuwinkel
$[\Theta_i(l)]$	CD-Basisspektrum der i-ten Konformation
Q	Querschnitt
q	Streuvektor
Q	Vorhersagegenauigkeit
Q	Wärmemenge
ρ	Dichte
R	Gaskonstante (R = 8,314 J/K/Mol)
R	Molekülradius
r	Radiusposition, Abstand zum Rotationszentrum
R	Rezeptor
R	Wanderungsstrecke eines Analyten im Trennsystem
R	Abstand zwischen Donor und Akzeptor
R_0	kritischer Abstand eines Donor-Akzeptor-Paares
R_f	relative Beweglichkeit
R_g	Streumassenradius, Trägheitsradius
R_s	STOKES-Radius
R_Ω	elektrischer Widerstand
r_b	Radiusposition am Boden
RL	Rezeptor-Ligand-Komplex
r_m	Radiusposition am Meniskus
ROE	NOE im rotierenden Koordinatensystem
ROESY	ROE-COSY
rp	reversed phase
RPC	reversed phase chromatography (*dt.* Umkehrphasen-Chromatographie, *Synonym* rp-Chromatographie)
RR	Resonanz-RAMAN
S_0	Elektronischer Singulettgrundzustand
S_{0n}	Schwingungszustand n des elektronischen Singulettgrundzustandes
S_1	angeregter Singulettzustand
S_{1n}	Schwingungszustand n des angeregten Singulettzustandes
S	Elektronenspin
s	Sekunde
s	Sedimentationskoeffizient
S	Substrat
S	SVEDBERG-Einheit
S/N	signal to noise (*dt.* Signal-Rausch-Verhältnis)
$S^0_{20,\,w}$	Sedimentationskonstante auf 20 °C und Wasser berechnet
$s_{20,\,w}$	Sedimentationskoeffizient auf 20 °C und Wasser berechnet
SDS	Natrium-dodecylsulfat (*engl.* sodium dodecyl sulfate)
SERRS	oberflächenverstärkte Resonanz-RAMAN-Spektroskopie (*engl.* surface enhanced resonance Raman scattering)

SERS	oberflächenverstärkte RAMAN-Spektroskopie (*engl.* surface enhanced Raman scattering)
SERR	oberflächenverstärkte Resonanz-RAMAN-Spektroskopie
SEV	Sekundärelektronen-Vervielfacher
SIMPA	Sekundärstrukturvorhersage-Verfahren von GARNIER und LEVIN
SPDP	N-Succinimidyl-3-(2-pyridyldithio)-propionat
s_w	Gewichtsmittel des Sedimentationskoeffizienten
T	Temperatur [absolute Temperatur in Kelvin (K)]
T_1	Angeregter elektronischer Triplettzustand
T_{1n}	Schwingungszustand n des angeregten elektronischen Triplettzustandes
t	Retentionszeit
t	Zeit
τ	Trübung, Turbidität
τ_c	Rotationskorrelationszeit
τ	Lebensdauer
τ_F, τ_0	Fluoreszenz-Lebensdauer
τ_D	Lebensdauer des angeregten Zustandes eines Donors
τ_{D-A}	Lebensdauer des angeregten Zustandes eines Donors in Gegenwart eines Akzeptors
TEMED	Tetramethylethylendiamin
τ_F	Fluoreszenz-Lebensdauer
TLC	thin-layer chromatography (*dt.* Dünnschichtchromatographie)
TLCK	$(-)$-7-Amino-1-chlor-3-(p-tolylamido)-2-heptanon
TMS	Tetramethylsilan
TOCSY	total correlation spectroscopy
TOF	Flugzeit (*engl.* time of flight)
TPCK	1-L-Chlor-3-phenyl-3-(p-toluensulfonamido)-2-butanon (N-Tosyl-L-phenylalanin-chlormethylketon)
Tris	Tris-hydroxymethyl-aminomethan
T_{trs}	Temperatur eines thermischen Überganges (trs = transition)
u	ausgeschlossenes Volumen
U	entfalteter Zustand (*engl.* unfolded)
UV	ultraviolett
V	Volumen
V_0	Ausschlußvolumen
V_e	Elutionsvolumen
V_H, V_L	variabler Bereich der schweren bzw. leichten Kette
V_i	inneres Volumen
VIS	sichtbar (*engl.* visible)
v_r	Geschwindigkeit von rechts circular polarisiertem Licht
v_l	Geschwindigkeit von links circular polarisiertem Licht
v_{max}	maximale Reaktionsgeschwindigkeit
V_s	Volumen der stationären Phase
V_t	Gesamtvolumen
w	Hydratationsanteil

ω	Winkelgeschwindigkeit
X	Intermediatzustand
[X]	Konzentration der Substanz X
Ψ	Wellenfunktion eines Elementarteilchens
[Ψ]	spezifische Elliptizität
Z	Nettoladungszahl

1 Was will die Proteinanalytik? Eine Einführung

TALES ZU PROTEUS: Zu raschem Wirken sei bereit!
Da regest du dich nach ewigen Normen
Durch tausend, abertausend Formen,
Und bis zum Menschen hast du Zeit.

J.W. Goethe: Faust – Der Tragödie II. Teil

Proteine bilden eine der vielfältigsten Stoffklassen der belebten Materie und unterscheiden sich untereinander nicht nur hinsichtlich ihrer Zusammensetzung. Durch ihre riesige Strukturvariabilität und Dynamik zeichnen sie sich als die Träger der Lebensprozesse aus.

Die Struktur und (partielle) Formveränderungen sind nicht nur von einem Protein zum anderen verschieden, auch ein Protein, das nach vielen Kriterien hin einheitlich erscheint, kann ganz oder teilweise während seines Wirkens oder bei Reaktionen, die mit ihm ablaufen, seine physikalischen und chemischen und damit biologischen Eigenschaften ändern: Zu einem beliebigen Zeitpunkt im Zellgeschehen können diese Proteinvarianten nebeneinander existieren. So kommt es, daß die meisten Aussagen über Struktur und Funktion von Proteinen entweder nur Mittelwerte sind oder Momentaufnahmen eines diskreten Zustands darstellen. Wegen ihrer biologisch notwendigen Veränderlichkeit sind Proteine im streng analytischen Sinn oft so schwer zu fassen wie Proteus, der sich stets wandelnde Geist der griechischen Sage.

Um ein vollständiges Bild von einem Protein und seiner biologischen Funktion zu erhalten, ist seine Beschreibung mit möglichst vielen, auf unterschiedlichen physikalischen und/oder chemischen und/oder biologischen Prinzipien basierenden Methoden notwendig. Da aber *eine* Untersuchungsmethode oft nur einen kleinen Ausschnitt eines Moleküls betrachtet (z. B. das aktive Zentrum eines Enzyms), werden Veränderungen an anderen Teilen dieses Moleküls u. U. nicht berücksichtigt, vernachlässigt oder sogar als nicht relevant betrachtet, was wiederum nicht heißt, daß für bestimmte Anwendungen Molekülfragmente nicht völlig ausreichend, ja sogar besser als das native Gesamtprotein geeignet sind.

Selbst wenn Veränderungen im Molekül unter den augenblicklich gewählten Versuchsbedingungen keine dramatischen strukturellen Verlagerungen bewirken, kann sich das Molekül unter anderen Milieubedingungen ganz anders verhalten, weil nun Konformationsübergänge oder Interaktionen erleichtert oder erschwert sein können. So können einige Enzyme z. B. unter anderen pH- und Ionenbedingungen nicht nur ihre katalytische Aktivität, sondern auch ihre Substratspezifität ändern, und experimentelle Operationen, die eine Proteinspezies relativ unbeschadet verkraftet, kann eine andere in wesentlichen Eigenschaften vollständig verändern.

Selbstverständlich kann man das Schicksal einer interessierenden Protein-
art in einem Experiment auch mit nur *einer* Methode, z. B. immunchemisch,
enzymologisch oder nach radioaktiver Markierung, verfolgen, doch nur wenige Parameter dieses Proteins werden dadurch erfaßt. Das Auftauchen oder
Verschwinden dieser Parameter sagt wenig darüber aus, ob dieses Protein als
mehr oder weniger intaktes Polypeptid, mit anderen und für andere (biologische) Funktionen wesentlichen Bestandteilen, im Untersuchungsansatz noch
vorhanden ist oder nicht.

Was charakterisiert ein Protein? Für ein einzelnes Molekül ist eine Antwort
relativ einfach durch die Benennung struktureller und funktioneller Parameter. Aber da in einem realen Experiment und in einer Zelle eines Organismus
nie nur ein einziges Molekül einer (Protein)Art vorkommt oder nachweisbar
ist, erschwert nun die Frage nach der Gleichartigkeit der Teile einer Menge zusätzlich das analytische Problem.

Zunächst einmal sind Proteine eine durch eine spezifische chemische Bindung, die Peptidbindung, verknüpfte Folge von Aminosäuren. In den meisten
Fällen hat man es mit einer für das jeweilige Protein charakteristischen Folge
der zwanzig Aminosäure-„Bausteine" zu tun, die teilweise durch natürliche
Prozesse, aber auch infolge von *in-vitro*-Manipulationen chemisch modifiziert
sein können. Sind nur wenige Aminosäuren miteinander verknüpft, spricht
man von Oligopeptiden, in den anderen Fällen von Polypeptiden.

In der Regel ist eine in Proteinen auftretende Aminosäure dadurch gekennzeichnet, daß an einem Kohlenstoff-Atom, als C_α bezeichnet, eine Carboxyl-
Gruppe (–COOH), eine Amino-Gruppe (–NH$_2$), eine Seitengruppe (–R) und
ein Wasserstoffatom (–H) gebunden sind. Diese vier unterschiedlichen Substituenten am C_α-Atom können in zwei räumlichen tetraedrischen Konformationen angeordnet sein, die sich zueinander wie Bild und Spiegelbild verhalten.
Ein solches asymetrisch substituiertes C-Atom bewirkt ein bestimmtes opti-
sches Verhalten: die Änderung des Drehwinkels von polarisiertem Licht. Abgeleitet von dieser Eigenschaft wurden die Strukturbegriffe L und D in die chemische Nomenklatur eingeführt. Die sog. natürlichen Aminosäuren besitzen
die L-Konfiguration, aber es sind auch Polypeptide natürlichen Ursprungs bekannt, in denen D-Aminosäuren eingebaut sind.

Proteine bestehen meist aus einer durch Peptidbindungen **–CO–NH–** ver-
knüpften *linearen* Abfolge (Sequenz) der Aminosäuren, so daß sich eine freie
Aminogruppe an einem Ende (N-Terminus) und eine freie Carboxylgruppe
(C-Terminus) am anderen Ende eines Polypeptids befindet. Aber auch *cyclische*
Polypeptide, bei denen N- und C-Terminus miteinander verbunden sind oder ein
peptidischer Ringschluß über verschiedene Seitenketten R erfolgt, sind bekannt.

Während die Peptidbindung infolge eines partiellen Doppelbindungs-
charakters zwischen dem Carbonyl-C-Atom (–CO–) und dem Amid-Stickstoff
(–NH–) in der Möglichkeit einer Rotation um ihrer Längsachse eingeschränkt
ist, erfolgen Bewegungen um die anderen Bindungen schon bei geringer Ener-
giezufuhr und erlauben somit räumliche Veränderungen der Lage sowohl der
Seitenketten R^n als auch ganzer Polypeptidkettenabschnitte zu einander. Diese
Flexibilität wird im Polypeptid durch die Ausbildung von Sekundärstrukturen

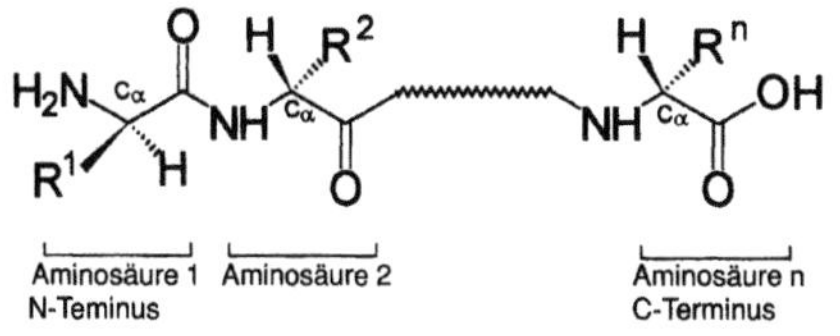

Abb. 1.1. Formelschema eines linearen Polypeptids. R', R'', R^n - Seitenketten (Reste) der natürlichen oder modifizierten Aminosäuren 1 bis n. C_α-asymetrisch-tetraedrisch substituiertes C-Atom der jeweiligen Aminosäure

(α-Helix, β-Faltblatt, Schleife) sowie intra- oder intermolekulare Wechselwirkungen für bestimmte Molekülabschnitte eingeschränkt. Dadurch erfolgt eine Stabilisierung der Proteinstruktur und ermöglicht so eine weitere, für die Funktion des Proteins notwendige Faltung der Polypeptidkette.

Die Variabilität der Proteine und damit ihre nahezu unendlichen biologischen Möglichkeiten, bei relativer Beschränktheit der Grundbaustoffe (20 natürliche Aminosäuren und einige wenige Modifizierungen, wie z.B. Hydroxyprolin) und deren Verknüpfung, entsteht aus der relativen Lage der Aminosäure-Seitenkette im Polypeptid und der vielfältigsten Interaktionen zwischen den Seitenketten.

Zusätzlich zur Variabilität, die durch die sequenzielle Abfolge der verschiedenen Seitenketten der natürlichen Aminosäuren gegeben ist, modifiziert die Zelle diese Seitenketten während oder nach der Synthese der Polypeptidkette (posttranslationale Modifikation). Tabelle 1.1 führt einige dieser zusätzlichen Variationsmöglichkeiten auf.

Prosthetische Gruppen, Cofaktoren, Metallionen, Effektoren haben einen großen Einfluß auf die Struktur und damit Funktion von Proteinen. Ihre Gegenwart und damit die besonderen Eigenschaften können für einen spezifischen Proteinnachweis genutzt werden, aber auch ihre Entfernung kann zur Gewinnung von Meßsignalen dienen.

Die Wechselwirkungen zwischen den Seitenketten und ihren Modifikationen sind Grundlage für eine höhere, räumliche Strukturierung eines Proteins und damit für die biologische Funktion. Sie bieten weitere Ansatzpunkte für eine Identifizierung eines diskreten Moleküls mittels unterschiedlichster Methoden.

Tabelle 1.1. Auswahl posttranslationaler Modifikationen

Modifikation	beteiligte Aminosäure(n)
Acylierung	Arg, Cys, Lys
ADP-Ribosylierung	Arg, His
Alkylierung	Arg, Asn, Cys, Gln, Lys, Thr
Disulfidbrückenbildung	Cys
Glycosylierung	Asn, Lys, Pro, Ser, Thr
limitierte Proteolyse	versch. Aminosäuren
Metall-Komplexierung	Cys, His, Lys, Ser
Oxidation/Hydroxylierung	Cys, Met, Pro, Trp, Tyr
Phosphorylierung	Asp, Glu, Pro, Ser, Thr, Tyr

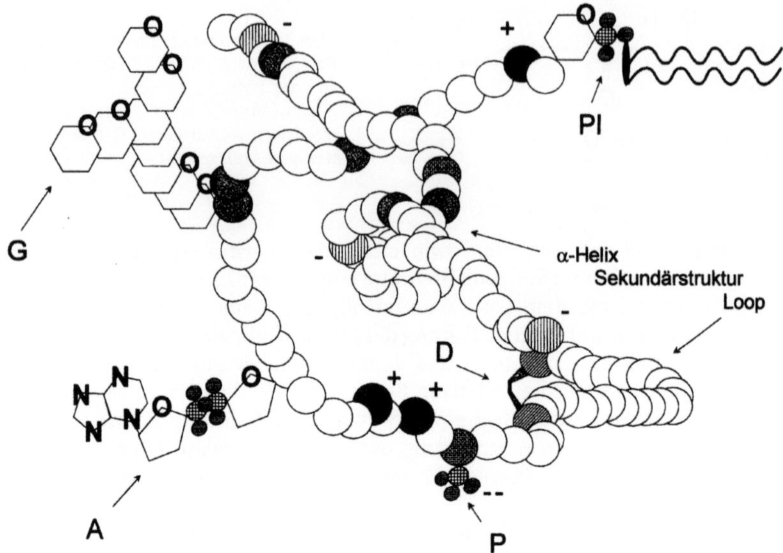

Abb. 1.2. Schematisches Proteinmodell. Einige Beispiele für posttranslationale Modifizierungen sind: P, Phosphorylierung; G, Glycosylierung; A, ADP-Ribosylierung; PI, Phosphatidylinositol-(PI-)Anker; D, Disulfid-Brücke. Beispiele für Sekundärstrukturmerkmale: α-Helix, Schleife (engl. hair pin)

Abbildung 1.2 soll andeuten, welche Variationsmöglichkeiten von einem Protein jenseits der Primärstruktur (Aminosäureseitenketten) bis hin zu Untereinheiten- (Quartärstruktur), Protein-Lipid- oder Protein-Protein-Interaktionen in einer Zelle realisiert werden können.

Die verschiedenen Strukturebenen eines Proteins werden wie folgt definiert:

- Primärstruktur – lineare unverzweigte Folge (Sequenz) der Aminosäuren in einer Polypeptidkette
- Sekundärstruktur – räumliche Anordnung von in der Sequenz aufeinanderfolgenden Aminosäuren (Helices, Faltblätter, Schleifen (*engl.* hair pin oder turn), Zufallsknäuel); die lokale Gerüstkonformation
- Tertiärstruktur – räumliche Anordnung (Faltung) der gesamten Polypeptidkette, ggf. durch Ausbildung von Disulfidbrücken zwischen räumlich benachbarten Cysteinen
- Quartärstruktur – räumliche Anordnung funktionell miteinander in Beziehung stehender, aber nicht durch Peptidbindungen verknüpfter Polypeptidketten.

Die voranstehend aufgeführten Modifizierungungen und Strukturmerkmale sind bekanntermaßen nicht gleichmäßig in allen Proteinen vorhanden, sondern manchmal nur in einigen Proteingruppen vertreten. Als Minimalcharakteristikum für ein Protein kann daher nur festgeschrieben werden: ein Protein ist eine durch Peptidbindungen verknüpfte Folge von Aminosäuren. Alle darüber hinausgehenden Aussagen, die unter anderem mit den in diesem Buch beschriebenen Methoden getroffen werden, tragen Mosaiksteine zu einem Bild bei, von dem man meist nicht sagen kann, wann es vollständig ist.

Die Proteinanalytik hat zum Ziel, diese Stoffgruppe von Biomakromolekülen hinsichtlich ihrer Funktion und Stellung im lebenden Organismus zu charakterisieren und zu beschreiben. Um das zu erreichen, müssen auch proteinanalytische Verfahren zahlreiche Voraussetzungen erfüllen, die den Bedingungen einer exakten Naturwissenschaft gerecht werden. Und sofern die Grenzen, die eine Methode besitzt, nicht überschritten werden, kann man diese Voraussetzungen als gegeben betrachten.

Auch für die Biochemie gilt, und darauf soll an dieser Stelle besonders hingewiesen werden, daß es sich bei Proteinen um Materie handelt, die weder verschwinden noch völlig neu entstehen kann. Diese anscheinend triviale Erkenntnis wird häufig aber nicht beachtet. Proteine haben spezifischen Eigenschaften, die es schwer machen, daran zu glauben, weil oft nicht „das Protein", sondern nur eine seiner spezifischen Eigenschaften im Verlauf des Experiments „verschwindet" oder, weil unbemerkt Inhibitoren eliminiert werden, das Protein sich scheinbar „vermehrt". Bilanzen, z. B. Ausbeuteberechnungen, über die gemessenen Proteineigenschaften im Verlauf eines Experiments können wichtige Hinweise auf das Schicksal und bisher möglicherweise unbekannte Eigenschaften des Untersuchungsobjekts geben.

Abbildung 1.3 versucht, die Ziele der Proteinanalytik zu illustrieren.

Aus den in den Primär-, Sekundär-, Tertiär- und Quartärstrukturen begründeten chemischen, physikalischen und biologischen Eigenschaften der Proteine lassen sich Grundprinzipien analytischer Verfahren ableiten, deren

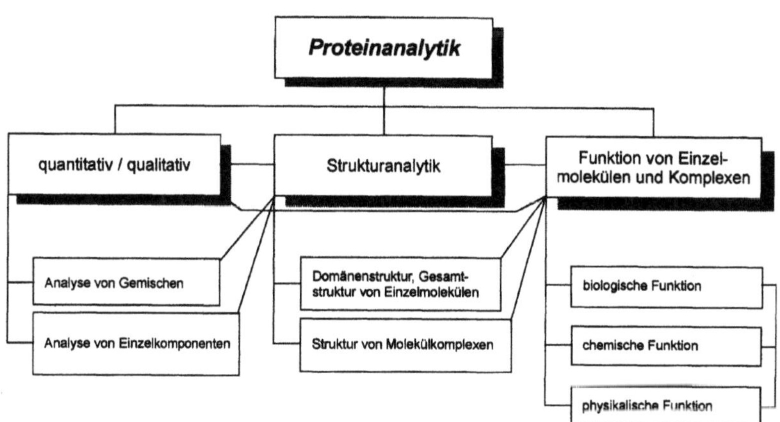

Abb. 1.3. Methodenebenen in der Proteinanalytik und einige ihrer Wechselbeziehungen

Kombination häufig erst eine umfassende Charakterisierung eines Proteins oder Proteingemischs erlaubt.

Da der Nachweis von Eigenschaften eines *einzigen* Moleküls oder Molekülteils in seiner natürlichen Umgebung in der Regel nicht möglich ist, müssen aus experimentellen, apparativen oder prinzipiellen Gründen Kompromisse geschlossen werden. Angestrebt wird in jedem Fall, unter bekannten Bedingungen in einem definierten System möglichst geringe Proteinmengen eindeutig und reproduzierbar untersuchen zu können. Heutzutage sind viele Untersuchungsverfahren in der Lage, femtomolare Mengen ($1\ \text{fMol} = 10^{-15}\ \text{Mol}$, d.h. ca. 60 000 000 Moleküle) von Proteinen durch die Einführung geeigneter Sonden nachzuweisen, aber diese Moleküle kommen in einer Zelle oft nur in einigen hundert oder tausend Exemplaren vor, also um Größenordnungen geringer, als es das Nachweisverfahren erlaubt. Es bleibt also oft die Ungewißheit, ob die ermittelten Eigenschaften die einer irgendwie herausgehobenen Gruppe oder die der gesamten Population einer Molekülspezies sind.

Es ist nicht möglich, in einem einführenden Buch wie dem vorliegenden, das einen allgemeinen Überblick über Methoden in der Proteinanalytik bieten möchte, alle Möglichkeiten, die zur Charakterisierung eines Proteins herangezogen werden können, aufzuführen. Auch ist es nicht möglich, die vorgestellten Methoden mit all ihren Vorzügen, Problemen und experimentellen Details zu beschreiben. Hier sei auf die weiterführende Literatur verwiesen.

Aus praktischen Gründen mußten die Themenkreise beschränkt werden, und es stellt auch keinerlei Wichtung dar, wenn Methoden wie die Röntgen-Strukturanalyse von Proteinen in Lösung und in Kristallen, die Gentechnik, hierbei besonders die ortsgerichtete Mutagenese (deren Ergebnisse letztlich wiederum mit den hier beschriebenen Verfahren untersucht werden), oder die Elektrophysiologie (z. B. voltage- oder patch-clamp-Methoden) in diesem Zusammenhang nicht vorgestellt werden können. Die Autoren sind aber der Meinung, eine repräsentative Auswahl getroffen zu haben und würden sich freuen, wenn beim Leser Interesse für die methodische Vielfalt in der Proteinanalytik geweckt, Barrieren in der interdisziplinären Diskussion und Zusammenarbeit abgebaut, die Suche nach Literatur zur konkreten, proteinanalytischen Aufgabenstellung vereinfacht und das Verständnis der Leserin oder des Lesers für die vertiefende oder spezielle Literatur erleichtert wurden.

2 Chromatographie

Die Chromatogaphie zählt zu den am häufigsten angewandten analytischen und präparativen Trenntechniken. Sie beruht auf der Wechselwirkung zwischen dem Analyten (hier: zu untersuchendes Protein bzw. Peptid), der sich in einer mobilen flüssigen oder gasförmigen Phase (Lösungsmittel bzw. Pufferlösung oder Trägergas) gelöst befindet, und einer flüssigen oder festen stationären Phase oder einem spezifischen Liganden, die von einem Trägermaterial (Matrix) stabilisiert werden.

An ein Trägermaterial für die analytische oder präparative Chromatographie von Proteinen, die vorwiegend in wäßriger Phase durchgeführt wird (Ausnahmen: Chromatographie extrem hydrophober Proteine in organischen Lösungsmitteln, superkritische Chromatographie in verflüssigtem CO_2, reversed-phase-Chromatographie in Laufmitteln mit hohem organischem Anteil), werden folgende Anforderungen gestellt, die teilweise antagonistisch sind und für die daher ein auf die Trennbedingungen optimierter Kompromiß gefunden werden muß: Ein idealer Träger sollte unter den Chromatographiebedingungen chemisch inert, aber modifizierbar, hydrophil (mit Wasser benetzbar), in den Laufmitteln unlöslich und unter den Laufbedingungen volumenkonstant (kein Quellen oder Schrumpfen) sein. Druckstabilität ist notwendig, sowie eine gleichförmige Partikelgestalt für homogene, dichte Packungen, dazu sollte das Chromatographiematerial resistent gegen Belastungen bei Sterilisation und/oder Reinigung sein.

Die stationäre Phase kann polar-hydrophil (Wasser, Polyalkohole) oder apolar-hydrophob (Alkane, Silicone) sein und adsorptiv als dünner Film oder kovalent mit dem Trägermaterial verbunden sein, letzteres wird vor allem für Alkane angewandt. Gruppenspezifische oder hochselektive Liganden sind in der Regel kovalent an den Träger gekoppelt, können aber, wie bei der Metallchelat-Chromatographie, auch durch Komplexbildung immobilisiert sein.

Die Chromatographie, die von TSWETT 1903 erstmalig für die Trennung von Pflanzenfarbstoffen beschrieben wurde, läßt sich unter verschiedenen Gesichtspunkten klassifizieren:

- nach der Menge und Weiterverwendung der zu trennenen Substanzen[1]
  - analytische Chromatographie
  - präparative Chromatographie

---

[1] Besonders in der Biochemie ist diese Klassifizierung sehr unscharf, da häufig die Mengen aus traditionell chemischer Sicht „analytisch" sind, das Chromatogramm sowohl für eine qualitative als auch für eine quantitative Analyse herangezogen werden kann und einzelne Fraktionen aus einem „analytischen" Chromatographielauf im präparativen Sinn, z.B. für eine weitergehende Analytik, eingesetzt werden.

- nach der Form der Trenneinrichtung
  - Säulenchromatographie
  - Dünnschichtchromatographie (DC, *engl.* thin-layer chromatography, TLC)
  - Papierchromatographie
- nach dem Aggregatzustand der mobilen Phase
  - Flüssigchromatographie
  - Gaschromatographie (GC)[2]
  - superkritische Flüssigchromatographie
- nach dem Förderdruck für die mobile Phase
  - Niederdruck-Chromatographie (bis etwa 300 kPa)
  - Mitteldruck-Chromatographie (200 kPa bis 2 MPa)
  - Hochdruck-Chromatographie[3] (*engl.* high-pressure liquid chromatography, HPLC, 1 bis 30 MPa)
- nach Anlagerung an den Träger bzw. an die stationäre Phase
  - Lösung in der stationären Phase (Verteilungschromatographie)
  - Normalphasen-Chromatographie: hydrophile stationäre Phase
  - Umkehrphasen-Chromatographie: hydrophobe stationäre Phase (*engl.* reversed-phase chromatography, RPC od. rp-chromatography)
  - Bindung an den Träger (Adsorptionschromatographie)
- nach der Art der Wechselwirkung mit dem Träger oder immobilisierten Liganden (vgl. Tabelle 2.1)
  - Verlängerung der Verweilzeit im Träger durch Eindringen in eine Porenstruktur (Gelfiltration oder Gelpermeationschromatographie, GPC, Synonym: Ausschlußchromatographie, *engl.* size exclusion chromatography, SEC)
  - Ionenbindung (Ionenaustauschchromatographie, *engl.* ion exchange chromatography, IEC)
  - Komplexbildung mit Metallen (Metallchelat-Chromatographie)
  - hydrophobe Wechselwirkungen (hydrophobe Chromatographie, *engl.* hydrophobic interaction chromatography, HIC)
  - (bio)spezifische Wechselwirkungen (Affinitätschromatographie, AC, z. B. Immunaffinitätschromatographie (IAC), thiophile Chromatographie).

Für die Proteinanalytik wird fast ausschließlich die Flüssigchromatographie und hierbei die Säulenchromatographie verwendet.

Den meisten dieser Klassifizierungen liegen Modellvorstellungen zu Grunde, besonders bei der Art der Wechelwirkungen sind die Grenzen zwischen den Modellen fließend. Die Einteilung in die eine oder andere Chromatographieart beruht auf dem im Experiment vorherrschenden Typ. Es sollte dabei stets berücksichtigt werden, daß ein Protein in seiner Struktur eine Vielzahl von Elementen trägt, von denen eines oder einige wenige durch die Versuchsbedingungen herausgehoben werden können,

---

[2] In der Proteinanalytik kaum von Bedeutung.

[3] Eine bessere Bezeichnung ist Hoch*leistungs*-Flüssigchromatographie (*engl.* high-performance liquid chromatography).

ohne daß es jedoch in jedem Fall gelingt, die anderen vollständig zu unterdrücken. Zur Illustration, welche Aminosäure-Seitenketten eines Proteins bzw. Seitenketten-Modifizierungen an ihnen ständig mehr oder weniger präsent und für chromatographische Vorgänge von Bedeutung sein können, dient Abb. 2.1.

Zu ionischen Wechselwirkungen tragen die Amino- und Carboxylgruppen, zu hydrophoben Alkyl- und Arylreste (*hier:* Butyl bzw. Phenyl), zu Wasserstoffbrücken Hydroxyl-, Amino-, Amid- und Mercaptogruppen, zu chargetransfer-Interaktionen die Arylreste, zur Ligandierung von Metallen vor allem die Imidazol-Seitengruppen bei, sofern sie unter den jeweiligen chromatographischen Bedingungen zugänglich, d. h. an der Oberfläche des Proteinmoleküls sind. Selbstverständlich basieren biologische Wechselwirkungen, wie z. B. Kohlenhydrat/Protein- (/Lectin-), Substrat/ bzw. Inhibitor/Enzym-, Ligand/Rezeptor- oder Antikörper/Antigen-Wechselwirkungen, auch auf den genannten chemischen Interaktionen.

Ohne in die Theorie der (Flüssig-)Chromatographie eindringen zu wollen (detaillierte Diskussionen der Modelle wie Gleichgewichtstheorie, Massenbalance-Modell oder Schichten-Theorie sind in der weiterführenden Literatur zu finden), sollen einige charakteristische Größen der Säulenchromatographie erläutert werden. Als chromatographische Säule soll in diesem Zusammenhang die möglichst dichte Packung eines partikulären Materials (Matrix oder Träger) verstanden werden, das im umgebenden Medium (Lauf- oder Elutionsmittel) nicht löslich ist.

Das in der Chromatographie zugängliche Gesamtvolumen V_t einer Säule setzt sich aus dem Volumen des Zwischenraums zwischen den Trägerparti-

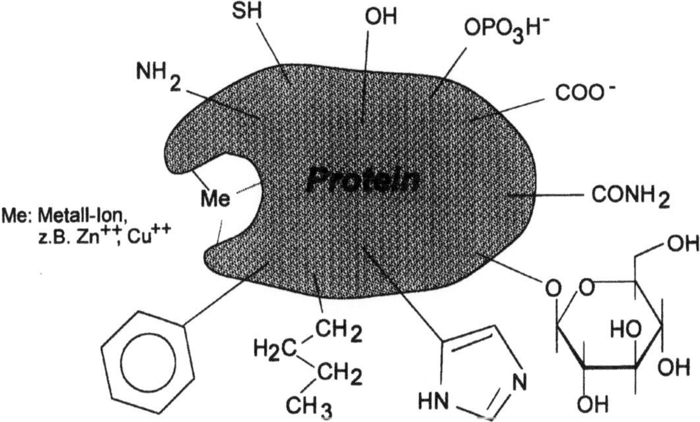

Abb. 2.1. Aminosäure-Seitenketten eines Proteins bzw. chemische Gruppen an ihnen, die zu Interaktionen mit anderen Molekülgruppen eines Chromatographieträgers oder mit anderen Molekülen befähigt sind

keln V_0 (*engl.* void volume) und dem Volumen der Poren im Träger V_i (inneres Volumen) zusammen: $V_t = V_i + V_0$.
Das Volumen V_s der stationären Phase berechnet sich zu

$$V_s = \frac{V_t - V_0}{V_0} \tag{2.1}$$

Eine Substanz wird mit dem Volumen V_e eluiert (bei konstantem Lösungsmittelfluß können die Volumina den Verweil- oder Retentionszeiten R_T gleichgesetzt werden). Wenn einer Substanz alle Lösungsmittelräume zugänglich sind, wird

$$V_e = V_t = V_0 + V_i. \tag{2.2}$$

Wenn der Träger nicht porös ist oder die Substanz nicht in die Poren eindringen kann, ist

$$V_e = V_0 \tag{2.3}$$

Substanzen, die partiell in die Poren eindringen können, verteilen sich zwischen V_0 und V_i mit dem Verteilungskoeffizienten K_d

$$V_e = V_0 + K_d \cdot V_i = V_0 + \frac{V_e - V_0}{V_t - V_0} \cdot V_i \tag{2.4}$$

Zur Charakterisierung der Leistungsfähigkeit einer Säule wurde der aus der Theorie der Destillation übernommene Begriff des Höhenäquivalents eines theoretischen Bodens (*engl.* height equivalent to a theoratical plate, HETP) eingeführt. Für einen normalverteilten Elutionspeak (GAUSS-Verteilung) ist

$$\text{HETP} = L \cdot \left(\frac{b_n}{V_e}\right)^2 \tag{2.5}$$

Je kleiner HETP ist, desto höher ist die Trennleistung der Säule mit der Länge L für den n-ten Peak mit der Halbwertsbreite b_n. Daraus ergibt sich, daß, wenn man Säulen aufgrund ihrer HETP vergleichen will, die Bedingungen für die Bestimmungen von b_n und dem dazugehörigen V_e identisch sein müssen, vor allem bezüglich gleicher Substanz und Substanzmenge bzw. -konzentration.

Die Peakauflösung ist der Abstand zwischen V_{e1} und V_{e2}. Für eine gute Auflösung gilt, daß

$$V_{e2} - V_{e1} \geq 0{,}95 \cdot (b_1 + b_2) \tag{2.6}$$

ist (b – Halbwertsbreite, d.h. Peakbreite bei halber Peakhöhe h).

Substanzen, die mit immobilisierten Liganden nach der Reaktionsgleichung

$$A_a B_b \rightleftharpoons aA + bB \tag{2.7}$$

interagieren, unterliegen dem Massenwirkungsgesetz

$$K_D = \frac{1}{K_A} = \frac{[A]^a \cdot [B]^b}{[A_a B_b]} \tag{2.8}$$

wobei K_D die Dissoziations- und K_A die Assoziations-Gleichgewichtskonstante sind. Beide sind temperaturabhängige Größen.

Da bei der Chromatographie eine intensive Wechselwirkung des zu trennenden Stoffgemischs mit dem Träger angestrebt wird und diese Intensität der zugänglichen Trägeroberfläche direkt proportional ist, sind Träger, die dicht gepackt sind, d.h. über geringere und gleichmäßigere Zwischenräume zwischen den Partikeln verfügen, für eine Trennung günstig. Die dichteste Packung erhält man durch kugelförmige Partikeln. Da die spezifische Oberfläche (Oberfläche:Volumen) einer Kugel dem Kugelradius umgekehrt proportional ist, besitzen kleinere Kugeln eine höhere spezifische Oberfläche als große und gleichzeitig lassen sie sich dichter packen als große. Durch eine dichtere Packung erhöht sich aber der Strömungswiderstand in einer Säule, für eine entsprechende Flußrate muß also ein höherer Förderdruck aufgewandt werden.

Für eine quantitative Auswertung von Chromatogrammen wird die Fläche A eines Peaks, d.h.

$$A = \int_{t_1}^{t_2} dS \tag{2.9}$$

mit der Zeit des Beginns (t_1) bzw. Endes (t_2) des Signals S genommen.

Normalerweise beginnt bzw. endet ein Peak, wenn das Signal die Grundlinie erreicht. Allerdings ist zu berücksichtigen, daß die Grundlinie nicht immer konstant, d.h. parallel zur Abszisse verläuft. Es sind dann entsprechende Korrekturen vorzunehmen. Wenn keine vollständige Peakauflösung erfolgte, d.h. das Signal zwischen zwei Peaks nicht die Grundlinie erreicht, kann man sich bei der Flächenberechnung dadurch behelfen, daß als t_1 bzw. t_2 die Zeiten (bzw., bei konstanter Fließgeschwindigkeit des Elutionsmittels, die Volumina) genommen werden, die dem Signalminimum zwischen den Peaks entsprechen (vgl. Abb. 2.2b).

Wie aus der Abb. 2.2b ersichtlich ist, wird der Flächenwert durch die im realen Chromatogramm nicht bekannten Anteile der Flächen der Nachbarpeaks verfälscht.

Wird als Meßsignal die UV-Absorption der Proteinprobe verwendet, ist zu berücksichtigen, daß Proteine unterschiedliche Absorptionskoeffizienten besitzen, die besonders bei der häufig verwendeten Messung bei 280 nm (Absorption der aromatischen Aminosäure-Seitenketten) ebenfalls zu Fehlschlüssen führen können: gleiche Peakflächen von unterschiedlichen Proteinen müs-

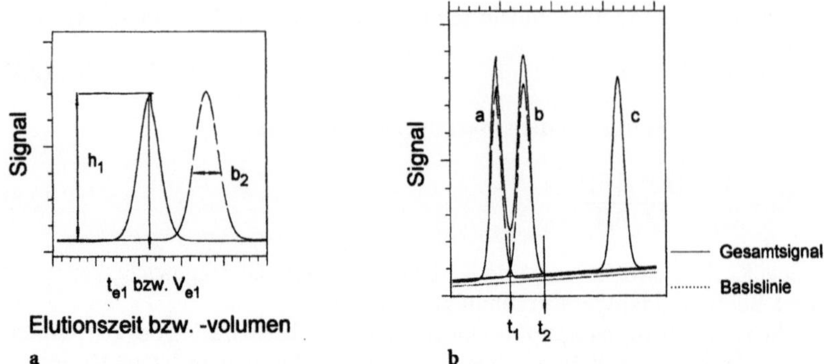

Abb. 2.2. Schematische Darstellung von chromatographischen Elutionspeaks. **a** Darstellung der Peakhöhe h_1, der Elutionszeit t_{e1} (Retentionszeit) bzw. des Elutionsvolumens V_{e1} des 1. Peaks und Halbwertsbreite b_2, des 2. Peaks. **b** Auflösung der Peaks für die Substanzen a bis c, des resultierenden Gesamtsignals und der Basislinie (Erläuterungen im Text)

sen nicht gleichen Proteinmengen entsprechen (vgl. Abschn. 4.3.5 und 12.1). Daher sind entweder die Signale im Bereich der Absorption der Amidbindung (205 bis 220 nm) aufzunehmen, was oft wegen der Grundabsorption des Elutionsmittels meßtechnische Probleme hervorruft, oder es sind für die entsprechenden Proteine, wenn die individuellen Extinktionskoeffizienten nicht bekannt sind, Eichreihen im interessierenden Konzentrationsbereich zu erstellen, die dann auf der Basis des LAMBERT-BEERschen Gesetzes die Grundlage für die Konzentrationsermittlung bilden (über die Probleme der Gültigkeit des LAMBERT-BEERschen Gesetzes vgl. Abschn. 4.1.3).

In diesem Kapitel sollen die für die Proteinanalytik wichtigsten Chromatographie-Arten behandelt werden. Unsere Einteilung richtet sich daher nach dem Typ der Wechselwirkung zwischen Protein und Träger (vgl. Tabelle 2.1).

2.1 Gelfiltration

Läßt man eine Lösung, die ein Gemisch von Proteinmolekülen mit unterschiedlichem Moleküldurchmesser enthält, in einem Lösungsmittel über einen gelförmigen Träger fließen, dessen Partikeln über von außen zugängliche Poren verfügen, können die Moleküle, deren Durchmesser kleiner als der Porendurchmesser ist, in diese Poren eindringen (daher der Begriff Gelpermeationschromatographie, GPC). Ist der Moleküldurchmesser größer als der zugängliche Porendurchmesser, werden die Moleküle von einer Permeation ausgeschlossen (Ausschlußchromatographie, *engl.* size-exclusion chromatographie, SEC). Da die in die Trägerporen eingedrungenen Moleküle einen längeren Weg bis zum Säulenende zurückzulegen haben, erscheinen sie zu einem

Tabelle 2.1. Einteilung der Flüssigchromatographie-Arten für Proteine

Chromatographie-Art	Puffer für Probenauftrag (PrA) bzw. -elution (PrE)	Verteilungs-koeffizient K_d	Bewegungsgeschwindigkeit der Probe
GPC	PrA = PrE (isokratisch)	konstant	konstant
IEC	PrA $\neq$ PrE (kontinuierlicher od. Stufengradient)	$f(I, pH, C)$[a]	variabel
HIC	PrA $\neq$ PrE (kontinuierlicher od. Stufengradient)	$f(H, pH, C)$[a]	variabel
AC	PrA $\neq$ PrE (kontinuierlicher od. Stufengradient)	$f(I, pH, C, C_L)$[a]	variabel

[a] C Proteinkonzentration, C_L Konzentration des spezifischen Liganden, I Ionenstärke, H Chaotropie des Äquilibrierungs/Proben- bzw. Elutionspuffers, pH pH-Wert.

späteren Zeitpunkt bzw. nach Verbrauch einer größeren Elutionsmittelmenge als die ausgeschlossene Moleküle. Es erfolgt also eine Fraktionierung der Moleküle in der Probe nach ihrer Größe.

Das Eindringen erfolgt in der Regel durch Diffusion. Dieses Eindringen, und damit eine theoretische Behandlung des Säulenlaufs, wird dann problematisch zu interpretieren, wenn a) der Porendurchmesser nicht konstant, b) ein Träger über Poren mit unterschiedlichem Durchmesser verfügt und c) die zu chromatographierenden Moleküle nicht ideale Kugelform besitzen. In letzterem Fall wird ein Molekül, das sich gerade „hochkant" vor einer Pore befindet, vom Eindringen ausgeschlossen, für den Fall, daß es seine Schmalseite der Pore präsentiert, kann es eindringen. Da die Moleküle sich bei Normaltemperaturen bewegen (rotieren), wird bei gestreckten Molekülen daher häufig der Rotationsradius (*engl.* radius of gyration, R_G) bzw. hydrodynamische Radius (STOKESscher Radius, R_S, vgl. Abschn. 7.3) in die Betrachtung einbezogen.

Wie stark der Rotationsradius von der Molekülform abhängen kann, soll Tabelle 2.2 verdeutlichen.

Je nachdem, wie gut und wie oft ein Molekül in Poren des Trägers eindringen kann, verlängert sich sein Weg, den es durch die Säule zurücklegen muß, damit steigen Zeit bzw. Volumen des Elutionspuffers, die nötig sind, bis das Molekül am Säulenausgang erscheint. Da ein realer GPC-Träger über ein gewisses Spektrum von Porendurchmessern, charakterisiert durch die Porenverteilung, verfügt und die Poren auch nicht auf ihrer gesamten Länge den gleichen Durchmesser aufweisen, können verschieden große Moleküle unterschiedlich oft und tief in die Matrix des Trägers eindringen bzw. werden mehr oder minder vom Eindringen wegen ihrer Größe ausgeschlossen, ein Vorgang, der einer Siebung ähnlich ist (Molsieb-Effekt).

Unter der Voraussetzung, daß zwischen Träger und gelöstem Molekül keine adsorptiven Wechselwirkungen stattfinden, kann man so mit Molekülen, die

Tabelle 2.2. Abhängigkeit des Rotationsradius R_G von der Molmasse M_r

Molekül	M_r in kD	R_G in nm	
		berechnet	experimentell
Modell „feste Kugel"	500	4,5	
Modell „flexibles Knäuel"	500	29,5	
Modell „Stäbchen 2,5 nm Durchmesser"	500	41,0	
Modell „Stäbchen 1,5 nm Durchmesser"	500	115,0	
globuläres Protein (Rinder-Serumalbumin)	66	2,1	2,98
(Katalase)	225	3,1	3,98
fibrilläres Protein (Myosin)	493	4,1	46,8

Nach: K. M. GOODMAN, F. E. REGNIER. In: K. M. GOODMAN, F. E. REGNIER (1990) (eds.) HPLC of Biological Macromolecules – Methods and Applications, M. Dekker, New York.

völlig von dem Eindringen in Poren ausgeschlossen sind, V_0 bestimmen. V_t erhält man durch Chromatographie mit einem Stoff, der den porösen Träger vollständig penetriert (s. Abb. 2.3). Wird eine Substanz mit $V_e > V_t$ eluiert, kann man auf Adsorptionen am Träger schließen.

Dadurch, daß eine Molekülsorte in Poren eindringen kann, während gleichzeitig weiteres Laufmittel vorbeifließt, wird seine Konzentration durch Verdünnung herabgesetzt, d.h., je später ein Stoff in einem Gelfiltrationsexperiment eluiert wird, desto geringer ist seine Konzentration – ein Umstand, den man bei der Wahl des Detektionssystems und bei der Wahl der Stelle der Gelfiltration in einer Reinigungsprozedur berücksichtigen muß.

Ob ein Molekül von den Trägerporen ausgeschlossen wird oder nicht, hängt also von seiner Größe und Geometrie ab. Da die geometrische Größe mit der Molmasse M_r zunimmt, kann die Gelfiltration zur Molmassenbestimmung herangezogen werden. Dazu muß eine Säule kalibriert werden.

Bei der Kalibierung ist es wichtig, daß alle Moleküle die gleiche Gestalt, möglichst Kugelform, haben (ellipsoide Moleküle erscheinen wegen ihrer Rotation im Lösungsmittel mit einem größeren Radius als kugelförmige mit gleicher

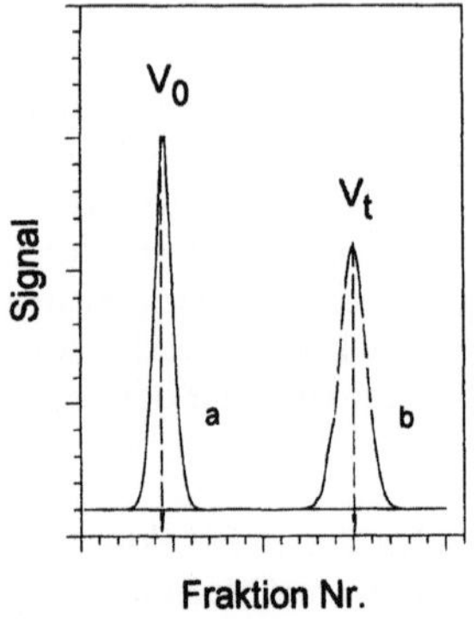

Abb. 2.3. Schematische Darstellung der Bestimmung des Ausschlußvolumens V_0 und des Gesamtvolumens V_t. Peak a wird von einem Molekül hervorgerufen, dessen Rotationsradius > Porenradius ist, Peak b wird von einem vollständig penetrierenden Molekül erzeugt (Rotationsradius ≤ Porenradius)

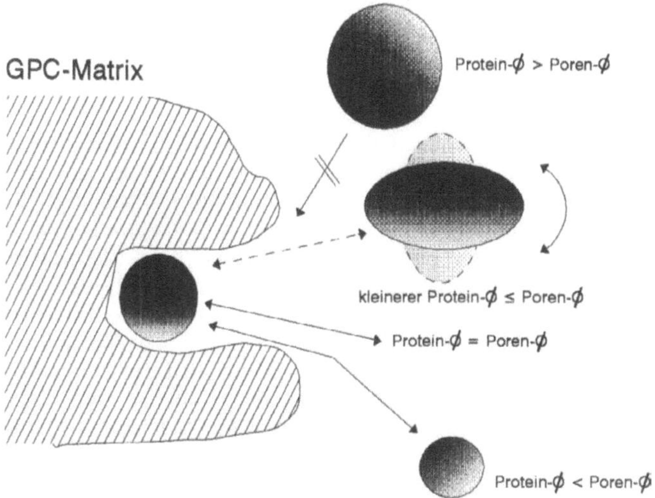

Abb. 2.4. Prinzip der GPC (Ausschlußchromatographie)

Molmasse). Durch eine vollständige Denaturierung in 6 M Harnstoff oder 3 M Guanidiniumchlorid kann man Proteine nach Reduktion der intramolekularen Disulfidbrücken in ein statistisches Knäuel überführen, das annähernd Kugelsymmetrie besitzt. Eine andere Variante besteht darin, daß Proteine mit dem Tensid Natriumdodecylsulfat (Natriumlaurylsulfat, *engl.* sodium dodecylsulfate, SDS) denaturiert und in stäbchenförmige Partikeln überführt werden, die einen größeren Radius als die statistischen Knäuel der entsprechenden Polypeptidketten besitzen (vgl. Abb. 2.5). Man sollte aber bedenken, daß diese Polypeptidketten auch unter völlig denaturierenden Bedinungen keine starren Partikeln darstellen, sondern daß diese Ketten über eine hohe Flexibilität und Verformbarkeit verfügen, die auch die Ursache für ein „Verhaken" des Polypeptids am Trägermaterial-Grundgerüst sein können, was ein möglicher Grund für eine verschleppte Elution ist (tailing, mangelnde chromatographische Bilanz).

Aufgrund der verschiedenen genannten Einflüsse kommen in Gl. (2.5) zusätzliche Faktoren hinzu:

$$\text{HETP} = \frac{C_{sm} \cdot d_p^2 \cdot v}{D_m} + K_d \tag{2.10}$$

mit

C_{sm} Faktor für den Massertransfer zwischen mobiler Phase und Porenflüssigkeit,
d_p Trägerpartikeldurchmesser,
v Fließgeschwindigkeit der mobilen Phase,
D_m Diffusionskoeffizient der mobilen Phase,
K_d Verteilungkoeffizient des Analyten (in der GPC auch als K_{av} bezeichnet).

Bestimmt man nun die Elutionsvolumina von unter gleichen Bedingungen denaturierten Proteinen mit bekannter Molmasse, erhält man beim Auftragen des Logarithmus der Molmasse gegen das Elutionsvolumen in einem bestimmten Bereich eine Gerade, an der man anhand des Elutionsvolumens des zu analysierenden Proteins dessen Molmasse bestimmen kann.

Aus dem Gesagten ist abzuleiten, daß eine Molmassenbestimmung mit der Gelfiltration nur dann zulässig ist, wenn Kalibrierungs- und Analysenproteine die gleiche Geometrie aufweisen, was in der Regel nur nach völlständiger Denaturierung möglich ist, und die Moleküle der gleichen Stoffklasse angehören (eine Molmassenbestimmung von Proteinen ergibt abweichende Werte, wenn zur Säulenkalibrierung z. B. Polysaccharide, meist Dextrane, Polyethylenglycole oder Polystyrensulfonate eingesetzt wurden). Die Notwendigkeit einer Denaturierung stellt ein Problem dar, wenn Proteinkomplexe (Quartärstrukturen, Proteinoligomere) untersucht oder biologische Aktivitäten der Proteine für ihren Nachweis herangezogen werden sollen.

Für eine Molmassenbestimmung kann man die Gln. (2.11) und (2.12) verwenden:

$$\lg M_r = a - b \cdot \frac{V_e - V_0}{V_t - V_0} \tag{2.11}$$

$$\text{bzw. } R_S = c + d \cdot \lg M_r \tag{2.12}$$

Die Parameter a und c (Ordinatenabschnitt) bzw. b und d (Geradenanstieg) hängen dabei von der Art der zur Kalibrierung verwendeten Stoffe ab.

Eine Darstellung der Beziehung von STOKESschem Radius ($R_S \sim 1/V_e$) für native und SDS-beladene Proteine sowie Dextrane ist in Abb. 2.5 gegeben.

Die Diffusion des Analyten ist einmal nötig, um ihn in die Trägerporen eindringen zu lassen, anderseits führt sie aber auch zu Peakverbreiterungen, da sie zu einem Teil gegen, zu einem anderen zusätzlich zum Laufmittelstrom erfolgt. Bei der Wahl der Fließgeschwindigkeit ist also ein Kompromiß zu schließen, ihr negativer Einfluß kann auch durch Arbeiten bei niedrigeren Temperaturen (4° anstelle Raumtemperatur; Beachtung der Löslichkeit von Pufferkomponenten wie SDS oder hochkonzentriertem Harnstoff bei niedrigen Temperaturen) verringert. Es ist davor zu warnen, (Normaldruck-)Säulen bei Raumtemperatur zu packen und dann bei wesentlich niedrigeren Temperaturen zu betreiben, da durch die, wenn auch minimale, temperaturbedingte Schrumpfung des Säulenmaterials mikroskopische Risse auftreten, in denen, wegen des geringeren Widerstandes, das Laufmittel und damit der Analyt wesentlich schneller fließen als im dichter gepackten Material. Dadurch ist ein geringerer Stoffaustausch zwischen Träger und Laufmittel möglich, was Bandenverbreiterungen, d.h. Verschlechterung der Auflösung, zur Folge hat.

Um einen möglichst häufigen Austausch zwischen Trägerporen und Analyten zu erreichen und Probleme bei der gleichförmigen Ausbildung der horizontalen Trägerschichten zu minimieren, sollte die Trennstrecke im Verhältnis zum Säulenquerschnitt lang sein. In der Normaldruck-Chromatographie sind

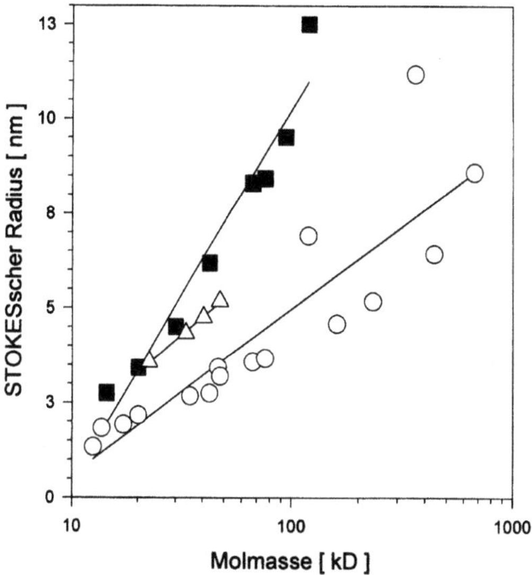

Abb. 2.5. Zusammenhang zwischen Stokesschem Radius und Molmasse. ○ – nicht-denaturierte Proteine (Korrelationskoeffizient r = 0,883), △ – Dextrane (r = 0,998), ■ – mit SDS denaturierte Proteine (r = 0,973). (Lineare Regressionsgeraden für die Gleichung 2.12). Daten aus: Le Maire, M. et al. (1989) Anal. Biochem. 177, 50 – 56

100 bis 150 cm lange Säulen bei 1 bis 2,5 cm inneren Durchmesser (I. D.) nicht ungewöhnlich, in der HPSELC betragen die Säulendimensionen ca. 250 – 300 Länge bei 4 bis 8 mm I. D..

Gelöste Probe und Laufmittel sollten in der Säulenchromatographie im allgemeinen, ganz besonders aber bei der GPC, so aufgetragen und aus der Säule entnommen werden, daß die entstehenden Flüssigkeitsschichten zylinderförmig sind und sich auch möglichst so durch die Säule bewegen. Das kann durch die Verwendung von Fritten an den Trennbettenden erfolgen, die den Flüssigkeitsstrom schnell gleichmäßig über den gesamten Säulenquerschnitt verteilen.

Da, wie erwähnt, eine starke Verdünnung der Probe auftritt, sollte im Interesse einer geringen Peakbreite bei hohem Signal eine möglichst konzentrierte Probe aufgetragen werden, deren Volumen, als Richtwert, 1/20 bis 1/100 des Säulenvolumens beträgt. Bei größeren Probenvolumina wird eine effektive Trennung nur erreicht, wenn die Molmassen sich mindestens um den Faktor 5 unterscheiden. Verwendet man die GPC zum Entsalzen oder Umpuffern von Proteinlösungen, können erheblich größere Volumina aufgetragen werden, vor allem dann, wenn das Protein im Ausschlußvolumen erscheint.

Für welches GPC-Säulenmaterial man sich entscheidet, hängt von verschiedenen Faktoren ab. Für analytische Zwecke wird sicher auf die Mitteldruck-Chromatographie oder die HPLC zurückgegriffen. Die Träger dafür müssen druckstabil und resistent gegen das (wäßrige) Laufmittel sein, die (HPLC-)Apparatur muß korrosionsfest gegenüber den nicht unerheblichen Salzkonzentrationen im Laufmittel sein. Apparatur und Träger sollten auch inert gegenüber alkalischem Milieu sein, da eine effektive Reinigung von Proteinpräzipitaten, vor allem bei der Behandlung der kompletten Anlage (cleaning in process) 0,1 bis 1 N NaOH oder 0,5 M Na_2CO_3 erfordert. Des weiteren ist es nicht möglich, und auch nicht sehr sinnvoll, einen Träger herzustellen, der einen Molmassenbereich von mehr als 4 Zehnerpotenzen überstreicht. Bei der Auswahl des Trägers ist also der Fraktionierbereich zu beachten (und die Standards bzw. Methoden, mit denen er ermittelt wurde!).

Eine auch nur annähernd ausgewogene Auflistung von Trennmedien für die GPC ist hier aus Platzgründen nicht möglich, es muß auf das umfangreiche Datenmaterial verwiesen werden, das die verschiedenen Anbieter von Trägermaterialien und Fertigsäulen zur Verfügung stellen.

Für mehr präparative Anwendungen ist nach wie vor die Normaldruck-Chromatographie unter Verwendung weicherer Trägermaterialien, wie unterschiedlich stark quervernetzter und konzentrierter Agarosen (Sepharose, Bio-Gel A u. ä. m.), Dextrane (z. B. Sephadex), Polyacrylamiden (z. B. BioGel P) oder Mischformen (z. B. Sephacryl,) anwendbar. Da die meisten dieser Träger, besonders, wenn sie über hohe Ausschlußgrößen wegen geringerer Quervernetzungen der Trägermatrix verfügen, druckempfindlich sind, müssen die Fließgeschwindigkeiten gering gewählt werden, um einen Druckanstieg zu vermeiden, der zur irreversiblen Kompression des Trägers führt. Zum Beispiel werden vom Hersteller für das SEC-Material Sephacryl S-400HR (Fraktionierbereich für globuläre Proteine 20 bis 8000 kD) lineare Flußraten ($ml \cdot h^{-1} \cdot cm^{-2}$ Säulenquerschnitt, entspr. cm/h) von 100 cm/h bei einem maximalen Druck von 0,1 MPa, für Sephacryl S-200 HR (Fraktionierbereich für globuläre Proteine 5 bis 250 kD) 75 cm/h bei 0,2 MPa angegeben. Auch die chemische Beständigkeit gegenüber chaotropen Substanzen wie Harnstoff, Guanidiniumhydrochlorid oder Thiocyanaten (Rhodaniden), gegenüber Säuren oder Laugen ist bei der Wahl der Träger zu berücksichtigen, da diese selbst innerhalb einer Stoffgruppe, wie z. B. der Dextrane oder Agarosen, infolge des Herstellungsprozesses des gelförmigen Trägers sehr unterschiedlich sein kann.

Neben den Schwierigkeiten der richtigen Auswahl der Konditionen für die Kalibrierung der GPC-Säule hat man häufig Probleme mit zusätzlichen Wechselwirkungen. Diese sind in erster Linie hydrophobe Interaktionen zwischen hydrophoben Arealen des Proteins und z. B. CH_2-Gruppen im Träger, die aus der Grundmatrix oder aus Quervernetzern stammen. Diese hydrophoben Wechselwirkungen kann man dadurch unterdrücken, daß entweder in Gegenwart eines chaotropen Agens (s. Abschn. 2.3) oder eines Tensids chromatographiert wird. Besonders weiche Gele neigen aber dazu, in Gegenwart von chaotropen Substanzen zu schrumpfen, was Inhomogenitäten der Partikelpackung zur Folge hat. Tenside (Detergenzien) bilden oberhalb einer für das jeweilige Tensid charakteristischen, von der Ionenstärke und anderen Parametern der Lösung abhängigen Konzentration (kritische Mizellkonzentration, CMC) Mizellen aus, die eine „Molmasse" von mehreren Kilodalton aufweisen können (vgl. Tabelle 2.3).

Tabelle 2.3. CMC und Mizellgröße einiger Tenside (Detergenzien)

Tensid	CMC in mM	M_r der Mizelle in kD	Dialysier- barkeit
ionisch			
Cetyltrimethylammoniumbromid (CTAB)	1	62	+[a]
Natriumdesoxycholat (NaDOC)	2–6	1,7–4,2	+
Natriumdodecylsulfat (SDS)	7–10	18	–
zwitterionisch			
3-[(3-Cholamidopropyl)-dimethylammonium]- 1-propansulfonat (CHAPS)	4–10	6	+
3-[(3-Cholamidopropyl)-dimethylammonium]- 2-hydroxy-1-propansulfonat (CHAPSO)	8	6,3	+
N-Dodecyl-*N,N*-dimethylammonium- 3-propansulfonat (Sulfobetain 3–12, SB 12)	2–4	12–18,5	–
N-Tetradecyl-*N,N*-dimethylammonium- 3-propansulfonat (Sulfobetain 3–14)	3	30	–
nichtionisch			
Brij 35	0,1	48	–
Octa(ethylenglycol)-dodecylether ($C_{12}E_8$)	0,1	64,5	–
Lubrol PX	0,006	64	–
Digitonin	0,7	74	–
n-Octyl-*β*-D-glucopyranosid (Octylglucosid)	25	24,5	+
n-Octyl-*β*-D-glucosamin (NOGA)	80		+
Triton X 100 (≈ Nonidet NP40)	0,2–1	90	–
Triton X-114	0,2–0,4		–
Tween 20 (Sorbitan E20)	0,005		

[a] Dialysierbarkeit: + leicht dialysierbar, – nicht oder schwer dialysierbar.

In diese Mizellen können sich die zu analysierenden Proteine einlagern und so in einem viel zu geringen Elutionsvolumen bestimmt werden.

Tenside, besonders die schwer dialysierbaren, lassen sich aus Lösungen durch Adsorption an makroporöse synthetische Polymere entfernen, indem entweder die Lösung über eine mit dem Polymer gefüllte Säule gegeben wird oder bei einer Dialyse das Polymer im Dialysepuffer außerhalb des Dialyseschlauchs für eine Entfernung des Tensids aus dem Tensidmonomer-Mizell-Gleichgewicht sorgt. Die Tensid-Bindungskapazität der Polymere hängt von der Art des Polymers als auch vom Tensid ab. Besonders ist bei der mehr oder minder vollständigen Entfernung von Tensiden aus Proteinlösungen zu bedenken, daß viele Proteine in Abwesenheit von Tensiden oder ähnlichen Substanzen dazu neigen, entweder zu aggregieren oder von beliebigen Oberflächen adsorbiert zu werden.

Die Elution in der GPC erfolgt isokratisch, d. h. Äquilibrierungs- und Elutionspuffer haben im Verlauf der Chromatographie stets die gleiche Zusammensetzung, und mit konstanter Elutionsmittelgeschwindigkeit. Eine Erhöhung der Auflösung ist nur durch Verlängerung der Säule, Verwendung kleiner Trägerpartikel, Herabsetzung der Elutionsmittelgeschwindigkeit und Verringerung der Probenmenge und/oder des -volumens möglich (vgl. Gl. (2.10)).

Insgesamt muß gesagt werden, daß besonders zur Molmassenbestimmung die GPC keine optimale Methode darstellt. Auch die HPSELC ist in ihrer Auflösung in der Regel nicht geeignet, genaue Molmassen oder relativ geringe Molmassenunterschiede zu bestimmen. Von großem Wert ist die GPC für die Proteinanalytik allerdings immer dann, wenn das Assoziationsverhalten von Proteinen untersucht werden soll, zumal in solchen Fällen in einem Milieu gearbeitet werden kann, das für Protein-Protein-Interaktionen optimierbar ist. So können Antikörper-Antigen-Wechselwirkungen besonders mit der HPSELC untersucht werden, da hierbei wegen der relativ hohen Trenngeschwindigkeit sowohl die Komplexe als auch ihre Dissoziation erfaßbar sind, vorausgesetzt, der Größenunterschied zwischen Antikörper bzw. Antikörperfragment und Immunkomplex erlauben auf der GPC-Säule eine Auftrennung.

2.2 Ionenaustauschchromatographie (IEC)

Proteine verfügen über Gruppen, die im wäßrigen Medium negative (COO^-, PO_3H^-, SO_4^{--}) oder positive (NH_3^+, NH_2^+) Ladungen tragen. Der Ionisierungsgrad dieser Gruppen hängt von der unmittelbaren chemischen Umgebung dieser Gruppen (Art der Aminosäure-Seitenkette), der H_3O^+-Konzentration im Medium und der Konzentration der Gruppen selbst ab. Er gehorcht dem Massenwirkungsgesetz und kann durch die Dissoziationsgleichgewichtskonstante K_D bzw. deren negativen dekadischen Logarithmus pK charakterisiert werden. Für ein Protein kann man einen Durchschnittswert durch Titration ermitteln, bei dem die Menge der negativen und positiven Ladungen z gleich ist. Die Nettoladung $= \Sigma\,(z^+ + z^-)$ ist gleich Null, das Protein befindet sich an seinem isoelektrischen Punkt pI.

Für den Fall, daß alle negativen und positiven Gruppen in einer Lösung gleich zugänglich sind, ist der pI-Wert dem Mittelwert der Summe aller pK-Werte gleich. Da für eine Interaktion mit anderen Ionen aber nur die an der Oberfläche zugänglichen geladenen Gruppen zur Verfügung stehen und in einem Protein in der Regel die negativen und positiven Gruppen nicht gleichmäßig auf der Oberfläche verteilt sind, ist der theoretisch ermittelte pI-Wert nur von geringer Aussagekraft.

Wenn man Anionen oder Kationen mit charakteristischen pK-Werten an eine vom übrigen Medium abtrennbare flüssige oder feste Phase bindet, können diese immobilisierten Ionen I_i mit frei beweglichen entgegengesetzt geladenen Ionen $I_1 \ldots I_n$ ebenfalls entsprechend dem Massenwirkungsgesetz unter Bildung der Ionenpaare $I_i I_1 \ldots I_i I_n$ wechselwirken:

$$I_i + I_1 + I_2 + \ldots + I_n \rightleftharpoons I_i I_1 + I_i I_2 + \ldots I_i I_n$$

Die jeweilige Menge an Komplex $I_i I_1 + I_i I_2 + \ldots I_i I_n$ ist von den Konzentrationen der beteiligten Reaktionspartner und den Gleichgewichtskonstanten der Einzelreaktionen abhängig.

Da in Abhängigkeit von der Konzentration (genauer: Aktivität) das Ion I_1 das Ion I_n aus dem Komplex $I_i I_n$ in einer Gleichgewichtsreaktion verdrängen kann, spricht man von einem Ionenaustausch.

Die Intensität der Wechselwirkung hängt weiter von der Menge an ionisierten Gruppen in einem bestimmten Raum ab. Mehrfach geladene Ionen werden fester gebunden als nur einfach geladene, darüber hinaus sind Proteine aufgrund ihrer Größe in der Lage, mehrfache Bindungen mit immobilisierten Gegenionen einzugehen. Diese Mehrfachbindungen können zu einer partiellen Deformation des Proteins führen. Anderseits kann die Verwendung von sog. Tentakel-Ionenaustauschern, bei denen sich die immobilisierten Ionen an flexiblen Atomketten (Spacern) befinden und die sich wie Fangarme an das Protein anlagern, zwar die native Struktur des Proteins besser erhalten, das Protein wegen intensiverer Wechselwirkungen aber auch fester an den Träger binden und damit eine Elution unter drastischeren Bedingungen erfordern.

Um von den vielfältigen Wechselwirkungsmöglichkeiten von Proteinen nur die ionischen herauszustellen, wurden Ionenaustauscher auf der Basis von Polysaccharid-, Polymethacrylat- und Polyacrylamid-Matrices entwickelt, deren Grundgerüst überwiegend hydrophil (geringe hydrophobe Wechselwirkungen) ist. Müssen z.B. zur Erhöhung der Druckstabilität für die HPLC andere Matrices verwendet werden, sind sie für die Protein-IEC an der Oberfläche hydrophilisiert (z.B. Polyol-Phasen). Je nachdem, ob der pK-Wert der immobilisierten Ionen näher oder weiter vom Neutralpunkt entfernt ist, spricht man von schwachen oder starken Ionenaustauschern. Kationenaustauscher besitzen negative Gruppen

Beispiele: SP $(-CH_2CH_2CH_2SO_3^-)$ > Phospho $(-O-PO_3^{2-})$ > CM $(-CH_2COO^-)$

Anionenaustauscher positiv geladene Gruppen

Beispiele: QAE $(-CH_2CH_2N^+(CH_2CH_3)_3)$ > DEAE $(-CH_2CH_2NH^+(CH_2CH_3)_2)$
> AE $(-CH_2CH_2NH_3^+)$

Für die IEC eines interessierenden Proteins hat man zu entscheiden, ob das Protein an den Ionenaustauscher gebunden werden soll, oder, was für den Zeitbedarf einer Trennung bzw. die Belastung eines Proteins durch die Elutionsbedingungen entscheidend sein kann, die Fremdproteine bzw. Begleitstoffe gebunden werden sollen. Regeln für die Bindung eines Proteins an und seine anschließende Elution vom Träger sind in Tabelle 2.4 angegeben.

Durch die Möglichkeit, die Elution eines gebundenen Proteins durch die stufenweise oder kontinuierliche Änderung der H_3O^+-Konzentration (pH-Wert) und/oder der Salzkonzentration (Ionenstärke der Pufferlösung) vornehmen zu können, ist eine hohe Auflösung der Komponenten eines Chromatogramms möglich. Diese Auflösung kann dadurch noch gesteigert werden, daß man im interessierenden Bereich den Gradienten spreizt, d.h. den Anstieg der Konzentrationsänderung kleiner gestaltet.

Tabelle 2.4. Auswahlkriterien für die IEC

Parameter	bei Verwendung eines	
	Anionenaustauschers	Kationenaustauschers
pI des zu adsorbierenden Proteins	< 7	> 7
pH zur Adsorption	$\gg 7$	$\ll 7$
Ionenstärke zur Adsorption [a]	niedrig	niedrig
pH zur Elution	sinkend	ansteigend
Ionenstärke zur Elution	ansteigend	ansteigend

[a] Ionenstärke $I = \dfrac{\sum\limits_{i=1}^{i} (c_i \cdot z_i^2)}{2}$ mit c_i-analytische Konzentration des Ions i mit der Ladung z.

Bei der Verwendung von makroporösen Ionenaustauschern ist ein Gelfiltrationseffekt zu berücksichtigen. Um die volle Kapazität des Trägers (ionisch gebundene Stoffmenge pro g oder ml Träger) auszunutzen, sollte die GPC-Ausschlußgröße erheblich über dem Durchmesser des größten Analyten-Moleküls liegen. Wird dann bei fortschreitender Elution das Protein vom Träger gelöst, sollte im Interesse schmaler Elutionspeaks die Fließgeschwindigkeit des Elutionsmittels für die IEC nicht höher als bei einer vergleichbaren GPC sein.

Da die Ionen des Elutionsmittels in jedem Fall aufgrund ihrer geringen Größe in die Poren des Trägers eindringen, ist die Elutionsgeschwindigkeit so zu wählen, daß ein vollständiger Austausch zwischen der Lösung innerhalb und außerhalb der Trägerpartikeln erfolgt. Nur dann ist eine schmale Elutionszone und damit ein scharfer Elutionspeak gesichert. Diese Überlegungen spielen keine Rolle für kompakte Träger, wie sie in der HPLC neben makroporösen Trennmedien Anwendung finden.

Weiche Träger (z.B. auf Dextran-, Agarose- oder Cellulosebasis) haben einen Nachteil: Das Matrixskelett ist so elastisch, daß es auf die Abstoßungskräfte zwischen den immobilisierten geladenen Gruppen reagiert: bei hoher Ionenstärke schrumpft das Gel, bei niedriger quillt es. Die damit verbundenen Änderungen im chromatographischen Bett können teilweise dadurch kompensiert werden, daß Säulen mit einem großen Durchmesser im Verhältnis zur Länge gewählt werden.

Ein weiterer Unterschied zwischen GPC und IEC besteht darin, daß bei der IEC relativ große Volumina mit geringer Konzentration zur Adsorption verwendet werden können und daß Adsorption (Bindung) und/oder Desorption (Elution) außerhalb der Säule erfolgen können (batch-Verfahren).

Da für jedes gebundene Molekül ein diskreter pH/Ionenstärke-Bereich nötig ist, entsteht beim Durchwandern des Gradienten durch die Säule eine Zone von gelöstem Material, die mit der gleichen Geschwindigkeit wie der Gradient durch die Säule wandert. Die Wanderungsgeschwindigkeit sollte auch hier so gewählt werden, daß die Elutionsmittel-Ionen nicht schneller als die Proteine wandern, um Ausfällungseffekt („Aussalzung") zu vermeiden.

Aus verschiedenen prinzipiellen Gründen entspricht die Form des Elutionspeaks nicht der in Abb. 2.2 vorgestellten Glockenform. Es erfolgt eine langsamere Abnahme des Meßsignals als seine Zunahme beim Beginn der Elution einer Proteinspezies (tailing). Da die Hauptursachen des Tailings in der Diffusion und in nichtionischen Wechselwirkungen zu suchen sind, kann es durch Chromatographie bei niedrigeren Temperaturen, durch Zusatz von Tensiden, durch die Auswahl stärker chaotroper Ionen (s. HOFMEISTER-Reihe im Abschn. 2.3) und Verwendung eines geeigneteren Trägers (kompakte Trägerpartikel zur Verhinderung von Molsiebeffekten) verringert werden. Allerdings ist es für bestimmte Anwendungen auch möglich, sog. mehrfunktionelle Chromatographieträger zu verwenden. Antikörper lassen sich z.B. gut an Mischbettaustauschern trennen, die über immobilisierte schwache Anionen und Kationen verfügen, für andere Anwendungen wurden bereits Ionenaustauscher mit deutlicher hydrophober Komponente benutzt.

Die Chromatographie an Hydroxyapatit (Calciumhydroxyphosphat, $Ca_{10}(PO_4)_6OH_2$) stellt einen Grenzfall zwischen Ionenaustausch- und Affinitätschromatographie dar. Die Träger bestehen aus kristallinem, amorphsphärischem oder in Agarose eingeschlossem Hydroxyapatit. Sowohl Phosphatgruppen-spezifische (z.B. bei Phosphat-übertragenden oder -spaltenden Enzymen) als auch ionische Wechselwirkungen (im wäßrigen Milieu ist Hydroxyapatit ein schwacher gemischter Ionenaustauscher) sind für die Adsorption verantwortlich. Die Elution des adsorbierten Proteins erfolgt mittels eines Phosphat- oder Calcium-Konzentrationsgradienten bei neutralem pH-Wert.

Eine weitere Sonderform der IEC, vor allem für präparative Zwecke, ist die Chromatofokussierung. Hierbei wird eine (An)Ionenaustauschersäule mit einem auf seinen (basischen) Endpunkt eingestellten Puffer äquilibriert. Dieser Puffer muß über einen weiten pH-Bereich über ausreichende Pufferkapazität verfügen (die meisten für die IEC verwendeten Puffer besitzen eine gute Kapazität nur ± 0.7 pH-Einheiten um den pK-Wert der Puffersubstanz). Dann wird die Probe aufgetragen und mit dem gleichen Breitbandpuffer, der diesmal allerdings auf seinen unteren pH-Bereich eingestellt ist, eluiert. Dadurch wird ein kontinuierlicher pH-Gradient in der Säule erzeugt, in dem die Proteine der Probe nach ihrem isoelektrischen Punkt fraktioniert und eluiert werden.

Sicherlich liegt das Hauptanwendungsgebiet der IEC wie das der GPC auf präparativem Gebiet, aber besonders beim Vergleich zweier nur wenig von einander verschiedener Proteine oder bei der Untersuchung von Isoenzymmustern bestehen für die IEC, speziell in der IE-HPLC, interessante analytische Anwendungsmöglichkeiten.

2.3 Hydrophobe Chromatographie und Umkehrphasen-Chromatographie

Die hydrophobe Chromatographie (*engl.* hydrophobic interaction chromatography, HIC) und ihr Sonderfall Umkehrphasen-Chromatographie (*engl.* reversed phase chromatography, RPC) werden gelegentlich zur Affinitätschromatographie gerechnet. Hinsichtlich ihrer Spezifität, ihrer Mechanismen und ihrer Durchführung sind sie aber der Ionenaustausch-Chromatographie ähnlicher und sollen daher als eigenständige Chromatographiearten behandelt werden.

HIC- und RPC-Trennungen liegt das gleiche Prinzip zugrunde: die Wechselwirkungen zwischen einem hydrophoben (wasserabweisenden) Trägermaterial und entsprechenden Arealen im Protein. Da sich beide Chromatographieformen praktisch nur in der Beladungsdichte von Liganden auf der chromatographischen Matrix unterscheiden, sollen sie zusammen behandelt werden.

Bringt man Moleküle mit apolaren Strukturelementen (z.B. Alkyl-Seitenketten der Aminosäuren Ala, Leu, Ile, Val) in eine wäßrige Flüssigkeit, die aufgrund der Dipol-Dipol-Wechselwirkungen der Wassermoleküle eine kristallähnliche Struktur besitzt, wird die Wasserstruktur gestört, es kommt zu einer Entropiezunahme. Diese Entropiezunahme ist im isolierten System thermodynamisch ungünstig und kann durch die Zusammenlagerung hydrophober Bereiche verringert werden, der Ordnungsgrad des umgebenden Wassers nimmt wieder zu und damit die Entropie ab. Dieser Prozeß ist in Abb. 2.6 schematisch dargestellt.

Wegen dieser Tendenz, vom Wasser ausgegrenzt zu werden, befinden sich hydrophobe Proteinteile vorwiegend im Inneren eines Proteins, das dann an den Kontaktflächen mit Wasser hydrophile Seitenketten (Arg, Lys, Gln, Asn, Glu, Asp, Ser, Thr) präsentiert, oder, wie bei Membranproteinen, sind diese

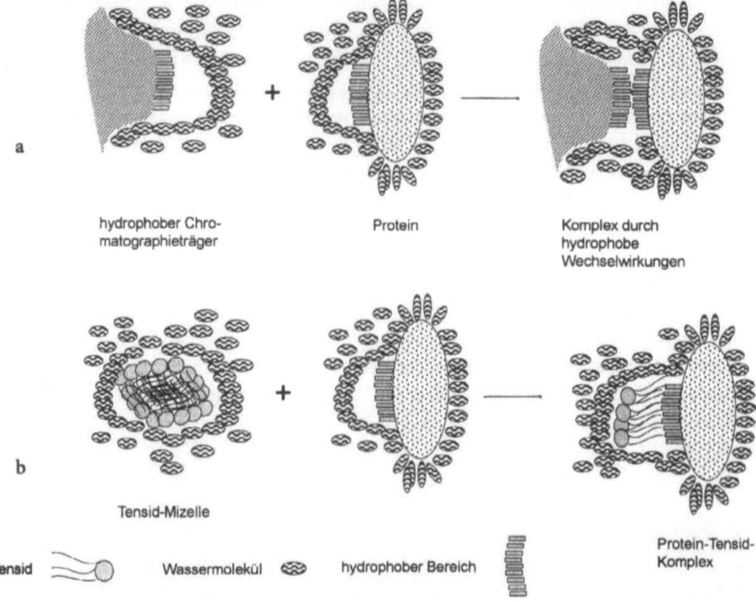

Abb. 2.6. Schema der hydrophoben Wechselwirkungen zwischen **a** einem Protein und einem HIC-Träger sowie **b** zwischen Protein und Tensid (analog sind auch die Wechselwirkungen zwischen hydrophoben Arealen zweier Proteinen)

dann häufig als membrandurchdringende Sequenzen bezeichneten hydrophoben Bereiche mit (amphiphilen) Lipiden umgeben.

Amphiphile Substanzen besitzen einen hydrophilen, polaren und einen hydrophoben, apolaren Anteil (Beispiele für amphiphile Substanzen: Phospholipide, Cholsäure und -derivate, Tenside).

HIC-Chromatographieträger bestehen aus einer ähnlichen Grundmatrix wie IEC-Träger, nur tragen sie anstelle der ionischen Gruppen Alkylreste (meist n-Alkylreste mit zwei bis acht C-Atomen). Während bei den HIC-Trägern eine relativ geringe Beladung des Trägeroberfläche mit Alkylresten angestrebt wird, sind bei Umkehrphasen (reversed phases, rp) für die RPC die Oberflächen vollständig bedeckt (gebräuchlich sind Octyl- (C8), Dodecyl- (C12) und Octadecyl- (C18) Phasen).

Die Intensität der Bindung zwischen Protein und Träger hängt, ähnlich wie bei der IEC, von der Art und Dichte der immobilisierten hydrophoben Gruppen und der Art und Dichte solcher Gruppen am Protein ab.

Durch die dichte Bedeckung stellen die Umkehrphasen stationäre organisch/apolare Lösungsmittel dar, in Umkehrung zu den „normalen" hydrophilen Chromatographiemedien, bei denen die stationäre Phase meist durch Wasser gebildet wird. Vor allem kleine Moleküle verteilen sich nun entsprechend ihrer Hydrophobizität zwischen der stationären und der wäßrigen mobilen Phase. Während die HIC also vorwiegend zum Typ der Adsorptionschromatographie gerechnet werden muß, besitzt die RPC auch für Proteine eine starke verteilungschromatographische Komponente.

Verschiedene Substanzen besitzen die Eigenschaft, in gelöster Form die Wasserstruktur mehr oder minder zu stören und so hydrophobe Effekte weniger oder mehr zu fördern (eine Verstärkung hydrophober Interaktionen zwischen Proteinen durch Salze führt zu Ausfällungen, „Aussalzungen"). Für die Wirksamkeit der gebräuchlichsten Kationen und Anionen wurde die HOFMEISTER-Reihe aufgestellt:

$\leftarrow$ *zunehmende Fähigkeit zum Aussalzen*
zunehmender chaotroper Effekt $\rightarrow$

$$NH_4^+ < Rb^+ < K^+ < Na^+ < Cs^+ < Li^+ < Mg^{++} < Ca^{++} < Ba^{++} < (NH_2)_2C{=}NH_2^+$$
$$PO_4^{---} < SO_4^{--} < CH_3COO^- < Cl^- < Br^- < NO_3^- < ClO_4^- < F_3CCOO^- < I^- < SCN^-$$

Chaotropie wird auch durch mit Wasser mischbare, mehr oder minder polare organische Lösungsmittel erzeugt:

$\leftarrow$ *zunehmende Polarität*
zunehmende Chaotropie bzw. Apolarität $\rightarrow$

Wasser < Methanol < Acetonitril < Ethanol < Ethylenglycol < Tetrahydrofuran < *n*-Propanol

Für die Adsorption an den Träger wird eine höhere Ionenstärke, vor allem mit links in der HOFMEISTER-Reihe stehenden Ionen erzeugt, gewählt. Zur Elution wird kontinuierlich oder stufenweise die Ionenstärke verringert, es werden in der HOFMEISTER-Reihe rechts stehende Ionen, Tenside und/oder die oben genannten organischen Lösungsmittel verwendet.

Da das hydrophobe Verhalten für ein Protein oder Proteingemisch nur schwer vorhersagbar ist, sind für die Testung der Bindungs- und Elutionsbedingungen neben der Wahl der Puffer auch die Wahl des Trägermaterials entscheidend. In entsprechenden Vorversuchen ist zu klären, wie lang die hydrophobe Kette (C2, C4, C6, Phenyl etc., entsprechendes gilt für ω-Aminoderivate) und wie hoch die Beladungsdichte auf den Trägern ist. Für solche Tests stehen entsprechende Kits zur Verfügung.

Obwohl für die Protein-Träger-Wechselwirkungen in der HIC bzw. RPC geladene Aminosäure-Seitenketten keine Rolle spielen dürften, beobachtet man pH-Effekte, wenn das gleiche Protein unter verschiedenen pH-Bedingungen chromatographiert wird. Ionenaustauscheffekte des Trägermaterials spielen dabei sicherlich eine untergeordnete Rolle im Vergleich zu pH-induzierten Strukturveränderungen im Polypeptid, die zu einer veränderten Erreichbarkeit hydrophober Bereiche im dann partiell denaturierten Makromolekül führen. Durch Veränderung des pH-Werts im Elutionspuffer um mehrere Einheiten kann ein bis dahin einheitlicher Elutionspeak plötzlich aufspalten. Analoges gilt für die Chromatographie bei unterschiedlichen Temperaturen und in Gegenwart oder Abwesenheit von komplexierten Metallionen (z. B. Mg^{++}, Ca^{++}, Mn^{++}, Zn^{++}).

Auch die Probenkonzentration kann auf das chromatographische Verhalten von Proteinen in der HIC von Bedeutung sein, da Proteine, besonders solche mit größeren hydrophoben Oberflächenbereichen, z. B. Membranproteine, zu Selbstaggregationen neigen. Diese Aggregate stellen unter Umständen andere Mengen an hydrophoben Arealen zur Wechselwirkung mit dem Träger zur Verfügung als die Monomeren.

Tenside können ebenfalls für die Elution in der HIC besonders für Membranproteine eingesetzt werden, deren großer Gehalt an hydrophoben Abschnitten in der Sequenz (hydrophobe Cluster) zu starken Wechselwirkungen mit dem Träger führt. Die hydrophoben, apolaren Molekülteile eines Tensids konkurrieren mit den hydrophoben Anteilen der Träger um die entsprechenden Teile im Protein. Nach Anlagerung des Tensidmoleküls an das Protein (bzw. auch den HIC-Träger) ist sein hydrophiler, polarer Teil („Kopf") dem umgebenden Wasser zugewandt, der Protein-Lipid-Komplex ist nun ohne weiteres im wäßrigen Puffer löslich (vgl. Abb. 2.6b).

Für Peptidreinigungen und -analysen ist die rp-HPLC die Methode der Wahl, vor allem, wenn mit besonderen räumlichen Strukturen verbundene biologische Aktivitäten nicht nachgewiesen werden müssen. Neben hohen Trennleistungen für Peptide hat die rp-HPLC den Vorteil, daß mit ihr leicht Salze, die bei anschließenden Analysen stören können, aus Probenlösungen entfernt und die Peptidproben für eine anschließende Lyophilisation in Puffer überführt werden können, die rückstandsfrei verdampfen. Solche flüchtigen Laufmittel sind wäßrige Gemische von Methanol, Ethanol, Acetonitril, n- und iso-Propanol, flüchtige Puffergemische sind Pyridin/Essig- oder Ameisensäure, Triethylamin/Essig- oder Ameisensäure, Ammoniumacetat oder -carbonat.

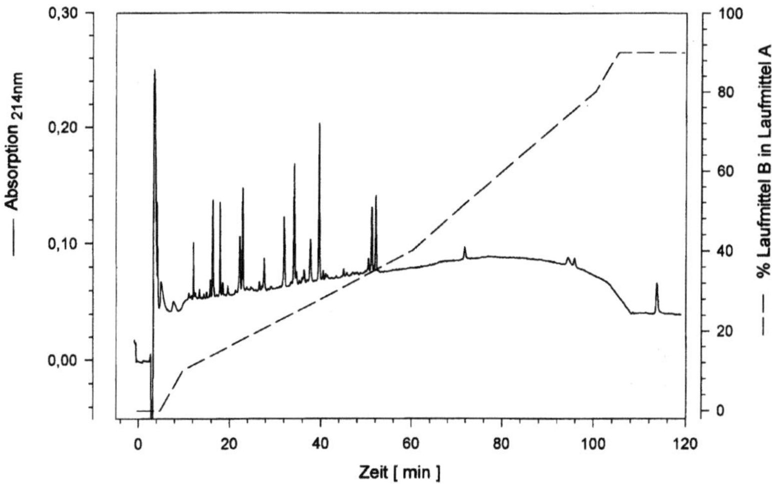

Abb. 2.7. rp-HPLC des Peptidgemischs nach tryptischer Spaltung von Cytochrom c. Probe: 2,6 µg Cytochrom-c-Peptide (Gesamtmenge); Säule: µRPC C2/C18 SC 2,1 × 100 mm, Fließgeschwindigkeit 100 µl/min, Laufmittel A: 0,1 % TFA in H_2O, Laufmittel B: 0,1 % TFA in Acetonitril; Gerät: SMART System (Pharmacia). (Die Daten wurden freundlicherweise von Dr. A. Otto, MDC Berlin-Buch, zur Verfügung gestellt.)

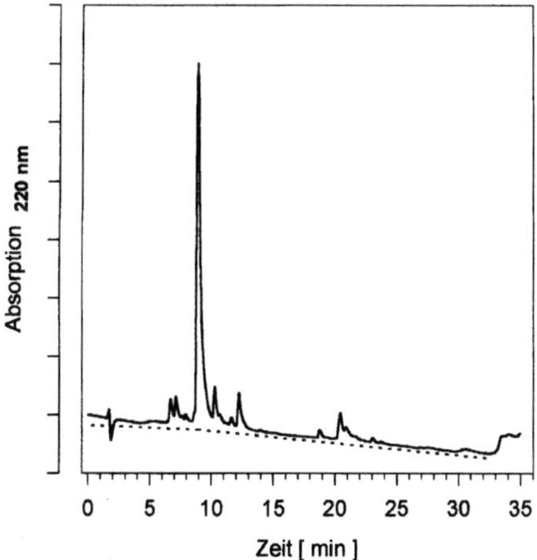

Abb. 2.8. rp-HPLC von synthetischen Peptiden. Probe: Synthesegemisch des nach der Fmoc/But-Strategie hergestellten Peptids NH_2-LTEDNVK-OH[4]; Säule: Polyencap A300 4 × 250 mm (Bischoff), Fließgeschwindigkeit 1,0 ml/min, Laufmittel A: 0,05 % TFA in H_2O, Laufmittel B: 0,05 % TFA, 80 % Acetonitril in H_2O; Gerät: Shimadzu-HPLC LC9 mit Photodiodenarray-Detektor SPD-M6A. (Die Daten wurden freundlicherweise von Dr. F. Kernchen, BioTeZ GmbH Berlin-Buch, zur Verfügung gestellt.)

Für die Peptidanalytik sehr gebäuchliche rp-HPLC-Laufmittel sind 0,1 % Trifluoressigsäure (TFA) in Wasser (Laufmittel A) und 0,1 % TFA in Acetonitril (Laufmittel B), aus denen auf die jeweilige Trennaufgabe zu optimierende Elutionsgradienten programmiert werden.

Die Abb. 2.7, 2.8 und 3.9 sind Beispiele für rp-chromatographische Peptidtrennungen.

2.4 Metallchelat-, kovalente und thiophile Chromatographie

Diese drei Chromatographiearten sollen nur vollständigkeitshalber erwähnt werden. Sie besitzen für analytische Aufgabenstellungen wenig Bedeutung. Ihr hauptsächliches Anwendungsgebiet sind spezielle präparative Verfahren. Da sie eine etwas höhere Selektivität für einige Proteine besitzen, werden sie auch als Pseudo-Affinitätschromatographie-Arten bezeichnet.

Bei der *Metallchelat-Chromatographie* wird der Umstand benutzt, daß einige (biologisch bedeutsame) Nebengruppen-Metallionen wie Zink^{++}, Kupfer^{++} oder Mangan^{++} mehrfach koordinative Bindungen mit Komplexbildnern (Chelatoren) eingehen können. Abbildung 2.9 stellt die Komplexbildung zwischen einem Metallion Me^{++} und einem immobilisierten Chelator (hier: kovalent gebundene Iminodiessigsäure) dar. Die nicht vom Chelator besetzten Valenzen werden von Wassermolekülen eingenommen.

Unter neutralen pH-Bedingungen sind die Imidazolyl-Seitengruppe des Histidins oder die Mercaptogruppe des Cysteins in der Lage, das koordinativ gebundene Wasser am Metallion zu substituieren (unter alkalischen Bedinungen ist auch die Lys- oder Arg-Aminogruppe dazu in der Lage). Über diese koordinative Bindung wird nun das Protein am Träger adsorbiert.

Die Elution kann durch pH-Veränderungen, Zugabe eines Überschusses an Nebengruppen-Metallion oder gelöster Chelatoren wie Ethylendiaminotetraacetat (EDTA) oder Iminodiessigsäure, die mit dem Protein um das immobilisierte Metallion konkurrieren, erfolgen.

Zur Metallchelat-Chromatographie kann auch die Trennung von Kohlenhydraten (und damit Glycoproteinen) an immobilisierter Borsäure gerechnet

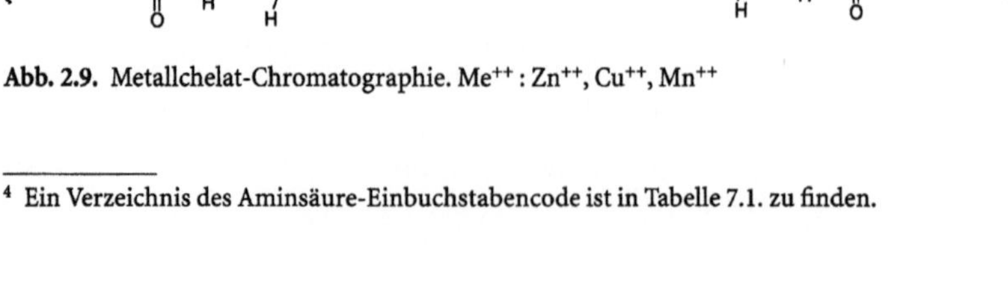

Abb. 2.9. Metallchelat-Chromatographie. Me^{++} : Zn^{++}, Cu^{++}, Mn^{++}

---

[4] Ein Verzeichnis des Aminsäure-Einbuchstabencode ist in Tabelle 7.1. zu finden.

werden. Das gebräuchlichste Borsäure-Derivat zur Immobilisierung an die Matrix ist die 3-Aminophenylboronsäure. Boronsäure ist in der Lage, 1,2-Diole, wie sie in den Zuckern realisiert sind, spezifisch zu komplexieren.

In der *kovalenten Chromatographie* ist die beteiligte Protein-Seitengruppe die SH-Gruppe des Cysteins. Einmal kann die SH-Gruppe leicht mit immobilisiertem Quecksilber reagieren (daher auch der Name „Mercapto-Gruppe") und durch überschüssiges Mercaptan (z. B. β-Mercaptoethanol, Dithiothreitol oder Dithioerythritol) verdrängt werden (Abb. 2.10), anderseits kann die Ausbildung von Disulfidbrücken durch eine Austauschreaktion mit immobilisierten Disulfiden und ihre Reduktion mit den genannten SH-Reagenzien genutzt werden (Abb. 2.11).

Besonders bei der kovalenten Chromatographie sind deutliche hydrophobe Anteile am Adsorptionsgeschehen zu beobachten. Deshalb werden vor der reduktiven Elution mit SH-haltigen Puffern Desorptionen mit wäßrigem Ethylenglycol und *iso*-Propanol durchgeführt.

Ein Problem der reduktiven Desorption von Mercuri- oder kovalenten Trägern besteht darin, daß durch den Überschuß an Reduktionsmittel intramolekulare Disulfidbrücken gespalten werden, was zu einem Verlust von kovalent

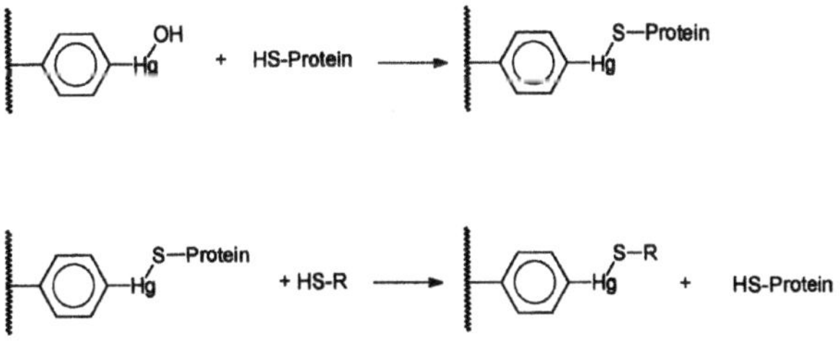

Abb. 2.10. Reaktionsmechanismus der kovalenten Chromatographie an *p*-Hydroxymercuriphenyl-Trägern

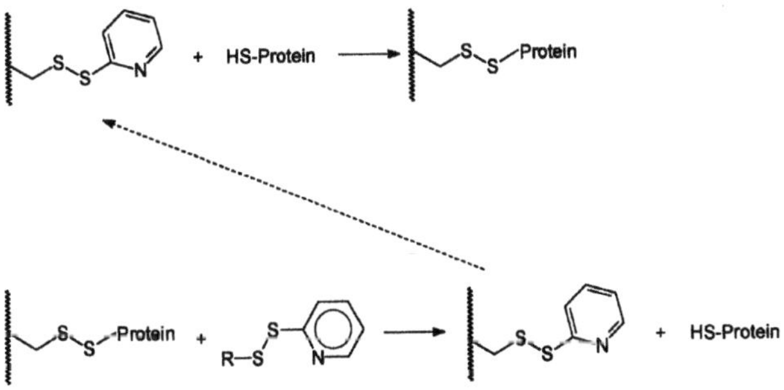

Abb. 2.11. Reaktionsmechanismus der kovalenten Chromatographie an 2′-Pyridyl-dithio-Trägern

gebundenen Proteinketten (Veränderung der Molmasse gegenüber dem nativen Protein!) und/oder der biologischen Aktivität führen kann. Problematisch ist auch die vollständige Rekonstitution der *p*-Hydroxymercuribenzoyl- und 2-Pyridyldithio-Träger nach der Elution, die einem breiteren Einsatz dieser Chromatographieformen im Wege steht.

Die *thiophile Chromatographie* basiert auf einer Adsorption des Proteins (vorwiegend für Antikörper geeignet) an Hydroxyalkyl-thioalkyl-sulfuryl-Trägern (allgemeine Formel: $HOCH_2CH_2S-(CH_2)_m-SO_2(CH_2)_n$-Matrix). Die Adsorption wird bei höherer Ionenstärke im polaren Medium durchgeführt, die Elution wird analog zur hydrophoben Chromatographie vorgenommen. Ob diese Chromatographie-Variante neben der HIC deutliche Vorteile besitzt, hängt vom konkreten Trennproblem ab, ist aber sicherlich wegen der Stabilität der Träger, z. B. für die Reinigung von monoklonalen Antikörpern aus Ascites- oder Fermentationsflüssigkeiten, durchaus in Erwägung zu ziehen. Besonders beachtlich ist, daß thiophile Träger IgG der verschiedenen Spezies und Subklassen gleichermaßen gut binden (vgl. Tabelle 12.13).

2.5 Affinitätschromatographie

Während bei den bisher vorgestellten Chromatographiearten relativ globale physikalisch-chemische Moleküleigenschaften, wie sie auch bei organisch-chemischen Verbindungen vorliegen, für die Trennung von Proteingemischen ausgenutzt wurden, werden in der Affinitätschromatographie biospezifische Wechselwirkungen herangezogen. Auf molekularer Ebene sind diese biospezifischen Wechselwirkungen natürlich auch durch die bekannten chemischen Bindungen realisiert, sie erhalten aber durch ihre besondere räumliche Anordnung am Bindungsort eines Proteins eine neue Qualität. In der einfachsten Form werden die biospezifischen Bindungen mit dem Schlüssel-Schloß-Modell beschrieben, doch erstens gibt es auch für Schlösser „Generalschlüssel", d. h. ein Effekt tritt auch schon bei einer Minimalübereinstimmung auf, und zweitens sind Proteine dynamische Strukturen, d. h. sie können ihre Konformation in Grenzen dem Reaktionspartner anpassen (*engl.* induced fit), wie Röntgenstrukturanalysen von Proteinen im Komplex mit ihren biospezifischen Liganden gezeigt haben, so daß auch hierbei ähnliche Strukturen, dann meist mit anderer Kinetik und Affinität, gebunden werden.

Das Grundprinzip der Affinitätschromatographie besteht darin, daß ein Reaktionspartner (Ligand) an einem (unlöslichen) Träger immobilisiert wird und mit dem gelösten anderen Reaktionspartner (Ligat) in einer Gleichgewichtsreaktion selektiv reagiert. Als solche Reaktionspaare werden in der Affinitätschromatographie beispielsweise Antikörper und Antigen, Glycoprotein und Lectin, Enzym und Substrat/Inhibitor, Rezeptor und Effektor (z. B. Hormone, Transmitter etc.), Nucleinsäure und Bindungsprotein eingesetzt. Prinzipell kann jeder der beiden Reaktionspartner an einer unlöslichen Matrix immobilisiert werden, auch können beim Vorliegen von mehreren (unterschiedlichen) Bindungsstellen Komplexe analysiert werden, von denen einzelne Bestandteile für eine Immobilisierung präparativ nur schwer zugänglich sind. In diesem Fall wird ein erster Ligand kovalent an die Matrix gekoppelt. An diesen Liganden wird ein Protein selektiv adsorbiert, das dann seinerseits wieder als Ligand für einen weiteren Ligaten fungiert.

Neben der meist hohen Selektivität der Adsorption besteht ein weiterer Vorteil der Affinitätschromatographie darin, daß Adsorption und Desorption häufig unter physiologischen Bedingungen möglich sind und dadurch besonders die Proteinstruktur und -funktion erhalten.

An dieser Stelle muß aber betont werden, daß bei zu wenig kritischem Hinterfragen eines affinitätschromatographischen Experiments leicht falsche Schlüsse über einen Interaktionsmechanismus zwischen zwei Reaktionspartner gezogen werden können und es muß vor einem aus den Modellvorstellungen zur Affinität resultierenden Glauben an eine absolute Spezifität im realen affinitätschromatographischen Lauf gewarnt werden. Der Umstand allein, daß ein immobilisierter Ligand mit bekannter Spezifität (z.B. ein Lectin) ein anderes Protein bindet, bedeutet nicht zwangsläufig, daß dieser trägerfixierte Ligand mit dem Ligaten über den für den Liganden allgemein üblichen Weg (hier: Protein-Kohlenhydrat-Interaktion) reagiert, denn Proteine besitzen oft unterschiedlichste Areale, mit denen sie, besonders unter *in-vitro*-Bedingungen, unerwartete Wechselwirkungen mit anderen Partnern eingehen können. Erst, wenn die Bindung kompetitiv verhindert oder eine Elution durch Kompetition (hier: Mono- oder Oligosaccharide zu Elution, vgl. Tabelle 2.6) mit einem Ligaten, dessen Konzentration etwa drei Zehnerpotenzen über dem K_D-Wert liegt, herbeigeführt werden kann, ist ein Schluß auf das Vorliegen der vermuteten spezifischen Wechselwirkung zulässig. Deshalb sind in solchen Fällen, wo z.B. eine Elution statt mit der gewohnten „sanften" biospezifischen Elution nur durch eine harsche unspezifische (extreme Ionenstärke oder pH-Wert, chaotrope Elution u.ä.) möglich ist, eine sorgfältige Analyse der Adsorptions- und Desorptionsbedingungen und die Heranziehung weiterer, unabhängiger Methoden notwendig.

Adsorption und Desorption unterliegen in erster Näherung dem Massenwirkungsgesetz und können durch die Assoziationskonstante K_A bzw. die Dissoziationskonstante K_D beschrieben werden (Gl. (2.8)). Da die spezifische Bindung eines Ligaten an einen Liganden komplex ist, über unterschiedliche molekulare Bindungsstellen mit oft verschiedenen Bindungsmechanismen verläuft und die einzelnen Bindungen durchaus kooperativ wirken können (z.B. Modell des „induced fit"), stellen die Gleichgewichtskonstanten der Gesamtreaktion summarische Größen dar. Auch können Gleichgewichtskonstanten, die aus der Reaktion zwischen Liganden und Ligaten in Lösung bestimmt wurden, nicht in jedem Fall auf die Prozesse in der Affinitätschromatographie übertragen werden, da die Bindung durch Ligat-Matrix-Wechselwirkungen (z.B. sterische Hinderungen) oder infolge veränderter Ligand-Ligat-Wechselwirkungen durch eine chemischen Modifizierung des Liganden, die für oder bei der Immobilisierung notwendig ist, nach einer veränderten Kinetik erfolgen kann.

Bei bekannter Ligandendichte (Mol Ligand/ml Gel) L_0, Ausgangs-Ligatkonzentration E_0, Lösungsvolumen in den Matrixporen V_M und Gesamtvolumen V_t läßt sich die Gleichgewichtskonstante des Reaktionsgleichgewichts

$$E + L \rightleftharpoons EL$$

näherungsweise berechnen:

$$K_D = \frac{1}{K_A} = \frac{[E] \cdot [L]}{[EL]} \tag{2.13}$$

wobei

$$[EL] = \frac{L_0}{2} \cdot b \cdot \left(1 - \sqrt{1 - a}\right) \tag{2.14}$$

und

$$b = \frac{K_D \cdot (V_t + V_M)}{L_0 \cdot V_M} + \frac{E_0 \cdot V_t}{L_0 \cdot V_M} + 1 \quad \text{bzw.} \quad a = \frac{4 \cdot E_0 \cdot V_t}{b^2 \cdot L_0 \cdot V_M} \quad \text{sind.}$$

Da man annehmen kann, daß $a \ll 1$ ist, läßt sich die Gl. (2.14) umwandeln in

$$[EL] = \frac{E_0 \cdot L_0 \cdot V_t}{K_D \cdot (V_M + V_t) + L_0 \cdot V_M + E_0 \cdot V_t} \tag{2.15}$$

Da die freie Ligatkonzentration $[E_f] = [E_0] - [EL]$ ist und $[E_f]$ bei bekanntem $[E_0]$ durch Messung nach Abtrennung des Träger-gebundenen Ligaten ($[EL]$) bestimmt werden kann ($[EL]$ kann auch direkt bestimmt werden, wenn die Bindung nicht über das Bindungszentrum, sondern beispielsweise mit einem Antikörper über ein entfernteres Epitop erfolgte oder wenn das gebundene Protein am Träger immunchemisch bestimmt wird), ist so eine Ermittlung der Gleichgewichtskonstante K_D möglich.

Zur Ermittlung der Dissoziationskonstante werden zwei Wege beschritten (zur theoretischen Ableitung s. J. TURKOVÁ „Bioaffinity Chromatography"): Bestimmung durch Elutionsanalyse und Bestimmung durch Frontalanalyse.

In der Elutionsanalyse wird eine konstante Ligatkonzentration mit einer konstanten freien Ligandkonzentration an Trägern mit unterschiedlicher Konzentration an gebundenem Liganden untersucht. Das Elutionsvolumen des Ligaten wird dabei gegen die Konzentration des gebundenen Liganden in einer graphischen Darstellung aufgetragen. Aus dem Anstieg der erhaltenen Geraden kann man die Dissoziationskonstante ermitteln.

Zur Ermittlung von K_D durch Frontalanalyse wird auf eine Säule mit dem gebundenen Liganden so lange eine Ligatlösung aufgegeben, bis die Kapazität der Säule erschöpft ist und nach einem bestimmten Volumen V der Ligat im Durchlauf nachweisbar ist. Diese Chromatographie wird mit verschiedenen Konzentrationen an freiem Liganden L (Kompetitor) in der Ligat-Ausgangslösung wiederholt. Aus der Beziehung

$$V_L = V_0 + K_D \cdot \frac{V - V_L}{L_0} \qquad (2.16)$$

läßt sich K_D ermitteln, wenn die Konzentration in der Säule an immobilisiertem Liganden L_0 bekannt ist und V bzw. V_L als die Durchbruchsvolumina des Ligaten in Abwesenheit bzw. Gegenwart einer bestimmten freien Ligandkonzentration bestimmt werden.

Bei der immobilisierten Ligandmenge muß man zwischen der gesamten Menge, die relativ leicht z.B. durch die Bestimmung der Differenz der Ligandmenge vor und nach Immobilisierung ermittelt werden kann, und der für die spezifische Wechselwirkung mit dem Ligaten zur Verfügung stehenden unterscheiden.

Es konnte gezeigt werden, daß bei aktivierten makroporösen Trägern mit einer großen Dichte kopplungsfähiger Gruppen trotz gewährleisteter Zugänglichkeit zu den Trägerporen das Ligand-Protein vorwiegend schalenförmig an oder in der Nähe der Tägerpartikel-Oberfläche immobilisiert wird und relativ wenig im Innern der Partikel. Wird nun das gebundene Protein mit einem kleinen Effektor (z.B. Substrat) bestimmt, erhält man einen viel höheren Ligandenbesatz als bei der Verwendung eines hochmolekularen Effektors, der vom Eindringen in die durch das Ligandmolekül verkleinerten Poren mehr oder minder ausgeschlossen wird (Gelausschlußkomponente in der Affinitätschromatographie).

Weiter kann die gesamte von der effektiven Ligandmenge dadurch verschieden sein, daß (Protein)Liganden, die über mehrere Kopplungsstellen (z.B. Lysin-ε-Aminogruppen) verfügen, zufällig auch so immobilisiert werden, daß der Ligat die Bindungsstelle nicht mehr erreichen kann. Besonders in der Immunaffinitätschromatographie wird dies daran deutlich, daß pro Mol immobilisiertes Immunoglobulin auch dann nicht mehr zwei Mole Antigen gebunden werden, wenn sich die Antigenmoleküle nicht gegenseitig sterisch an den beiden Fab-Armen behindern (vgl. Abschn. 12.8).

Sterische Störungen der Ligand-Ligat-Interaktion, die häufig bei der Bindung relativ kleiner Liganden in Protein"taschen" auftreten können, werden oft dadurch überwunden, daß der Ligand an Spacer, d.h. Molekülteile, die einen räumlichen Abstand zwischen Matrix und Ligand erzwingen, gebunden wird. Abbildung 2.12 soll die verbesserten Bindungsmöglichkeiten eines Ligaten an einen über einen Spacer an die Matrix gekoppelten Liganden illustrieren. Bei der Verwendung von Proteinen als Liganden sind in der Regel keine Spacer erforderlich, da die Polypeptidkette zwischen Kopplungs- und spezifischer Bindungsstelle als Spacer fungiert.

Einschränkend ist zu bemerken, daß der Spacer selbst wieder als hydrophober (z.B. bei Hexyl (C6)-, Phenyl-Spacern) oder Anionenaustauscher-Ligand (z.B. bei Propyl-aminobutyl-Zwischengruppen ($C_3H_6NHC_4H_8$)) wirken und demzufolge wenig selektiv adsorbieren kann. Häufig benutzte Spacermoleküle sind die ε-Aminocapronsäure (6-Aminohexansäure), Hexamethylendiamin (1,6-Diaminohexan) oder Spermidin (N-(3-Aminopropyl)-1,4-diaminobutan) und deren Ligand-Derivate.

Eine Affinitätschromatographie verläuft über folgende Stufen:

1. Herstellung des Affinitätsträgers
   a) Auswahl eines geeigneten kopplungsfähigen Liganden
   b) Aktivierung der Trägermatrix
   c) wenn erforderlich: Kopplung eines Spacers
   d) Kopplung des Liganden
   e) Blockierung überschüssiger reaktiver Gruppen an der Matrix
   f) Waschen und Äquilibrieren des Affinitätsträgers.
2. Adsorption des interessierenden Proteins
3. Auswaschen des nicht gebundenen oder unspezifisch gebundenen Proteins
4. spezifische oder unspezifische Elution
5. Regenerierung des Affinitätsträgers, ggf. Zusatz einer fungiziden und bakteriziden Substanz.

Eine Auswahl von Aktivierungs- und Kopplungsreagenzien ist in Tabelle 2.5 aufgelistet (vgl. auch Tabelle 12.4).

Da Spacer meistens über freie Amino- oder Carboxylgruppen verfügen, erfolgt eine Bindung zwischen Spacer und Ligand mittels bifunktionellen Reagenzien (z.B. cross-linker wie Disuccinimidylpropionat, vgl. auch Abschn. 10.1.2.6, oder Dialdehyden wie Glutaraldehyd) bei Spacer-NH_2 und Protein-NH_2, Carbodiimiden bei –COOH und NH_2 als kopplungsfähigen Gruppen u.a.m.

Durch die Verwendung von Spacern oder Molekülen, die über eine größere räumliche Ausdehnung verfügen, kann es zu Quervernetzungen besonders bei makroporösen Trägern kommen, die die Porendurchmesser verringern oder Zugänge zu Poren völlig verschließen (Abb. 2.13a). Dabei entstehen auch, in Abhängigkeit von der Aktivierungs- und/oder Kopplungsmethode reaktive Intermediate, die durch die Blockierungsreagenzien (z.B. Ethanolamin) nicht vollständig umgesetzt werden und so einerseits die Kopplungsausbeute verringern, anderseits aber später noch mit Makromolekülen reagieren und so zusätzliche, ungewollte Liganden immobilisieren (Abb. 2.13b). Diese Nebenreaktion ist besonders bei der längeren Lagerung aktivierter Agarose-Träger zu beobachten.

Von Bedeutung sowohl für die Stabilität bzw. Wiederverwendbarkeit des Affinitätsträgers als auch für die Produktreinheit ist das Bluten (*engl.* leakage) des Chromatographiematerials. Im eigentlichen Sinne versteht man unter leakage die Spaltung der kovalenten Bindung zwischen Trägermatrix und Liganden oder Spaltung der Matrix. Es kann aber auch dadurch vorgetäuscht werden, daß nach der Kopplung freier Ligand nicht vollständig ausgewaschen wurde. Letzteres Problem entsteht besonders bei der Verwendung von Protein-Liganden, da Proteine durch vielfältige Wechselwirkungen, aber auch rein mechanisch, im Träger zurückgehalten werden können. Schließlich kann eine Kapazitäts-

Tabelle 2.5. Auswahl von Aktivierungs- und Kopplungsmöglichkiten für die Affinitätschromatographie[a]

Reaktive Gruppe		Aktivierungs- bzw. Kopplungsreagens	Kopplungs-pH	Kopplungsprodukt
am Träger	am Liganden(L)			
-OH	$-NH_2$	BrCN	8–10	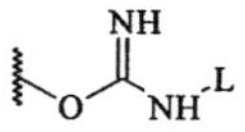
-OH	$-NH_2$	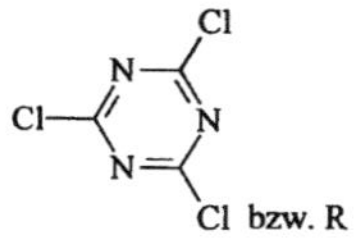	7.5–9	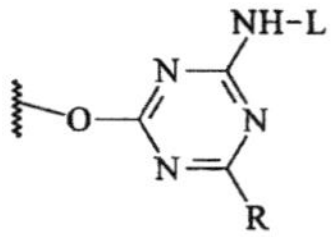
-OH	$-NH_2$	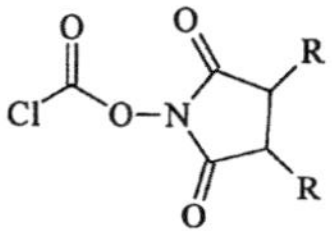	4–11	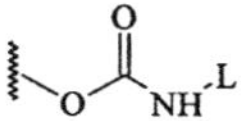
-OH	-YH (Y=O, S, NH)	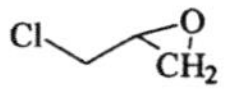	8.5–12	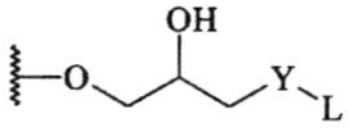
-OH	-OH	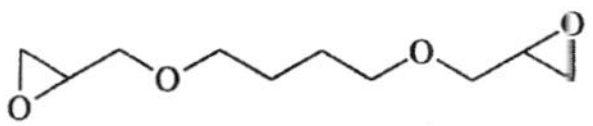	8.5–12	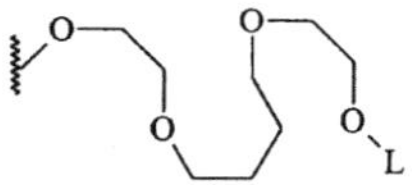

[a] umfangreichere Zusammenstellungen z.B. in: Turková, J. (1978) Affinity Chromatography, J. Chromatogr. Libr. Vol 12, Elsevier, Amsterdam, S. 195–202, oder in: Mohr, P., Holtzhauer, M. lnd Kaiser, G. (1992) Immunosorption Techniques – Fundamentals and Applications, Akademie Verlag, Berlin, S. 34–40.

Tabelle 2.5 (Fortsetzung)

Reaktive Gruppe		Aktivierungs- bzw. Kopplungsreagens	Kopplungs-pH	Kopplungsprodukt
am Träger (§)	am Liganden(L)			
–OH	–NH$_2$	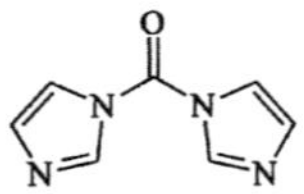 (N,N′-Carbonyldiimidazol)	8–9,5	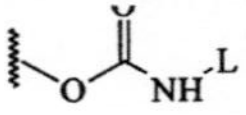 §–O–CO–NH–L
–OH	–Y (Y=SH, NH$_2$)	CF$_2$CH$_2$SO$_2$Cl	7.5–10.5	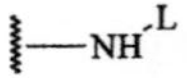 §–NH–L
–OH	–NH$_2$	CH$_3$=CH–SO$_2$CH$_2$=CH$_2$	8–10	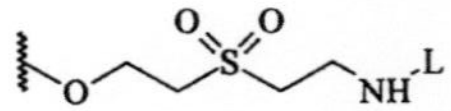 §–O–CH$_2$CH$_2$–SO$_2$–CH$_2$CH$_2$–NH–L
–NH$_2$	–NH$_2$	OCH–C$_3$H$_6$–CHO	6.5–8.5	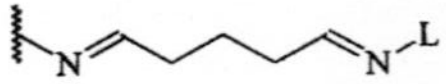 §–N=CH–C$_3$H$_6$–CH=N–L
–NH$_2$	–NH$_2$	S=C=N–…–N=C=S	6.5–9	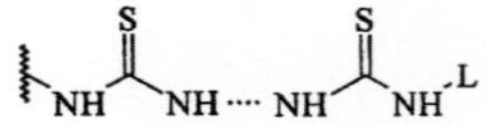 §–NH–CS–NH ···· NH–CS–NH–L
–NH$_2$	–COOH	C$_2$H$_5$–N=C=N–C$_3$H$_6$–N(CH$_3$)$_2$·HCl	8.5–12	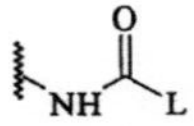 §–NH–CO–L
–NH$_2$	ClCH$_2$CO–	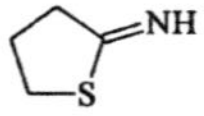 (2-Iminothiolan)	≈ 7	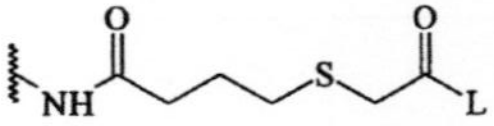 §–NH–CO–C$_3$H$_6$–S–CH$_2$–CO–L
–COCH$_2$I	–SH		≈ 7	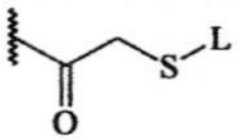 §–CO–CH$_2$–S–L

-COOH	-NH$_2$	R^1-N=C=N-R^2		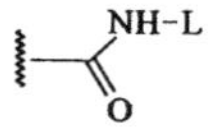 NH-L amide
-COOH	-NH$_2$	(1.) H$_2$NNH$_2$, (2.) HNO^3	6-8	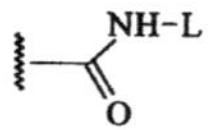 NH-L amide
-COOH	-NH$_2$	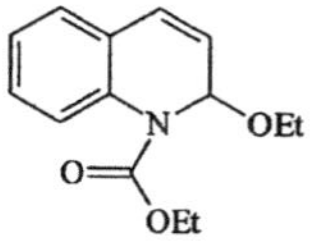 (quinoline-OEt, N-CO-OEt)	7.5-9	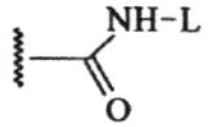 NH-L amide
-NH$_2$	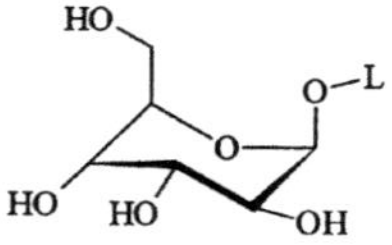 (sugar: HO, HO, HO, OH, O-L)	NaIO$_4$	7.5-8.5	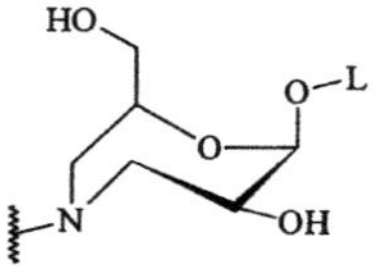 (sugar: HO, N, OH, O-L)

abnahme des Trägers durch irreversible Inaktivierungen des Liganden wie Oxidation, Denaturierung etc. auftreten, die ebenfalls ein Bluten vortäuscht.

Das Bluten kann unterdrückt werden, indem man z. B. eine hydrolysebeständigere Kopplungsmethode anwendet. Die häufig genutze Bromcyan-Aktivierung ergibt relativ hydrolyselabile Kopplungsprodukte und ist daher für Langzeitanwendungen wenig geeignet. Stabiler sind Kopplungen zwischen Amin- und Aldehyd-Gruppen mit nachfolgender Reduktion der primär entstehenden SCHIFFschen Basen (Azomethine) zu sekundären Aminen oder die Verwendung von N-Hydroxy-succinimid-, -maleinimid- oder Carbonyldiimidazol-haltigen Trägern bzw. Kopplungsreagenzien.

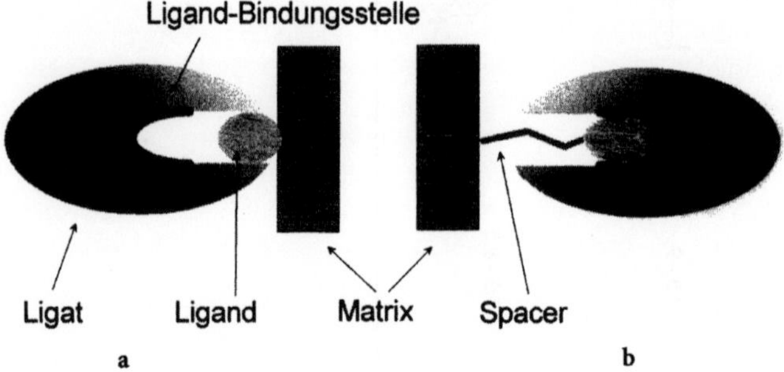

Abb. 2.12. Modell für die Ligand-Ligat-Interaktion ohne Verwendung von Spacer-Molekülen **a** und bei Immobilisierung eines Liganden über ein Spacer-Molekül **b**

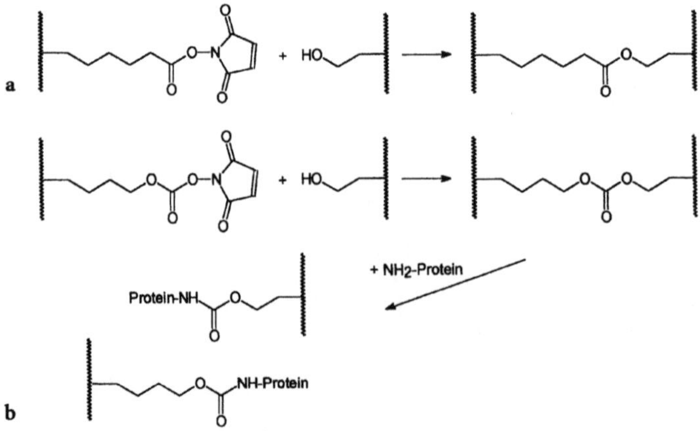

Abb. 2.13. Quervernetzung zwischen Matrixstrukturen an N-Hydroxysuccinimidyl-aktivierten Trägern. **a** Bildung von relativ reaktionsträgen Quervernetzungen, **b** Aminolyse reaktiver Quervernetzungen

Eine Verlängerung der Lebensdauer einer Affinitätschromatographie-Säule wird auch dadurch erzielt, daß die Affinitätsmatrix nur kurzzeitig einem pH-Wert ausgesetzt wird, der verstärkt zu Matrix-Spaltung oder Hydrolyse der Ligand-Matrix-Bindung führt, oder daß in der Probe enthaltene Enzyme, vor allem Proteasen, irreversibel gehemmt werden.

Unter den normalen pH- und Ionenstärke-Bedingungen der Affinitätschromatographie stabile Bindungen zwischen Matrix und Ligand, Matrix und Spacer sowie Spacer und Ligand sind z.B. Säureamide (R–CO–NH–R′), Harnstoffe (R–NH–CO–NH–R′), Urethane (R–O–CO–NH–R′), sekundäre Amine (R–NH–R′), Ether (R–O–R′) oder Thioether (R–S–R′).

Bei der Auswahl des an die Trägermatrix zu koppelnden Liganden ist auch zu berücksichtigen, wie später die Elution des Ligaten erfolgen soll. Bei einem Ligand-Ligat-Paar mit sehr kleiner Dissoziationskonstante ist zwar in der Regel die Selektivität sehr hoch, anderseits ist der Ligat nur schwierig, meist unter denaturierenden Bedingungen zu eluieren. Sollen z. B. Protein-Antigene zur Isolierung von Antikörpern immobilisiert werden, kann man das Antigen z. B. durch Alkylierung oder Dinitrophenylierung chemisch modifizieren und so die Affinität der Antigen-Antikörper-Bindung verringern (allerdings kann die Selektivität dadurch völlig zerstört werden). Werden kleine Moleküle (niedermolekulare Inhibitoren, Transmitter, Nichtpeptidhormone etc.) als Liganden eingesetzt, kann man entweder ein Analogon mit geringerer Bindungskonstante verwenden oder den Liganden über ein entsprechendes Derivat so immobilisieren, daß die Ligand-Ligat-Wechselwirkung durch die Immobilisierung beeinträchtigt wird.

Die meisten Immobilisierungsverfahren für Proteine erlauben keine gezielte Anheftung des Proteins an den Träger, sondern es werden Bindungen z. B. mit allen verfügbaren Lysin- oder Arginin-Seitenketten eingegangen. In bezug auf eine spätere Nutzung, z. B. aktiver Zentren oder Effektor-Bindungsstellen, sollte daher die Kopplung in Gegenwart des freien Substrats/Inhibitors bzw. Effektors erfolgen, vorausgesetzt, diese Verbindungen reagieren nicht mit dem aktivierten Träger. So werden z. B. Lectine in Gegenwart der Zucker, die für die spätere Elution verwendet werden (s. Tabelle 2.6), immobilisiert.

Eine gerichtete Immobilisierung kann erfolgen, indem man Wechselwirkungen ausnutzt, die räumlich getrennt vom in der eigentlichen Affinitätschromatographie verwendeten Bindungsort stattfinden. So kann man z. B. Antikörper immobilisieren, indem man an den Träger Fc-Rezeptoren wie die Proteine A oder G oder gegen den Fc-Teil gerichtete Antikörper koppelt, daran werden die Antikörper adsorbiert und es wird mittels Quervernetzer anschließend eine kovalente Bindung zwischen den beiden Proteinen hergestellt. Diese Vorgehensweise ist natürlich auch auf andere geeignete Systeme analog anwendbar.

Man sollte bedenken, daß durch die Immobilisierung von Proteinen die Wahrscheinlichkeit von unspezifischen Wechselwirkungen zu Fremdproteinen zunimmt.

Zur gerichteten Fixierung an Träger können auch die Oligosaccharid-Seitenketten von Glycoproteinen verwendet werden. Diese Kohlenhydratstrukturen lassen sich durch Periodat-Oxidation teilweise in Aldhydfunktionen überführen, die schnell mit primären Aminen zu den oben erwähnten SCHIFFschen Basen reagieren. Da in der Regel ein großer molare Überschuß an NH_2-Gruppen an der Matrix gegenüber dem zu koppelnden Protein besteht und die Reaktion meist in relativ verdünnten Proteinlösungen ausgeführt wird, ist die Bildung von Protein-Protein-Konjugaten nicht dominierend.

Wenn ein Ligat über mehrere identische Bindungsorte für einen Liganden verfügt, kann auch diese Eigenschaft für eine orientierte Immobilisierung ausgenutzt werden. So ist es z.B. möglich, ein Biotin-Derivat an die Trägermatrix zu koppeln, daran Avidin oder Streptavidin zu adsorbieren (beide Proteine bestehen aus vier Untereinheiten mit je einer identischen Bindungsstelle für Biotin mit extrem kleiner Dissoziationskonstante) und an eine oder mehrere der verbleibenden Biotin-Bindungsstellen Biotin-markierte Makromoleküle (vgl. Abschn. 10.1.2.1.) selektiv zu isolieren. Allerdings ist eine Elution wegen der sehr kleinen Dissoziationskonstanten des Paares Biotin/(Strept)Avidin nur unter sehr drastischen Bedingungen möglich, deshalb ist die Verwendung eines Biotin-Derivats wie Iminobiotin für die Affinitätschromatographie günstiger.

Anstelle einer Affinitätschromatographie an Säulen können für kleinste Mengen eines schwierig zu isolierenden Liganden auch Blotting-Techniken (s. Abschn. 11.5 bzw. 12.5) für die Herstellung von Affinitätsträgern eingesetztet werden: Man trennt das Gemisch, in dem der (Protein)Ligand enthalten ist, in einer Elektrophorese auf, transferiert ihn auf eine Blottingmembran durch Elektrotransfer, schneidet die entsprechende Stelle aus der Membran aus und verwendet dieses Stückchen dann als „Affinitätsträger". An diesem immobilisierten Liganden sind Untersuchungen zu Ligand-Ligat-Wechselwirkungen möglich oder er kann für die Präparation analytischer Mengen, z.B. von hochspezifischen Antikörpern aus Antiseren, verwendet werden.

Trotz der fast unendlichen Vielfalt von möglichen Affinitätschromatographie-Anwendungen sind drei Gruppen besonders hervorhebenswert:

- Chromatographie unter Verwendung der Antikörper-Antigen-Wechselwirkungen (Immun-Affinitätschromatographie, IAC)
- Chromatographie unter Verwendung der Kohlenhydrat-Protein-Wechselwirkungen (Lectin-Affinitätschromatographie)
- Farbstoff-Ligand-Affinitätschromatographie.

Zur weiteren Information über die Immun-Affinitätschromatographie sei auf Abschn. 12.8 verwiesen.

Lectine sind Proteine, die *selektiv* Oligosaccharide durch Kohlenhydrat-Protein-Wechselwirkungen zu binden vermögen. Zahlreiche Vertreter dieser sehr heterogenen Proteinklasse, vor allem aus Pflanzen gewonnene, verursachen eine Agglutination von Blutzellen und/oder induzieren die Mitose. Einige Lectine werden daher auch als Agglutinine oder Mitogene bezeichnet. Durch den Umstand, daß viele Zell-Zell-Wechselwirkungen durch lectinartige Mechanismen vermittelt werden, ist die Klasse der Lectine (und ihre Partner, die Glycoproteine und Proteoglycane) für quantitative und qualitative affinitätschromatographische Untersuchungen von großem Interesse. Für die Isolierung und Charakterisierung von Glycoproteinen werden aus praktischen Gründen vor-

Tabelle 2.6. Lectine (Auswahl)

Lectin	Kurzbe- zeich- nung	Zuckerspezifität	Elution mit
Aleuria-aurantia-Lectin	AAA	Fucα(1→6)GlcNac	Fuc
Artocarpus-integrifolia-Lectin	Jacalin	GalNAcα1-Ser/Thr	α-Me-Gal
Concanavalin A	ConA	Man	α-Me-Man
Datura-stramonium-Agglutinin	DSA	Galβ(1→4)GlcNAc	Chitobiose
Erdnuß-Lectin	PNA	Galβ(1→3)GalNAc	Gal
Galanthus-nivalis-Agglutinin	GNA	Manα(1→3)Man	Man
Helix-pomatia-Agglutinin	HPA	GalNAcα	GalNAc
Linsen-Lectin	LCA	Manα	α-Me-Man
Maackia-amurensis-Agglutinin	MAA	NeuNAc(2→3)Gal	Lactose
Phytolacca-americana-Lectin	PWM	(GlcNAcβ(1→6)+GlcNAcβ(1→3))Gal	Chitotriose
Ricinus-communis-Agglutinin I	RCA I	Galβ(1→4)GlcNAc	Lactose
Sambucus-nigra-Agglutinin	SNA	NeuNAc(2→6)Gal/GalNAc	Lactose
Ulex-europeus-Agglutinin I	UEA I	Fucα(1→2)Galβ	Fuc
Weizenkeim-Lectin	WGA	GlcNAcβ(1→6)Gal	GlcNAc

Zucker: Fuc – Fucose, Gal – Galactose, GalNAc – *N*-Acetyl-galactosamin, Glc – Glucose,
GlcNAc – *N*-Acetyl-glucosamin, Man – Mannose, NeuNAc – *N*-Acetyl-neuraminsäure,
Me – Methylglycosid.
Ziffern: Position der glycosidischen Bindung zwischen zwei Zuckern, α bzw. β-Konformation
der glycosidischen Bindung.
Angaben nach: CUMMINGS, R. D. (1994) Meth. Enzymol. 230, 66–86, sowie WU, A. M. and SUGII,
S. (1991) Carbohydr. Res. 213, 127–143.

wiegend pflanzliche Lectine herangezogen, von denen einige häufig verwendete Vertreter in Tabelle 2.6 aufgeführt sind.

Bei der Verwendung von Lectinen ist zu unterscheiden zwischen der Spezifität für eine bestimmte Kohlenhydratstruktur, die meist mehrere charakteristisch verknüpfte Monosaccharid-Bausteine umfaßt, und der Möglichkeit,
spezifisch gebundene Oligosaccharide bzw. glycosylierte komplexe Moleküle
(Glycoproteine, Polysaccharide, Glycolipide u.a.m.) mit Mono-, Di- oder Tri-
sacchariden oder deren Methylglycosiden zu eluieren. Letzteres ist erfolgreich,
weil man in der Praxis einen mehrere Größenordnungen betragenden molaren
Überschuß dieser Elutionszucker verwendet, bezogen auf das immobilisierte
oder adsorbierte Lectin.

Zur Analyse der Oligosaccharid-Struktur von Glycoproteinen kann man nun
die Chromatographie der Glycokonjugate an verschiedenen Lectin-Säulen vor
und nach der Behandlung mit Exo- und Endoglycosidasen vornehmen und in
den Eluaten das Polypeptid nachweisen oder z.B. diese Glycokonjugate auf
Elektroblots mit entsprechend markierten Lectinen nachweisen (s. Abschn. 11.4.1.). Zur Absicherung der Spezifität sollte man aber nicht vergessen,
das Bindungsexperiment in Gegenwart eines (spezifischen) Elutionszuckers zu
wiederholen, da unter Umständen (Glyco)Proteine auch nicht Zucker-spezi-
fisch mit (Lectin)Proteinen reagieren können.

Tabelle 2.7. Farbstoffe für die Farbstoff-Ligand-Chromatographie

Farbe	Trivial- bzw. Warenname	Colour Index (C.I.)
blau	Procionblau MX-R, Reaktivblau 4	61205
blau	Cibacron Blau F3G-A, Procionblau HB, Reaktivblau 2	61211
blau	Cibacron Türkisblau GF-P, Reaktivblau 15	74459
rot	Procionrot MX-5B, Reaktivrot 2	
rot	Cibacron Brillantrot 3B-A, Procionrot H-7B, Reaktivrot 4	18105
grün	Procriongrün H-4G, Reaktivgrün 5	
gelb	Cibacron Brillantgelb 3G-P, Procriongelb H-5G, Reaktivgelb 2	18972
gelb	Cibacron Gelb RA, Procriongelb H-A, Reaktivgelb 3	13245
braun	Procionbraun MX-5BR	

Angaben nach LOWE, C. R. and PEARSON, J. C. (1984) Meth. Enzymol. 104, 97–113.

Bestimmte synthetisch-chemische *Farbstoffe* mimieren Nucleotide („Pseudo-Nucleotide") und können daher, neben Adsorptionen aufgrund allgemeiner hydrophober, Ionenaustausch- und anderer Interaktionen, Proteine mit Affinitäten zu Nucleotiden binden. Diese Proteine können Enzyme, die Reaktionen an oder mit Nucleotiden katalysieren (Pydridinnucleotid-abhängige Oxidoreduktasen, Phosphokinasen, Phosphodiesterasen, Coenzym-A-abhängige Enzyme, DNA- und RNA-Nucleasen oder -Polymerasen, Restriktasen u. a. m.), oder Rezeptoren, die Nucleotide binden, sein. Die meisten in der Farbstoff-Liganden-Chromatographie verwendeten Farbstoffe sind Triazin-Reaktivfarbstoffe (Tabelle 2.7), die kovalent an Polysaccharid-Träger gekoppelt werden. Daß bei der Interaktion mit Enzymen mehrere Bindungstypen zusammenwirken, geht daraus hervor, daß die Elution durch eine Kombination von Nucleotid/Nucleosid, Ionenstärke- und Lösungsmittelgradienten erfolgt.

Zur Überprüfung, welcher immobilisierte Farbstoff für Adsorption und Desorption am besten geeignet ist und ob eine Nucleotid/Nucleosid-Abhängigkeit der Bindung besteht, gibt es kommerzielle Kits.

2.6 Hochleistungs-Flüssigchromatographie

Der Begriff „HPLC" wurde in der Vergangenheit verschiedentlich interpretiert: high-pressure, high-performance liquid chromatography, wobei sich letztere Schreibweise vernünftigerweise durchgesetzt hat, denn nicht der relativ hohe Druck, mit dem das Laufmittel durch die Säule getrieben wird, sondern die hinsichtlich Auflösung und Zeitbedarf hohe Leistung dieser technischen Variante der Chromatographie charakterisiert sie am besten. Mit der Bezeichnung „technische Variante" soll ausgedrückt werden, daß es sich bei der HPLC um eine besondere apparative Realisierung im Vergleich zu anderen Chromatographietechniken geht. Die Mechanismen der Träger-Analyt-Interaktionen, die die Grundlage für eine Trennung sind, sind in Normal-, Schnell- (FPLC) und Hochleistungs-Flüssigchromatographie gleich.

Zur Erläuterung der Trennprinzipien der HPSEC bzw. HPGPC (*engl.* high-performance size exclusion resp. high-performance gel permeation chromatography), der HPAIEC bzw. HPCIEC (*engl.* high-performance anion resp. cation exchange chromatography), rp-HPLC (*engl.* reversed-phase HPLC) oder der HPAC (*engl.* high-performance affinity chromatography) kann daher auf die vorangehenden Abschnitte verwiesen werden.

Die Vorteile der HPLC für die Trennung von Proteinen bestehen vor allem darin, daß wegen höherer Detektionsempfindlichkeiten geringere Substanzmengen notwendig sind, daß wegen günstigerer Parameter der Trennmedien höhere Auflösungen der Trennung erreicht werden können und daß wegen der kürzeren Trennzeiten mit weniger Nebeneffekten durch Diffusion und/oder Dissoziation/Assoziation zu rechnen ist.

Die hohe Trennleistung der HPLC beruht darauf, daß Säulenmaterialien mit kleinem Partikeldurchmesser (2–10 µm) verwendet werden. Besonders bei sphärischen Partikeln werden dadurch dichte Packungen mit einer hohen spezifischen Oberfläche erzielt, die einen intensiven Stoffaustausch während der Trennung ermöglichen. Mit Ausnahme der GP-HPLC (SE-HPLC) müssen die Träger auch nicht makroporös sein, da die Partikeloberfläche genügend Liganden für eine Proteintrennung zur Verfügung stellen kann, was einen schnellen Stoffaustausch zwischen Träger und Lösung fördert. Durch die Verwendung von kompakten Partikeln kann auch eine der Ursachen für ein Tailing, nämlich Molsiebeffekte und ein mechanisches Hängenbleiben der Makromoleküle an Trägerstrukturen, nahezu vermieden werden.

Die dichte Säulenpackung setzt dem durchfließenden Laufmittel einen hohen Strömungswiderstand entgegen, die pro Zeiteinheit durchgesetzten Laufmittelmengen können wegen der geringen Säulendimensionen (für analytische und analytisch-präparative Zwecke 1 bis 10 mm Innendurchmesser, 10 bis 300 mm Bettlänge) gering sein (≤ 1 ml/min). Besonders für die Analyse kleinster Mengen wurde die sog. micro-bore-Technik entwickelt, bei der aufgrund der Verwendung von Säulen mit geringem Durchmesser und Bettvolumen, Trägermaterialien mit sehr kleinem Partikeldurchmesser und geringen Fließgeschwindigkeiten hohe Trennleistungen bei hoher Empfindlichkeit erzielt werden. So werden Probenmengen von wenigen µl aufgetragen, die Fließgeschwindigkeiten liegen um 10 µl/min und 0,5 bis 5 pMol Peptid können problemlos detektiert werden. Wegen des geringen Laufmitteldurchsatzes ist die micro-bore-Technik für eine on-line-Kopplung an Massenspektrometer (LC-MS) geeignet.

Wie mehrfach betont, ist eine wichtige Voraussetzung für eine effektive Trennung eine gute Packung der Trennsäule. Da dies sowohl vom Träger als auch der Technologie der Säulenfüllung abhängt, wobei letzteres ein beträchtliches Know-How erfordert, sollte im Regelfall auf Fertigsäulen zurückgegriffen werden.

Zur Förderung des Laufmittels werden vorwiegend Kolbenpumpen im Tandembetrieb verwendet, deren geringes Arbeitsvolumen einen raschen Laufmittelwechsel, wie er für Gradiententechniken notwendig ist, gestatten.

Während für die meisten Laufmittel, besonders bei der rp-HPLC, Standard-ausrüstungen in Bezug auf Pumpen-, Verbindungskapillaren- und Säulenma-terial ausreichend sind, ist beim Arbeiten mit Halogenid-haltigen Puffersyste-men die Korrosion des Stahlmaterials zu berücksichtigen, die sowohl zur Zer-störung der HPLC-Anlage als auch zur Vergiftung von Enzymen führen kann. Für diesen Zweck ist es dann notwendig, mit biokompatiblen Materialen (Ti-tan-Pumpen, Kunststoff-Kapillaren (PEEK) und -Säulen) zu arbeiten. Speziell für die Chromatographie von Proteinen ausgelegte Mitteldruckchromato-graphen mit ihren Glas/Kunststoff-Bauelementen sind den für die organisch-chemische Analyse angepaßten traditionellen HPLC-Anlagen immer dann vor-zuziehen, wenn Proteine in ihren biologisch relevanten Parametern erhalten bleiben sollen.

Die mechanische Empfindlichkeit der HPLC-Systeme (Präzisionsventile, dünne Kapillaren, engporige Filtermaterialen (Fritten) zur Lösungsmittel-Auf-gabe und -Abnahme an den Säulen, Detektorzellen mit geringstem Volumen ($< 10\ \mu l$), hohe Empfindlichkeit der Detektoren) machen es erforderlich, so-wohl mit sehr sauberen Laufmitteln (HPLC grade) zu arbeiten als auch größere Partikel aus der Probe zu entfernen. Daher sind die zu trennenden Proben vor der Analyse stets durch geeignete Filter (Membranfilter mit Porendurchmes-sern $\leq 0{,}5\ \mu m$) zu filtrieren oder hochtourig zu zentrifugieren.

Besonders organische Lösungsmittel lösen unter Druck Luft, die bei Verän-derung der Lösungsmittelzusammensetzung, z. B. bei der Erzeugung von Lauf-mittelgradienten mit Wasser und bei der Druckminderung am Säulenausgang, freigesetzt wird. Daher ist auf eine sorgfältige Entgasung der Laufmittelkom-ponenten zu achten. Vakuum-Membran-Entgasungseinrichtungen sind be-sonders bei wäßrigen Systemen sehr effektiv und wesentlich kostengünstiger als die weit verbreitete Entgasung durch Ultraschall oder Edelgas.

Während für die SE-, IE- und rp-HPLC eine Vielzahl von fertigen Säulen mit geeignetem Material zur Verfügung stehen, sind Affinitätsträger, von we-nigen Sonderfällen wie Lectin-, Protein-A- bzw. Protein-G-Materialien abge-sehen, meist selbst herzustellen. Dazu verwendet man gepackte Säulen mit einem geeigneten aktivierten Träger und pumpt den zu koppelnden Liganden im Kreislauf über diesen Träger. Nach Blockierung unumgesetzter Kopp-lungsgruppen und Auswaschung unumgesetzten Materials ist dann die Säule einsatzfähig.

Die Detektion richtet sich nach der Fragestellung und den Möglichkeiten, die die Probe bietet. Für Proteine und Peptide werden meist UV-Detektoren eingesetzt, die im Wellenlängenbereich zwischen 200 und 300 nm registrieren, wobei Geräte, die das Messen bei verschiedenen Wellenlängen und/oder Emp-findlichkeiten gleichzeitig ermöglichen, Standard sein sollten (zu Problemen bei der Lichtabsorptionsmessung an Proteinen und Peptiden (s. a. Abschn. 4.3 und 12.1)). Vor allem, wenn Proteine vor oder nach der Trennung modifiziert werden können (pre- bzw. post-column derivatization), sind Fluoreszenzde-tektoren in bezug auf Selektivität und Empfindlichkeit optimal. Für bestimmte, eingeschränkte Anwendungen werden auch elektrochemische und Biosenso-ren verwendende Detektoren eingesetzt.

Da einerseits die HPLC sich von ihren Grundlagen her im Vergleich zur „normalen" Chromatographie nicht unterscheidet, anderseits für eine Trennaufgabe wegen der Vielzahl der technischen Lösungsmöglichkeiten keine allgemeingültige Handlungsvorschrift gegeben werden kann und der Umgang mit der HPLC-Apparatur eine vertiefte Auseinandersetzung mit der Technik erfordert, sei an dieser Stelle auf die umfangreiche Literatur zur experimentellen Durchführung einer Proteintrennung mittels HPLC verwiesen.

Literatur

CHAIKEN IM (Hrsg) (1987) Analytical Affinity Chromatography. CRC Press, Boca Raton
DEUTSCHER M (Hrsg) (1990) Guide to Protein Purification (Meth. Enzymol. 182). Academic Press, San Diego
DUBIN PL (Hrsg) (1988) Aqueous Size-Exclusion Chromatography. Elsevier, Amsterdam
HARRIS ELV and S ANGAL (Hrsg) (1990) Protein Purification Methods – A Practical Approach. IRL Press, Oxford
DEAN PD, WS JOHNSON and FA MIDDLE (Hrsg) (1985) Affinity Chromatography – A Practical Approach. IRL Press, Oxford
MIKES O (1988) High-performance Liquid Chromatography of Biopolymers and Biooligomers. Parts A and B (J Chromat Libr Vol 41A u B). Elsevier, Amsterdam
MOHR P and K POMMERENING (1985) Affinity Chromatography – Practical and Theoretical Aspects. M Dekker, New York
MOHR P, M HOLTZHAUER and G KAISER (1992) Immunosorption Techniques – Fundamentals and Applications. Akademie Verlag, Berlin
OLIVER RWA (Hrsg) (1989) HPLC of Macromolecules – a Practical Approach. IRL Press, Oxford
SCOUTEN WH (1981) Affinity Chromatography. Bioselective Adsorption on Inert Matrices. J Wiley & Sons, New York
TURKOVA J (1993) Bioaffinity Chromatography. 2. überarb Aufl (J Chromat Libr Vol 55). Elsevier, Amsterdam
YAMAMOTO S, K NAKANISHI and R MATSUNO (1988) Ion-exchange Chromatography of Proteins. Marcel Dekker, New York

3 Aminosäure-Sequenzanalyse und Massenspektrometrie

Trotz des großen Fortschritts, den die DNA-Sequenzanalyse gemacht hat, ist die Ableitung der Aminosäuresequenz (AS-Sequenz) eines Proteins nur aus der genomischen oder komplementären DNA nicht immer ausreichend, da in diesen Sequenzen Lage und Art von posttranslationalen Modifizierungen wie Acylierungen, Methylierungen, Hydroxylierungen, Glycosylierungen, Phosphorylierungen, Lage von Disulfidbrücken, N- und C-terminale Enden nach Entfernung von Signal- und Verbindungssequenzen anhand von Computerdaten nicht mit Sicherheit angegeben werden können. Überdies sind (Teil)Sequenzen eines Proteins, die aus der AS-Sequenzanalyse erhalten worden sind, Grundlage für die Konstruktion von DNA-Sonden in der Molekularbiologie/Gentechnik und Qualitätsmaßstab bei der gentechnischen Produktion von Proteinen. Auch für die Kontrolle der chemischen Peptidsynthese, bei der in Abhängigkeit von der Synthesestrategie und der gewünschten Sequenz unverhoffte Produkte auftreten können, ist die AS-Sequenzanalyse erforderlich.

Um eine AS-Sequenzanalyse durchführen zu können, sollte das Protein möglichst rein, d.h. in Form identischer Kopien einer Polypeptidkette vorliegen. Um interne Sequenzdaten für eine weitergehende Aminosäure-Sequenzanalyse oder für zusätzliche DNA-Sonden zu erhalten, müssen Proteine chemisch und/oder enzymatisch gespalten (fragmentiert) werden. Als Trenn- und Reinigungsverfahren der Ausgangsproteine als auch ihrer Fragmente fungieren in der AS-Sequenzanalyse in erster Linie die reversed-phase-Chromatographie (rp-Chromatographie oder RPC, s. Abschn. 2.3), sowohl in der normalen als auch der micro-bore-HPLC-Technik, und die ein- oder zweidimensionale Polyacrylamid-Gelelektrophorese (PAGE, s. Abschn. 11.1 u. 11.3) mit anschließender Elektroelution bzw. Blotting.

Eine AS-Sequenzanalyse eines Proteins oder Oligopeptids wird, vom NH_2-Ende (N-terminal) oder vom COOH-Ende (C-terminal) der Polypeptidkette beginnend, chemisch oder biochemisch, manuell oder automatisiert, oder massenspektrometrisch durchgeführt. Welche Methode hauptsächlich eingesetzt wird, hängt von der Fragestellung ab, meist ist man auf eine Kombination aller Techniken angewiesen. Für (synthetische) Peptide bis ca. 15 AS ist die Massenspektrometrie (MS) wegen ihres relativ hohen Probendurchsatzes und mit einer schnellen Antwort darauf, ob der Einbau einer Aminosäure in das Peptid korrekt erfolgte und ob die Schutzgruppen vollständig abgespalten sind, deutlich favorisiert. Auch bei der Frage nach Art und Anzahl von (posttranslationalen) Modifizierungen im Protein, die sich durch eine Änderung der Molmasse auszeichnen, wie Glycosylierungen, GPI-Anker, limitierte Proteolysen,

Tabelle 3.1. Vergleich der N-terminalen AS-Sequenzanalysemethoden

	chemisch		Massenspektrometrie (MS)
	manuell	automatisiert	
benötigte Protein-/ Peptidmenge (pMol)	500–5000	50–100	500–5000
durchschnittliche Zahl von identifizierbaren AS pro Sequenzierungsprozeß	5–15	15–30	5–15
Zeit für die Sequenzierung von 20 AS (h)	ca. 15	ca. 15	ca. 0,5

Phosphorylierungen u. a. m. ist die MS sicherlich zunehmend die Methode der Wahl.

Es sei auch an dieser Stelle darauf hingewiesen, daß die Probenvorbereitung einen entscheidenden Einfluß auf den Erfolg der Aminosäure-Sequenzierung besitzt. Häufig geschehen bei der Isolierung eines Proteins unbemerkt Modifizierungen durch Puffersubstanzen und Reagenzien, die zu Störungen oder Mißinterpretationen führen können. Solche Modifikationen können chemische oder enzymatische Hydrolysen (Peptidspaltungen, Deaminierungen), N- und S-Alkylierungen, z.B. durch unumgesetztes Acrylamid, Cys-, Met-, Trp-, Tyr-Oxidationen oder Carbamoylierungen durch Harnstoff sein.

Einen groben Überblick über die Leistungsfähigkeit der verschiedenen AS-Sequenzierungsstrategien gibt Tabelle 3.1 (zur Sequenzierung von Peptiden mittels NMR-Techniken s. Abschn. 5.5).

Die chemische AS-Sequenzierung wird heute vorwiegend nach zwei Verfahren durchgeführt, denen gemeinsam ist, daß nacheinander die jeweils endständige Aminosäure eines Polypeptids chemisch modifiziert wird und diese Modifizierung einerseits die Hydrolyse der Peptidbindung zur folgenden Aminosäure erleichtert und anderseits das in einer mehrstufigen Reaktion entstandene Aminosäurederivat empfindlich und sicher identifiziert werden kann.

3.1 N-terminale Aminosäure-Sequenzanalyse

Für die Sequenzierung vom Aminoende eines Polypeptids (Voraussetzung: freie NH_2-Gruppe am C_α-Atom der endständigen Aminosäure) werden entweder die 1950 erstmalig veröffentlichte Abbaustrategie nach EDMAN (Abb. 3.1), vorwiegend in Sequenzierautomaten verwendet, oder Modifikationen dieser Strategie (z.B. 4-*N*,*N*-Dimethylaminoazobenzen-4'-isothiocyanat/ Phenylisothiocyanat (DABITC/PITC)-Verfahren) für manuelle Sequenzierungen eingesetzt.

Beim schrittweisen EDMAN-Abbau wird durch Umsetzung der freien C_α-NH_2-Gruppe mit PITC in einem mehrstufigen Reaktionsprozeß (CCC: Coupling, Cleavage, Conversion) ein Phenylthiohydantoin-Derivat (PTH-Amino-

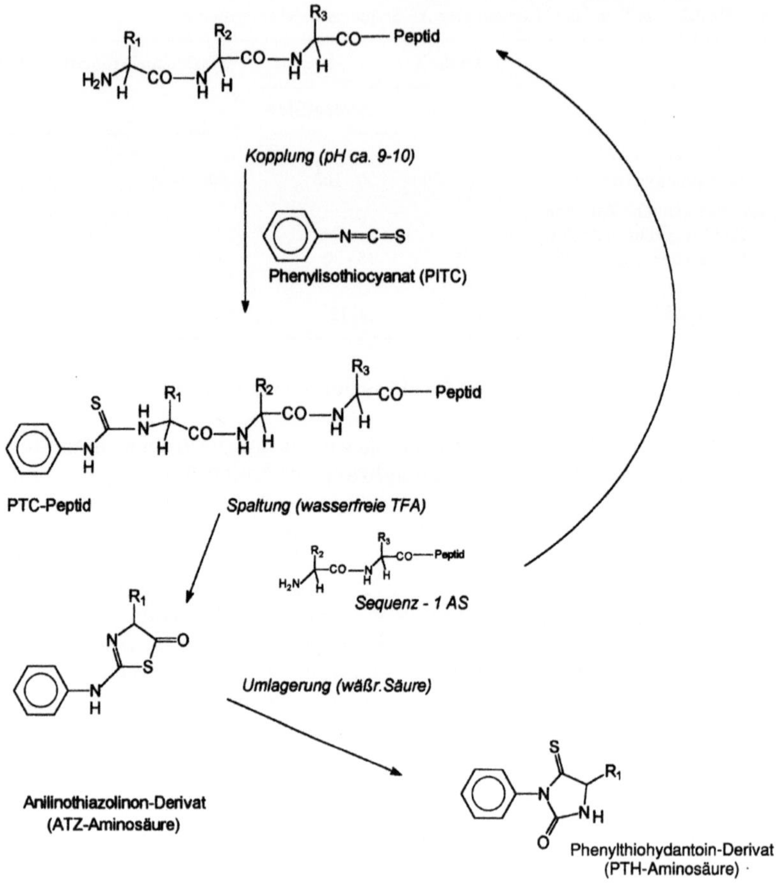

Abb. 3.1. Formelschema der chemischen N-terminalen Peptidsequenzierung nach EDMAN. R^1, R^2, R^3 – individuelle Aminosäure-Seitenketten

säure) gebildet, dessen Seitenkette R^1 mit der Seitenkette R^1 der jeweils abgebauten N-terminalen Aminosäure im Polypeptid identisch ist. Die Identifizierung der PTH-Aminosäure erfolgt meist rp-chromatographisch aufgrund der für die 20 Standardaminosäuren in einem hinsichtlich Säulenmaterial, Elutionsmittel-Zusammensetzung, -Fließgeschwindigkeit und -Temperatur optimierten Nachweissystem.

Die manuelle Sequenzierung wird trotz der Möglichkeit, simultan eine Vielzahl von Proben zu bearbeiten, vorwiegend eingesetzt, um zu überprüfen, ob der N-Terminus eines Proteins frei oder blockiert ist und/oder ob das Polypeptid wirklich einheitlich ist, d.h. nur eine Aminosäurekette mit einer einzigen C_α-NH_2-Gruppe enthält.

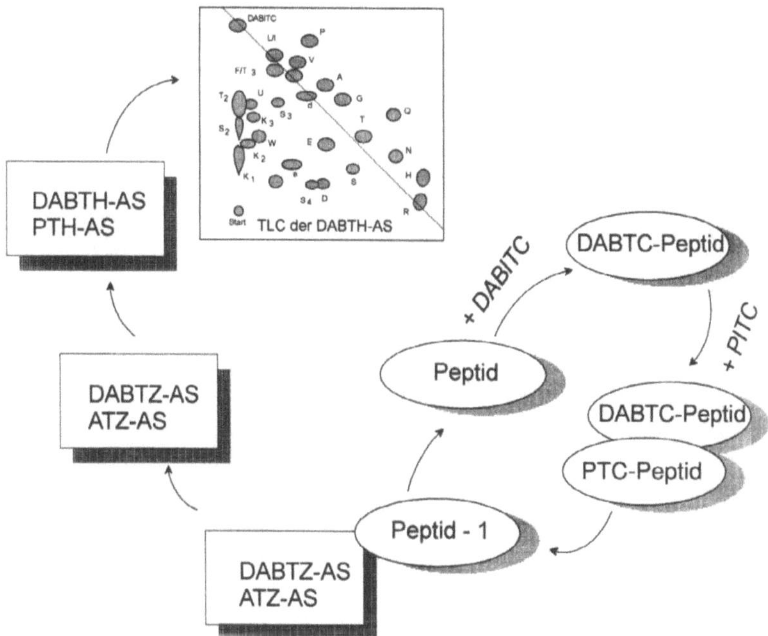

Abb. 3.2. Prinzip der manuellen Sequenzanalyse. Theoretisches Dünnschichtchromatogramm aller DABTH-Aminosäuren nach YARWOOD, A. (1989) In: FINDLAY, J. B. C. and M. J. GEISOW (Eds.) Protein sequencing – a practical approach, IRL Press, Oxford, S. 133)

Dieser relativ einfache Test kann unter Verwendung der entsprechenden Chemikalien (höchste Reinheit, „sequence grade") nach der DABITC/PITC-Methode durchgeführt werden. Bei dieser Variante des EDMAN-Abbaus müssen DABITC und PITC eingesetzt werden (Doppelkopplung), da DABITC allein eine zu geringe Kopplungsausbeute besitzt. Der Nachweis der N-terminalen Aminosäure als farbiges DABTH-AS-Derivat (Dimethylaminoazobenzen-thiohydantoin-Aminosäure) erfolgt durch zweidimensionale Dünnschichtchromatographie auf kleinen (2,5 × 2,5 cm) Polyamidplatten (s. Abb. 3.2).

Da die Durchführung der manuellen Sequenzierung unter Schutzgas und absolutem Sauerstoffausschluß nie so vollständig gewährleistet werden kann wie in einem geschlossenen automatischen System, sind die erreichbaren Sequenzierungsschritte meist geringer als im Automaten (vgl. Tabelle 3.1).

Durch unvollständige Kopplung und Spaltung, aber auch durch unspezifische Spaltungen und/oder Auswaschungen, nimmt die Menge an sequenzierbarem Material laufend ab unter gleichzeitiger Zunahme von überlappenden Aminosäuren aus den Vorstufen (overlap) und der Untergrundsignale (background), bis eine Identifizierung weiterer Aminosäuren nicht mehr möglich ist.

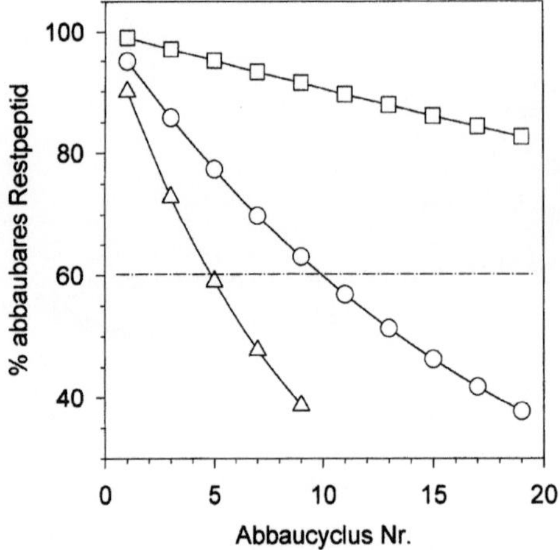

Abb. 3.3. Auswirkung der repetitiven Ausbeute auf die Anzahl der Sequenzierungsstufen (Menge an sequenzierbarem Peptid). □ – r. y. 99 %, ○ – r. y. 95 %, △ – r. y. 90 %, –·– – angenommene Nachweisgrenze

Der Einfluß der erreichbaren repetitiven Ausbeute je Abbauschritt[1] (*engl.* repetitive yield, r. y.) auf die theoretisch möglichen Abbauschritte ist in Abb. 3.3 dargestellt. Die in dieser Abbildung angenommenen repetitiven Ausbeuten von 90, 95 bzw. 99 % nach einer unterschiedlichen Anzahl von Abbaustufen zu einer Peptidmenge (in Abb. 3.3 als Beispiel: 60-%-Linie), die wegen Detektionslimitierungen nicht weiter sequenzierbar ist. (Die Initialausbeute, d. h. die Ausbeute an PTH-Aminosäure in der ersten Abbaustufe, beträgt meist nur 30 bis 60 %.)

Es sei hier darauf hingewiesen, daß die Vollständigkeit der Kopplungs- und Spaltungsreaktionen von der Natur der jeweiligen N-terminalen Aminosäure und von ihrer nächsten Nachbarschaft abhängt und eigentlich für jede individuelle Aminosäure durch Variation von Reaktionszeit, -temperatur, Lösungsmittel etc. optimiert werden müßte. Da bei der Sequenzierung eines Peptids aber nicht bekannt ist, welche Aminosäure gerade endständig ist, müssen für die Reaktionsführung sowohl bei der manuellen als auch bei der automatisierten Sequenzanalyse Kompromisse geschlossen werden.

In Abb. 3.4 sind als Beispiele die repetitiven Ausbeuten für R (Arginin) und V (Valin) im Peptid DTAELRRRVEVSVE...[2] dargestellt.

---

[1] $r.\,y. = \left(\dfrac{A}{B}\right)^{\frac{1}{b-a}}$ mit den Ausbeuten A bzw. B der Aminosäure Xaa an den a-ten bzw. b-ten Stellen in einer Sequenz.

[2] Ein Verzeichnis des Aminosäure-Einbuchstabencodes ist zu finden in Kap. 7, Tabelle 7.1.

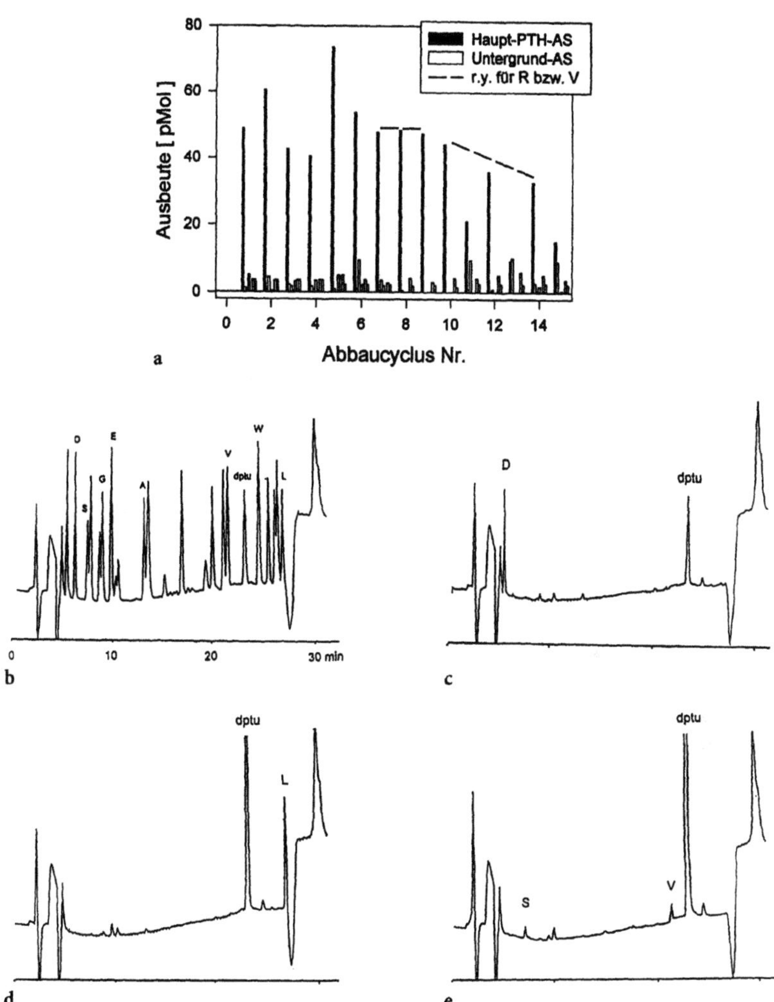

Abb. 3.4. a Haupt- und Nebensignale für einzelne Aminosäuren bei der automatisierten Sequenzierung eines durch Endopeptidase-Lys-C-Spaltung erhaltenen Peptids H₂N-Asp-Thr-Ala-Glu-Leu-Arg-Arg-Arg-Arg-Val-Glu-Val-Ser-Val-Glu-... b PTH-Aminosäure-Standard-chromatogramm (dptu: Diphenylthioharnstoff). c Chromatogramm des 1. Abbaucyclus (→ Asp). d Chromatogramm des 5. Abbaucyclus (→ Leu). e Chromatogramm des 13. Abbaucyclus (→ Ser). Die Buchstaben an den Peaks entsprechen dem Einbuchstabencode für Aminosäuren. Gerät: Applied Biosystems 477 A Protein Sequencer + on line PTH-Analyzer 120 A

Neben einer allgemeinen, aber individuell durchaus unterschiedlichen Abnahme der Ausbeute an PTH-Aminosäuren im Verlauf der Sequenzierung (Abb. 3.4a) ist im Chromatogramm des Standard-PTH-Aminosäuregemischs (Abb. 3.4b) auch deutlich zu sehen, daß einzelne PTH-Aminosäuren sehr unterschiedliche Signale ergeben, obwohl ihre molaren Mengen im Standardgemisch bzw. innerhalb des Peptids gleich sind.

Theoretisch dürfte für jede Aminosäure an der jeweiligen Stelle des Abbaucyclus nur ein Signal zu beobachten sein. Wie die Praxis aber zeigt, treten in den Chromatogrammen kleinere Signale (Untergrund) auf, die aus Abspaltungen von früher unvollständig verlaufenen EDMAN-Cyclen herrühren können oder, wie das Beipiel der hydrophoben Aminosäure Valin (V) deutlich zeigt, durch unvollständige Extraktion aus dem vorherigen Abbauschritt verschleppt worden sind, z.B. V-Nebenpeak in Cyclus 13 (Abb. 3.4e). Letztere Störung kann so groß sein, daß sie eine gleiche Intensität wie die der „richtigen" Aminosäure (Serin, Pos. 13) aufweist. Aus der Abb. 3.4a wird auch die Abnahme der repetitiven Ausbeute für Valin (Pos. 10, 12 und 14) ersichtlich, die hier deutlich größer ist als die von Arginin (R) (Pos. 7, 8 und 9).

Für die automatisierte Sequenzanalyse steht eine Vielzahl von Möglichkeiten zur Verfügung, was die Art der Peptidimmobilisierung bzw. Reagenzzuführung während der Abbauschritte betrifft. Aufgrund der zeitlichen Entwicklung wird in Flüssigphasen-, Festphasen-, Gasphasen-, Gas-Flüssigphasen-Sequenzautomaten eingeteilt. Durch die heute übliche Anwendung kombinierter Technologien in einem Automaten erscheint diese Einteilung aber überholt.

Am Beispiel der automatischen Gas-Flüssigphasen-Sequenzierung soll das Prinzip der Methode erläutert werden. Abbildung 3.5 gibt das Blockschaltbild eines Sequenators wieder, dessen Herzstück die eigentliche Reaktionskammer (*engl.* cartridge, 4) ist.

Das zu untersuchende Protein oder Peptid wird auf ein Glasfaserfilter oder auf eine chemisch sehr inerte Membran (z.B. aus Polyvinylidendifluorid, PVDF) manuell oder durch Elektroblotting aufgebracht. Zur besseren adsorptiven, über hydrophobe und ionische Wechselwirkungen vermittelten Haftung der Probe werden Glasfaserfilter meist mit dem Polykation Polybren (Hexadimethrin-Bromid, 1,5-Dimethyl-1,5-diaza-undecamethylen-polymethobromid) beschichtet.

Die auf dem Träger immobilisierte Probe kommt in die Reaktionskammer. Der stufenweise Ablauf der EDMAN-Chemie erfolgt dann durch programmierte zeit- und flußgesteuerte Cyclen. Lösungsmittel- und Reagenzienzusammensetzungen variieren in Abhängigkeit vom Gerätetyp und der Reaktionsführung.

Als Extraktionsmittel, die im Interesse hoher Nachweisempfindlichkeiten höchste Reinheit besitzen müssen, werden n-Chlorbutan, Ethylacetat, n-Heptan, aber auch hydrophilere wie Methanol und wäßriges Acetonitril verwendet. Schutz- und Fördergas sind hochreines Argon oder billigerer Reinststickstoff.

Nach der Bildung der PTH-Aminosäure wird die Reaktionslösung on line auf eine HPLC-Anlage mit einer rp-Säule (meist C18) gegeben und anhand der Re-

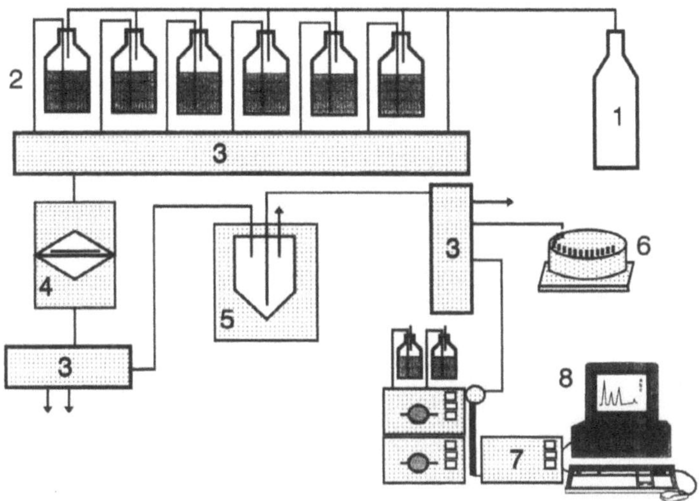

Abb. 3.5. Prinzip eines Gas-Flüssig-Sequenators. (1) Vorratsgefäß für Schutz- und Fördergas, (2) Reagenz- und Lösungsmittelreservoirs, (3) Steuerventil, (4) Reaktionskammer, (5) Konversionsgefäß, (6) Fraktionssammler, (7) HPLC, (8) Steuer- und Auswerteeinheit

tentionszeiten und Peakflächen der Standardaminosäuren automatisch qualitativ und quantitativ analysiert. Die Probe oder ein Teil von ihr kann auch in einem Fraktionssammler aufgefangen werden.

Von großem Interesse ist die Identifizierung von Orten regulatorisch bedeutsamer posttranslationaler Modifizierungen wie Phosphorylierungen (Phosphoserin, -threonin oder -tyrosin), N- oder O-Glycosylierungen (Asparagin bzw. Serin oder Threonin), Disulfidbrückenbildung und seltener oder ungewöhnlicher Aminosäuren (z.B. Hydroxyprolin oder D-Aminosäuren). Während für die meisten dieser Modifizierungen Protokolle für eine Anwendung der EDMAN-Chemie, teilweise nach vorgeschalteten chemischen oder enzymatischen Reaktionen, existieren, sind D-Aminosäuren prinzipiell nicht nachweisbar, da es im Verlauf des EDMAN-Reaktionscyclus zu einer Racemisierung am C_α-Atom kommt.

Als ein Beispiel für eine dem EDMAN-Abbau vorgelagerte Reaktion sei eine chemische Modifizierung von Phosphoserin vorgestellt: Phosphoserin unterliegt unter stark alkalischen Bedingungen einer Hydrolyse unter β-Eliminierung der Phosphatgruppe. Das Produkt dieser Reaktion wird mit Ethylmercaptan unter Bildung von S-Ethylcystein abgefangen (Abb. 3.6), das dann als charakteristische PTH-Aminosäure identifiziert werden kann.

Es muß aber auch erwähnt werden, daß diese β-Eliminierung auch an Serin-Glycosiden (Ort der O-Glycosylierung) erfolgen kann.

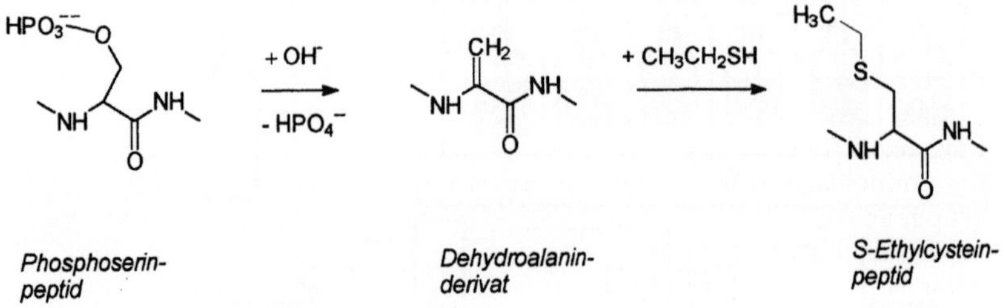

Phosphoserin-
peptid

Dehydroalanin-
derivat

S-Ethylcystein-
peptid

Abb. 3.6. Bildung von *S*-Ethylcystein durch *β*-Eliminierung an Phosphoserin

Neben der geschilderten chemischen Modifizierung können Phosphorylierungen, besonders wenn die Phosphorylierung unter Verwendung von γ-[^{32}P]ATP oder γ-*S*-[^{32}P]ATP vorgenommen wurde, auch noch auf anderen Wegen identifiziert werden. So kann man, da Serin- und Threoninphosphat relativ säurestabil sind, an der erwarteten Stelle auf dem Träger die Radioaktivität messen oder an dieser Stelle auf ein hydrophileres Extraktionsmittel umschalten, das eine Überführung der viel hydrophileren ATZ-Phosphoaminosäuren in das Konvertierungsgefäß und zum Fraktionssammler ermöglicht. Hydrophilere Lösungsmittel haben allerdings den Nachteil, daß ein verstärktes Ausbluten des zu sequenzierenden, adsorbierten Peptids erfolgt. Es ist daher günstig, wenn dieses Peptid kovalent auf dem Träger fixiert ist. Einen starken Hinweis auf einen Glycosylierungsort erhält man schon im normalen Sequenzierungsablauf, wenn in einem glycosylierten Peptid eine Lücke in der bestimmten Sequenz auftritt (Folge der Unlöslichkeit der glycosylierten ATZ-Aminosäure in den normalerweise verwendeten apolaren Extraktionsmitteln).

Eine Lokalisation von Glycosylierungsstellen ist möglich, wenn das zu untersuchende Glycoprotein vor und nach einer vollständigen *N*-Deglycosylierung, z.B. mit Peptid-N-Glycosidase F (PNGase F, spaltet zwischen Asparagin und dem ersten Zucker *N*-Acetylglucosamin unter Umwandlung von Asn in Asp), fragmentiert wird. Die kohlenhydrathaltigen Peptide werden sequenziert und mit den entsprechenden deglycosylierten verglichen. Die zuckertragenden Asparagine des für einen *N*-Glycosylierungsort charakteristischen Motivs Asn-Xaa-Thr/Ser erscheinen in der jeweiligen Sequenz als Lücke, da sie unter den Standardbedingungen der N-terminalen Sequenzierung nicht nachgewiesen werden (s.o.). Es können aber auch anstelle von PNGase F die Endoglycosidasen D, H oder F verwendet werden, die das N-glycosidisch gebundene *N*-Acetylglucosamin am Peptid erhalten. Dieses modifizierte Asparagin kann dann analog zu den Phosphoaminosäuren direkt bestimmt werden.

Um ein Auswaschen vor allem kürzerer Peptide zu vermeiden, ist es möglich, sie kovalent an einen Träger (meist poröses Glas oder inerte Kunststoffmembranen) zu koppeln. Als Ankergruppen dienen vorwiegend *p*-Aminophenyl-(AP-), *N*-(2-Aminoethyl)-3-aminopropyl-(AEAP-) und *p*-Phenylendi-isothiocyanato-(DITC-)Seitenketten, die durch eine chemische Modifizierung der Träger erhalten werden. Im Sequenator befindet sich dann der Träger mit dem gekoppelten Protein in einer Mikrosäule oder auf einem Filter. Die Kopplung der Peptide erfolgt C-terminal mittels wasserlöslicher Carbodiimide an die Aminoträger oder N-terminal über die α-NH$_2$- bzw. die Lysin-ε-Aminogruppe an DITC-Träger. Aufgrund der Kopplungsreaktion tritt im letzteren Fall ein Kettenabbruch auf, wenn in der Sequenz das letzte Lysin erreicht ist, weil dann das restliche Peptid nicht mehr an den Träger gebunden ist.

Ein größeres Protein kann nicht in einem Zuge sequenziert werden. Aus den oben erwähnten Gründen sind auch bei optimaler Reaktionsführung nur die ersten etwa 30 Aminosäuren in einem Lauf bestimmbar. Man behilft sich dadurch, daß man ein Protein in mehrere Oligopeptide zerlegt. Um aber aus den Einzelsequenzen dieses Peptidgemischs zur Gesamtsequenz des Proteins zu kommen, muß man mit mehreren Sätzen von Proteinfragmenten arbeiten, um zu überlappenden Sequenzbereichen zu gelangen, die eine Zuordnung der Fragmente gestatten. Schematisch ist das in Abb. 3.7 dargestellt.

Zur gezielten Spaltung eines Polypeptids kann man sowohl Endopeptidasen als auch selektive chemische Reaktionen einsetzen. Die gebräuchlichsten Fragmentierungsmöglichkeiten sind in Tabelle 3.2 zusammengefaßt.

Die Spaltung eines Proteins in Peptidfragmente kann in Lösung, im Elektrophoresegel oder an einer Matrix (Blottingmembran) vorgenommen werden. Da Proteasen aufgrund ihrer hohen Molmasse relativ langsam in einem Gel diffundieren, sollten sie für eine Spaltung in Lösung eingesetzt werden, chemische Spaltungen wie die Bromcyan-Spaltung verlaufen dagegen auch im Polyacrylamidgel gut.

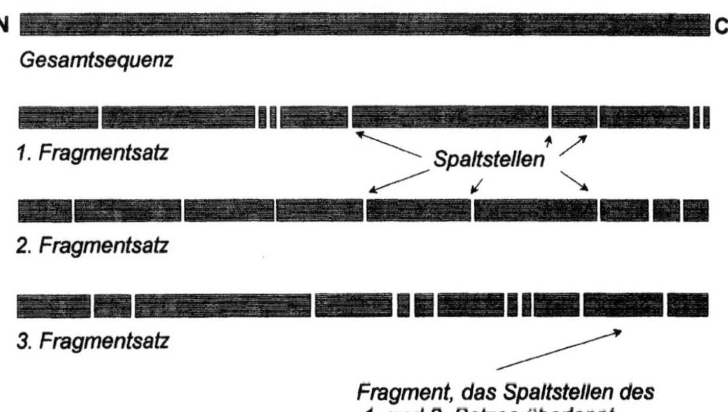

Abb. 3.7. Peptidfragmentierung zur Erzeugung überlappender Fragmente

Tabelle 3.2. Auswahl spezifischer Peptidfragmentierungsarten

Reagens	Spaltort	Bemerkungen
enzymatisch		
Chymotrypsin A	Phe $\downarrow$ X > Trp $\downarrow$ X	
	> Tyr $\downarrow$ X > Leu $\downarrow$ X	C-term. zu aromatischen AS
Clostripain	Arg $\downarrow$ X	basische AS, SH-Protease
Endoproteinase Arg-C	Arg $\downarrow$ X	
Pepsin	X $\downarrow$ Leu, Phe	bei pH 3
S.aureus-V8-Protease		
(Endo Glu-C)	Glu $\downarrow$ X	Spezifität vom Puffer abhängig
Endoproteinase Asp-N		
(Endo Asp-N)	X $\downarrow$ Asp, X $\downarrow$ Cys SO_3H	(saure AS)
Endoproteinase Lys-C		
(Endo Lys-C)	Lys $\downarrow$ X	
Thermolysin	X $\downarrow$ Leu > X $\downarrow$ Ile	
	> X $\downarrow$ Phe	hydrophobe AS, aktiv bis 80°
Typsin	Arg/Lys $\downarrow$ X	nicht Lys-Pro
chemisch		
Ameisensäure (pH < 3)	Asp $\downarrow$ Pro	für *N*-formylierte oder pyro-Glu-Peptide
Bromcyan	Met $\downarrow$ X	Bildung von Homoserin aus Met
Hydroxylamin (pH 9.0)	Asn $\downarrow$ Gly	
o-Iodosobenzoesäure	Trp	
2-Nitro-5-thiocyano-benzoesäure	Cys	EDMAN-Abbau erst nach Deblockierung

Selbstverständlich müssen nach einer Spaltung die Peptidfragmente vor
einer weiteren Analyse in die Einzelkomponenten mittels HPLC oder Gelelektrophorese aufgetrennt werden.

Da die freie SH-Gruppe des Cysteins besonders leicht oxidiert wird, ist es
günstig, sie vor einer Peptidspaltung gezielt umzuwandeln und somit in
eine definierte Form zu überführen. Die bevorzugten Reaktionen sind eine
S-Carboxymethylierung mit Iodessigsäure oder Iodacetamid (Bildung von
$-S-CH_2-COOH$ bzw. $-S-CH_2-CONH_2$) oder eine Umsetzung mit 4-Vinylpyri-
din (Bildung von $-S-CH_2-CH_2-(4)py$) oder Ethylenimin (Bildung von
$-S-CH_2-CH_2-NH_2$).

3.2 C-terminale Aminosäure-Sequenzanalyse

Intensive Bemühungen, die C-terminale Aminosäure-Sequenzanalyse ähnlich
universell und erfolgreich wie die chemische N-terminale Analyse anzuwen-
den, waren bisher nicht erfolgreich. Die beiden prinzipiellen Möglichkeiten, die
sequenzielle chemische und die enzymatische Abspaltung der jeweiligen C-terminalen Aminosäuren zu erreichen, sollen im folgenden vorgestellt werden.

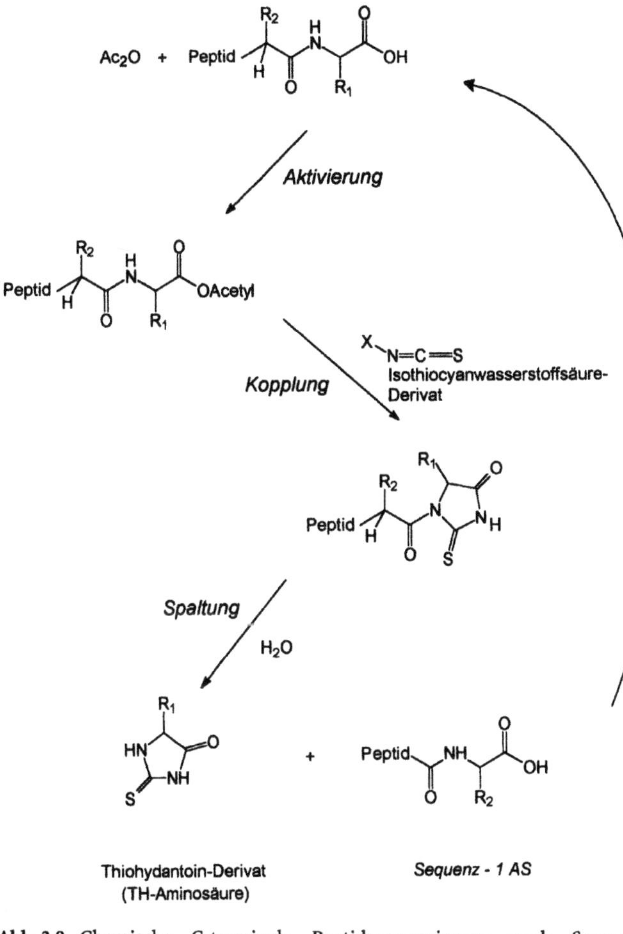

Abb. 3.8. Chemische C-terminale Peptidsequenzierung nach Schlack und Kumpf. R^1, R^2 – individuelle Aminosäure-Seitenketten, Ac_2O – Acetanhydrid

Die Sequenzierungsstrategie nach einer von Schlack und Kumpf 1926 veröffentlichen chemischen Methode (Abb. 3.8) verwendet ein ähnliches Reagens wie der Edman-Abbau, wobei hier aus der C-terminalen C_α-ständigen Carboxylgruppe Thiohydantoine mit den jeweiligen Seitenketten R (TH-Aminosäuren) entstehen.

Das eigentliche aktive Agens bei dieser Abbaureaktionsfolge ist Isothiocyansäure (HNCS). Diese ist aber nicht stabil in der nötigen Reinheit zu erhalten, so daß eine Vielzahl von Derivaten für den Einsatz in der Schlack-Kumpf-Reaktion vorgeschlagen wurden: Ammoniumisothiocyanat, Guanidiniumisothiocyanat, Trimethylsilylisothiocyanat (TMSITC), Diphenyl-phosphoro-isothiocyanidat (ϕ_2PO_3NCS) oder Benzoylisothiocyanat (BITC). Da die C-terminale Carboxylgruppe nicht reaktiv genug ist, wird sie vor der Isothiocyanatkopplung durch Umwandlung in ein gemischtes Anhydrid, z.B. mit Acetanhydrid/Essigsäure in Gegenwart des entsprechenden Isothio-cyansäure-Derivats XNCS (X=H oder $(CH_3)_3Si$) oder mit BITC in Pyridin/Acetonitril, bei Temperaturen zwischen 50 und 80 °C aktiviert. Die Umsatzraten der darauf folgenden Schritte Cyclisierung und Spaltung sind von den jeweils C-terminalen Aminosäuren abhängig und müssen, ähnlich wie bei der N-terminalen Analyse, durch Wahl der Reagenzien bzw. Lösungsmittel, der Reaktionstemperatur und -zeit auf einen durchschnittlichen Erfahrungswert optimiert werden.

Die Versuche zur technischen Realisierung einer automatisierten chemischen C-terminalen Sequenzierung basieren auf denen der N-terminalen Analyse.

Die Durchführung der chemischen C-terminalen Aminosäureanalyse kann auch an Trägermaterialien, an die das Peptid kovalent gekoppelt ist (Festphasen-Sequenzanalyse), erfolgen. DITC-Träger scheinen für diese Belange am geeignetsten zu sein, da das Restpeptid unter relativ milden Bedingungen auch wieder abgespalten und z.B. einer massenspektrometrischen Analyse zugeführt werden kann.

Einige Exopeptidasen sind aufgrund ihrer Substratspezifität geeignet, für die C-terminale Sequenzanalyse eingesetzt zu werden. Beispiele für solche Proteasen sind in Tabelle 3.3 zusammengestellt. Es muß allerdings darauf hingewiesen werden, daß die Substratspezifität der meisten Proteasen für einzelne Aminosäuren unterschiedlich sein kann, was häufig zu deutlich unterschiedlichen Abspaltungskinetiken führt.

Zur Bestimmung der C-terminalen Aminosäuren inkubiert man das denaturierte Polypeptid mit einer entsprechenden Carboxypeptidase bei deren Aktivitätsoptimum und entnimmt zu verschiedenen Zeiten Proben, in denen die jeweiligen neu auftretenden Aminosäuren z.B. in einem Aminosäureanalysator (spezialisierte Ionenaustausch- oder rp-HPLC-Apparatur) bestimmt werden. Da im Reaktionsgemisch die Anzahl und Menge der enzymatisch abgespaltenen Aminosäuren zunehmen und die Spaltgeschwindigkeit der Enzyme vom Substrat abhängen, sind auf diese Weise nur wenige C-terminale Aminosäuren jeweils identifizierbar.

Tabelle 3.3. Exopeptidasen (Carboxypeptidasen) für die C-terminale Sequenzanalyse

Name	Quelle	Spaltspezifität
Carboxypeptidase A	Rinderpankreas	X' ↓ X, X ≠ Arg, Pro
Carboxypeptidase B	Schweinepankreas	X' ↓ Arg/Lys
Carboxypeptidase P	*Penicillium janthinellum*	X' ↓ X, X ≠ Gly, Ser
Carboxypeptidase Y	*Saccharomyces cerevisiae*	X' ↓ aromat. AS ≫ saure AS

X – beliebige C-terminale Aminosäure.

3.3 Peptidmapping

Wenn sich die Frage stellt, ob zwei Proteine, z. B. ein aus einer natürlichen Quelle isoliertes und ein gentechnisch erzeugtes, identisch sind, muß nicht unbedingt eine Sequenzanalyse vorgenommen werden. Eine partielle Hydrolyse der Polypeptidketten und anschließende Analyse der entstandenen Spaltmuster (Fragmente) kann schon Aussagen über Einheitlichkeit oder Differenzen ermöglichen, denn zwei Proteine mit identischer Primärstruktur verfügen über gleiche Spaltstellen.

Je nach verwendeter Protease oder chemischer Spaltungsmethode sind Spaltstellen unterschiedlich im Protein verteilt (vgl. Abb. 3.7) oder, besonders wenn das Protein nicht in einer vollständig denaturierten Form vorliegt, unterschiedlich zugänglich. So sind beispielsweise unter nichtdenaturierenden Bedingungen erste Hinweise auf unterschiedliche Faltungen in einem gentechnisch erzeugten Polypeptid erhältlich. Zur Wahrung einheitlicher Versuchsbedingungen ist es allerdings günstig, daß das Protein weitestgehend aufgefaltet wird. Dabei ist es von Vorteil, daß einige Peptidasen in Gegenwart von 0,1 % SDS oder ≥ 1 M Harnstoff aktiv sind (vgl. Tabelle 3.2).

Ein Peptidmapping-Experiment verläuft über folgende Stufen: Reinigung des Proteins durch HPLC oder Elektrophorese – radioaktive oder nichtradioaktive Markierung (erleichtert die Detektion der Spaltstücke in Elektropherogrammen oder Dünnschichtchromatogrammen, kann aber die Spaltorte verändern) – enzymatische oder chemische Spaltung – Auftrennung und Detektion der Fragmente. Es versteht sich von selbst, daß die experimentellen Bedingungen für Vergleichs- und zu analysierendes Peptid identisch und streng reproduzierbar sein müssen.

Die Spaltung erfolgt, analog zu der für die Erzeugung überlappender Fragmente beschriebenen, in Lösung, im Elektrophoresegel oder auf Blottingmembranen.

Nimmt man HPLC- oder Dünnschicht-Chromatogramme, PAGE- oder Kapillar-Elektropherogramme von Peptidgemische nach Spaltungsexperimenten auf, erhält man für das jeweilige Protein ein charakteristisches Muster („fingerprint"). Da nur die Chromatogramme verglichen werden, ist es unerheblich, ob überlappende Fragmente erhalten werden oder nicht.

Wenn nun zwei Proteine identische Strukturen (Primär-, Sekundär- und Tertiärstruktur) besitzen, entstehen bei einer enzymatischen und/oder chemischen Spaltung die gleichen Peptidfragmente. Abbildung 3.9 zeigt ein Beispiel für eine Vergleichsuntersuchung zweier Proteine, bei der von der Sequenz herrührende Unterschiede deutlich zu Tage treten.

Als chromatographische Methode für die Analyse der Fragmente wird meist die rp-HPLC verwendet, SDS-PAGE kann ein- und zweidimensional in Gelen erfolgen, die die Trennung kleiner Fragmente ermöglichen (vgl. Kap. 11).

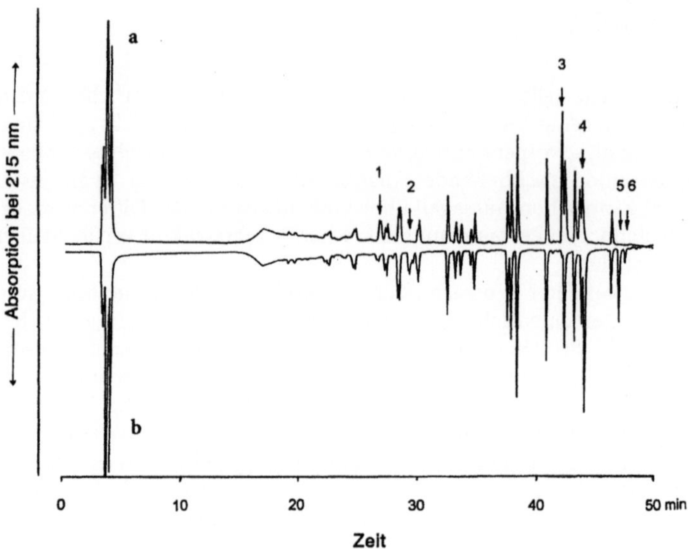

Abb. 3.9. Fingerprint von Streptokinase. rp-HPLC-Vergleichschromatogramme von natürlicher (**a**) und gentechnisch erzeugter (**b**) Streptokinase nach Lys-C-Spaltung. Die Pfeile in den spiegelbildlich aufgetragenen Chromatogrammen kennzeichnen Abweichungen im Peptidmuster zwischen Probe und Referenzsubstanz. Probenmenge zur Spaltung: ca. 100 µg, Spaltung mit Lys-C; für HPLC verwendete Menge: ca. 15 µg Protein. Säule: Vydac 218TP54 (250 × 4,5 mm), Laufmittel A: 0,06 % TFA in H_2O, Laufmittel B: 0,05 % TFA in Acetonitril. Säulentemperatur 40°, Flußgeschwindigkeit 1 ml/min. (Die Chromatogramme wurden freundlicherweise von Dr. A. Otto, Max-Delbrück-Centrum Berlin-Buch, zur Verfügung gestellt)

3.4 Massenspektrometrie

Die massenspektrometrische Untersuchung von Biomakromolekülen ist ein sich in den letzten Jahren dank erweiterter technischer Möglichkeiten rasch entwickelndes Gebiet. Die Vielzahl der apparativen Varianten kann an dieser Stelle auch nicht annähernd beschrieben werden.

Um das Interesse an dieser Methode zu wecken, sollen daher nur einige Grundprinzipien und -begriffe erläutert werden.

Moleküle können, wenn sie in einer geladenen Form (Molekülionen) in die gas- oder plasmaförmige Phase überführt werden, im Hochvakuum in einem elektrischen Feld beschleunigt sowie in ihrer Flugbahn durch elektrische und/oder magnetische Felder abgelenkt werden. Diese Beeinflußbarkeit ist abhängig von der Masse, kinetischen Energie und der Ladung der jeweiligen Molekülionen. Wenn die Feldstärken bekannt sind, kann so aus dem Grad der Beeinflussung bzw. der Zeit vom Start bis zum Erreichen des Detektors auf die Molekülionenmasse, genauer auf den Quotienten aus Masse und Ladung (m/z) geschlossen werden.

Durch die Zuführung von Energie während der Ionisierung und/oder bei der Kollision mit anderen Partikeln kann es zum Aufbrechen, und unter bestimmten Bedingungen auch zur Neubildung, chemischer Bindungen im Molekül unter Bildung von Fragment-Ionen kommen, die zusammen mit der Information über die Gesamt-Molekülmasse ein charakteristisches m/z-Muster für das jeweilige Ausgangsmolekül ergeben. Da dieses m/z-Muster nach seiner Masse aufgetrennt und die Intensität der Ionen mit gleichem m/z registriert wird, spricht man von dem Massenspektrum einer Verbindung.

Während relativ kleine und wenig polare Moleküle leicht durch (thermische) Verdampfung in die Gasphase überführt und dort durch Kollision mit anderen Molekülen bzw. deren Ionen ionisiert werden können, ist dies bei Proteinen, Kohlenhydraten und Nucleinsäuren ohne Zerstörung der Moleküle nicht möglich. Um Proteine und andere Biopolymere dennoch einer massenspektroskopischen Untersuchung zugänglich zu machen, wurden verschiedene Verfahren der Überführung in die Gasphase und der Ionisierung entwickelt.

Für die Protein/Peptid-Massenspektrometrie werden zur Zeit nachstehende prinzipielle Methoden angewandt, deren Ziel es ist, möglichst große Molekülionen M^{n+} oder M^{n-} bei möglichst geringer Fragmentierung zu erhalten. Der Teil eines Massenspektrometers, in dem die Prozesse der Überführung in einen gasförmigen Zustand und die Ionisierung ablaufen, wird als Ionenquelle bezeichnet (Nr. 1 in Abb. 3.10).

Folgende grundlegende Verfahren werden derzeit zur Erzeugung von Molekülionen eingesetzt, bei denen die Überführung in die Gasphase und die Ionisierung gleichzeitig vorgenommen werden:

Elektrospray-Ionisation (ESI): Eine protonenhaltige Lösung eines geladenen Analyten (saure Peptidlösung) wird in einem Hochspannungsfeld zerstäubt. Durch die Verdunstung des Lösungsmittels schrumpfen die Tröpfchen so lange, bis die Abstoßung der Ionen die Adhäsionskräfte überwiegt und der Cluster aus Ionen und restlichem Lösungsmittel in seine Bestandteile zerfällt („COULOMBsche Explosion"). So entstehen auf eine sehr milde Weise mehrfach positiv oder negativ geladene Molekülionen $(M+nH)^{n+}$ bzw. $(M-nH)^{n-}$, n kann >30 sein, die wegen des relativ kleinen m/z-Quotienten in einem niedrigen Massenbereich und daher mit hoher Präzision registriert werden können. Für ein Molekül werden somit theoretisch n Signale erhalten, aus denen die tatsächliche Masse exakt berechnet werden kann.

Die Ionisation erfolgt unter Normaldruck, die Ionen werden anschließend durch entsprechende Vorrichtungen in den Hochvakuumteil des Massenspektrometers überführt.

Fast atom bombardement (FAB): Die Probe, die sich in einem geeigneten hochsiedenden polaren Lösungsmittel wie Glycerol, Thioglycerol oder in einem eutektischen Dithioerythritol-Dithiothreitol-Gemisch auf einem Trägermaterial im Hochvakuum (10^{-4} Pa) befindet, wird einem Strom von ungeladenen Atomen oder Ionen mit mäßiger kinetischer Energie (5 bis 10 keV) ausgesetzt. Als solche aktivierenden Teilchen werden Ar, Xe, Ar^+, Xe^+ oder Cs^+, aber auch Photonen aus

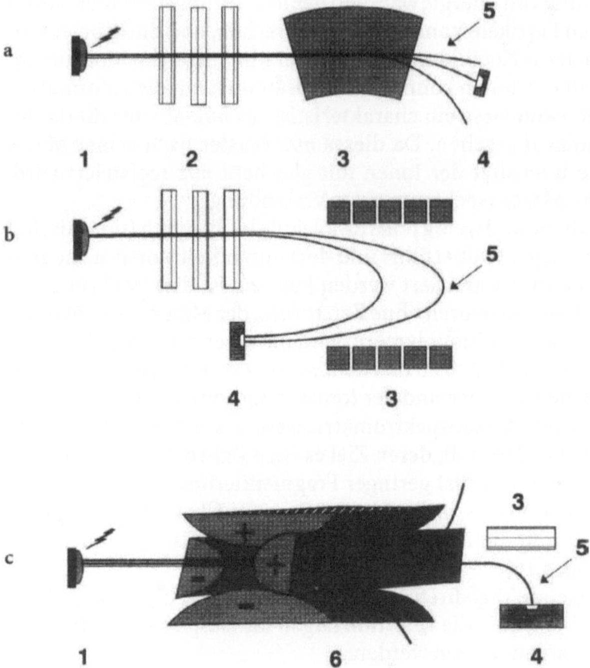

Abb. 3.10. Prinzipielle apparative Anordnungen von Massenspektrometern. **a** Bestimmung von m/z durch Ablenkung im magnetischen und/oder elektrischen Feld. **b** Bestimmung von m/z durch Messung der Flugzeit (TOF). **c** Bestimmung von m/z durch Oszillation im Quadrupol. (1) Ionenquelle (Probenträger, Probe, Ionisierungssystem), (2) Hochspannungs-Beschleunigungssystem, (3) Ablenk- und Fokussierungseinrichtung, (4) Detektor, (5) Ionenstrahl, (6) Quadrupol-Magnetsystem

IR- oder UV-Lasern verwendet. Die schnellen Atome bzw. Ionen treffen auf die Matrix und die Energie wird nach Absorption auf die Probe übertragen, die dadurch in die Gasphase gebracht und gleichzeitig ionisiert wird. Durch Anlagerung von Protonen aus dem Lösungsmittel erhält man M+(H$^+$)$_n$-Ionen

Wenn zur Aktivierung Ionen verwendet werden, spricht man auch von einer *Sekundärionen-Massenspektrometrie* (SIMS).

Felddesorption (FD): Die gelöste Probe wird auf einen Draht mit mikroskopisch kleinen Unebenheiten aufgebracht. Durch Anlegen einer Hochspannung (6–10 kV) werden Elektronen emittiert, die die Probe mitreißen und eine Ionisierung bewirken. Es werden vorwiegend (M+H)$^+$- und (M+Na)$^+$-Ionen erzeugt.

Die Felddesorptions-Ionisierung findet heute in der Biopolymerenanalyse kaum noch Anwendung.

Kollisions-induzierte Ionisation (CID): Durch Zusammenstoß eines geladenen Teilchens mit einem anderen werden Energien freigesetzt, die zu einem Zerbrechen des Molekülions, d.h. zur Fragmentierung unter Bildung neuer Ionen, führen können. Dieser Prozeß ähnelt der chemischen Ionisation bzw. dem fast atom bombardment und wird in der Peptid-Analytik in der Regel als sekundäre Ionisationsmethode eingesetzt. Der molekulare Mechanismus der CID ist sehr ähnlich dem der SIMS.

Matrix-unterstützte Laser-Desorption (MALD): Wird eine Probe in einen großen molaren Überschuß einer lichtabsorbierenden Matrix eingebracht und diese Matrix mit einem entsprechenden Laser bestrahlt, erfolgt eine thermische und photochemische Anregung des Matrixmaterials und dabei werden Probenmoleküle mitgerissen, die durch Anlagerung von H^+ ionisiert und nur wenig in Fragmente gespalten werden (vereinfacht kann man sich diesen Prozeß wie eine Wasserdampfdestillation organischer Verbindungen vorstellen). Als Matrices werden kolloidales Platin in einer hochsiedenden Flüssigkeit wie Glycerol (für IR-Laser), Nicotin-, Zimtsäure, deren Derivate oder ähnliche Verbindungen nach Lösungsmittelentzug (für UV-Laser) verwendet. So können nicht unzersetzt verdampfbare große Moleküle relativ mild in die Gasphase überführt werden.

Da die Laserstrahlung gepulst abgegeben wird, eignet sich diese Form der Anregung besonders für die Registrierung der Flugzeit (TOF), die dem Produkt aus Beschleunigung und Masse der Probenionen proportional ist.

Plasmadesorption (PD): Die Probe befindet sich auf einer Aluminiumfolie, die mit hochenergetischen (Energie im MeV-Bereich), mehrfach geladenen Ionen, z. B. aus dem ^{252}Cf-Zerfall, beschossen wird. Dadurch wird ein Teil der Probe in einen Plasmazustand überführt. Durch Anlegen eines elektrischen Feldes werden die entstandenen Probe-Molekülionen „extrahiert" und in den Massenanalysator eingespeist.

Wie Tabelle 3.4 veranschaulicht, ist die Größe der registrierbaren Moleküle von der Art der Ionisierung abhängig. Doch wie im folgenden noch zu besprechen ist, sind die Genauigkeit der Massenbestimmung und Fragmentierungsmöglichkeiten Daten, die für die Proteinanalytik von besonderer Bedeutung sind.

Bei einigen Ionisierungsmethoden wie ES, FAB, SIMS und CID, bei denen in Flüssigkeiten gelöste oder bereits in der Gasphase befindliche Proben eingesetzt werden, ist es möglich, die Ionenquelle direkt mit einer flüssig- oder gaschromatographischen oder kapillarelektrophoretischen Trenneinrichtung zu koppeln (GC-, HPLC-, CE-MS-Kopplung).

An die Ionenquelle, die innerhalb oder außerhalb des Hochvakuumbereichs liegen kann, schließen sich (Hochspannungs-)Beschleunigungs-, Fokussierungs-, Ablenkungs- und Detektionssysteme an, in denen die Partikel nach ihrem m/z-Quotienten getrennt und registriert werden. Das erhaltene Signal wird verstärkt und rechentechnisch aufgearbeitet. Da häufig ein ungünstiges Signal-Rausch-Verhältnis besteht, werden von der gleichen Probe meist rasch

Tabelle 3.4. Vergleich von massenspektrometrischen Ionisierungs- und Massenanalysator-techniken, die in der Peptid-Analytik verwendet werden

Technik	Empfind-lichkeit [pMol]	Massen-bereich [D]	Massen-genauigkeit [a] [%]
Ionenquelle			
Elektrospray (ES)	0,1–5	100000	0,01–0,02
fast atom bombardment (FAB)	1–50	10000	0,05–0,2
Laserdesorption (MALD)	0,001–1	200000	0,01–0,1
Plasmadesorption (PD)	1–10	20000	0,1–0,2
Massenanalysator [b]			
doppeltfokussierender Magnetsektor		8000	0,02
TOF		(theoret. unbegr.)	0,1
Quadrupol		2000	0,05
Ionen-Cyclotronresonanz		5000	0,01

[a] Massengenauigkeit = $\Delta m/m \cdot 100$, Auflösung = $m/\Delta m$ mit m – registrierte Masse, Δm – Massendifferenz zwischen zwei benachbarten, noch aufgelösten Peaks.

[b] Es werden m/z-Verhältnisse registriert, d.h. für ein Teilchen, das 20 Ladungen trägt und mit $m/z = 1000$ registriert wird, beträgt die Masse 20000 D. Daten nach ROEPSTORFF, P. (1992) Fres. J. Anal. Chem. 343, 308–310, und FENSELAU, C. (1991) Annu. Rev. Biophys. Biophys. Chem. 20, 205–220.

hintereinander die Massenspektren registriert (multi-scan) und akkumuliert. Da das Rauschen des Untergrunds im Gegensatz zum Meßsignal statistisch verteilt ist, löschen sich die Untergrundsignale teilweise aus, während sich die jeweiligen Meßsignale addieren, so daß sie sich relativ zum Untergrund deutlicher herausheben. Bei zeitaufgelösten Techniken kann ein weiterer Informationsgewinn durch eine FOURIER-Transformation der Signale erreicht werden.

Durch elektrostatische und/oder magnetische Felder kann der beschleunigte Ionenstrahl abgelenkt und auf den Detektor fokussiert werden. Da die Feldstärke, die für eine Fokussierung erforderlich ist, von der kinetischen Energie des Teilchens und damit von m/z abhängig ist, kann m/z durch eine Korrelation der Feldstärke mit dem Signal bestimmt werden (Abb. 3.10a).

Die Fokussierungsleistung dieses Typs von Massenanalysatoren wird dadurch vergrößert, daß magnetische und/oder elektrostatische Einheiten hintereinander geschaltet werden. Man kommt so zu doppeltfokussierenden Massenspektrometern.

Wenn die Emission von Ionen zeitlich, z.B. durch Laserimpulse oder den spontanen radioaktiven Zerfall ($^{252}Cf \rightarrow {}^{144}Cs + {}^{108}Tc$), erfolgt, bietet sich für eine Analyse des m/z-Verhältnisses die Messung der Flugzeit der Partikel (TOF, *engl.* time of flight) an, die der Quadratwurzel von m/z proportional ist (Abb. 3.10b).

Durchfliegen Ionen ein elektrisches Quadrupolfeld, werden sie durch das Feld zu Oszillationen angeregt. Bei einem definierten Feld oszilliert nur ein Ionentyp mit diskretem m/z-Quotienten so stabil, daß er ohne Kollisionen den zentralen Hohlraum des Quadrupols passieren und im Detektor registriert

werden kann. Durch Variation des Quadrupol-Feldes ist es nun möglich, ein
m/z-Spektrum zu registrieren (Abb. 3.10c). Besonders für die Protein/Peptid-
analytik ist es dabei von Vorteil, daß die Auflösung, d.h. der kleinste regi-
strierbare Unterschied zwischen zwei Massen, im Quadrupol-Filter mit steigender Masse zunimmt, während sie in Ablenkungs- oder TOF-Anordnungen
mit steigender Masse abnimmt.

Ein weiterer Informationsgewinn kann erzielt werden, wenn ein Teil der
fokussierten Ionen in eine nächste Ionisationskammer geleitet und dort, z.B.
durch CID, einer weiteren Ionisation/Fragmentierung unterworfen wird. Diese
aus einem diskreten Molekülion (Vorläuferion) entstehenden Fragmente können direkt in einem unmittelbar angeschlossenen zweiten Massenspektrometer untersucht werden (MS/MS-Analyse).

Aus der Molmasse lassen sich wichtige Informationen ableiten: Wie hoch ist
der Glycosylierungsgrad? Ist das Protein acyliert oder alkyliert? Fehlen Aminosäuren (z.B. N-terminales Met)? Ist das Protein einheitlich („rein")? usw.?
Diese Aussagen sind besonders für vergleichende Untersuchungen, z.B. bei der
Produktkontrolle, von großer Bedeutung.

Die Bestimmung der Molmasse eines Proteins mittels ES-MS soll durch
Abb. 3.11 veranschaulicht werden: Im oberen Spektrum (Abb. 3.11a) sind die
Molpeaks von $z = 21^+$ bis 12^+ registriert, aus ihnen ergibt sich eine Molmasse
von $21\,607{,}68 \pm 2{,}38$, die wegen der höheren Auflösung und Bestimmung bei
verschiedenen Ladungen wesentlich präziser ist als in dem höheren Massenbereich (Abb. 3.11b: 21.591 D). Durch diese hohe Genauigkeit der Massenbestimmung ist es möglich, Abweichungen in der AS-Zusammensetzung (im
Vergleich zu der aus der DNA-Sequenzanalyse abgeleiteten) zu erkennen, den
Acylierungsgrad, Alkylierungsgrad oder eine Affinitätsmarkierung eines Poly-
peptids/Proteins zu messen, und in einer zu der für die N-terminale Sequenzanalyse analogen enzymatischen Strategie den Glycosylierungsgrad und -ort
zu identifizieren oder Disulfidbrücken zu lokalisieren.

Disulfidbrücken lassen sich finden, wenn in einem Protein, in dem Disulfidbrücken vermutet werden, alle Cysteine alkyliert werden. Das Protein wird
anschließend in Peptidfragmente zerlegt, von denen ein Aliquot nach chroma-
tographischer Auftrennung massenspektrometrisch analysiert wird. Ein anderes Aliquot wird reduziert, dabei spalten die Cystine auf. Dieses reduzierte
Peptidgemisch wird nach rp-HPLC-Trennung wieder analysiert: Die Peptide,
die eine interne Disulfidbrücke enthielten, erscheinen nun um zwei Mas-
seneinheiten schwerer, die Peptide, die durch eine Disulfidbrücke zusammen-
gehalten wurden, sind im Massenspektrum nicht mehr vorhanden.

In gewissem Umfang kann die Massenspektrometrie auch zur Sequenzanalyse eingesetzt werden. Dabei macht man sich das Fragmentierungsverhalten
von größeren Molekülen nach CID zunutze. Allerdings bestehen hier „größere
Moleküle" nur aus Oligopeptiden von wenigen Aminosäuren Länge. Abbildung 3.12b zeigt ein solches Fragmentierungsspektrum eines 9er-Peptids, dessen Molpeaks mit $z = 1^+$ und 2^+ in Abb. 3.12a zu sehen sind.

Wird die Anregungsenergie in der Ionenquelle hoch gewählt bzw. wird in
einem Tandem-MS-Gerät (MS-MS-Kopplung) eine zusätzliche Ionisierung

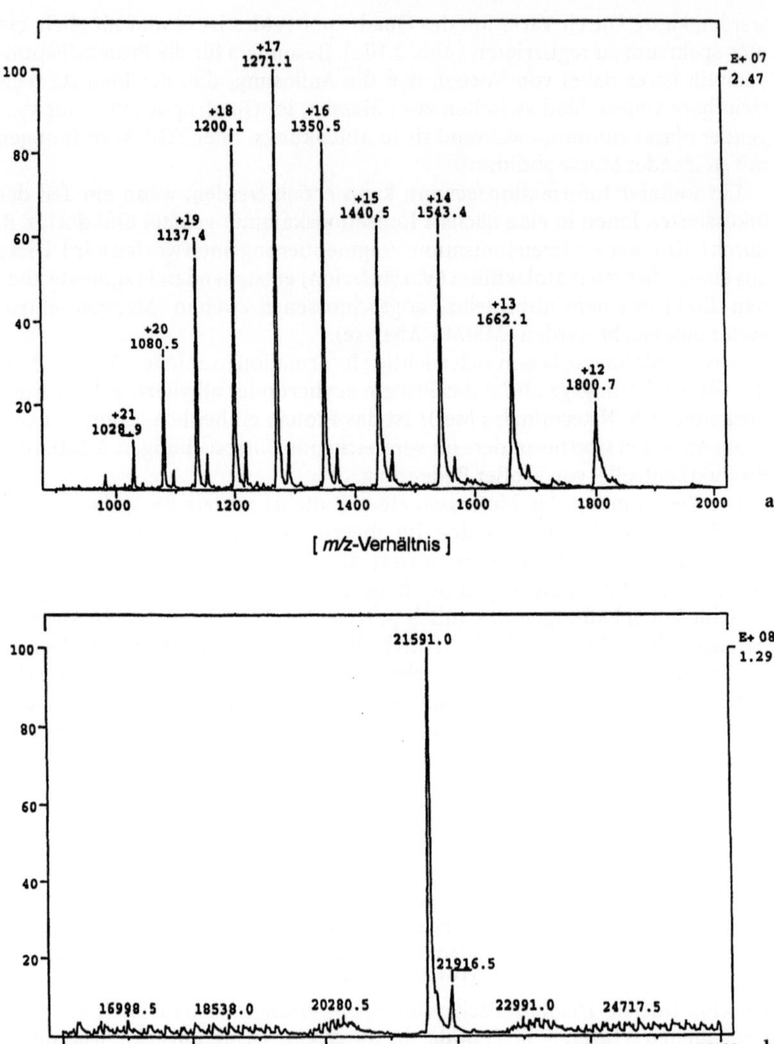

Abb. 3.11. ES-Massenspektrogramm eines 21,5-kD-Proteins. **a** m/z-Signale des 12- bis 21-fach positiv geladenen Moleküls. **b** Massenspektrum im Bereich m/z 16.000 bis 26.000 bzw. 16 bis 26 kD. (Die Massenspektren wurden freundlicherweise von Dr. P. Franke, Freie Universität Berlin, zur Verfügung gestellt.)

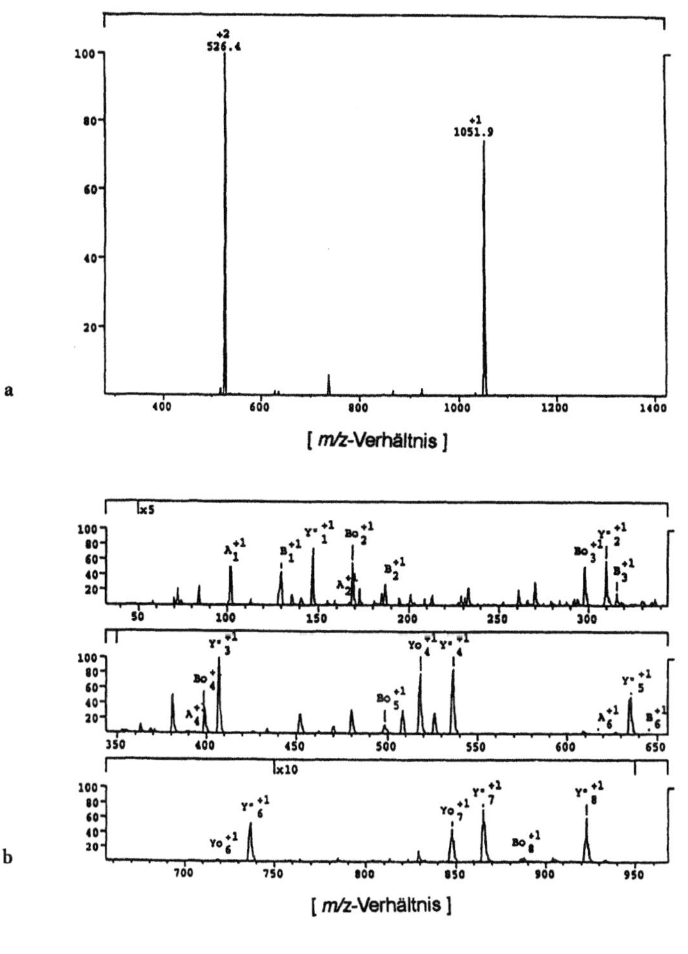

No.	Seq	A	A*	B	B*	Y"	Y*	Yo
1	Glu	102.1*	85.0*	130.1*	113.0*	1051.5	1034.5	1033.5
2	Gly	159.1*	142.1*	187.1*	170.0*	922.5*	905.4	904.4
3	Glu	288.1*	271.1*	316.1*	299.1*	865.4*	848.4*	847.4*
4	Thr	389.2*	372.1*	417.2*	400.1*	736.4*	719.4*	718.4*
5	Val	488.2*	471.2*	516.2*	499.2*	635.3*	618.3*	617.3*
6	Glu	617.3*	600.3*	645.3*	628.2*	536.3*	519.2*	518.3*
7	Pro	714.3	697.3	742.3	725.3	407.2*	390.2*	389.2*
8	Tyr	877.4	860.4	905.4	888.4	310.2*	293.2*	292.2*
9	Lys	1005.5	988.5	1033.5	1016.5	147.1*	130.1*	129.1*

Abb. 3.12. ES-Massenspektrogramm des Peptids AQEYFNIK. **a** Molpeak mit $z = 2^+$ und $z = 1^+$. **b** Fragment-Spektrum. **c** Zuordnungstabelle der Fragmentionen (Nomenklatur vgl. Abb. 3.13). (Die Massenspektren wurden freundlicherweise von Dr. P. Franke, Freie Universität Berlin, zur Verfügung gestellt.)

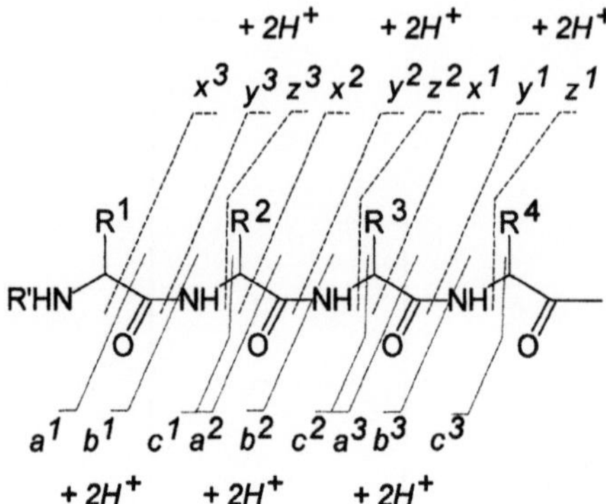

Abb. 3.13. Schema der Fragmentionen-Entstehung bei der Massenspektrometrie von Peptiden x^1, y^1, z^1 bis x^n, y^n, z^n – Fragmente vom C-terminalen Ende, a^1, b^1, c^1 bis a^n, b^n, c^n – Fragmente vom N-terminalen Ende. (Nomenklatur nach BIEMANN (1988) und ROEPSTORFF (1984))

vorgenommen, werden die chemischen Bindungen in einem Molekül teilweise gelöst und das Molekül zerbricht in Fragmente. In Abhängigkeit von der Bindung und der an ihr beteiligten Atome entsteht ein für das jeweilige Ausgangsmolekül charakteristisches Fragmentmuster, das, z. B. durch Anlagerung oder Abspaltung von Protonen (H^+) oder Metallionen-Anlagerung, aus positiv oder negativ geladenen Ionen mit diskreten m/z-Quotienten besteht. Für eine Sequenzanalyse sind vor allem die Bruchstellen von Interesse, die im Peptidgerüst (backbone) auftreten (Abb. 3.13).

Es ist leicht verständlich, daß bei der Fragmentierung eines Peptids eine Vielzahl von Bruchstücken auftritt, zumal auch die Aminosäureseitenketten einer Fragmentierung unterworfen sind. Bei größeren Peptiden ist diese Fragmentmenge in der Regel nicht mehr auswertbar. Besonders aber dann, wenn eine bestimmte Sequenz eines synthetischen Peptids oder in einem Bereich eines natürlichen Proteins vermutet wird, kann anhand der berechneten Fragmente x^1, y^1, z^1 bis x^n, y^n, z^n und a^1, b^1, c^1 bis a^n, b^n, c^n die genaue Sequenz abgeleitet werden. Eine Tabelle von Peptidfragmenten ist zur Illustration in Abb. 3.12 c wiedergegeben.

Die Verwendung in ihrer Leistung variabler Laser macht es auch möglich, in einem MALDI-Massenspektrometer Peptide zu sequenzieren. Normalerweise wird die MALDI so gesteuert, daß nahezu keine Fragmentierung auftritt und das Makromolekül vollständig ionisiert wird. Man kann aber auch nach der Aufnahme eines Moleküljons die Laserenergie so variieren, daß nach der Verdampfung von Probe und Matrix eine Fragmentierung des Polypeptids entsprechend des in Abb. 3.13 gezeigten Schemas erfolgt. Nun werden im MALDI-TOF-Gerät (z.B. Shimadzu/Kratos MALDI IV) die relativ kleinen Fragmentionen nicht mehr ausgeblendet, sondern registriert, mit entsprechender Software ausgewertet und als Sequenz ausgegeben.

Schließlich soll noch eine Kombination von EDMAN-Chemie und Massenspektrometrie zur AS-Sequenzaufklärung erwähnt werden, durch die der Zeitbedarf der (automatisierten chemischen) Sequenzanalyse erheblich verringert werden kann. Bei der sog. Leitersequenzierungsmethode wird ein Polypeptid einem EDMAN-Abbau unterworfen, bei dem statt reinem PITC ein 1:20-Gemisch aus Phenylisocyanat und PITC verwendet wird. Die Kopplungsgeschwindigkeit für beide Substanzen ist etwa gleich hoch, nur läßt sich der aus dem Phenylisocyanat (ϕ-N=C=O) entstehende Harnstoff nicht wie das PTC-Peptid im normalen EDMAN-Cyclus (vgl. Abb. 3.1) mit TFA spalten und cyclisieren. Es entsteht also immer ein gewisser Anteil eines Phenylpeptidylharnstoffs (= N-terminal blockiertes Peptid, ϕ-NH-CO-NH-R^1-R^2-R^3...) neben dem um eine Aminosäure verkürzten Peptid. Nach mehreren solchen Reaktionscyclen, die wegen des Verzichts auf die EDMAN-Umlagerungsreaktion (die PTH-Aminosäure wird nicht benötigt) und die zeitaufwendige HPLC wesentlich weniger Zeit erfordern, erhält man ein Gemisch der um R^1, R^2, R^3 usw. verkürzten Phenylpeptidylharnstoffe, die zum Abschluß der chemischen Reaktion gemeinsam, z.B. durch MALD-MS, analysiert werden können. Im Massenspektrum erhält man nun eine Peakfolge, an der wie an einer Leiter die Sequenz abgelesen werden kann. Als Einschränkung sei angemerkt, daß die Funktionsfähigkeit der Leitersequenzierung bisher nur an bis zu 30 Aminosäuren langen Modellpeptiden demonstriert werden konnte.

Weiterführende Literatur

BIEMANN K (1992) Mass spectrometry of peptides and proteins. Annu Rev Biochem 61, 977–1010

FINDLAY JBC and MJ GEISOW (Eds) (1989) Protein sequencing – a practical approach. IRL Press, Oxford

JÖRNVALL H, J-O HÖÖG and AM GUSTAVSSON (Eds) (1991) Methods in protein sequence analysis. Birkhäuser Verlag, Basel

KELLNER R, F LOTTSPEICH and H. MEYER (1994) Microcharacterization of Proteins. VCH, Weinheim

MCCLOSKEY JA (Ed) (1990) Methods in Enzymology Vol. 193 – Mass Spectrometry. Academic Press, San Diego

MCEWEN CN and BS LARSEN (Eds) (1990) Mass Spectrometry of Biological Materials. M Dekker, New York

METZGER JW (1994) Leitersequenzierung von Peptiden und Proteinen – eine Kombination von EDMAN-Abbau und Massenspektrometrie. Angew Chem 106, 763–765

Alle spektroskopischen Methoden beruhen auf der Wechselwirkung von elektromagnetischer Strahlung mit Materie.

Bei der Ausführung eines spektroskopischen Experimentes läßt man elektromagnetische Strahlung auf das Untersuchungsobjekt einwirken. Die Strahlung tritt mit den Molekülen der Probe in Wechselwirkung und nimmt probenspezifische Informationen auf. Um Zugang zu diesen Informationen zu bekommen, werden bestimmte Eigenschaften der austretenden Strahlung registriert.

In Abhängigkeit von den Eigenschaften der untersuchten Stoffe und der Art der einwirkenden Strahlung sind sehr unterschiedliche Wechselwirkungen möglich. Die Erfassung der auftretenden Effekte erfordert eine Reihe von verschiedenartigen spektroskopischen Methoden. Diese Methoden weisen einerseits grundlegende Gemeinsamkeiten auf, andererseits bestehen aber auch in wesentlichen Aspekten große Unterschiede.

In diesem Kapitel sollen Methoden dargestellt werden, die auf der Einwirkung des *elektrischen* Feldvektors von ultraviolettem (UV) und sichtbarem (VIS, „visible") Licht sowie von infraroter (IR) Strahlung basieren (Abb. 4.1). Der NMR- und ESR-Spektroskopie, die auf der Einwirkung des *magnetischen* Feldvektors beruhen, sind die Kap. 5 und 6 gewidmet.

Jeder dieser Methoden liegen Änderungen in den energetischen Zuständen der bestrahlten Moleküle zugrunde. Bis auf wenige Ausnahmen entnehmen die Moleküle der einwirkenden Strahlung Energie und werden in energiereichere Zustände überführt, während die Energie der austretenden Strahlung dabei

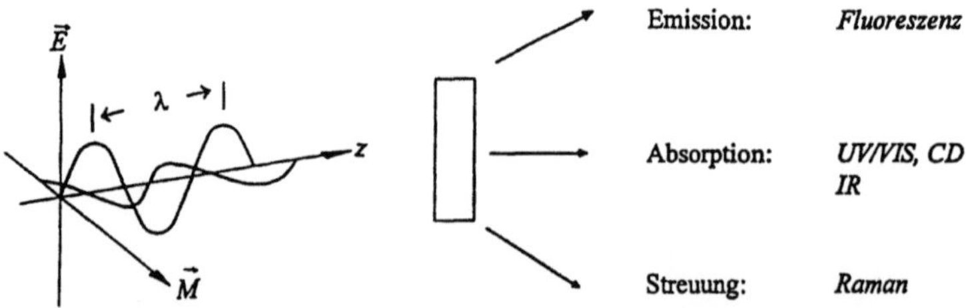

Abb. 4.1. Wechselwirkung von elektromagnetischer Strahlung mit Materie. Die Strahlung breitet sich als Transversalwelle mit der Wellenlänge λ aus. Der elektrische Feldvektor $\vec{E}$ und der magnetische Feldvektor $\vec{M}$ schwingen senkrecht zueinander und zur Ausbreitungsrichtung z. Es kommt zu Absorptions-, Emissions- und Streuprozessen, die mit Hilfe der Fluoreszenz-, UV/VIS-, IR-, und RAMAN-Spektroskopie sowie des Circulardichroismus beobachtet werden

verringert wird. Nur sehr selten werden Prozesse beobachtet, bei denen Moleküle, die sich in einem angeregten Zustand befinden, einen Teil ihrer Energie an die Strahlung abgeben und dadurch zumindestens geringe Anteile der austretenden Strahlung energiereicher werden (s. z. B. Kap. 7 „Lichtstreuung und Sedimentationsanalyse").

Auf der Absorption von Energie beruhen die UV/VIS-Spektroskopie, die Messung des Circulardichroismus (CD) und die Infrarot (IR)-Spektroskopie (Tabelle 4.1). Unter bestimmten Voraussetzungen wird nach der Absorption der angeregte Zustand durch Emission von Licht desaktiviert; diese Erscheinung bildet die Grundlage der Fluoreszenz-Spektroskopie.

Die UV/VIS- und Fluoreszenz-Spektroskopie sowie der Circulardichroismus werden als elektronenspektroskopische Methoden zusammengefaßt, da sie mit der Anregung von Elektronen verbunden sind.

Dagegen sind die IR- und RAMAN-Spektroskopie schwingungsspektroskopische Methoden, denen gemeinsam ist, daß die Anregung von Kernschwingungen beobachtet wird. Allerdings unterscheiden sich die IR- und RAMAN-Spektroskopie im physikalischen Mechanismus der Schwingungsanregung. Bei der RAMAN-Spektroskopie werden die Schwingungen nicht durch Absorption von Strahlung, sondern durch inelastische Streuung von energiereichen Lichtquanten (Photonen) induziert. Für die Erklärung des RAMAN-Effektes wird der Korpuskelcharakter des Lichtes herangezogen.

Bei der Einwirkung von elektromagnetischer Strahlung auf Materie kommt es zu sehr komplexen Vorgängen, die nur durch komplizierte physikalische und mathematische Betrachtungen korrekt beschrieben werden können. Das rasch oszillierende elektromagnetische Feld kann in den bestrahlten Molekülen lokale elektrische und magnetische Eigenschaften verändern, indem es die Verteilung der Ladungen, die Orbitale und den Spin der Elektronen sowie die Schwingungen der Atomkerne beeinflußt. Eine genaue Beschreibung der Wechselwirkungen des elektromagnetischen Feldes mit den Elektronen, Atomkernen und Molekülen erfordert quantenmechanische Ansätze. Trotzdem kön-

Tabelle 4.1. Klassifizierung der optischen Spektroskopie

Methode	Strahlung	Anregung	Energiebereich	
			(eV)	(kJ · Mol⁻¹)
Elektronenspektroskopie				
UV	UV	Elektronen	6,22 −3,12	600 −300
Fluoreszenz	UV/VIS	Elektronen	3,12 −1,66	300 −160
CD	UV/VIS	Elektronen		
VIS	VIS	Elektronen		
Schwingungsspektroskopie				
RAMAN	VIS	Schwingungen	1,66 −0,0099	160 − 0,95
	nahes IR	Schwingungen	1,66 −0,62	160 − 60
FTIR	mittleres IR	Schwingungen	0,62 −0,026	60 − 2,5
	fernes IR	Rotationen	0,026−0,0099	2,5− 0,95

nen viele Vorgänge zumindest in ihren Grundzügen mit anschaulicheren klassischen Betrachtungen erfaßt werden.

Da sich aus spektroskopischen Daten zahlreiche Stoffeigenschaften ermitteln lassen, werden spektroskopische Methoden in vielen Bereichen der Naturwissenschaft und Technik eingesetzt. Auch zur Untersuchung von Proteinen sind optisch-spektroskopische Methoden in vielfältiger Weise nützlich. Der Einsatz reicht von der routinemäßigen Bestimmung der Konzentration, die in jedem biochemischen Labor erfolgt, über anspruchsvolle Untersuchungen der Konformation und Stabilität bis hin zu technisch überaus aufwendigen Messungen, wie z. B. kinetischen und Ultrakurzzeit-spektroskopischen Untersuchungen, die nur in sehr gut ausgestatteten Speziallabors durchgeführt werden können und hohe Anforderungen an die Erfahrung und Experimentierkunst stellen.

4.1 Physikalische Grundlagen

4.1.1 Welle-Teilchen-Dualismus des Lichtes

4.1.1.1 Licht als elektromagnetische Welle

Licht wird in der klassischen MAXWELLschen Theorie durch Schwingungen elektrischer und magnetischer Feldvektoren dargestellt. Diese Betrachtung erlaubt die Erklärung von Ausbreitungs-, Beugungs- und Interferenzerscheinungen.

Das sichtbare Licht stellt nur einen kleinen Ausschnitt des elektromagnetischen Spektrums dar. Zur elektromagnetischen Strahlung gehören vom technischen Wechselstrom bis hin zur γ-Strahlung viele verschiedene Strahlungsarten, deren Frequenzen einen sehr weiten Bereich von ca. 10^3 bis 10^{21} Hz umfassen.

Ultraviolette und infrarote Strahlung sind dem sichtbaren Licht in ihrem Verhalten sehr ähnlich und gehorchen denselben optischen Gesetzen.

Alle elektromagnetischen Wellen sind Transversalwellen. Ihre elektrischen und magnetischen Komponenten lassen sich durch elektrische und magnetische Feldvektoren beschreiben. Diese Vektoren sind sowohl senkrecht zueinander als auch senkrecht zur Ausbreitungsrichtung der Wellen orientiert (Abb. 4.1). Elektromagnetische Wellen aller Frequenzen breiten sich im Vakuum mit der Lichtgeschwindigkeit $c_0 = 2{,}998 \cdot 10^8$ m $\cdot$ s^{-1} aus. Wie jede elektromagnetische Strahlung ist eine Lichtwelle durch Frequenz und Wellenlänge charakterisiert. Wellenlänge λ, Frequenz ν und Lichtgeschwindigkeit c sind durch die Gleichung

$$\lambda = \frac{c}{\nu} \tag{4.1}$$

miteinander verbunden. Die Energie der Strahlung ist ihrer Frequenz proportional und ergibt sich aus der PLANCKschen Gleichung zu

$$E = h \cdot \nu \quad [J] \tag{4.2}$$

als Produkt aus dem PLANCKschen Wirkungsquantum h = 6,63 · 10^{-34} J s und der Frequenz v. Mit h in Joule · Sekunde und v in Hertz (1 Hz = 1 s^{-1}) ist die Einheit der Energie das Joule. Eine weitere, häufig verwendete Einheit der Energie ist das Elektronenvolt (eV). Aus Gln (4.1) und (4.2) folgt, daß die Energie der Strahlung der Wellenlänge umgekehrt proportional ist.

$$E = \frac{h \cdot c}{\lambda} \qquad (4.3)$$

Die Wellenlänge wird im sichtbaren und im UV-Bereich in Nanometern (nm), die der Infrarot-Strahlung in Mikrometern (μm) angegeben.

Zur Charakterisierung der IR-Strahlung wird bevorzugt auch die Wellenzahl $\tilde{v}$, der Reziprokwert der Wellenlänge, benutzt. Die Wellenzahl ist definiert durch die Beziehung

$$\tilde{v} = \frac{v}{c} \qquad [\text{cm}^{-1}] \qquad (4.4)$$

mit der Frequenz γ in s^{-1} und der Lichtgeschwindigkeit c in cm · s^{-1}. Die Wellenzahl ist der Frequenz und damit wie diese der Energie der Strahlung proportional. Unter Bedingungen, bei denen die Fortpflanzungsgeschwindigkeit der Strahlung gleich der Lichtgeschwindigkeit ist (im Vakuum), entspricht die Wellenzahl der Anzahl der Wellen pro Längeneinheit, d. h. eine Wellenzahl von 1650 cm^{-1} bedeutet, daß 1650 Wellenlängen der betreffenden Strahlung einen Zentimeter ergeben.

Die Strahlungsenergie ist umso größer, je größer Frequenz und Wellenzahl sind bzw. je kleiner die Wellenlänge der Strahlung ist (Abb. 4.2).

4.1.1.2 Korpuskel-Charakter des Lichtes

Bei der ausschließlichen Anwendung der Wellentheorie des Lichtes auf die mit der Emission und Absorption von Licht verbundenen Vorgänge kommt es zu Widersprüchen zwischen Theorie und Experiment. Diese Widersprüche wurden durch die Annahme von PLANCK und EINSTEIN gelöst, Licht nicht nur als Welle, sondern auch als Strahlung von Korpuskeln aufzufassen. Diese Teilchen, die als Lichtquanten oder Photonen bezeichnet werden, haben definierte Energiewerte E_p, deren Beträge E_p = h · v sich gemäß Gl. (4.2) aus dem Produkt ihrer Frequenz v mit dem PLANCKschen Wirkungsquantum h ergeben. Photonen bewegen sich mit Lichtgeschwindigkeit und können daher keine Ruhemasse besitzen. Sie haben aber eine, wenn auch sehr kleine, kinetische Masse m_p und einen Impuls I_p. Die Masse eines Photons ist mit seiner Energie durch die EINSTEINsche Gleichung

$$E_p = m_p \cdot c^2 \qquad (4.5)$$

verbunden, wobei in Gl. (4.5) die Masse des Photons die Dimension J · s^2 · m^{-2} hat und für die Geschwindigkeit die Dimension m · s^{-1} gilt.

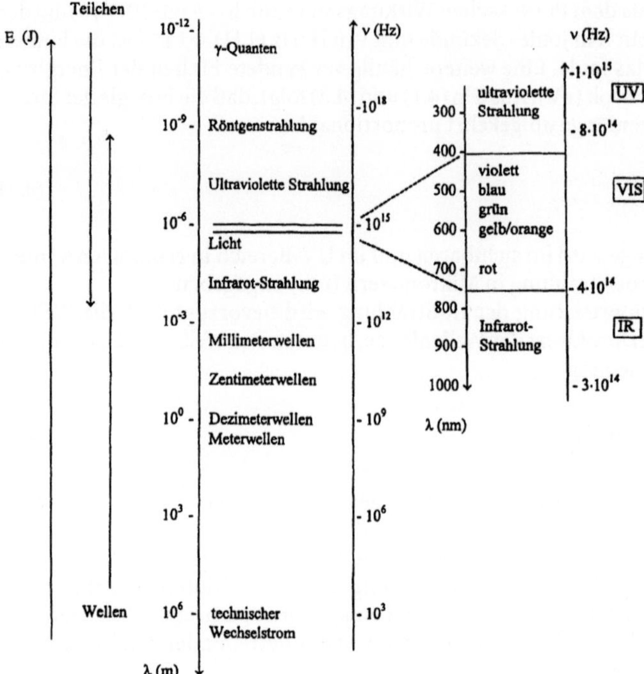

Abb. 4.2. Elektromagnetisches Spektrum und Licht (für den Menschen sichtbarer Anteil des elektromagnetischen Spektrums)

Der Impuls I_p der Photonen ist gleich dem Produkt aus Masse m_p und Geschwindigkeit c

$$I_p = m_p \cdot c \qquad (4.6)$$

Aus Gl. (4.6) folgt mit den Gln. (4.2) und (4.5) die Beziehung

$$I_p = \frac{h \cdot \nu}{c} \qquad (4.7)$$

4.1.2 Anregung von elektronischen Übergängen, Schwingungen und Rotationen

Atome und Moleküle existieren in diskreten Energiezuständen. Zwischen diesen Energiezuständen sind Übergänge möglich, die z.B. durch die Aufnahme von Energie aus einer einwirkenden elektromagnetischen Strahlung zustandekommen können. In Tabelle 4.1 sind die zur Anregung von Molekülrotationen, Atomschwingungen und Elektronenübergängen erforderlichen Energien zusammengefaßt. Zur Anregung von Rotationen sind geringere Energien erforderlich als für die Anregung von Schwingungen. Die Anregung von Elektronenübergängen erfordert wiederum größere Energien als die von Schwingungen. Folglich hängt es von der Energie der einwirkenden Strahlung ab, welche Vorgänge angeregt werden können. UV-Strahlung und sichtbares Licht sind in der Lage, Elektronen anzuregen. UV-Strahlung kann Übergänge zwischen elektronischen Zuständen bewirken, deren Energiedifferenzen 600 bis 300 kJ $\cdot$ Mol^{-1} betragen. Das energieärmere sichtbare Licht regt nur noch Elektronenübergänge an, deren Energiedifferenzen zwischen 300 bis 160 kJ $\cdot$ Mol^{-1} liegen. UV/VIS-Spektroskopie, Circulardichroismus und Fluoreszenz-Spektroskopie werden, da sie mit der Anregung von Elektronen verbunden sind, auch als elektronenspektroskopische Methoden bezeichnet (Tabelle 4.1).

Die Energie der Infrarot-Strahlung reicht nicht mehr aus, um Elektronen anzuregen. Sie genügt im kurzwelligen (dem sog. nahen IR) und im mittleren IR-Bereich, um Schwingungen und Rotationen anzuregen, wogegen die Energie der langwelligen IR-Strahlung im sog. fernen IR so gering ist, daß nur noch Rotationen von Molekülen angeregt werden können. Die Energiedifferenzen der Schwingungs- bzw. Rotationsübergänge liegen zwischen 160 und 0,25 kJ $\cdot$ Mol^{-1}. Auf der Anregung von Schwingungen basiert auch die RAMAN-Spektroskopie, wobei aber anders als bei der IR-Spektroskopie die Anregung durch inelastische Streuung energiereicherer Photonen erfolgt, die dabei nur einen Teil ihrer Energie auf die Probe übertragen. Aufgrund der unterschiedlichen Anregungsbedingungen der Infrarot- und RAMAN-Spektroskopie werden z.T. unterschiedliche Schwingungen angeregt und dadurch komplementäre Informationen erhalten.

Der Zeitbedarf für den Übergang eines Elektrons aus einem energetischen Grundzustand in einen angeregten Zustand ist sehr klein und beträgt nur ca. 10^{-15} s. Daher werden derartige Übergänge auch bildhaft als Elektronensprünge bezeichnet. Relativ zur Elektronenanregung sind die zur Anregung von Kernschwingungen erforderlichen Zeiten erheblich größer und liegen in der Grössenordnung von 10^{-11} bis 10^{-12} s. Das FRANCK-CONDON-Prinzip besagt, daß wegen der sehr viel größeren Massen der Kerne ein Elektronenübergang sehr viel schneller erfolgt, als die Kerne darauf reagieren können. Mit diesem Prinzip kann man erklären, wie die Schwingungsstruktur einer Absorptionsbande zustande kommt.

4.1.2.1 Anregungsbedingungen

Bei der Einwirkung von elektromagnetischer Strahlung auf die Moleküle einer Probe kann nur dann eine Aufnahme von Energie erfolgen, wenn die Anregungsbedingungen erfüllt sind.

Erste Anregungsbedingung. Damit eine Probe Energie absorbieren kann, muß die Energie $E = h \cdot v$ der einwirkenden Strahlung mit der Differenz zwischen den Energieniveaus der beiden Zustände, die am Übergang beteiligt sind, übereinstimmen. Damit gilt als erste Anregungsbedingung

$$E = h \cdot v = E'' - E' \tag{4.8}$$

mit E' als Energie des Grundzustandes und E'' als Energie des angeregten Zustandes. Die Energieaufnahme durch die Moleküle ist nur in diskreten Energiemengen oder Energiequanten möglich, sie ist „gequantelt". Dies ist die physikalische Ursache dafür, daß Absorption bei diskreten, charakteristischen Frequenzen bzw. Wellenlängen erfolgt. Die Absorption von Gasen ist tatsächlich durch das Auftreten von schmalen Banden im Spektrum gekennzeichnet. Dagegen werden bei gelösten Molekülen in der Regel mehr oder weniger breite Absorptionsbanden beobachtet, da durch die zahlreichen Wechselwirkungen, die in Lösung möglich sind, auch sehr viele Übergänge und dazugehörige Absorptionslinien existieren, die sich im Spektrum zu breiten Banden überlagern. Das ist bei den großen biologischen Makromolekülen besonders stark ausgeprägt, so daß z. B. in den Proteinspektren sehr breite Banden beobachtet werden.

Zweite Anregungsbedingung. Als weitere Voraussetzung für die Aufnahme von Energie durch eine Probe muß die zweite Anregungsbedingung erfüllt sein. Diese besagt, daß die Absorption nur dann wahrscheinlich ist, wenn es bei dem zugrundeliegenden Übergang zu einer Änderung des elektrischen oder magnetischen Moments des Moleküls kommt. Das gilt in gleicher Weise für die Anregung von Molekülrotationen, Kernschwingungen oder Elektronenübergängen. Der Vorgang muß mit einem von Null verschiedenen Übergangsmoment verknüpft sein:

$$\mu_{01} \neq 0 \tag{4.9}$$

Die Größe des Übergangsmomentes bestimmt die mit einem Übergang verbundene Absorptionsintensität. Für die optische Spektroskopie ist das elektrische Übergangsdipolmoment μ_{01} relevant, da Wechselwirkungen des elektrischen Feldvektors des Lichtes mit der Probe untersucht werden.

Die diskreten Energiezustände eines Moleküls, zwischen denen ein Übergang erfolgt, lassen sich durch Wellenfunktionen beschreiben. Dem Grundzustand wird die Wellenfunktion Ψ_0 und dem angeregten Zustand die Wellenfunktion Ψ_1 zugeordnet. Das Übergangsmoment μ_{01} ist durch Gl. (4.10) definiert:

$$\mu_{01} = \langle \Psi_0 \, | \, \vec{\mu} \, | \, \Psi_1^* \rangle \tag{4.10}$$

Das Übergangsmoment μ_{01} ist ein Maß für die Dipolmomentsänderung, die mit den Ladungsverschiebungen des Elektronenübergangs verbunden ist. In Gl. (4.10) ist $\vec{\mu} = -e_0 \cdot \Sigma \vec{r}_i$ das Dipolmoment aller Elektronen mit den Abständen r_i zum Zentrum der positiven Ladungen e_0.

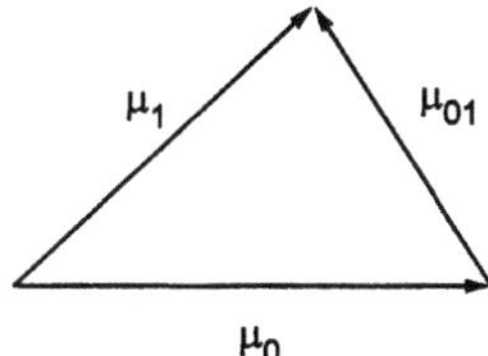

Abb. 4.3. Zusammenhang zwischen den Dipolmomenten μ_0 des Grundzustandes und des angeregten Zustandes μ_1 und dem Übergangsdipolmoment μ_{01}

Eine anschauliche Vorstellung von den Dipolmomenten des Grundzustandes μ_0, des angeregten Zustandes μ_1 und des Übergangsdipols μ_{01} soll die Darstellung in Abb. 4.3 vermitteln. In einem konkreten Molekül existiert eine definierte räumliche Verteilung aller elektrischen Ladungen, die durch die Eigenschaften und die Anordnung seiner Atome, ihre Elektronegativität und die Bindungen zwischen ihnen bestimmt ist. Diese Ladungsverteilung führt zu einem durch Betrag und Richtung charakterisierten Dipolmoment μ_0. Mit der Absorption von Licht ändert sich die Ladungsverteilung beim Übergang in den angeregten Zustand, der damit ein von μ_0 verschiedenes Dipolmoment μ_1 besitzt.

Das Übergangsdipolmoment μ_{01} ist ein Vektor, dessen Lage im Molekül durch die atomaren Gegebenheiten festgelegt ist. Mit den Bewegungen des Moleküls verändert sich die Lage von μ_{01} im Raum, dabei bleibt aber die Lage von μ_{01} im Bezug auf die Atome des Moleküls immer erhalten. Die Orientierung von μ_{01} muß mit der Orientierung des elektrischen Feldvektors (Polarisation) des einwirkenden Lichtes übereinstimmen, damit Absorption erfolgen kann (s. Abschn. 4.4.1.1). Ebenso bestimmt die Lage von μ_{01} im Raum die Polarisation des emittierten Lichtes, wenn der Übergang mit der Abstrahlung eines Photons verbunden ist (s. Abschn. 4.5.3 über Fluoreszenz-Polarisation).

4.1.2.2 Elektronenanregung

Absorption. Bei der Absorption von sichtbarem oder UV-Licht werden Elektronen angeregt, die dabei in höher gelegene, unbesetzte Elektronenbahnen übergehen. In Abb. 4.4 sind die Energieniveaus von σ-, π- und n-Elektronen im Grundzustand und im angeregten Zustand schematisch dargestellt. Die Anregung von σ-Elektronen erfordert energiereiches, kurzwelliges UV-Licht mit Wellenlängen von < 200 nm. Die vergleichsweise schwächer gebundenen π-Elektronen werden durch UV-Licht und sichtbares Licht im Wellenlängenbereich von 200 bis 800 nm in antibindende π^*-Bahnen angehoben.

In der Regel sind die starken Absorptionen von vielen organischen Verbindungen in diesem Wellenlängenbereich $\pi \to \pi^*$-Übergängen zuzuschreiben. Derartige Übergänge bestimmen die Farbe von organischen Farbstoffen. Die starke Absorption von Nucleinsäuren und Proteinen im UV-Bereich kommt ebenfalls durch $\pi \to \pi^*$-Übergänge zustande. Neben der Anregung von σ- und π-Elektronen können auch nichtbindende n-Elektronen freier Elektronenpaare des Stickstoffs oder Sauerstoffs angeregt werden, die dabei in benachbarte höher gelegene π^*-Orbitale übergehen.

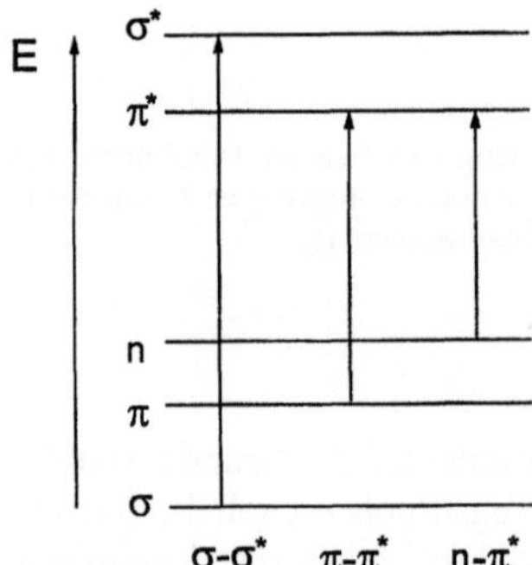

Abb. 4.4. JABLONSKI-Diagramm der Energieniveaus von $\sigma \to \sigma^*$-, $\pi \to \pi^*$- und $n \to \pi^*$-Übergängen. Die waagerechten Linien stellen die elektronischen Energieniveaus dar, die Länge der Pfeile symbolisiert die Größe der Energiedifferenzen zwischen den elektronischen Zuständen

Die Anregung von Elektronen in inneren, abgesättigten Elektronenschalen erfordert sehr große Energiebeträge. Diese Energiebeträge können nur durch höherfrequente, kurzwelligere Strahlung, wie z.B. die Röntgenstrahlung, aufgebracht werden. Bei den in diesem Kapitel betrachteten spektroskopischen Methoden kommt es nicht zur Anregung von inneren Elektronen.

Bei der Anregung von Elektronen werden immer auch Schwingungs- und Rotationsübergänge angeregt, da Strahlung, die genügend Energie besitzt, um Elektronen anzuregen, auch den zur Anregung von Schwingungen und Rotationen erforderlichen geringeren Energiebedarf zur Verfügung stellen kann. In den Spektren, die von kleinen organischen Molekülen in der Gasphase erhalten werden, läßt sich eine dadurch verursachte Feinstrukturierung der Elektronenabsorptionsbanden beobachten.

Bei größeren Molekülen und vor allem bei den biologischen Makromolekülen in Lösung ist es dagegen nicht mehr möglich, eine derartige Feinstrukturierung experimentell nachzuweisen. Vielmehr kommt es zu einer Überlagerung der verschiedenen elektronischen Übergänge und der zahlreichen Teilkomponenten, die für jeden elektronischen Übergang mit der Anregung von Schwingungen und Rotationen und durch intermolekulare Wechselwirkungen mit den Molekülen der Probe und des Lösungsmittels möglich sind, und damit zur Ausbildung von sehr breiten Absorptionsbanden. So hat z.B. die von verschiedenen Komponenten herrührende UV-Absorption von Proteinen im Bereich von 270 nm bis 280 nm eine Halbwertsbreite von etwa 20 nm.

Lumineszenz. Viele organische Verbindungen sind in der Lage, die absorbierte und zur Anregung von Elektronen benutzte Energie wieder als Licht abzugeben. Diese Erscheinung nennt man Lumineszenz. Fluoreszenz und Phosphoreszenz sind zwei Formen der Lumineszenz, die sich in einigen Parametern unterscheiden. Fluoreszenz ist generell sehr kurzlebig und kann praktisch nur bei gleichzeitiger Anregung der Probe oder, bei Messung der zeitaufgelösten Fluoreszenz, für einen kurzen Zeitraum von einigen Nanosekunden nach dem Anregungsimpuls beobachtet werden. Dagegen ist die Phosphoreszenz lang-

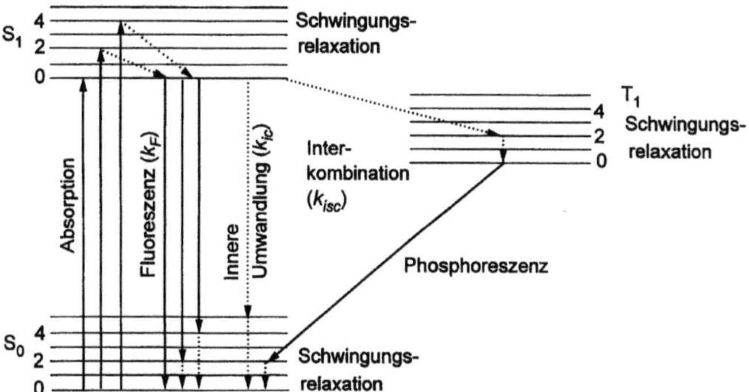

Abb. 4.5. Ausbildung und Desaktivierung eines angeregten Zustandes. Die Aufspaltung des elektronischen Grundzustandes S_0 und der beiden elektronisch angeregten Zustände S_1 und T_1 in Schwingungszustände mit unterschiedlichen Energieniveaus S_{0n}, S_{1n} und T_{1n} ($n = 0, 1, 2, 3...$) ist durch waagerechte Linien dargestellt. Vorgänge, an denen Strahlung beteiligt ist, sind durch gerade Pfeile dargestellt, strahlungslose Übergänge werden durch gepunktete Pfeile symbolisiert (nach: C. R. CANTOR and P. R. SCHIMMEL (1980) Biophysical Chemistry. W. H. Freeman & Co., New York)

lebiger und tritt u. U. noch für Sekunden nach dem Ende der Bestrahlung als Nachleuchten in Erscheinung.

Die Phosphoreszenz ist nicht mit der Chemolumineszenz zu verwechseln, bei der infolge von chemischen Reaktionen Energie in Form von sichtbarem Licht freigesetzt wird.

Fluoreszenz. Der Fluoreszenz liegen Übergänge zugrunde, bei denen die beteiligten Moleküle aus dem Schwingungsgrundzustand des elektronisch angeregten Singulettzustandes S_{10} in unterschiedliche Schwingungsniveaus des Singulettgrundzustandes S_{0n} ($n = 0, 1, 2, 3, ...$) übergehen (Abb. 4.5). Die Moleküle waren bei der Anregung zunächst in verschiedene Schwingungsniveaus S_{1n} ($n = 0, 1, 2, 3 ...$) gelangt und erreichten danach sehr rasch durch strahlungslose Prozesse das niedrigste Schwingungsniveau von S_1, d. h. den S_{10}-Zustand. Mit dem Aussenden des Fluoreszenzlichtes relaxieren die Elektronen und die Moleküle gelangen zu verschiedenen Schwingungsniveaus des elektronischen Grundzustandes S_{0n} ($n = 0, 1, 2, 3, ...$). Die jeweiligen Übergänge führen also nicht alle unmittelbar zu dem energetisch niedrigsten Schwingungsniveau S_{00} der Moleküle, sondern zunächst auch zu unterschiedlich angeregten Schwingungszuständen S_{0n} ($n = 1, 2, 3 ...$). Damit unterscheiden sich diese Übergänge auch geringfügig in den dazugehörigen Energiebeträgen, was eine gewisse Verteilung in den Energien der emittierten Photonen verursacht und die Breite der experimentell beobachteten Fluoreszenzbande erklärt. Die Moleküle relaxieren anschließend in schnellen strahlungslosen Prozessen zu einem temperaturabhängigen Gleichgewichtszustand, der durch die BOLTZMANN-Verteilung festgelegt ist und in dem sich der größte Teil der Moleküle im Zustand S_{00} befindet.

Ein Singulettzustand liegt vor, wenn zwei Elektronen eines Elektronenpaares antiparallelen Spin ($S = +1/2$ und $S = -1/2$) aufweisen, die Spinquantenzahl den Betrag $S = 0$ hat und die Quantenzahl $M = 2S + 1$ folglich den Wert 1 (Multiplizität 1) annimmt.

Die Lebensdauer von angeregten Singulettzuständen im Schwingungsgrundzustand S_{10} liegt in der Größenordnung von 10^{-8} s, was im Vergleich zum Zeitbedarf eines Elektronensprunges (10^{-15} s) oder zu dem der Schwingungsrelaxation (10^{-12} bis 10^{-11} s) aus höheren Schwingungszuständen S_{1n} in den Schwingungsgrundzustand S_{10} eine lange Zeit ist.

Die große Lebensdauer des Schwingungsgrundzustandes von S_1 hängt mit der großen Energiedifferenz zwischen S_1 und S_0 zusammen. Die Energie, die bei der Desaktivierung von S_1 nach S_0 abgegeben werden muß, ist größer als die Energie, die zur Anregung von einzelnen Kernschwingungen erforderlich ist und bei Stößen auf andere Molekülen übertragen werden kann. Da aber die Energieübertragung nicht in Teilmengen erfolgt, wird der S_1-Zustand nur bei Mehrfachstößen und der gleichzeitigen Anregung von mehreren Schwingungen strahlungslos desaktiviert. Diese Ereignisse sind unwahrscheinlich und damit selten, wodurch es zu der relativ großen Lebensdauer von S_{10}, dem Schwingungsgrundzustand von S_1, kommt. Die große Lebensdauer von S_{10} erlaubt schließlich, daß die Emission von Fluoreszenzlicht wirksam mit der strahlungslosen Desaktivierung konkurrieren kann.

Die Wellenlänge des emittierten Fluoreszenzlichtes ist in gewissen Grenzen und unter bestimmten Voraussetzungen unabhängig von der Wellenlänge des anregenden Lichtes. Die Wellenlänge des eingestrahlten Lichtes muß im Bereich einer Absorptionsbande liegen, damit die erste Anregungsbedingung erfüllt ist und die Probe überhaupt angeregt werden kann. Die Lage der Emissionsbande im Fluoreszenzspektrum wird aber nicht von der präzisen Anregungswellenlänge, sondern von den Stoffeigenschaften, den konkreten elektronischen Übergängen und Energiedifferenzen bestimmt, die zwischen dem Schwingungsgrundzustand des S_{10}-Zustandes und den verschiedenen Schwingungsniveaus des elektronischen Grundzustandes S_{0n} bestehen. Die Wellenlänge des Emissionslichtes $\lambda_{\text{Emission}}$ ist immer zu größeren Wellenlängen im Vergleich zur Wellenlänge des anregenden Lichtes $\lambda_{\text{Anregung}}$ verschoben. Diese Beobachtung wird als STOKESsche Regel bezeichnet ($\lambda_{\text{Anregung}} < \lambda_{\text{Emission}}$).

Phosphoreszenz. Es kommt zur Phosphoreszenz, wenn angeregte Moleküle unter Emission von Licht aus dem Triplettzustand T_{10} in den Elektronengrundzustand S_{0n} übergehen (Abb. 4.5).

Ein Triplettzustand liegt vor, wenn die beiden Elektronen eines Paares parallelen Elektronenspin ($S = +1/2$ für jedes Elektron) aufweisen, die Spinquantenzahl damit den Wert $S = 1$ hat und die Quantenzahl M wegen $M = 2S + 1 = 3$ den Wert 3 (Multiplizität 3) bekommt. Übergänge zwischen Singulett- und Triplettzuständen sind mit einer Spinumkehr verbunden. Ein mit Spinumkehr verbundener Prozeß ist quantenmechanisch verboten und hat eine sehr geringe Übergangswahrscheinlichkeit. Deshalb werden Übergänge aus dem Singulettgrundzustand S_{00} in einen angeregten Triplettzustand praktisch nicht beobachtet. Dagegen können angeregte Triplettzustände durchaus besetzt werden, wenn dies aus angeregten S_{1n}-Zuständen heraus erfolgt, da in diesem Fall eine Spin-Bahn-Kopplung den Übergang erlaubt. Die so gebildeten angeregten Triplettzustände T_{1n} erreichen sehr rasch durch strahlungslose Energieverteilung das niedrigste Schwingungsniveau des ersten angeregten Triplettzustandes T_{10}.

Die Lebensdauer von T_{10} kann zwischen 10^{-6} s und mehreren Sekunden liegen und ist damit bedeutend größer als die Lebensdauer des Singulettzustandes S_{10}. Mit der großen Lebensdauer von T_{10} verbunden sind Übergangsraten der Phosphoreszenz, die in dem weiten Bereich von $10^4\,s^{-1}$ bis $> 1\,s^{-1}$ liegen. Die Phosphoreszenz ist somit erheblich langlebiger als die Fluoreszenz.

Die Energiedifferenz zwischen T_{10} und dem elektronischen Grundzustand S_{0n} ist kleiner als die zwischen S_{10} und S_{0n}, aber immer noch zu groß, um die mit diesem Übergang verbundene Energie durch strahlungslose Desaktivierung auf eine einzelne Schwingung übertragen zu können. Vielmehr muß diese Energie wie bei der Desaktivierung von S_{10} gleichzeitig auf mehrere Schwingungen übertragen werden, was nur bei unwahrscheinlichen und seltenen Mehrfach-Stößen erfolgen kann.

Der direkte mit der Emission von Licht verbundene Übergang von T_{10} nach S_{0n} ist im Vergleich zum $S_{10} \rightarrow S_{0n}$-Übergang erschwert, da es sich bei dem ersteren um einen quantenmechanisch verbotenen Triplett-Singulett-Übergang handelt. Es kommt letztlich doch zu der Aussendung von Phosphoreszenzlicht, da dieses Verbot durch eine Spin-Bahn-Kopplung teilweise umgangen wird, so daß der direkte $T_1 \rightarrow S_0$-Übergang mit der strahlungslosen Desaktivierung konkurrieren kann.

4.1.2.3 Anregung von Schwingungen

In einem Molekül führen die Atomkerne Schwingungen um ihre Gleichgewichtslagen durch. Diese Schwingungen sind in Anzahl, Form und Frequenz durch Anordnung und Masse der Kerne und durch die auf diese Kerne einwirkenden Kräfte bestimmt. Je leichter die Atome und je fester die Bindungen zwischen ihnen sind, umso höher sind die Frequenzen, mit denen ihre Kerne schwingen, umgekehrt sind die Frequenzen umso niedriger, je schwerer die Kerne und je schwächer die Bindungen zwischen ihnen sind. Mit den Schwingungen sind räumliche Verschiebungen von Ladungen verbunden, die mit der Frequenz der Schwingungen variieren und unter gewissen Voraussetzungen zu entsprechenden zeitabhängigen Änderungen des Dipolmoments führen. Wenn die Anregungsbedingungen erfüllt sind, können durch Aufnahme von Energie aus einer einwirkenden Strahlung Schwingungen eines Moleküls angeregt werden, das dabei aus einem Schwingungsgrundzustand in einen angeregten Schwingungszustand übergeht. Die Energieaufnahme vermindert die Intensität des austretenden Lichtes, was experimentell beobachtet werden kann.

Das einfachste Modell zur Beschreibung einer Schwingung ist das eines harmonischen Oszillators. Wenn zwei durch eine Feder verbundene Massen M_1 und M_2 den Gleichgewichtsabstand r_0 und den Abstand r haben (Abb. 4.6), dann

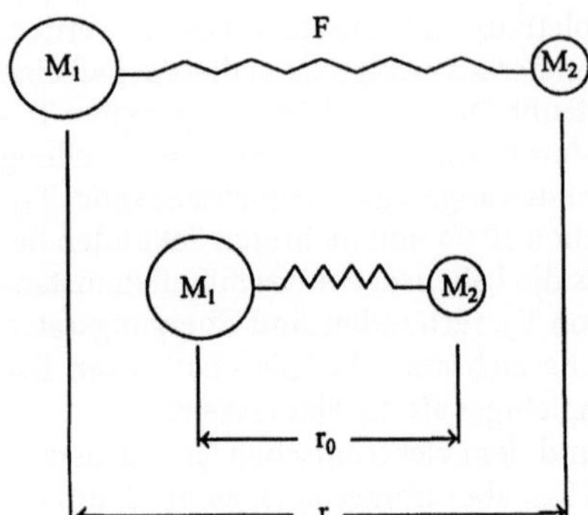

Abb. 4.6. Modellierung eines zweiatomigen, schwingenden Moleküls durch zwei unterschiedlich große, durch eine Federkraft verbundene Massen

ist die für die Auslenkung $(r - r_0)$ erforderliche Kraft F nach dem HOOKEschen Gesetz dieser Auslenkung proportional:

$$F = -k \cdot (r - r_0) \tag{4.11}$$

k ist eine Kraftkonstante, die im Modell der Stärke der Feder bzw. in einem Molekül der Stärke der Bindung zwischen den Atomen entspricht. Ein harmonischer Oszillator schwingt mit der Frequenz

$$\nu_{vib} = \frac{1}{2\pi} \sqrt{\frac{k}{\mu}} \qquad [s^{-1}] \tag{4.12}$$

wobei

$$\mu = \frac{M_1 \cdot M_2}{M_1 + M_2} \tag{4.13}$$

die reduzierte Masse μ des Systems ist. Die Schwingungsfrequenz hängt von der Kraftkonstanten und den schwingenden Massen ab, in der molekularen Dimension also von der Bindungsstärke und den Massen der beteiligten Atome.

Eine bessere Annäherung an die Eigenschaften eines realen Moleküls stellt das Modell des anharmonischen Oszillators dar. In Abb. 4.7 ist die Energiepotentialkurve des anharmonischen Oszillators in Abhängigkeit vom Kernabstand dargestellt. In diesem Modell wird berücksichtigt, daß elastische Schwingungen nur in einem kleinen Bereich um die Gleichgewichtslänge der Bindung zwischen zwei Atomen erfolgen können. Werden bestimmte Abstände zwischen den Kernen überschritten, dann übersteigt die Schwingungsenergie den Betrag der Dissoziationsenergie E_D und die Bindungen müssen aufbrechen. Andererseits steigen bei zu großer Annäherung der Kerne die zwischen ihnen wirkenden abstoßenden Kräfte sehr stark an.

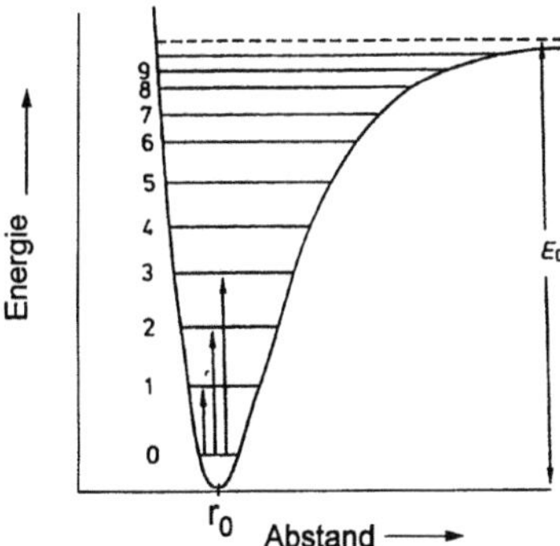

Abb. 4.7. Energiepotentialkurve eines aus zwei Atomen bestehenden anharmonischen Oszillators als Funktion des Abstandes zwischen den Kernen. Mit E_D ist die Dissoziationsenergie des Moleküls bezeichnet

Prinzipiell können die Schwingungen eines Moleküls durch eine quantenmechanische Berechnung exakt beschrieben werden. Für kleinere Moleküle ist es auch praktisch möglich, solche Berechnungen durchzuführen. Der Aufwand für eine Normalmodenanalyse und für die Berechnung eines Schwingungsspektrums wird jedoch mit zunehmender Anzahl der beteiligten Atome sehr groß. Für ein Molekül von der Größe eines Proteins erfordern quantenmechanische Berechnungen der Energiefunktion einen nicht mehr vertretbaren Aufwand. Sie werden daher durch empirische und semiempirische Energiefunktionen ersetzt, wobei die erforderlichen Energieparameter für kleinere Systeme berechnet oder aus experimentellen Daten hergeleitet werden.

Die Anregung von Schwingungen kann durch unterschiedliche physikalische Mechanismen zustande kommen.

Eine Möglichkeit besteht in der Absorption von Strahlung, deren Energie der ersten Anregungsbedingung entsprechend gleich der Energie ist, die beim Übergang von einem niedrigeren in ein energetisch höher liegendes angeregtes Schwingungsniveau benötigt wird. Eine Strahlung mit entsprechendem Energiegehalt ist die Infrarot-Strahlung (s. Tabelle 4.1).

Die zweite Anregungsbedingung fordert, daß sich mit der Anregung der Schwingung das Übergangsmoment ändern muß. Schwingungen eines Moleküls sind dann IR-aktiv, d.h. durch Absorption von IR-Strahlung anregbar, wenn sich das Übergangsdipolmoment ($\mu \neq 0$) ändert.

Bei der Anregung von Schwingungen durch RAMAN-Streuung ändert sich ein anderes Übergangsmoment als bei der Absorption von IR-Strahlung: Schwingungen sind dann RAMAN-aktiv, wenn mit dem Übergang eine Änderung der Polarisierbarkeit der betroffenen Bindung verbunden ist ($P \neq 0$). Die Anregung der Schwingungen kommt durch inelastische Streuung von Photonen zustande. Das bedeutet, daß die Anregung z.B. mit energiereichen Photonen der 488 nm-Linie eines Argon-Ionen-Lasers erfolgen kann, deren Energie weit größer als die zur Anregung der Schwingungen benötigte Energie ist. Die erste Anregungsbedingung wird dadurch eingehalten, daß den Photonen ein Teil ihrer Energie entnommen wird, der genau der zur Schwingungsanregung benötigten Energie entspricht.

4.1.3 Absorptionsgesetz

Für alle spektroskopischen Prozesse, die auf der Absorption von Lichtenergie beruhen, gilt das Absorptionsgesetz. Wenn die Anregungsbedingungen erfüllt sind, wird bei der Bestrahlung einer Probe ein Teil der Moleküle angeregt und dabei die einwirkende Strahlung teilweise oder vollständig absorbiert. Der Quotient aus der Intensität I des Lichtes, das die Probe verläßt, und der Intensität I_0 des einfallenden Lichtes ist die *Durchlässigkeit* D der Probe.

$$D = \frac{I}{I_0} \tag{4.14}$$

Die *Extinktion* E ist als negativer dekadischer Logarithmus der Durchlässigkeit definiert:

$$E = -\lg D \tag{4.15}$$

Die Extinktion ist damit nach

$$E = -\lg D = \lg \frac{1}{D} = \lg \frac{I_0}{I} \tag{4.16}$$

gleich dem dekadischen Logarithmus des Quotienten aus I_0, der Intensität des eingestrahlten Lichtes, und der Intensität I des Lichtes, das die Probe verläßt. Eine ältere, synonyme Bezeichnung für die Extinktion ist die „optische Dichte".

Im englischen Sprachgebrauch ist es üblich, den Begriff *„absorbance"* für die durch Gl. (4.16) definierte Extinktion zu benutzen. Das führte in Anbetracht der sprachlichen Ähnlichkeit mit dem deutschen Wort Absorption zu Mißverständnissen und Verwechslungen, da dessen Bedeutung durch Gl. (4.17) anders definiert war. Im deutschen Sprachgebrauch wurde der Quotient aus $I_0 - I$ und I_0 als *Absorption* A bezeichnet:

$$A = \frac{I_0 - I}{I_0} \tag{4.17}$$

Die durch Gl. (4.17) definierte Absorption A und die Durchlässigkeit D einer Probe ergänzen sich zu Eins oder zu 100 %.

$$A + D = 1 \tag{4.18}$$

Inzwischen ist jedoch unter dem Einfluß der englischsprachigen Originalliteratur der synonyme Gebrauch der Begriffe *Extinktion* und *Absorption* weit verbreitet. Im folgenden soll daher im diesem Kapitel der Begriff Absorption synonym für die durch Gl. (4.16) definierte Extinktion und nicht im Sinne der Gl. (4.17) benutzt werden (entsprechendes gilt für den Absorptionskoeffizienten).

Die Extinktion ist der Anzahl der absorbierenden Teilchen proportional, die sich wiederum aus dem Produkt von Konzentration c und Schichtdicke d der Probe ergibt. Als Proportionalitätsfaktor zwischen der Extinktion und dem Produkt c · d tritt der *Extinktionskoeffizient* (resp. Absorptionskoeffizient) ε auf. ε ist eine von der Wellenlänge des einwirkenden Lichtes und von den Milieubedingungen abhängige Stoffkonstante. Daraus resultiert die häufig als LAMBERT-BEERsches Gesetz genannte Beziehung

$$E = \varepsilon \cdot c \cdot d \qquad\qquad (4.19)$$

die 1760 von LAMBERT und BEER formuliert wurde. Allerdings hatte schon 1729 der Franzose BOUGUER eine entsprechende Gleichung aufgestellt, so daß man gelegentlich in der Literatur auch die Bezeichnung BOUGUER-LAMBERT-BEERsches-Gesetz für diese Beziehung findet.

Der Zahlenwert des Extinktionskoeffizienten ε hängt von den eingesetzten Einheiten ab. Wenn die Konzentration c in $mol \cdot l^{-1}$ und die Schichtdicke d in cm angegeben wird, hat ε als molarer Extinktionskoeffizient die Dimension $l \cdot mol^{-1} \cdot cm^{-1}$. Gelegentlich wird ε auch in Einheiten der Dimension $cm^2 \cdot mol^{-1}$ angegeben. Bei der Konzentrationsberechnung ist zu beachten, daß der Zahlenwert von ε in der Dimension $l \cdot mol^{-1} \cdot cm^{-1}$ um den Faktor 1000 kleiner ist als in der Dimension $cm^2 \cdot mol^{-1}$ ($\varepsilon = 1 \, l \cdot mol^{-1} \cdot cm^{-1} = 1000 \, cm^2 \cdot mol^{-1}$).

Der durch das BOUGUER-LAMBERT-BEERsche Gesetz beschriebene lineare Zusammenhang zwischen Absorption und Konzentration einer Probe bildet die Grundlage der Photometrie und damit vieler quantitativer Analyseverfahren. Es werden eine Vielzahl von Photometern in unterschiedlichem Ausstattungsgrad und in speziellen Ausführungen angeboten, die für die jeweils vorgesehene Anwendung optimiert sind. Beim Einsatz dieser Verfahren ist jedoch zu beachten, daß der Gültigkeitsbereich des Absorptionsgesetzes durch viele probenabhängige Effekte eingeschränkt werden kann und häufig Abweichungen auftreten.

So werden Messungen an trüben oder kolloidalen Lösungen sehr empfindlich durch das bei derartigen Proben auftretende Streulicht gestört. Ein anderes Problem entsteht, wenn Gemische untersucht werden, deren Zusammensetzung variiert und deren Komponenten unterschiedliche Absorptionskoeffizienten aufweisen.

Jedoch auch bei molekular einheitlichen Substanzen und trübungsfreien Lösungen werden gelegentlich große Abweichungen vom BOUGUER-LAMBERT-BEERschen Gesetz beobachtet. Diese Abweichungen kommen vor allem dadurch zustande, daß sich bei vielen Substanzen mit der Änderung der Konzentration auch die Art der Verteilung der Chromophore in der Lösung ändert. Als Beispiel dafür sind in Abb. 4.8 die bei verschiedenen Konzentrationen gemessenen Spektren von Coproferrihäm dargestellt.

Diese Substanz zeigt ein ausgeprägtes, konzentrationsabhängiges Assoziationsverhalten. Mit der Bildung von Assoziaten kommt es zu deutlichen spektralen Veränderungen und zu einer starken Abnahme der Absorptionskoeffizienten. Das Auftreten von isosbestischen Punkten bei ca. 370 nm und 405 nm

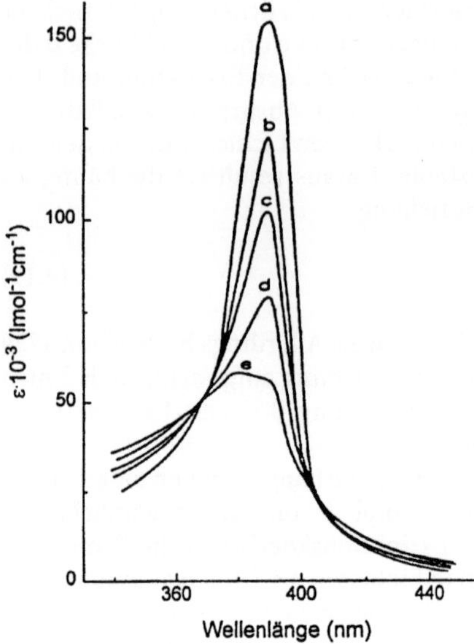

Abb. 4.8. Konzentrationsabhängigkeit der UV/VIS-Spektren von Coproferrihäm als Folge von Aggregationen. Die Spektren wurden in Phosphat-Puffer bei pH 7 und Konzentrationen von (a) $3,97 \cdot 10^{-8}$ M, (b) $6,36 \cdot 10^{-6}$ M, (c) $2,78 \cdot 10^{-5}$ M, (d) $9,93 \cdot 10^{-5}$ M und (e) $3,18 \cdot 10^{-4}$ M gemessen. (Spektren nach: S. B. BROWN (1980) In: S. B. BROWN (ed.) An Introduction to Spectroscopy for Biochemists. Academic Press, London)

zeigt an, daß die Lösungen ein konzentrationsabhängiges Gemisch von zwei Komponenten enthalten. Die Komponenten unterscheiden sich erheblich in den Absorptionseigenschaften. Das Absorptionsgesetz ist zwar prinzipiell für jede der Komponenten, aber nicht für das tatsächlich in der Lösung vorliegendes Gemisch gültig ist. Damit ist es unmöglich, aus der Absorption direkt auf die Konzentration der Substanz zu schließen.

Prinzipiell muß bei vielen Proteinen mit solchen Problemen gerechnet werden. Trotzdem ist die spektroskopische Analyse in solchen Fällen nicht wertlos, da die spektralen Effekte Hinweise auf intermolekulare Wechselwirkungen geben.

4.2 Spektrometer

In Abb. 4.9 ist in allgemeinster Form der schematische Aufbau eines Spektrometers dargestellt. Ein Spektrometer besteht aus einer Strahlungsquelle, optischen Elementen, dem Probenraum, einem Strahlungsempfänger und Einrichtungen zur Registrierung der Daten. Das Licht einer geeigneten Quelle trifft auf die Probe, die z. B. als Gas oder Flüssigkeit in einer entsprechenden Küvette oder auch als Festkörper vorliegt, und tritt mit dieser in Wechselwirkung. Dadurch erlangt die Strahlung eine probenspezifische Information. Nach dem Verlassen der Probe trifft die Strahlung auf einen Detektor, wobei optische Elemente an der Übertragung, spektralen Zerlegung und Erfassung beteiligt sind. Im Detektor wird ein elektrisches Signal erzeugt, das der Strahlungsintensität

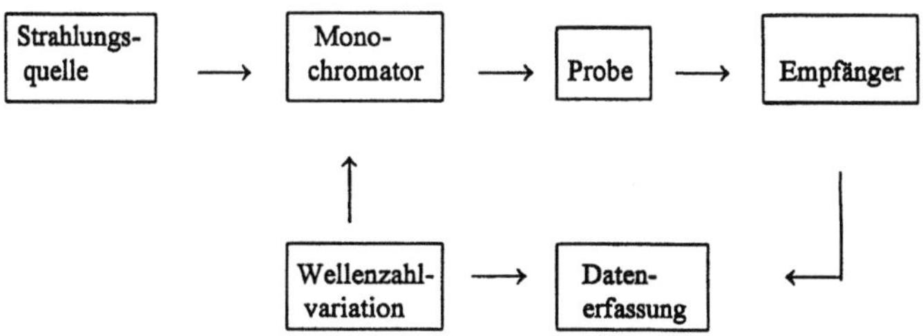

Abb. 4.9. Blockschema eines Spektrometers

proportional ist. Dieses Signal wird als Funktion der Wellenlänge oder Wellenzahl registriert.

Die erhaltenen Spektren werden meistens als Absorptionsspektren dargestellt, wobei eine große Bande einer intensiven Absorption bzw. geringen Durchlässigkeit der Probe entspricht. Vor allem in der IR-Spektroskopie werden die Spektren gern auch als Transmissionsspektren dargestellt, wobei die Durchlässigkeit der Probe über der Wellenzahl aufgetragen wird. Im Transmissionsspektrum erscheinen in Bereichen mit hoher Absorption starke Minima (zur Illustration dieses Sachverhaltes s. Abb. 4.49). In der Fluoreszenzspektroskopie wird das von der Probe ausgestrahlte Licht gemessen und die Fluoreszenzintensität über der Wellenlänge als Emissionsspektrum dargestellt.

Die Spektrometer können als Einstrahl- oder Zweistrahlgeräte ausgeführt sein. In den Einstrahlgeräten steht nur eine Meßposition zur Verfügung, Probe und Referenz werden nacheinander gemessen. In Zweistrahlgeräten werden nach der Strahlteilung zwei Meßpositionen angeboten, so daß man Probe und Referenz gleichzeitig in den Probenraum stellen und nebeneinander messen kann.

Moderne Spektrometer sind hochentwickelte, komplizierte Geräte in sehr speziellen Ausführungen, die für ihren jeweiligen Verwendungszweck optimiert sind und zahlreiche methodenspezifische Besonderheiten aufweisen. Generell wird die Gerätesteuerung, Datenerfassung und Datenverarbeitung mit leistungsfähigen Rechnern durchgeführt. Die Geräte müssen sehr unterschiedlichen Anforderungen entsprechen. Strahlungsquellen, optische Bauelemente und Detektoren werden in ihren Eigenschaften für die jeweils erforderlichen Strahlungsarten angepaßt. Eine grobe Übersicht vermittelt Tabelle 4.2.

So werden im einfachsten Fall in Photometern, die lediglich für den Einsatz im sichtbaren Bereich des Lichtes vorgesehen sind, Wolfram- oder Halogenlampen als Lichtquellen und Glas als Material für die optischen Elemente eingesetzt. Da Glas für UV-Licht praktisch undurchlässig ist, müssen im UV-Bereich Quarzteile verwendet werden. Als Lichtquellen eignen sich Wasserstoff- oder Deuteriumlampen, die mit Quarz ummantelt sind. Wenn im UV-Bereich größere Lichtleistungen erforderlich sind, wie z. B. beim Einsatz im Circulardichrographen, stehen Xenon- oder Argon-Hochdrucklampen zur Verfügung.

Tabelle 4.2. Bauelemente und Materialien in der optischen Spektroskopie

Bauelement	UV	VIS	Raman	IR
Strahlungsquelle	Deuterium-, Xenonlampe	Wolframlampe	Laser	Silitstab
Optische Materialien	Quarz	Glas	Glas	KBr, NaCl, LiF, CaF_2, BaF_2, KRS [a]
Empfänger	SEV [b], CCD [c]	SEV, CCD	CCD, SEV	Thermoelement

[a] Mischkristall aus Thalliumbromid/Thalliumiodid 1:1;
[b] Sekundärelektronen-Vervielfacher;
[c] *engl.* Charge Coupled Devices.

In der RAMAN-Spektroskopie werden Laser als Lichtquellen benötigt. In der IR-Spektroskopie dienen Wärmestrahler als Strahlungsquellen, z. B. elektrisch beheizte Siliciumcarbid-Stäbe, die als Globare bezeichnet werden. Glas und Quarz sind für Infrarotstrahlen praktisch undurchlässig, daher müssen optische Elemente eines IR-Spektrometers aus anderen Materialien bestehen. IR- durchlässig sind die Kristalle von einigen Salzen, wie z. B. Natriumchlorid, Kaliumbromid oder Cäsiumiodid. Diese Kristalle haben aber den großen Nachteil, leicht in Wasser löslich zu sein. Ihre Verwendung für optische Fenster oder Küvetten erfordert also den sorgfältigen Ausschluß von Luftfeuchtigkeit und ist auf wasserfreie Proben beschränkt. Für wäßrige Proben, wie es bei der Untersuchung von Proteinen erforderlich ist, werden Scheiben aus Calciumfluorid oder Bariumfluorid als Küvettenmaterial eingesetzt, die schwer in Wasser löslich sind.

Es gibt eine große Anzahl von Strahlungsempfängern, die auf unterschiedlichen physikalischen Prinzipien beruhen. Sie sind in der Regel für die jeweiligen Einsatzgebiete optimiert und erlauben sehr empfindliche und genaue Messungen. Weit verbreitet sind Silizium-Photodioden und Photomultiplier mit Multi-Alkali-Photokathoden. Seit einigen Jahren werden in leistungsfähigeren Geräten auch sehr empfindliche Silizium-Diodenarray-Detektoren bzw. CCD-Zeilen eingesetzt, mit denen die gleichzeitige Messung eines Spektralbereiches erfolgt.

Von besonderen, sehr aufwendigen Einsatzgebieten und Anwendungen abgesehen, wird für alle üblichen optisch-spektroskopischen Methoden von zahlreichen Firmen ein breites Spektrum kommerzieller Geräte angeboten. Bei der späteren Betrachtung ausgewählter Methoden werden die wesentlichen Eigenschaften von einigen Gerätetypen näher dargestellt.

4.3 Absorptionsspektroskopie im ultravioletten und sichtbaren Bereich des Lichtes

4.3.1 Einleitung

Die Peptidbindungen und die Seitenketten der Aminosäuren sind die in allen Proteinen vorhandenen und zur Absorption von ultraviolettem (UV) Licht befähigten Chromophore. Proteine, die prosthetische Gruppen oder geeignete Cofaktoren enthalten, absorbieren auch im sichtbaren (VIS) Bereich des Spektrums.

Die Elektronenkonfiguration der Chromophore ist so beschaffen, daß mit der Energie des UV- bzw. sichtbaren Lichtes Elektronen angeregt werden können. Die im VIS-Bereich absorbierenden Proteine sind farbig, da die entsprechenden Anteile des Lichtes im Spektrum fehlen. Unter den farbigen Proteinen dürften die Hämproteine am bekanntesten sein, die für die rote Farbe des Blutes verantwortlich sind. Zu dieser Gruppe gehören auch die grünen, sehr weit verbreiteten Chlorophyll-tragenden Lichtsammelkomplexe der Pflanzen.

In Tabelle 4.3 sind die Lage der Absorptionsmaxima und die dazugehörigen molaren Extinktionskoeffizienten der wichtigsten in Proteinen vorkommenden chromophoren Gruppen zusammengestellt. Hier sei allerdings wiederum angemerkt, daß die Absorptionseigenschaften von Chromophoren durch die molekulare Umgebung beeinflußt werden. Daher müssen alle Einflußgrößen genau definiert sein, wenn man die in Tabelle 4.3 angegeben Werte mit anderen Daten vergleichen möchte. Dazu gehören die Meßbedingungen mit pH, Ionenart und -stärke des Puffers und Temperatur, der Einfluß von denaturierenden Stoffen und der Faltungszustand bzw. die Konformation der Polypeptidkette. Die Konformation ist ein wichtiger Faktor, der die Umgebung der Chromophore und damit die spektroskopischen Eigenschaften der Proteine beeinflußt.

Tabelle 4.3. Absorptionsparameter und elektronische Übergänge von Protein-Chromophoren

Chromophor	λ_{max} in nm	ε_{max} in $l \cdot mol^{-1} \cdot cm^{-1}$	Übergang
Cystein (–SH)	235	3 200	$\pi \to \sigma^*$
Cystin (–S–S–)	250	320	$\pi \to \sigma^*$
Phenylalanin	257	230	$\pi \to \pi^*$
	206	9 300	
	188	6 000	
Tyrosin	274	1 440	$\pi \to \pi^*$
	222	7 900	
	193	48 000	
Tryptophan	280	5 050	$\pi \to \pi^*$
	219	34 000	
Histidin	211	6 300	$\pi \to \pi^*$
Peptid	~190	~7 000	$\pi \to \pi^*$
	~220	~100	$n \to \pi^*$

Auf diesem Sachverhalt beruhen einige Anwendungen der UV/VIS-Spektroskopie zur Analyse von Proteinen. So können z.B. Änderungen des Absorptionsspektrums unter dem Einfluß von denaturierenden Agentien registriert und Auffaltungskurven ermittelt werden, die Rückschlüsse auf die Stabilität des Proteins erlauben.

Der Einfluß der Konformation auf die UV-Spektren muß bei der für praktische Zwecke wichtigen Bestimmung der Proteinkonzentration aus der Absorption bei 280 nm berücksichtigt werden (s. Abschn. 4.3.4).

4.3.2 Absorptionsspektren von Proteinen im ultravioletten und sichtbaren Bereich des Lichtes

Im fernen UV (< 200 nm) wird die Absorption der Proteine von den Peptidbindungen (Abb. 4.10) dominiert.

An der UV-Absorption sind die n- und π-Elektronen der Peptidgruppe beteiligt (Tabelle 4.3). Die Anregung von $n \to \pi^*$-Übergängen der n-Elektronen des Sauerstoffs erfordert weniger Energie als die Anregung von $\pi \to \pi^*$-Übergängen. Trotzdem ist die mit den $n \to \pi^*$-Übergängen verbundene Absorptionsbande, die bei 210 bis 220 nm beobachtet wird, nur schwach ($\varepsilon_{max} \approx 100$), da dieser Übergang wegen eines quantenmechanischen Symmetrieverbotes eine sehr geringe Übergangswahrscheinlichkeit hat. Darum deutet sich diese Absorptionsbande, z.B. im Spektrum von α-helicalem Poly-L-lysin (Abb. 4.11, Spektrum a), nur als eine im Vergleich zum Spektrum der ungeordneten Struktur (Spektrum b) schwach erhöhte Absorption bei etwa 220 bis 225 nm an. Weit intensiver ist die Absorptionsbande bei 192 bis 194 nm, die auf einem $\pi \to \pi^*$-Übergang beruht. Diese Bande hat einen Absorptionskoeffizienten ε_{max} von etwa 7500 für das Faltblatt (Spektrum c) und von 7100 für die ungeordnete Struktur, aber nur von 4400 für die α-helicale Konformation. Im Spektrum der α-helicalen Konformation ist weiterhin eine Schulter bei 205 nm zu sehen. Dieses spektrale Merkmal der α-helicalen Struktur kommt durch eine Aufspaltung der 192 nm-Bande zustande und ist auf die weitgehend parallele Anordnung der Peptidchromophore in dieser Konformation zurückzuführen. Die π-Elektronen der Peptidgruppe sind über das Stickstoff-, Kohlenstoff- und Sauerstoffatom delokalisiert. Die Lage des Übergangsdipolmoments des $\pi \to \pi^*$-Übergangs läßt sich deshalb nicht einer einzelnen Bindung zuordnen.

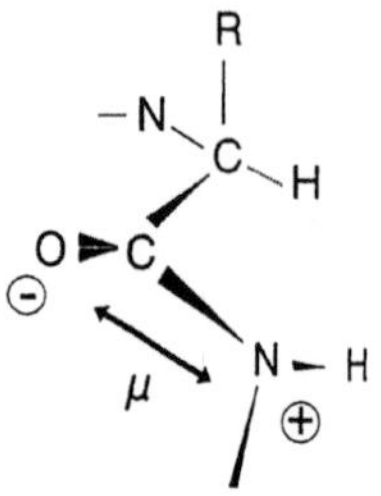

Abb. 4.10. Permanentes Dipolmoment infolge polarisierter kovalenter Bindungen in einer Peptidbindung

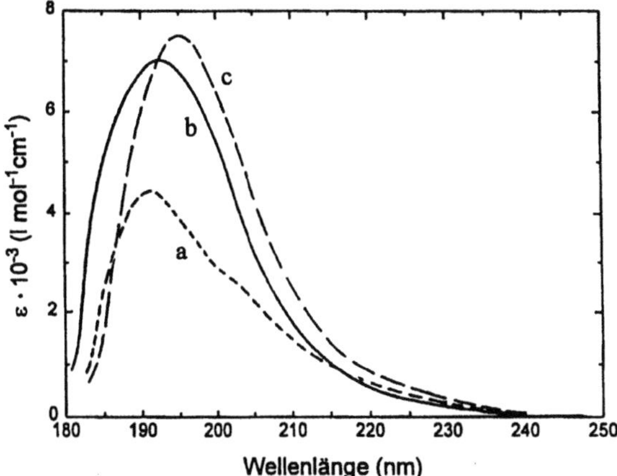

Abb. 4.11. Absorptionsspektren von Poly-L-lysin. Die Polypeptidkette bildet in Abhängigkeit vom Milieu und von der Vorbehandlung unterschiedliche Konformationen aus: (a) α-Helix bei pH 10,8 und 25 °C; (b) ungeordnete Struktur bei pH 6 und 25 °C; (c) β-Faltblatt bei pH 10,8 und 52 °C. (nach: ROSENHECK, K. and P. DOTY (1961) Proc. Natl. Acad. Sci. USA 47, 1775)

Im gleichen spektralen Bereich wie die Peptidbindung absorbieren auch praktisch alle Aminosäureseitenketten. Die Absorption der Seitenketten wird aber von der starken Absorption der Peptidbindung überlagert und läßt sich kaum nachweisen.

Die in Abb. 4.11 dargestellten UV-Absorptionsspektren des Poly-L-lysins wurden in verschiedenen Puffern gemessen. Poly-L-lysin nimmt in Abhängigkeit von den jeweiligen Lösungsbedingungen und der Probenbehandlung unterschiedliche Konformationen ein, die sich in ihren spektralen Eigenschaften erheblich unterscheiden. Auffällig ist der große spektrale Unterschied zwischen der α-helicalen und der entfalteten Form des Poly-L-lysins.

Eine Verminderung der Absorption, wie sie beim Übergang von der ungeordneten Form zur α-helicalen Struktur des Poly-L-lysins beobachtet wird, bezeichnet man als *Hypochromie* (weniger Farbe). Die Hypochromie hängt mit der stärkeren Wechselwirkung der Chromophore in der α-Helix zusammen. Eine Zunahme der Absorption wird als *Hyperchromie* bezeichnet.

Neben den konformationsabhängigen Änderungen in der Intensität der Absorption werden auch Frequenzverschiebungen der Absorptionsmaxima beobachtet. Der Übergang von der entfalteten Polypeptidkette zur α-helicalen Struktur ist mit einer Verschiebung des Maximums zu kürzeren Wellenlängen, mit einem *hypsochromen* Effekt, verbunden. Im sichtbaren Bereich des Spektrums wird eine hypsochrome Verschiebung als Blauverschiebung bezeichnet.

Beim Übergang von der entfalteten Polypeptidkette zum β-Faltblatt verschiebt sich das Absorptionsmaximum zu längeren Wellenlängen, es wird ein bathochromer Effekt (eine Rotverschiebung) beobachtet.

Im Spektralbereich von 230 bis 300 nm, der zum *nahen Ultraviolett* gehört, liefern die Seitenketten der aromatischen Aminosäuren Phenylalanin, Tyrosin und Tryptophan, die SH-Gruppen des Cysteins und die Disulfidbindung des Cystins (s. Tabelle 4.3) mehr oder weniger große Beiträge zur Absorption der Proteine. Die Absorption der Peptidgruppe kann in diesem Spektralbereich vernachlässigt werden. Um eine Vorstellung von den an der Absorption beteiligten Aminosäure-Seitenketten zu geben, ist in Abb. 4.12 ein Sequenzabschnitt mit Trp, Phe, His, Tyr und zwei Cysteinresten, die durch eine Disulfidbrücke zu einem Cystinrest verbunden sind, zusammengestellt.

Die UV-Spektren der freien, nicht in der Ausbildung von Peptidbindungen beteiligten aromatischen Aminosäuren Phe, Tyr und Trp sind in Abb. 4.13 dar-

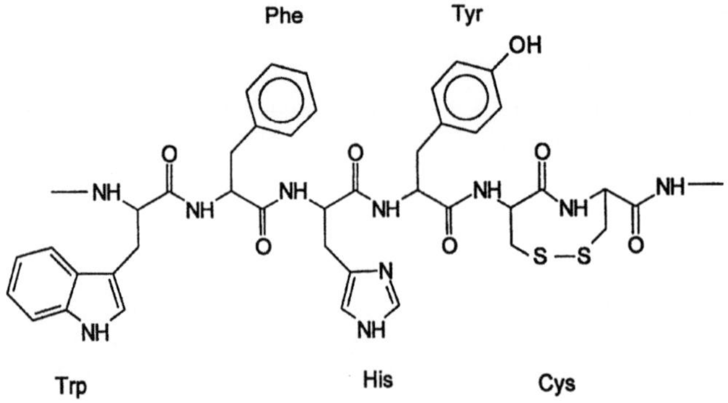

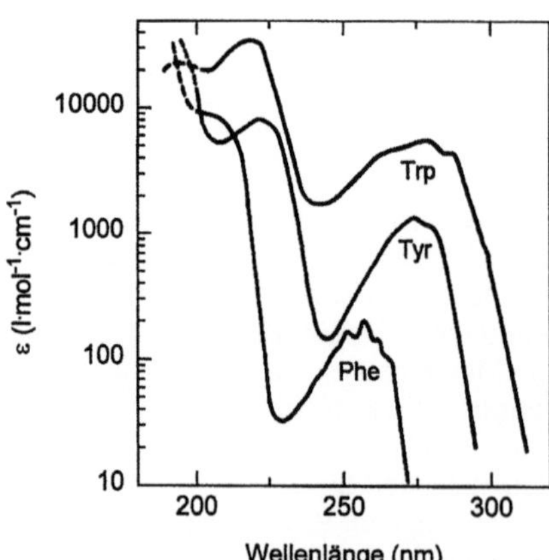

Abb. 4.12. Im UV-Bereich absorbierende Aminosäuren. Ohne stereochemische Belange zu berücksichtigen, ist ein hypothetischer Sequenzabschnitt dargestellt, der aus den durch Peptidbindungen verknüpften Aminosäuren Tryptophan, Phenylalanin, Histidin, Tyrosin und zwei Cystein-Resten, die eine Disulfidbrücke zu einem Cystin ausbilden, aufgebaut ist

Abb. 4.13. Absorptionsspektren der aromatischen Aminosäuren Tryptophan, Tyrosin und Phenylalanin. Ordinate in logarithmischer Darstellung. (Spektren nach: D. B. WETLAUFER (1962) Advances in Protein Chemistry 17, 310)

gestellt. In den Spektren von Phe, Tyr und Trp werden die Absorptionsmaxima an unterschiedlichen Positionen gefunden, vor allem sind aber auch sehr große Unterschiede in der Intensität der Banden vorhanden. Die Absorption fällt in der Reihenfolge Trp > Tyr > Phe sehr stark ab (s. in Tabelle 4.3 die großen Unterschiede in den molaren Absorptionskoeffizienten). Für die graphische Darstellung in einem Bild mußten daher in Abb. 4.13 die Ordinatenwerte logarithmisch dargestellt werden.

Die Absorption der aromatischen Aminosäuren ist auf mehrere elektronische Übergänge zurückzuführen. Jeder dieser Übergänge ist mit der Anregung von zahlreichen Schwingungen verbunden, so daß sich die Absorptionen von Trp, Tyr und Phe im Absorptionsspektrum eines Proteins zu einer breiten, meistens unstrukturierten Bande überlagern. Die quantitativen Beiträge der drei Aminosäuren zum Spektrum werden von dem Produkt aus dem Absorptionskoeffizienten und der Anzahl der jeweiligen Aminosäure im Protein bestimmt.

Mit molaren Absorptionskoeffizienten von $\varepsilon_{max} \approx 300$ und Absorptionsmaxima um 250 und 270 nm beteiligen sich auch Disulfidbrücken, soweit vorhanden, an der Proteinabsorption in diesem Wellenlängenbereich.

In Abb. 4.14 ist das UV-Absorptionsspektrum eines Proteins dargestellt, das außer Phe keine weiteren aromatischen Aminosäuren enthält (ausgezogene Kurve). Es handelt sich um das bakterielle Protein HBsu (Histon-ähnliches DNA-bindendes Protein aus *Bacillus subtilis*). HBsu ist ein dimeres Protein, das aus zwei identischen Untereinheiten besteht. Das Monomer hat eine Molmasse von 9 500 g · mol^{-1} und enthält 4 Phe-Reste. Im nahen Ultraviolett wird das Spektrum von HBsu allein von der Phe-Absorption bestimmt und weicht deshalb erheblich von den üblicherweise bekannten UV-Spektren der meisten Proteine

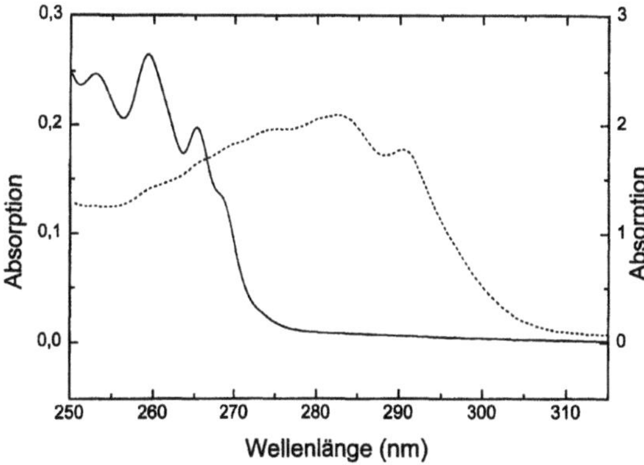

Abb. 4.14. UV-Absorptionsspektren des Histon-ähnlichen DNA-bindenden Proteins aus *Bacillus subtilis* (HBsu); — und linke Ordinate: Wildtyp; – – – und rechte Ordinate: gentechnisch modifizierte Variante [F79W]HBsu. Lösungsmittel: 2 mM Natriumcacodylat-Puffer, pH 7,5; 0,5 M Kaliumfluorid. HBsu enthält außer 4 Phe-Resten pro Monomer keine weiteren aromatischen Aminosäuren, in der Variante wurde der Phe-Rest 79 gegen Trp ausgetauscht

ab. Der molare Absorptionskoeffizient ist niedrig und das Spektrum zeigt im Bereich von 250 bis 270 nm mehrere Phe-typische Absorptionsbanden.

Durch *in-vitro*-Mutagenese wurden Varianten des Proteins erzeugt, in denen jeweils ein Phe-Rest pro HBsu-Untereinheit gegen einen Trp-Rest ausgetauscht ist. In Abb. 4.14 ist das UV-Spektrum eines derartig modifizierten Proteins durch die gestrichelte Kurve dargestellt. In dieser [F79W]HBsu genannten Variante wurde der Phe-Rest in Position 79 gegen einen Trp-Rest ausgetauscht, das variierte Protein enthält also nur noch 3 Phe-Reste, dafür aber einen Trp-Rest pro Untereinheit. Das Spektrum des modifizierten Proteins wird von der Absorption des neu eingefügten Trp-Restes dominiert, da der Absorptionskoeffizient von Trp weit größer als der von Phe ist.

Prosthetische Gruppen. Die Hämgruppe, der Porphyrinrest, der Flavinrest, der Retinalrest und das Pyridoxalphosphat sind Beispiele für prosthetische Gruppen, die intensive Absorptionsbanden im nahen UV bzw. im sichtbaren Bereich haben (Tabelle 4.4). Auch eine Reihe von Metall-Protein-Komplexen (mit Cu^{2+},

Tabelle 4.4. Spektroskopische Eigenschaften von Proteinen mit prosthetischen Gruppen

Protein (Spezies)	Prosthetische Gruppe	langwelligste Absorptionsbande [a]		kürzerwellige Absorptionsbande [a]	
		λ_{max}	ε_{max}	λ_{max}	ε_{max}
Aminosäure-Oxidase (*Rattenniere*)	FMN	455	12 700	358	10 700
Azurin (*P. fluorescens*)	Cu^{2+}	781	3 200	625	3 500
Cytochrom c, reduziert (*Mensch*)	Fe^{2+}-Häm	550	27 700	–	–
Monoamino-Oxidase	Flavin + Cu^+	455	4 700	–	–
Pyruvat-Dehydrogenase (*E. coli*)	FAD	460	12 700	438	14 600
Rhodopsin (*Rind*)	Retinal-Lys	498	42 000	350	1 100
Rubredoxin (*M. aerogenes*)	(Fe^{3+}-4 Cys)-Tetraeder	570	3 500	490	7 600
Threonin-Deaminase (*E. coli*)	4 Pyridoxalphosphate	415	26 000	–	–
Xanthin-Oxidase	Fe, Mo	550	22 000	–	–
Flavodoxin (*C. pasteurianium*)	FMN	443	9 100	372	790
Ferredoxin (*Scenedesmus*)	2 Fe^{3+}, 2 Sulfid-Cluster	421	9 800	330	13 300
Ceruloplasmin (*Mensch*)	8 Cu	794	27 700	610	11 300

[a] λ_{max} in nm, ε_{max} in $l \cdot mol^{-1} \cdot cm^{-1}$ (nach: C. R. CANTOR and P. R. SCHIMMEL (1980) Biophysical Chemistry. W. H. Freeman & Co., New York).

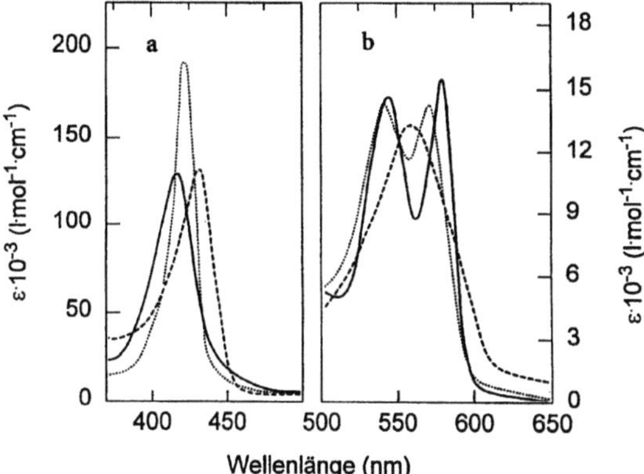

Abb. 4.15. Absorptionsspektren von Hämoglobin-Derivaten: a im SORET-Bereich (Absorption des Porphyrinringes im nahen UV, benannt nach dem Entdecker dieser Bande); b im Bereich der Q-Bande. Oxyhämoglobin (—), Desoxyhämoglobin (– – –), Kohlenmonoxid-Hämoglobin (·····). (Spektren nach: M. R. WATERMAN (1978) Meth. Enzymol. 52, 460)

Fe^{2+}, Fe^{3+}, Co^{2+}, Mo^{2+}, Zn^{2+}) können stark absorbieren. Die Absorptionsbanden dieser Chromophore sind im allgemeinen sehr empfindlich gegen Umgebungseinflüsse. Das macht sie zu sehr guten Sonden für die Untersuchung von Effekten, die im Zusammenhang mit den strukturellen und funktionellen Eigenschaften der prosthetischen Gruppen stehen.

Um dies zu illustrieren, sind in Abb. 4.15 Absorptionsspektren von Hämoglobin-Derivaten dargestellt. Mit der Anwesenheit bzw. Abwesenheit des Liganden (Hämoglobin als Oxyhämoglobin in Gegenwart und als Desoxyhämoglobin in Abwesenheit von Sauerstoff) und mit der Art der Liganden (z. B. Kohlenmonoxid statt Sauerstoff im CO-Hämoglobin) sind starke spektrale Änderungen verbunden.

4.3.3 Differenzspektroskopie

Die Ermittlung von Differenzspektren kann sehr vorteilhaft sein, wenn es um den Nachweis von kleinen spektralen Differenzen in den Absorptionsspektren geht. Sie wurden früher üblicherweise durch simultane Messung der beiden Spektren bei großer Skalenexpansion mit einem Zweistrahlphotometer hoher Empfindlichkeit und automatischer Bildung der Differenzspektren erhalten. Moderne rechnergesteuerte Einstrahlspektrometer bieten jetzt aber auch eine genügend hohe Signalstabilität, um die aufeinanderfolgende Messung und Speicherung von Einzelspektren, die später bearbeitet werden können, zu erlauben.

In Abb. 4.16 sind zwei bei 20 °C gemessene Absorptionsspektren des rekombinanten Proteins (1-12)AMY · des-Tyr13MAC(14–214) dargestellt, das gentechnisch aus den Sequenzen von zwei natürlich vorkommenden Glucanasen

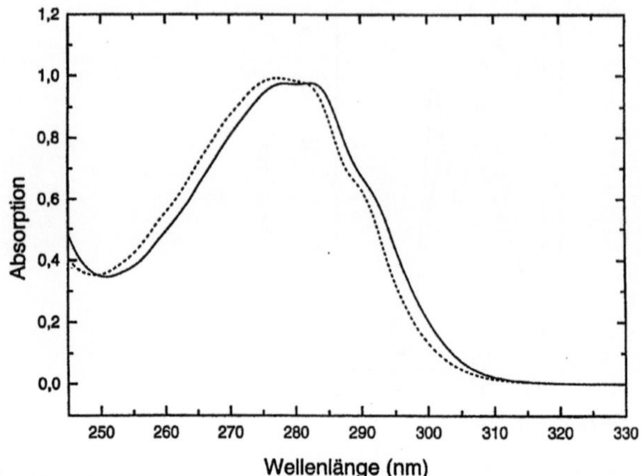

a

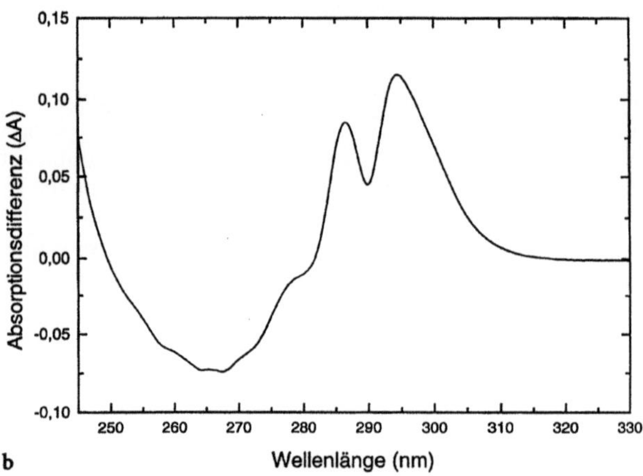

b

Abb. 4.16. Absorptionsspektren **a** der nativen (—) und der unter dem Einfluß von Guanidiniumchlorid aufgefalteten (- - -) rekombinanten Hybrid-Glucanase (1–12)AMY · des-13Tyr-MAC(14–214) und Differenzspektrum **b** zwischen nativem und aufgefaltetem Protein. Die Hybrid-Glucanase ist ein globuläres Protein mit M_r 23 939 D und enthält 16 Tyr- und 8 Trp-Reste. In 2 mM Natriumcacodylat-Puffer, pH 6,0; 1 mM $CaCl_2$, liegt das Protein (0,7 mg · ml^{-1}) in gefaltetem Zustand vor. Die Auffaltung erfolgte durch den Zusatz von 4 M Guanidiniumchlorid. Das Differenzspektrum wurde durch Subtraktion des Spektrums der aufgefalteten Form vom Spektrum des nativen Proteins erhalten

konstruiert wurde. Das Protein ist aus einem kurzen N-terminalen Segment von 12 Aminosäuren, deren Sequenz von der Glucanase aus *Bacillus amyloliquefaciens* abgeleitet ist, und aus dem C-terminalen Bereich 14–214 der Glucanase aus *Bacillus macerans* zusammengesetzt. Aus Gründen, die mit der Stabilität der Hybrid-Glucanasen zusammenhängen, wurde in diesem rekombinanten Protein der Tyrosinrest 13 der *B.macerans*-Sequenz deletiert. Das Protein befand sich für die Messung der Spektren zunächst in 2 mM Natriumcacodylat-Puffer, pH 6,0; 1 mM $CaCl_2$ (Abb. 4.16a, ausgezogene Kurve). Unter diesen Pufferbedingungen ist das Protein gefaltet und besitzt hohe enzymatische Aktivität. Das zweite Spektrum (Abb. 4.16a, gestrichelte Kurve) wurde im gleichen Puffer gemessen, der aber zusätzlich als denaturierendes Agens 4 M Guanidiniumchlorid enthielt. Die spektralen Änderungen, die sich bei der Auffaltung der nativen Hybrid-Glucanase ergeben, sind relativ gering. Im Differenzspektrum (Abb. 4.16b) sind diese Änderungen jedoch sehr deutlich zu sehen.

Im Bereich < 250 nm reflektiert das Differenzspektrum zwischen den Spektren des nativen und des aufgefalteten Zustands vor allem Veränderungen, die in der Absorption der Peptidgruppen begründet sind. Der Peak bei ca. 285 bis 288 nm ist auf Tyr zurückzuführen, während der Peak bei 291 bis 294 nm durch Trp bewirkt wird. Die Hybrid-Glucanase enthält 16 Tyrosin- und 8 Tryptophanreste, dementsprechend sind im Differenzspektrum in Abb. 4.16b zwei Peaks zu sehen, deren Maxima bei 285 nm (Tyr) bzw. 292 nm (Trp) liegen.

Die Änderungen der spektralen Parameter sind gut geeignet, um Änderungen der Konformation von Proteinen zu verfolgen. Die Auswertung einer UV-spektroskopisch ermittelten Auffaltungskurve eines Proteins wird in Kap. 8 ausführlicher beschrieben.

Die mit der Auffaltung eines Proteins verbundenen spektralen Effekte sind auf die Summe aller Veränderungen in den Elektronenkonfigurationen der chromophoren Gruppen zurückzuführen, die von den einwirkenden Effektoren hervorgerufen wurden. Dazu gehören alle Umgebungsänderungen, die Änderungen in den Wasserstoffbrücken-Bindungen und Änderungen in der Konformation des Peptid-Chromophors. Besonders wichtig sind die Wechselwirkungen der Chromophore, die vorher im Inneren des Proteins in einer hydrophoben Umgebung lokalisiert waren, mit den hydrophilen Molekülen des Lösungsmittels, dem Wasser.

Das führt, wie ein Vergleich der beiden Spektren in Abb. 4.16 zeigt, zu einer hypsochromen Verschiebung der Absorptionsbanden zu kürzeren Wellenlängen. Änderungen des Lösungsmittels können auch einen bathochromen Effekt, eine Rotverschiebung zu größeren Wellenlängen, bewirken. Derartige spektrale Effekte ergeben sich aus dem Einfluß der Polarität des Lösungsmittels auf die Energieniveaus der elektronischen Zustände eines Chromophors im Grund- und Anregungszustand. $\pi \rightarrow \pi^*$- und $n \rightarrow \pi^*$-Übergänge werden durch Änderungen der Lösungsmittelpolarität in unterschiedlicher Weise beeinflußt. Für die resultierenden Effekte sind sowohl die Polarisierbarkeit und als auch das permanente Dipolmoment der Lösungsmittelmoleküle, d.h. aus makroskopischer Sicht die Dielektrizitätskonstante des Lösungsmittels, von Bedeutung.

Perturbationsspektroskopie. Eine spezielle Anwendung differenzspektroskopischer Messungen ist mit dem Begriff der Perturbationsspektroskopie verbunden. Darunter werden Experimente verstanden, bei denen durch Variation des Lösungsmittels (Lösungsmittel-Perturbation) oder der Temperatur (Temperatur-Perturbation) geringste Änderungen in den spektralen Eigenschaften des Proteins induziert und differenzspektroskopisch bestimmt werden. Die Einwirkung des Lösungsmittels oder der Temperatureffekt müssen so dosiert werden, daß keine Änderungen in der Konformation des Proteins eintreten. Wenn diese Voraussetzung erfüllt ist, lassen sich die spektralen Änderungen, die mit der Perturbation auftreten, ausschließlich auf die an der Oberfläche lokalisierten, dem Lösungsmittel zugänglichen Chromophore des Proteins zurückführen. Die Größe der Lösungsmittelmoleküle ist dabei ein wichtiger Faktor für das Ausmaß des Perturbationseffektes.

Der Anteil der an der Oberfläche lokalisierten aromatischen Aminosäuren eines Proteins wird durch quantitative Auswertung der Differenzspektren bestimmt. Dazu muß bekannt sein, in welchem Ausmaß sich die spektralen Eigenschaften der frei zugänglichen aromatischen Aminosäuren unter dem Einfluß des Perturbationsmittels ändern. Diese Daten werden an den freien Aminosäuren, oder besser an geeigneten Modellverbindungen, die die Eigenschaften eines Aminosäurerestes innerhalb einer Polypeptidkette besser widerspiegeln, ermittelt. So wurden z.B. die molaren Absorptionsdifferenzen $\Delta\varepsilon$

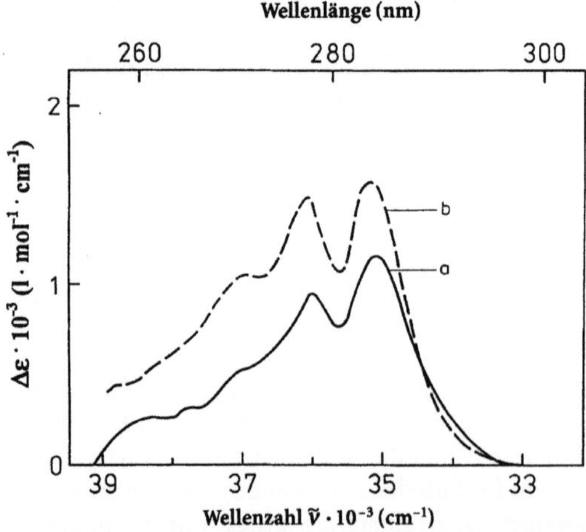

Abb. 4.17. Lösungsmittelperturbation von nativer und entfalteter Streptokinase (Differenzspektren). (a) Spektrum des nativen Proteins in 10 mM Natriumphosphat-Puffer, pH 7,5 minus Spektrum in 10 mM Natriumphosphat-Puffer, pH 7,5; 20% Glycerol. (b) Spektrum des entfalteten Proteins in 10 mM Natriumphosphat-Puffer, pH 7,5; 6 M Guanidiniumchlorid minus Spektrum im gleichen Puffer mit zusätzlich 20% Glycerol. Der Effekt der Lösungsmittelperturbation ist in Gegenwart von 6 M Guanidiniumchlorid (b) größer, da im entfalteten Protein eine größere Anzahl von aromatischen Aminosäuren dem Einfluß von Glycerol zugänglich ist

von *N*-Acetyl-tryptophan-ethylester und von *N*-Acetyl-tyrosin-ethylester, die durch verschiedene Perturbantien induziert werden, von HERSKOVITS und SORENSEN (1968) bestimmt und tabelliert. Um die Überlappung der Perturbationsmaxima von Tyr (um 286 nm) und Trp (um 292 nm) zu berücksichtigen, werden folgende Bestimmungsgleichungen für die Anzahl der perturbierten Tyr- und Trp-Reste eines Proteins angewandt:

$$\Delta\varepsilon^{prot}_{291-293} = a \cdot \Delta\varepsilon^{Trp}_{291-293} + b \cdot \Delta\varepsilon^{Tyr}_{291-293} \tag{4.20}$$

$$\Delta\varepsilon^{prot}_{286-288} = a \cdot \Delta\varepsilon^{Trp}_{286-288} + b \cdot \Delta\varepsilon^{Tyr}_{286-288} \tag{4.21}$$

Mit den an Modellsystemen ermittelten Werten für $\Delta\varepsilon^{Tyr}$ und $\Delta\varepsilon^{Trp}$ sowie den experimentellen Werten $\Delta\varepsilon^{prot}$ für das interessierende Protein lassen sich aus diesen Gleichungen die Werte von a und b für die Anzahl der exponierten Trp- und Tyr-Reste bestimmen.

4.3.4 Konzentrationsbestimmung von Proteinen aus der Absorption bei 280 nm

Die Messung der Absorption (Extinktion, zum Sprachgebrauch s. Abschn. 4.1.3) bei 280 nm (A_{280}) bietet eine viel genutzte Möglichkeit zur Bestimmung des Proteingehaltes einer Lösung. Die Methode läßt sich sehr einfach und schnell ausführen. Die Empfindlichkeit ist relativ hoch, wenn auch wesentlich geringer (z. T. um mehr als eine Größenordnung) als die von verschiedenen colorimetrischen Methoden, wie z.B. dem bekannten LOWRY-Test oder der BRADFORD-Methode, bei denen das Protein mit einem geeigneten Reagenz in einer chemischen Reaktion zu einem Farbstoff umgesetzt wird, dessen Absorption photometrisch bestimmt wird (vgl. Abschn. 12.2).

Ein wesentlicher Vorteil der spektroskopischen Konzentrationsbestimmung besteht aber darin, daß die Proben durch die Messung nicht zerstört werden und für weitere Untersuchungen verwendbar bleiben. Besonders gebräuchlich ist die Registrierung von Elutionsprofilen während der säulenchromatographischen Reinigung oder Auftrennung von Proteinen.

Wenn der Absorptionskoeffizient (bzw. Extinktionskoeffizient) eines Proteins bekannt ist, kann die Konzentration sehr genau bestimmt werden. Die Absorption eines Proteins bei 280 nm beruht, wie aus den Gln. (4.22) bzw. (4.23) ersichtlich ist, weitgehend auf der Absorption der aromatischen Aminosäuren Tryptophan und Tyrosin sowie in geringem Maße auf der Absorption von Disulfidbrücken.

In erster Annäherung hat eine Proteinlösung der Konzentration $1\ mg \cdot ml^{-1}$ in einer 1 cm-Küvette bei 280 nm eine Absorption A_{280} von 1,0. Da jedoch der Gehalt an Tyrosin, Tryptophan und Disulfidbrücken von Protein zu Protein verschieden ist und weitere Faktoren die Absorption der Chromophore beeinflussen, variieren die Absorptionskoeffizienten der Proteine in einem gewissen Bereich um diesen Wert. So wird bei gleicher Konzentration und gleichem Lichtweg z.B. für Rinder-Serumalbumin ein experimentell bestimmter A_{280}-Wert von 0,70 erhalten, während eine entsprechende α-Amylase-Lösung einen A_{280}-Wert von 2,42 aufweist.

Bei bekannter Aminosäurezusammensetzung kann die Konzentration einer reinen Proteinlösung aus der Absorption bei 280 nm nach MACH, MIDDAUGH und LEWIS (1992) mit folgender Formel berechnet werden:

$$c = \frac{A_{280} - 10^{(2,5 \cdot \lg A_{320} - 1,5 \cdot \lg A_{350})}}{5540 \cdot n_{Trp} + 1480 \cdot n_{Tyr} + 134 \cdot n_{S-S}} \qquad [\, mol \cdot l^{-1}\,] \qquad\qquad (4.22)$$

Streulichteffekte werden durch einen Korrekturfaktor im Zähler der Gl. (4.22) berücksichtigt. Bei Proteinlösungen, die Aggregate enthalten, wird die Absorption bei 280 nm verfälscht. Wenn sich Aggregate durch Lichtstreuung bei 320 nm und 350 nm bemerkbar machen, muß eine geeignete Korrektur durchgeführt und der experimentelle A_{280}-Wert um einen entsprechenden Betrag verringert werden. In einer von Verunreinigungen und Aggregaten freien Lösung eines molekular einheitlichen Proteins ist die Absorption in diesem Bereich sehr klein, so daß keine Korrektur des A_{280}-Wertes erforderlich ist.

Im Nenner der Gl. (4.22) stehen n_{Trp}, n_{Tyr} und n_{S-S} für die Anzahl der Tryptophan-, Tyrosin- und Disulfid-Gruppen im Protein sowie die mittleren molaren Absorptionskoeffizienten $\varepsilon_M = 5540$ für Trp, $\varepsilon_M = 1480$ für Tyr und $\varepsilon_M = 134$ für $-S-S-$. Diese Koeffizienten wurden aus dem Vergleich von bekannten Koeffizienten auf der Basis von etwa 30 gut untersuchten Proteinen erhalten und stellen folglich empirisch bestimmte Mittelwerte dar. Da die Absorption von der molekularen Umgebung der Reste abhängt, stellen diese Koeffizienten bei der Anwendung auf ein neues Protein notwendigerweise nur eine mehr oder weniger gute Näherung dar. Die Konzentrationsbestimmung auf der Basis von Gl. (4.22) liefert trotzdem eine für viele Fälle durchaus befriedigende Genauigkeit der Werte (s. auch Abschn. 12.1).

Bei einer weiteren, schon länger bekannten Methode zur Bestimmung der Konzentration wird die Absorption des Proteins in 6 M Guanidiniumchlorid gemessen [EDELHOCH (1967); GILL und VON HIPPEL (1989)]. Unter diesen Bedingungen liegen die Polypeptidketten in aufgefaltetem Zustand vor. Dabei werden Absorptionsunterschiede, die durch den spezifischen Faltungszustand bedingt sind, aufgehoben. Die Absorption bei 280 nm ergibt sich als Summe der Absorptionen der jeweilig vorhandenen absorbierenden Reste. Damit gilt Gl. (4.23) für die Berechnung der Proteinkonzentration aus dem A_{280}-Wert:

$$c = \frac{A_{280}}{5690 \cdot n_{Trp} + 1280 \cdot n_{Tyr} + 120 \cdot n_{S-S}} \qquad [\, mol \cdot l^{-1}\,] \qquad\qquad (4.23)$$

n_{Trp}, n_{Tyr} und n_{S-S} stellen wiederum die Anzahl der entsprechenden Aminosäurereste im untersuchten Protein dar, die angegebenen molaren Absorptionskoeffizienten $\varepsilon_M = 5690$ für Trp, $\varepsilon_M = 1280$ für Tyr und $\varepsilon_M = 120$ für die Disulfidbrücke sind die für die Modellsubstanzen N-Acetyl-L-tryptophanamid, Glycyl-L-tyrosylglycin und Cystin in 6 M Guanidiniumchlorid bestimmten Werte.

4.3.5 Lineardichroismus

Im Abschn. 4.1.2.1 wurde bereits erwähnt, daß die Orientierung des Übergangsdipolmomentes mit der Schwingungsebene des elektrischen Feldvektors des Lichtes übereinstimmen muß, wenn es zur Absorption kommen soll. In einem unpolarisierten Lichtstrahl sind alle Schwingungsebenen vertreten, ebenso nehmen die in einer Lösung enthaltenen Moleküle und damit auch die Übergangsdipolmomente der relevanten Übergänge alle möglichen Lagen im Raum ein. Folglich wird immer, wenn die bekannten Anregungsbedingungen erfüllt sind, ein Anteil des Lichtes und der Moleküle die richtige Orientierung aufweisen, die für das Eintreten des Absorptionsprozesses erforderlich ist.

Durch räumliche Ausrichtung und Fixierung der Proteinmoleküle kann die Lage der Übergangsdipolmomente in einer experimentellen Anordnung festgelegt werden. Eine räumliche Orientierung wird erreicht, wenn das Protein mit Hilfe einer geeigneten Apparatur als Film auf einen Träger aufgetragen wird. Dazu wird die Proteinlösung in einer Spinnprozedur, die dem technischen Prozeß der Faserherstellung ähnelt, durch feine Düsen gepreßt. Während des Spinnvorganges bewirken mechanische Kräfte in den Düsen die Orientierung der Moleküle, beim anschließenden Trocknen wird ihre Lage auf dem Träger fixiert. Mit dieser Technik ist es möglich, langgestreckte Moleküle auszurichten.

Eine andere Möglichkeit bietet die Orientierung von Proteinmolekülen unter dem Einfluß eines elektrischen Feldes. Wenn dies in den Poren eines Gels erfolgt, in denen die freie Beweglichkeit der Proteinmoleküle sehr stark eingeschränkt ist, gelingt es, die Moleküle in bestimmten Vorzugslagen zu fixieren.

Wenn eine derartig vorbereitete Probe mit linear polarisiertem Licht durchstrahlt wird (Abb. 4.18), variiert die Absorptionsintensität mit der Orientierung der Schwingungsebene des Lichtes. Die unterschiedliche Absorption von linear polarisiertem Licht bei paralleler bzw. senkrechter Orientierung seiner Polarisationsebene wird als Lineardichroismus bezeichnet.

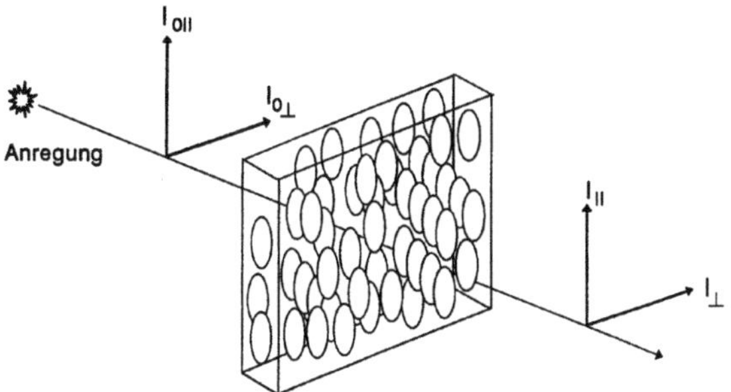

Abb. 4.18. Anordnung zur Messung der Absorptionsspektren von orientierten Proteinmolekülen mit linear polarisiertem Licht für die Bestimmung des dichroitischen Verhältnisses (nach: C. R. CANTOR and P. R. SCHIMMEL (1980) Biophysical Chemistry. W. H. Freeman & Co., New York)

Die Übergangsdipolmomente des $n \rightarrow \pi^*$- und des $\pi \rightarrow \pi^*$-Überganges einer Peptidbindung sind räumlich verschieden orientiert und tragen je nach der Orientierung der Schwingungsebene des anregenden polarisierten Lichtes in unterschiedlichem Ausmaß zur Absorption bei. Aussagen über die Orientierung der Übergangsdipolmomente einer Probe werden erhalten, wenn die Absorption $\varepsilon_\parallel$ mit parallel bzw. die Absorption $\varepsilon_\perp$ mit senkrecht zur Orientierungsachse des Proteinmoleküls polarisiertem Licht gemessen wird.

Unter dem dichroitischen Verhältnis d versteht man folgenden Quotienten:

$$d = \frac{\varepsilon_\parallel - \varepsilon_\perp}{\varepsilon_\parallel + \varepsilon_\perp} \tag{4.24}$$

Es gilt d > 0, wenn das Übergangsdipolmoment parallel zur Orientierungsachse des Moleküls steht, bei senkrechter Orientierung ist d < 0. Aus dem Dichroismus lassen sich verschieden orientierte Übergangsdipolmomente unterscheiden und die Orientierung von Chromophoren bestimmen.

In Abb. 4.19 ist das Absorptionsspektrum von Poly-γ-ethyl-L-glutamat dargestellt (mit ε markierte Kurve). Weiterhin wird der Verlauf des lineardichroitischen Verhältnisses d im Bereich 150 bis 250 nm (mit d markierte Kurve) gezeigt. Das Polypeptid liegt in α-helicaler Form vor. Der Verlauf des dichroitischen Verhältnisses d in Abhängigkeit von der Wellenlänge zeigt an, daß die UV-Absorptionsbande von zwei partiell überlappenden elektronischen Übergängen herrührt. Das Maximum bei 195 nm und das Minimum bei 210 nm im lineardichroitischen Verhältnis können dem $\pi \rightarrow \pi^*$-Übergang zugeordnet wer-

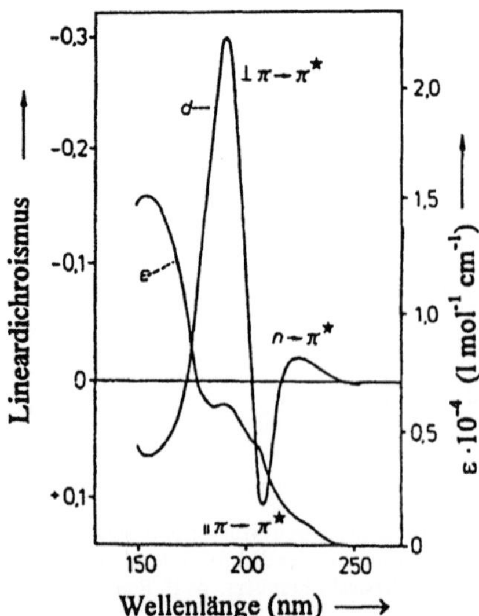

Abb. 4.19. Absorptionsspektrum (ε) und Verlauf des dichroitischen Verhältnisses (d) für Poly-γ-ethyl-L-glutamat im Bereich von 150 bis 250 nm. Die rechte Ordinate ist dem Absorptionsspektrum ε zugeordnet, die linke Ordinate zeigt das dichroitische Verhältnis d (nach: J. Brahms, J. Pilet, H. Damany, V. Chandrasekharan (1968) Proc. Natl. Acad. Sci. USA 60, 1130)

den. Das Maximum (negatives dichroitisches Verhältnis) zeigt an, daß bei dem für die Absorption bei 195 nm verantwortlichen $\pi \to \pi^*$-Übergang das Übergangsmoment und die Orientierungsachse des Moleküls senkrecht zueinander stehen. Dagegen kommt es zu dem Minimum in der Kurve des dichroitischen Verhältnisses (positiver Wert von d) bei 205 nm, weil das Übergangsdipolmoment des $\pi \to \pi^*$-Übergangs und die Orientierungsachse des Moleküls parallel angeordnet sind. Das Maximum bei 225 nm wird durch den $n \to \pi^*$-Übergang bewirkt.

4.4 Circulardichroismus (CD)

4.4.1 Grundlagen

Die CD-Spektroskopie ist eine Form der Absorptionsspektroskopie im UV/VIS-Bereich. Unter Circulardichroismus versteht man die unterschiedliche Absorption von rechts und links circular polarisiertem Licht durch eine Probe. Das CD-Spektrum kann durch die Auftragung der molaren Absorptionsdifferenz zwischen rechts und links circular polarisiertem Licht, ausgedrückt als molarem Absorptionskoeffizienten $\Delta\varepsilon$, in Abhängigkeit von der Wellenlänge dargestellt werden. Häufiger als $\Delta\varepsilon$ wird jedoch eine verwandte Größe angegeben, die molare Elliptizität $[\Theta]$. Die Elliptizität ist ein Maß für die elliptische Polarisierung des Lichtes, zu der es infolge der unterschiedlichen Absorption der rechts und links circular polarisierten Welle kommt.

Circulardichroismus wird bei der Wechselwirkung von polarisiertem Licht mit chiralen Molekülen beobachtet. Chirale Moleküle können nicht mit ihrem Spiegelbild zur Deckung gebracht werden. Die hauptsächlichste Ursache der Chiralität ist das Vorhandensein eines asymmetrischen Zentrums im Molekül, z. B. eines asymmetrisch, mit vier von einander verschiedenen Resten substituierten Kohlenstoffatoms. Die Chiralität kann aber auch dadurch zustandekommen, daß einem Molekülteil, der an sich kein asymmetrisches Zentrum enthält, die Eigenschaft der Chiralität durch die Umgebung erst aufgeprägt wird. Chirale Moleküle sind in der Lage, die Polarisationsebene des Lichtes zu drehen; diese Eigenschaft wird als optische Aktivität bezeichnet.

Der Circulardichroismus der Proteine wird vor allem von den asymmetrischen Elementen im Bereich des Peptidrückgrats und von den aromatischen Aminosäuren hervorgerufen. Bei allen Aminosäuren mit der Ausnahme von Glycin ist das der Peptidgruppe benachbarte C_α-Atom asymmetrisch substituiert. Das führt zur Asymmetrie in der Elektronenkonfiguration der Peptidbindung und damit zur unterschiedlichen Absorption von rechts und links circular polarisiertem Licht durch diesen Chromophor. Die konkrete Elektronenkonfiguration der Peptidbindungen wird weiterhin ganz entscheidend von den Sekundärstrukturen bestimmt, die das Peptidrückgrat ausbilden. Das führt letztlich zu den spezifischen und im wesentlichen von der Konformation der Proteine bestimmten CD-Spektren im Peptidbereich (Abb. 4.20a).

Für die aromatischen Aminosäuren gilt, daß sie frei in Lösung keine asymmetrischen Eigenschaften und damit auch keinen Circulardichroismus aufweisen. Auch in einer entfalteten Polypeptidkette sind die aromatischen Aminosäuren weitgehend frei beweglich, ihre Elektronenkonfiguration bleibt symmetrisch, und es gibt damit auch keine Unterschiede in der Absorption von rechts und links circular polarisiertem Licht. Dagegen kommt es in einer gefalteten Polypeptidkette zu Effekten, die von der Umgebung abhängen. Die benachbarten Reste prägen den aromatischen Aminosäuren eine asymmetrische Elektronenkonfiguration auf, die zu einem CD-Effekt, d.h. zur unterschiedlichen Absorption von rechts und links circular polarisiertem Licht führt. Dieser induzierte Circulardichroismus wird im Bereich der Absorptionsbanden der aromatischen Aminosäuren beobachtet. Er hängt in empfindlicher Weise vom Faltungszustand ab und ist damit eine wertvolle Sonde für Änderungen in der Tertiärstruktur der Proteine (Abb. 4.20 b).

Die CD-Spektren der Proteine können somit in zwei charakteristischen spektralen Bereichen beobachtet werden, nämlich im Bereich von 160 bis 230 nm, dem sog. Peptidbereich, und im Bereich von 240 bis 300 nm, in dem der CD-Effekt vor allem von den Eigenschaften der aromatischen Aminosäuren bestimmt wird. In Abhängigkeit von der spezifischen Aminosäurezusammensetzung und Konformation des jeweiligen Proteins sind Überlappungen der Bereiche möglich; bei Proteinen mit hohem Gehalt an aromatischen Aminosäuren kann auch der langwellige Bereich des Peptid-CD-Spektrums von den aromatischen Aminosäuren beeinflußt werden. Weiterhin müssen im Peptid- und Aromatenbereich der CD-Spektren Beiträge von Disulfidbrücken berücksichtigt werden.

4.4.1.1 *Polarisation des Lichtes*

Um den Circulardichroismus einer Probe zu messen, wird circular polarisiertes Licht benutzt. Natürliches Licht besteht aus einer großen Anzahl von Wellenzügen, deren elektrische und magnetische Feldvektoren senkrecht zur Ausbreitungsrichtung isotrop im Raum verteilt sind. Dagegen schwingen die Feldvektoren der Wellenzüge von linear polarisiertem Licht nur in einer Ebene. Die Schwingungsebene des elektrischen Feldvektors gibt die Polarisationsrichtung des Lichtes an.

Linear polarisiertes Licht entsteht bei physikalischen Prozessen wie Doppelbrechung, Streuung oder Reflexion und kann experimentell aus dem natürlichen Licht mit Hilfe von sog. Polarisatoren gewonnen werden, die auf unterschiedlichen Effekten beruhen. Eine einfache Möglichkeit zur Herstellung von linear polarisiertem Licht bieten die Polarisationsfilter. Polarisationsfilter bestehen aus einer Kunststoffolie, in die dichroitische Mikrokristalle in paralleler Anordnung eingebettet sind. Die Lichtdurchlässigkeit der Folien hängt selektiv von der Polarisationsrichtung des Lichtes ab. Der Lichtanteil, dessen Feldvektor parallel zur Vorzugsrichtung der Kristalle schwingt, wird absorbiert, während der senkrecht orientierte Anteil des Lichtstrahls weitgehend durchgelassen wird.

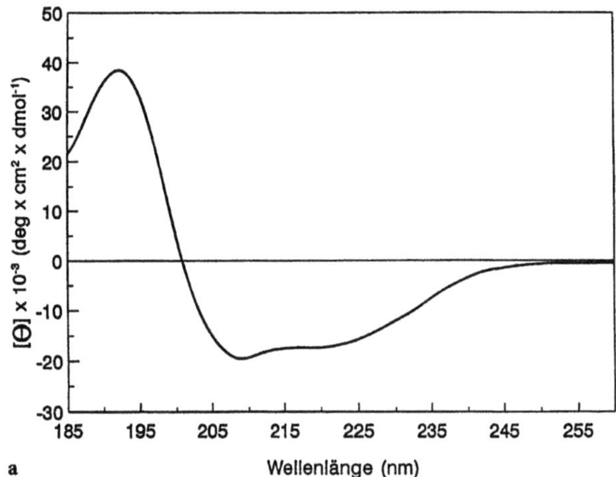

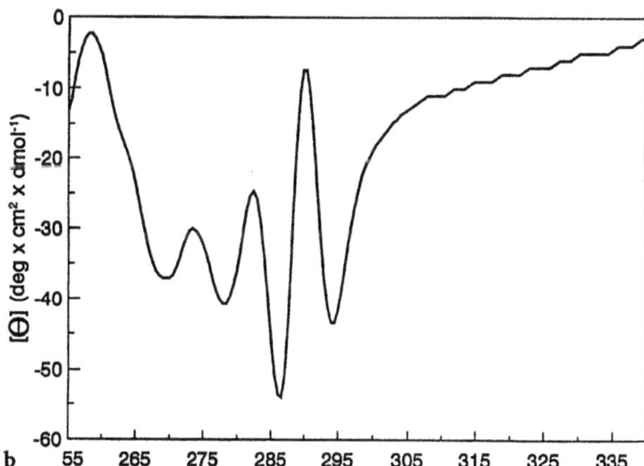

Abb. 4.20. CD-Spektren des rekombinanten Capsidproteins p24 des humanen Immunodefizienz-Virus 1 (HIV-1) **a** im fernen UV (185 bis 260 nm) und **b** im nahen UV (255 nm bis 340 nm). Die Spektren wurden bei 25 °C in 20 mM Natriumacetat-Puffer, pH 5,8 gemessen.
a: Proteinkonzentration 0,6 mg · ml⁻¹, Schichtdicke 0,01 cm, **b:** Proteinkonzentration 1,65 mg · ml⁻¹, Schichtdicke 0,5 cm (Spektren nach: R. Misselwitz, G. Hausdorf, K. Welfle, W. E. Höhne and H. Welfle (1995) Biochim. Biophys. Acta 1250, 9)

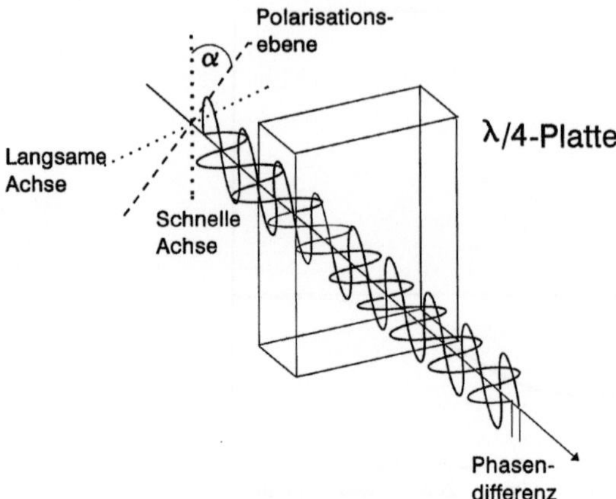

Abb. 4.21. Umwandlung von linear polarisiertem Licht in circular polarisiertes Licht mit Hilfe eines λ/4-Plättchens. Es wird dargestellt, wie ordentliche und außerordentliche Strahlen, die bereits vorher im Kristall durch Zerlegung des auftreffenden linear polarisierten Strahls entstanden sind, in einem Segment des Kristalls aufgrund ihrer unterschiedlichen Fortpflanzungsgeschwindigkeit eine Phasendifferenz ausbilden. Bei einer genau definierten Schichtdicke beträgt diese Phasendifferenz λ/4 nm. Die Überlagerung der zwei Strahlen führt außerhalb des λ/4-Plättchens zu einem circular polarisierten Strahl (s. Abb. 4.22). Kristalle, die genau diejenige Schichtdicke oder Vielfache davon haben, die dazu führt, daß die austretenden Strahlen eine Phasendifferenz von λ/4 aufweisen, werden Viertelwellen- oder λ/4-Plättchen genannt

Das für die Messung des Circulardichroismus erforderliche circular polarisierte Licht erhält man aus linear polarisiertem Licht.

In Abb. 4.21 ist schematisch dargestellt, wie circular polarisiertes Licht entsteht, wenn sich ein sog. λ/4-(Viertelwellenlängen-)Plättchen im Strahlengang von linear polarisiertem Licht befindet. Das λ/4-Plättchen besteht aus einem doppelbrechenden Material, das parallel zur optischen Achse geschnitten ist. Das linear polarisierte Licht fällt so auf das λ/4-Plättchen, daß seine Polarisationsebene einen Winkel von 45° bzw. 315° zur optischen Achse des λ/4-Plättchens bildet.

Licht wird beim Durchgang durch eine doppelbrechende Platte in zwei Komponenten, den ordentlichen und den außerordentlichen Strahl, aufgespalten. Da sich Licht entlang der beiden optischen Achsen des doppelbrechenden Materials mit unterschiedlicher Geschwindigkeit ausbreitet (schnelle und langsame Achse), weisen die beiden Wellen nach dem Verlassen der Platte einen Gangunterschied auf. Bei geeigneter Dicke des Plättchens beträgt dieser Gangunterschied 90° oder ein Viertel der Wellenlänge des eingestrahlten Lichtes. Wenn das auf die λ/4-Platte auffallende Licht linear polarisiert war, dann sind die beiden Wellen, die die Platte verlassen, ebenfalls linear polarisiert. Die Überlagerung von zwei linear polarisierten Lichtwellen, die einen Gangunterschied von λ/4 aufweisen, führt zu circular polarisierten Licht (Abb. 4.22).

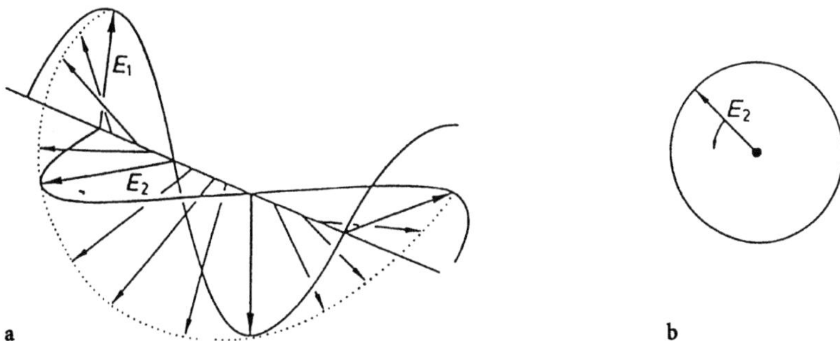

Abb. 4.22. Überlagerung von zwei linear polarisierten Wellen zu circular polarisiertem Licht. Die beiden Wellenzüge haben einen Gangunterschied von $\lambda/4$, die elektrischen Feldvektoren E_1 und E_2 stehen senkrecht aufeinander. Es entsteht links (rechts) circular polarisiertes Licht, wenn E_2 dem Wellenzug E_1 vorausläuft (nachläuft). **a** Die Spitze des Feldvektors der resultierenden circular polarisierten Welle beschreibt eine Spiralbahn um die Ausbreitungsrichtung; **b** die Projektion der Bewegung des Feldvektors entlang der Ausbreitungsrichtung ergibt einen Kreis

Bei 45°-Einstrahlung in ein $\lambda/4$-Plättchen ist das austretende Licht rechts circular polarisiert. Es resultiert links circular polarisiertes Licht, wenn bei 315° (das entspricht −45°) eingestrahlt wird.

Die Überlagerung von zwei Wellen, von denen eine rechts und die zweite links circular polarisiert ist, ergibt wieder linear polarisiertes Licht. Wenn sich zwei circular polarisierte Wellen unterschiedlicher Amplitude überlagern, entsteht elliptisch polarisiertes Licht (Abb. 4.23). Der elektrische Feldvektor des elliptisch polarisierten Lichtes ändert seine Größe beim Durchlaufen einer vollständigen Schwingung, wobei die Spitze des Feldvektors eine Ellipse beschreibt.

4.4.1.2 Optische Rotationsdispersion und Circulardichroismus

Linear polarisiertes Licht kann, wie soeben beschrieben, in eine rechts und eine links circular polarisierte Lichtwelle zerlegt werden; bestimmte Beobachtungen, die bei der Verwendung von linear polarisiertem Licht gemacht werden, lassen sich durch diese Eigenschaft erklären.

Tritt linear polarisiertes Licht außerhalb einer Absorptionsbande durch ein optisch aktives Medium, so wird eine Drehung der Schwingungsebene um den Winkel α beobachtet (Abb. 4.24a). Dieser Effekt wird als optische Rotationsdispersion (ORD) bezeichnet. Die Ursache dafür liegt in der unterschiedlichen Ausbreitungsgeschwindigkeit von rechts und links circular polarisiertem Licht in einer optisch aktiven Substanz. Das Zeigerdiagramm in Abb. 4.24b illustriert, wie die beiden circular polarisierten Komponenten des eingestrahlten linear polarisierten Lichtes nach dem Verlassen der optisch aktiven Probe ei-

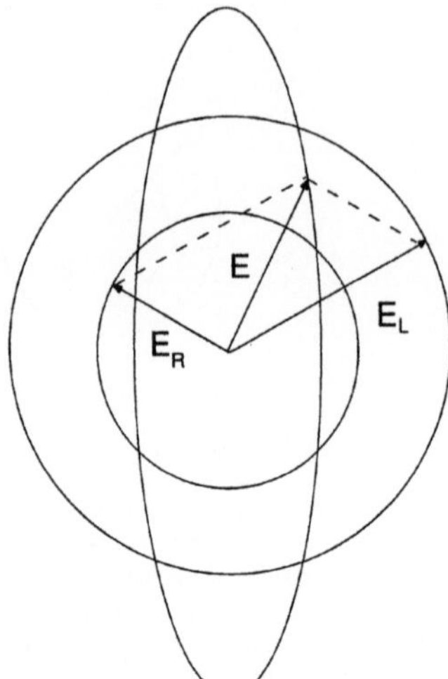

Abb. 4.23. Überlagerung von zwei circular polarisierten Wellenzügen mit unterschiedlich großen Amplituden E_L und E_R zu elliptisch polarisiertem Licht. Die Projektion der Bewegung des Feldvektors entlang der Ausbreitungsrichtung ergibt eine Ellipse

nen Gangunterschied (unterschiedliche Entfernung der beiden Feldvektoren E_R und E_L von der x-Achse) aufweisen. Die Überlagerung der beiden Wellen resultiert wieder in linear polarisiertem Licht, dessen Polarisationsebene aber gegenüber der des eingestrahlten Lichtes gedreht ist.

In einem modernen Circulardichrographen wird die Absorptionsdifferenz

$$\Delta A = A_R - A_L \tag{4.25}$$

gemessen, die sich bei unterschiedlicher Absorption von rechts (A_R) und links (A_L) circular polarisiertem Licht durch eine chirale Probe ergibt. ΔA wird als die circulardichroitische Absorption bezeichnet. Obwohl ΔA jetzt die eigentliche Meßgröße ist, wird ΔA im allgemeinen aus historischen Gründen in die Elliptizität Θ umgerechnet. In älteren Versuchsanordnungen war es diese Elliptizität Θ, die als Meßgröße bestimmt wurde. Die Elliptizität gibt an, in welchem Ausmaß die chirale Probe linear polarisiertes Licht in elliptisch polarisiertes Licht umwandelt. Circulardichroitische Absorption ΔA (in Absorptionseinheiten) und Elliptizität Θ (in Milligrad, *engl.* millidegree, 1 mdeg = 10^{-3} deg) sind durch die in Gl. (4.26) angegebene Beziehung miteinander verknüpft:

$$\Theta = \text{konst} \cdot 1000 \cdot \Delta A \tag{4.26}$$

Die Konstante in Gl. (4.26) hat den Betrag

$$\text{konst} = \ln 10 \cdot 180/4\pi = 32{,}980 \tag{4.27}$$

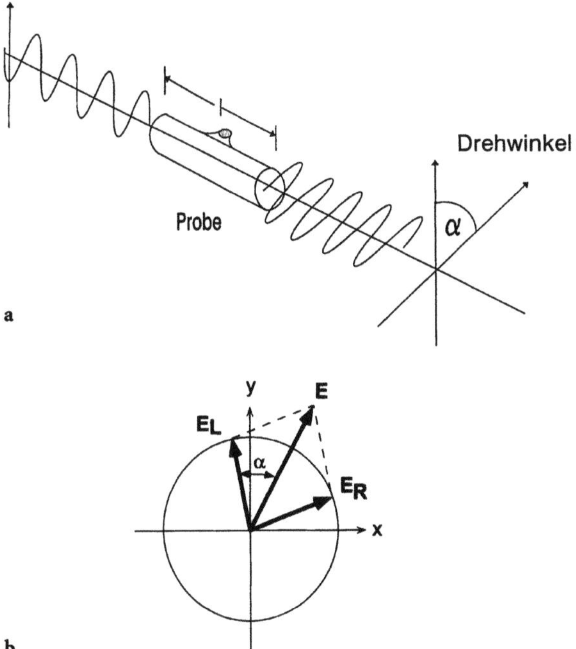

Abb. 4.24. Drehung der Polarisationsebene von linear polarisiertem Licht beim Durchgang durch eine optisch aktive Substanz. **a** Der Drehwinkel α wird bestimmt von den Eigenschaften der durchstrahlten Probe und der Länge l des Lichtweges. **b** Das linear polarisierte Licht mit dem Feldvektor E setzt sich aus zwei Komponenten zusammen: einer rechts und einer links circular polarisierten Welle mit den Feldvektoren E_R und E_L. In einem optisch aktiven Medium pflanzen sich die beiden Komponenten des linear polarisierten Lichtes mit unterschiedlichen Geschwindigkeiten v_r und v_l fort, was die Amplituden der beiden circular polarisierten Wellen gegeneinander verschiebt. Daraus resultiert bei der Überlagerung der rechts und links circular polarisierten Komponenten zur zusammengesetzten, linear polarisierten Form der Lichtwelle die Drehung der Polarisationsebene

Die Elliptizität Θ wird nach Gl. (4.28) in die spezifische Elliptizität $[\Psi]$ umgerechnet:

$$[\Psi] = \frac{\Theta}{100 \cdot c' \cdot l} \qquad [\text{Grad} \cdot \text{cm}^2 \cdot \text{dag}^{-1}]^{\,1} \qquad\qquad (4.28)$$

wobei die Elliptizität in Milligrad, die Konzentration c' hier in $g \cdot ml^{-1}$ und der Lichtweg l in cm eingesetzt werden.

---

[1] da: SI-Vorsatzzeichen für deka; 1 dag = 10^1 g.

In der Regel wird aber das Ergebnis einer CD-Messung als molare Elliptizität $[\Theta]$ angegeben. Die molare Elliptizität ergibt sich aus der Elliptizität Θ nach Gl. (4.29):

$$[\Theta] = \frac{\Theta}{10 \cdot c \cdot l} \qquad [\text{Grad} \cdot \text{cm}^2 \cdot \text{dmol}^{-1}]\,^2 \qquad\qquad (4.29)$$

Wie für die Berechnung der spezifischen Elliptizität $[\Psi]$ werden die Elliptizität in Milligrad und der Lichtweg in cm, die Konzentration c aber, anders als c' in Gl. (4.28), als molare Größe in Mol $\cdot$ l^{-1} eingesetzt, so daß für die molare Elliptizität $[\Theta]$ die Dimension Grad $\cdot$ cm^2 $\cdot$ dmol^{-1} resultiert.

So wie die Elliptizität Θ und die circulardichroitische Absorption ΔA in dem durch Gl. (4.26) angegebenen Zusammenhang stehen, lassen sich die entsprechenden molaren Größen, die molare Elliptizität $[\Theta]$ und die molare circulardichroitische Absorption $\Delta\varepsilon$ nach Gl. (4.30) wechselseitig ineinander umrechnen:

$$[\Theta] = 3298 \cdot \Delta\varepsilon \qquad\qquad (4.30)$$

$\Delta\varepsilon$ ist gleich der Differenz ε_L und ε_R der molaren Absorptions-(Extinktions-) Koeffizienten der untersuchten Substanz für links und rechts circular polarisiertes Licht:

$$\Delta\varepsilon = \varepsilon_L - \varepsilon_R \qquad [l \cdot \text{mol}^{-1} \cdot \text{cm}^{-1}]\ \text{bzw.}\ [\text{cm}^2 \cdot \text{mmol}^{-1}] \qquad\qquad (4.31)$$

und wird aus ΔA und der Konzentration durch Umrechnung auf die molaren Größen erhalten.

Für Makromoleküle, die aus vielen Bausteinen bestehen und sehr unterschiedliche Molmassen haben, ist es nicht sinnvoll, die Elliptizität auf die molare Masse des Gesamtmoleküls zu beziehen. So ist es bei einem Protein zweckmäßiger, die Elliptizität auf die berechnete mittlere molare Masse aller seiner Aminosäurereste (*engl.* mean residue weight (MRW), je nach dem Anteil der Aminosäuren an der Zusammensetzung des Proteins beträgt dieser Wert etwa 110 g $\cdot$ mol^{-1}) zu beziehen und als mittlere molare Elliptizität $[\Theta]_{MRW}$ anzugeben:

$$[\Theta]_{MRW} = \frac{M_{MRW} \cdot \Theta}{10 \cdot c' \cdot l} \qquad [\text{Grad} \cdot \text{cm}^2 \cdot \text{dmol}^{-1}] \qquad\qquad (4.32)$$

Gleichung (4.32) entspricht inhaltlich Gl. (4.29) für die molare Elliptizität $[\Theta]$, jedoch wird in Gl. (4.32) die molare Konzentration c durch den Quotienten $\dfrac{M_{MRW}}{c'}$ mit c' in g $\cdot$ ml^{-1} ersetzt, so daß in Gl. (4.32) eine auf M_{MRW} bezogene molare Konzentration resultiert.

---

[2] d: SI-Vorsatzzeichen für dezi, 1 dmol = 10^{-1} mol.

4.4.2 Aufbau eines Circulardichrographen

Ein Circulardichrograph muß alle Bauelemente eines Spektrometers wie Lichtquelle, Monochromator und Detektor besitzen (s. Abb. 4.9 im Abschn. 4.2). Da es sich um die Messung von Absorptionsdifferenzen im UV/VIS-Bereich handelt, ist ein Circulardichrograph in wesentlichen Elementen einem UV/VIS-Spektrometer ähnlich. Allerdings werden zusätzlich als essentielle Komponenten ein Polarisator zur Erzeugung von linear polarisiertem Licht sowie eine Vorrichtung zur circularen Polarisierung des Lichtes benötigt (Abb. 4.25). Der grundsätzliche Aufbau der modernen Circulardichrographen geht auf Entwicklungen von DJERASSI sowie von LEGRAND und GROSJEAN zurück.

Die Messung des Circulardichroismus stellt sehr viel höhere gerätetechnische Anforderungen als die Messung der UV-Absorption. Die Meßgröße der CD-Spektroskopie ist vergleichsweise extrem klein. In Proben, die eine Extinktion (Absorption) von etwa 1,0 aufweisen, beträgt die circulardichroitische Absorption ΔA im fernen UV etwa 10^{-4} bis 10^{-6} Absorptionseinheiten. Das technische Problem der CD-Messung besteht also darin, die kleine Differenz von zwei großen Absorptionswerten zu bestimmen. Für genaue und reproduzierbare Messungen sind folglich sowohl von den Geräten als auch von den Proben sehr hohe Anforderungen zu erfüllen.

Die verschiedenen Bauelemente des CD-Spektrometers müssen in jeder Hinsicht sehr stabil funktionieren. Das gilt in gleicher Weise für die sehr leistungsfähige Lichtquelle, die einen konstanten Lichtfluß liefern muß, für den empfindlichen, rauscharmen Detektor sowie für die gesamte Elektronik. Als Lichtquelle eignen sich Xenon-Bogenlampen, die bis zu 450 W Leistung aufweisen. Wenn derartige Lampen in Luft betrieben werden, so entsteht Ozon, das sowohl gesundheitsschädigend ist als auch die optischen Systeme der Cir-

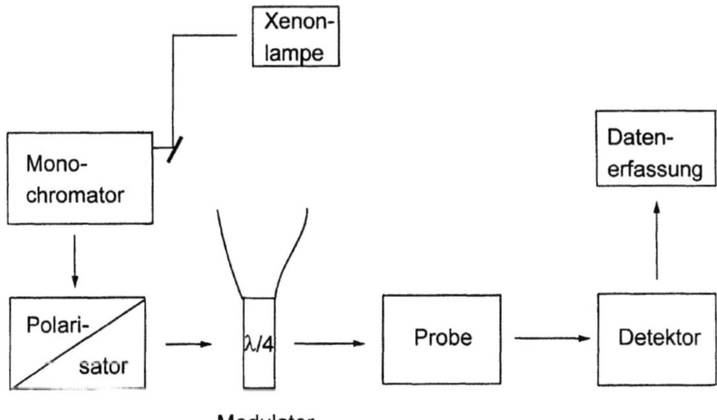

Abb. 4.25. Blockschema eines Circulardichrographen

culardichrographen korrodiert. Diese Störungen werden durch kontinuierliches Spülen der Geräte mit Stickstoff vermieden. Die Stickstoffspülung hat einen zweiten positiven Effekt. In Luft sind Messungen unterhalb von 190 nm nicht möglich, da Sauerstoff in diesem Spektralbereich zu stark absorbiert. In Geräten mit Stickstoff-Spülung läßt sich der Meßbereich im fernen UV bis zu Werten von 170 bis 180 nm ausdehnen. Kommerziell verfügbare Geräte, die mit dem Photomultiplier Hamamatsu R-376 ausgestattet sind, haben einen Meßbereich von 170–180 nm bis 800 nm. Mit optional verfügbaren rot-empfindlichen Detektoren kann der Meßbereich zu größeren Wellenlängen bis 1000 nm ausgedehnt werden.

Für die Messung eines CD-Spektrums ist es erforderlich, in einem größeren Wellenlängenbereich circular polarisiertes Licht zu erzeugen. Ein einfaches $\lambda/4$-Plättchen ist nicht geeignet, da dieses in Abhängigkeit von seiner Dicke immer nur bei einer einzigen Wellenlänge wirkt. In älteren CD-Geräten wurde die circulare Polarisierung von Licht in einem größeren Spektralbereich mit der sog. POCKELS-Zelle erreicht, wogegen in neueren Circulardichrographen jetzt elastooptische (photoelastische) Modulatoren benutzt werden. Bei einem elastooptischen Modulator wird ein im drucklosen Zustand isotropes Quarzplättchen durch Einwirkung von mechanischem Druck doppelbrechend gemacht (reverser piezoelektrischer Effekt). Der mechanische Druck wird durch stationäre akustische Wellen mit Frequenzen von 20 bis 50 kHz erzeugt. Die Anregungsspannung des Modulators wird als Funktion der Wellenlänge verändert, um eine konstante Phasenmodulation zu erzielen. Das Ausmaß der Doppelbrechung läßt sich so modulieren, daß bei allen eingestrahlten Wellenlängen die $\lambda/4$-Bedingung erfüllt ist. Damit wird es möglich, rechts und links circular polarisiertes Licht für alle Wellenlängen des zugänglichen Meßbereiches zu erhalten.

Wichtige Geräteparameter, die den Wert kommerzieller Geräte mitbestimmen, sind die Wellenlängengenauigkeit, das Rauschen und die Empfindlichkeit. Bei einem modernen Gerät läßt sich die Wellenlänge im Bereich von 180 bis 250 nm mit einer Genauigkeit von $\pm$ 0,1 nm reproduzieren. Bei maximaler Einstellung der Empfindlichkeit entspricht der volle Skalenausschlag des Schreibers einem Wert von 1 Milligrad bei einem Rauschen von etwa 0,035 bis 0,05 Milligrad. Gerätesteuerung, Datenerfassung und -bearbeitung erfolgen mit Hilfe von eingebauten Mikroprozessoren und mit externen Rechnern, was eine relativ einfache und komfortable Bedienung der Geräte ermöglicht. Die Datensätze, die als Ergebnis von Messung und Bearbeitung erhalten werden, können exportiert und mit Hilfe von geeigneten Programmen weiter bearbeitet werden.

Für die zuverlässige Durchführung von CD-Messungen ist es wichtig, das benutzte CD-Gerät mit Hilfe von geeigneten Substanzen zu eichen (Tabelle 4.5). Besonders häufig wird für diesen Zweck die (1S)-(+)-Campher-10-Sulfonsäure benutzt. Dabei ist zu beachten, daß diese Substanz hygroskopisch ist und sich nur schlecht einwiegen läßt. Die Konzentration der Lösungen kann aber hinreichend genau aus der Absorption bei 285 nm mit dem molaren Absorptionskoeffizienten $\varepsilon_{285} = 34{,}5\,1 \cdot \mathrm{mol}^{-1} \cdot \mathrm{cm}^{-1}$ bestimmt werden.

Tabelle 4.5. Eichsubstanzen für die Kalibrierung von Circulardichrographen

Verbindung	Konzentration in mg · ml^{-1}	Lösungsmittel	Circulardichroismus[a] in Milligrad[b]	Wellenlänge in nm
Epiandrosteron (5α-Androstan-3β-ol-17-on)	0,5	Dioxan	19,2	304
(R)-(–)Pantolacton ((R)-(–)-Dihydro-4,4-dimethyl-3-hydroxy-2(3H)-furanon)	0,15	Wasser	19,0	219
(1S)-(+)-Campher-10-sulfonsäure	1,0	Wasser	33,6	290,5
	1,0	Wasser	70,0	192,5

[a] Lichtweg 0,1 cm.
[b] 1 Milligrad = 0,001 Grad.

4.4.3 CD-Spektren von Proteinen

CD-Spektren von Proteinen werden üblicherweise so dargestellt, daß die mittlere molare Elliptizität $[\Theta]_{MRW}$ über der Wellenlänge aufgetragen wird. Die CD-Spektren werden vor allem von der Konformation der Proteine bestimmt, wobei sie in komplexer Weise von verschiedenen Faktoren abhängen. Auch relativ geringe Strukturänderungen werden durch spektrale Änderungen angezeigt. Damit lassen sich aus den CD-Spektren wertvolle Informationen zur Konformation und vor allem zu Änderungen der Konformation gewinnen, was die CD-Spektroskopie zu einer weit verbreiteten Untersuchungsmethode der Struktur von Proteinen in Lösung gemacht hat.

4.4.3.1 Analyse der Sekundärstruktur

Die CD-Spektren von Proteinen im Peptidbereich unterhalb von 250 nm unterscheiden sich ganz erheblich von Protein zu Protein. Diese Unterschiede werden weitgehend durch die unterschiedlichen Sekundärstrukturgehalte der Proteine bedingt. In Abb. 4.26 wird dies am Beispiel der CD-Spektren der vier Proteine Myoglobin, Triosephosphat-Isomerase, Lysozym und α-Chymotrypsin demonstriert.

Die Raumstrukturen dieser Proteine sind aus der Analyse ihrer Kristallstrukturen bekannt. Der Gehalt an Sekundärstrukturelementen weist von Protein zu Protein große Unterschiede auf. Der α-Helix-Gehalt sinkt in der Reihenfolge Myoglobin > Triosephosphat-Isomerase > Lysozym > α-Chymotrypsin von 78 % über 52 % und 36 % bis zu 10 %. Dagegen steigt der Gehalt an β-Faltblättern von 0 % für Myoglobin und Triosephosphat-Isomerase über 9 % für Lysozym bis zu 34 % für α-Chymotrypsin. Die vier Proteine unterscheiden sich weiterhin auch in dem Gehalt an Turnstrukturen und in dem Anteil an sog. Reststrukturen. Mit der Reststruktur werden alle Strukturan-

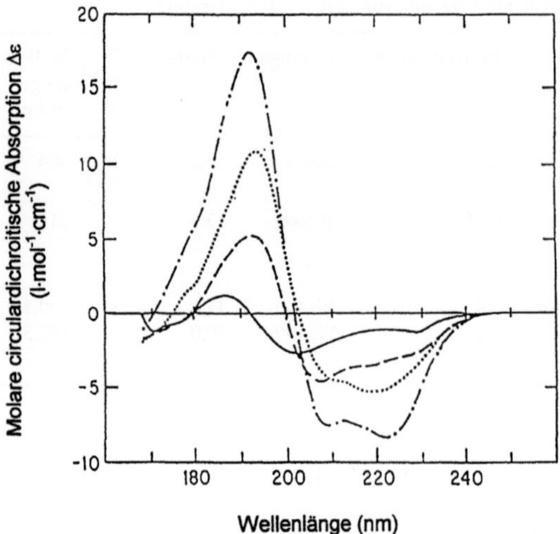

Wellenlänge (nm)

Abb. 4.26. CD-Spektren von Myoglobin (– · – · –), Triosephosphat-Isomerase (· · · ·), Lysozym (– – –) und α-Chymotrypsin (—). Auftragung der molaren circulardichroitischen Absorption $\Delta\varepsilon$ über der Wellenlänge. (Spektren nach: W. C. Johnson, Jr. (1988) Ann. Rev. Biophys. Biochem. 17, 145)

teile erfaßt, die nicht den drei genannten Klassen zugeordnet werden können. Diese Strukturanteile müssen nicht notwendigerweise ungeordnet sein und dürfen nicht als flexible Struktur im Sinne eines statistischen Knäuels mißverstanden werden.

Für die Auswertung von CD-Spektren ist es sehr wichtig, über Basissätze von Proteinen mit bekannter Sekundärstruktur zu verfügen. In Tabelle 4.6 ist der Sekundärstrukturgehalt (α-Helix, β-Faltblatt, Turn und Reststruktur) von 32 Proteinen sowie von einem Polypeptid angegeben. Darunter befinden sich auch die vier Proteine, deren CD-Spektren als Beispiele in Abb. 4.26 zu sehen sind.

Der Effekt der Sekundärstruktur auf die spektrale Charakteristik läßt sich an Hand von CD-Spektren des Poly-L-lysins deutlich machen. Die Polypeptidkette des Poly-L-lysins kann bei bestimmten Umgebungsbedingungen die Konformation einer Helix oder eines β-Faltblattes einnehmen bzw. als ungeordnetes Knäuel vorkommen (vgl. auch Abb. 4.11).

Wie in Abb. 4.27 zu sehen ist, haben die verschiedenen Formen des Poly-L-lysins sehr unterschiedliche CD-Spektren. Oberhalb des pK-Wertes bildet Poly-L-lysin die Helix-Konformation aus. Das dazugehörige CD-Spektrum (das in Abb. 4.27 gezeigte Spektrum wurde bei pH 10,8 erhalten) hat ein typisches Doppelminimum bei 222 nm und bei 208–210 nm sowie ein Maximum bei 191–193 nm. Dem Minimum bei 222 nm liegt ein n → π^*-Übergang zugrunde, π → π^*-Übergänge verursachen das Minimum bei 208–210 nm und das Maximum bei 191–193 nm. Dem Minimum bei 208–210 nm kann ein π → $\pi_\parallel^*$-Über-

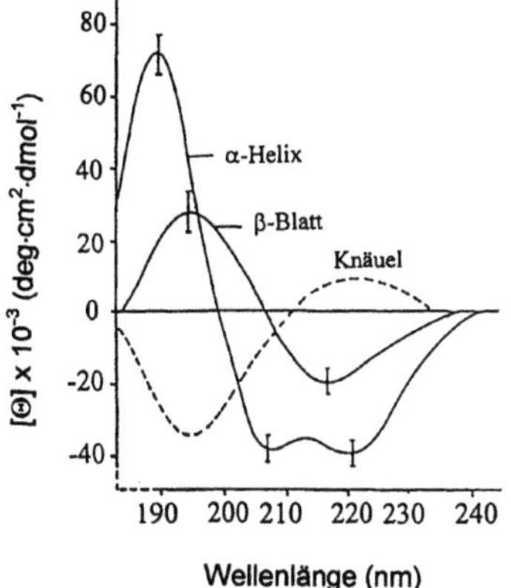

Abb. 4.27. CD-Spektren von Poly-L-lysin unter Bedingungen, bei denen die Polypeptidkette unterschiedliche Konformationen einnimmt. Auftragung der molaren Elliptizität [Θ] über der Wellenlänge, deren Beziehung zu der in Abb. 4.26 benutzten molaren circulardichroitischen Absorption $\Delta\varepsilon$ durch Gleichung 4.30 gegeben ist. Siehe Abb. 4.11 für die entsprechenden UV-Absorptionsspektren und Versuchsbedingungen. (Spektren nach: N.GREENFIELD and G.FASMAN (1969) Biochemistry 8, 4108)

gang mit paralleler, dem Maximum bei 191–193 nm ein $\pi \to \pi^*_{\perp}$-Übergang mit senkrechter Orientierung des Übergangsdipolmomentes zugeordnet werden.

Poly-L-lysin bildet β-Faltblätter aus, wenn es bei pH 11.1 für 15 min auf 52 °C erwärmt und dann wieder auf 25 °C abgekühlt wird. Das CD-Spektrum dieser Konformation hat ein Minimum bei 216–218 nm und ein Maximum zwischen 195 und 200 nm.

In Puffern mit neutralem pH liegt das Poly-L-lysin in ungeordneter Form vor, die Polypeptidkette bildet ein statistisches Knäuel. Das CD-Spektrum dieser Form des Poly-L-lysins ist durch ein Minimum bei 195 nm und ein schwach ausgeprägtes Maximum um 220 nm charakterisiert.

Ein beträchtlicher Teil der Aminosäuren eines globulären Proteins ist in Turns (Loops, Haarnadelschleifen) angeordnet. Diese Turns sind Strukturen, die einen definierten Richtungswechsel der Polypeptidkette ermöglichen. Es wurden 15 verschiedene Formen von Turns klassifiziert. Sog. γ-Turns entstehen, wenn sich innerhalb eines β-Faltblattes eine Aminosäure nicht an der Ausbildung der Wasserstoffbrücken zur Nachbarkette beteiligt. Bei den β-Turns bilden zwei Aminosäuren den Umkehrpunkt zwischen zwei Strängen eines β-Faltblattes. Etwa 80% aller Turnstrukturen werden von den β-Turn-Typen I, II und III gebildet. Diese Turnformen leisten bei vielen Proteinen einen signifikanten Beitrag zum CD-Spektrum. CD-Spektren der β-Turns sind häufig durch ein schwaches Minimum bei 220–230 nm, ein Maximum zwischen 200 und 210 nm und ein ausgeprägtes Minimum im Bereich von 180 bis 190 nm charakterisiert.

In Abb. 4.28 sind CD-Spektren von Peptiden und substituierten Peptiden wiedergegeben, die als Modellsubstanzen für verschiedene Turnformen eingesetzt wurden. Die Peptide cyclo-(Gly-L-Pro-Ala)$_2$ und cyclo-(L-Ala-Ala-ε-aminocaproyl) bilden Typ I β-Turns aus, jedoch sind ihre CD-Spektren denen von α-Helices ähnlich. Dieser Befund zeigt, daß ein CD-Spektrum nicht in jedem Fall eine Konformation eindeutig charakterisiert. Trotz dieser Einschrän-

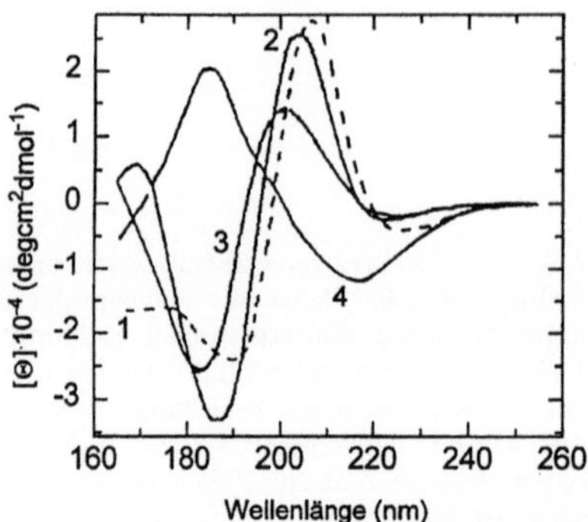

Abb. 4.28. Vakuum-UV-Spektren von Modell-Peptiden für β-Turns. Typ II-Turns: (1) (Ala$_2$-Gly$_2$)$_n$ in H$_2$O; (2) Film von N-Isobutyl-L-prolin-isopropylamid durch Eintrocknen einer Trifluorethanol-Lösung. Typ I-Turn: (3) N-Acetyl-L-Pro-Gly-L-Leu in Trifluorethanol bei –60 °C. Typ IV'/III: (4) Cyclo-(D-Ala-L-Ala-L-Ala-D-Ala-D-Ala-L-Ala) in D$_2$O. Die Intensität von Spektrum 1 wurde durch Multiplikation mit 0,5 an die Intensität der anderen Spektren angepaßt. (Spektren nach: S. Brahms and J. Brahms (1980) J. Mol. Biol. 138, 149)

kung stellen die CD-Spektren eine wertvolle Möglichkeit dar, um die Sekundärstruktur von Proteinen zu bestimmen.

Die Methoden zur Bestimmung der Sekundärstruktur von Proteinen basieren auf der Annahme, daß die CD-Spektren entsprechend Gl. (4.33) als lineare Kombination der Beiträge der unterschiedlichen Sekundärstrukturen dargestellt werden können:

$$[\Theta(\lambda)]_{MRW} = \sum_{i=1}^{n} f_i \cdot [\Theta_i(\lambda)] \tag{4.33}$$

wobei $[\Theta(\lambda)]_{MRW}$ die molare Elliptizität, bezogen auf die mittlere Masse der Aminosäurereste, f_i den Anteil und $[\Theta_i(\lambda)]$ das Basisspektrum der i-ten Konformation darstellen. Für ein Protein mit den Sekundärstrukturelementen α-Helix, β-Faltblatt, Turn und nichtregulärer Reststruktur ergibt sich folglich die Gl. (4.34):

$$[\Theta(\lambda)]_{MRW} = f_\alpha \cdot [\Theta_\alpha(\lambda)] + f_\beta \cdot [\Theta_\beta(\lambda)] + f_t \cdot [\Theta_t(\lambda)] + f_n \cdot [\Theta_n(\lambda)] \tag{4.34}$$

In Gl. (4.34) sind $[\Theta_\alpha(\lambda)]$, $[\Theta_\beta(\lambda)]$, $[\Theta_t(\lambda)]$ und $[\Theta_n(\lambda)]$ die Basisspektren für α-Helices, β-Faltblätter, Turnstrukturen und nichtreguläre Strukturen. Die Faktoren f_α, f_β, f_t und f_n geben die Anteile dieser Strukturelemente an der Gesamtstruktur an. Die Gleichung kann durch Einbeziehung von weiteren Sekundärstrukturelementen erweitert werden.

Wenn die Basisspektren bekannt sind, die in diese Gleichung eingehen, können die Anteile der einzelnen Sekundärstrukturen am experimentellen Gesamtspektrum aus einer Serie von simultanen Gleichungen (für jede Wellenlänge eine Gleichung) ermittelt werden, wobei die Qualität der Anpassungen an die experimentellen CD-Spektren mit dem Kriterium der kleinsten Fehlerquadrate beurteilt wird.

Die verfügbaren Methoden zur Bestimmung der Sekundärstruktur unterscheiden sich vor allem durch die Art der Ermittlung und die Anzahl der Basisspektren, die Auswahl von Selektionskriterien und die mathematischen Formalismen, die den Berechnungen zugrunde liegen. Für die Ermittlung von Basisspektren für die unterschiedlichen Sekundärstrukturen wurden zunächst synthetische Polypeptide als Modellverbindungen benutzt. Durch die Wahl von geeigneten Milieubedingungen wurde versucht, die Polypeptide in möglichst gut definierte Konformationen zu bringen, auf die aus anderen, unabhängigen Untersuchungen geschlossen wurde. Als Beispiel dafür wurden bereits die CD-Spektren von Poly-L-lysin gezeigt (Abb. 4.27). Der Nachteil dieses Vorgehens ist, daß eine Reihe von Annahmen gemacht werden müssen und es insbesondere offen bleibt, wie gut Modellpeptide die spektralen Eigenschaften der betreffenden Sekundärstrukturelemente in einem Protein widerspiegeln.

Daher wurde in einem anderen Ansatz versucht, aus den CD-Spektren von Proteinen mit bekannter Raumstruktur (Tabelle 4.6) geeignete Basisspektren für die verschiedenen Sekundärstrukturelemente zu extrahieren.

Schließlich kann das CD-Spektrum eines Proteins als lineare Kombination der CD-Spektren von Proteinen bekannter Sekundärstruktur analysiert werden, wobei die explizite Ermittlung von Basisspektren vermieden wird. Modernere Verfahren zur Bestimmung der Sekundärstruktur bedienen sich der letztgenannten Möglichkeit. Im folgenden sollen die Verfahren nach PROVENCHER und GLÖCKNER (CONTIN) und das Verfahren der „Variablen Selektion" nach JOHNSON JR. und Mitarbeitern (Programm VARSLC1) etwas ausführlicher beschrieben werden. Diese zwei Verfahren werden häufig angewandt. Es muß jedoch darauf hingewiesen werden, daß bei beiden Methoden fehlerhafte Analysenergebnisse vorkommen können. Bei Proteinen mit ungewöhnlicher Aminosäurezusammensetzung und Konformation, zu denen es keine verwandten Proteine im Satz der Referenzproteine gibt, können die Aussagen der CD-spektroskopischen Analyse sehr unsicher sein. In solchen Fällen kann die Qualität der CD-Analyse u. U. erst dann beurteilt werden, wenn weitere unabhängige Informationen, z.B. aus einer Kristallstrukturanalyse, zur Verfügung stehen.

CONTIN. Von PROVENCHER und GLÖCKNER wurde 1981 eine Methode entwickelt, bei der mit Hilfe des Programmpaketes CONTIN das CD-Spektrum eines unbekannten Proteins als lineare Kombination der CD-Spektren eines Satzes von 16 strukturell aufgeklärten Referenzproteinen (enthalten in Tabelle 4.6) analysiert wird. Es wird der Spektralbereich von 190 bis 240 nm ausgewertet. Das mathematische Verfahren basiert auf der Methode der kleinsten Fehlerquadrate. Da alle experimentellen Daten notwendigerweise mit Fehlern behaftet sind, kann die durchzuführende Rechnung instabil werden und ohne Ergebnis bleiben. Um dies zu vermeiden und die Rechnung zu stabilisieren, werden einschränkende Bedingungen eingeführt. Diese legen für die Summe aller Sekun-

Tabelle 4.6. Sekundärstrukturgehalt von Proteinen (in %)

Protein	α-Helix	β-Faltblatt antiparallel	β-Faltblatt parallel	Turn	Reststruktur
α-Chymotrypsin	10	34	0	20	36
Lysozym	36	9	0	32	23
Triosephospat-Isomerase	52	0	14	11	23
Myoglobin	78	0	0	12	10
Cytochrom c	38	0	0	17	45
Elastase	10	37	0	22	31
Hämoglobin	75	0	0	14	11
Lactat-Dehydrogenase	41	6	11	11	31
Papain	28	9	0	14	49
Ribonuclease A	24	33	0	14	29
Subtilisin BPN'	30	2	7	21	40
Flavodoxin	38	0	24	16	22
Glyceraldehyd-3-phosphat-Dehydrogenase	30	9	13	14	34
Präalbumin	7	38	7	14	34
Subtilisin Novo	31	2	8	11	48
Poly-Glutaminsäure	100	0	0	0	0
Thermolysin	32	10	8	20	30
Hämerythrin	75	0	0	11	14
Carboxypeptidase A	17	17	8	12	46
Concanavalin A	2	41	0	15	42
BENCE-JONES- Protein	0	40	19	10	31
Rubredoxin	8	12	0	38	42
T4 Lysozym	67	10	0	6	17
Eco R1 Nuclease	26	20	8	16	30
Tumor-Necrose-Faktor A	0	51	0	17	32
γ-Kristallin	12	47	0	10	31
Azurin	13	32	15	24	16
β-Lactoglobulin	7	55	0	19	19
Pepsinogen	16	30	5	25	24
Trypsin	8	32	0	30	30
Superoxid-Dismutase	0	40	0	28	32
Phosphoglyceratkinase	35	4	21	11	29
Bungarotoxin	0	15	9	19	57

därstrukturelemente den Betrag 1 fest ($\Sigma\, f_i = 1$) und lassen nur positive Beträge der jeweiligen Sekundärstrukturanteile ($1 \geq f_i \geq 0$) zu. Als Ergebnis einer Analyse werden Aussagen über den Gehalt an α-Helix, β-Strukturen, Turns und Reststrukturen erhalten.

Variable Selektion. Von HENNESSY JR. und JOHNSON JR. wurde 1981 eine CD-Auswertung vorgestellt, die wie die Methode von PROVENCHER und GLÖCKNER ebenfalls auf dem Kriterium der kleinsten Fehlerquadrate beruht. Für die Vielkomponentenanalyse wurde als mathematisches Verfahren eine Eigenvektor-Methode gewählt, die ausgeführt wurde, ohne einschränkende Bedingungen festzulegen. Aus den CD-Spektren eines Satzes von 15 Referenzproteinen und einem helicalen Polypeptid, der protonierten Poly-L-glutaminsäure, wurden mit Hilfe einer Matrizenrechnung orthogonale CD-Basisspektren berechnet. Die fünf dominierenden Basisspektren erwiesen sich als ausreichend, um die originalen CD-Spektren zu rekonstruieren, während weitere schwache Basisspektren offenbar durch das experimentelle Rauschen bedingt waren.

Mit der Entwicklung der variablen Selektionsmethode konnten MANAVALAN und JOHNSON JR. 1988 die Bestimmung des Sekundärstrukturgehaltes von Proteinen weiter verbessern. Basierend auf dem von HENNESSY JR. und JOHNSON JR. beschriebenen Algorithmus werden durch Eigenwert-Zerlegung orthogonale CD-Basisvektoren aus den CD-Spektren von Proteinen mit bekannter Sekundärstruktur berechnet.

In einer neueren Fassung des Auswerteprogramms, genannt VARSLC1, ist ein Satz von 33 Referenzspektren der in Tabelle 4.6 zusammengefaßten Proteine enthalten. Bei diesem Verfahren wird der Spektralbereich von 178 bis 260 nm zur Analyse herangezogen, um den Informationsgehalt der CD-Spektren zu erhöhen. Dieser Informationsgehalt ist dem von fünf Bestimmungsgleichungen äquivalent. Das ist eine Verbesserung gegenüber den vorher dargestellten Verfahren, es darf aber trotzdem nicht übersehen werden, daß mehr als fünf Parameter zum Circulardichroismus eines Proteins im Peptidbereich beitragen können (α-Helices, verschiedene Typen von β-Faltblättern, Turnstrukturen und Seitenketten, nichtrepetitive Strukturen, Beiträge von Disulfidbrücken und aromatischen Aminosäuren) und folglich der Bestimmung des Sekundärstrukturgehaltes aus dem CD-Spektrum prinzipielle Grenzen gesetzt sind.

Bei der variablen Selektionsmethode wird versucht, einen optimalen Satz von Referenzproteinen zu finden, mit deren Parametersätzen sich das CD-Spektrum des neuen Proteins, dessen Sekundärstruktur bestimmt werden soll, möglichst gut anpassen läßt. Um dieses Ziel zu erreichen, werden störende Referenzproteine in einer systematischen Analyse ermittelt und aus dem Basissatz entfernt.

Die Analyse beginnt mit dem Versuch, das CD-Spektrum des neuen Proteins durch die 33 CD-Spektren des vollständigen Basissatzes anzupassen. Dann werden Schritt für Schritt zwei oder drei Proteine aus diesem Basissatz entfernt und verbesserte Anpassungen gesucht. So werden schließlich diejenigen Referenzproteine ermittelt und aus dem Basissatz entfernt, die zu schlechten Anpassungen führen. Dieses Vorgehen wird so lange fortgesetzt, bis ein reduzierter Satz an Referenzspektren gefunden ist, der die beste Anpassung ergibt.

Für die Beurteilung des Ergebnisses ist es wichtig, wie weit sich die Summe der ermittelten Sekundärstrukturgehalte an den Wert 1 bzw. 100 % annähert. Anders als bei dem Programm CONTIN wird dieser Wert nicht als einschränkende Bedingung vorgegeben, vielmehr werden Abweichungen von 1 als Hinweis für eine unzureichende Zusammensetzung des Satzes der Referenzproteine gewertet.

Bei der Analyse der Sekundärstruktur von globulären Proteinen mit hohem α-Helix-Gehalt werden mit dem Programm CONTIN durchaus befriedigende Ergebnisse erhalten. Das Programm VARSLC1 hat sich auch bei der Analyse von Proteinen mit höheren Anteilen an β-Faltblättern und Turnstrukturen bewährt. Beide Programme werden von den Autoren (siehe weiterführende Literatur) für die nichtkommerzielle Nutzung zur Verfügung gestellt.

4.4.3.2 Analyse von Konformationsänderungen

Die CD-Spektroskopie ist besonders gut geeignet, um den Effekt von unterschiedlichen Einflüssen auf die Konformation von Proteinen zu beobachten. Solche Faktoren sind z.B. die Ionenart und -stärke oder der pH-Wert des Milieus, die Temperatur, denaturierende Agentien oder Mutationen, deren Auswirkungen CD-spektroskopisch verfolgt werden können.

In Abb. 4.29 wird z.B. der Einfluß der Ionenkonzentration auf die Struktur des weiter oben schon erwähnten Proteins HBsu deutlich. In Abhängigkeit von der Ionenkonzentration werden sehr unterschiedliche CD-Spektren erhalten, die drastische Änderungen in der Struktur des Proteins reflektieren.

Das in Abb. 4.29 eingefügte Fenster zeigt den Verlauf der spektralen Änderung bei 222 nm mit steigenden Konzentrationen an Kaliumfluorid bzw. Natriumchlorid. Bei höheren Ionenstärken werden Plateauwerte er-

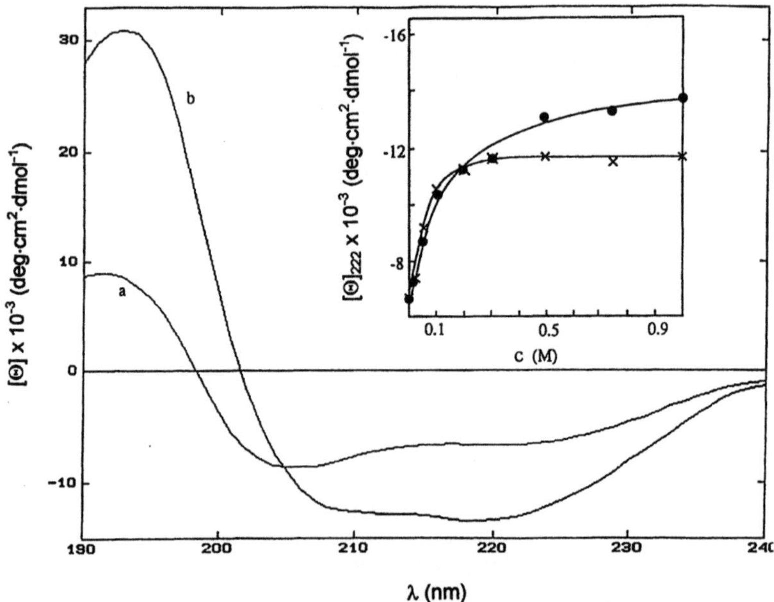

Abb. 4.29. CD-Spektren des Histon-ähnlichen DNA-bindenden Proteins aus *Bacillus subtilis* (HBsu). (a) bei niedriger, (b) bei hoher Ionenstärke. *Einfügung*: Abhängigkeit der molaren Elliptizität $[\Theta]_{222}$ von der Konzentration an Kaliumfluorid (●●●●) und Natiumchlorid (××××) im Puffer

reicht, die anzeigen, daß sich die Proteinstruktur in diesen Bereichen nicht mehr ändert.

Informationen zur Auffaltung eines Proteins werden erhalten, wenn man steigende Konzentrationen eines denaturierenden Agens auf ein Protein einwirken läßt und bei einer geeigneten Wellenlänge den Circulardichroismus registriert. Die Änderung der Elliptizität in Abhängigkeit von der Konzentration des einwirkenden Agens ergibt eine Kurve, die den Übergang des kompakten, gefalteten Proteins in den aufgefalteten Zustand widerspiegelt. Zwei derartige Auffaltungskurven sind in Abb. 4.30 dargestellt, die zeigen, wie sich die molare Elliptizität einer gentechnisch hergestellten Variante des Proteins HBsu im Peptidbereich in Abhängigkeit von der Temperatur ändert.

Unter bestimmten Voraussetzungen können aus derartigen Kurven wichtige thermodynamische Parameter bestimmt werden (s. Kap. 8).

Der Aromaten-CD hängt sehr empfindlich von der Art der aromatischen Aminosäure und deren atomarer Umgebung ab. Das wird in Abb. 4.31 deutlich, die CD-Spektren von vier Varianten des Proteins HBsu zeigt. Das Wildtyp-HBsu ist ein aus zwei identischen Monomeren aufgebautes Dimer, das außer

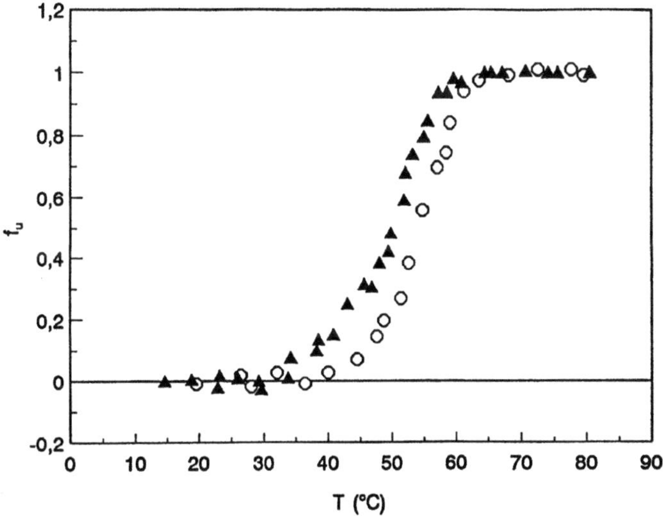

Abb. 4.30. Thermische Entfaltung des Histon-ähnlichen DNA-bindenden Proteins aus *Bacillus subtilis* (Hbsu). Die Kurven zeigen den Anteil an entfaltetem Protein f_u in Abhängigkeit von der Temperatur. Die Entfaltung wurde im Peptidbereich bei Proteinkonzentrationen von 7,6 µM (▲) bzw. 38 µM (○) an Hand der Änderung der molaren Elliptizitäten $[\Theta]_{222}$ experimentell verfolgt. Die experimentellen Auffaltungskurven wurden in die dargestellte Entfaltungskurve umgewandelt. (Spektren nach: H. WELFLE, K. WELFLE, R. MISSELWITZ, N. GROCH und U. HEINEMANN (1993) J. Biomolec. Struct. & Dyn. 11, 381)

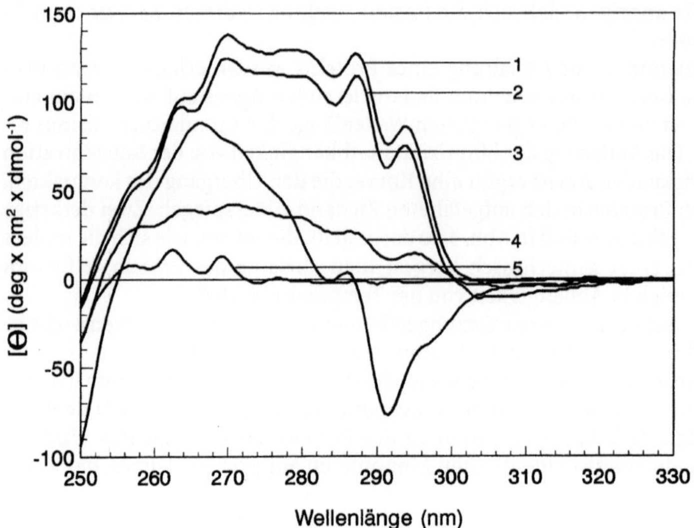

Abb. 4.31. CD-Spektren des Wildtyp-HBsu (5) und der vier gentechnisch modifizierten Proteine [F50W]HBsu (1), [F29W]HBsu (2), [F79W]HBsu (3) und [F47W]HBsu (4) im Aromatenbereich. Proteinkonzentrationen ca. 35 mM, Puffer 2 µM Natriumphosphat, pH 7,5; 0,5 M KF. (Spektren nach: H. WELFLE, R. MISSELWITZ, H. SCHINDELIN, A. S. SCHOLZ und U. HEINEMANN (1993) Eur. J. Biochem. 217, 849)

vier Phe-Resten pro Monomer keine weiteren aromatischen Aminosäuren enthält. Der Aromaten-CD von Wildtyp-HBsu ist dementsprechend nur schwach ausgeprägt (unterste Kurve in Abb. 4.31).

Wenn einer der vier Phe-Rest durch *in-vitro*-Mutation gegen einen Trp-Rest ausgetauscht wird, kommt es zu einer starken Erhöhung der molaren Elliptizität, wie an den Spektren der vier Proteinvarianten zu sehen ist. Die modifizierten Proteine enthalten pro Dimer zwei Trp- und sechs Phe-Reste. Die Erhöhung der molaren Elliptizität ist auf die neu eingebauten Trp-Reste zurückzuführen.

Dieses Beispiel zeigt sehr anschaulich, wie sich die unterschiedliche Umgebung der Trp-Reste, die an verschiedenen Positionen in den HBsu-Varianten angeordnet sind, auf die CD-Spektren auswirkt. Auch wenn es z.Z nicht möglich ist, die spektralen Effekte im Detail zu interpretieren, liefern derartige Spektren dennoch sehr empfindliche Signale zum Faltungszustand in der Umgebung der aromatischen Aminosäuren und sind damit, z.B. beim Vergleich von natürlichen und gentechnisch manipulierten Varianten, von großem Wert für die Charakterisierung von Proteinen.

4.5 Fluoreszenz-Spektroskopie

4.5.1 Grundlagen

Die Fluoreszenz-Spektroskopie beruht ebenso wie die UV/VIS- und CD-Spektroskopie auf der Absorption von sichtbarem oder ultraviolettem Licht. Anders als bei diesen Methoden wird aber nicht die Absorption des eingestrahlten Lichtes, sondern das von der angeregten Probe emittierte Licht registriert.

Bei der Absorption gehen die Moleküle unter Aufnahme von diskreten Energiebeträgen aus den energetischen Grundzuständen in elektronisch angeregte, energiereichere Zustände über. Die Rückkehr in den Grundzustand kann strahlungslos erfolgen. Das ist beispielsweise der Fall, wenn sich die Energie des angeregten Zustandes durch thermische Stöße auf andere Moleküle verteilt. Unter bestimmten Voraussetzungen geschieht es aber auch, daß die Anregungsenergie wieder in Form von Licht abgegeben wird. Dieser Vorgang wird als Lumineszenz bezeichnet. Fluoreszenz und Phosphoreszenz sind unterschiedliche Erscheinungsformen der Lumineszenz, die auf unterschiedlichen physikalischen Prozessen beruhen (Abschn. 4.1.2.2).

Die Eigenschaften des ausgestrahlten Lichtes hängen vom molekularen Aufbau der Probe ab, so daß die enthaltenen Informationen sehr aufschlußreich sein können. Dabei ist es von besonderer praktischer Bedeutung, daß die Fluoreszenzmessung sehr empfindlich ist und nur geringe Stoffmengen und Konzentrationen benötigt werden.

4.5.1.1 Absorption und Emission

Die Fähigkeit eines Stoffes zur Fluoreszenz ist an das Vorhandensein von Fluorophoren gebunden. Dazu gehören u.a. aromatische oder heterocyclische Ringsysteme, so daß bei Stoffen, deren Moleküle solche Gruppen enthalten, häufig Fluoreszenz oder Phosphoreszenz beobachtet wird. Die Elektronenkonfiguration der Fluorophore ist durch ein π-Elektronensystem gekennzeichnet, dessen Elektronen zu $\pi \rightarrow \pi^*$-Übergängen befähigt sind.

Die natürlichen Fluorophore der Proteine sind die aromatischen Aminosäuren Tryptophan, Tyrosin und Phenylalanin, deren Fluoreszenzeigenschaften zur Untersuchung der Proteine herangezogen werden. Sehr häufig werden auch stark fluoreszierende Fluoreszenzmarker eingesetzt, die kovalente Bindungen oder nichtkovalente Wechselwirkungen eingehen und deren Fluoreszenz es erlaubt, Aussagen über das Protein und insbesondere über die Umgebung des Sondenmoleküls zu erhalten.

Die Eigenschaften des Fluoreszenzlichtes werden durch die Art der zugrunde liegenden elektronischen Übergänge bestimmt. Die Energiedifferenz zwischen dem elektronischen Grundzustand S_0 und und dem ersten angeregten elektronischen Zustand S_1 bestimmt die Wellenlänge, für die Intensität der Emission ist die Wahrscheinlichkeit des Überganges entscheidend. Die Übergangswahrscheinlichkeit ist dem Quadrat des Betrages des Übergangsdipolmomentes μ_{01} proportional:

$$I \sim |\mu_{01}|^2 \tag{4.35}$$

Jede Einwirkung der Umgebung, die Veränderungen in den Elektronenkonfigurationen von Grund- und Anregungszustand der Probe bewirkt, führt auch zu Änderungen in ihrer Fluoreszenz. Das erklärt z. B. den Effekt von Lösungsmitteln auf die Fluoreszenz. So können Änderungen in der Polarität, Polarisierbarkeit oder Dielektrizitätskonstante des Lösungsmittels zu bathochromen oder hypsochromen Verschiebungen des emittierten Fluoreszenzlichtes führen.

4.5.1.2 Quantenausbeute

Angeregte S_1 und T_1-Zustände haben eine relativ große Lebensdauer. Diese Zustände sind daher in der Lage, an verschiedenen strahlungslos oder unter Aussendung von Licht verlaufenden Prozessen der Desaktivierung teilzunehmen. Die Anzahl der bei der Anregung absorbierten Photonen ist gleich der Anzahl der Moleküle, die in einen angeregten Zustand gelangt sind. Die Anzahl der ausgesandten Photonen ist dagegen geringer, da sich strahlungslos verlaufende Prozesse an der Desaktivierung beteiligen. Unter der Quantenausbeute versteht man den Quotienten aus der Anzahl der emittierten Photonen und der Anzahl der anregenden Photonen:

$$\Phi = \frac{\text{Anzahl emittierter Photonen}}{\text{Anzahl absorbierter Photonen}} \leq 1 \tag{4.36}$$

Die Quantenausbeute ist gemäß Gleichung 4.37

$$\Phi = \frac{k_F}{k_F + k_{ic} + k_{isc} + k_q(Q)} \tag{4.37}$$

ein Maß für den Anteil der Fluoreszenz oder Strahlungsrelaxation k_F an den verschiedenen Prozessen, die zur Desaktivierung des angeregten Zustandes führen. Beteiligte strahlungslose Prozesse sind die innere Umwandlung (k_{ic}), die Interkombination (k_{isc}) und die verschiedenen Formen der Löschung („Quenching") der Energie des angeregten Zustandes $k_q(Q)$ durch Übertragung auf geeignete Löscher- oder „Quencher"-Moleküle (s. Abb. 4.5).

4.5.1.3 Strahlungslose Desaktivierung

Innere Umwandlung (*engl.* internal conversion). Bei der inneren Umwandlung k_{ic} wird Energie des angeregten Zustandes durch Schwingungen im Inneren des Moleküls verteilt oder durch Zusammenstöße auf andere Moleküle übertragen. Dabei erreicht das Molekül letztlich wieder das thermische Gleichgewicht mit der Umgebung. Dieser Prozeß gewinnt mit zunehmender Temperatur der Probe immer mehr an Bedeutung, d.h. mit zunehmender Temperatur nimmt die Fluoreszenzintensität ab. Es ist daher bei Fluoreszenz-Messungen sehr wichtig, die Proben sorgfältig zu temperieren. Die innere Umwandlung bewirkt in der Regel den sehr raschen und strahlungslosen Übergang aus höheren angeregten S_2- und S_3-Zuständen in den S_{10}-Zustand. Seltene Ausnahmen werden bei Verbindungen mit spezieller Elektronenkonfiguration beobachtet, wie z.B. dem Azulen, das ein fünffach ungesättigtes bicyclisches Ringsystem enthält. Ebenfalls sehr rasch, innerhalb von 10^{-13} bis 10^{-12} s, werden angeregte Schwingungszustände S_{1n} des S_1-Zustandes in den Schwingungsgrundzustand S_{10} überführt (s. Abb. 4.5). Im Vergleich dazu ist die Lebensdauer (10^{-8} bis 10^{-6} s) des Schwingungsgrundzustandes S_{10} des ersten angeregten elektronischen S_1-Zustandes sehr hoch. Dies erklärt sich aus der großen Energiedifferenz zwischen S_{10} und S_0, wie schon im Abschn. 4.1.2.2 erwähnt wurde. Der strahlungslose Übergang nach S_0 erfordert die gleichzeitige Anregung von mehreren Schwingungsquanten und ist deshalb ein langsamer Vorgang, mit dem die Fluoreszenz wirksam konkurrieren und damit zum wesentlichen Faktor der Desaktivierung werden kann.

Interkombination (*engl.* intersystem crossing). Bei der mit der Geschwindigkeit k_{isc} ablaufenden Interkombination erfolgt der Übergang von angeregten Singulettzuständen S_{1n} zu angeregten Triplettzuständen T_{1n}. Übergänge von S_1 nach T_1 sind trotz des quantenmechanischen Verbotes von Vorgängen, die mit einer Spinumkehr verbunden sind, in gewissem Ausmaß möglich. Triplettzustände werden wegen dieses Verbotes nur sehr selten durch einen Absorptionsvorgang gebildet, der einen direkten Singulett-Triplett-Übergang von S_0 nach T_1 bewirkt. Wenn aber erst einmal ein Triplettzustand durch Interkombination gebildet worden ist, hat dieser wegen der geringen Übergangswahrscheinlichkeit zwischen T_{1n} und S_0 eine sehr große Lebensdauer, die im Sekundenbereich liegen kann. Die angeregten Triplettzustände gehen entweder durch Photonenemission (Phosphoreszenz) oder strahlungslos durch innere Umwandlung in den Elektronengrundzustand S_0 über. Phosphoreszenz von Lösungen wird allerdings kaum beobachtet, da wegen der langen Lebensdauer der Triplettzustände innere Umwandlung und Löschung überwiegen. Phosphoreszenzmessungen spielen daher in der Proteinanalytik keine Rolle.

Löschung (*engl.* quenching). Große Bedeutung kann die Löschung der Fluoreszenz $k_q(Q)$ durch Löschermoleküle haben. Je nach zugrunde liegendem Mechanismus werden die statische und dynamische Fluoreszenzlöschung unterschieden. Die statische Fluoreszenzlöschung beruht auf einem Mechanismus, bei dem Fluorophor und Quencher bereits vor der Anregung einen Komplex bilden, wodurch der Fluorophor die Fähigkeit zur Fluoreszenz verliert.
Dagegen wird bei der dynamischen Fluoreszenz die Energie des angeregten Fluorophors, bevor es zur Aussendung des Fluoreszenzlichtes kommt, durch

Kollisionen auf Löschermoleküle übertragen. Sowohl statische als auch dynamische Fluoreszenzlöschung sind linear abhängig von der Konzentration der Löschermoleküle. Für die dynamische Fluoreszenzlöschung ist weiterhin die Lebensdauer des angeregten Zustandes von Bedeutung.

Wenn man die Fluoreszenzintensität einer Probe, die frei von Löschermolekülen ist, mit I_0 und die Fluoreszenzintensität in Gegenwart von Löschermolekülen mit I bezeichnet, so ergibt sich für die Beziehung von I_0 und I die STERN-VOLMER-Gleichung (4.38):

$$\frac{I_0}{I} - 1 = K \cdot c_Q \cdot \tau_0 \tag{4.38}$$

In Gl. (4.38) bezeichnen c_Q die Konzentration der Löschermoleküle, τ_0 die Fluoreszenz-Lebensdauer und K einen Proportionalitätsfaktor, der Löschkonstante genannt wird. Die Fluoreszenzlöschung von Proteinen ist ein komplexes Geschehen, für dessen Beschreibung Gl. (4.38) nur eine Näherung darstellt.

In Abb. 4.32 ist ein STERN-VOLMER-Diagramm dargestellt, das die Löschung der Fluoreszenz des Proteins Streptokinase durch Natriumiodid zeigt.

Streptokinase ist ein bakterielles Protein, das von bestimmten Streptokokken-Stämmen produziert wird und als Fibrinolytikum klinische Bedeutung erlangt hat. Streptokinase kann an menschliches Plasminogen binden

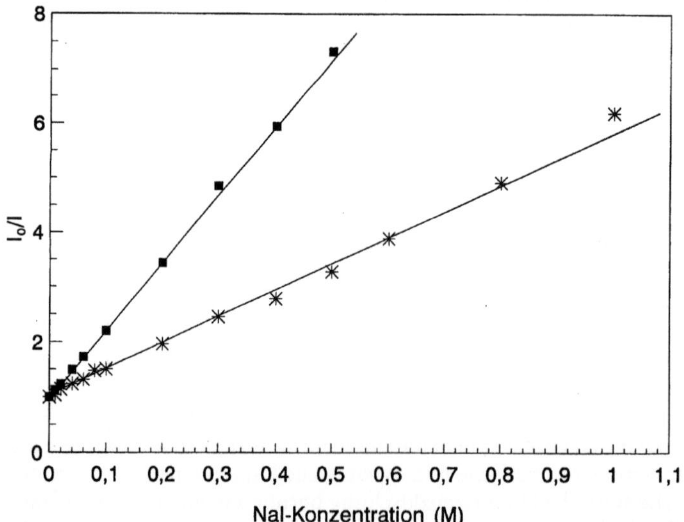

Abb. 4.32. STERN-VOLMER-Diagramm der Fluoreszenzlöschung. Der Quotient I/I_0 der Fluoreszenzintensitäten des Proteins Streptokinase (✳✳✳✳) und der als Referenz dienenden Modellverbindung N-Acetyl-tryptophanamid (■■■■) sind über der Konzentration von Natriumiodid aufgetragen

und dadurch eine proteolytische Aktivität induzieren, die letztlich zur Umwandlung von Plasminogen in die sehr aktive Protease Plasmin führt. Die Fähigkeit von Streptokinase zur Aktivierung von Plasminogen wird z.B. in der Notfall-Medizin nach einem Herzinfarkt ausgenutzt, um verschlossene Herzkranzgefäße durch proteolytischen Abbau der Fibringerinnsel wieder zu öffnen.

Aus dem Anstieg der Geraden in einem STERN-VOLMER-Diagramm kann bei bekannter Fluoreszenz-Lebenszeit τ_0 die Löschkonstante von Iodidionen bestimmt werden. Schweratom-Ionen sind in der Regel effektive Fluoreszenzlöscher. Andere bekannte Löschermoleküle sind Sauerstoff und Acrylamid, wobei insbesondere Acrylamid häufig für Untersuchungen an Proteinen benutzt wird. Die unterschiedlichen Löscheffekte, die bei der Einwirkung von positiv oder negativ geladenen Ionen und von ungeladenen Fluoreszenzlöschern auf ein Protein beobachtet werden, lassen Rückschlüsse auf die Zugänglichkeit und damit auf die Lokalisation der Fluorophore zu.

4.5.1.4 Fluoreszenz-Lebensdauer τ_F und Lebensdauer τ des angeregten Zustandes

Nach der Anregung hält sich ein Molekül im Mittel für eine charakteristische Zeit im angeregten Zustand auf. Wenn von N_0 angeregten Molekülen N Moleküle pro Zeiteinheit durch Fluoreszenz in den Grundzustand übergehen, so gilt die Beziehung

$$-\frac{dN}{dt} = k_f \cdot N_0 \tag{4.39}$$

Für die Anzahl der angeregten Moleküle in Abhängigkeit von der Zeit folgt

$$N(t) = N_0 \cdot e^{-k_f \cdot t} \tag{4.40}$$

Die Fluoreszenz-Lebensdauer τ_F wird als die Zeit t definiert, in der die Anzahl angeregter Moleküle auf den Betrag des Quotienten N_0/e zurückgegangen ist, wobei N_0 die Anzahl der angeregten Moleküle zur Zeit Null und $e = 2,718$ die Basis der natürlichen Logarithmen ist. τ_F ist der Übergangsrate k_f umgekehrt proportional, da aus Gl. (4.40), wenn für N(t) zur Zeit τ_F definitionsgemäß $N\tau_F = \dfrac{N_0}{e}$ eingesetzt wird, über $N\tau_F = \dfrac{N_0}{e} = N_0 \cdot e^{-k_f \cdot \tau_F}$ schließlich Gl. (4.41) folgt:

$$\tau_F = \frac{1}{k_f} \tag{4.41}$$

Die Fluoreszenz-Lebensdauer τ_F ist also so definiert, daß nur die mit der Emission von Licht verbundene Relaxation berücksichtigt wird. Sie ist damit größer als die tatsächliche, experimentell zugängliche Lebensdauer τ des angeregten

Zustandes, da dieser auch durch die bei der Betrachtung der Quantenausbeute Φ erwähnten strahlungslosen Prozesse desaktiviert wird. Die Lebensdauer τ ist mit der Fluoreszenz-Lebensdauer τ_F und der Quantenausbeute Φ durch die Beziehung

$$\tau = \tau_F \cdot \Phi \tag{4.42}$$

verknüpft. Die Lebensdauer τ reagiert besonders empfindlich auf Umgebungseffekte, z. B. variiert τ für den Tryptophanrest in unterschiedlichen Proteinen um einen Faktor von mehr als 100.

4.5.2 Bestimmung von Fluorophor-Abständen aus dem Energietransfer (Förster-Transfer)

Wie schon mehrfach erwähnt wurde, haben angeregte elektronische Zustände verschiedene Möglichkeiten, wieder in den Grundzustand überzugehen. Dazu gehört auch ein als Förster-Transfer bezeichneter Mechanismus, bei dem ein angeregter Donor seine Energie auf einen Akzeptor übertragen kann. Der Förster-Transfer erfolgt über Entfernungen von maximal 8–10 nm, wobei die Energieübertragung mit der sechsten Potenz des Abstandes zwischen Donor und Akzeptor abnimmt. Somit kann der Abstand zwischen Donor und Akzeptor aus Messungen der Fluoreszenzintensität bestimmt werden.

Für das Auftreten des Förster-Transfer müssen verschiedene Voraussetzungen erfüllt sein, nämlich eine hinreichend lange Fluoreszenz-Lebensdauer des Donors, eine teilweise Überlappung des Emissionsspektrums des Donors mit dem Absorptionsspektrum des Akzeptors (Abb. 4.33) und eine geeignete Orientierung der Übergangsdipolmomente von Donor und Ak-

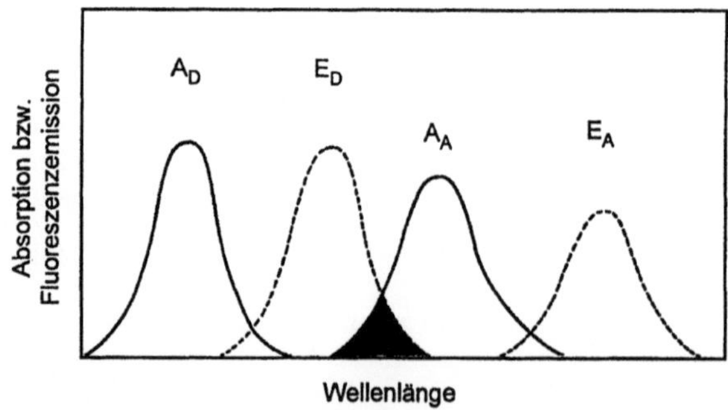

Abb. 4.33. Absorptions- und Emissionsspektren eines Donor-Akzeptor-Paares in schematischer Darstellung. Energieübertragung durch Förster-Transfer setzt eine teilweise Überlagerung von Donoremission und Akzeptorabsorption im schraffierten Bereich voraus. (nach: H.-J. Galla (1988) Spektroskopische Methoden in der Biochemie. G. Thieme, Stuttgart)

zeptor. Es ist möglich, daß identische Fluorophore als Donor und Akzeptor fungieren.

Der FÖRSTER-Transfer wird als Resonanzphänomen zwischen zwei oszillierenden Systemen aufgefaßt, bei dem der angeregte Donor die Energie strahlungslos auf den Akzeptor überträgt. Die Energieübertragung tritt als Fluoreszenz des Akzeptors in Erscheinung, die als sensibilisierte Fluoreszenz bezeichnet wird, da die Akzeptorgruppen nicht direkt angeregt werden.

Dem FÖRSTER-Transfer liegt damit ein völlig anderer Mechanismus als dem inneren Filtereffekt zugrunde, der durch Reabsorption von Fluoreszenz-Strahlung zustande kommt (s. Abschn. 4.5.5).

Für die Energieübertragung zwischen Donor und Akzeptor gilt folgende Beziehung:

$$k_T = \frac{1}{\tau_D} \left(\frac{R}{R_0} \right)^{-6} \tag{4.43}$$

k_T ist die Energieübertragungsrate, τ_D die Lebensdauer des angeregten Zustandes des Donors, R ist der Abstand und R_0 der kritische Abstand des jeweiligen Donor-Akzeptor-Paares. Beim kritischen Abstand R_0 sind die Wahrscheinlichkeiten für eine Desaktivierung des angeregten Donors durch Resonanz (FÖRSTER-)Transfer oder durch andere Desaktivierungsprozesse gleich groß. R_0 ist für ein gegebenes Donor-Akzeptor-Paar eine Konstante, deren Betrag im Bereich von 1 bis 5 nm liegt. Der Energietransfer hängt vom Quadrat der Wechselwirkungsenergie des angeregten Donors und des Akzeptors ab. Diese Wechselwirkungsenergie zwischen zwei Dipolen nimmt wiederum mit der dritten Potenz des Abstandes ab, woraus sich die R^{-6}-Abhängigkeit ergibt.

Bei Kenntnis von R_0 kann aus Fluoreszenzmessungen der Abstand zwischen Donor und Akzeptor in einem Protein bestimmt werden. Dazu wird eine Bestimmung der Transfereffizienz benötigt, die entweder aus der Messung der Fluoreszenz-Quantenausbeute und der Fluoreszenz-Lebensdauer des Donors oder aus der sensibilisierten Fluoreszenz des Akzeptors möglich ist. Dies sei hier für die Quantenausbeute kurz dargestellt.

Die Transfereffizienz E_T steht mit der Energieübertragungsrate k_T in folgender Beziehung:

$$E_T = \frac{k_T}{k_T + k_f^D + k_{ic}^D + k_{isc}^D} \tag{4.44}$$

In der Formel sind neben dem FÖRSTER-Transfer k_T die Fluoreszenzemission des Donors k_f^D und die zur strahlungslosen Desaktivierung beitragenden Prozesse berücksichtigt, die schon im Abschn. 4.5.1.3 erwähnt wurden. Die Fluoreszenz-Quantenausbeute des Donors wird experimentell in Gegenwart (Φ_{D-A}) und Abwesenheit des Akzeptors (Φ_D) bestimmt, wobei der Donor so angeregt wird, daß es nicht zu Absorption durch den Akzeptor kommt. Der Quotient aus der Intensität der Donor-Fluoreszenz in Gegenwart des Akzeptors Φ_{D-A} und der

Donor-Fluoreszenz in Abwesenheit des Akzeptores Φ_D ergibt nach Gl. (4.45) die Transfereffizienz E_T:

$$\frac{\Phi_{D-A}}{\Phi_D} = \frac{\dfrac{k_f^D}{k_f^D + k_{ic}^D + k_{isc}^D + k_T}}{\dfrac{k_f^D}{k_f^D + k_{ic}^D + k_{isc}^D}} \tag{4.45}$$

bzw.

$$\frac{\Phi_{D-A}}{\Phi_D} = 1 - E_T \tag{4.46}$$

In entsprechender Weise erhält man die Beziehung zwischen der Transfereffizienz E_T und dem Verhältnis der Fluoreszenz-Lebensdauer τ_D des Donors in Abwesenheit und τ_{D-A} in Anwesenheit des Akzeptors. Für die Lebensdauer τ_D gilt in Abwesenheit eines Akzeptors die Gl. (4.47):

$$\tau_D = \frac{1}{k_f^D + k_{ic}^D + k_{isc}^D} \tag{4.47}$$

In Anwesenheit eines Akzeptors ist Gl. (4.47) um die Energieübertragungsrate k_T zu erweitern, so daß Gl. (4.48) resultiert:

$$\tau_{D-A} = \frac{1}{k_f^D + k_{ic}^D + k_{isc}^D + k_T} \tag{4.48}$$

Der Quotient aus τ_{D-A} und τ_D ergibt die gewünschte Beziehung zwischen Transfereffizienz E_T und Fluoreszenz-Lebensdauer τ_D:

$$\frac{\tau_{D-A}}{\tau_D} = 1 - E_T \tag{4.49}$$

Aus den Gln. (4.44) und (4.47) folgt, daß die Transfereffizienz E_T mit der Energieübertragungsrate k_T und der Lebensdauer τ_D in der Beziehung 4.50 steht

$$E_T = \frac{k_T}{k_T + \dfrac{1}{\tau_D}} \tag{4.50}$$

Mit Gl. (4.43) ergibt sich daraus für die Beziehung zwischen Energietransfer E_T und Donor-Akzeptor-Abstand:

$$E_T = \frac{R_0^6}{R^6 + R_0^6} \tag{4.51}$$

Damit wird der Fluorophorabstand R verfügbar, dessen Kenntnis sehr wichtig sein kann für das Verständnis eines Makromoleküls.

4.5.3 Fluoreszenz-Polarisation

Bei der Betrachtung der Absorption wurde die Polarisation als eine wesentliche, die Absorption mitbestimmende Eigenschaft des Lichtes erwähnt (Abschn. 4.1). Ebenso sind auch bei der Emission von Fluoreszenzlicht Polarisationseffekte zu beachten. Wenn wir einen einzelnen Übergang betrachten, so wird die Polarisationsebene des ausgestrahlten Photons von der Lage des dazugehörigen Emissions-Übergangsdipolmomentes μ_E festgelegt. Die Anordnung von μ_E ist durch die Elektronenkonfiguration des Moleküls bestimmt und, bezogen auf die Atome des Moleküls, eindeutig festgelegt, wogegen sich die Lage von μ_E im Raum mit der Bewegung des Moleküles ständig ändert. Aus der Analyse der Fluoreszenz-Polarisation lassen sich Aussagen über die Orientierung eines Fluorophors im Molekül, über die Rotationsdiffusion des Fluorophors und über die Viskosität seiner Umgebung ableiten.

Polarisationseffekte können mit statischen oder mit dynamischen (zeitaufgelösten) Methoden erfaßt werden. Die erste Voraussetzung für die Messung von Polarisationseffekten ist die Anregung mit linear polarisiertem Licht, bei dem die Orientierung des elektrischen Feldvektors im Raum eindeutig festgelegt ist. Damit wird es möglich, die Intensitäten der beiden Komponenten $I_\|$ und $I_\perp$ des emittierten Fluoreszenzlichtes, deren Polarisationsebenen parallel bzw. senkrecht zur Polarisationsebene des Anregungslichtes schwingen, mit Hilfe eines Polarisationsfilters zu messen und den Polarisationsgrad P

$$P = \frac{I_\| - I_\perp}{I_\| + I_\perp} \tag{4.52}$$

zu berechnen. Bei der Messung der statischen Polarisation erfolgt eine kontinuierliche Anregung der Probe mit einer konstanten Lichtquelle. Es werden mittlere Fluoreszenzintensitäten $I_\|$ und $I_\perp$ und damit auch zeitliche Mittelwerte der Polarisation P erhalten. Bei gleichen Intensitäten von $I_\|$ und $I_\perp$ ist $P = 0$, das Fluoreszenzlicht also nicht polarisiert. Vollständige Polarisation wäre bei sehr geringer Intensität von $I_\perp$ gegeben, woraus $P = 1$ resultieren würde.

Für die Darstellung der Fluoreszenz-Polarisation wird in der Literatur auch die Anisotropie A benutzt. Die Anisotropie A unterscheidet sich vom Polarisationsgrad P dadurch, daß für die Berechnung von P nur eine Komponente (Gl. (4.52)), für die Berechnung von A beide Komponenten der senkrecht zur Anregungsebene polarisierten Fluoreszenzstrahlung berücksichtigt werden (Gl. (4.53)). Der Nenner $I_\| + 2I_\perp$ in Gl. (4.53) ist die Gesamtintensität der Fluoreszenz.

$$A = \frac{I_\| - I_\perp}{I_\| + 2I_\perp} \tag{4.53}$$

Das Ausmaß der Polarisation bzw. der Anisotropie des Fluoreszenzlichtes wird durch Prozesse beeinflußt, die sowohl beim Absorptions- als auch beim Emissionsvorgang stattfinden und hier nicht ausführlicher beschrieben werden können.

Wenn eine homogene Lösung isotrop verteilter Moleküle mit linear polarisiertem Licht angeregt wird, kann die Emission von partiell depolarisiertem Fluoreszenzlicht beobachtet werden. Die Einstrahlung des linear polarisierten Lichtes führt zu einer zylindersymmetrisch anisotropen Verteilung der angeregten Moleküle um die Polarisationsrichtung der anregenden Strahlung. Diese absorptionsbedingte Anisotropie hängt mit der Orientierung der Übergangsdipolmomente der Moleküle zur Schwingungsebene des Lichtes zusammen und führt zu einer anisotropen Polarisation des emittierten Fluoreszenzlichtes. Im Bezug auf die linear polarisierte Anregungsstrahlung kommt es dadurch zu einer partiellen Depolarisation der Fluoreszenz.

Die relative Orientierung der Absorptions- und Emissions-Übergangsdipolmomente ist eine weitere Ursache für die Depolarisation des Fluoreszenzlichtes. Es läßt sich zeigen, daß Polarisationsgrad bzw. Anisotropiegrad die maximal möglichen Werte $P_0 = 0{,}5$ bzw. $A_0 = 0{,}4$ einnehmen können. Diese Extremwerte werden für eine isotrop verteilte Probe erreicht, deren Lage im Raum durch geeignete Maßnahmen fixiert ist und für die als zusätzliche Bedingung gilt, daß Absorptions- und Emissionsdipolmoment parallel orientiert sind, d.h. Absorption und Emission auf dem gleichen elektronischen Übergang beruhen.

Die aufgeführten Effekte bewirken, daß die Polarisation des Fluoreszenzlichtes stark gegenüber der Polarisation des linear polarisierten Anregungslichtes verringert ist. Die Werte für den Polarisationsgrad bzw. die Anisotropie werden weiterhin von dem Winkel zwischen Absorptions- und Emissions-Übergangsdipolmoment bestimmt, der für die meisten Fluorophore im Bereich von 10° bis 40° liegt.

PERRIN-Gleichung. Die PERRIN-Gleichung (4.54) beschreibt den allgemeinen Fall der Fluoreszenz-Depolarisation unter Einbeziehung der molekularen Bewegung des Fluorophors. Bewegungen innerhalb der Lebensdauer des angeregten Zustandes stellen einen weiteren wesentlichen Faktor dar, der zu Änderungen in der Raumorientierung des Übergangsdipolmomentes und damit zu Depolarisation führt.

$$\frac{1}{P} - \frac{1}{3} = \left(\frac{1}{P_0} - \frac{1}{3}\right) \cdot \left(1 + \frac{3 \cdot \tau_F}{\tau_c}\right) \qquad (4.54)$$

τ_F ist die Fluoreszenz-Lebensdauer des Moleküls. Die Rotationskorrelationszeit τ_c ist mit der Rotationsdiffusionskonstante D_{rot} gekoppelt (Gl. (4.55)):

$$\tau_c = \frac{1}{2 D_{rot}} \qquad (4.55)$$

Für D_{rot} gilt wiederum Gl. (4.56):

$$D_{rot} = \frac{k \cdot T}{V_h \cdot \eta} \tag{4.56}$$

mit dem BOLTZMANN-Faktor $k = 1{,}381 \cdot 10^{-23}$ J $\cdot$ K^{-1} und der absoluten Temperatur T in Kelvin. Die PERRIN-Gleichung wurde unter vereinfachenden Annahmen abgeleitet, die nicht immer zutreffen müssen. Sie bietet aber doch eine häufig genutzte Möglichkeit, um Informationen über die Rotationsbeweglichkeit, die Probenviskosität η und das hydratisierte Molekülvolumen V_h des Fluorophors zu erlangen.

Als Voraussetzung für derartige Aussagen muß erfüllt sein, daß Fluoreszenz-Lebensdauer τ_F und Rotationskorrelationszeit τ_c der untersuchten Moleküle etwa gleich große Werte haben. Ist nämlich anderenfalls die Rotationskorrelationszeit sehr groß gegenüber der Fluoreszenz-Lebensdauer ($\tau_c \gg \tau_F$), so wird sich der Fluorophor innerhalb von τ_F nicht bewegen und damit $P = P_0$ sein. Umgekehrt würden sich die Moleküle für den Fall $\tau_c \ll \tau_F$ bei sehr kleiner Rotationskorrelationszeit τ_c innerhalb der größeren Fluoreszenz-Lebensdauer τ_F statistisch verteilen, die bei der Anregung durch Photoselektion eingetretene Polarisation würde verloren gehen und damit ein Polarisations- bzw. Anisotropiegrad von Null resultieren.

4.5.4 Zeitaufgelöste Fluoreszenz

Aus der Erfassung des zeitlichen Verlaufes der Fluoreszenzintensität und -polarisation können weitere, über die Aussagen von statischen Fluoreszenzmessungen hinausgehende Informationen ermittelt werden. Die fluoreszierende Probe stellt quasi eine molekulare Stoppuhr dar, deren Lauf mit der Absorption eines Photons beginnt und mit der Desaktivierung des angeregten Zustandes endet. Prozesse, die während der Lebenszeit des angeregten Zustandes auf diesen einwirken, werden am zeitlichen Verlauf der Fluoreszenz erkennbar. Messungen der zeitaufgelösten Fluoreszenz sind bis in den Nano- und Picosekunden-Bereich experimentell durchführbar und bieten damit Einblick in molekulare Prozesse, die in dieser Zeitdomäne ablaufen. Es existieren zwei unabhängige Meßmethoden, die äquivalente Informationen liefern und als Puls-Fluorometrie und Frequenz-Domänen- bzw. Phasen-Fluorometrie bezeichnet werden.

In Abb. 4.34 sind als Beispiel die Ergebnisse eines Versuches mit Calmodulin dargestellt, dessen zwei Tyrosinreste vor der Fluoreszenzmessung durch UV-Bestrahlung kovalent verknüpft worden sind. Für die zeitaufgelöste Messung wurde die Probe mit einem sehr kurzen Lichtpuls angeregt und anschließend der zeitliche Verlauf der Intensitäten $I_{\parallel}(t)$ und $I_{\perp}(t)$ gemessen, was zu den in Abb. 4.34a gezeigten Kurven führte. Aus diesen Kurven wurde die Anisotropie in Abhängigkeit von der Zeit berechnet (Abb. 4.34b).

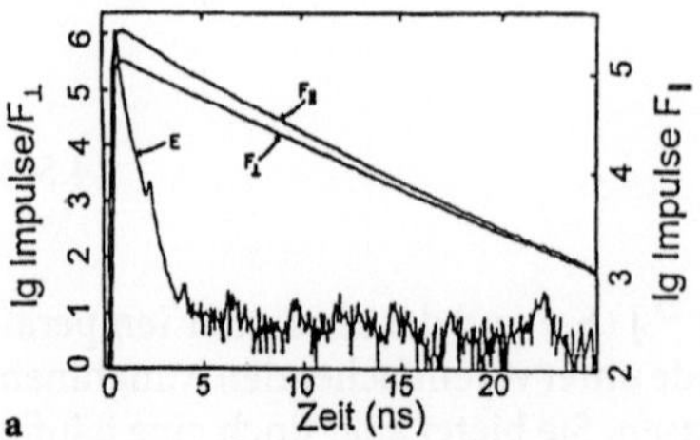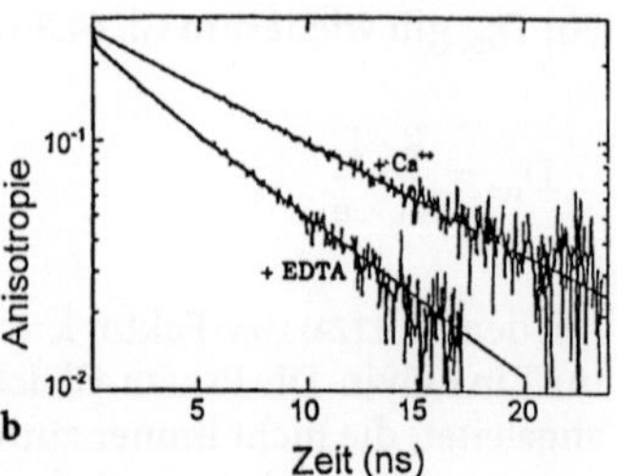

Abb. 4.34. Zeitlicher Verlauf der Fluoreszenzintensität und -anisotropie von Dityrosyl-Calmodulin im Nanosekundenbereich. **a** Logarithmische Darstellung der Intensität des Anregungsimpulses E und des Abfalls der polarisierten Fluoreszenzintensitäten $F_{\parallel}$ und $F_{\perp}$. **b** Abfall der Fluoreszenzanisotropie in Gegenwart bzw. Abwesenheit von Calciumionen. (nach: S. R. ANDERSON (1991) J. Biol. Chem. 266, 11407)

Innerhalb der Rotationskorrelationszeit τ_c fallen Polarisationsgrad bzw. Anisotropie auf 1/e des Ausgangswertes ab, was eine direkte Bestimmung von τ_c ermöglicht. Durch eine Zerlegung der Abklingkurven der Fluoreszenz-Polarisation werden auch die Rotationskorrelationszeiten komplexer Prozesse zugänglich. So werden z. B. im Fall des hier gezeigten Dityrosyl-Calmodulins für das Calciumionen-freie Protein zwei Rotationskorrelationszeiten von 6.84 ns und 2.1 ns gefunden. Der Wert von 6.84 ns läßt sich der Rotation des Gesamtmoleküls zuordnen, da er annähernd gleich dem berechneten Wert von 6,25 ns für eine Kugel ist, deren Volumen von 25 nm^3 dem Volumen des gesamten Proteinmoleküls entspricht. Die Komponente mit der kleineren Rotationskorrelationszeit von 2,1 ns spricht für die größere Beweglichkeit eines Proteinsegmentes.

4.5.5 Fluoreszenzspektren von Proteinen

Die endogene Fluoreszenz der Proteine ist auf ihren Gehalt an aromatischen Aminosäuren zurückzuführen. In Abb. 4.35 sind die Fluoreszenzspektren der freien Aminosäuren Phenylalanin (Phe), Tyrosin (Tyr) und Tryptophan (Trp) in wäßriger Lösung dargestellt.

Fluoreszenzmaxima, Quantenausbeuten und Empfindlichkeitsfaktoren von Phe, Tyr und Trp sind in Tabelle 4.7 zusammengefaßt. Die Empfindlichkeitsfaktoren ergeben sich als Produkt aus den molaren Absorptionskoeffizienten ε_{max} und der Quantenausbeute Φ_F. Danach ist der Beitrag zur Fluoreszenz eines Proteins für einen Trp-Rest 5,5 mal höher als der eines Tyr-Restes und etwa 140 mal höher als der eines Phe-Restes. Bei Proteinen, in denen alle drei aromatischen Aminosäuren vertreten sind, wird deshalb vor allem die Fluoreszenz von Trp und in geringerem Maße die des Tyr beobachtet. Hinzu kommt, daß Energietransfers vom Phe zum Tyr und Trp sowie vom Tyr zum Trp erfolgen und die Fluoreszenzbeiträge von Phe und Tyr durch innere Löschung stark verringern können. Der Energietransfer kann sowohl strahlungslos als auch durch

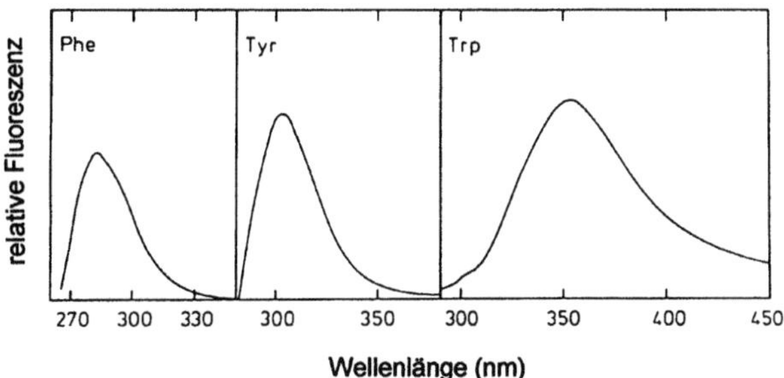

Abb. 4.35. Fluoreszenz-Spektren der aromatischen Aminosäuren. Messungen mit 100 μM Phe, 6 μM Tyr und 1 μM Trp in 0,01 M Kaliumphosphat-Puffer, pH 7,0 bei 25 °C und Anregung bei 257 nm (Phe), 274 nm (Tyr) und 278 nm (Trp). (Spektren nach: F. X. SCHMID (1989) In: T. E. CREIGHTON (ed.) Protein structure – a practical approach. IRL Press, Oxford)

Tabelle 4.7. Absorptions- und Fluoreszenz-Parameter der aromatischen Aminosäuren. Werte für H_2O und neutralen pH. Φ_F = Quantenausbeute der Fluoreszenz

Aminosäure	Absorption		Fluoreszenz		
	λ_{max} in nm	ε_{max} in $l \cdot mol^{-1} \cdot cm^{-1}$	λ_{max} in nm	Φ_F	Empfindlichkeit $\varepsilon_{max} \cdot \Phi_F$
Tryptophan	280	5600	348	0,20	1100
Tyrosin	274	1400	303	0,14	200
Phenylalanin	257	200	282	0,04	8

Reabsorption erfolgen. Insbesondere wird das von Phe emittierte Fluoreszenzlicht von Tyr und Trp absorbiert, da sich das Maximum der Fluoreszenzemission von Phe bei 280 nm und damit im Bereich starker Absorption von Tyr und Trp befindet. Letztlich ist der Beitrag der Phe-Reste zur Fluoreszenz eines nativen Proteins mit normaler Zusammensetzung, d. h. bei gleichzeitiger Anwesenheit von Phe, Tyr und Trp, sehr klein und kaum zu beobachten.

Da ein Protein mit Phe, Tyr und Trp mehrere Fluorophore mit unterschiedlichen Absorptionseigenschaften enthält, hängt seine Fluoreszenz wesentlich von der Anregungswellenlänge ab. Ein Beispiel dafür wird in Abb. 4.36 gezeigt.

Bei Anregungswellenlängen $\lambda \geq 295$ nm werden nur die Trp-Reste angeregt, da Phe- und Tyr-Reste bei diesen Wellenlängen nicht absorbieren. Erfolgt die Anregung bei $\lambda = 280$ nm, so absorbiert zusätzlich auch Tyr und es beteiligen sich beide Aminosäuren an der Emission. Im Einzelfall kann es schwer sein, die Fluoreszenz von Tyr neben der Fluoreszenz von ebenfalls anwesendem Trp zu erfassen. Dafür sind vor allem zwei Effekte verantwortlich. Einmal überlagert die vom Trp herrührende Fluoreszenz eines gefalteten Proteins die schwächere

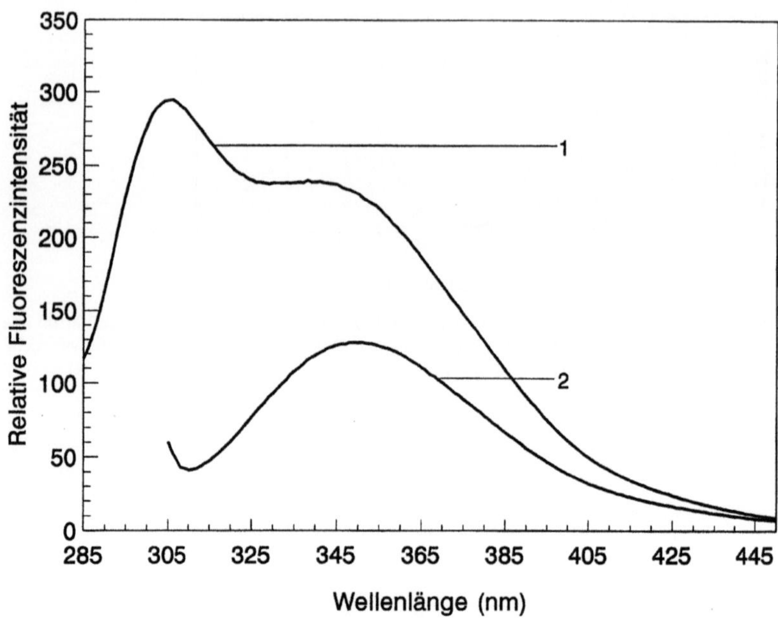

Abb. 4.36. Fluoreszenz-Spektren von Streptokinase. (1) Emission von Tyrosin und Tryptophan nach Anregung bei 280 nm. (2) Alleinige Emission von Tryptophan nach Anregung bei 295 nm

Tyr-Emission, zum anderen findet im kompakten, gefalteten Zustand eines Proteins aufgrund der engen räumlichen Nachbarschaft der Fluorophore in erheblichem Ausmaß strahlungsloser Energietransfer von angeregten Tyr- zu benachbarten Trp-Resten statt.

Die Lokalisation der einzelnen aromatischen Aminosäuren im Protein beeinflußt ganz erheblich die Fluoreszenz. Bei Proteinen, deren Trp-Reste an der Oberfläche Zugang zu beweglichen Wassermolekülen haben und sich folglich in polarer Umgebung befinden, liegt das Maximum der Fluoreszenzemission bei etwa 350 bis 353 nm und ist damit dem von freiem Trp in Lösung (Abb. 4.35) ähnlich. Wenn ein Protein sowohl oberflächlich lokalisierte als auch hydrophob verpackte Trp-Reste enthält bzw. die an der Oberfläche lokalisierten Trp-Reste von gebundenen, wenig beweglichen Wassermolekülen umgeben sind, werden mittlere Positionen der Fluoreszenzmaxima im Bereich von etwa 340 – 342 nm beobachtet. Dagegen haben Proteine, deren Trp-Reste im Inneren des Proteins in unpolarer, hydrophober Umgebung verpackt sind, ein zu kürzeren Wellenlängen verschobenes Fluoreszenzmaximum im Bereich von 330 – 332 nm. In Ausnahmefällen werden für einzelne Proteine auch Verschiebungen bis nahe 300 nm beobachtet.

In der Regel kommt es bei der Auffaltung eines Proteins zu großen Änderungen der Fluoreszenzintensitäten und im Falle der Trp-Fluoreszenz zu einer

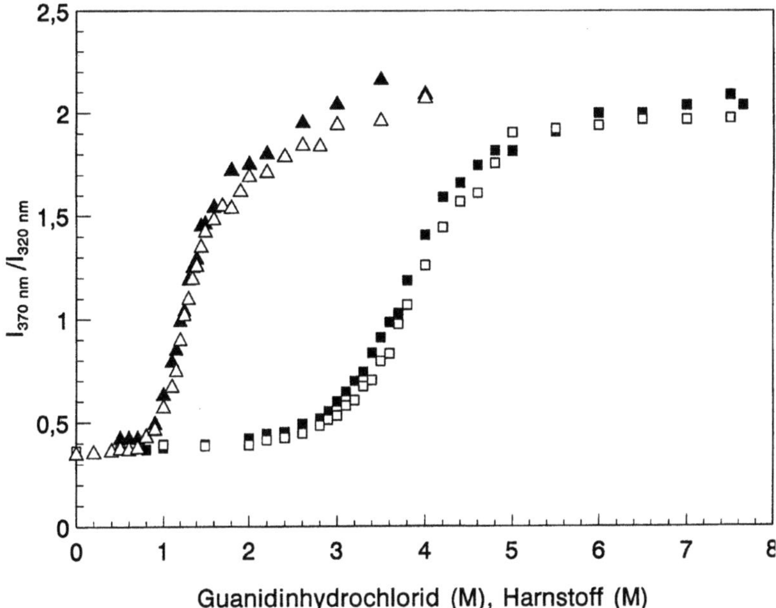

Abb. 4.37. Auffaltung des rekombinanten Capsidproteins rp24 des HIV-1-Virus mit Guanidiniumchlorid (△, ▲) bzw. Harnstoff (□, ■). Dargestellt ist der Quotient der Fluoreszenzintensitäten I_{370}/I_{320} des Proteins in 20 µM Natriumacetat, pH 5,8 über der Konzentration des denaturierenden Agens. Die Fluoreszenz wurde bei 295 nm angeregt. Die offenen Symbole zeigen die bei steigenden Konzentrationen beobachtete Auffaltung an, die geschlossenen Symbole wurden für die Rückfaltung bei sinkenden Konzentrationen gemessen. (nach: R. MISSELWITZ, G. HAUSDORF, K. WELFLE, W. E. HÖHNE and H. WELFLE (1995) Biochim. Biophys. Acta, 1250, 9)

Rotverschiebung der Emissionsbande. Die Ursache für die Rotverschiebung besteht darin, daß die im Kern des gefalteten Proteins in hydrophober Umgebung verpackten Trp-Reste Kontakt zu Wassermolekülen bekommen und durch den Einfluß der hydrophileren Umgebung die Energiedifferenz zwischen angeregtem und Grundzustand des Trp verringert wird.

Fluoreszenzmessungen sind sehr empfindlich und daher besonders gut geeignet, die chemisch induzierte Auffaltung eines Proteins zu verfolgen. In Abb. 4.37 wird eine aus Fluoreszenzdaten bestimmte Auffaltungskurve des rekombinanten Capsidproteins rp24 des HIV-1-Virus gezeigt. Aus derartigen Auffaltungskurven lassen sich quantitative Aussagen zur Stabilität eines Proteins ableiten (siehe Kap. 8). Das Protein wurde zur Auffaltung in Puffern mit steigenden Konzentrationen an Harnstoff bzw. Guanidiniumchlorid inkubiert und die Fluoreszenz der einzelnen Proben gemessen. Zur Beobachtung der Rückfaltung wurden die Messungen bei sukzessiv abnehmenden Denaturanz-Konzentrationen durchgeführt. Für die Auswertung der Messungen ist aus praktischen Gründen die Änderung eines Fluoreszenzparameters (Quotient aus der Fluoreszenzintensität bei 370 nm und 330 nm) in Abhängigkeit von der Denaturans-Konzentration herangezogen worden. Die Verwendung des Quotienten $I_{330\,nm}/I_{370\,nm}$ stellt eine Normierung dar und bietet gegenüber der Angabe der Fluoreszenzintensität am Maximum die Möglichkeit, experimentell bedingte Schwankungen der Meßwerte auszugleichen. Voraussetzung für dieses Vorgehen ist, daß sich die Form der Spektren nicht wesentlich unter dem Einfluß der steigenden Denaturans-Konzentrationen ändert und nur die Trp-Reste selektiv bei 295 nm angeregt werden.

Die Fluoreszenz der aromatischen Aminosäuren wird nicht nur vom Faltungszustand der Polypeptidkette beeinflußt. Vielmehr hängt auch die Fluoreszenz einer frei zugänglichen Aminosäure von der Konzentration an Harnstoff oder Guanidiniumchlorid im Puffer ab, was bei der Ermittlung von Entfaltungskurven zu Fehlern führen könnte. Das Ausmaß des Effektes ist von der Konzentration der Denaturantien abhängig, wie in Abb. 4.38 und Abb. 4.39 für die relative Fluoreszenz von Trp bzw. Tyr in Abhängigkeit von der Guanidiniumchlorid- und Harnstoffkonzentration zu sehen ist.

Die Wechselwirkung der Denaturantien mit dem Fluorophor bewirkt Fluoreszenzänderungen, die den von der Proteinkonformation herrührenden Effekt, den man eigentlich beobachten möchte, überlagern. Eine Korrektur ist kaum möglich, da jeder im Protein enthaltene Fluorophor in unterschiedlichem Ausmaß zur Fluoreszenz beiträgt und dieser Beitrag nicht im einzelnen erfaßt werden kann. Da aber der vom Einfluß der Denaturantien auf die aromatischen Aminosäuren herrührende Anteil am Gesamtsignal, das bei einer Auffaltungsstudie beobachtet wird, relativ gering ist, darf dieser Fehler in der Regel vernachlässigt werden.

In Abb. 4.40 ist der Temperatureinfluß auf die relative Fluoreszenzintensität von Tyr und Trp dargestellt. Dieser Effekt ist insbesondere für Trp so groß, daß

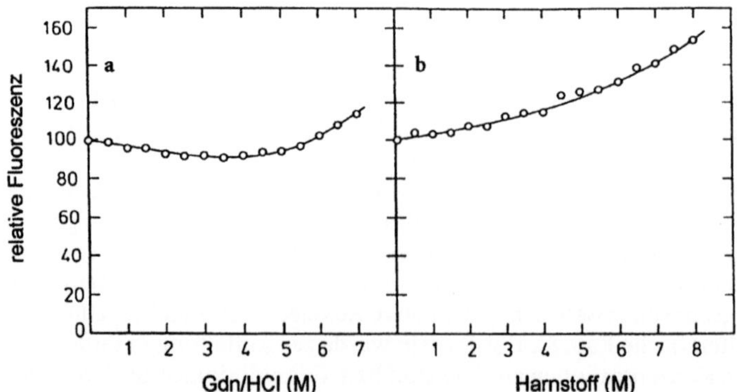

Abb. 4.38. Einfluß chaotroper Substanzen auf die relative Fluoreszenzintensität von Tryptophan bei 355 nm. **a** Guanidiniumchlorid, **b** Harnstoff. 2 µM Trp in 0,1 M Kaliumphosphat-Puffer, pH 7,0; Anregung bei 278 nm. (nach: F. X. SCHMID (1989) In: T. E. CREIGHTON (ed.) Protein structure – a practical approach. IRL Press, Oxford)

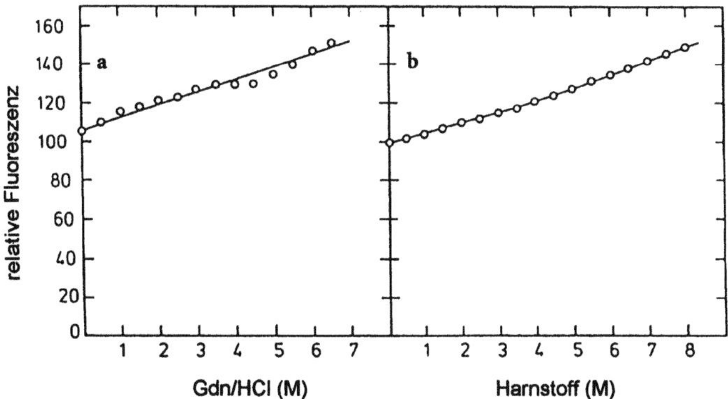

Abb. 4.39. Einfluß chaotroper Substanzen auf die relative Fluoreszenzintensität von Tyrosin bei 303 nm. **a** Guanidiniumchlorid, **b** Harnstoff. 10 µM Tyr in 0,1 M Kaliumphosphat-Puffer, pH 7,0; Anregung bei 274 nm. (nach: F. X. Schmid, loc. cit.)

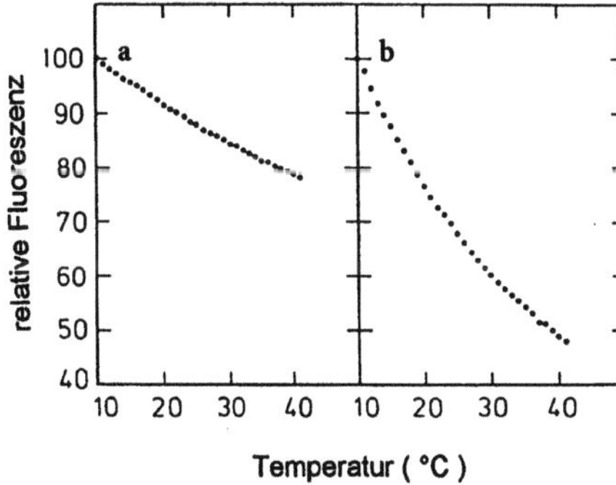

Abb. 4.40. Temperatureinfluß auf die relativen Fluoreszenzintensitäten von **a** Tyr bei 303 nm und **b** Trp bei 355 nm. 6 µM Tyr (Anregung bei 274 nm) und 1 µM Trp (Anregung bei 278 nm) in 0,01 M Kaliumphosphat-Puffer, pH 7,0. (nach: F. X. Schmid, loc. cit.)

es nicht zweckmäßig ist, die thermische Auffaltung von Proteinen mittels Fluoreszenzmessung zu verfolgen.

In diesem Zusammenhang wird deutlich, warum es sehr wichtig ist, die Proben bei Fluoreszenz-Messungen sorgfältig zu temperieren.

Innerer Filtereffekt. Bei allen Fluoreszenzmessungen muß der innere Filtereffekt berücksichtigt werden. Hierbei handelt es sich darum, daß von den angeregten Molekülen einer Probe emittiertes Fluoreszenzlicht durch andere, im Grundzustand befindliche Moleküle derselben Probe absorbiert wird. Formal wirken dabei, wie beim Förster-Transfer (s. Abschn. 4.5.2), angeregte Moleküle der Probe als Donor und im Grundzustand befindliche Moleküle als Akzeptor für eine Energieübertragung. Der innere Filtereffekt darf jedoch nicht mit dem Förster-Transfer verwechselt werden, da die beiden Prozesse auf grundsätzlich unterschiedlichen Mechanismen der Energieübertragung beruhen. Der in-

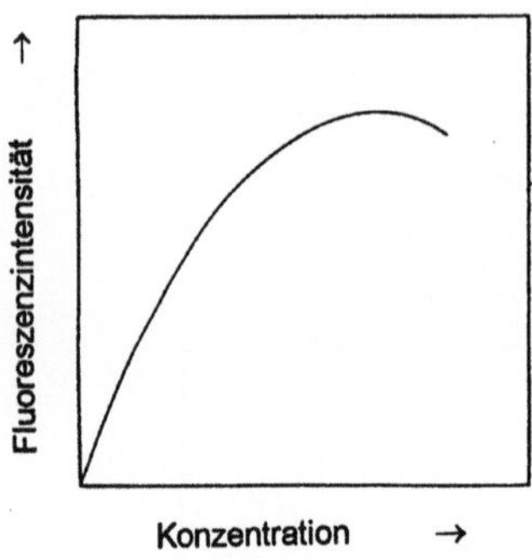

Abb. 4.41. Innerer Filtereffekt. Abhängigkeit der relativen Fluoreszenzintensität von der Konzentration des Fluorophors. (nach: F. X. Schmid, loc. cit.)

nere Filtereffekt bewirkt, daß die Fluoreszenz nicht linear mit steigender Konzentration und/oder Schichtdicke zunimmt (Abb. 4.41). Die Wahrscheinlichkeit zur Selbstabsorption des eigenen Fluoreszenzlichtes sinkt mit der Fluorophor-Konzentration und mit der Verringerung des Lichtweges in der Probe. Es ist daher von praktischer Bedeutung, bei niedrigen Fluorophor-Konzentrationen und geringen Schichtdicken zu messen, um den inneren Filtereffekt und dadurch hervorgerufene Störungen des Experimentes zu vermeiden.

4.5.6 Fluoreszenzsonden in der Proteinanalytik

Fluoreszenz-Sonden sind Fluorophore, die die Fähigkeit besitzen, kovalent oder nichtkovalent an Makromoleküle zu binden, und deren Fluoreszenzeigenschaften zur Analyse der Makromoleküle eingesetzt werden. In Abb. 4.42 sind als Beispiele die Strukturformeln von 1-Dimethylamino-naphthalen-5-sulfonylchlorid (Dansylchlorid), Fluorescein-isothiocyanat (FITC), 1-Anilino-8-naphthalensulfonat (ANS) und N-(Iodacetylaminoethyl)-5-naphthylamin-1-sulfonat (1,5-I-AEDANS) angegeben, die für die Untersuchung von Proteinen vielfache Verwendung gefunden haben (weitere Fluoreszenzfarbstoffe s. Abschn. 10.1.2.3).

In Tabelle 4.8 sind die Anregungs- und Emissionswellenlängen dieser Fluoreszenzmarker zusammengefaßt.

Dansylchlorid, AEDANS und FITC verfügen über reaktive Gruppen und können zur kovalenten Markierung eingesetzt werden. Dansylchlorid, das selbst nicht fluoresziert, substituiert bevorzugt NH_2-Gruppen; die gebildeten Sulfonsäureamide besitzen eine sehr starke gelbe Fluoreszenz. Dansylchlorid reagiert auch mit Imino-, phenolischen Hydroxyl-, Thiol- und Imidazolgruppen, in Wasser wird es hydrolysiert. Als Reagenz zum Nachweis von Aminosäuren wurde es zeitweise sehr häufig angewandt (s. Abschn. 3.1).

FITC reagiert mit NH_2-Gruppen zu Thioharnstoffderivaten. Es wird sehr häufig zur Markierung von Proteinen benutzt. In der Regel weist ein Protein eine größere Anzahl von Lysinresten auf, die mit FITC reagieren können. Die

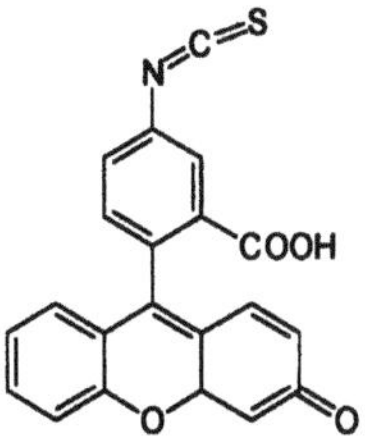

Fluoresceinisothiocyanat (FITC)

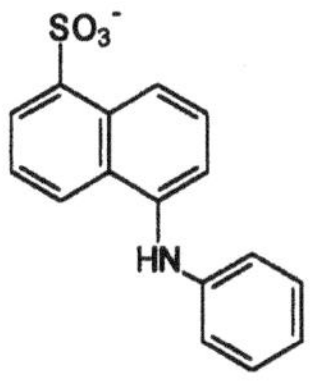

1-Anilino-8-naphthalensulfonal (ANS)

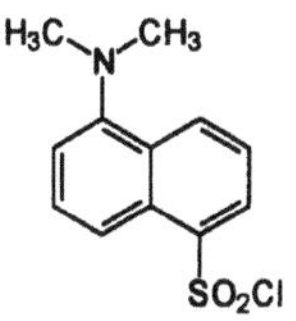

8-Dimethylamino-1-naphthalen-
sulfonylchlorid (Dansylchlorid)

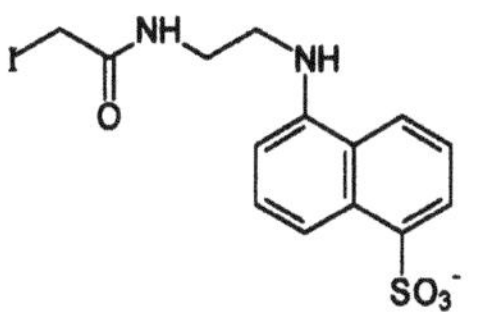

N-(Iodacetylaminoethyl)-5-naphthalen-
1-sulfonat (1,5-I-AEDANS)

Abb. 4.42. Strukturformeln der Fluoreszenzmarker 1-Anilino-8-naphthalensulfonat (ANS), 8-Dimethylamino-naphthalen-sulfonylchlorid (Dansylchlorid), Fluoresceinisothiocyanat (FITC) und *N*-(Iodacetylaminoethyl)-5-naphthylamin-1-sulfonat (1,5-I-AEDANS)

Tabelle 4.8. Anregungswellenlängen und Maxima der Fluoreszenzemission von vier Fluoreszenzmarkern

Fluoreszenzmarker	Anregung in nm	Emission
ANS	370	480
AEDANS	350	480
Dansylchlorid	320	500
FITC	490	525

Reaktivitäten können sich jedoch so stark unterscheiden, daß die spezifische Markierung von einzelnen Resten möglich wird. Aus der Analyse der Fluoreszenz werden gezielte Aussagen zur Umgebung des gebundenen FITC und damit zu einem konkreten Bereich des Proteins möglich.

Eine spezielle Anwendung findet ANS. Die Fluoreszenz dieses Fluorophors reagiert empfindlich auf die Polarität seiner Umgebung. In wäßriger Lösung ist die Quantenausbeute und damit die Fluoreszenzintensität von ANS sehr gering.

In apolarer Umgebung steigt die Fluoreszenzintensität von ANS stark an, das emittierte Fluoreszenzlicht ist zu kürzeren Wellenlängen verschoben.

ANS-Bindungsstudien werden gern unternommen, um die Hydrophobizität von Protein-Oberflächen zu charakterisieren und um Zwischenstufen der Faltung zu studieren. Native, gefaltete Proteine können über eine mehr oder weniger große Anzahl von ANS-Bindungsstellen verfügen. Die Bindung von ANS bringt den Fluorophor in eine hydrophobere Umgebung und wird von einer Erhöhung der Fluoreszenzintensität und Blauverschiebung des Fluoreszenzmaximums begleitet. Das Ausmaß des Effektes hängt von der Anzahl der Bindungsstellen ab.

In Abb. 4.43 sind als Beispiel die Ergebnisse eines Versuches mit dem rekombinanten Capsidprotein rp24 des HIV-1-Virus dargestellt. Es zeigt die Fluoreszenzspektren von ANS in wäßriger Lösung (gepunktet, geringe Fluoreszenz), in Gegenwart des aufgefalteten Proteins (Kurve 3, keine ANS-Bindung), in Gegenwart des nativen Proteins (Kurve 2, geringe ANS-Bindung) und in Gegenwart einer bei pH 2 vorliegenden speziellen Konformation von rp24 (Kurve 1, starke ANS-Bindung).

Das native Protein ist nur in sehr geringem Ausmaß zur ANS-Bindung befähigt. Diese wenigen Bindungsstellen gehen bei der Auffaltung vollständig ver-

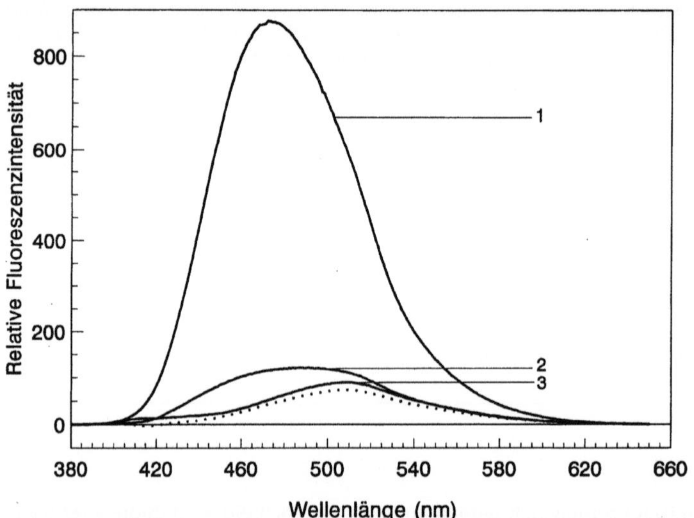

Abb. 4.43. 1-Anilino-8-naphthalensulfonat (ANS) als Sonde für die Konformation von Proteinen. Fluoreszenzspektren von ANS in Puffer (····) und in Gegenwart des rekombinanten Capsidproteins rp24 des humanen Immunodefizienz-Virus HIV-1 zeigen (2) geringe ANS-Bindung an das native Protein in 20 mM Natriumacetat-Puffer, pH 5,8, (3) keine Bindung an das mit 3,6 M Guanidiniumchlorid völlig entfaltete Protein, (1) aber starke Bindung an eine bei pH 2,0 induzierte Konformation der Polypeptidkette des rp24. (Spektren nach: R. MISSELWITZ, G. HAUSDORF, K. WELFLE, W. E. HÖHNE and H. WELFLE (1995) Biochim. Biophys. Acta 1250, 9)

loren, d.h. in Guanidiniumchlorid-Lösung hoher Konzentration findet keine ANS-Bindung statt und die ANS-Fluoreszenz entspricht der von freiem ANS in Abwesenheit von Protein. Dagegen wird bei pH 2 eine sehr intensive ANS-Fluoreszenz beobachtet. Dies signalisiert eine erhöhte ANS-Bindung und damit eine größere Anzahl von hydrophoben Bereichen, die für das ANS zugänglich sind. Bei pH 2 wird offenbar eine besondere Konformation des Proteins induziert. Die neue Konformation unterscheidet sich vom nativen Protein in einigen weiteren Eigenschaften, die z.B. durch die Messung von CD- oder IR-Spektren erfaßt werden können.

4.6 Infrarot-spektroskopische Untersuchungen an Proteinen

4.6.1 Einleitung

Die IR-Spektroskopie ist eine schwingungsspektroskopische Methode. Sie beruht darauf, daß aus der einwirkenden Strahlung Energie absorbiert wird, durch die in der Probe Schwingungen angeregt werden. In der IR-Spektroskopie sind die Anregungsbedingungen und die allgemeinen Gesetzmäßigkeiten der Absorptionsspektroskopie gültig, die im Abschn. 4.1 dargestellt wurden.

Der Einsatz der IR-Spektroskopie zur Untersuchung von Proteinen war lange Zeit aus technischen Gründen schwierig, da Wasser im Bereich der Amid-I-Bande, die für die Charakterisierung von Proteinen besonders wichtig ist, sehr stark absorbiert. Dieser Umstand limitierte Untersuchungen an nativen Proteinen in wäßrigen Puffern und erforderte die Messung an trockenen Filmen, in Kaliumbromid-Preßlingen oder in schwerem Wasser (D_2O bzw. ^2H_2O). D_2O absorbiert im Bereich von 1700 bis 1500 cm^{-1} relativ wenig und ist darum im Vergleich zum H_2O bedeutend besser als Lösungsmittel für die IR-Spektroskopie geeignet.

In Abb. 4.44 sind die IR-Spektren von flüssigem H_2O und D_2O mit ihren sehr breiten, intensiven Absorptionsbanden dargestellt. Später werden noch die weit weniger intensiven, dafür aber zahlreichen und sehr scharfen Banden des Wasserdampfes zu erwähnen sein, die für einige Auswertungen eine wesentliche Fehlerquelle darstellen können. Die Entwicklung der FOURIER-Transform-Techniken hat die Einsatzmöglichkeiten der Infrarot-Spektroskopie für die Untersuchung von biologischen Makromolekülen in den letzten 10 Jahren geradezu revolutionär verbessert und erweitert. Ein wesentlicher Vorteil der IR-Spektroskopie gegenüber anderen Techniken besteht in der geringen Empfindlichkeit der Methode gegenüber Streueffekten, so daß eventuell in den Proben vorhandene Aggregate kaum stören. Prinzipiell ist es möglich, Proben im gasförmigen, flüssigen oder festen Aggregatzustand zu vermessen. Für die Untersuchung von Proteinen ist es relevant und wichtig, daß mit Hilfe eines IR-Mikroskops auch Messungen an sehr kleinen Proben, wie z.B. Proteinmikrokristallen, problemlos möglich sind und damit vergleichende Untersuchungen zur Struktur von Proteinen im Kristall und in Lösung durchgeführt werden können.

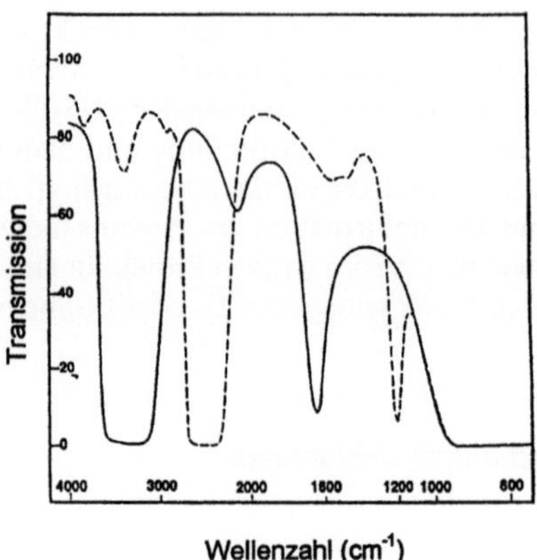

Wellenzahl (cm⁻¹)

Abb. 4.44. IR-Spektren von H_2O und D_2O. Messung bei Raumtemperatur mit einem Fouriertransform-Infrarotspektrometer in einer Calciumfluoridzelle mit ca. 10 μm Schichtdicke. Die Positionen der Absorptionsbanden von D_2O (- - -) sind zu niedrigeren Wellenzahlen verschoben. (Spektren nach: P. I. HARIS and D. CHAPMAN (1994) Meth. Molec. Biol. (Microscopy, Optical Spectroscopy, and Macroscopic Techniques) 22, 183)

4.6.2 Amidschwingungen und Proteinkonformation

Neun Banden des Protein-IR-Spektrums, die in Tabelle 4.9 zusammengefaßt sind, gehören zu infrarot-aktiven Schwingungen der Peptidbindung. Für Strukturuntersuchungen an Proteinen wurden vor allem die Amid-I- und Amid-II-Banden benutzt, weit seltener wurden auch die Amid-III- und die Amid-A-Bande in die Analyse einbezogen.

Die Amid-I-Bande rührt hauptsächlich von einer Streckschwingung der C=O-Gruppe her. Diese Streckschwingung ist schwach gekoppelt mit einer in der Bindungsebene erfolgenden N–H-Beugeschwingung und einer C–N-Streckschwingung. Die Frequenz der Amid-I-Bande variiert mit den Wasserstoffbrücken-Bindungen, an denen die C=O- und N–H-Gruppen eines Proteins beteiligt sind.

Tabelle 4.9. Charakteristische Infrarot-Banden der Peptidbindung

Bande	Wellenzahl in cm⁻¹	Zuordnung
A	3300	N–H (s)
B	3100	N–H (s)
I	1690–1600	C=O (s) 80 %; N–H (b) 10 %; C–N (s) 10 %
II	1575–1480	N–H (b) 60 %; C–N (s) 40 %;
III	1301–1229	C–N (s) 30 %; N–H (b) 30 %; C=O (s) 10 %; O=C–N (b) 10 %
IV	767–625	O=C–N (b) 40 %, andere Schw. 60 %
V	800–640	N–H (b)
VI	606–537	C=O (b)
VII	200	C–H (t)

Die Werte wurden ursprünglich aus den IR-Spektren von Modellverbindungen erhalten (H. SUSI (1969) In: S.N. TIMASHEFF and G.D. FASMAN (eds.) Structure and Stability of Biological Macromolecules. S. 575 – 663, M. Dekker, New York). Bei den Schwingungen, die zu den Amid-IV-, Amid-V-, Amid-VI- und Amid-VII-Banden führen, wird die Ebene der *trans*-CONH-Gruppe verlassen, die Schwingungen, die zu den anderen Amid-Banden führen, erfolgen in dieser Ebene. Abkürzungen: (s) Streck-, (b) Beuge-, (t) Torsions-Schwingung.

In den verschiedenen Sekundärstrukturelementen eines Proteins werden unterschiedliche Wasserstoffbrücken-Schemata ausgebildet, so daß die Frequenz der Amid-I-Bande mit der Sekundärstruktur eines Proteins zusammenhängt und somit zu deren Identifikation herangezogen werden kann. Der Zusammenhang zwischen der Frequenz der Amid-I-Schwingung und dem Typ der Sekundärstruktur wird in Abb. 4.45 deutlich, in der IR-Spektren von Homopolypeptiden im Amid-I- und Amid-II-Bereich dargestellt sind. Diese Polypeptide bilden gut definierte Sekundärstrukturen aus, die durch deutlich unterschiedliche Positionen der Amid-I- und Amid-II-Banden in den IR-Spektren charakterisiert sind.

Normalmodenanalysen der Peptidschwingungen ergeben ebenfalls unterschiedliche Frequenzen für α-Helices, β-Faltblätter und Turnstrukturen. Durch Untersuchungen an Proteinen mit bekannter Raumstruktur wurde gefunden, daß Korrelationen zwischen den spektralen Eigenschaften der Amid-I-Bande, der Peakposition und Bandengestalt, und der Sekundärstruktur bestehen. Allerdings ist es nicht möglich, beim Vorliegen von mehreren Sekundärstrukturelementen auch mehrere Maxima im Bereich der Amid-I-Bande zu beobachten, da die einzelnen Banden sehr große Halbwertsbreiten haben und sich gegenseitig überlappen, so daß immer eine breite, relativ strukturlose Bande resultiert. In den letzten Jahren wurden große Anstrengungen unternommen, um die in der Amid-I-Bande enthaltenen Informationen mit Hilfe von geeigneten mathematischen Verfahren zu extrahieren. Es wurden Verfahren zur Dekonvolution (Zerlegung in Komponenten) der Spektren entwickelt, mit deren Hilfe die Breite der einzelnen Komponenten mathematisch verringert wird, so daß eine Auflösung der experimentell ermittelten IR-Absorptionsbande gelingt.

Die Amid-II-Bande beruht auf der N–H-Beugeschwingung der Amidgruppe. Die Amid-II-Bande liegt bei einem Protein, das sich in einem wäßrigen Puffer befindet, bei ca. 1550 cm^{-1}.

Wird ein Protein in einem D_2O-Puffer aufgelöst, so kommt es zum Austausch des Wasserstoffs der NH-Gruppen gegen Deuterium und zu einer starken Änderung der Frequenz der Amid-II-Bande. Die nun von der Beugeschwingung der

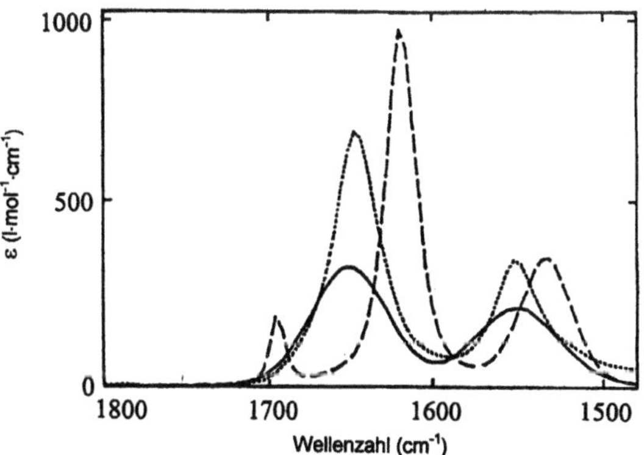

Abb. 4.45. Gemittelte IR-Spektren von Modellpeptiden für α-Helix (····), β-Faltblatt (– – –) und ungeordnete Struktur (—) (Spektren nach: S. Yu. Venyaminov and N. N. Kalnin (1990) Biopolymers 30, 1259)

N-D-Gruppe herrührende IR-Bande ist um etwa 100 cm^{-1} zu kleineren Wellenzahlen verschoben und wird als sog. Amid-II'-Bande bei ca. 1450 cm^{-1} gefunden.

Kleine Änderungen in der Proteinstruktur lassen sich auch in der IR-Spektroskopie besonders gut durch differenzspektroskopische Techniken erfassen. Die digitale Subtraktion der IR-Spektren eines Proteins im Zustand A und im Zustand B ergibt ein Differenzspektrum, das nur noch Peaks enthält, die von den Gruppen herrühren, die sich in den beiden Zuständen strukturell unterscheiden. Diese Methode ist besonders nützlich, wenn die von einem speziellen Signal ausgelösten geringfügigen Veränderungen einer funktionellen Gruppe erfaßt werden sollen.

4.6.3 Fourier-Transform-Infrarot (FTIR)-Spektrometer

Klassische dispersive IR-Spektrometer entsprechen in ihrem prinzipiellen Aufbau einem Spektrometer, wie er im Abschn. 4.2 beschrieben wurde. Monochromatische IR-Strahlung, die aus einem polychromatischen Strahl mit Hilfe eines Gitters erzeugt wurde, wirkt sequentiell auf die Probe ein, bis der gesamte Wellenlängenbereich abgetastet ist. Dagegen wird, wie in Abb. 4.46 schematisch dargestellt ist, die Probe bei der FTIR-Spektroskopie simultan mit allen Wellenlängen bestrahlt und gleichzeitig die Absorption in einem großen Wellenlängenbereich registriert. Dazu werden die verschiedenen Wellenzüge des Strahls in einem Interferometer zur Interferenz gebracht und die entstehenden Interferogramme registriert. Das Interferogramm liefert nach einer mathematischen Behandlung des Signals, der Fouriertransformation, das Transmissions- oder Absorptionsspektrum, das prinzipiell völlig dem Spektrum entspricht, das mit einem dispersiven Gerät gemessen wird. Ein eingebauter Laser erlaubt die sehr genaue Justierung des Gerätes und damit Messungen von sehr hoher Wellenzahlgenauigkeit. Entscheidende Vorteile der FTIR-Spektroskopie liegen in der im Vergleich zu dispersiven Geräten weit höheren Geschwindigkeit, Empfindlichkeit und Genauigkeit, mit der IR-Spektren gemessen werden können.

In Abb. 4.46 ist der Strahlengang eines FTIR-Gerätes der Fa. Bruker (IFS 66) dargestellt. Im oberen rechten Teil von Abb. 4.46 ist das MICHELSON-Interferometer schematisch abgebildet. Das Interferometer besteht aus einem Strahlteiler, der den Strahl auf zwei rechtwinklig zueinander angeordnete Spiegel lenkt. Einer der beiden Spiegel wird so in Strahlrichtung hin- und herbewegt, daß die beiden Teilstrahlen bei ihrer erneuten Rekombination am Strahlteiler zeitabhängig variierende Wegdifferenzen aufweisen. Damit kommt es für die einzelnen Wellenzüge des Strahls zur Interferenz.

In Abb. 4.47 ist dargestellt, wie sich zwei Sinusschwingungen nahezu gleicher Frequenz überlagern. Die resultierende Schwingung ergibt eine charakteristische Schwebung.

Die Überlagerung der Wellenzüge wird an einem sehr schnellen Detektor als ein Interferogramm registriert, das die Schwankungen der auftreffenden Strahlintensität als Funktion der Spiegelbewegung darstellt (Abb. 4.48).

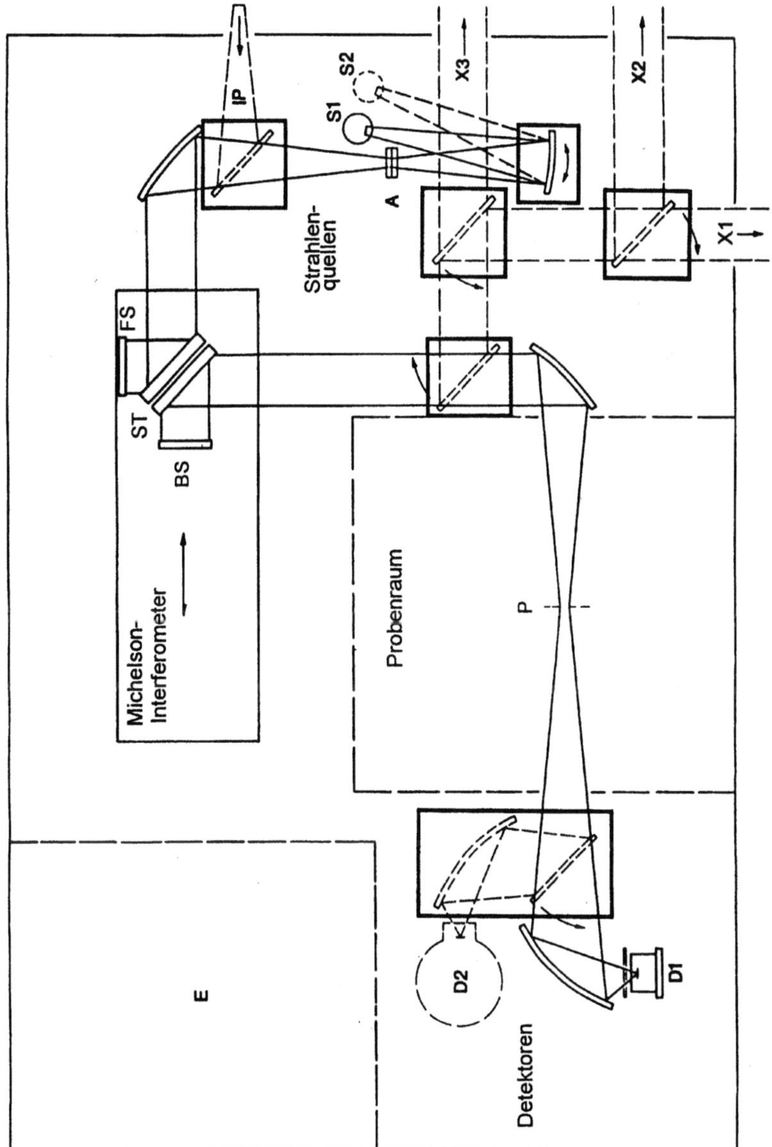

Abb. 4.16. Blockschema eines Fourier-Transform-Infrarot-Spektrometers (IFS 66 der Fa. Bruker, Karlsruhe). S1/S2, IR-Strahlenquellen; A, Apertureinstellung, ST, Strahlteiler; FS, feststehender Spiegel; BS, beweglicher Spiegel; P, Probe; D1, D2, Detektoren; E, Kontrollelektronik; X1, X2, X3, externe IR-Strahlen für Zusatzgeräte (Mikroskop, FT-Raman); IP, Eintrittsöffnung für externen IR-Strahl

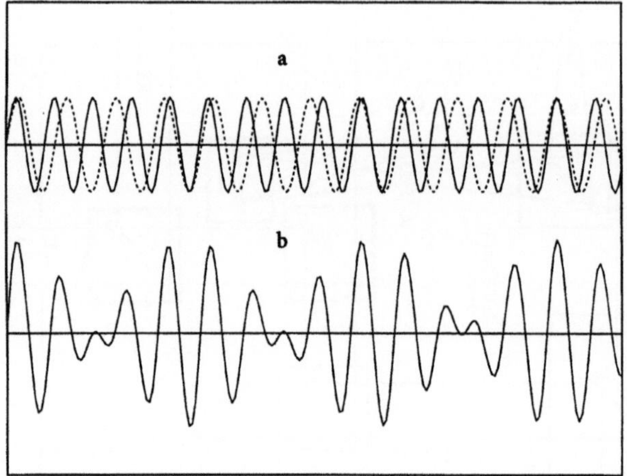

Abb. 4.47. Überlagerung von Schwingungen. Zwei Sinusschwingungen mit geringen Frequenzunterschieden **a** ergeben eine Schwingung mit periodischer Schwebung **b**

Abb. 4.48. Umwandlung eines Interferogramms in ein Absorptionsspektrum durch FOURIER-Transformation

In prinzipiell gleicher Weise überlagern sich im FTIR-Spektrometer alle Wellenzüge, die in der IR-Strahlung des untersuchten Wellenzahlbereiches enthalten sind, zu einem Interferogramm. Befindet sich eine absorbierende Probe im Strahlengang, so kommt es zur selektiven Veränderung in der Intensität von einzelnen Wellenzügen und zu einem entsprechend modifizierten Interferogramm. Durch FOURIER-Transformation des Interferogramms wird ein normales Transmissions- oder Absorpionsspektrum erhalten, in dem die frequenzabhängige Absorption in üblicher Weise als Bande zu sehen ist.

Die Möglichkeit, ein Interferogramm mittels FOURIER-Transformation in ein Spektrum umwandeln zu können, ist bereits seit Beginn dieses Jahrhunderts bekannt. So wurden insbesondere mathematische Algorithmen zur schnellen

FOURIER-Transformation erarbeitet. Trotzdem konnten erst mit der Entwicklung von genügend schnellen Rechnern diese Kenntnisse praktisch verwertet werden, was letztlich vor etwa 10 Jahren zu einer stürmischen Entwicklung der FTIR-Spektroskopie geführt hat. Der üblicherweise zu einem FTIR-Spektrometer gehörende Personalcomputer führt nicht nur die FOURIER-Transformation aus, sondern kontrolliert auch alle Aspekte der Messung und erlaubt die erforderliche Bearbeitung der Daten mit Hilfe von leistungsfähigen Programmen.

Besonders wichtig für die Untersuchung von Proteinen sind die Möglichkeiten zur Spektrensubtraktion, zur Berechnung von Ableitungen und zur mathematischen Zerlegung der häufig sehr komplexen, aus zahlreichen Komponenten zusammengesetzten Banden in die einzelnen Bestandteile (Dekonvolution).

Die zur Messung eines kompletten FTIR-Spektrums erforderliche Zeit wird davon bestimmt, wie lange der bewegliche Spiegel auf der für die Erzeugung eines Interferogramms benötigten Strecke unterwegs ist. Diese Zeit liegt heute bei Standardgeräten unter einer Sekunde. In modernen Geräten wird der Spiegel auf einem Luftpolster magnetisch angetrieben und bewegt sich mit sehr hoher Geschwindigkeit, so daß sehr kurze Meßzeiten für die Aufnahme eines Einzelspektrums resultieren. Innerhalb von Minuten lassen sich viele Spektren akkumulieren und dadurch sehr gute Signal-Rausch-Verhältnisse erreichen.

4.6.4 Messung der IR-Spektren von Proteinen

IR-Spektren können prinzipiell von festen, flüssigen und gasförmigen Proben erhalten werden. Für biologisch relevante Fragestellungen ist es am wichtigsten, wäßrige Lösungen von Proteinen zu untersuchen. In H_2O muß die Schichtdicke der benutzten Küvetten im Bereich von 6–12 µm und die Proteinkonzentration bei ca. 10 mg $\cdot$ ml^{-1} liegen, um IR-Spektren guter Qualität zu erhalten, d.h. mit einem Signal-Rausch-Verhältnis, das eine mathematische Verbesserung der Auflösung zuläßt. In D_2O kann die Schichtdicke der Küvetten auf 100 µm erhöht und dementsprechend die Proteinkonzentration auf 1 mg $\cdot$ ml^{-1} gesenkt werden, da die D_2O-Absorption im Bereich von 1700–1500 cm^{-1} weit geringer als die von H_2O ist (siehe Abb. 4.44). Das erforderliche Probenvolumen kann je nach Küvettenkonstruktion und Meßanordnung im Bereich von 1 bis 50 µl liegen. Bei Proben in D_2O ist zu beachten, daß diese nur minimalen Kontakt mit atmosphärischem Wasserdampf haben dürfen, da sonst ein rascher Austausch von D_2O gegen H_2O erfolgt und die Bearbeitung der Spektren erschwert wird. Als geeignetes Küvettenmaterial wird vor allem Calciumfluorid benutzt, das in H_2O sehr schwer löslich und im Bereich von 5000 bis 1000 cm^{-1} transparent ist. Ähnliche Eigenschaften hat Bariumfluorid, das außerdem eine Erweiterung des Meßbereiches bis zu 800 cm^{-1} erlaubt. Messungen bei noch niedrigeren Wellenzahlen bis zu 450 cm^{-1} sind mit Silberchlorid-Fenstern möglich, die allerdings teuer sind und zu hohen Reflexionsverlusten führen.

Für die praktische Durchführung von IR-Messungen ist es besonders wichtig, atmosphärischen Wasserdampf möglichst vollständig aus dem Strahlengang zu entfernen, da dessen sehr intensive, scharfe Absorptionsbanden die Auswertung der IR-Spektren von Proteinen erheblich stören können. Dazu läßt man die Spektrometer ständig von Luft oder Stickstoff, die in einer separaten Anlage sehr sorgfältig getrocknet werden müssen, durchströmen. Durch die Verwendung von thermostatisierbaren Küvettenhaltern ist es möglich, den Einfluß von unterschiedlichen Temperaturen auf die Proteinstruktur, wie z.B. die thermisch bedingte Auffaltung, IR-spektroskopisch zu verfolgen.

Das eigentliche IR-Spektrum des Proteins ist ein Differenzspektrum, das erhalten wird, indem vom experimentell ermittelten Spektrum des gelösten Proteins das Pufferspektrum abgezogen wird. In Abb. 4.49 ist zu sehen, wie gering bei einer Messung in H_2O der proteinspezifische Anteil an der Gesamtabsorption ist. Darum muß das Referenzspektrum unter völlig identischen Bedingungen wie das Proteinspektrum gemessen werden, um z.B. durch Temperatureffekte oder veränderte Registrierbedingungen (Anzahl der Einzelmessungen, Auflösung) hervorgerufene Bandenverschiebungen zu vermeiden, da diese die Bandenformen der resultierenden Proteinspektren verändern würden.

Bei Messungen in D_2O wird als Kriterium für die korrekte Subtraktion der Pufferabsorption der Verlauf der Grundlinie des Proteinspektrums in den Bereichen von 2000 cm^{-1} bis 1710 cm^{-1} und von 3400 cm^{-1} bis 3000 cm^{-1} herangezogen. Zunächst gilt in erster Näherung, daß die Grundlinie des Proteinspektrums im Bereich von 2000 cm^{-1} bis 1710 cm^{-1} linear verlaufen

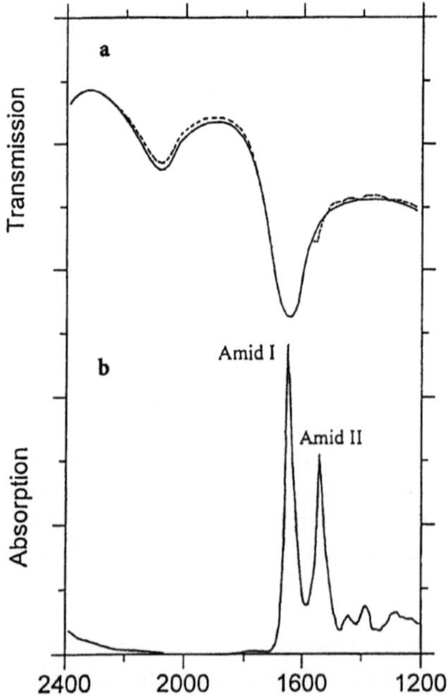

Abb. 4.49. a FTIR-Transmissionsspektren von H_2O (——) und von 50 mg · ml^{-1} Myoglobin in H_2O (– – –), **b** Absorptionsspektrum von Myoglobin nach Abzug der H_2O-Absorption. (Spektren nach: P. I. HARIS and D. CHAPMAN (1994) Meth. Molec. Biol. (Microscopy, Optical Spectroscopy, and Macroscopic Techniques) 22, 183)

muß. Weiterhin muß ein möglichst linearer Verlauf der Grundlinie im Bereich von 3400 cm^{-1} bis 3000 cm^{-1} erreicht werden, wobei die verbleibende Abweichung von der Grundlinie ein Zehntel der Intensität der Amid-I′-Bande nicht übersteigen sollte.

Dazu ist es besonders wichtig, bei den Messungen den H_2O-Anteil in den Protein- und Referenzlösungen möglichst gering und vor allem auch konstant zu halten. In D_2O-Lösungen kommt es in Gegenwart von H_2O-Spuren durch den Austausch von Wasserstoff und Deuterium zu einen Anteil an Wassermolekülen, die H und D enthalten. Die HOD-Schwingungen führen zu starken Banden im Bereich von 3400 cm^{-1} bis 3000 cm^{-1} und im Bereich der Amid-I′-Bande, die bei unzureichender Korrektur die Amid-I′-Bande des Proteinspektrums verfälschen können.

Die Subtraktion der Absorption von H_2O-Pufferspektren erfordert besondere Sorgfalt, da die H_2O-Absorption im Bereich der Amid-I-Bande um ca. 1645 cm^{-1} sehr intensiv ist und die Amid-I-Bande verfälschen kann. Um den Erfolg der Subtraktion zu beurteilen, kann das Verschwinden der H_2O-Bande bei 2150 cm^{-1} herangezogen werden, da Proteine in diesem Bereich nicht absorbieren. Auch für die in H_2O gemessenen Protein-Differenzspektren gilt, daß sie nach sorgfältiger Korrektur eine flache Basislinie im Bereich von 2000 cm^{-1} bis 1710 cm^{-1} aufweisen.

In Abb. 4.50 werden die IR-Spektren eines Lysozymkristalls in einem H_2O-Puffer, das Spektrum der Mutterlauge sowie das resultierende Spektrum des

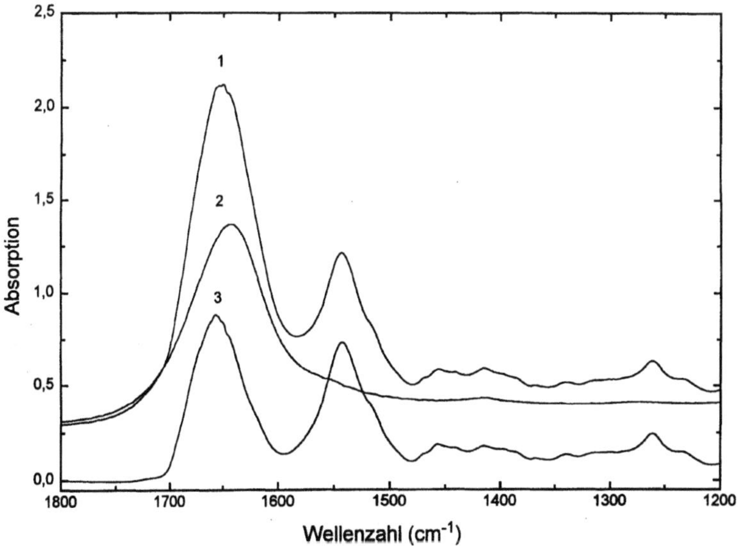

Abb. 4.50. FTIR-Spektrum eines Lysozymkristalls. (1) Kristall in Mutterlauge (verbleibende Flüssigkeit eines Kristallisationsansatzes, die nach der Ausbildung des Kristalls zurückbleibt), (2) Mutterlauge, (3) Differenzspektrum [(1) minus (2)]

kristallinen Lysozyms gezeigt, das als Differenz der beiden experimentellen Spektren erhalten wurde. Die Spektren wurden mit einem FTIR-Spektrometer gemessen, das mit einem IR-Mikroskop ausgestattet ist und damit die Messung an Proben mit einem Durchmesser von wenigen Mikrometer erlaubt. Der Anteil der Mutterlauge am Spektrum des Kristalls ist, anders als bei der in Abb. 4.49 gezeigten Messung an einer wäßrigen Proteinlösung, relativ gering. Das macht die sehr große lokale Proteinkonzentration im Kristall deutlich, die es letztlich mit Hilfe des Mikroskops erlaubt, von kleinsten Proteinmengen sehr gute Spektren zu erhalten.

Wie schon erwähnt, ist der Austausch der N-H-Protonen der Peptidgruppe gegen Deuterium mit einer starken Frequenzverschiebung von der Amid-II- zur Amid-II'-Bande verbunden. Diese Banden sind deshalb besonders gut geeignet, um den Verlauf des $H \rightarrow D$-Austausches in Proteinen zu untersuchen. Dazu werden zeitabhängig die spektralen Änderungen registriert, die man nach dem Auflösen eines lyophilisierten Proteins in D_2O-Puffer beobachten kann. Die Kinetik des $H \rightarrow D$-Austausches erlaubt Aussagen über die Lokalisation der Amidgruppen und über den Faltungszustand der Polypeptidkette, da die Austauschgeschwindigkeit von der Zugänglichkeit der Protonen und von der Festigkeit der Wasserstoffbrücken-Bindungen bestimmt wird, an denen die Protonen beteiligt sind. Ebenso wie der $H \rightarrow D$-Austausch in einem Protein von Peptidbindung zu Peptidbindung mit unterschiedlicher Geschwindigkeit erfolgt kann, werden auch von Protein zu Protein große Unterschiede beobachtet.

In Abb. 4.51 sind die Spektren des Proteins Ribonuclease A in H_2O und in D_2O dargestellt. Ein weiteres Spektrum wurde zu einem Zeitpunkt gemessen, an dem der $H \rightarrow D$-Austausch nicht vollständig erfolgt war. Es ist die zeitabhängige Änderung der Intensität der Amid-II'-Bande zu erkennen, die nach der Auflösung des Proteins in D_2O-Puffer zu beobachten ist und deren Registrierung es erlaubt, kinetische Messungen zur Geschwindigkeit des $H \rightarrow D$-Austausches durchzuführen.

Die Deuterierung der Amidbindung führt auch zu einer Frequenzverschiebung der Amid-I-Bande. Diese Frequenzverschiebung ist aber mit etwa 2 bis 12 cm^{-1} deutlich geringer als die der Amid-II-Bande.

4.6.5 Auswertung der IR-Spektren von Proteinen

Nach Subtraktion der Pufferabsorption können die IR-Spektren im Bereich der Amid-I-Bande einer weitergehenden Analyse unterzogen werden. Mit Hilfe von Dekonvolutionsprozeduren und durch Berechnung der zweiten Ableitung wird die Amid-I-Bande in eine Reihe von Komponenten aufgespalten, die sich verschiedenen Sekundärstrukturen zuordnen lassen. Diese Zuordnungen basieren auf einer Reihe von Untersuchungen, die sowohl an Modellpeptiden als auch an Proteinen mit bekannter Sekundärstruktur durchgeführt worden sind.

In Tabelle 4.10 sind für verschiedene durch Dekonvolution erhaltene Komponenten der Amid-I- bzw. Amid-I'-Bande die Position und Zuordnung zu Sekundärstrukturen in einer groben Übersicht zusammengefaßt. Im Bereich von

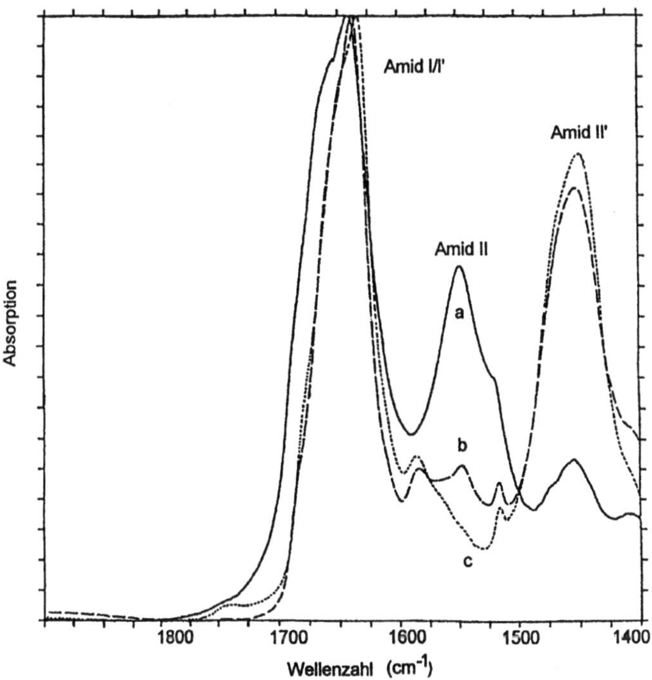

Abb. 4.51. FTIR-Spektren von Ribonuclease A in (a, —) H_2O- und in (b, - - -) D_2O- Puffer nach unvollständigem und (c, · · · ·) vollständigem $H \rightarrow D$-Austausch. Die Spektren reflektieren den $H \rightarrow D$-Austausch im Protein an Hand der Frequenzverschiebung der Amid-I- und Amid-II-Banden zu den Amid I'- und Amid II'-Banden. Im D_2O-Spektrum ist im Bereich von 1550–1600 cm⁻¹ die Absorption von einigen Aminosäureseitenketten zu sehen. (Spektren nach: P. I. HARRIS and D. CHAPMAN (1994) Meth. Molec. Biol. (Microscopy, Optical Spectroscopy, and Macroscopic Techniques) 22, 183)

Tabelle 4.10. Peakpositionen von Komponenten der Amid-I-Bande im IR-Spektrum und Zuordnung von Sekundärstrukturelementen

Bandenposition in H_2O (cm⁻¹)	Bandenposition in D_2O (cm⁻¹)	Zuordnung
1620–1640	1620–1635	β-Faltblatt
~1665		3_{10}-Helix
1648–1657		α-Helix; ungeordnete Strukturen
	1648–1657	α-Helix
	~1644	ungeordnete Strukturen
1667–1686	1659–1683	Turn
1670–1695		β-Faltblatt

1620 cm^{-1} bis 1640 cm^{-1} ist die intensive niederfrequente Komponente der β-Struktur lokalisiert. Eine zweite, hochfrequente Bande, die mit antiparallelen β-Faltblattstrukturen assoziiert ist, wird in der Region von 1670 cm^{-1} bis 1695 cm^{-1} gefunden. Die Absorptionsintensität dieser Bande beträgt nur etwa ein Zehntel der Intensität der niederfrequenten β-Bande. Im Bereich von 1670 cm^{-1} bis 1695 cm^{-1} treten weitere Komponenten auf, die von β-Turnstrukturen herrühren, so daß es schwierig ist, zwischen den Beiträgen von Turns und β-Faltblättern zu unterscheiden.

Eine Komponente bei 1665 cm^{-1} wurde 3_{10}-helicalen Strukturen zugeordnet. 3_{10}-Helices leiten ihren Namen von den 3 Aminosäureresten pro helicale Windung und den 10 Atomen zwischen dem Donor und Akzeptor der Wasserstoffbrücken-Bindung ab, die die Helix stabilisieren. Sie sind damit stärker gewunden als die üblicherweise in Proteinen vorkommenden α-Helices, die im Sinne dieser Nomenklatur eine $3{,}6_{13}$-Helix darstellen.

Die Komponenten der α-Helices sind in H_2O- und in D_2O-Spektren im Bereich von 1648–1657 cm^{-1} zu finden. In H_2O gibt es eine Überlappung der Komponenten, die mit α-Helices und ungeordneten Strukturen korreliert werden. In D_2O werden Komponenten, die sich ungeordneten Strukturen zuordnen lassen, stärker niederfrequent bis ca. 1644 cm^{-1} verschoben als die mit α-Helices korrelierenden Komponenten, die im Bereich von 1648–1657 cm^{-1} absorbieren. Die Auswertung von H_2O- und D_2O-Messungen erlaubt damit die Differenzierung zwischen α-helicalen und ungeordneten Sekundärstrukturanteilen.

Im folgenden soll am Beispiel von Streptokinase erläutert werden, wie man durch eine Analyse des IR-Spektrums zu Informationen über die Sekundärstruktur von Proteinen gelangt. In Abb. 4.52 sind die IR-Spektren von Strepto-

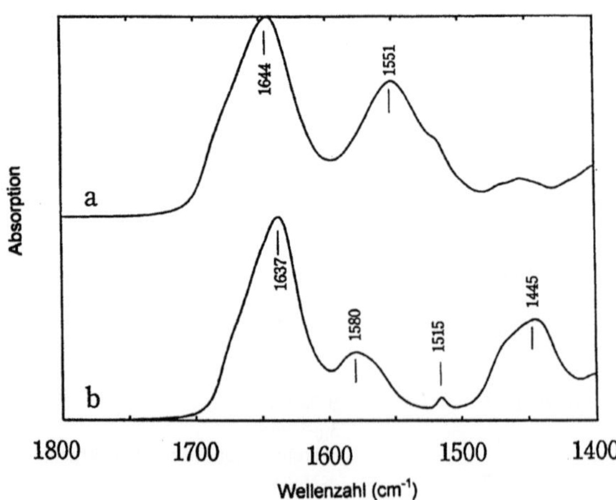

Abb. 4.52. FTIR-Spektren von Streptokinase **a** in H_2O- und **b** in D_2O-Puffer (10 mM Natriumphosphat, pH 7,5) nach digitaler Subtraktion der Pufferspektren. (nach: H. FABIAN, D. NAUMANN, R. MISSELWITZ, D. GERLACH und H. WELFLE (1992) Biochemistry 31, 6532)

kinase in H_2O- und D_2O-Puffer nach digitaler Subtraktion der Pufferspektren zu sehen. Für dieses Protein werden die Maxima der Amid-I-und Amid-II-Bande in H_2O bei 1644 und 1551 cm^{-1} gefunden. In D_2O sind die entsprechenden Maxima der Amid-I'- und Amid-II'-Banden zu 1637 und 1445 cm^{-1} verschoben.

Die IR-Absorption von Proteinen im Bereich von 1700–1500 cm^{-1} wird nicht nur von den Schwingungen der Peptidbindung bestimmt. In diesem Spektralbereich sind zwar in quantitativ weit geringerem Ausmaß, aber doch signifikante Absorptionen von einigen Aminosäureseitenketten zu beobachten. In den Abb. 4.53a und 4.53b sind die rechnerisch aus der Aminosäurezusammensetzung von Streptokinase und den Spektren der individuellen Aminosäuren ermittelten Absorptionen der Aminosäureseitenketten in H_2O und

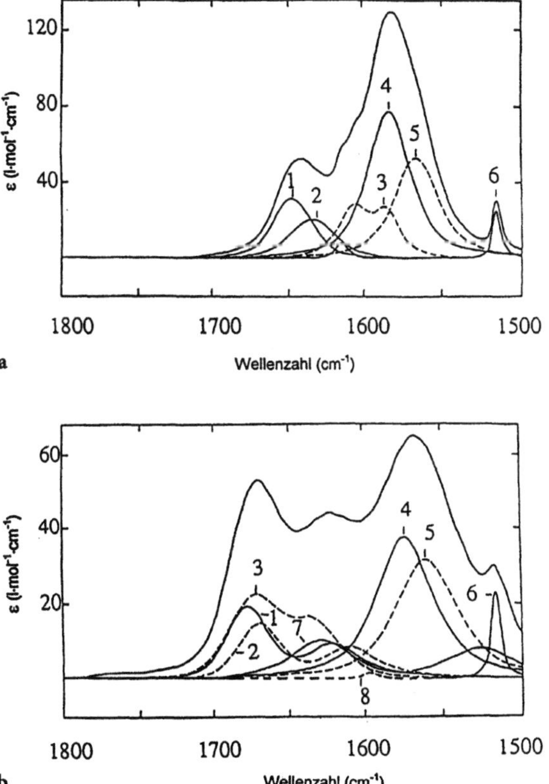

Abb. 4.53. IR-Absorption der Aminosäure-Seitenketten von Streptokinase in H_2O a und in D_2O b, berechnet aus der Aminosäurezusammensetzung des Proteins und einem Satz von IR-Spektren der individuellen Aminosäuren. (1) Asn, (2) Gln, (3) Arg, (4) Asp, (5) Glu, (6) Tyr, (7) Lys, (8) His (nach: H. FABIAN et al., loc. cit.)

D_2O angegeben. Die Seitenkettenabsorption trägt mit 14 % (H_2O) bzw. 10 % (D_2O) zur Gesamtintensität in der Amid-I-Region des IR-Spektrums von Streptokinase bei. Das vermittelt eine Vorstellung vom Ausmaß des systematischen Fehlers, der ohne Berücksichtigung der Seitenkettenabsorption bei der im folgenden beschriebenen Analyse gemacht wird.

Für die weitere Auswertung wurden die zweiten Ableitungen der Spektren berechnet (Abb. 4.54). In der zweiten Ableitung des H_2O-Spektrums wurden 7 Minima gefunden, die auf eine entsprechende Anzahl von Komponenten in der Amid-I-Bande hinweisen. Die zweite Ableitung des D_2O-Spektrums läßt 6 Minima im Bereich der Amid-I'-Bande erkennen.

Für die Zuverlässigkeit der Ergebnisse, die mit einer derartigen Auflösungsverbesserung erhalten werden, ist es sehr wichtig, den störenden Einfluß von Absorptionsbanden des atmosphärischen Wasserdampfes auszuschließen. Diese Banden sind zwar schwach, aber sehr scharf und führen darum zu ausgeprägten Minima in den zweiten Ableitungen. Für die Beurteilung der Analyse ist es wichtig, daß in der zweiten Ableitung des IR-Spektrums keine Minima an den Positionen der Wasserdampfbanden auftreten.

Diese Voraussetzung muß ebenfalls erfüllt sein, wenn die Spektren einer FOURIER-Dekonvolution unterworfen werden. Die Ergebnisse einer Dekonvolution der H_2O- und D_2O-Spektren von Streptokinase sind in Abb. 4.55 dargestellt. Bei der Berechnung wurden als Kurvenform der Komponenten LORENTZ-Kurven mit einer Halbwertsbreite von 16 cm^{-1} vorgegeben, für den Verstärkungsfaktor wurde der relativ hohe Wert von 2.9 benutzt. Die Ergebnisse der Dekonvolution hängen in gewissem Maß von der Wahl der entsprechenden Parameter ab. Zur Beurteilung der Ergebnisse dient der Verlauf des Spektrums im Bereich von 1750 bis 1710 cm^{-1}, der möglichst geradlinig sein sollte.

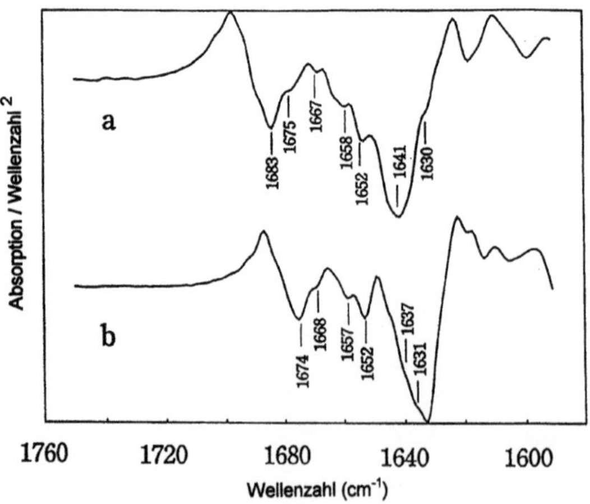

Abb. 4.54. Zweite Ableitung der FTIR-Spektren von Streptokinase **a** in H_2O- und **b** D_2O-Puffer. (nach: H. FABIAN et al., loc. cit.)

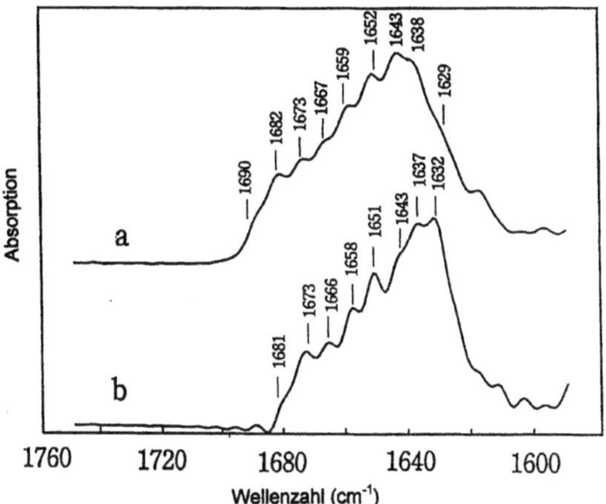

Abb. 4.55. FTIR-Spektren von Streptokinase **a** in H_2O- und **b** in D_2O-Puffer nach mathematischer Verbesserung der Auflösung durch eine Dekonvolutionsroutine (Annahme von LORENTZ-Kurven mit 16 cm⁻¹ Halbwertsbreite, Verstärkungsfaktor 2,9). (nach: H. FABIAN et al., loc. cit.)

Ein sehr wichtiger weiterer Schritt der Analyse ist die Zuordnung der Komponenten, die durch die Prozeduren der Auflösungsverstärkung sichtbar gemacht wurden, zu definierten Sekundärstrukturelementen. Diese auf Literaturdaten beruhende Zuordnung ist eine anspruchsvolle Aufgabe, die große Erfahrung und ein sehr sorgfältiges Vorgehen erfordert. Die bisherigen Untersuchungen haben gezeigt, daß in Abhängigkeit von der konkreten Proteinstruktur die für einzelne Sekundärstrukturelemente beobachteten Positionen von Protein zu Protein erheblich variieren können. Andererseits werden die Ergebnisse der mathematischen Spektrenbearbeitung durch die Wahl der Funktionsparameter beeinflußt, so daß letztlich die Gefahr von Fehlschlüssen besteht. Trotz der für Proteine bekannter Struktur gefundenen guten Korrelationen zwischen bestimmten Bandenpositionen und entsprechenden Sekundärstrukturelementen ist darum eine angemessene Vorsicht bei der detaillierten Interpretation der IR-Spektren angebracht.

Gewisse Informationen über die relativen Anteile der einzelnen Komponenten an der Amid-I-Bande eines Proteins werden erhalten, indem man die Amid-I- bzw. Amid-I′-Banden nach der FOURIER-Dekonvolution mit einem Satz von GAUSS-Kurven anpaßt. In Abb. 4.56 sind die Ergebnisse der entsprechenden Kurvenanpassung für Streptokinase dargestellt. Unterhalb von 1620 cm⁻¹ sind einige Komponenten zu sehen, die nicht mit Schwingungen der Peptidgruppe zusammenhängen, sondern auf Aminosäureseitenketten zurückzuführen sind. Die Flächen unter den einzelnen Komponenten entsprechen in grober Näherung dem Gehalt der entsprechenden Sekundärstrukturelemente und können zur halbquantitativen Bestimmung des Sekundärstrukturgehaltes herangezogen werden.

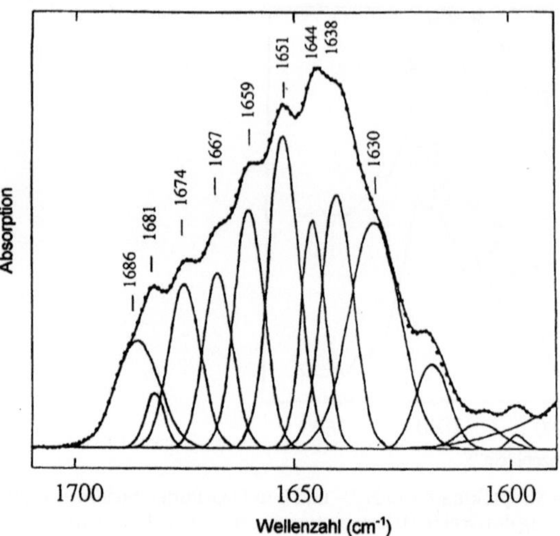

Abb. 4.56. Anpassung der Amid-I-Bande (H_2O-Messung) mit individuellen Komponenten. Die experimentelle Kurve wurde nach der mathematischen Auflösungsverstärkung mittels FOURIER-Dekonvolution mit GAUSS-Kurven angepaßt. Die mathematisch höher aufgelöste Kurve ist durch Punkte gekennzeichnet. Die dünnen Linien geben die errechneten Komponenten an, die starke durchgezogene Linie stellt die Summe der Komponenten dar (nach: H. FABIAN et al., loc. cit.)

4.7 RAMAN-Spektroskopie

4.7.1 Einleitung

Die RAMAN-Spektroskopie bietet ebenso wie die zur IR-Spektroskopie eine Möglichkeit, Informationen über die Schwingungen eines Moleküls zu erhalten. Der bei der Anregung von RAMAN-aktiven Schwingungen stattfindende Prozeß kann als Zwei-Photonen-Prozeß aufgefaßt werden (Abb. 4.57).

Bei dem Zusammentreffen des ersten, energiereichen Photons mit einem Molekül, das sich im niedrigsten Schwingungsniveau des elektronischen Grundzustandes S_{00} befindet, geht das Molekül für sehr kurze Zeit in einen angeregten Zwischenzustand über. Diesen Zwischenzustand verläßt das Molekül nach ca. 10^{-11} s wieder, wobei es das zweite Photon emittiert. In der weitaus größten Zahl der Fälle kehrt das Molekül wieder in den Ausgangszustand zurück. Die Energie bzw. Frequenz des emittierten Photons ist gleich der des anregenden Photons; oder mit anderen Worten formuliert, dieses Streulicht ist durch elastische RAYLEIGH-Streuung zustandegekommen und hat die gleichen Eigenschaften wie das anregende Licht.

In einer weit geringeren Anzahl von Fällen kommt es zur RAMAN-Streuung. Die Wechselwirkung des anregenden Photons mit dem Molekül erfolgt inela-

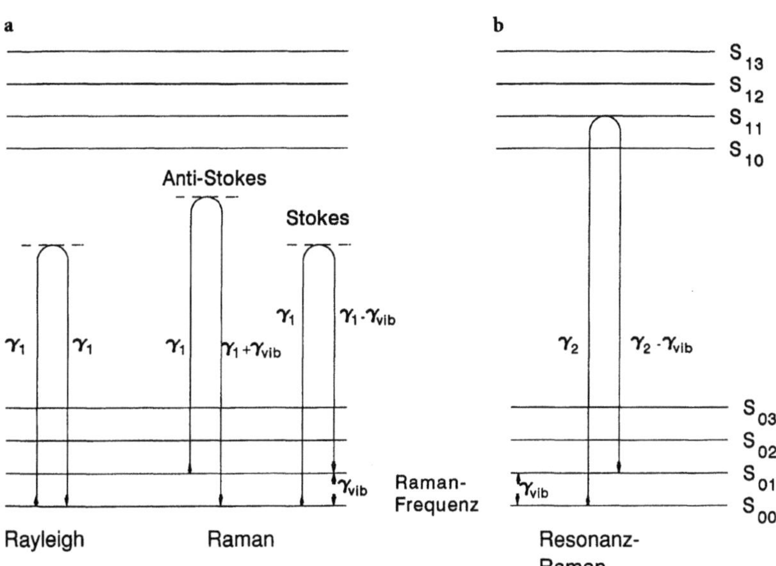

Abb. 4.57. RAYLEIGH-, klassische RAMAN- und Resonanz-RAMAN-Streuung als Zwei-Photonen-Prozeß. **a** Anregung außerhalb einer Absorptionsbande, **b** Anregung im Bereich einer Absorptionsbande. Aufwärts gerichtete Pfeile beschreiben die Wechselwirkung des eingestrahlten Photons mit der Probe, abwärts gerichtet Pfeile stellen das emittierte Photon dar, die Pfeillängen markieren die Frequenz der Photonen. Die RAMAN-Frequenzen ergeben sich als Differenz der Pfeillängen und entsprechen der zur Anregung einer Schwingung erforderlichen Energie (bzw. der Energie, die bei der Anti-STOKES-Streuung dem emittierten Photon mitgegeben wird)

stisch, d. h. das Photon gibt einen Teil seiner Energie an das Molekül ab. Mit dieser Energie werden Schwingungen angeregt, das Molekül gelangt in einen angeregten Schwingungszustand S_{0n} des elektronischen Grundzustandes S_0. Das Photon, das emittiert wird und einen Teil des Streulichtes bildet, ist energieärmer als das anregende Photon. Das von der Probe ausgehende Streulicht enthält folglich einen Anteil, dessen Frequenzen (ν_{em}, em für **emission**) geringerer sind als die Anregungslichtes (ν_{exc}, exc für **excitation**): $\nu_{exc} > \nu_{em}$.

Dieser Anteil ist sehr klein, da es nur in einer geringen Zahl von Fällen zur RAMAN-Streuung kommt, und führt im Spektrum des Streulichtes zu den sog. STOKES-Linien.

Neben den STOKES-Linien werden im Spektrum des Streulichtes auch die sehr schwachen Anti-STOKES-Linien (etwa 1/10 der Intensität der STOKES-Linien) beobachtet, die eine etwas höhere Frequenz als das Anregungslicht aufweisen. Die Anti-STOKES-Linien kommen ebenfalls durch den RAMAN-Effekt zustande, die höhere Energie des anti-STOKESschen RAMAN-Streulichtes wird den beteiligten Molekülen entnommen.

Wenn sich eine Probe im thermischen Gleichgewicht befindet, so kommt bei Raumtemperatur ein geringer Anteil der Moleküle gemäß der Boltzmann-Verteilung in einem angeregten Schwingungszustand vor. Trifft das anregende Photon auf eines dieser angeregten Moleküle, kann durch inelastische Streuung Schwingungsenergie des Moleküls auf das austretende Photon übertragen und damit die Frequenz von geringen Anteilen des Streulichtes erhöht werden.

Die Emission des Raman-Streulichtes beruht auf anderen physikalischen Mechanismen als die Emission von Fluoreszenzlicht. Fluoreszenz tritt auf, wenn die angeregten Moleküle durch Schwingungsrelaxation in einen langlebigen (ca. 10^{-8} s) Schwingungsgrundzustand S_{10} des ersten elektronisch angeregten Zustandes S_1 übergehen. Dann kann die Fluoreszenzemission mit strahlungslosen Desaktivierungsprozessen konkurrieren (s. Abschn. 4.1.2.2). Wenn eine Substanz fluoresziert, wird die Messung eines konventionellen Raman-Spektrums sehr schwierig bzw. unmöglich.

Das Raman-Streulicht und die Fluoreszenzemission lassen sich experimentell unterscheiden, da sie eine unterschiedliche Lebensdauer haben und ihre Frequenzen in unterschiedlicher Weise von den Frequenzen des Anregungslichtes abhängen.

Die Frequenz des Fluoreszenzlichtes wird durch eine Stoffeigenschaft, durch die Energiedifferenzen zwischen S_{10} und S_{0n}, bestimmt. Die Frequenz des Fluoreszenzlichtes (Wellenlänge des Fluoreszenzmaximums) ist darum unabhängig von der Anregungsfrequenz (Wellenlänge des Anregungslichtes) und wird immer an der gleichen spektralen Position gefunden.

Dagegen hängt die Frequenz des Raman-Streulichts von der gewählten Anregungsfrequenz ν_{exc} ab. Bei einer Änderung der Anregungsfrequenz ν_{exc} ändert sich auch die Frequenz ν_{em} des Streulichts.

Für ein gegebenes Molekül sind aber die Differenzen ν_{vib} (vib für **vibration**) zwischen der jeweiligen Anregungsfrequenz ν_{exc} und den Frequenzen des Raman-Streulichtes ν_{em} immer gleich:

$$\nu_{vib} = \nu_{exc} - \nu_{em} \tag{4.57}$$

Zur Darstellung eines Raman-Spektrums werden nicht die Frequenzen ν_{em}, sondern die durch Gl. (4.57) definierten Frequenzen ν_{vib} angegeben, da diese von den Stoffeigenschaften und nicht von den Eigenschaften des Anregungslichtes abhängen.

Die in den IR- und Raman-Spektren enthaltenen Informationen zu den Schwingungen eines Moleküls sind nicht alternativ, sondern komplementär, da IR- und Raman-Banden durch unterschiedliche Mechanismen mit unterschiedlichen Anregungsbedingungen zustande kommen (s. Abschn. 4.1.2.3). In Abhängigkeit davon, ob sich bei der Anregung einer Schwingung das Dipolmoment (IR), die Polarisierbarkeit (Raman) oder beide Eigenschaften (IR und Raman) ändern, sind diese Schwingungen IR-aktiv, Raman-aktiv oder IR- und Raman-aktiv. Jedoch auch in der Kombination beider Methoden werden nicht alle theoretisch erlaubten Schwingungsmoden tatsächlich beobachtet, da viele Schwingungen zu sehr schwachen, experimentell nicht oder nur sehr schwer erfaßbaren Banden führen.

Die Banden der IR- und Raman-Spektren unterscheiden sich in den Halbwertsbreiten. Ein Vorteil der Raman-Spektroskopie liegt darin, daß viele Raman-Banden erheblich schärfer als die entsprechenden IR-Banden sind.

Raman-Spektren von Proteinen enthalten üblicherweise Banden im Frequenzbereich von ca. 150 cm^{-1} bis 4000 cm^{-1}, d.h. also im Bereich von Schwingungen, die dem fernen und mittleren IR-Bereich entsprechen.

Es gibt eine Reihe von speziellen Formen der Raman-Spektroskopie. Dazu gehören die Resonanz-Raman-Spektroskopie, die bei der Anregung im Bereich von Absorptionsbanden beobachtet wird, die oberflächenverstärkte Raman-Streuung (SERS: *engl.* Surface Enhanced Raman Scattering s. Abschn. 4.7.6) und die kohärente anti-Stokes-Raman-Streuung (KARS oder CARS für *engl.* coherent).

In Abb. 4.57b ist schematisch dargestellt, wie man sich das Zustandekommen der Resonanz-Raman-Streuung vorstellen kann. Wird eine Substanz mit Licht bestrahlt, dessen Frequenz im Bereich einer Absorptionsbande liegt, so kommt es bekanntlich zur Absorption. Ein Teil der Photonen wird aber auch an den Molekülen der Probe gestreut, so daß im Streulicht neben der Rayleigh-Streuung, deren Frequenz mit der Frequenz des Anregungslichtes identisch ist, auch die Frequenz-verschobenen Raman-Banden auftreten. Wenn die Frequenz des Anregungslichtes im Bereich einer Absorptionsbande liegt, ist die Intensität der Raman-Streuung aufgrund eines Resonanzeffektes weit höher als bei dem nichtresonanten, klassischen Raman-Effekt, bei dem die Anregung außerhalb von Absorptionsbanden erfolgt.

4.7.2 Meßtechnik

Für die Anwendung der Raman-Spektroskopie zur Untersuchung von biologischen Makromolekülen war die Entwicklung von leistungsstarken Lasern von entscheidender Bedeutung. Laser liefern einen monochromatischen und leicht fokussierbaren Lichtstrahl hoher Intensität und stellen die optimale Lichtquelle für die Raman-Spektroskopie dar. Überwiegend werden Argon-Ionen-, Krypton-Ionen-, Helium-Neon- oder Stickstoff-Laser eingesetzt. Häufig benutzte Laserlinien sind die 632,8-nm-Linie des He-Ne-Lasers und die 488-nm- bzw. 514-nm-Linien des Argon-Ionen-Lasers. Da auch die Frequenzen der Raman-Streuung im Bereich des sichtbaren Lichtes liegen, kann Glas für optische Bauelemente und Küvettenmaterialien verwendet werden. Im Raman-Spektrum sind damit, anders als bei der IR-Spektroskopie, auch Banden unterhalb von 1000 cm^{-1} problemlos zu beobachten.

Die Intensität der Raman-Streuung (I_s) steigt mit der vierten Potenz der Frequenz des Anregungslichtes an ($I_s \sim \nu^4$). Das bedeutet eine Intensitätssteigerung um den Faktor 2,8, wenn bei einem Raman-Experiment die Anregung mit der 488 nm-Linie eines Argon-Ionen-Lasers an Stelle der 632,8 nm-Linie eines He-Ne-Lasers erfolgt.

In Abb. 4.58 ist der Strahlengang eines mit drei Monochromatoren und zwei Probenkammern ausgestatteten RAMAN-Spektrometers schematisch dargestellt. Der Laserstrahl wird über ein System von Spiegeln entweder in ein Mikroskop oder in eine Makrokammer gelenkt. Im Mikroskop wird das RAMAN-Signal in einer 180°-Geometrie als Rückstreuung erfaßt, während in der Makrokammer häufig die 90°-Geometrie als Meßanordnung gewählt wird, da diese eine optimale Signalerfassung ermöglicht. Um bei beiden Meßanordnungen zu Spektren mit vergleichbaren Bandenintensitäten zu kommen, muß die Lage der Polarisationsebene des anregenden Laserlichtes beim Aufbau der Meßanordnung beachtet und u.U. mit Hilfe von geeigneten optischen Vorrichtungen, die die Polarisationsebene des Lichtes drehen können, verändert werden. Die Polarisation der RAMAN-Banden wird mit Hilfe von Polarisationsfiltern, die nach der Probe in den Strahlengang gebracht werden, ermittelt.

Das von der Probe ausgehende Streulicht kann auf unterschiedliche Weise analysiert werden. Das Streulicht besteht nahezu ausschließlich aus dem durch elastische Streuung entstandenen RAYLEIGH-Streulicht, das die gleiche Wellenlänge bzw. -zahl wie das anregende Licht hat. Der Anteil der durch inelastische Streuung gebildeten RAMAN-Banden mit veränderter Wellenzahl beträgt nur einen winzigen Bruchteil an der Gesamtstreuung. Für die Messung eines RAMAN-Spektrums ist es erforderlich, die RAYLEIGH-Streuung weitestgehend abzutrennen, um die schwachen RAMAN-Signale bis nahe an die Erregerlinie heran messen zu können. Die Intensität der RAYLEIGH-Streuung, deren Maximum bei der Frequenz der Erregerlinie liegt, übersteigt um ca. fünf Größenordnungen die Intensität der RAMAN-Streuung. Es würde zur Zerstörung der hochempfindlichen Detektoren kommen, wenn man diese der gesamten Streulichtintensität aussetzen würde. Zur spektralen Zerlegung des Streulichtes und zur Abtrennung der RAYLEIGH-Streuung eignen sich Doppel-Monochromatoren, die im Abstand von 50 cm^{-1} vom Maximum der RAYLEIGH-Linie eine Unterdrückung um den Faktor 10^{10} erreichen. Wenn die in Abb. 4.58 gezeigten drei Monochromatoren in additiver Arbeitsweise als Tripel-Monochromator eingesetzt werden, ist es möglich, die RAMAN-Streuung bis auf 10 cm^{-1} an die Erregerlinie heran zu messen.

Eine andere, neue Lösung zur Abtrennung der RAYLEIGH-Streuung bieten Filter, die seit einigen Jahren zur Verfügung stehen und ebenfalls eine weitgehende Unterdrückung der RAYLEIGH-Streuung erlauben. Diese sog. RAMAN-Notch-Filter sind weit kostengünstiger und bieten den zusätzlichen Vorteil, mit erheblich geringeren Lichtverlusten als die Monochromatoren zu arbeiten. Damit werden größere Signale und bessere Signal-Rausch-Verhältnisse erreicht und Messungen an extrem schwach streuenden Proben möglich. Nachteilig ist, daß die Notch-Filter jeweils nur für eine definierte Wellenlänge eingesetzt werden können. Weiterhin ist der Ausschluß der RAYLEIGH-Streuung durch das Notch-Filter nicht ganz so effektiv wie mit einem Tripel-Monochromator, so daß es wegen des zunehmenden Streulichtanteils insbesondere bei Proben mit starker Untergrundstreuung Schwierigkeiten bereiten kann, unterhalb von ca. 400 cm^{-1} mit der Notch-Filter-Anordnung zu messen.

Bei der in Abb. 4.58 dargestellten Version eines RAMAN-Spektrometers ermöglicht ein Rad, auf dem Spiegel und Linsen montiert sind, den Lichtweg um-

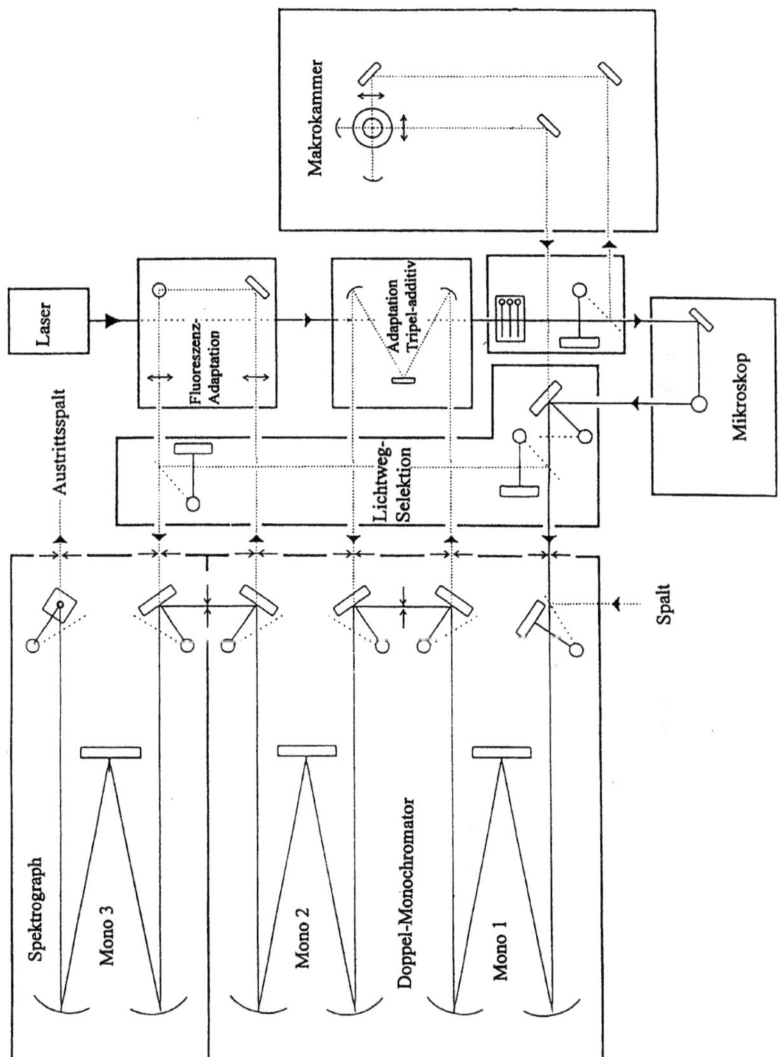

Abb. 4.58. Blockschema des Strahlenganges in einem RAMAN-Spektrometer mit drei Monochromatoren, Mikroskop und Makrokammer (T 64000 der Fa. Jobin-Yvon, Frankreich). Die Proben werden auf dem Mikroskoptisch bzw. in der Makrokammer positioniert

zustellen und das Streulicht je nach gewähltem Meßmodus auf die entsprechenden Eintrittsspalte der Monochromatoren zu lenken.

Vom Ausgang des dritten Monochromators, der Spektrographenstufe, gelangt das RAMAN-Streulicht auf einen geeigneten Detektor und wird dort registriert. Die Daten werden zur Speicherung und Bearbeitung an einen Computer weitergeleitet. Die Gitter der Monochromatoren werden von Computer-gesteuerten Motoren bewegt, um die eingestellten Spektralbereiche zu erfassen. Je nach Ausstattungsgrad der Spektrometer sind u. U. auch weitere erforderliche optische Elemente, wie z.B. die Eintrittsspalte der Monochromatoren, motorisiert und über entsprechende Parametereinstellungen durch den Computer kontrollierbar.

Prinzipiell stehen für die Erfassung des schwachen RAMAN-Streulichtes hochempfindliche CCD-Zeilen, Dioden-Array-Detektoren oder Photomultiplier zur Verfügung. Mit CCD-Zeilen und Dioden-Array-Detektoren lassen sich gleichzeitig ganze Spektralbereiche erfassen. Diese beiden Detektortypen sind in der RAMAN-Spektroskopie weitgehend gleichwertig einsetzbar, mit gewissen Vorteilen der CCD-Detektoren, wenn es um die Erfassung von sehr schwachen Signalen geht. Mit einem Photomultiplier wird das Signal Wellenzahl für Wellenzahl schrittweise registriert, was zu längeren Meßzeiten führt. Photomultiplier werden vorteilhaft eingesetzt, wenn eine sehr hohe spektrale Auflösung erreicht werden soll oder die Proben eine sehr hohe Untergrundintensität (z.B. durch Fluoreszenz) aufweisen, die bei einem CCD-Detektor zu Sättigungsproblemen führen und die Messung unmöglich machen würde.

4.7.3 Raman-Spektren von Proteinen

Die Banden in den RAMAN-Spektren von Proteinen sind auf Schwingungen des Peptidrückgrates und verschiedener Aminosäurereste in den Seitenketten zurückzuführen.

Als ein Beispiel wird in Abb. 4.59 das RAMAN-Spektrum von Streptokinase im Bereich von 400 bis 1800 cm^{-1} gezeigt. Das Spektrum wird von den Amid-I- und Amid-III-Banden der Peptidgruppe und verschiedenen Banden, die auf die aromatischen Seitenketten von Tyrosin und Phenylalanin und auf Schwingungen der CH_2-Gruppe zurückzuführen sind, dominiert. Die Amid-Banden variieren mit der Proteinkonformation, während die Tyr- und Phe-Banden von der lokalen Umgebung dieser Gruppen beeinflußt werden.

Peptidrückgrat. Die Amid-I-Bande kommt hauptsächlich durch eine C=O-Streckschwingung zustande, während an der Amid-III-Bande vor allem die C-N-Streckschwingung, gekoppelt mit einer N-H-Beugeschwingung, beteiligt ist. Durch Untersuchungen an Modellpeptiden und Proteinen mit bekannter Raumstruktur wurden Korrelationen zwischen den Frequenzen und Intensitäten dieser Amidbanden und verschiedenen Sekundärstrukturelementen erarbeitet, die in Tabelle 4.11 zusammengestellt sind. Im RAMAN-Spektrum von Proteinen, die mehrere Typen von Sekundärstrukturen enthalten, überlagern sich

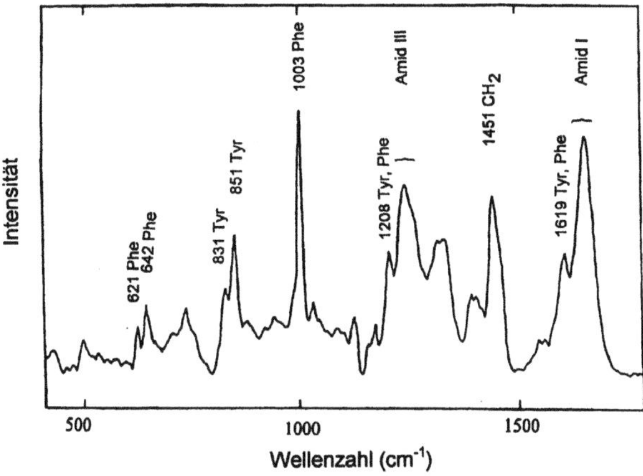

Abb. 4.59. Raman-Spektrum von Streptokinase in H$_2$O-Puffer nach Abzug des Pufferspektrums und Korrektur einer unspezifischen Untergrundstreuung. (Spektrum nach: H. Fabian and P. Anzenbacher (1993) Vibrational Spectroscopy 4, 125)

Tabelle 4.11. Sekundärstruktur und Position der Amid-I- und Amid-III-Banden in den Raman-Spektren von Proteinen. Raman-Spektren in H$_2$O und D$_2$O; Bandenintensität: (s) stark, (m) mittel, (g) gering; (b) breite Bande

Sekundärstruktur	Amid-I (H$_2$O) cm^{-1}	Amid-I' (D$_2$O) cm^{-1}	Amid-III (H$_2$O) cm^{-1}	Amid-III' (D$_2$O) cm^{-1}
β-Faltblatt	1665–1680 (s)	1655–1670 (s)	1230–1240 (s)	900–1000
α-Helix	1645–1657 (s)	1635–1645 (s)	1260–1300 (g)	900–1000
Ungeordnet	1660–1665 (m, b)	1655–1660 (m, b)	1240–1250 (m)	900–1000

die einzelnen Komponenten der Amidschwingungen zu relativ breiten Banden. Zur Bestimmung des Sekundärstrukturgehaltes von Proteinen aus dem Raman-Spektrum können prinzipiell ähnliche Wege wie für die Analyse von CD- und IR-Spektren (siehe Abschnitte 4.4.3.1 und 4.6.5) eingeschlagen werden. Verschiedene Methoden wurden vorgeschlagen und haben zu akzeptablen Ergebnissen geführt, trotzdem sollten in Anbetracht der großen Fehlermöglichkeiten die Raman-spektroskopisch bestimmbaren Sekundärstrukturgehalte von Proteinen nur als Anhaltswerte betrachtet und nicht überinterpretiert werden.

Tyrosin. Unter den Tyr-Banden befindet sich ein Doublett, dessen Maxima bei 830 und 850 cm^{-1} liegen. Die Intensitäten dieser Banden hängen von der

Art der Wasserstoffbrücken ab, an denen die phenolische Hydroxylgruppe beteiligt ist. Das Intensitätsverhältnis I_{850}/I_{830} kann Werte zwischen 2,5 und 0,3 annehmen. Ein Wert von 2,5 zeigt an, daß die OH-Gruppe des Tyr als Akzeptor eine Wasserstoffbrücke mit einem positiven Donor ausbildet, wie es bei oberflächlich lokalisierten, exponierten Tyr-Resten der Fall sein kann. Bei einem I_{850}/I_{830}-Wert von 0,3 fungiert die Hydroxylgruppe des Tyr als Donor in einer starken Wasserstoffbrücken-Bindung mit einem negativen Akzeptor, was auf eine Lokalisation im hydrophoben Inneren des Proteins hindeutet.

Tryptophan. Drei dem Trp zugeordnete RAMAN-Banden bei 880, 1360 und 1550 cm^{-1} (Abb. 4.60) sind konformationsempfindlich und erlauben Aussagen zur Mikroumgebung der Trp-Reste. Im RAMAN-Spektrum der Streptokinase (Abb. 4.59) sind die Trp-Banden sehr schwach, da dieses Protein nur einen Trp-Rest enthält. Die RAMAN-Bande des Trp bei 880 cm^{-1} zeigt die Stärke der Wasserstoffbrücken-Bindung an, die von der N^{1}H-Gruppe des Indolringes ausgebildet wird, wobei die Frequenz der Bande mit steigender Bindungsstärke sinkt. Die Intensität der Bande bei 1360 cm^{-1} steigt, wenn die Mikroumgebung des Indolringes hydrophober wird. Die Frequenz der Bande bei 1550 cm^{-1} wird von der Orientierung des Indolringes zum C$_\alpha$-Atom des Peptidrückgrates beeinflußt.

Sulfhydryl- und Disulfidgruppen. Die S-H-Streckschwingung führt zu einer RAMAN-Bande bei 2550 cm^{-1}. Der Austausch von Wasserstoff gegen Deuterium verschiebt diese Bande in den Bereich von 1850 cm^{-1}. Im Bereich von 500 – 550 cm^{-1} liegt eine zur S-S-Streckschwingung gehörende starke RAMAN-Bande, die im RAMAN-Spektrum von Streptokinase (Abb. 4.59) nicht zu finden ist, da dieses Protein keine Disulfidbrücken enthält.

Die der S-S-Gruppe zugeordnete Bande gehört zu den starken Banden im RAMAN-Spektrum von Proteinen, wie am Beispiel des RAMAN-Spektrums eines Lysozymkristalls in Abb. 4.60 zu sehen ist. Die Frequenz dieser Bande ist ein Indikator für die lokale Geometrie der Disulfidbrücke mit Werten von 510 cm^{-1} für die *gauche-gauche-*, 525 cm^{-1} für die *gauche-trans-* und 540 cm^{-1} für die *trans-trans*-Konformation (zur Nomenklatur der Konformeren siehe Lehrbücher der Stereochemie).

Histidin. Die schwachen RAMAN-Banden können zu Aussagen über die Ionisation des His-Restes herangezogen werden. In D$_2$O (^{2}H$_2$O) wird eine Bande bei ca. 1408 cm^{-1} gefunden, die auf Schwingungen der N-D-Gruppe (N^{2}H-Gruppe) des Imidazolringes beruht. Die Intensität der Bande hängt vom Ionisationszustand und die Frequenz von geometrischen Parametern der Gruppe ab.

Phenylalanin. Phe-Schwingungen führen bei 1003 cm^{-1} zu einer starken Bande in den RAMAN-Spektren von Proteinen. Diese Bande ist nicht von der Konformation abhängig.

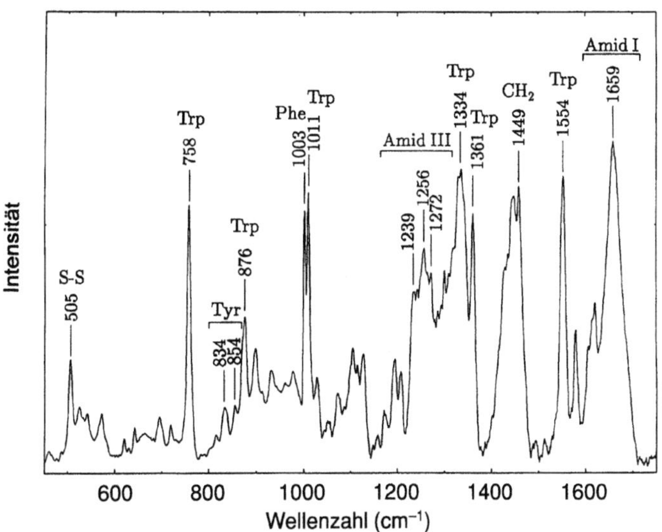

Abb. 4.60. RAMAN-Spektrum eines Lysozymkristalls

4.7.4 Resonanz-Raman (RR)-Spektroskopie von Proteinen

Bei Einstrahlung von Licht, das die Frequenz eines Absorptionsmaximums hat, werden selektiv Schwingungen derjenigen Atome angeregt, die an der Absorption beteiligt sind. Es kommt zu sehr intensiven RAMAN-Banden und damit zu hochselektiven Informationen über die absorbierenden Gruppen, wogegen andere Molekülteile kaum angeregt werden und damit auch nicht im Resonanz-RAMAN (RR)-Spektrum vertreten sind.

In Abb. 4.61 ist als Beispiel das RR-Spektrum von Cytochrom c dargestellt, das als prosthetische Gruppe eine Hämgruppe enthält. Die Anregung erfolgte bei 457 nm im Bereich der Häm-Absorption und das Resonanz-Raman-Spektrum ist von Banden bestimmt, die der Hämgruppe zugeordnet werden können. Die auf dem klassischen RAMAN-Effekt beruhenden Banden, wie die Amid-Schwingungen und die vorher beschriebenen Banden der Aminosäureseitenketten (s. Abschn. 4.7.3) wurden zwar angeregt, sind aber vergleichsweise so schwach, daß sie im RR-Spektrum eine völlig untergeordnete Rolle spielen.

Die RR-Spektroskopie ist vor allem sehr intensiv zur Untersuchung von Hämproteinen, Rhodopsin und Bakteriorhodopsin, Flavinen und Metalloproteinen eingesetzt worden. Die Frequenzen der Banden der RR-Spektren enthalten detaillierte Informationen über die Geometrie und die elektronischen Strukturen des Grundzustandes der Chromophore, die in diesen Proteinen enthalten sind. Aus den Intensitäten der RAMAN-Banden sind Rückschlüsse auf die Eigenschaften der angeregten elektronischen Zustände möglich.

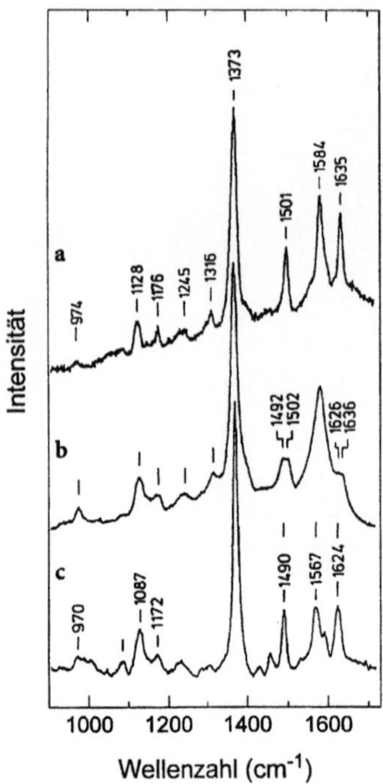

Abb. 4.61. RAMAN-Spektren von Cytochrom *c*. (a) Resonanz-RAMAN (RR)-Spektrum von 10^{-1} M Ferricytochrom *c* in wäßriger Lösung, Anregung bei 457 nm in der Nähe der SORET-Bande; (b) oberflächenverstärktes Resonanz-RAMAN-(SERRS)-Spektrum von 10^{-8} M Cytochrom *c* mit kolloidalem Silber, (c) SERRS-Spektrum von Häminchlorid mit kolloidalem Silber nach Abzug von Lösungsmittelbanden. (Spektren aus: P. HILDEBRANDT and M. STOCKBURGER (1986) J. Phys. Chem. 90, 6018)

In zahlreichen theoretischen und experimentellen Arbeiten wurden systematische Studien durchgeführt, die wesentlich zum Verständnis von wichtigen biologischen Prozessen beigetragen haben. Dazu gehören u.a. Untersuchungen an Hämproteinen zur Bindung und zum Transport von Sauerstoff, an verschiedenen Cytochromen zum Elektronentransport, und an Cytochrom-P-450, Peroxidasen oder Katalasen zu den chemischen Reaktionen, die von diesen Enzymen katalysiert werden. Viele weitere Arbeiten sind der Struktur von verschiedenen Metalloproteinen, der Struktur von photosynthetischen Systemen und den Mechanismen der Primärschritte der Lichtabsorption (unter Einbeziehung von Kurzzeit- und Ultrakurzzeit-Techniken der zeitaufgelösten RAMAN-Spektroskopie bis in den Femtosekundenbereich) und vielen anderen Enzymen, die im sichtbaren Bereich absorbierende prosthetische Gruppen besitzen, gewidmet.

Durch die Möglichkeiten zur Erzeugung von ultraviolettem Laserlicht, wie es z. B. durch Frequenzverdopplung der 488-nm- und 514,5-nm-Linien des Argon-Ionen-Lasers oder durch den Einsatz von Farbstoff-Lasern oder Excimer-Lasern (Impulslaser auf der Basis von Edelgashalogeniden, bei denen die Laseremission auf Elektronenübergängen zwischen einem stabilen oberen und einem instabilen und damit unbesetzten unteren Zustand beruht) realisiert wird, können auch im UV-Bereich RR-Spektren von Proteinen gemessen werden. Es wurde gezeigt, daß sich sowohl Effekte der Proteinkonformation als auch Umgebungseinflüsse auf die Seitenketten der aromatischen Aminosäuren in den UV-RR-Spektren analysieren lassen. Allerdings erwies sich die photochemische Zersetzung der Proteine als ein ernstzunehmendes experimentelles Problem, dessen Lösung zusätzliche Maßnahmen erfordert. So ist es z. B. möglich, die Schädigung der Probe durch den Einsatz von rotierenden Zellen zu verringern. Weiterhin kann man mit größeren Probenvolumina arbeiten und die Lösung in einem geschlossenen Kreislauf kontinuierlich durch die Meßküvette strömen lassen, so daß immer wieder intakte Moleküle in den Strahlengang gelangen. Leider gehen die Vorteile der höheren Empfindlichkeit, die die Messung im UV bietet, durch solche Versuchsanordnungen z. T. wieder verloren.

4.7.5 Fourier-Transform-Raman-Spektroskopie im nahen Infrarot-Bereich

Raman-Streuung kann im nahen Infrarot-Bereich mit Hilfe von Infrarot-Lasern angeregt und in einem FTIR-Spektrometer analysiert werden. Ein vielversprechender Vorteil dieser Methode ist, daß die Fluoreszenz im IR-Bereich nicht angeregt wird, wodurch auch Proben, die im Sichtbaren stark fluoreszieren, der Messung zugänglich werden. Dagegen ist es sehr nachteilig, daß die Intensität der Raman-Streuung im IR-Bereich gering ist, da die Streuintensität mit der vierten Potenz von der Frequenz der Anregungsstrahlung ($I_s \sim \nu^4$) abhängt und weiterhin wegen der starken Absorption von IR-Strahlung in H_2O Messungen an wäßrigen Lösungen schwierig sind.

4.7.6 Oberflächenverstärkte Raman-Spektroskopie (SERS und SERRS)

Eine als SERS (*engl.* Surface Enhanced Raman Spectroscopy oder Scattering) bekannte Variante der Raman-Spektroskopie beruht auf der um mehrere Größenordnungen erhöhten Raman-Streuung von Proben, die an bestimmten Metalloberflächen adsorbiert sind. Wird die oberflächenverstärkte Raman-Spektroskopie im Bereich von Absorptionsbanden durchgeführt, sind zusätzlich Resonanzphänomene zu berücksichtigen; diese methodische Variante wird abgekürzt als SERRS (*engl.* Surface Enhanced Resonance Raman Spectroscopy) bezeichnet.

In Abb. 4.61 ist zusätzlich zu dem schon erwähnten RR-Spektrum auch ein SERRS-Spektrum von Cytochrom *c* dargestellt. Der Vergleich des SERRS- mit dem RR-Spektrum macht die mehrere Größenordnungen betragende Empfindlichkeitssteigerung deutlich, die durch die SERS-Technik erreicht wird. Während das RR-Spektrum mit einer 0,1 M Proteinlösung gemessen wurde, konnten im Fall der SERRS-Messung vergleichbar intensive Ramanbanden bei einer Proteinkonzentration von nur 10 nM erhalten werden. Als Oberflächen werden speziell präparierte kolloidale Silberpartikel eingesetzt. Die erhöhte Intensität der Raman-Streuung ist ein Effekt, der von der Entfernung zwischen Metalloberfläche und angeregten Molekülteilen abhängt. Bei großen Molekülen stammen daher die Banden des SERS-Spektrums nur von denjenigen Molekülteilen, die sich direkt an oder sehr nahe an der Metalloberfläche befinden, während weiter entfernte Molekülteile oder in Lösung befindliche Moleküle nicht erfaßt werden.

Die sehr hohe Empfindlichkeit der SERS läßt erwarten, daß die Methode für den analytischen Nachweis von kleinsten Substanzmengen weite Anwendung finden wird.

Literatur

ATKINS, PW (übers. u. ergänzt von A HÖPFNER) (1990) Physikalische Chemie. 2. korr. Nachdruck der 1. Aufl., VCH, Weinheim

BASHFORD, CL and DA HARRIS (eds) (1987) Spectrophotometry and Spectrofluorimetry – a practical approach. IRL Press, Oxford

CANTOR, CR and PR SCHIMMEL (1980) Biophysical Chemistry. WH Freeman, New York

CLARK, RJH and RE HESTER (eds) (1986) Spectroscopy of Biological Systems. Advances in Spectroscopy, Vol 13. J Wiley & Sons, Chichester

COLTHUP, NB, LH DALY and SE WIBERLEY (1990) Introduction to Infrared and Raman Spectroscopy. 3rd ed. Academic Press, Boston

CREIGHTON, TE (1992) Proteins. Structures and Molecular Properties. 2nd ed. WH Freeman, New York

DEMCHENKO, AP (1981) Ultraviolet Spectroscopy of Proteins. Springer, Berlin

EDELHOCH, H (1967) Spectroscopic Determination of Tryptophan and Tyrosine in Proteins. Biochem. 6, 1948–1954

FABIAN, H and P ANZENBACHER (1993) New developments in Raman spectroscopy of biological systems. Vibrational Spectroscopy 4, 125–148

GALLA, H-J (1988) Spektroskopische Methoden in der Biochemie. Thieme, Stuttgart

GENDREAU, RM (ed) (1986) Spectroscopy in the Biological Sciences. CRC Press, Boca Raton, Florida

GILL, SC and PH VON HIPPEL (1989) Calculation of Protein Extinction Coefficients from Amino Acid Sequence Data. Anal Biochem. 182, 319–326

GEORGE, WO and PS MCINTYRE, (1987) Infrared Spectroscopy. Analytical Chemistry by Open Learning. J Wiley & Sons, Chichester

HARRIS, PI and D CHAPMAN (1994) In: C JONES, B MULLOY, AH THOMAS (eds) Microscopy, Optical Spectroscopy, and Macroscopic Techniques. Humana Press, Totowa, New Jersey

HESSE, M, H MEIER und B ZEEH (1991) Spektroskopische Methoden in der organischen Chemie. 4. Aufl., Thieme, Stuttgart

JOHNSON, WC (1988) Secondary Structure of Proteins Through Circular Dichroism Spectroscopy. Ann Rev Biophys Biophys Chem 17, 145–166

MACH, H, CR MIDDAUGH and R. LEWIS (1992) Statistical Determination of the Values of the Extinction Coefficients of Tryptophan and Tyrosine in Native Proteins. Anal Biochem 200, 74–80

PROVENCHER, SW und J GLÖCKNER (1981) Estimation of Globular Protein Secondary Structure from Circular Dichroism. Biochem 20, 33–37

SCHMID, FX (1989) In: TE CREIGHTON (ed) Protein structure – a practical approach. IRL Press, Oxford

SPIRO, TG (1988) Biological Applications of Raman Spectroscopy. J Wiley & Sons, London

TWARDOWSKY, K (1977) Laser, kurz und bündig. Vogel-Verlag, Würzburg

WILSON, K und KH GOULDING (Hrsg) (übers., bearb. u. aktualisiert von H FASOLD) (1991) Methoden der Biochemie. Thieme, Stuttgart

YANG, JT, C-S WU and HM MARTINEZ (1986) Calculation of Protein Conformation from Circular Dichroism. Meth Enzymol 130, 208–269

5 NMR-Spektroskopie – Strukturaufklärung von Peptiden und Proteinen in Lösung

5.1 Physikalische und methodische Grundlagen

Voraussetzung für die Durchführung eines NMR-(Nuclear Magnetic Resonance, *dt.* kernmagnetische Resonanz) Experiments für eine bestimmte Kernsorte ist das Vorhandensein eines Kernspins p (eine gequantelte Größe mit der Kernspinquantenzahl I). Solche Atomkerne kann man sich als Kugeln mit auf der Oberfläche gleichmäßig verteilter positiver Ladung vorstellen, die um einen ihrer Durchmesser rotieren. Die Rotation von Ladungen entspricht einem Strom, die logische Folge davon ist die Induktion eines Magnetfeldes. Der Kern ist damit ein Magnet mit dem magnetischen Moment μ:

$$\mu = \gamma \cdot p \tag{5.1}$$

Die Proportionalitätskonstante γ ist eine kernspezifische Größe: das gyromagnetische Verhältnis.

Alle natürlich vorkommenden Isotope des Periodensystems besitzen diese Eigenschaft, außer den sogenannten g, g-Kernen (gerade Massenzahl *und* gerade Ordnungszahl, z. B. ^{16}O, ^{12}C, ^{32}S), wo sich die Einzelspins der Neutronen bzw. Protonen des Kerns egalisieren und netto ein Kernspin p = 0 resultiert.

Die in Proteinen natürlich vorkommenden Kerne ^{1}H, ^{13}C und ^{15}N (alle I = 1/2), aber auch die Isotope ^{2}D, ^{14}N (I = 1) und ^{17}O (I = 5/2) besitzen ein magnetisches Moment und sind folglich der NMR-Spektroskopie zugänglich.

Bringt man Kerne mit der Kernspinquantenzahl I = 1/2 (das Verhalten von Kernen höherer Kernspinquantenzahl ist komplexer) in ein starkes, permanentes Magnetfeld B_0, so besetzen sie zwei Energieniveaus, die durch unterschiedliche Anordnung des Kernspins zur Richtung von B_0 (parallel und *anti*parallel) gekennzeichnet und durch einen bestimmten B_0-abhängigen Energiebetrag ΔE getrennt sind (Abb. 5.1):

$$\Delta E = \frac{h \cdot \gamma \cdot B_0}{2 \cdot \pi} \tag{5.2}$$

Das stabilere Energieniveau (α), wo Parallelität von Kernspin und B_0 vorliegt, ist gegenüber dem instabileren (β) nach der Boltzmann-Verteilung

$$\frac{N_\beta}{N_\alpha} = e^{-\frac{\Delta E}{k \cdot T}} \tag{5.3}$$

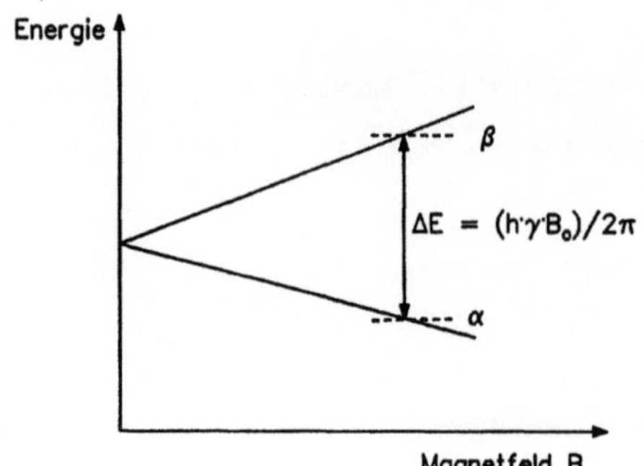

Abb. 5.1. Energieniveauschema für Kerne mit I = 1/2

stärker ($N_\alpha > N_\beta$) besetzt. Dieser Besetzungsunterschied ist nach Gl. (5.2) von der untersuchten Kernart (γ) und der Stärke des angelegten Magnetfeldes (B_0) abhängig und führt dazu, daß in der Richtung des angelegten Magnetfeldes B_0 eine makroskopische Magnetisierung M_0 entsteht (vektoriell betrachtet ist M_0 die Summe aller Einzelspins). In Abb. 5.2 ist die B_0-Richtung in die z-Richtung des karthesischen Koordinatensystems gelegt ($M_z = M_0$); in x- und y-Richtung liegt zunächst keine Magnetisierung ($M_{x,y} = 0$) vor.

Die Energieniveaus sind leicht nachweisbar, indem man kontinuierlich ein B_1-Feld konstanter Frequenz $v = \Delta E/h$ auf die magnetisch polarisierte Probe strahlt. Wird die Resonanzbedingung

$$v = \frac{\gamma \cdot B_0}{2 \cdot \pi} \qquad\qquad (5.4)$$

erfüllt, erfolgt Strahlungsabsorption und der Besetzungsunterschied zwischen beiden Energieniveaus wird ausgeglichen. Die Frequenz v, bei der Strahlungsabsorption erfolgt, ist die Resonanzfrequenz (LARMOR-Frequenz) des beobachteten Kerns. Unterschiede im gyromagnetischen Verhältnis führen zu unterschiedlichen Resonanzfrequenzen für unterschiedliche Kerne.

Ein solcher CW- (continous wave) Betrieb der NMR-Spektroskopie ist zeitaufwendig und wird heute durch die Puls-FOURIER-Transform-NMR-Spektroskopie ersetzt. Dazu wird das B_1-Feld für kurze Zeit als Hochfrequenzimpuls (der alle LARMOR-Frequenzen der Probe gleichzeitig abdeckt) mittels einer Senderspule aus der x-Richtung des karthesischen Koordinatensystems eingeschaltet und danach das Verhalten des Spinsystems zeitabhängig studiert. Beim Einschalten des Hochfrequenzimpulses wird die Gleichgewichtsmagnetisierung M_0 um einen bestimmten Winkel $\Theta = \gamma \cdot B_1 \cdot t_P$ (t_P-Impulsdauer; liegt im Millisekundenbereich) aus der z-Richtung ablenkt (Abb. 5.3) und so x,y-Magnetisierung $M_{x,y}$ (als Projektion auf die x,y-Ebene) erzeugt. Wird M_0 um 90° abgelenkt (man spricht dann von einem 90°-Impuls), erreicht man die volle x,y-Magnetisierung.

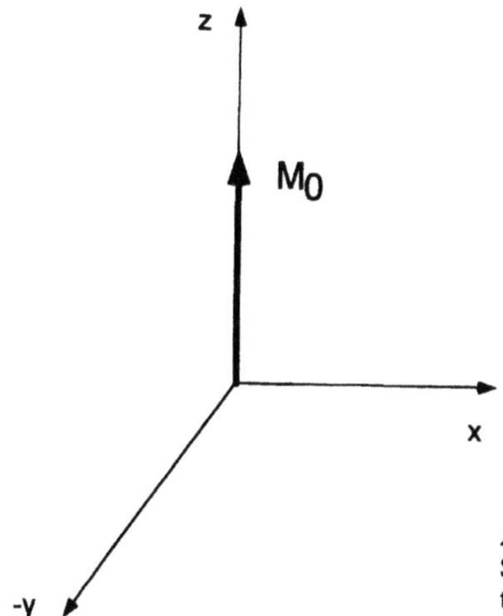

Abb. 5.2. Gleichgewichtsmagnetisierung M_0 als Summe aller Kernmomente; Überschußmagnetisierung in Feldrichtung B_0 (z-Achse)

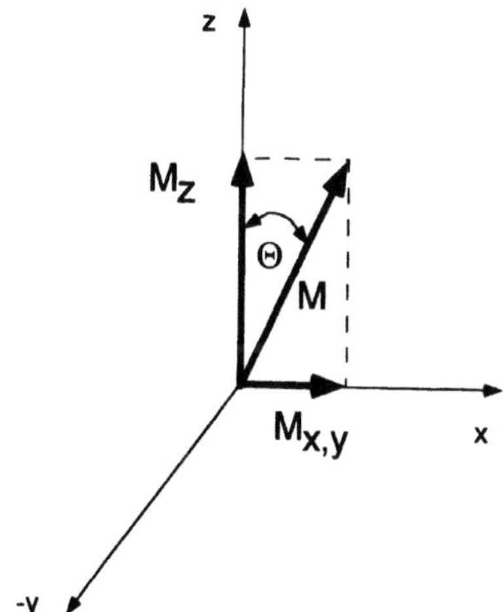

Abb. 5.3. Erzeugung von x,y-Magnetisierung durch Einschalten eines Hochfrequenzimpulses; Auslenkung von M_0 um einen Winkel θ

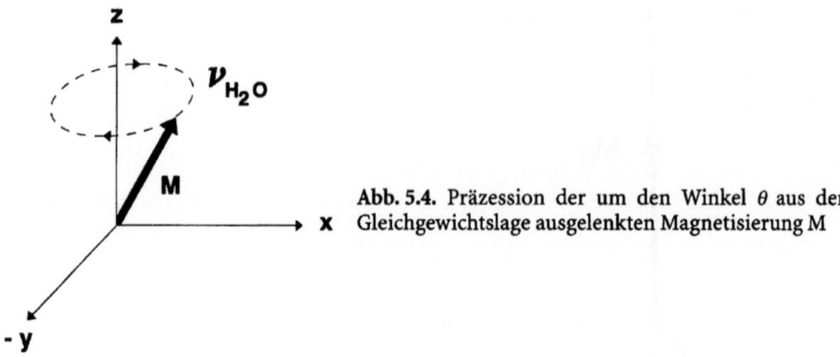

Abb. 5.4. Präzession der um den Winkel θ aus der Gleichgewichtslage ausgelenkten Magnetisierung M

Die nun folgenden zeitabhängigen Phänomene sollen zunächst an einer einzelnen Kerngruppe, z.B. den Protonen einer Wasserprobe, erläutert werden. Die x,y-Magnetisierung präzediert um B_0 mit konstanter Frequenz, der LARMOR-Frequenz ν_{H2O} der Wasserprotonen, in der x,y-Ebene (Abb. 5.4). Eine um die y- oder x-Achse gewundene Empfängerspule (letztere wäre gleichzeitig die Senderspule) registriert einen oszillierenden Strom – das ist das NMR-Signal. Gleichzeitig werden nach Abschalten des Hochfrequenzimpulses die im folgenden näher zu besprechenden Relaxationsprozesse mit dem Ziel wirksam, die Magnetisierung des Gleichgewichtszustands wieder herzustellen. Die Intensität des registrierten Signals nimmt also mit der Zeit ab. Dieses Signal nennt man *Free* (nach Abschalten des HF-Impulses) *Induction* (in der Empfängerspule) *Decay* (durch die Relaxationsprozesse) – FID. Die Oszillationsfrequenz des Signales entspricht dem Frequenzunterschied zwischen der bekannten Frequenz des B_1-Feldes und der LARMOR-Frequenz der Wasserprotonen. Eine relative Frequenzmessung wird hierdurch ermöglicht.

Im Falle mehrerer Kerngruppen einer Spezies (vergl. Abschn. 5.2.1 chemische Verschiebung) muß die Frequenz des B_1-Feldes *off-resonance* geschaltet sein. Alle LARMOR-Frequenzen müssen größer oder kleiner als der geschaltete Wert sein, um die beschriebene relative LARMOR-Frequenzmessung zu erreichen. Hierdurch nicht näher zu benennende meßtechnische Nachteile können durch die sog. Quadrature Detection wieder ausgeglichen werden (vgl. weiterführende Literatur).

Nach Abfall des FID auf nahe Null kann der Hochfrequenzimpuls erneut eingeschaltet, der beschriebene Meßvorgang des FID beliebig oft wiederholt und die so erhaltenen FIDs übereinandergeschrieben werden (Spektrenakkumulation). Hierdurch erreicht man eine Verbesserung des Signal-Rausch-Verhältnisses (signal to noise, S/N) um den Faktor $\sqrt{n}$ (n – Anzahl der Durchläufe). NMR-Aufnahmen sowohl schwerer Kerne (^{13}C oder ^{15}N) als auch mit Probenmengen im mg-Bereich – bei Proteinen immer noch relativ große Mengen – wurden hierdurch überhaupt erst möglich (Tabelle 5.1).

Letztlich wird der so registrierte FID, das NMR-Signal in der Zeitdomäne, mit Hilfe des Computers des NMR-Spektrometers in die dem Anwender gebräuch-

Tabelle 5.1. Zusammenstellung kernspezifischer Größen zur NMR-Spektroskopie von Proteinen

Isotop	Spin p I	natürl. Häufigkeit + [%]	Empfindlichkeit relativ [a]	absolut [b]	NMR-Frequenz v [MHz] bei $B_0 = 11{,}744$ Tesla
^{1}H	1/2	99,98	1,00	1,00	500,00
^{2}H, D	1	0,015	0,00965	0,00000145	76,753
^{13}C	1/2	1,108	0,0159	0,000176	125,721
^{14}N	1	99,63	0,00101	0,00101	36,118
^{15}N	1/2	0,37	0,00104	0,00000385	50,665
^{17}O	5/2	0,037	0,0291	0,0000108	67,784

[a] Für die gleiche Anzahl Kerne bei konstantem Feld.
[b] Produkt aus relativer Empfindlichkeit und natürlicher Häufigkeit.

lichere Frequenzdomäne, das herkömmliche NMR-Spektrum, mittels eines mathematischen Algorithmus, der FOURIER-Transformation, umgerechnet.

5.2 Das NMR-Spektrum

5.2.1 Die chemische Verschiebung

Gleichung (5.4) garantiert für unterschiedliche magnetische Kerne (charakterisiert durch γ) unterschiedliche LARMOR-Frequenzen. Das wäre u. a. für die Analyse von Proteinen ohne Relevanz, wenn nicht sehr bald festgestellt worden wäre, daß auch Kerne nur einer Sorte, also z. B. ^{1}H oder ^{13}C, in Abhängigkeit von ihrer elektronischen Umgebung unterschiedliche LARMOR-Frequenzen aufweisen. Die Elektronenhülle, z. B. um ein Proton, beginnt nämlich im Magnetfeld um B_0 zu kreisen und induziert hierdurch ein sekundäres Magnetfeld B_{ind}, das nach der LENZschen Regel dem anregenden B_0-Feld entgegengerichtet ist. Hierdurch schirmt es den Kern um einen bestimmten Betrag B_{ind} ab. Am Kernort wird ein reduziertes Magnetfeld B_{lok}

$$B_{lok} = B_0 - B_{ind} \tag{5.5}$$

beobachtet; die Abschirmung des Kerns durch die ihn umgebende Elektronenhülle wird durch die Abschirmungskonstante σ beschrieben und kann wie folgt in die Resonanzbedingung einbezogen werden:

$$v = \frac{\gamma \cdot B_0 \cdot (1 - \sigma)}{2 \cdot \pi} \tag{5.6}$$

Damit hat man eine Größe in der Hand, die empfindlich auch geringste Unterschiede in der elektronischen Umgebung einer Kernsorte anzeigt. Diese Abschirmungskonstante ist von B_0 abhängig. Um Meßwerte, die man an Spektrometern unterschiedlicher Magnetfeldstärke erhalten hat, vergleichen zu können, gibt man einen (internen) Standard der Meßlösung zu. Hierzu verwendet man als Standardsubstanz Tetramethylsilan (TMS) und bestimmt den Frequenzunterschied zu TMS. Nach Gl. (5.7) berechnet man δ und bezeichnet diesen der Abschirmung vergleichbaren Wert als chemische Verschiebung:

$$\delta = \frac{v_i - v_{TMS}}{v_{Spektrometer}} \cdot 10^6 \tag{5.7}$$

In wäßriger Lösung, wo TMS nur ungenügend löslich ist, kann man auch alternativ DSS (*engl.* sodium 2,2-dimethyl-2-silapentane-5-sulfonate, *dt.* Natrium-3-(Trimethylsilyl)-propansulfonat) verwenden.

Da die Frequenzunterschiede zu TMS gegenüber der Meßfrequenz des Spektrometers ($v_{Spektrometer}$ für ^{1}H 100–750 MHz) klein sind, multipliziert man mit 10^6 und gibt die chemische Verschiebung δ in ppm (parts per million) an.

δ-Werte sind für Protonen und C-Atome in Proteinen positiv, da H und C in TMS infolge des elektropositiven Siliziums stark abgeschirmt sind. Ansteigende δ-Werte sind also mit abnehmender Abschirmung des zur Resonanz gelangenden Kerns gleichzusetzen. Daneben sind folgende Begriffe in Gebrauch:

$\leftarrow \delta$ (chemische Verschiebung) $\rightarrow$

ansteigender δ-Wert	abnehmender δ-Wert
Abschirmung abnehmend	Abschirmung zunehmend
Verschiebung nach tiefem Feld	Verschiebung nach hohem Feld
paramagnetische Verschiebung	diamagnetische Verschiebung

Liegen in einer chemischen Verbindung unterschiedlich abgeschirmte Protonen oder C-Atome vor, so sind entsprechend viele Signale im ^{1}H- bzw. dem ^{13}C-NMR-Spektrum zu erwarten, zufällige und symmetriebedingte Identität ausgenommen. Eine erste Aufgabe ist deshalb, die Zuordnung der NMR-Signale zu den sie hervorrufenden Kernen zu treffen. Dazu ist die Kenntnis charakteristischer chemischer Verschiebungen für in Proteinen vorkommende Protonen-, Kohlenstoff- und auch Stickstoffatom-Konstellationen Voraussetzung. Hierfür charakteristische Werte sind in Tabelle 5.2 angegeben (da TMS keinen Stick-

Tabelle 5.2. Charakteristische chemische Verschiebungen δ in ppm von ^{1}H-/TMS, ^{13}C-/TMS und ^{15}N-/NH_3-Kernen in Aminosäureresten

Kernsorte	Aromat	C^α-H	NH_3^+ [a]	C=O	Seitenkette
^{1}H	7,1–7,5	4,0–4,5	7,2–7,7	–	1,5–3,5 (CH_2)
					0,7–1,5 (CH_3)
^{13}C	120 –145	53 –62	–	170–175	12 –32
^{15}N	–	–	90 –120	–	–

[a] $\delta_{NH_3} = 0$ ppm.

stoff enthält, werden deshalb ^{15}N-chemische Verschiebungen relativ zu wasserfreiem, flüssigen Ammoniak (δ_{NH_3} = 0 ppm) gemessen).

Neben den Elektronen am Ort der zur Resonanz gelangenden Kerne sind für deren chemische Verschiebung auch Nachbargruppeneffekte von Bedeutung. In Proteinen spielt dabei der in den Aminosäuren Phe, Tyr und Trp vorkommende Anisotropieeffekt des Phenylringes eine besondere Rolle.

In Abb. 5.5a ist eine Anordnung des aromatischen 6-Ringes zu B_0 gezeichnet. Man erkennt, daß es auch Bereiche gibt, in denen B_0 und B_{ind} parallel verlaufen. Kerne (z.B. Protonen) in solchen Bereichen sind weniger stark abgeschirmt (entschirmt).

Über alle möglichen Anordnungen des Phenylringes zu B_0 resultiert der Anisotropiekegel (Abb. 5.5b), der die Bereiche, in denen der Anisotropieeffekt des Phenylringes abschirmend bzw. entschirmend wirkt, qualitativ unterteilt. Der Effekt beträgt maximal 2 ppm nach hohem oder tiefem Feld. Er ist nur für die Protonen mit ihrem geringen Resonanzbereich von ca. 10 ppm, nicht aber für schwerere Kerne, von Bedeutung und kann wichtige Informationen zur Konformation der Seitenkette relevanter Aminosäuren in biochemischem Material liefern.

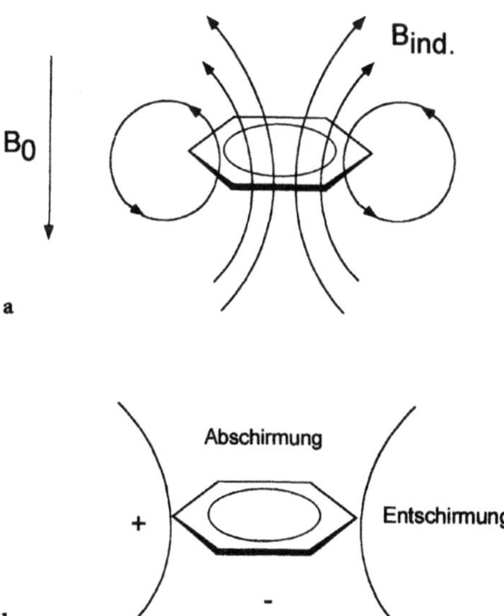

Abb. 5.5. Ringstromeffekt aromatischer Verbindungen. a Es existieren Bereiche, wo das angelegte Magnetfeld B_0 und das induzierte Magnetfeld B_{ind} parallel bzw. anti-parallel sind. b Anisotropiekegel des Phenylringes. (Nähere Erläuterungen im Text)

5.2.2 Kopplungskonstante J

In der Abb. 5.6 ist das ^{1}H-NMR-Spektrum von Phenylalanin abgebildet. Unter Anwendung der Erwartungswerte für die chemischen Verschiebungen der vorhandenen Protonen in Tabelle 5.2 kann man zuordnen:

Phenyl-Protonen	$\delta = 7{,}40 - 7{,}50$ ppm
NH_2/COOH/H_2O-Protonen	$\delta = 4{,}80$ ppm (verbreitert)
CH-Protonen	$\delta = 4{,}62$ ppm
CH_2-Protonen	$\delta = 2{,}84$ ppm

Gleichzeitig stellt man aber eine weitere Aufspaltung der Signale (CH_2 in ein Oktett; CH in ein Triplett) fest, die auf Spin-Spin-Kopplung (skalare Kopplung) zurückzuführen ist.

Zunächst soll nur die Kopplung der Protonen untereinander betrachtet werden. Die unterschiedlichen Spinzustände des CH-Protons zum B_0 (parallel α bzw. *anti*-parallel β) wirken, um bei vorstehendem Beispiel zu bleiben, noch am Ort der CH_2-Protonen. Ein geringfügig abschirmendes bzw. entschirmendes Magnetfeld wird beobachtet. Man sagt, das Signal der CH_2-Protonen ist in ein Dublett aufgespalten (die hier vorliegende Oktett-Aufspaltung ist auf die Diastereotopie beider Protonen infolge des benachbarten Chiralitätszentrums am C_α-Atom des Phenylalanins zurückzuführen). Der gleiche Kopplungseffekt wird am Ort des CH-Protons festgestellt (man sagt, beide Protonengruppen koppeln miteinander), nur, daß hier eine Triplettaufspaltung infolge dreier Spinzustände ($\alpha\alpha$, $\alpha\beta/\beta\alpha$, $\beta\beta$) der CH_2-Protonen vorliegt; die mittlere Linie ist infolge verdoppelter Wahrscheinlichkeit der Spinkombination von doppelter Intensität. Der Abstand der Linien im Multiplett wird Spin-Spin-Kopplungskonstante J genannt und in Frequenzeinheiten (Hz) gemessen (vgl. Abb. 5.7).

Eine noch größere Anzahl koppelnder äquivalenter Protonen vergrößert die Linienanzahl im Multiplett der mit dieser koppelnden Protonengruppe weiter (z. B. ergibt die Kopplung mit einer CH_3-Gruppe ein Quartett der Intensitätverteilung 1:3:3:1 infolge $\alpha\alpha\alpha$, $\alpha\alpha\beta/\alpha\beta\alpha/\beta\alpha\alpha$, $\alpha\beta\beta/\beta\alpha\beta/\beta\beta\alpha$, $\beta\beta\beta$). Allgemein kann man sich die Intensitätsverteilung im Multiplett anhand des PASCALschen Dreiecks ableiten:

Kopplung mit CH:	1 1
Kopplung mit CH_2:	1 2 1
Kopplung mit CH_3:	1 3 3 1
Kopplung mit 4 äqu. Protonen:	1 4 6 4 1 etc.

Diese einfachen Vorstellungen gelten nur für die Kopplung zwischen äquivalenten Protonengruppen, wenn der Quotient $\Delta v / J$ aus dem Unterschied der chemischen Verschiebung Δv (in Hz) und der Kopplungskonstanten $J > 10$ ist.

Zum grundsätzlichen Verständnis der Entwicklung und Applikation der Spin-Spin-Kopplungsinformation sind folgende Punkte von grundsätzlicher Bedeutung:

- Koppelt eine Protonengruppe mit zwei verschiedenen Protonengruppen in unterschiedlicher Größe (verschiedene J), so läßt sich das Aufspaltungsbild entsprechend Abb. 5.7 verstehen.

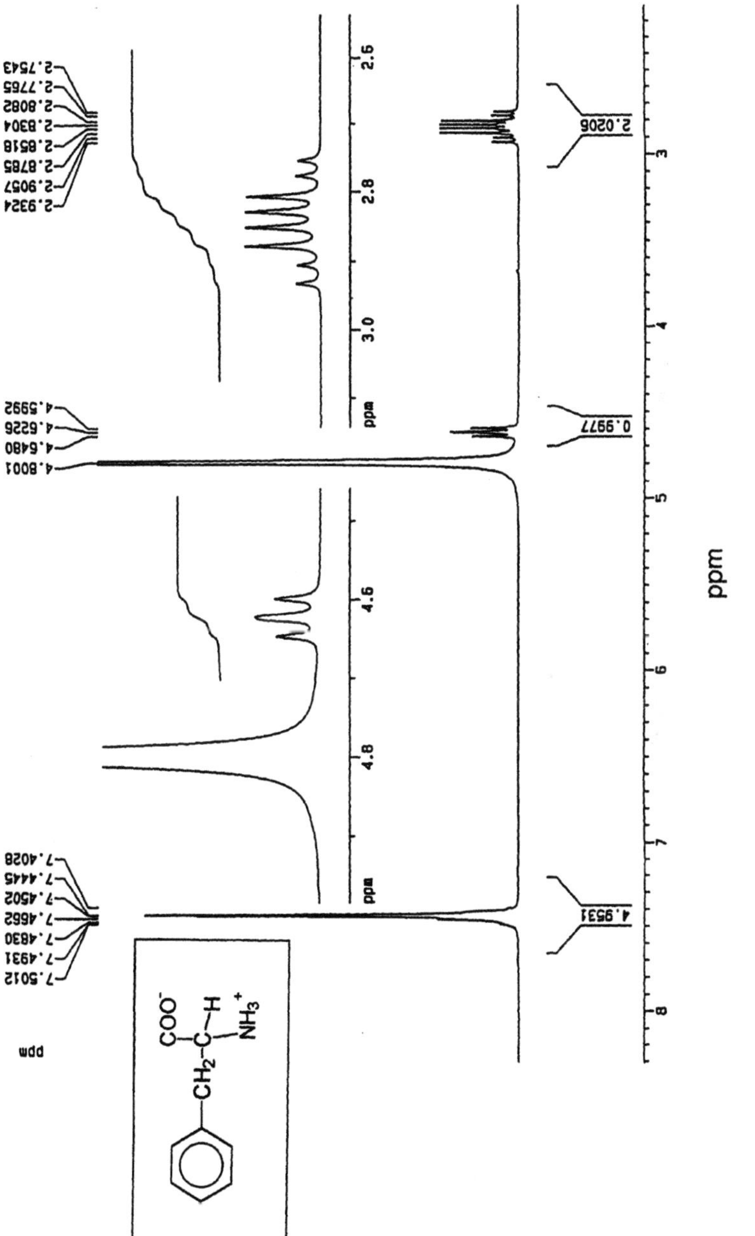

Abb. 5.6. ^{1}H-NMR-Spektrum von Phenylalanin (in Wasser/TMS)

$$CH^A\text{–}CH^M\text{–}CH^X$$

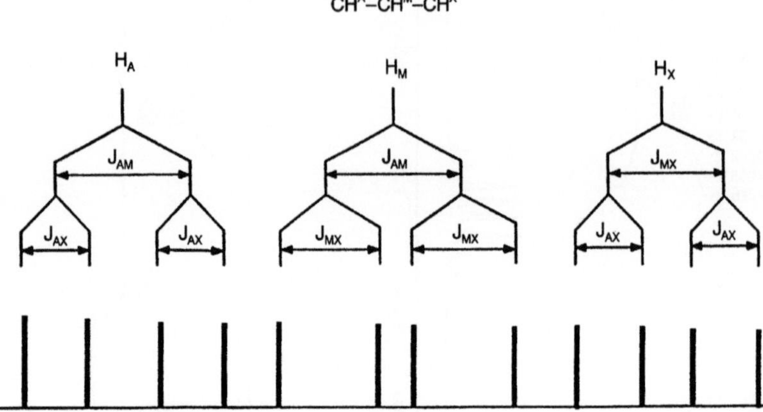

Abb. 5.7. Aufspaltungsmuster eines idealen Drei-Spin-Systems

- Wird der Quotient $\Delta v/J < 10$, beobachtet man den Dacheffekt (Abb. 5.8), ein wichtiges Kopplungsindiz, wenn mehrere Kopplungssysteme in der untersuchten Verbindung vorliegen.
- Die Kopplungskonstante wird in der Regel mit der Entfernung kleiner. (Folgende Trivialnamen sind in Gebrauch für Kopplungen über eine Bindung: Direktkopplung ^1J, über zwei Bindungen: geminale Kopplung ^2J, über drei Bindungen: vicinale Kopplung ^3J und mehr als drei Bindungen: weitreichende (*engl.* long-range) Kopplungen ^nJ).
- Die Kopplungskonstante ist von der Aufnahmefeldstärke des NMR-Spektrometers unabhängig.
- Die Kopplungskonstante enthält eine Reihe, für den Biochemiker interessanter stereochemischer Informationen zum Biomolekül (Abschn. 5.3). Das wohl bekannteste Beispiel hierfür ist die KARPLUS-Abhängigkeit der $^3J_{vic}$ vom Diederwinkel θ zwischen den koppelnden Protonen (Abb. 5.9 und 5.10):

$$^3J_{vic} = A \cdot \cos^2\theta - B \qquad (A, B = \text{const.}). \tag{5.8}$$

Bisher wurde nur die $^1H,^1H$-Kopplung betrachtet; natürlich realisiert sich nach den bisher erläuterten Gesichtspunkten auch die Spin-Spin-Kopplung der Protonen zu allen anderen magnetischen Kernen, bzw. letzterer untereinander. Für das ^1H-NMR-Spektrum des Phenylalanins in Abb. 5.6 sind hiernach Kopplungen der Protonen zu den ^{13}C- und ^{15}N-Kernen des Moleküls (^2D, ^{14}N und ^{17}O sind Quadrupolkerne, zu deren Kopplungsverhalten weiterführende Literatur konsultiert werden sollte) zu erwarten, werden bei dem Signal-Rausch-Verhältnis (S/N) des abgebildeten ^1H-NMR-Spektrums aber nicht detektiert. Der Grund hierfür ist die geringe natürliche Häufigkeit (vgl. Tabelle 5.1) dieser Kerne. Ein durch längere Akkumulation erreichbares besse-

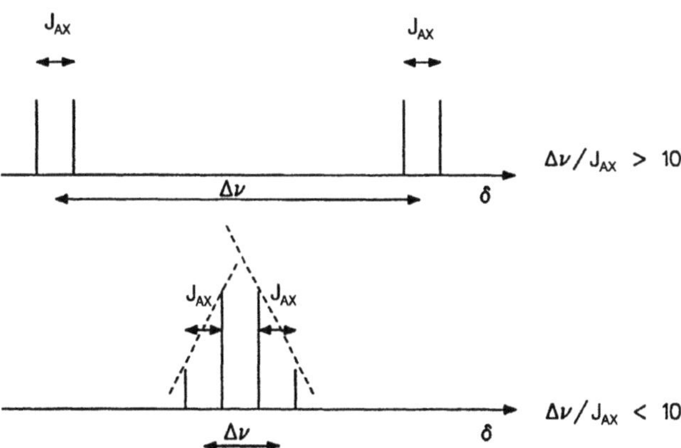

Abb. 5.8. Dacheffekt spin-spin-koppelnder Multipletts, falls $\Delta\nu/J_{AX} < 10$ wird

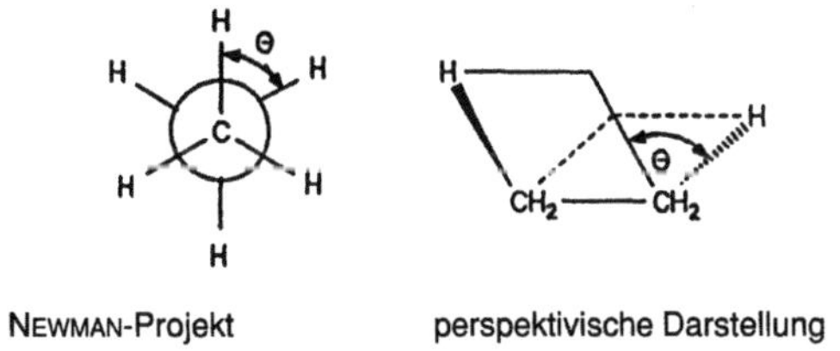

Abb. 5.9. Diederwinkel zwischen zwei *vicinal* angeordneten Protonen in der NEWMAN-Projektion und in der perspektivischen Darstellung

res Signal-Rausch-Verhältnis würde, Signalüberlagerungen insbesondere bei kleinen $^{1}H,^{13}C$- und $^{1}H,^{15}N$-Kopplungen ausgenommen, auch die Bestimmung dieser Kopplungen in den Satellitenspektren (1,1 % für ^{13}C bzw. 0,37 % für ^{15}N) gestatten. Diesen Weg geht man in der Regel aber nicht. Statt dessen werden die ^{13}C- und ^{15}N-NMR-Spektren (Abb. 5.11 und 5.12) gesondert aufgenommen und im Bedarfsfall werden diesen Spektren die heteronuklearen Kopplungen entnommen.

Allerdings ist die Entnahme der Kopplungsinformation durch eine Vielzahl von Kopplungen zu den Protonen des Moleküls erschwert. Komplexe, nur schwer analysierbare Kopplungsbilder sind die Folge. Aus diesem Grunde werden ^{13}C- und ^{15}N-NMR-Spektren zunächst unter Protonenbreitbandentkopplung (P-BB) über den gesamten ^{1}H-LARMOR-Frequenzbereich aufgenommen. So werden Linienspektren (Abb. 5.11 und 5.12) erhalten. Die Linienanzahl entspricht der Anzahl unterschiedlicher C-Atome (7) bzw. N-Atome (1). Die hierbei verloren gegangene Information $C_{quart.}$, CH, CH_2, CH_3 (bzw. $N_{tert.}$ NH, NH_2),

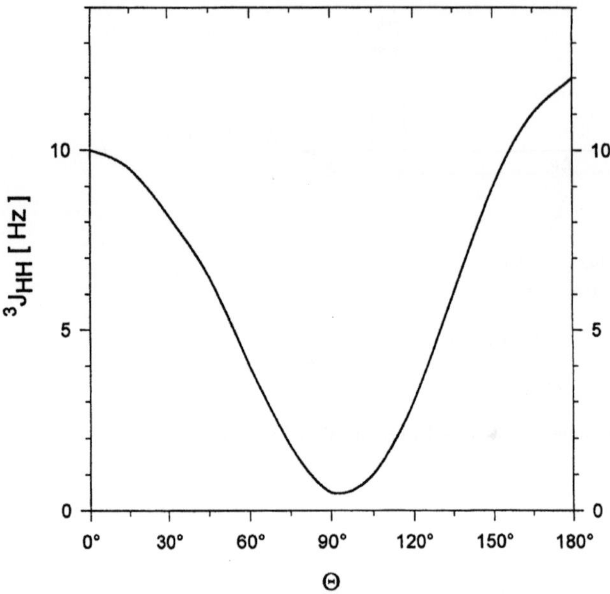

Abb. 5.10. Karplus-Abhängigkeit der vicinalen Kopplungskonstante $^3J_{HH}$ im H–C–C–H-Fragment vom Diederwinkel θ zwischen beiden Protonen

die den großen Direktkopplungen zu entnehmen wäre, muß man durch Zusatzexperimente (Attached-Proton-Test, APT, s. weiterführende Literatur) erarbeiten.

Andererseits vereinigt die P-BB die Signalintensität des Multipletts zum Singulett und verbessert hierdurch das S/N-Verhältnis entscheidend. Zudem wird das S/N-Verhältnis in den übersichtlichen, einfach zu diskutierenden ^{13}C-NMR-Spektren mittels des im Abschn. 5.2.6 zu besprechenden Kern-Overhauser-Effektes (NOE) weiter um den Faktor 1,97 verbessert.

Auch im Falle von ^{1}H,^{1}H-Kopplungen erbringt die Spin-Spin-Entkopplung verwertbare Zuordnungsinformation, insbesondere, wenn sie selektiv angewandt wird: Ein zweites B_1-Feld mit der Frequenz der zu entkoppelnden Protonengruppe wird mit solch einer Intensität auf die Probe gestrahlt, daß das Signal gesättigt, d.h. daß der Besetzungsunterschied ausgeglichen wird. Dadurch verschwindet das Signal im ^{1}H-NMR-Spektrum und mit ihm alle Kopplungen des gesättigten Signals zu anderen Kernen des Spinsystems. Dieses Experiment wird als Kopplungsdifferenz-Spektroskopie bezeichnet (vom gerade beschriebenen Entkopplungsspektrum wird ein Referenzspektrum ohne Entkopplung der jeweiligen Protonengruppe – *off-resonance* – subtrahiert). Unbeeinflußte Signale des Spinsystems werden durch die Subtraktion zu Null. Nur im Entkopplungsexperiment involvierte Protonengruppen werden abge-

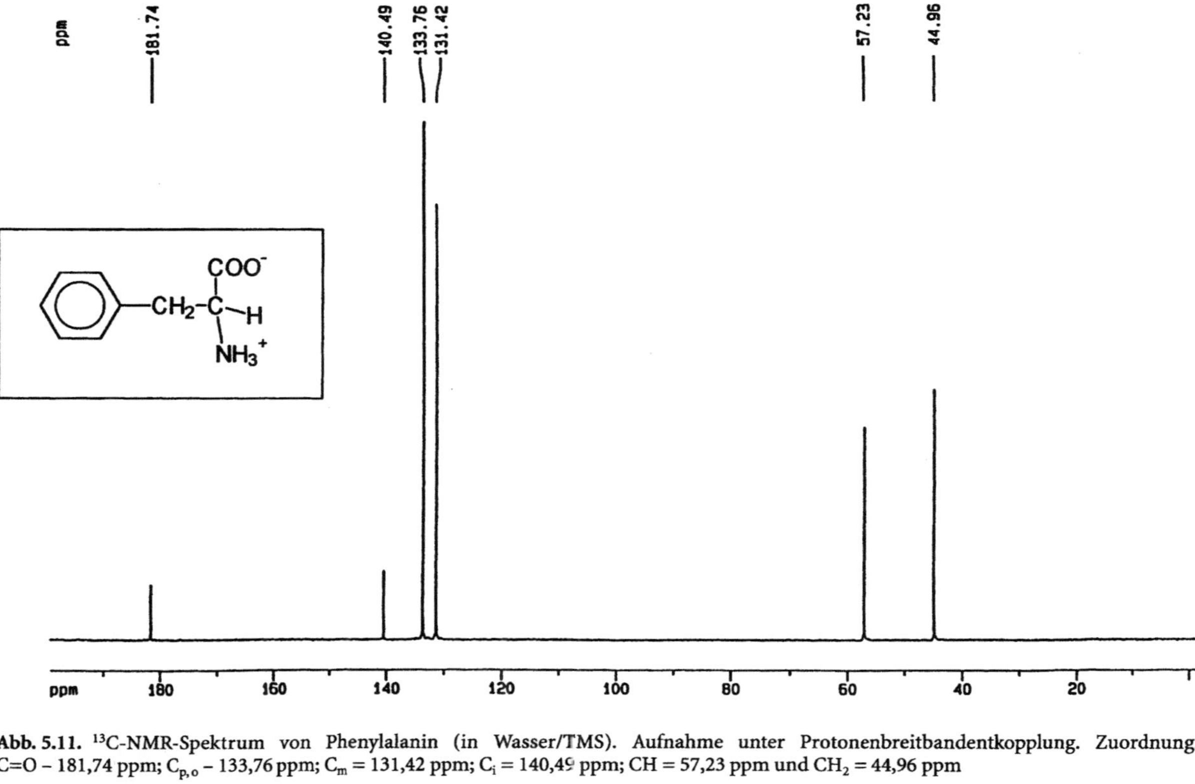

Abb. 5.11. ^{13}C-NMR-Spektrum von Phenylalanin (in Wasser/TMS). Aufnahme unter Protonenbreitbandentkopplung. Zuordnung: C=O – 181,74 ppm; $C_{p,o}$ – 133,76 ppm; C_m = 131,42 ppm; C_i = 140,49 ppm; CH = 57,23 ppm und CH_2 = 44,96 ppm

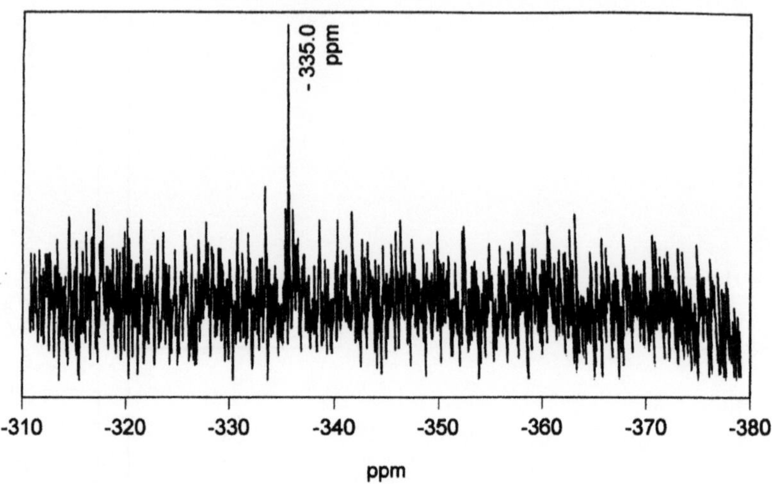

Abb. 5.12. ^{15}N-NMR-Spektrum von Phenylalanin (in Wasser; chemische Verschiebung auf NH$_3$ berechnet). Aufnahme unter Protonenbreitbandentkopplung

bildet und erleichtern die Informationsentnahme unter Zuordnungsgesichtspunkten erheblich (Abb. 5.13 zeigt z. B. das ^{1}H-NMR-Spektrum von Phenylalanin unter Entkopplung des CH-Protons).

Diese Beschreibung des ^{1}H,^{1}H-Entkopplungsexperimentes erfolgte exemplarisch. Jegliche Ausdehnung auf Kopplungen von Protonen mit schweren Kernen oder letzterer untereinander ist, bei entsprechender NMR-Spektrometerausstattung, analog gegeben.

5.2.3 Integrale Signalintensität

Im ^{1}H-NMR-Spektrum des Phenylalanins (Abb. 5.6) ist das Ergebnis der Integration der Flächen unter den einzelnen ^{1}H-NMR-Multipletts als Stufenkurve eingezeichnet. Die Auswertung der Stufenhöhe für die jeweiligen Signalgruppen liefert die analytische Information zur quantitativen Zusammensetzung der Probe, denn die Signalfläche (Integrationsstufe) ist der Anzahl der Kerne proportional, die das Signal hervorrufen. Für Phenylalanin ergibt sich durch Aufsuchen des kleinsten Nenners ein Protonenverhältnis von 5:2:1; jegliche andere quantitativ analytische Information (Gemische, Isotopenaustausch, etc.) ist erhältlich.

Im Abschn. 5.2.2 wurde schon erwähnt, daß in den P-BB-entkoppelten NMR-Spektren der schweren Kerne (^{13}C, ^{15}N) Signalintensitätsveränderungen durch den NOE stattfinden. Die soeben beschriebene *quantitative* Auswertung der NMR-Spektren schwerer Atomkerne sollte deshalb nur in Ausnahmefällen er-

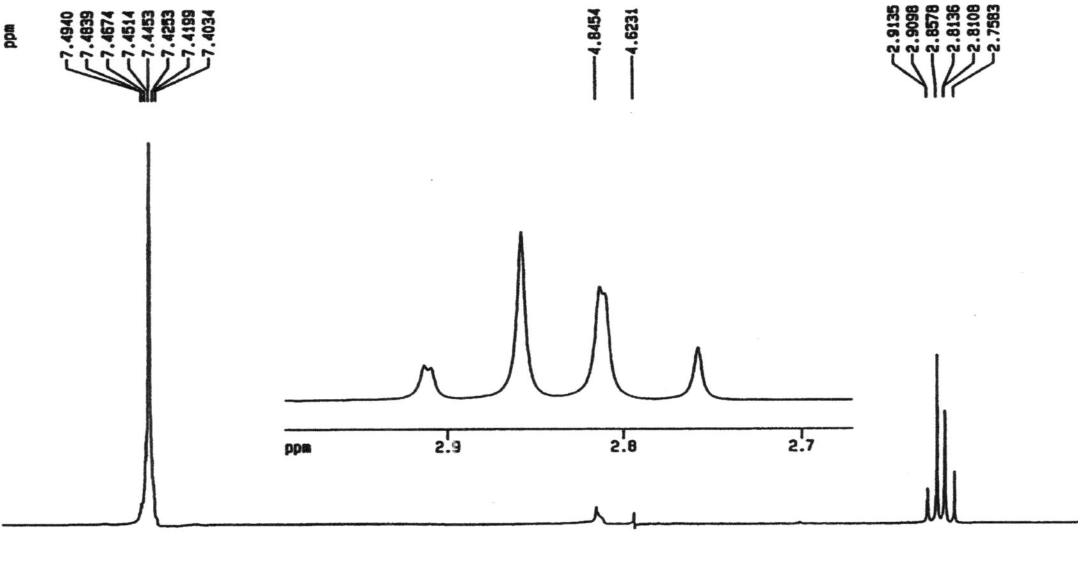

Abb. 5.13. ^{1}H-NMR-Spektrum von Phenylalanin unter Spin-Spin-Entkopplung des CH-Protons. Die entsprechende Kopplung im CH$_2$-Multiplett ($\delta = 2{,}31$ ppm) bricht zusammen (vergl. mit Abb. 5.6), lediglich die *geminale* Kopplung zwischen den durch Nachbarchiralität diastereotopen CH$_2$-Protonen verbleibt

folgen. Falls die quantitative Information anders nicht erhältlich ist, sollte Spezialliteratur konsultiert werden, z. B. COOKSON, D. J. and SMITH, B. E. (1985) J. Magn. Reson. *57*, 355ff., die die speziellen Aufnahmebedingungen erläutern.

5.2.4 Linienbreite

Daß unterschiedliche Linienbreiten vorliegen können, entnimmt man im Phenylalanin-^{1}H-NMR-Spektrum (Abb. 5.6) dem gemeinsamen Signal der NH_2/COOH/H_2O-Protonen bei $\delta = 4{,}80$ ppm. Ursache hierfür ist der Zeitbedarf (Zeitkonstante) des NMR-Experiments. Sind inter- oder intramolekulare Austauschprozesse schneller als die Signalregistrierung, beobachtet man gemeinsame Signale (man sagt, um beim Beispiel zu bleiben, der Austausch zwischen NH_2/COOH/H_2O-Protonen ist schnell in der NMR-Zeitskala). Ist ein Austauschprozeß langsamer, beobachtet man getrennte Signale für die austauschenden Kerne. Im Übergangsbereich (Koaleszenzbereich) finden Linienverbreiterungen statt.

Neben dem beschriebenen Protonenaustausch bei NMR-Untersuchungen im für Proteine normalerweise vorliegenden wäßrigen Milieu, ist die Isomerisierung der Peptidbindung für Fragen der Proteinanalytik relevant.

Durch die Konjugation des freien Elektronenpaares am Stickstoff erhält die C, N-Bindung partiellen Doppelbindungscharakter. Die zugehörige Rotation um die partielle C,N-Doppelbindung ist bei Raumtemperatur langsam, kann aber durch erhöhte Probentemperatur beschleunigt werden. Durch Auswertung des Koaleszenzbereiches (dynamische NMR-Spektroskopie) wird die freie Aktivierungsenergie dieses dynamischen Prozesses zugänglich. Bei Raumtemperatur sind somit die NMR-Spektren von *cis/trans*-Isomeren zu erwarten. Dies sollte bei der NMR-Untersuchung von Proteinen beachtet werden, in die Aminosäuren mit sekundären C_α-Aminogruppen (Prolin) involviert sind, für primäre ist das *trans*-Isomere ausschließlich bevorzugt.

5.2.5 Relaxationszeiten T_1 und T_2

Nach Anregung durch den Hochfrequenzimpuls (Abschn. 5.1) werden die Relaxationsprozesse mit dem Ziel wirksam, die Gleichgewichtsmagnetisierung M_0 in der Feldrichtung (z-Achse) zu reaktivieren. Hierbei sind Spin-Gitter-Relaxation und Spin-Spin-Relaxation zu unterscheiden, die durch die Zeitkonstanten T_1 bzw. T_2 bis zur Reproduktion von M_0 gekennzeichnet sind. Die Relaxationszeiten T_1 und T_2 enthalten eine Reihe für den Biochemiker interessanter Informationen zur inneren Dynamik des Proteins wie relative Beweglichkeiten von Proteinhauptgruppe und Seitenketten (vergl. Abschn. 5.3), die es erforderlich machen, beide Werte zu messen. Dies ist mit moderner NMR-Spektroskopie leicht möglich. Eine Impulssequenz, die in Abb. 5.14 schematisch dargestellte Inversion-Recovery-Methode, wird für die Messung von T_1 eingesetzt.

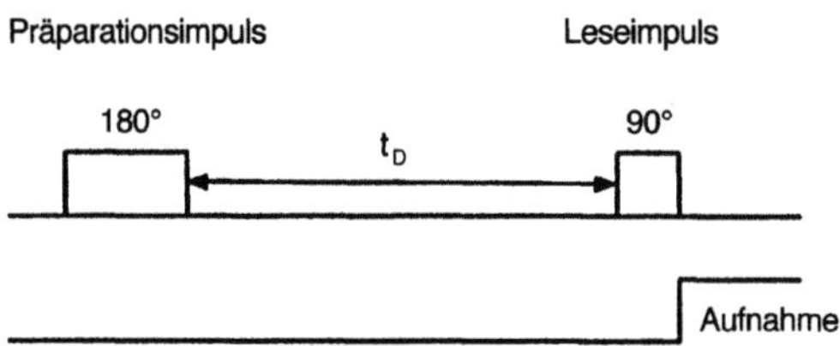

Abb. 5.14. Impulsschema der Inversion-Recovery-Methode. 10 bis 12 Spektren mit unterschiedlichem Zeitintervall t_D zwischen beiden Pulsen werden aufgenommen

Zunächst invertiert man M_0 mit einem 180°-Impuls (es liegt keine meßbare x,y-Magnetisierung vor) und wartet dann unterschiedliche Intervallzeiten t_D (für ^{1}H im Millisekunden – für ^{13}C im Sekunden-Bereich) ab und detektiert schließlich mit einem 90°-Leseimpuls zu welchem Prozentsatz die Relaxationsprozesse M_0 reproduziert haben (durch den Leseimpuls wird x, y-Magnetisierung erzeugt, die als NMR-Signal gemessen werden kann – für kurze t_D-Werte wird M_0 noch, zumindest partiell invertiert sein – Negativsignale werden detektiert). Für $t_D > T_1$ wird sich M_0 zunehmend reproduzieren und man mißt entsprechend intensive Absorptionssignale. Für dazwischenliegende t_D detektiert man anteilig. Man mißt mit Hilfe der Inversion-Recovery-Methode 10 bis 12 NMR-Spektren mit unterschiedlichen t_D, bestimmt die zugehörigen Signalintensitäten $I(t_D)$ sowie die Linienintensitäten für ein vollständig relaxiertes Spektrum I_∞ ($t_D > 5T_1$ des längst relaxierenden Kerns des Spinsystems) und kann dann mit Hilfe von Gleichung 5.9 die Spin-Gitter-Relaxationszeit T_1 bestimmen.

$$I(t_D) = I_\infty \cdot \left(1 - 2 \cdot e^{\frac{t_D}{T_1}}\right) \tag{5.9}$$

Eine ähnliche Impulssequenz, die Spin-Echo-Sequenz, steht zur Ermittlung von T_2 zur Verfügung (vergl. weiterführende Literatur).

5.2.6 Kern (Nuclear)-Overhauser-Effekt (NOE)

Bei dem im Abschn. 5.2.2 beschriebenen Spin-Spin-Entkopplungsexperiment führen die Relaxationsprozesse für räumlich nahe Kerne (man sagt: dipolar koppelnde Kerne) zu einer Veränderung des Besetzungsunterschiedes nicht nur des entkoppelten Kernes (Ausgleich – Sättigung), sondern auch des dipolar koppelnden Kernes. Diese Veränderungen des Besetzungsunterschiedes äußern sich in Signalintensitätsveränderungen (Kern-Overhauser-Effekt, *engl.* nuclear Overhauser effect, NOE), die wiederum stereochemische (räumliche) Information enthalten. Für leicht bewegliche organische Verbindungen beträgt die maximale NOE-Signalverstärkung für eine mit einer entkoppelten Kerngruppe j dipolar koppelnde Kerngruppe i($\gamma_{^1H} = 2{,}68$, $\gamma_{^{13}C} = 0{,}68$)

$$\eta_i = 0{,}5 \cdot (\gamma_j / \gamma_i) \tag{5.10}$$

Dies bedeutet eine maximale Intensitätserhöhung um den Faktor 0,5 für den ^{1}H,^{1}H-Fall (die im Abschn. 5.2.2 erwähnte Intensitätserhöhung der ^{13}C-Signale um den Faktor 1,97 bei Protonenbreitbandentkopplung wird nun verständlich). Im allgemeinen ist die NOE-Verstärkung aber kleiner und kann in Abhängigkeit von den Gerätebedingungen (B_0), der Viskosität der Probe und der Molmasse der untersuchten Verbindung (und damit ihrer Beweglichkeit in Lösung) auch Null oder negativ sein. Dies macht die Bestimmung des NOE von einer Reihe von Faktoren abhängig. Sicherer ist es, den NOE im (hier nicht näher zu beschreibenden) rotierenden Koordinatensystem (ROE, vergl. weiterführende Literatur) zu messen, der immer positiv ist.

Viel wichtiger für den Biochemiker ist aber, daß der NOE/ROE abstandsabhängig (proportional $1/r_{i,j}{}^6$) ist und bis zu einer Entfernung der dipolar koppelnden Kerngruppen j und i von 4 bis 5 Å beobachtet werden kann. Bei Eichung auf bekannte Standardabstände ist so Abstandsinformation im genannten Entfernungsbereich mit einer Genauigkeit von ± 10 % zugänglich, die für die NMR-spektroskopische Zuordnung von Sekundär- und Tertiärstrukturen von Proteinen von ausschlaggebender Bedeutung ist.

Im Rahmen der bisher vorgestellten Theorie des NMR-Experimentes kann die quantitative Messung des NOE als NOE-Differenzspektroskopie-Experiment erfolgen, z.B. im ^{1}H/^{1}H-Fall: eine ausgewählte Protonengruppe wird durch Einstrahlung eines zweiten, genügend intensiven B_1-Feldes vor dem NMR-Experiment für eine ausreichende Zeit entkoppelt (die NOE bauen sich mit einer Zeitkonstante auf – Vorsättigung) und das Entkopplungs-B_1-Feld wird unmittelbar vor dem Hochfrequenzimpuls abgeschaltet. Alle gleichzeitig entkoppelten skalaren Kopplungen sind sofort wieder da und man erhält ein normales NMR-Spektrum, allerdings mit NOE-Verstärkungen.

Da die Effekte klein sind, und um vom Integral unabhängig zu sein, subtrahiert man (wie im Spin-Spin-Entkopplungsdifferenzspektrum) von einem *off-resonance*-Referenzspektrum. NOE-unbeeinflußte Signalgruppen subtrahie-

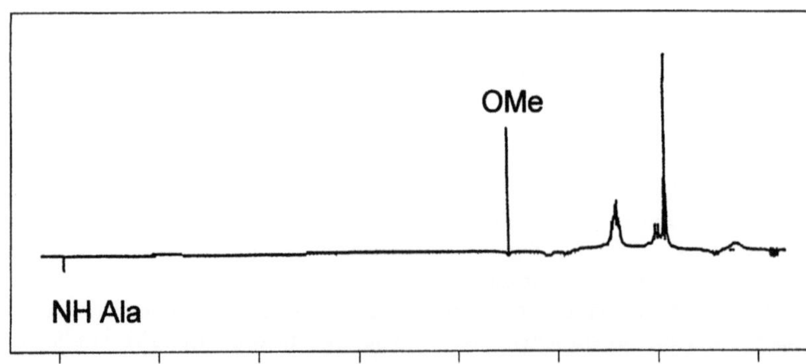

Abb. 5.15. NOE-Differenzspektrum von Boc-Ala-Pro-Val-OMe. Ein deutlicher NOE zwischen NH(Ala) und Val-OMe ist ersichtlich, der die in Abb. 5.16 eingetragene NH-Brückenbindung anzeigt und damit eine ε-Schleife als Vorzugskonformation nahelegt

ren dabei zu Null. Nur die NOE-Verstärkungen und damit die gesuchten Entfernungsinformationen werden empfindlich detektiert.

Abbildung 5.15 zeigt zur Illustration des Ausgeführten ein NOE-Differenzspektrum des Tripeptids Boc-Ala-Pro-Val-OMe.

5.3 Informationen aus NMR-Parametern zur Peptid- und Proteinstruktur

Den bisher vorgestellten NMR-Parametern sind eine Reihe von Informationen zur Konformation (sekundäre bzw. tertiäre Struktur) und Flexibilität von Proteinen zu entnehmen:

- *cis/trans-Isomerie:* Falls Aminosäuren mit sekundärer Aminofunktion (Proline) in die Peptidstruktur involviert sind, besteht die Möglichkeit der Bestimmung der *cis/trans*-Isomerie der X-Pro-Peptidbindung. Insbesondere dem ^{13}C-NMR-Spektrum kann das vorliegende Isomerieverhältnis beider Signalsätze (durch sorgfältige Integration von C_β bzw. C_γ) quantitativ entnommen werden. Als Faustregel für eine Zuordnung der Isomeren kann gelten, daß die ^{13}C-Signale des Isomeren mit der größeren Anzahl sterischer γ-Wechselwirkungen bei höherem Feld liegen:

  trans-Konfiguration: C-β (29,5 ppm)   C-γ (24,2 ppm)
  cis-Konfiguration: C-β (31,3 ppm)   C-γ (22,5 ppm)

- *Seitenkettenkonformation aromatischer Strukturelemente:* Die chemische Verschiebung der Protonen der einzelnen im Peptid involvierten Aminosäurereste ist gut bekannt. Größere Abweichungen im Falle vorhandener aromatischer Seitenketten können hinsichtlich der Lage im ab- oder entschirmenden Bereich des Phenylring-Anisotropiekegels diskutiert werden und liefern hierdurch Informationen zur Seitenkettenkonformation (s. z. B. MALINIAK, A., Z. LUZ, R. POUPKO, C. KRIEGER und H. J. ZIMMERMANN (1990) J. Am. Chem. Soc. *112*, 4277).
- *pH-Abhängigkeit chemischer Verschiebungen:* Die Zwitterionenstruktur terminaler Aminosäurereste bedingt, daß bei einer pH-Wertvariation von 3 nach 7 die Carboxylgruppe deprotoniert wird; die ^{13}C-chemische Verschiebung von COO$^-$, aber auch C_α werden hierbei Tieffeld-verschoben. Umgekehrt wird die terminale Aminogruppe im Basischen protoniert und die Signale der C-Atome dieses Aminosäurerestes werden nach hohem Feld verschoben. So können terminale Aminosäurereste leicht identifiziert werden, komplette Titrationskurven werden auf diese Weise erhalten und die Bestimmung der zugehörigen pK_a-Werte ist möglich.
- *Temperaturgradienten von NH-Protonen:* Mißt man die Temperaturabhängigkeit der NH-Protonensignale eines Peptids oder Proteins, so wurde ein Temperaturgradient von $6 \cdot 10^{-3}$ ppm/K als magische Zahl erkannt. Kleinere Werte deuten mit großer Sicherheit auf das Vorliegen intramolekularer Wasserstoffbrücken-Bindungen hin. Die zugehörigen Carbonylgruppen N–H...O $= {}^{13}$C erkennt man dann an extremer Lösungsmittelunempfindlichkeit der ^{13}C-chemischen Verschiebung des Carbonyl-C-Atoms.

- Die kritische Durchsicht der ^{13}C-NMR-Spektren von 70 Proteinen mit bekannter Konformation ergab, daß die ^{13}C-chemischen Verschiebungen von C-α und C=O in helicalen Strukturen nach tiefem Feld verschoben sind, in Faltblattstruktur dagegen nach hohem Feld. Diese konformativ bedingten ^{13}C-chemischen Verschiebungen sind quantifiziert

α-Helix: $\Delta\delta$(C-α) 3,09 ± 1.00 ppm; $\Delta\delta$(C-β) –0,38 ± 0,85 ppm
β-Faltblatt: $\Delta\delta$(C-α) -1,48 ± 1.23 ppm; $\Delta\delta$(C-β) 2,16 ± 1,91 ppm

- *Diederwinkel im Amid-Fragment anhand von vicinalen $^1H,^1H$-, $^1H,^{13}C$-, $^1H,^{15}N$- bzw. $^{13}C,^{15}N$-Kopplungskonstanten:* Am bekanntesten und am einfachsten zu messen ist die $^3J_{NH,C\alpha H}$, die nach einer modifizierten KARPLUS-Abhängigkeit (PARDI, A. et al. (1984) J. Mol. Biol. *180*, 741) zur Bestimmung des Diederwinkels θ zwischen beiden vicinal koppelnden Protonen eingesetzt werden kann:

$$^3J_{HN,C\alpha H} = 6,4 \cos^2\theta - 1,4 \cos \theta + 1,9 \tag{5.11}$$

Über den Gesamtbereich von 360° erhält man nach Gl. (5.11) mehrere Lösungen. Der für die Struktur zutreffende Diederwinkel muß anhand anderer NMR-Parameter (δ, T_1, NOE) bzw. eines begleitenden Molecular Modelling bestätigt werden.
Ähnliche Abhängigkeiten liegen für $^3J_{C,N}$, $^3J_{C,C}$, $^3J_{C,H}$ vor. Die präzise Messung dieser vicinalen Kopplungskonstanten ist mittels zwei- und höherdimensionaler NMR-Spektroskopie, insbesondere an ^{13}C- und ^{15}N-selektiv angereicherten Proteinen, heute routinemäßig möglich.
- *Räumliche Nähe von Protonen unterschiedlich sequenzierter Aminosäuren anhand von NOE-Messungen:* Auf diese Weise lassen sich Protonenabstände bis zu 5 Å mit einer Genauigkeit von ± 10 % bestimmen. Unter Zuhilfenahme dieser quantitativen Abstandsinformation kann die räumliche Struktur des Proteins berechnet werden. Dies geschieht unter Zuhilfenahme von Computer-Simulations-Methoden, wobei neben den NOEs auch alle anderen NMR-Strukturinformationen einbezogen sein sollten, um nur bestimmte, sinnvolle Konformationen zu vergleichen. So ergab ein entsprechendes NOE-Differenzspektroskopie-Experiment unter Vorsättigung des NH-Protons von Alanin in Boc-Ala-Pro-Val-OMe einen bemerkbaren NOE dieses Protons zur OMe-Gruppe (vergl. Abb. 5.15). Die räumliche Nachbarschaft ist nur zu erreichen, wenn die Diederwinkel θ_{Ala} = –150° bzw. θ_{Val} = –80° betragen und eine H-Brücke NH(Ala)...O=C(Val) ausgebildet ist. Die dann vorliegende Konformation des Tripeptids (Abb. 5.16) entspricht einer ε-Schleife. Mit dieser räumlichen Konnektivität sind entscheidende Hinweise zur Konformation des Peptids erbracht und gleichzeitig Lösungen nach Gl. (5.11) auf einen Satz von Diederwinkeln eingeschränkt. Der Temperaturgradient für NH(Ala) beträgt zudem nur 0,73 · 10^{-3} ppm/K und bestätigt die Existenz der intramolekularen H-Brückenbindung.
- *Flexibilität von Proteinhauptkette und Seitengruppen anhand von T_1-Zeiten:* Der von der Dipol-Dipol-Relaxation bestimmte Anteil T_1^{DD} (meßbar über

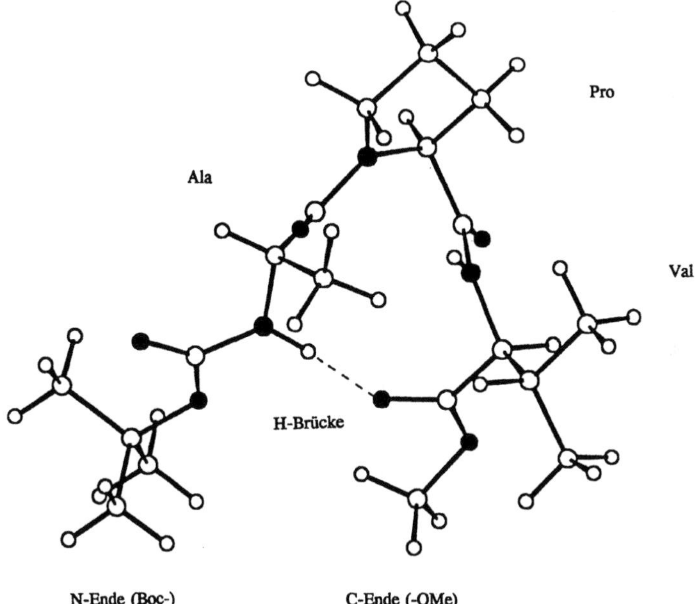

Abb. 5.16. Vorzugskonformation (all-*trans*) von Boc-Ala-Pro-Val-OMe (ε-Schleife). •N- bzw. O-Atome, ○ C- bzw. H-Atome, – – – H-Brücke

den NOE) der über die Inversion-Recovery-Methode (s. Abschn. 5.2.5) zugänglichen T_1-Zeiten der C-Atome eines untersuchten Proteins können über Gl. (5.12) als qualitatives Maß ihrer Beweglichkeit (inter- und intramolekular) diskutiert werden.

$$1/T_1^{DD} = \hbar^2 \cdot \gamma_C^2 \cdot \gamma_H^2 \cdot r_{C-H}^{-6} \cdot N \cdot \tau_c \tag{5.12}$$

Neben N (Anzahl am C-Atom befindlicher Protonen) und r_{C-H} (C–H-Abstand) wird T_1^{DD} wesentlich von einer Größe τ_c, der mittleren Korrelationszeit des jeweiligen C-Atoms bestimmt, die dessen mittlere Beweglichkeit bei isotroper Gesamtmolekülbeweglichkeit charakterisiert. Die Bestimmung der Spin-Gitter-Relaxationszeiten der C-Atome, z.B. des Tetrapeptids Pro[1]-(D)Phe[2]-Pro[3]-Gly[4] hat hinsichtlich der Molekülflexibilität folgende Konsequenzen:

– Da die Flexibilität des Tetrapeptids zum Kettenende hin zunimmt, können Pro[1] und Pro[3] anhand der T_1-Werte ihrer C(β) und C(γ) unterschieden werden:

$T_1(C\text{-}\beta)$:   Pro[1] (0,76s)   Pro[3] (0.53s)
$T_1(C\text{-}\gamma)$:   Pro[1] (1,06s)   Pro[3] (0,48s)

Abb. 5.17. Aus T_1-Zeiten von ^{13}C-Kernen abgeleitete Vorzugskonformationen des Prolinringes in Peptidstrukturen. **a** Briefumschlag-Konformation, **b** Twist-Konformation

- Zum anderen beobachtet man für den T_1-Wert von $C(\gamma)$ in Pro[1] (T_1 = 1,06s) gegenüber den Werten von $C(\beta)$ (T_1 = 0,76s) und $C(\delta)$ (T_1 = 0,57s) einen höheren Wert; hieraus könnte man auf das Vorliegen von Pro[1] in der Briefumschlag-Konformation (*engl.* envelope conformation) (Abb. 5.17a) schließen, in der $C(\gamma)$ relativ zu den in annähernd einer Ebene verbleibenden restlichen vier Atomen schnell invertiert.
- Die T_1-Werte von Pro[3] lassen dagegen die Twistkonformation (Abb. 5.17b) vermuten, da hier $C(\beta)$ (T_1 = 0,53s) und $C(\gamma)$ (T_1 = 0,48s) ca. gleich große Werte aufweisen und eine gleichzeitige Inversion in die alternative Twistkonformation nahelegten.

5.4 Mehrdimensionale NMR-Spektroskopie

Die in Abb. 5.18 dargestellten ^{1}H- und ^{13}C-NMR-Spektren von Boc-Ala-Pro-Val-OMe lassen deutlich erkennen, daß die Zuordnung der NMR-Parameter selbst bei einem Tripeptid nicht trivial ist. Eine ansteigende Anzahl von Aminosäureresten im Peptid oder gar Protein stößt sehr schnell auf Zuordnungsschwierigkeiten, auch wenn heute NMR-Spektrometer bis 750 MHz (für ^{1}H) routinemäßig (aber keineswegs überall) zur Verfügung stehen.

Tatsächlich wäre der immense Fortschritt der Strukturzuordnung im Proteinbereich ohne die Entwicklung und den heute routinemäßigen Einsatz der mehrdimensionalen NMR-Spektroskopie nicht möglich gewesen. Es würde den Rahmen dieses Abschnittes sprengen, analog den Abschn. 5.1 und 5.2 die Grundlagen der mehrdimensionalen NMR-Spektroskopie erläutern zu wollen. Hierfür sei auf die weiterführende Literatur verwiesen. An dieser Stelle sollen daher nur das Grundprinzip und die wichtigsten Grundexperimente genannt und am Beispiel vorgestellt werden, um so die prinzipielle Vorgehensweise für einen Bedarfsfall zu verstehen.

Ein zweidimensionales (2D) NMR-Experiment kann aus der oben beschriebenen Inversion-Recovery-Methode abgeleitet werden, da sich diese auch in drei Phasen gliedert: Präparationsphase (180°-Impuls) – Evolutionsphase (Zeitintervall t_D) – Detektionsphase (90°-Leseimpuls). Für 2D-NMR-Experi-

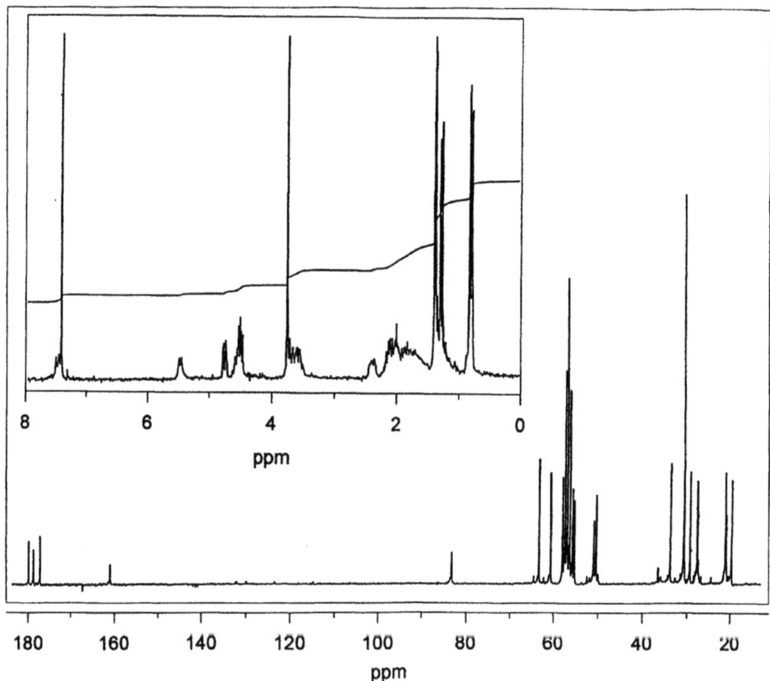

Abb. 5.18. ^{1}H- und ^{13}C-NMR-Spektren von Boc-Ala-Pro-Val-OMe in CDCl$_3$/TMS bzw. DMSO-d$_6$/TMS

mente wird eine weitere Phase – das Mixing – zwischen Präparation und Detektion aufgenommen, in der der Kohärenztransfer von einer mit seiner LARMOR-Frequenz während der Evolutionsphase in der x,y-Ebene rotierenden Kerngruppe i auf eine andere mit i skalar oder dipolar koppelnde Protonengruppe j erfolgt. Deren LARMOR-Frequenz v_j wird abschließend detektiert.

Um beim Beispiel zu bleiben: Im 2D-NMR-Experiment wird das t$_D$ der Evolutionsphase n-mal (mindestens 256 mal) unterschiedlich lang gewählt und so n NMR-Spektren für die studierte Probe aufgezeichnet. Infolge der Evolutionsprozesse und gezielter Einflußnahme auf das Spinsystem (homo- und heteronuclear) variieren mit t$_D$ diese n NMR-Spektren in Phase und/oder Intensität der detektierten Signale. Durch FOURIER-Transformation nicht nur in der Zeile (in F$_1$ – normales NMR-Spektrum), sondern auch spaltenweise (alle n NMR-Spektren untereinander geschrieben) in F$_2$, entwickelt man eine zweidimensionale Datenmatrix, in der das konventionelle NMR-Spektrum in der Diagonalen liegt.

Da die Fülle der Spektren eine solche Darstellung (stacked plot) schnell unübersichtlich gestaltet, stellt man 2D-NMR-Spektren in Höhenliniendarstellung (contour plot) dar. Durch die zweite (reihenweise) Fourier-Transformation in F_2 wird der in den F_1-NMR-Spektren durch unterschiedliche Phase und/oder Intensität der Signale verschlüsselte zweite NMR-Parameter extrahiert und realisiert sich in der 2D-Datenmatrix in zusätzlichen Peaks (sog. Crosspeaks) an den Schnittstellen (in F_1 bzw. F_2-Richtung) der chemischen Verschiebungen von über den extrahierten NMR-Parameter (homo- und heteronucleare Kopplungen, NOE, chemischer Austausch) so wechselwirkenden Kerngruppen (Konnektivität). Für den Biochemiker sind folgende Experimente von Bedeutung:

- 2D-Correlation Spectroscopy (COSY)
  H, H-COSY (^{1}H- mit ^{1}H-chemischer Verschiebung korreliert)
  H, C-COSY (^{1}H- mit ^{13}C-chemischer Verschiebung korreliert)
  H, N-COSY (^{1}H- mit ^{15}N-chemischer Verschiebung korreliert)
- 2D-J-aufgelöste NMR-Spektren (z. B. die ^{13}C-chemische Verschiebung in F_1 und $^1J_{C,H}$-Direktkopplungskonstante in F_2)
- NOE-2D-NMR-Spektren (z. B. die ^{1}H-chemische Verschiebung in F_1 und der NOE/ROE (2D-NOESY bzw. 2D-ROESY) oder dynamische Information (k) von Austauschprozessen (2D-EXSY) in F_2.

Die Auswertung ist verhältnismäßig einfach: Die Crosspeaks werden den chemischen Verschiebungen der Kerngruppen zugeeignet und so das Konnektivitätselement ($J_{H,H}$ – oder $J_{H,C}$, $J_{H,N}$ – NOE oder k) extrahiert. Dadurch werden Konnektivitätsspuren entwickelt, die die Zuordnung erheblich vereinfachen.

Die Auswertung der Volumenintensität der Crosspeaks liefert zudem auswertbare quantitative Information.

In Abb. 5.19 ist das H, H-COSY-NMR-Spektrum von Boc-Ala-Val-Val-OMe abgebildet. Durch Projektionen der Crosspeaks auf F_1 und F_2 werden alle Spin-Spin-Kopplungen zwischen den Protonengruppen des Tripeptids zugänglich. Die Informationen aller möglichen H, H-Entkopplungsexperimente sind also in einem 2D-H, H-COSY-NMR-Spektrum zusammengetragen.

Zur Entwicklung der Konnektivitätsspur geht man wie folgt vor: Zunächst sucht man einen zweifelsfreien Einstieg. Im vorliegenden Spektrum eignen sich hierfür die abgesetzten NH-Protonen (Ala – 5,06 ppm; Val – 6,56 bzw. 6,81 ppm). Nun wird in F_2-Richtung ($\rightarrow$) der jeweilige Crosspeak gesucht und dann in F_1-Richtung ($\uparrow$) die zugehörigen, mit den NH skalar koppelnden C_αH Protonen (C_αH(Ala) – 4,07 ppm; C_αH(Val) – 4,50 bzw. 4,16 ppm); sofort ist ersichtlich, welche Protonen NH und C_αH zu den jeweiligen Val-Resten gehören. Die Konnektivitätsspur läßt sich weiter fortsetzen ($\rightarrow F_2$, $\uparrow F_1$) und die zugehörigen C_βH [C_βH(Ala) – 1,32 ppm; C_βH(Val) – 2,19 bzw. 2,17 ppm] bzw. C_γH [C_γH(Val) – 0,92 bzw. 0,87 ppm] auf diese Weise sicher zuordnen.

Auf die gleiche Weise geht man bei der Auswertung der H, C-COSY- (mit inverser Detektion – HMQC-) und NOESY-2D-NMR-Spektren von Boc-Ala-Pro-Val-OMe vor. Aus den H, C-COSY-2D-NMR-Spektrum (optimiert auf C, H-Direktkopplungen $^1J_{C,H}$) kann man entnehmen, welche Protonen welchen C-Atomen direkt benachbart sind (man kann auch auf weitreichende C, H-Kopplungskonstanten, z. B. $^2J_{C,H}$ und $^3J_{C,H}$ optimieren) und erhält so anhand

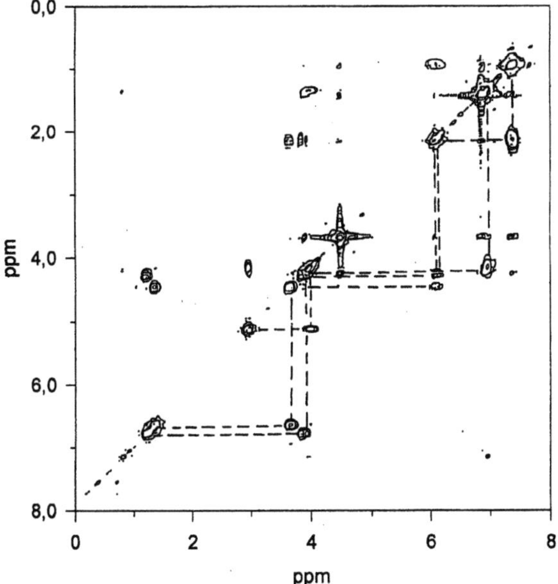

Abb. 5.19. 2D-H, H-COSY-NMR-Spektrum von Boc-Ala-Pro-Val-OMe in Contourplot-Darstellung. In der Diagonalen liegt das normale eindimensionale Spektrum. Crosspeaks zeigen H, H-Kopplungsinformation an; die Verfolgung solcher Konnektivitätsspuren ermöglicht die Identifizierung aller spin-spin-koppelnden Protonen eines Spinsystems

der Crosspeaks wiederum diese Konnektivitäten (COLOC-Methode). Den NOESY-Spektren entnimmt man alle NOE.

Während das H, H-COSY-2D-NMR-Spektrum nur direkt koppelnde Spins anzeigt, kann man unter Einsatz der HOHAHA-Impulssequenz (s. weiterführende Literatur) erreichen, daß Crosspeaks zwischen allen Spins eines koppelnden Spinsystems angezeigt werden (TOCSY – Total Correlation Spectroscopy). Dies ist für den Biochemiker insofern noch wichtiger, da Crosspeaks zu allen koppelnden Protonen der einzelnen Aminosäureeinheiten angezeigt werden. Die Carbonylgruppen verhindern als „silent sites" eine Vermischung von Kopplungsinformation, d. h. sie enthalten keine Protonen, die koppeln könnten.

In Abb. 5.20 ist das 2D-TOCSY-NMR-Spektrum von H-Tyr-*cyclo*-(D-Orn-Phe-Pro-Gly) abgebildet. Auf einen Blick kann die zu NH(Orn) (7,22 ppm) zugehörige Seitenkette [C_αH(Orn) – 4,19 ppm; C_βH(Orn) – 1,50 (1,34) ppm; C_γH(Orn) – 1,58 (1,50) ppm; C_δH(Orn) – 3,07 ppm] zugeordnet werden.

Die Möglichkeit der 2D-NMR-spektroskopischen Strukturanalyse im Verbund mit der Existenz von Hochfeldmagneten hat dazu geführt, daß immer kompliziertere Proteinstrukturen untersucht werden konnten. In Abb. 5.21 ist das 2D-NOESY-NMR-Spektrum des Enzyms Lysozym abgebildet.

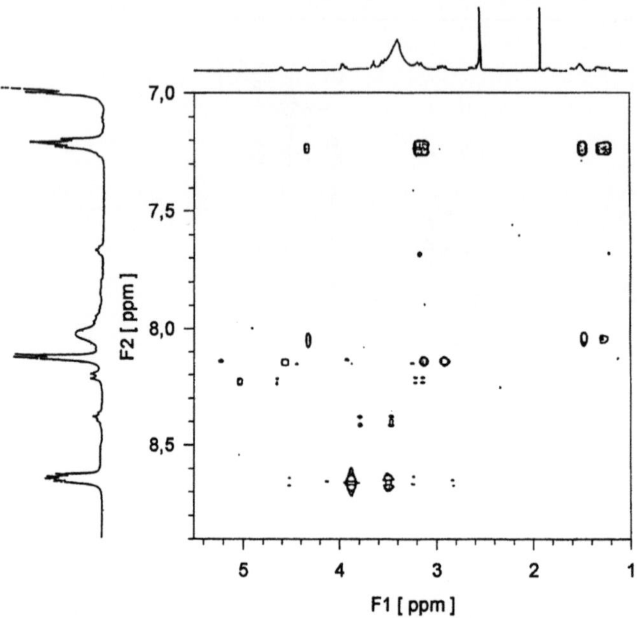

Abb. 5.20. 2D-TOCSY-NMR-Spektrum von Tyr-*cyclo*-(D-Orn-Phe-Pro-Gly). Durch Zuordnung der Crosspeaks entlang einer Konnektivitätsspur kann das gesamte Spinsystem der entsprechenden Aminosäureeinheit zugeordnet werden. Die Carbonylfunktionen als „silent sites" verhindern Kopplungsvermischung zwischen benachbarten Aminosäureeinheiten

Allein die Ansicht der Vielzahl an Crosspeaks macht deutlich, daß auch die 2D-NMR-Spektroskopie auflösungsbedingt schnell an Grenzen stieß. Um auch hier für Ersatz zu sorgen, sind drei Tendenzen einer Weiterentwicklung zu nennen, die noch nicht abgeschlossen ist:

– *3D- und 4D-NMR-Spektroskopie:* Zwischen die Präparationsphase und Detektionsphase des 2D-NMR-Experiments werden n Evolution/Mixingphasen eingeschoben, die man baukastenartig aus den 2D-Experimenten, die bereits vorgestellt wurden, zusammensetzen kann; die Auswertung wird entsprechend aufwendig. Die Hinzunahme einer weiteren Dimension erbringt den gewünschten Auflösungseffekt; wenn z. B. zwei NOESY-Crosspeaks im 2D-NOESY-NMR-Spektrum übereinanderliegen. Weil die dipolar koppelnden Protonen die gleiche chemische Verschiebung haben, kann man diese in der 3D-Korrelation mit den ^{13}C- oder ^{15}N-chemischen Verschiebungen der jeweiligen Aminosäureeinheit korrelieren, die mit Sicherheit unterschiedlich sind, und erreicht so den gewünschten Auflösungseffekt.
Die am häufigsten genutzen 3D-Experimente im Proteinbereich sind deshalb 3D-TOCSY-TOCSY, 3D-TOCSY-NOESY und 3D-NOESY-NOESY.

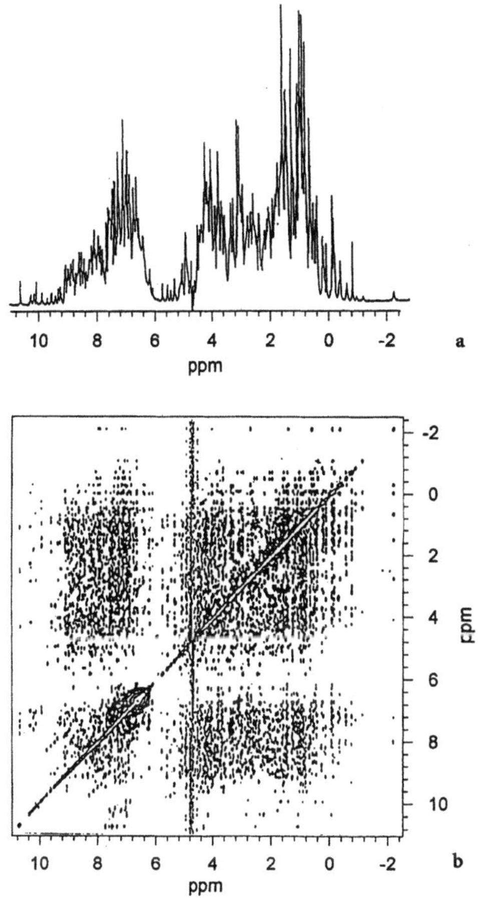

Abb. 5.21. 750-MHz-^{1}H-NMR-Spektrum **a** und 750-MHz-2D-NOESY-NMR-Spektrum **b** von 5mM Lysozym ($\approx$70 mg/ml) in 90% H_2O/10% D_2O. Mit freundlicher Erlaubnis der Fa. BRUKER/Karlsruhe

– *Gezielte selektive oder vollständige Markierung von Proteinen mit [13]C- und ^{15}N-Kernen:* Hierdurch wird der Empfindlichkeitsnachteil beider Kerne beseitigt bzw. selektiv nur die gewünschte NMR-Information in entsprechend verbessertem S/N-Verhältnis detektiert. Wird das zu untersuchende Protein ^{15}N markiert, so verwendet man zur sequentiellen Zuordnung die ^{15}N-TOCSY-HMQC-3D-NMR-Spektroskopie. Amidprotonen gleicher chemischer Verschiebung werden hierbei über den direkt gebundenen ^{15}N-Kern in der dritten Dimension separiert und so identifiziert. Hierdurch wird die

Konnektivität zwischen dem Amidproton, seinem ^{15}N-Kern und allen über das TOCSY-Experiment erfaßten Seitenkettenprotonen des Aminosäurerestes festgelegt. Ein zusätzliches ^{15}N-NOESY-HMQC-3D-Experiment erfaßt alle NOEs der Amidprotonen. Die sequentielle Zuordnung der Aminosäurereste im Protein wird eindeutig. Noch eingehendere Möglichkeiten eröffnen sich für ^{15}N- und ^{13}C-markierte Proteine, insbesondere in der Zuordnung von Seitenkettenprotonen und α-C-Atomen (vergl. Abschn. 5.5).

– *Selektive Anregung bestimmter Kerngruppen:* Diese mit den zuvor genannten Entwicklungstendenzen einhergehende Meßmethodik geht beispielsweise von der selektiven Anregung von z. B. der im ^{1}H-NMR-Spektrum abgesetzten NH-Protonen aus. Andere Protonen werden in der Präparationsphase des mehrdimensionalen NMR-Experimentes nicht angeregt. Damit sind in der Detektionsphase auch nur die entsprechenden Konnektivitäten zu erwarten: im 2D-H,H-COSY-NMR-Spektrum nur Crosspeaks zu mit dem selektiv angeregten NH-Proton skalar koppelnde Protonen, im NOESY-2D-NMR-Spektrum nur die mit NH dipolar (NOE) koppelnden Protonen. Die Auswertung beider Spektren ist vergleichsweise trivial. Der Vereinfachungseffekt kommt im 3D- bzw. 4D-NMR-Experiment erst richtig zum Tragen und ermöglicht oft dann erst eine NMR-Auswertung mit vertretbarem personellen und zeitlichen Aufwand.

Das am häufigsten eingesetzte 3D-NMR-Experiment ist 3D-TOCSY-NOESY mit selektiver Anregung in F_1 und F_2.

5.5 Zuordnungsstrategien für Peptid- und Proteinstrukturen mittels mehrdimensionaler NMR-Spektroskopie und Molecular Modelling

Die in Abb. 5.22 stichwortartig formulierte Zuordnungsstrategie ist einer Arbeit von H. KESSLER entnommen und wurde erfolgreich zur Zuordnung einer Fülle von Oligo- und Polypeptidstrukturen angewandt:

– Durch Volumenintegration der Crosspeaks von NOESY-Spektren (alternativ: ROESY-Spektren) werden alle NOE/ROE-Verstärkungen $I_{i,j}$ bestimmt und hieraus die Abstände $r_{i,j}$ zwischen den dipolar koppelnden Protonen nach Eichung an Standardabständen $r_{ref.}$ berechnet:

$$r_{i,j} = r_{ref} \cdot \left(\frac{I_{ref}}{I_{i,j}}\right)^{-6} \tag{5.13}$$

Diese Information ist 3D-NMR-Experimenten nur unter bestimmten Voraussetzungen und näherungsweise zu entnehmen, da die Intensität der relevanten Crosspeaks von mehr als einem Kohärenztransferprozeß abhängt.

– Hieraus wird durch Computersimulation unter Verwendung von Distance-Geometry-Methoden die dreidimensionale Struktur (Konformation) entwickelt. Die Abstände $r_{i,j}$ werden dabei als Constraints behandelt und mög-

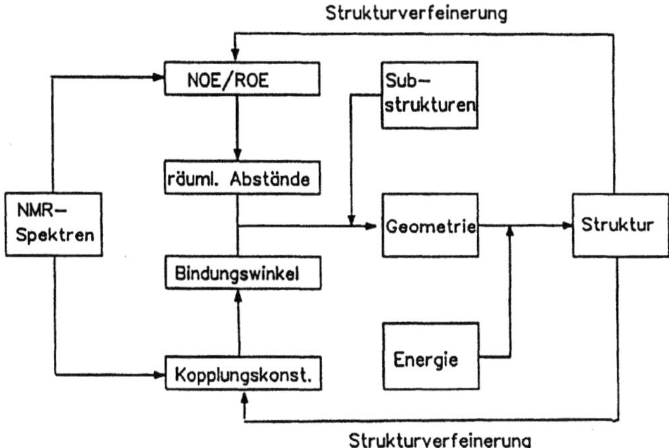

Abb. 5.22. Zuordnungstrategie für Peptid- und Proteinstrukturen mittels NMR-Spektroskopie und Molecular Modelling. nach: H. KESSLER (1992) J. prakt. Chem. 334, 549

liche Strukturen gerechnet, die in Übereinstimmung zu den experimentell bestimmten Abständen stehen.

- Erst jetzt werden mit Hilfe von Energieminimierung und Moleküldynamik-Rechnungen energetische Kriterien zur Strukturbestimmung eingesetzt. Das Ergebnis des Molecular Modelling, auch unter Einsatz von Kraftfeld-Rechnungen (vgl. die weiterführende Literatur), sind verfeinerte Strukturen minimaler potentieller Energie. Falls sich die Abstandsinformation aus den $r_{i,j}$ für die Energieminimierung als unzureichend erweist, wird auf die aus der Messung von skalarer Kopplung zur Verfügung stehende Diederwinkel-Information (sinnvolle Werte sollten im Extrembereich der KARPLUS-Berechnung liegen – mittlere Werte von $^3J_{NH, C(\alpha)-H}$ von 6 bis 7 Hz stehen für Zufallsknäuel (*engl.* random coil)) zurückgegriffen und die Struktur hieran verfeinert. Das Auffinden der Finalstruktur ist langwierig. Immer wieder müssen Basiswerte der Abstands- und Winkelinformation überprüft werden.
- Seitenkettenkonformationen sind der Moleküldynamik nicht zugänglich. Kopplungs- ($^3J_{H-\alpha, H-\beta}$) und räumliche Information (aromatischer Ringstromeffekt) müssen hier oft als alleinige Information ausreichen.

Zur Sequenzanalyse von Peptiden und Proteinen wird folgender Weg unter fast ausschließlicher Verwendung der heteronuclearen Kopplungsinformation (Abb. 5.23) beschritten:

- Mit Hilfe von H,C-COSY-2D-NMR-Spektren (optimiert auf $^2J_{C=O, NH}$) wird die Konnektivität der Aminosäurereste in der Peptidstruktur ermittelt; gleichzeitig ordnet man so die Carbonylgruppen den Aminosäureresten zu.

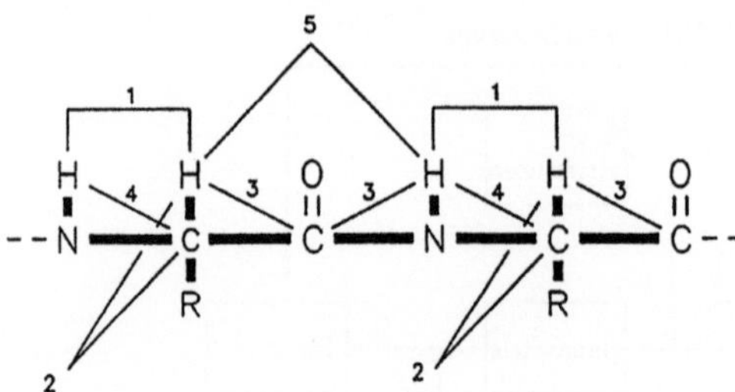

Abb. 5.23. Sequenzanalyse mittlerer Peptidstrukturen mit Hilfe von heteronuclearen 2D-NMR-Experimenten. 1 – H,H-COSY (*via* $^3J_{HH}$); 2 – C,H-COSY (*via* $^1J_{CH}$); 3 – long range C,H-COSY (*via* $^2J_{CH}$); 4 – Relayed C,H-COSY (*via* $^3J_{HH}$ und $^1J_{CH}$); 5 – NOESY (räumliche Konnektivität zur Entwicklung der Konformation). nach: H. KALCHHAUSER et al. (1992) Monatsh. Chem. 123, 757

- Dann wird über Relayed-H,C-COSY-Experimente die C_α, NH-Konnektivität bestimmt. Prolinreste werden im Nebenergebnis durch nicht vorhandene NH-Protonen ausgegrenzt. (Dieses Experiment ist nicht die erste Wahl: im Ergebnis liefert es Crosspeaks, die einem H,H-COSY- (über $^3J_{C(\alpha)\text{-}H,NH}$) und einem H,C-COSY-Experiment (über $^1J_{C(\alpha),H}$) entsprechen. So wird aber die Auswertung des H,H-COSY-2D-NMR-Experimentes im Bereich des durch Signalüberlappungen gekennzeichneten C_α-^{1}H-Signalbereich vermieden.)
- Zusammen mit zusätzlichen H,C-COSY-2D-NMR-Experimenten scheint so ein gangbarer Weg zur Zuordnung der Aminosäurereste entlang der Protein-hauptkette gefunden; ein zweifelsfreier Einstieg in die Aminosäuresequenz ist u.a. mit Tyr-C_4, Thr-C'_β, Arg-C_ε oder His-C_1 gegeben.
- Die Tertiärstruktur des Biopolymeren ist so nicht zugänglich; die Aufnahme und gezielte Auswertung im bereits vorgestellten Sinne der entsprechenden NOESY-2D-NMR-Spektren liefert die notwendigen Informationen.

Die sequentielle Zuordnung von ^{15}N- und ^{13}C-markierten Proteinen wird mit einer Reihe von speziell konzipierten Tripelresonanzexperimenten durchgeführt. Keines der in Abb. 5.24 dargestellten Experimente ist alleinentscheidend, letztendlich werden aber alle ^{1}H-, ^{13}C- und ^{15}N-Atome des Protein-Rückgrats miteinander korreliert und liefern *in summa* durch Absuchen der entsprechenden Korrelationsebenen der 3D-NMR-Experimente die Sequenz des Proteins.

Die Zuordnung der vorliegenden Tertiärstruktur (Konformation) von ^{15}N- und ^{13}C-markierten Proteinen erfolgt aber nach wie vor über die Kern-OVER-HAUSER-Effekte, die mit Hilfe von 3D-NMR-Experimenten unter Einschluß der NOESY-Impulssequenz bestimmt werden, und *vicinale* Skalarkopplungen ($^3J_{H,H}$, $^3J_{C,N}$, $^3J_{C,C}$ und $^3J_{C,H}$). Neben den NOEs der Amidprotonen kann so auch die Zuordnung der NOEs der Seitenkettenprotonen erfolgen. Die Kopplungskonstanten vermitteln über die in Kapitel 5.3 abgehandelte KARPLUS-Abhängigkeit die Diederwinkelinformation involvierter ^{1}H-, ^{13}C und ^{15}N-Kerne. Damit ist die Möglichkeit gegeben, auf einer breiten Basis von sog. Constraints die Grundzustandskonformation des Proteins aufzusuchen.

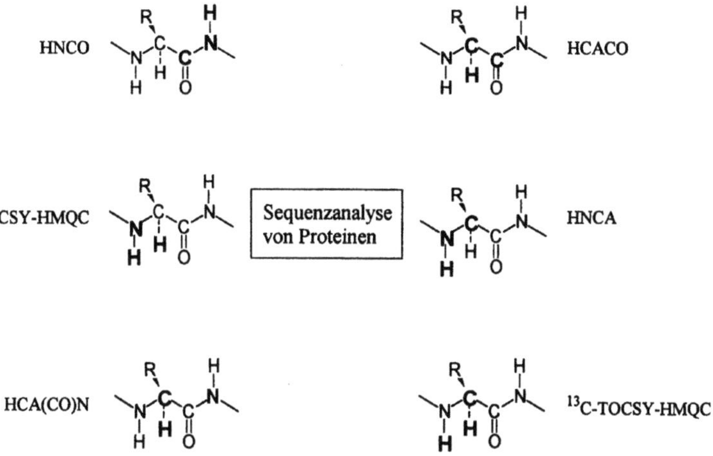

Abb. 5.24. Sequenzanalyse von ^{15}N- und ^{13}C-markierten Proteinen mit einer Reihe unterschiedlicher Tripelresonanz-Experimente

Literatur

CRIPPEN GM and TF HAVEL (eds) (1988) Distance geometry and Molecular Conformations. John Wiley & Sons, New York

FRIEBOLIN H (1988) Ein- und zweidimensionale NMR-Spektroskopie. VCH, Weinheim

GÜNTHER H (1992) NMR-Spektroskopie. Georg Thieme Verlag, Stuttgart

JAMES TL and NJ OPPENHEIMER (1994) Nuclear Magnetic Resonance. Meth Enzymol 239. Academic Press, San Diego

OSCHKINAT H, T MÜLLER und T DIECKMANN (1994) Angew Chem 106, 284–300 und dort zitierte Literatur

SANDERS JKM and BK HUNTER (1993) Modern NMR Spectroscopy. Oxford University Press, Oxford

WÜTHRICH K (1986) NMR of Proteins and Nucleic Acids. Wiley & Sons, Chichester

6 ESR-Spektroskopie – eine Analysenmethode für paramagnetische Zentren in Proteinen

6.1 Einleitung

Die Elektronenspin-Resonanz (ESR oder EPR)-Spektroskopie gehört – wie auch die Kernspin-Resonanz (NMR) – zu den Methoden der magnetischen Resonanz. Sie wird als Spezialmethode für ausgewählte Probleme immer dann in Betracht gezogen, wenn *paramagnetische Zentren mit ungepaarten Elektronen* einer vertieften Analyse unterzogen werden sollen. In diesen Fällen ist die ESR wegen ihrer hohen Selektivität und hohen Nachweisempfindlichkeit für paramagnetische Zentren häufig die Methode der Wahl.

Obwohl die Anwendungs*breite* der ESR nicht die der NMR (Kap. 5) erreicht, ist die *Vielfalt* der ESR-Anwendung beachtlich. Sie reicht von den klassischen Anwendungsgebieten, wie der Festkörperphysik (Halbleiterzentren) und der anorganischen und organischen Chemie (Metallkomplexe, Radikalchemie), bis neuerdings sogar zur Dosimetrie ionisierender Strahlung und der archäologischen Altersbestimmung (Zentren in Mineralien). Die stärkste Entwicklung bei der Anwendung der ESR ist in jüngster Zeit jedoch in der Biochemie, Molekularbiologie und Medizin zu verzeichnen. Diesem Trend soll mit der folgenden kurzen Übersicht Rechnung getragen werden.

Anliegen des vorliegenden Artikels über die ESR-Analytik von Proteinen ist es, aufzuzeigen, (a) in welchen Proteinklassen und unter welchen Bedingungen paramagnetische Zentren auftreten, (b) auf welche Weise diese prinzipiell mit der ESR-Spektroskopie und ihren Spezialmethoden untersucht werden können, und (c) welche Aussagen zu Struktur und Funktion von Proteinen, insbesondere bei Enzymen, mit der ESR möglich sind.

Der Zweck wäre bereits erfüllt, wenn Biochemiker, Biophysiker, Molekularbiologen oder Enzymologen einschließlich Studenten höherer Semester in die Lage versetzt würden, ein mit der ESR lösbares Problem auf ihrem Arbeitsgebiet zu erkennen, die häufig beobachtete Zurückhaltung gegenüber der nicht so geläufigen ESR zu überwinden und sich zur Kooperation mit dem Spektroskopiker zu entschließen.

Der begrenzte Raum erlaubt nur eine knappe Übersicht über die Anwendungen der ESR in der Proteinanalytik; dennoch wurde bei den Radikalenzymen (Abschn. 6.3.2.1), einem jungen Gebiet der Enzymologie mit rasanter Entwicklung und großer Bedeutung für das Verständnis von Elektronentransport-Prozessen in Proteinen, ein Schwerpunkt gesetzt, da es hierüber noch keine deutschsprachige Übersicht gibt. Im methodischen Teil wurde etwas detaillierter auf die Einsatzgebiete der zahlreichen ESR-Spezialtechniken eingegangen. Zum vertieften Studium der ESR als Analysenmethode und ihrer biochemischen Anwendungen werden die im Anhang zitierten ausführlicheren Übersichten empfohlen.

6.2 Grundlagen der ESR

6.2.1 Prinzip der ESR

Die ESR-Spektroskopie untersucht molekulare Bausteine mit ungepaarten Elektronen, wie sie etwa in freien Radikalen und paramagnetischen Metallkomplexen vorkommen.

Ein ungepaartes isoliertes Elektron besitzt auf Grund seines Eigendrehimpulses (Spin $S = 1/2$) und seiner elektrischen Ladung ein magnetisches Dipolmoment

$$\mu = - g \cdot \beta \cdot S, \tag{6.1}$$

wobei β das BOHRsche Magneton und g eine dimensionslose Konstante (g-Faktor) bedeuten. In einem statischen Magnetfeld der Feldstärke B nimmt dieser elementare magnetische Dipol zwei diskrete Energiezustände ein (ZEEMAN-Aufspaltung), den Grundzustand (μ parallel zu B)

$$E_1 = - \frac{1}{2} \cdot g \cdot \beta \cdot B_0 \tag{6.2}$$

und den energiereicheren Zustand (μ antiparallel zu B)

$$E_2 = \frac{1}{2} \cdot g \cdot \beta \cdot B_0 . \tag{6.3}$$

Die Differenz zwischen diesen beiden Energiezuständen beträgt

$$E_2 - E_1 = g \cdot \beta \cdot B_0 \tag{6.4}$$

und ist der Stärke des Magnetfeldes proportional (Abb. 6.1). Die Besetzungszahl des Grundzustandes E_1 ist etwas größer als die des angeregten Zustandes E_2, ihre Differenz wird als Magnetisierung bezeichnet. Wird das ungepaarte Elektron außer dem Magnetfeld B noch zusätzlich einer Hochfrequenzstrahlung (Mikrowellen) mit der Frequenz ν ausgesetzt, so werden dann, wenn die quantisierte Energie dieser Strahlung ($h \cdot \nu$) genau der Energiedifferenz des Dipols im Magnetfeld ($g \cdot \beta \cdot B_0$) entspricht, Elektronenspins von E_1 nach E_2 überführt. Dabei wird von den Elektronenspins Energie aus dem Hochfrequenzfeld absorbiert, was als ein Absorptionssignal nachgewiesen werden kann. Da diese Absorption der ungepaarten Elektronen nur bei Erfüllung der sog. *Resonanzbedingung*

$$h \cdot \nu = g \cdot \beta \cdot B_0 \qquad \text{(mit } B_0 \text{ als Resonanzfeldstärke)} \tag{6.5}$$

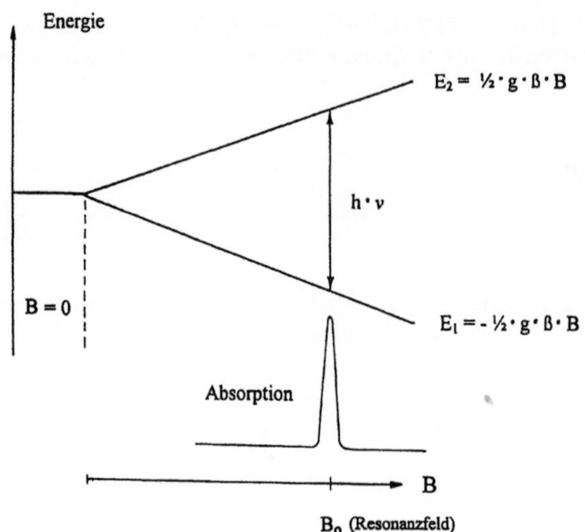

Abb. 6.1. Energieniveau-Schema (ZEEMAN-Aufspaltung) für einen ungepaarten Elektronenspin in einem Magnetfeld und Effekt der Resonanzabsorption

erfolgt, bezeichnet man diesen physikalischen Prozess als *Elektronenspin-Resonanz (ESR)* (Abb. 6.1). Der Effekt der ESR wurde 1944 von SAVOISKI in Kasan erstmals beobachtet. Vergleicht man die im NMR-Artikel (Abschn. 5.1.) beschriebenen Grundphänomene der magnetischen *Kern*spin-Resonanz mit denen der ESR, so stellt man fest, daß diese im Prinzip ganz analog zur ESR sind, der wesentliche Unterschied beruht lediglich darauf, daß das magnetische Moment des Elektronenspins um drei Größenordnungen größer ist als das der Kernspins.

6.2.2 ESR-Spektrenparameter

6.2.2.1 g -Faktor

Der g-Faktor charakterisiert die Position der Mitte einer ESR-Linie (oder eines symmetrischen Spektrums) im Magnetfeldmaßstab. Entsprechend der Resonanzbedingung (Gl. (6.5)) wird dieser aus dem bekannten g-Faktor eines Standards (g_s) und den Feldpositionen des Standards (B_s) bzw. der Meßprobe (B_x) bestimmt nach

$$g_x = g_s \cdot B_s / B_x . \tag{6.6}$$

Für ein *freies* ungepaartes Elektron beträgt g = 2,00232. Bei den meisten Radikalen weichen die g-Faktoren nur geringfügig von diesem Wert ab

(2,002–2.006). g-Faktoren können mit üblichen ESR-Spektrometern bis auf 5 Kommastellen genau gemessen werden. Bei ungepaarten Elektronen in *Metallionen* führt die Spin-Bahn-Wechselwirkung zu stark anisotropen g-Faktoren, die erheblich vom Wert des freien Elektrons abweichen (g = 1,4 - 10). Der g-Faktor ist somit ein wichtiges Identifikationsmerkmal für paramagnetische Metalle und ihre Komplexe. Ein *anisotroper* g-Faktor bedeutet, daß die Position des ESR-Signals von der *Richtung* des Moleküls relativ zum Magnetfeld abhängt.

6.2.2.2 Hyperfeinstruktur

Bei der in Abschn. 6.2.1 beschriebenen Resonanzabsorption wurden *isolierte* ungepaarte Elektronen betrachtet. In realen paramagnetischen Zentren steht das magnetische Moment des ungepaarten Elektrons jedoch häufig in Wechselwirkung mit magnetischen Momenten benachbarter Kernspins (I). Die magnetische Wechselwirkung zwischen Elektronenspins und Kernspins bewirkt eine Aufspaltung einer einzelnen ESR-Linie in mehrere Linien (ESR-*Spektren*), die als *Hyperfeinstruktur (Hfs)* bezeichnet wird. Hfs-Daten zählen zu den wichtigsten Parametern der ESR-Spektroskopie überhaupt und werden zur Identifizierung der elektronischen Struktur paramagnetischer Zentren, insbesondere von freien Radikalen und Metallkomplexen herangezogen.

Zur Hfs tragen nur Isotope mit von Null verschiedenem Kernspin bei. Es sind genau diejenigen Kerne, von denen auch NMR-Spektren erhalten werden können (vgl. Abschn. 5.1). Bei freien Radikalen in biologischen Systemen sind von den natürlichen Isotopen Protonen (^{1}H: I = $\frac{1}{2}$) und Stickstoff (^{14}N: I = 1) die häufigsten Hfs-Kerne. Im Fall eines Isotopenaustausches kann man die Identität von Protonen- oder Stickstoff-Hfs mittels ^{2}H (I = 1) bzw. ^{15}N (I = $\frac{1}{2}$) belegen, und sogar mittels ^{13}C (I = $\frac{1}{2}$) und ^{17}O (I = 5/2) die Hfs solcher Kerne untersuchen, deren Hauptisotope (^{12}C) bzw. (^{16}O) keinen Kernspin besitzen und nicht zur Hfs beitragen. (Die Hfs von Metallkomplexen wird in Abschn. 6.3.1 betrachtet.)

Die Grundregeln der Hfs-Aufspaltung sind relativ übersichtlich. Bei Wechselwirkung des ungepaarten Elektrons mit *einem* Kernspin I resultieren *(2I + 1)* gleichgroße, äquidistante Linien im Abstand a voneinander. Der Parameter a wird als Hfs-Kopplung bezeichnet und ist ein Maß für die Stärke der magnetischen Wechselwirkung zwischen Kernspin und Elektronenspin. Bei einem Proton (I = $\frac{1}{2}$) resultieren zwei Linien, bei einem ^{14}N-Kern (I = 1) drei Linien. Jeder weitere Kernspin (I_i) spaltet jede Hfs-Linie wiederum in *(2I$_i$ + 1)* Linien multiplikativ auf, so daß bei n Kernen des Kernspin I_i mit *unterschiedlichem a$_i$*

$$N = \prod_{i=1}^{n} (2I_i + 1) \tag{6.7}$$

gleichgroße Linien entstehen. Bei zwei *äquivalenten* Protonen ($a_1^H = a_2^H$) fallen die beiden mittleren der vier gleichgroßen Linien zusammen, so daß drei Linien mit dem Intensitätsverhältnis 1:2:1 entstehen. Bei n äquivalenten Kernen mit $I = \frac{1}{2}$ ergeben sich (n +1) Linien mit den Intensitäten entsprechend den Binomialkoeffizienten, z.B. für 3 äquivalente Protonen 1:3:3:1, für 4 äquivalente Protonen 1:4:6:4:1, usw.

Aus der Analyse der Hfs können Aussagen über die Art der Kerne (Linienzahl), die Anzahl koppelnder Kerne (Intensitätsverhältnisse) und die Stärke ihrer Wechselwirkung (Linienabstand a_i) mit dem Elektronenspin getroffen werden. Auch Hfs-Kopplungen können anisotrop sein und dann zur Bestimmung der räumlichen Orientierung eines Metallkomplexes, z.B. im Einkristall, herangezogen werden.

6.2.2.3 Linienbreiten (Relaxationszeiten)

Bei der Beschreibung des Resonanzeffektes wurde angenommen, daß die Elektronenspins nur mit dem statischen Magnetfeld und der Mikrowellenstrahlung in Wechselwirkung stehen. In diesem Fall würden bei Resonanz durch die Mikrowellenstrahlung nur solange Übergänge von E_1 nach E_2 stattfinden, bis die geringe Besetzungsdifferenz ausgeglichen ist; dann würde das ESR-Signal verschwinden (Sättigung). Tatsächlich existieren aber atomare Prozesse, die dafür sorgen, daß auch Übergänge von E_2 nach E_1 erfolgen. Diese Übergänge bewirken, daß das Spinsystem wieder in das thermische Gleichgewicht zurückkehrt. Da diese Prozesse mit der Abgabe der vom Spinsystem absorbierten Energie an die Umgebung (Gitter) zusammenhängen, werden diese als *Spin-Gitter-Relaxation* bezeichnet. Als Maß dient die Spin-Gitter-Relaxationszeit T_1, eine Zeit, nach der die Magnetisierung (ESR-Signal) nach Abschalten des statischen Magnetfeldes auf den Faktor 1/e (e = 2,718) zurückgegangen ist. T_1-Effekte spielen u.a. eine Rolle bei der Wahl der optimalen Mikrowellenleistung (größtmögliche Leistung, bei der noch keine Sättigung bei der Aufnahme von ESR-Spektren auftritt), sowie bei Metallzentren, bei denen in der Regel erst bei tiefen Temperaturen die verringerte Linienbreite eine Spektrenaufnahme zuläßt.

Neben der Spin-Gitter-Relaxation gibt es noch einen weiteren Relaxationsprozeß, die *Spin-Spin-Relaxation*, der Einfluß auf die *Breite einer ESR-Absorptionslinie* hat. In realen Meßproben sind die Elektronenspins von benachbarten Elektronenspins umgeben, deren mittlerer Abstand von der Konzentration abhängt. Diese Nachbarschaft bewirkt ein zusätzliches kleines magnetisches Dipolfeld am Ort des anderen Elektronenspins, was im Mittel eine endliche Breite der ESR-Resonanzabsorption zur Folge hat. In die Linienbreite einer ESR-Linie (ΔB) geht sowohl T_1 als auch die Spin-Spin-Relaxationszeit T_2 ein. Es gilt:

$$\Delta B = \frac{1}{T_1} + \frac{1}{2\,T_1} \tag{6.8}$$

Im Fall von Radikalen in Flüssigkeiten ($T_1 > T_2$) wird die Linienbreite einer ESR-Linie durch T_2, bei Metallzentren im Festkörper jedoch wegen $T_1 \ll T_2$ ganz überwiegend durch T_1 bestimmt. Relaxationseffekte haben zur praktischen Konsequenz, daß z.B. bei Auflösung kleiner Hfs-Kopplungen der Abstand der

Elektronenspins hinreichend groß, d.h. die Radikalkonzentration entsprechend niedrig gewählt werden muß (diamagnetische Verdünnung).

Zu den typischen Merkmalen der ESR gehört, daß die Breite von ESR-Linien ein und desselben paramagnetischen Zentrums erheblich variieren kann, z.B. kann ein freies Radikal in flüssiger Lösung symmetrische ESR-Spektren mit sehr geringen Linienbreiten (3,0 µT – 0,05 mT)[1] haben, während es im festen Zustand (Pulver oder als amorphes Glas bei tiefer Temperatur) asymmetrische Spektren mit größeren Linienbreiten (0,1–5 mT) aufweisen kann (s. Abschn. 6.3.4).

6.2.2.4 Intensität

Die spektrale Intensität einer ESR-Linie, d.h. die integrierte *Fläche* unter der Absorptionskurve, ist der *Konzentration der paramagnetischen Zentren* in der Probe proportional und stellt eine wichtige Meßgröße der ESR dar. Die genaue Bestimmung der *Absolut*konzentration mit Eichstandards erfordert einige Erfahrung und ist wegen der Integrationsfehler (Nullinie) auch mit Computern nur mit begrenzter Genauigkeit (ca. 10–20% Fehler) möglich. Bei gleichbleibender Linienbreite und Linienform kann die *Amplitude* der 1. Ableitung jedoch als relatives Maß für die Konzentration mit geringerem Fehler (2–5%) verwendet werden; aber auch unter diesen Umständen können im Fall *hoher* Konzentrationen paramagnetischer Zentren Fehler bei der Konzentrationsbestimmung durch Spinaustausch bzw. bei Sättigung auftreten.

6.2.3 ESR-Spektrometer (Prinzipieller Aufbau)

Zum Nachweis des ESR-Effektes muß auf die Meßprobe gleichzeitig ein statisches Magnetfeld und ein magnetisches Hochfrequenzfeld einwirken. ESR-Spektrometer arbeiten gewöhnlich mit Hochfrequenzsendern der Frequenz 9 GHz, bzw. einer Wellenlänge von ca. 3 cm (Mikrowellenbereich im X-Band, Radar). Dem entsprechen auf Grund der Resonanzbedingung Magnetfelder von 330 Millitesla. Man unterscheidet prinzipiell drei Baugruppen eines ESR-Spektrometers, die Mikrowellenbrücke, den Magneten und das Nachweissystem (Abb. 6.2).

Die *Mikrowellenbrücke* besteht aus dem Sender, der Meßkammer (Resonator) mit der Probe (gewöhnlich in einer speziell geformten Quarzküvette) und dem Detektorkopf, die mit einer Wellenleitung miteinander verbunden sind. Der Resonator mit der Probe ist zwischen den Polschuhen eines *Elektromagneten* angeordnet. Zur Spektrenaufnahme wird das statische Magnetfeld B langsam variiert (Feld-Sweep), so daß beim Erreichen der Resonanzfeldstärke

---

[1] Linienbreiten und Hyperfein-Koppelkonstanten werden in der Magnetfeldeinheit Millitesla (mT), früher Gauss (G), Hfs-Kopplungen mitunter (bei ENDOR) auch in MHz angegeben; es gilt: $a[\text{MHz}] = g/g_e \cdot 2{,}8024 \cdot a[\text{G}]$ und $1\,\text{mT} = 10\,\text{G}$ (6.9) ($g_e = 2{,}00232$ für das freie Elektron).

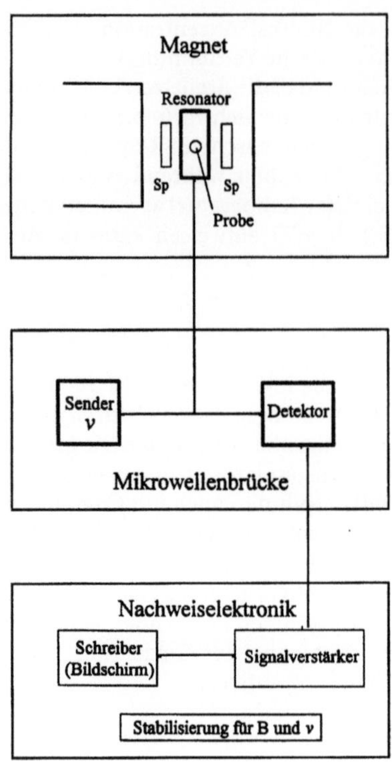

Abb. 6.2. Blockschaltbild wesentlicher Bauelemente eines ESR-Spektrometers

B_0 das Absorptionssignal auftritt (Abb. 6.1). Das *elektronische Nachweissystem* verstärkt das schwache ESR-Signal, das sich als Bedämpfung des Resonators infolge Absorption von Mikrowellenleistung durch die Elektronenspins in der Probe äußert und registriert es auf einem Schreiber bzw. im Fall von computergestützter Datenerfassung auf dem Bildschirm. Zur Steigerung der Nachweisempfindlichkeit wird das statische Magnetfeld zusätzlich mit Hilfe eines Spulenpaares (Sp) mit einem magnetischen 100 kHz-Wechselfeld moduliert (Modulationsamplitude (dB) etwa 10 % der Linienbreite des ESR-Signals (ΔB)). Durch diese sog. „Differentielle Abtastung" entsteht anstatt der Absorptionskurve die mathematische 1. Ableitung mit ihrer für ESR-Spektren typischen spiegelsymmetrischen Linienform (Abb. 6.3).

Zur Nachweiselektronik gehören auch die Schaltkreise für die Stabilisierung von Magnetfeld und Mikrowellenfrequenz. Moderne ESR-Spektrometer verfügen über integrierte Prozeßrechner zur on-line-Gerätesteuerung sowie zur off-line-Spektrenauswertung.

Die ESR-Spektroskopie zeichnet sich durch eine hohe Nachweisempfindlichkeit für paramagnetische Zentren aus. Von einem festen freien Radikal mit einer Linienbreite von 0,1 mT sind mit modernen ESR-Spektrometern noch

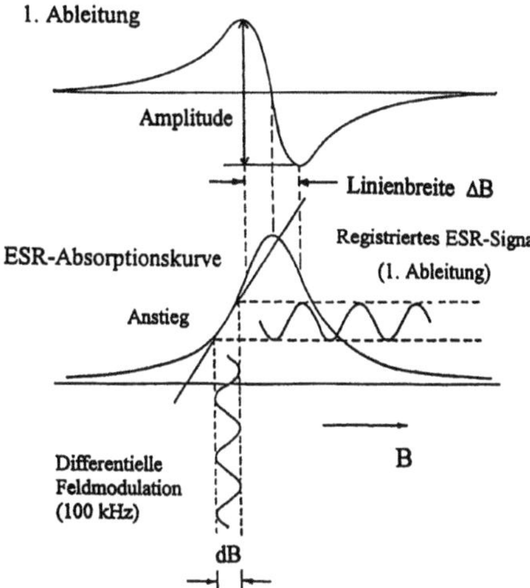

Abb. 6.3. Differentielle Abtastung und Entstehung der ESR-typischen Linienform der 1. Ableitung einer Absorptionskurve. Durch Variation des Magnetfeldes zusammen mit der fest eingestellten Amplitude der 100-kHz-Modulation (dB) wird die Resonanzkurve abgetastet (Feld-Sweep). Die Amplitude der 1. Ableitung ist proportional dem Anstieg der Absorptionskurve, wenn dB < ΔB ist

$2 \cdot 10^{10}$ Spins (10^{-12} Mol) mit einem Signal-Rausch-Verhältnis von 1:1 nachweisbar. Das entspricht etwa einer Konzentration von $1 \cdot 10^{-6} - 1 \cdot 10^{-7}$ mol/l eines stabilen Nitroxidradikals in wässriger Lösung.

6.2.3.1 Probentemperierung und Küvettenform (X-Band-ESR)

Vorrichtungen zur Temperierung der Meßprobe gehören zu den wichtigsten Zusatzgeräten eines ESR-Spektrometers. Für *ESR-Messungen bei Zimmertemperatur* werden verschiedene Formen von Quarzküvetten verwendet; für pulverförmige oder flüssige Proben mit kleiner Dielektrizitätskonstante zylindrische Röhrchen von 3–4 mm Durchmesser (V = 200–300 µl), für wässrige Proben (hohe Dielektrizitätskonstante) Flachzellen mit einer Schichtdicke von 0,3 mm (V = 100 µl). Für *ESR-Messungen bei 77 K* kann ein sog. Bad- oder Fingerkryostat verwendet werden, in dem die Probe (3–4 mm-Zylinderröhrchen) in einem DEWAR-Rohr von flüssigem N_2 umgeben ist. Gasflußkryostaten (Probe von temperiertem Gas umgeben) werden eingesetzt für Messungen bei Temperaturen zwischen 293 K und 77 K (flüssiger N_2) bzw. 1 K (flüssiges He); hierbei werden ebenfalls 3–4 mm-Röhrchen verwendet.

6.2.4 Spezialtechniken der ESR

In diesem Abschnitt werden ESR-Zusatztechniken kurz beschrieben, die aus den Erfordernissen der unterschiedlichen Anwendungen entwickelt wurden und die Einsatzmöglichkeiten der ESR beträchtlich erweitern.

6.2.4.1 Verbesserung der spektralen Auflösung

Höhere Magnetfelder: Der g-Faktor eines paramagnetischen Zentrums beschreibt die Position einer ESR-Linie im Magnetfeldmaßstab (s. Abschn. 6.2.1.1). Für Metallzentren sind wegen ihrer ausgeprägten Spin-Bahn-Wechselwirkung unterschiedliche g-Faktoren häufig als Identitätsmerkmal charakteristisch, freie Radikale dagegen unterscheiden sich im g-Faktor nur geringfügig (ihr „Fingerprint" ist die Hfs). Sollen unterschiedliche Zentren mit nur wenig voneinander verschiedenen g-Faktoren getrennt, oder soll bei einem einzelnen Zentrum die g-Faktor-Anisotropie besser aufgelöst werden, wählt man beim ESR-Experiment höhere Magnetfelder (und damit auch höhere Mikrowellenfrequenzen). Anstatt des üblichen X-Bandes (0,33 T bzw. 9 GHz) sind dafür das Q-Band (1,3 T bzw. 36 GHz) oder das W-Band (3,3 T bzw. 90 GHz) entsprechend einer Auflösungsverbesserung um den Faktor 4 bzw. 10 geeignet. Die Größe der entsprechenden Meßkammern und der Probenküvetten sind um etwa diese Faktoren beim Q- bzw. W-Band kleiner.

Elektron-Kern-Doppelresonanz (ENDOR): Bei der Beteiligung vieler Kerne an der Hfs (z.B. bei aromatischen Radikalen in Lösung) steigt die Zahl der ESR-Linien *multiplikativ* mit der Anzahl der Hfs-Kerne (s. Abschn. 6.2.2.2), was zu sehr linienreichen und oft nicht mehr aufgelösten ESR-Spektren führt.

Eine Methode zur Auflösung vieler kleiner Hfs-Kopplungen bietet eine Doppelresonanz-Technik, bei der zusätzlich zum Mikrowellenfeld (GHz-Bereich) ein Radiofrequenzfeld (MHz-Bereich) mit den Resonanzfrequenzen der Kernspins (im B_0-Feld) auf die Probe eingestrahlt wird (kombiniertes ESR/NMR-Experiment). Bei diesem Verfahren werden durch hohe Mikrowellenleistung ESR-Übergänge partiell gesättigt und diese Sättigung durch NMR-Übergänge wieder aufgehoben. Bei Variation der NMR-Frequenz (das Magnetfeld B_0 wird dabei auf eine bestimmte Position im ESR-Spektrum fixiert) entstehen Änderungen in der Amplitude der ESR-Linie, die das ENDOR-Spektrum mit der Hfs-Information ergeben.

Der besondere Wert der immer häufiger eingesetzten ENDOR-Methode liegt darin, daß beim ENDOR-Experiment die hohe Nachweisempfindlichkeit der ESR mit der hohen spektralen Auflösung der NMR kombiniert wird. Für jede nichtäquivalente Hfs-Koppelkonstante gibt es nur *ein* Linienpaar im ENDOR-Spektrum. Bei mehreren Kernen wächst bei ENDOR die Linienzahl mit der Kernzahl nur *additiv* anstatt multiplikativ wie bei der ESR. Deshalb sind ENDOR-Spektren von vielen Hfs-Kernen einfacher aufgebaut als ihre ESR-Spektren (Abb. 6.4).

Typische Anwendungsgebiete für ENDOR sind aromatische Radikale mit stark delokalisierter Spindichte des ungepaarten Elektrons sowie mit der ESR nicht mehr auflösbare kleine Hfs-Kopplungen von Liganden paramagnetischer Metallkomplexe im aktiven Zentrum von Metallenzymen.

In diesem Zusammenhang soll auf eine weitere ESR-Technik zur Auflösungsverbesserung bei der Analyse kleiner Hfs-Kopplungen hingewiesen werden. Die als ESR-Spin-Echo-Envelope-Modulation (ESEEM) bezeichnete Me-

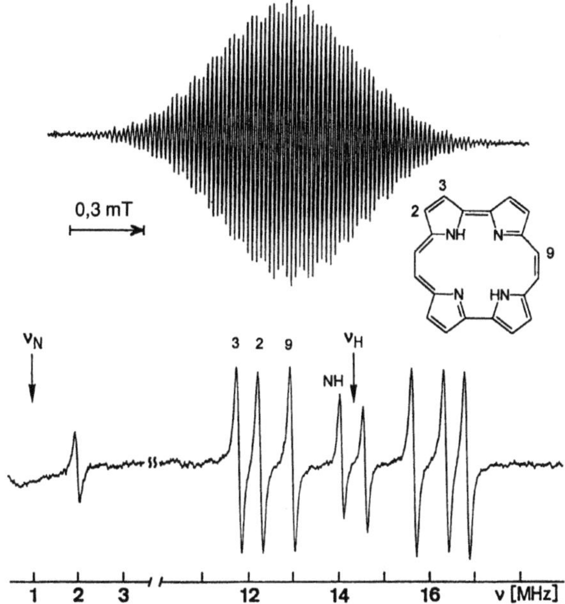

Abb. 6.4. ESR-Spektrum (oben) und ENDOR-Spektrum (unten) des Porphycen-Anion-Radikals in flüssigem Tetrahydrofuran. 375 ESR-Linien von 3 Gruppen (2, 3, 9) zu je 4 äquivalenten CH-Protonen und einer Gruppe mit 2 äquivalenten NH-Protonen reduzieren sich im ENDOR-Spektrum auf 4 Linienpaare entsprechend 4 Gruppen von Protonen mit unterschiedlicher Hfs-Kopplung (mit freundlicher Genehmigung von Prof. Dr. K. Möbius)

thode erfordert ein spezielles aufwendigeres ESR-Spektrometer, das mit Mikrowellenimpulsen und schnellen Detektionstechniken arbeitet. Die erhaltenen zeitabhängigen Signale werden durch FOURIER-Transformation in ein Frequenzspektrum umgewandelt, aus dem dann die Hfs-Kopplungen entnommen werden können.

6.2.4.2 Techniken zur Analyse kurzlebiger Radikale

Eine wichtige Besonderheit der ESR-Spektroskopie besteht darin, *zeitabhängige* Prozesse wie Kinetik von Bildung, Umwandlung und Zerfall kurzlebiger freier Radikale bis in den Mikrosekunden-Bereich verfolgen zu können. Dabei wird das statische Magnetfeld auf eine Position mit maximaler Amplitude im ESR-Spektrum gesetzt und nach Generierung der transienten Radikale der *Zeitverlauf* der ESR-Signalamplitude registriert (Kinetik). Abhängig von der Art der Generierung kurzlebiger Radikale wurden unterschiedliche Zusatzapparaturen zum ESR-Spektrometer entwickelt.

Blitzlicht-Photolyse: Durch UV-VIS-Lichtpulse, mit denen die Probe im Resonator bestrahlt wird, werden transiente Radikale generiert und die Kinetik ihres ESR-Signals in Zeitabhängigkeit (µs) aufgenommen. Durch schrittweises Versetzen der Magnetfeldposition und wiederholte Aufnahme der Kinetik an einer Serie von Magnetfeldwerten können auch ESR-*Spektren* transienter Radikale aufgenommen werden. Es entsteht so ein zweidimensionales Magnetfeld-Zeit-Profil, gewissermaßen eine Serie von spektralen Momentaufnahmen zu unterschiedlichen Zeiten nach Erzeugung der Radikale.

Schnelle Durchflußtechniken: Biochemische Reaktionen zweier flüssiger Reaktionspartner können nach schneller Mischung bis zum Millisekunden-Bereich zeitaufgelöst untersucht werden. Die aus der optischen Spektroskopie bekannte Stopped-Flow-Kinetiktechnik kann in abgewandelter Form auch bei der ESR eingesetzt werden und erlaubt die Bestimmung von Geschwindigkeitskonstanten von Radikalreaktionen. Bei der *Stopped-Flow-ESR* werden zwei schnell fließende Reaktionspartner unmittelbar vor der ESR-Küvette gemischt und in diese eingefüllt. Danach wird der Fluß gestoppt und der Ablauf der Reaktion anhand der Amplitudenänderung des ESR-Signals *(Kinetik)* der transienten Radikale registriert.

Eine ähnliche Mischtechnik zweier flüssiger Komponenten, die sog. *Continuous-Flow-ESR*, erlaubt die Aufnahme kompletter ESR-*Spektren* transienter Radikale. Dabei wird nach Mischung vor der ESR-Küvette ein kontinuierlicher schneller Fluß durch die ESR-Küvette erzeugt. Durch das ständige Nachliefern frisch erzeugter Radikale in Konkurrenz zu ihrem Zerfall wird eine geringe Gleichgewichtskonzentration (steady-state) an transienten Radikalen während des Durchflusses für die Dauer der Aufnahme eines Spektrums (einige Minuten) in der ESR-Küvette aufrechterhalten.

Die beiden genannten ESR-Durchflußtechniken gestatten die Aufnahme von Kinetiken bzw. Spektren transienter Spezies in flüssiger Phase. Es gibt jedoch paramagnetische Zentren, die nur in fester Phase ESR-Spektren liefern; dazu gehören u.a. die biologisch sehr wichtigen Hydroxylradikale ($\cdot$OH) und die Superoxidradikale ($\cdot O_2^-$) sowie die meisten Metallkomplexe. In derartigen Fällen können transiente Spezies mit Hilfe der sog. *Freeze-Quenching-Technik* fixiert werden, um ESR-Spektren bei tiefer Temperatur aufzunehmen. Bei dieser Technik werden zwei flüssige Komponenten schnell gemischt und anschließend als disperser Nebel in ein Kältemittel (Isopentan bei $-120\,^\circ$C) gesprüht und sehr schnell (>50 ms) eingefroren. Das Kondensat wird in eine ESR-Küvette gefüllt und gewöhnlich bei 77 K im Fingerkryostaten gemessen. Durch diese sog. „Matrixfixierung" transienter Spezies im Festkörper ist ihre Diffusion so stark verringert, daß man ESR-Spektren bei tiefer Temperatur im üblichen Zeitbereich (Minuten) registrieren kann. Variiert man die Zeit zwischen Mischung und Einfrieren, so können auch Kinetiken (punktweise) aufgenommen werden.

Spin-Trapping: Bei den oben beschriebenen Mischtechniken handelt es sich um ESR-Zusatz-*Apparaturen*. Die als Spin-Trapping bezeichnete Methode stellt dagegen ein chemisches Verfahren dar, mit dem sehr kurzlebige Radikale, wie z. B. $\cdot OH$, $\cdot O_2^-$, $\cdot CH_3$, in flüssiger Phase umgesetzt („aufgesammelt") und in langlebige Radikale (Lebensdauern bis Stunden) umgewandelt werden können, von denen man ESR-Spektren mit üblichen Meßzeiten von einigen Minuten bei Zimmertemperatur in flüssiger Phase aufnehmen kann. Das Prinzip besteht darin, daß eine diamagnetische Verbindung, der sog. Spin-Trap (z. B. ein Nitron), das transiente Radikal ($\cdot R$) addiert, wobei das ungepaarte Elektron auf den Spin-Trap übertragen wird und ein ESR-aktives, *stabiles* Radikal (Spin-Addukt) vom Nitroxidtyp entsteht.

$$
\begin{array}{cccc}
\text{SpinTrap} & & \text{kurzlebiges Radikal} & \text{langlebiges Spin-Addukt}
\end{array}
\tag{6.10}
$$

Beim Spin-Trapping werden sehr geringe Konzentrationen transienter Radikale in flüssiger Phase, die weit unter der Grenze des *direkten* ESR-Nachweises liegen, durch Akkumulation erfaßt und können unmittelbar mit der üblichen ESR gemessen werden. Obgleich man z. B. zwischen Hydroxyl- und Superoxidradikalen spektroskopisch unterscheiden kann, hat das Spin-Trapping-Verfahren aber den Nachteil des *indirekten* Nachweises, der eine detaillierte Hfs-Analyse unbekannter Radikale wie beim direkten ESR-Nachweis nicht zuläßt.

6.2.4.3 Räumliche Auflösung (Imaging)

In den letzten Jahren sind bildgebende Methoden auch bei der ESR entwickelt worden, mit denen die *räumliche* Verteilung paramagnetischer Zentren in einer Probe gemessen werden kann (Imaging, Zeugmatographie, Tomographie). Das Prinzip der technischen Realisierung ist ähnlich der bekannteren, in die medizinische Diagnostik eingeführten Kernspin-Tomographie. Durch Verwendung eines Magnetfeldgradienten (z. B. eindimensional) mittels zusätzlicher Spulen wird nur von einem *bestimmten* Teil der Probe ein ESR-Signal erfaßt. Dieser Bereich wird nacheinander über die Probe verschoben und die Signale abgespeichert und im Computer verarbeitet. Die räumliche Auflösung (indessen auch zwei- und dreidimensional) beträgt etwa 0,1 – 1 mm und ist derzeit auf Proben von etwa 1 – 10 cm Ausdehnung begrenzt. Die räumliche Verteilung von Radikalen ist für biologische Proben (z. B. Gewebe) von großem Interesse, das Problem besteht jedoch in der geringen Konzentration *natürlicher* paramagnetischer Zentren, so daß biologische Anwendungen sich zunächst mit der räumlichen Verteilung spinmarkierter, biologisch aktiver Moleküle beschäftigen.

6.3 Paramagnetische Zentren in Proteinen

Natürliche paramagnetische Zentren in biologischen Systemen gliedern sich in zwei große Kategorien:

- *Paramagnetische Metallionen* der Übergangsmetallgruppen des Periodensystems (und ihre Komplexe) mit unvollständig aufgefüllten inneren Elektronenschalen (z. B. *d*-Elektronen) in *Metallenzymen.*
- *Freie Radikale* (neutrale und ionische), bei denen ein *einzelnes* ungepaartes Elektron als σ- oder π-Valenzelektron aus einer chemischen Bindung stammt (z. B. durch Bruch einer kovalenten Bindung) und am Molekülfragment verbleibt (Elektronenspin: S = 1/2). Ferner gibt es radikalische Triplettzustände mit zwei parallelen Elektronenspins (S = 1). In Proteinen treten freie Radikale insbesondere bei *Redoxenzymen* (Kofaktoren oder Substrate) oder bei *Radikalenzymen* (Aminosäureseitenketten) auf.

In organischen Verbindungen (einschließlich Proteinen) sind in der Regel die Elektronenspins, z. B. der beiden Bindungselektronen, in kovalenten σ-Bindungen antiparallel und kompensieren ihre magnetischen Momente. Diese Verbindungen sind deshalb diamagnetisch und liefern kein ESR-Signal, so daß ihre Anwesenheit in einer ESR-Probe keinen störenden Hintergrund ergibt. Darin besteht einer der Gründe für die *hohe Selektivität* der ESR für *paramagnetische Zentren.* Andererseits entziehen sich dadurch die meisten Proteine einer Untersuchung mit der ESR. Aus diesem Grunde wurde 1969 von MCCON-NELL (USA), RASSAT (Frankreich) und ROSANTZEW (Rußland) ein ESR-spezifisches Sondenmolekülverfahren entwickelt, bei dem ein stabiles freies Radikal (Nitroxid) mit dem Protein an bestimmten Positionen verknüpft wird (Spin-Markierung), so daß auch normalerweise diamagnetische Proteine ESR-Untersuchungen zugänglich werden. In Abschn. 6.3.4 wird skizziert, welche Strukturparameter man mit der Spinmarkierungsmethode an Proteinen prinzipiell erhalten kann.

6.3.1 Metallkomplexe im aktiven Zentrum von Enzymen

Die Analyse von *Metallenzymen* zählt zu den klassischen biologischen Anwendungen der ESR-Spektroskopie, die hier eindrucksvoll ihre Leistungsfähigkeit demonstriert. Das seit den 60er Jahren bearbeitete umfangreiche Gebiet ist in zahlreichen Monographien und Übersichten dargestellt worden (s. weiterführende Literatur). Hier werden lediglich einige, für Metallenzyme typische Fragen der ESR-Spektroskopie diskutiert. Mit der Verfügbarkeit moderner hochauflösender Doppelresonanz- bzw. Impulstechniken der ESR (ENDOR bzw. ESEEM; s. Abschn. 6.2.4.1) sind auch komplexere Systeme mit Metallzentren (z. B. das Photosynthese-System) mit schwachen Hfs-Wechselwirkungen (z. B. von Liganden) der spektroskopischen Analyse zugänglich geworden.

In Übergangsmetallionen und ihren Komplexen von Metallenzymen treten – im Gegensatz zu einzelnen *p*-Elektronen bei freien Radikalen – *mehrere* un-

Tabelle 6.1. Paramagnetische Metallenzyme

Metallzentrum	Gesamt-Elektronenspin	Kernspin (Hauptisotop)	Enzym (Protein)
Fe^{2+}	0, 2	1/2 (^{57}Fe)	Hämoglobin, Myoglobin
Fe^{3+}	1/2, 5/2	1/2 (^{57}Fe)	Cytochrom P_{450}, Peroxidasen, Katalase, Ferredoxin, Ribonucleotid-Reduktase (*E. coli*, Säuger)
Mn^{2+}	1/2, 5/2	5/2	Kreatinkinase, Pyruvatcarboxylase, Photosystem II
Cu^{2+}	1/2	3/2	Superoxiddismutase, Tyrosinase, Galactoseoxidase, Aminoxidase
Ni^{2+}	0, 1	3/2 (^{61}Ni)	Hydrogenase, Urease
Mo^{5+}	1/2	5/2 ($^{95, 97}$Mo)	Xanthinoxidase, Nitrogenase
Co^{2+}	1/2, 3/2	7/2	Coenzym (Vitamin) B12, Ribonucleotid-Reduktase (Bact. außer *E. coli*)

Metallzentren können in Proteinen auch andere Oxidationstufen und Spinzustände einnehmen.

gepaarte Elektronen auf, deren Spins bei starkem elektrischen Kristallfeld maximal gepaart (Spinzustand: low-spin) oder bei schwachem Kristallfeld maximal ungepaart (Spinzustand: high-spin) sein können (Tabelle 6.1). Bei *d*-Elektronen können starke Wechselwirkungen der *Elektronenspins* mit dem *Bahndrehimpuls* auftreten. Das ESR-Spektrum eines paramagnetischen Metallkomplexes kann folgende Informationen liefern:

- *Spinzustand der Elektronenspins des betreffenden Metalls* (s. Tabelle 6.1): unterschiedlich starke g-Faktor-Anisotropie, auch abhängig vom Ligandenfeld;
- *Symmetrie des Metallkomplexes im Protein:* kubische, axiale oder rhombische g-Faktor-bzw. Hfs-Anisotropie;
- *Identität des Metalls und Spindichte am Metallatom:* aus Kernspin (s. Tabelle 6.1) bzw. Hfs-Kopplung des Zentralatoms;
- *Art der Liganden des Metallkomplexes, z.B.:* N (His), S (Cys, Met), O (Asp, Glu), aus dem Kernspin der Ligandenkerne: ^{14}N ($I = 1$), ^{15}N ($I = 1/2$), ^{33}S ($I = 3/2$), ^{17}O ($I = 5/2$);
- *Spindichte am Ort der Liganden:* Hfs-Kopplung der Ligandenkerne; ENDOR und ESEEM bei schwachen Kopplungen.

Typische Merkmale für ESR-Spektren von Metallenzymen sind von $g = 2{,}00$ stark abweichende g-Faktoren (1,4–10) sowie ausgeprägte Anisotropie. Die überwiegend kurzen Relaxationszeiten T_1 haben zur Konsequenz, daß eine Aufnahme von ESR-Spektren in den meisten Fällen nur bei tiefer Temperatur (1–77 K) möglich ist (vgl. Abschn. 6.2.2.3), mit Ausnahme des $Mn(H_2O)_6^{2+}$-Komplexes, der wegen der hohen Komplexsymmetrie bei Zimmertemperatur nachweisbar ist. Eine Sättigung der ESR-Linien (Voraussetzung für ENDOR) ist in der Regel dann nur unter 4 K möglich. Die ESR-Linienbreiten von Metallkomplexen sind gewöhnlich viel größer als die freier Radikale.

Metallkomplexe mit geradzahligem Elektronenspin (z. B. Fe^{2+}) können – obwohl sie paramagnetisch sind – sich einem ESR-Nachweis gänzlich entziehen, wenn ihre Spin-Bahn-Wechselwirkung sehr stark ist. Dann ist die Nullfeldaufspaltung (Aufspaltung der Energieniveaus ohne Magnetfeld) viel größer als die durch das statische Magnetfeld bedingte ZEEMAN-Aufspaltung, so daß die Mikrowellenquanten ($h \cdot v$) für einen erlaubten Übergang zwischen Grundzustand und dem nächsthöheren Energieniveau zu klein sind. Es soll noch erwähnt werden, daß auch die *Struktur* von Metallenzymen mit *diamagnetischen* Metallen (Ca^{2+}, Mg^{2+}, Zn^{2+}) mit der ESR untersucht werden kann, wenn das Metallion im Komplex durch ein *paramagnetisches* Ion mit vergleichbarem Ionenradius (Cu^{2+}, Co^{2+}, Mn^{2+}) ersetzt wird (die Enzymfunktion geht dabei aber gewöhnlich verloren). Eine Auswahl von Metallenzymen mit paramagnetischen Metallionen, ihren Kernspins und ihren möglichen Spinzuständen wird in Tabelle 6.1 gegeben.

6.3.2 Natürliche Radikale und Enzymfunktion

6.3.2.1 Proteingebundene Aminosäureradikale

Von redox-aktiven Aminosäureseitenketten in Proteinen (Tyr, Trp, His, Cys) wird eine Schlüsselrolle bei einer Vielzahl biologischer Elektronentransfer-Reaktionen angenommen. Da *Ein*-Elektronentransfer-Schritte mit dem Auftreten freier Radikale verknüpft sind, ist damit zu rechnen, daß in bestimmten Enzymen Radikale von diesen Aminosäureresten anzutreffen sind.

Natürlich auftretende Radikale, deren *ungepaartes Elektron in der Seitenkette redox-aktiver Aminosäuren von Proteinen lokalisiert* ist, werden als *proteingebundene Aminosäureradikale*, und die entsprechenden Enzyme als *Radikalenzyme* bezeichnet.

Die Analyse der elektronischen Struktur (Verteilung des ungepaarten Elektrons im Radikal) proteingebundener Radikale und ihrer Rolle bei der Enzymfunktion sind ein aktuelles Beispiel der Aufklärung von Struktur-Funktions-Beziehungen, bei denen die ESR eine dominierende Rolle gespielt hat und noch spielt.

1972 wurde von P. REICHARD und A. EHRENBERG (Schweden) erstmals ein stabiles Tyrosinradikal als integraler Bestandteil der Polypeptidkette im aktiven Zentrum des Enzyms Ribonucleotid-Reduktase nachgewiesen. Das Tyrosinradikal und der benachbarte Eisenkomplex dieses Enzyms wurden in den darauffolgenden 20 Jahren mit unterschiedlichen spektroskopischen Techniken (ESR, ENDOR, UV-VIS, RAMAN, MÖSSBAUER) detailliert untersucht und aufgeklärt. In den letzten 5 bis 8 Jahren kann man eine rasante Entwicklung auf diesem Gebiet beobachten. Es wurden bei einer Reihe weiterer Enzyme proteingebundene Radikale auch an Tryptophan- bzw. Glycinresten gefunden (s. Tabelle 6.2).

Tabelle 6.2. Proteingebundene Aminosäureradikale und Metallkomplexe in Radikalenzymen

Radikalenzym	Radikaltyp (-ort)	Metallkomplex
	Tyr[*]	
Ribonucleotid-Reduktase (*E. coli*; aerob)	Tyr122[*] (Trp[*])(Cys[*]?)	$Fe^{3+} - O - Fe^{3+}$
Prostaglandin-H-Synthase	Tyr385[*]	Häm-Fe^{3+}
Photosystem II	Tyr161[*] (His*?)	$(Mn)_4$-Cluster
Galactoseoxidase	(Tyr272[*] - Cys228)	Cu^{2+}
	Trp[*]	
Cytochrom-*c*-Peroxidase	Trp191[*]	Häm-Fe^{3+}
DNA-Photolyase	Trp306[*]	– (Flavin)[*]
	Gly[*]	
Pyruvat-Formiat-Lyase	Gly734[*] (Cys[*]?)	–
Ribonucleotid-Reduktase (*E. coli*, anaerob)	Gly681[*]	Fe - S
Aminoxidase	modifiz. Tyr[*]	Cu^{2+}
Methylaminoxidase	modifiz. Trp[*]	–

Bei der Aufklärung der Rolle proteingebundener Radikale für den Elektronentransfer waren neben dem hauptsächlichen Einsatz der ESR-Spektroskopie die Kenntnis der Raumstruktur von Radikalenzymen sowie die Möglichkeit der gentechnischen Herstellung ortsgerichteter Mutanten von wesentlicher Bedeutung. Radikale von oxidierten isolierten Aminosäuren sind in Lösung gewöhnlich sehr kurzlebig (< ms), im proteingebundenen Zustand können dieselben Radikale jedoch extrem langlebig sein (z. B. Tage bei Zimmertemperatur bzw. Wochen bei 5 °C in Ribonucleotid-Reduktase aus *E. coli*).

Die meisten Radikalenzyme sind Redoxenzyme und in der Regel auch Metallenzyme mit einem für die Enzymfunktion essentiellen Metallkomplex (Fe, Cu, Co, Mn; s. Tabelle 6.2), der häufig in räumlicher Nachbarschaft zu proteingebundenen Radikalen lokalisiert ist und ebenfalls am Elektronentransfer teilnimmt. Radikalenzyme können demnach als Untergruppe von Redoxenzymen bzw. Metallenzymen angesehen werden, die sich durch die Besonderheit der Existenz *proteingebundener Radikale als intrinsischer Kofaktor* auszeichnen.

Im folgenden wird eine Übersicht über die wichtigsten bislang bekannten Radikalenzyme und ihre Analytik mittels ESR gegeben.

Ribonucleotid-Reduktase: Ribonucleotid-Reduktase (RR) katalysiert die Reduktion des Riboserings zu 2′-Desoxyribose bei Nucleotiden und ermöglicht dadurch den ersten Schritt der DNA-Biosynthese. Damit ist RR als ein Schlüsselenzym der Zellteilung anzusehen. Die medizinische Bedeutung von RR resultiert aus der Tatsache, daß Inhibitoren von RR im Prinzip als potentielle (S-Phasen-)Hemmstoffe des Zellwachstums (von Bakterien, Viren und Tumorzellen) anzusehen sind. Drei unterschiedliche Typen von RR wurden bisher gefunden: (Typ I) Eisen-Tyr[*]-abhängige RR (aerobe *E.-coli*-Bakterien, Viren, Säugerzellen), (Typ II) Cobalt-abhängige RR *(Lactobacillus leichmannii)*, und (Typ III) Gly[*]-abhängige RR (anaerobe *E.-coli*-Bakterien). Alle drei Typen nutzen Radikalmechanismen für die Katalysefunktion.

Die eisenhaltige aerobe *E. coli*-RR besteht aus zwei nicht identischen Proteinuntereinheiten, die jeweils aus zwei gleichen Polypeptidketten bestehen. Die große Untereinheit R1 (M_r = 174 kD) trägt den Substratbindungsort. Die kleinere Untereinheit R2 (M_r = 86 kD) enthält in jeder Polypeptidkette ein stabiles proteingebundenes Tyrosinradikal und einen Fe^{3+}-O^{2-}-Fe^{3+}-Komplex. Beide Strukturelemente von R2 sind für die katalytische Aktivität essentiell. Das Tyrosinradikal im Protein R2 zeigt bei 77 K ein charakteristisches ESR-Signal mit einer Dublett-Hfs (1,8 mT) (Abb. 6.5).

Jedes der beiden Fe^{3+}-Ionen im Eisenkomplex hat den Elektronenspin $S = 5/2$ (high-spin), ihre Spins sind jedoch antiparallel und kompensieren sich (antiferromagnetische Kopplung), so daß sie kein ESR-Signal ergeben. Dennoch bewirkt die räumliche Nähe zum Tyrosinradikal (5 Å zum nächsten Fe-Atom) und die mit zunehmender Temperatur ansteigenden *paramagnetischen* Anteile des Eisenkomplexes eine magnetische Beeinflussung des Tyrosinradikals. Das äußert sich in einer Sättigung des ESR-Signals bei relativ hohen Mikrowellenleistungen sowie in der großen Linienbreite des Dubletts bei Zimmertemperatur (Linienbreite etwa 3mal größer als bei 77 K). Durch ortsgerichtete Mutagenese wurde gesichert, daß der Tyrosinrest 122 das ungepaarte Elektron trägt; die Mutante Y122F, bei der Tyrosin (Y)122 durch Phenylalanin (F) ersetzt ist, liefert kein ESR-Signal und ist katalytisch inaktiv. Mittels selektivem Deuteriumaustausch an den einzelnen Tyrosinprotonen wurde gesichert, daß das ESR-Dublett von der Hfs eines der beiden β-Methylen-Protonen vom Tyrosin stammt. Die unverändert konstante Dublettaufspaltung und das Fehlen der zweiten Kopplung (Proton liegt in der Ebene des Phenylrings) weist auf eine starre Fixierung des Tyrosinrings durch die enggefaltete Proteinstruktur hin. Eine im ESR-Spektrum nur angedeutete Hfs mit kleineren Kopplungen wurde

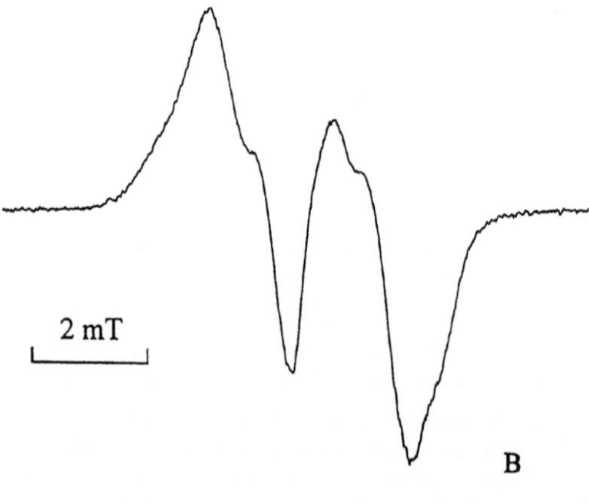

Abb. 6.5. ESR-Spektrum (1. Ableitung) des proteingebundenen Tyrosinradikals (Y122*) in der katalytischen Untereinheit von Ribonucleotid-Reduktase aus *E. coli* (aufgenommen bei 77 K)

mittels ENDOR-Spektroskopie vollständig aufgelöst und zwei äquivalenten stark anisotropen Ringprotonen in 3- und 5-Position zugeordnet. Durch ENDOR wurde auch der *neutrale* Zustand des Tyrosinradikals und die Abwesenheit einer H-Brücke erkannt.

Die extreme Stabilität des Tyrosinradikals in R2 von Ribonucleotid-Reduktase wird durch eine Reihe typischer Eigenschaften globulärer Proteine bedingt. Tyr122* ist tief verborgen zwischen enggefalteten Polypeptidketten der Tertiärstruktur und ist 10 Å von der Proteinoberfläche entfernt. Mehrere räumlich unmittelbar zu Y122* benachbarte Aminosäuren sind stark hydrophob und schirmen das Tyrosinradikal ab. Dadurch wird eine unerwünschte Reduktion des Tyrosin-Radikals 122* durch benachbarte Seitengruppen mit Elektronendonor-Eigenschaften und durch im polaren Medium gelöste Reduktionsmittel verhindert. Eine wesentliche Voraussetzung für die Stabilität von Y122* ist auch der intakte benachbarte Eisen-Komplex.

Das Tyrosinradikal ist nachweislich am Katalysecyclus beteiligt und dient möglicherweise als Trigger des radikalischen Turnovers (Generierung eines Cystein-Radikals – Cys439 – in Substratnähe). Daten aus der Röntgenstrukturanalyse belegen, daß die räumliche Entfernung zwischen dem Tyrosinradikal in der katalytischen Untereinheit R2 und dem gebundenen Substrat in der anderen Untereinheit R1 30 Å beträgt. Deshalb wurde ein *weitreichender* Elektronentransfer in RR postuliert, der quer durch die Kontaktfläche zwischen den Untereinheiten R1 und R2 verliefe und außer Tyr122 ein Motiv aus drei konservierten Aminosäuren His118(Fe^{3+})-Asp237-Trp48 von R2 einschließen würde. Dasselbe Motiv (His175-Asp235-Trp151) wurde bereits in einem anderen Radikalenzym, Cytochrom-*c*-Peroxidase, als Teil einer Elektronentransfer-Kette mit einem proteingebundenen Tryptophanradikal (Trp191*) gefunden. Nach neuerlicher Aufklärung der Raumstruktur von R1 wird angenommen, daß sich die Elektronen-Transferkette in R1 über die konservierten Tyrosinreste 356, 731 und 730 bis zum Cystein 439 im Substratbindungsort fortsetzt. Am Cys439 wird nach dem erfolgten Elektronentransfer (Cys439 → Tyr*122) ein transientes Cysteinradikal postuliert, das die Substratreduktion einleitet (H-Abstraktion an der 3′-Position des Riboserings). Ein direkter ESR-spektroskopischer Beleg für dieses Cysteinradikal steht jedoch noch aus. Die eigentliche Reduktion der OH-Gruppe in 2′-Position wird durch Cys225 angenommen, das mit Cys462 nach der Substratreduktion eine Disulfidbrücke ausbildet. Diese kann ihrerseits über ein an der Oberfläche von R1 gelegenes Cysteinpaar (Cys754/Cys759) reversibel reduziert werden, das *inter*molekular durch Thioredoxin reaktiviert wird.

In einer Mutante von Protein R2 von RR (Y122F), in der das übliche Tyrosinradikal nicht ausgebildet werden kann, wurden kürzlich anstatt Tyr122* zwei unterschiedliche, längerlebige (Minuten) Tryptophanradikale als alternative Redoxäquivalente mittels ESR nachgewiesen. Die Identität des *Radikaltyps* wurde anhand eines Proteins mit eingebautem indol-deuteriertem Tryptophan mittels ESR und ENDOR gesichert.

Das für aerobe *E.-coli*-RR charakteristische Tyrosinradikal findet man auch in RR von Säugern, wodurch sich eine wichtige medizinische Anwendung anbietet. In der Tumorchemotherapie gegen Leukämie und Melanome eingesetzte Cytostatika (z. B. Hydroxyharnstoff) sind in der Lage, das Tyrosinradikal und damit das Enzym zu inaktivieren. Die hohe Selektivität der ESR-Spektroskopie für paramagnetische Zentren erlaubt den *direkten* Nachweis des Tyrosinradikals von aktiver RR in ganzen proliferierenden Tumorzellen und damit die Untersuchung der Wirkung der obengenannten Hemmstoffe auf das Tyrosinradikal *unmittelbar am Targetenzym in der Tumorzelle.*

Prostaglandin-H-Synthase: Prostaglandin-H-Synthase (PHS) ermöglicht mit ein und derselben Proteinstruktur (Fe^{3+}-Hämoprotein) zwei unterschiedliche katalytische Funktionen, eine Cyclooxygenase-Aktivität und eine Peroxidase-Aktivität. Die medizinische Bedeutung von PHS liegt darin, daß die Hemmung der Bildung von Prostaglandinen mit der Schmerzunterdrückung verknüpft ist, und weitverbreitete Schmerzmittel, wie z. B. Aspirin, Aminophenazon und Indomethacin wirksame Inhibitoren von PHS sind. Bei der Reaktion von PHS mit Substraten, wie z. B. Arachidonsäure bzw. Hydroperoxiden, werden zwei unterschiedliche Typen proteingebundener Tyrosinradikale beobachtet. Kurz nach der Mischung treten Dublett-ESR-Signale (1,6 mT) auf, die sich nach Reaktionszeiten von einigen Minuten in längerlebige Singuletts (mit Schultern) umwandeln. Mit ESR-Spektrensimulationen wurde gezeigt, daß beide Linienformen von Tyrosinradikalen herrühren, die sich lediglich in der Lage des Phenoxylrings – entsprechend unterschiedlichen Hfs-Kopplungen der beiden Methylenprotonen – unterscheiden. In PHS wurden damit erstmals Tyrosinradikale mit mehr als *einer* fixen Konformation der β-Protonen beobachtet; in Ribonucleotid-Reduktase bzw. Photosystem II fand man nur jeweils eine. Die Zuordnung der beobachteten Tyrosinradikale zu den beiden Enzymfunktionen ist noch nicht endgültig gesichert. Aus ESR-Untersuchungen an Mn-substituierter PHS (volle Cyclooxygenase-Aktivität, aber nur minimale Peroxidase-Aktivität), bei denen beide Tyrosinradikaltypen nicht auftraten, wurde geschlossen, daß die beobachteten Tyrosinradikale keine Intermediate der Cyclooxygenase-Funktion sind, sondern eher als Ergebnis einer Selbstinaktivierung des Enzyms durch die Peroxidase-Funktion in Abwesenheit eines zu oxidierenden Cosubstrats anzusehen sind.

Photosystem II: Der als Photosystem II (PSII) bezeichnete Membran-Enzym-Komplex stellt eines der beiden chlorophyll-haltigen Reaktionszentren der Chloroplasten-Thylakoid-Membran dar, in der lichtinduzierte Elektronentransfer-Prozesse der Photosynthese ablaufen. PSII katalysiert die Oxidation von Wasser zu O_2 und die Reduktion gebundener Chinone. Der primäre Donor, Pigment 680, oxidiert einen Mn_4-Cluster schrittweise über 5 verschiedene Oxidationszustände des Mn vermittels eines redox-aktiven proteingebundenen Tyrosinradikals ($\cdot Y_Z^+$). Daneben wurde ein weiteres lichtinduziertes, längerlebiges Tyrosinradikal ($\cdot Y_D^+$) in PSII gefunden. Durch Einbau von deuteriertem Tyrosin und mittels ESR wurde der Radikaltyp, und mittels ENDOR die Hfs von $\cdot Y_D^+$ aufgeklärt. Die ESR-Spektren beider Typen von Tyrosinradikalen in PSII (Singulett analog wie in Prostaglandin-H-Synthase) zeigen nicht die typische 1,8 mT-Dublettstruktur wie bei Tyr122[*] in der Ribonucleotid-Reduktase. Da die mit ENDOR aus der Hfs der Ringprotonen bestimmten Spindichten im Phenoxylring in PSII und RR vergleichbar sind, können die unterschiedlichen ESR-Spektren nur mit verschiedenen Konformationen der β-Methylenprotonen (Drehlage des Phenoxylrings), bedingt durch die unterschiedliche Proteinumgebung, erklärt werden.

Ein bemerkenswerter Befund wurde von einer speziellen PSII-Präparation (Ca-freies System) mitgeteilt, wonach proteingebundene Histidinradikale, die in starker Austausch-Wechselwirkung mit dem Mn-Cluster stehen, angenommen werden; ihr sicherer ESR-spektroskopischer Beleg steht aber noch aus.

In PSII werden neben proteingebundenen Tyrosinradikalen eine Anzahl weiterer komplexer paramagnetischer Zentren gebildet (z.B. Chinonradikale und Mn-Komplexe mit unterschiedlichem Spinzustand), die überwiegend transient sind, und deren Untersuchungen mit ESR, ENDOR und ESEEM noch andauern.

Galactoseoxidase: Galactoseoxidase ist ein einkerniges Kupferenzym (Cu^{2+}), das eine Zwei-Elektronen-Oxidation eines primären Alkohols zu Aldehyd und H_2O_2 katalysiert. Das oxidierte Enzym trägt ein proteingebundenes Radikal am Tyr272, das aber eine markante Besonderheit gegenüber Tyrosinradikalen anderer Radikalenzyme (RR, PSII, PHS) aufweist. Der Phenylring von Tyr272[*] ist *kovalent* über eine Thioäther-Bindung mit dem räumlich benachbarten Cys228 verknüpft und darüberhinaus über den Phenoxyl-Sauerstoff koordinativ an Cu^{2+} im Abstand von 1,9 Å *als Ligand* gebunden. Der geringe Abstand zwischen Cu^{2+} und Tyr272[*] führt zu einem antiferromagnetischen Spinaustausch zwischen den beiden ungepaarten Elektronen. Infolgedessen sind sowohl der Kupferkomplex als auch das Tyrosinradikal ESR-inaktiv. Erst nach Entfernen von Cu^{2+} aus dem Protein und Oxidation des Apoenzyms zeigt das Tyrosinradikal das typische ESR-Spektrum, das in dieser Präparation mit ESR und ENDOR analysiert wurde.

Proteingebundene Radikale mit *modifizierter* Aminosäureseitenkette – ähnlich der Situation in Galactoseoxidase – wurden auch in anderen Radikalenzymen gefunden, z. B. in Aminoxidase mit einem zweifach oxidierten Tyrosinrest, bzw. in Methylaminoxidase mit zwei kovalent verknüpften Tryptophanresten.

Pyruvat-Formiat-Lyase: Pyruvat-Formiat-Lyase (PFL) spielt eine zentrale Rolle beim anaeroben Glucosemetabolismus in *E. coli* und katalysiert die Umwandlung von Pyruvat und Coenzym A zu Acetyl-Coenzym A und Formiat, bei der eine homolytische Spaltung einer C-C-Bindung erfolgt. Die aktive Form von PFL (durch Adenosylmethionin generierbar) enthält ein proteingebundenes Radikal an einer ungewöhnlichen Position, nämlich an einem Glycinrest. Dies war ein sehr überraschendes Ergebnis, zumal Glycin bislang nicht zu den redoxaktiven Aminosäuren gezählt wurde. Das ESR-Spektrum des Glycinradikals, dessen Beteiligung am Katalysemechanismus gesichert ist, besteht aus einem Dublett mit 1,5 mT-Aufspaltung und stammt von einem CH-Proton von Gly734. Dieses CH-Proton tauscht leicht gegen Deuterium aus. Durch ^{13}C-Markierung des Proteins wurde die Lokalisierung des Radikals am C2-Kohlenstoff des Glycin mittels ESR belegt. Ferner wurde gezeigt, daß das ungepaarte Elektron in die beiden benachbarten Carboxamid-Gruppen der Peptidbindung delokalisiert ist, was die Langzeitstabilität dieses Glycinradikals erklärt. Sauerstoff zerstört das Glycinradikal. Mit dem spektroskopischen Nachweis eines proteingebundenen *Glycin*radikals wurde gezeigt, daß auch ein aliphatischer Aminosäurerest wie Glycin in der Lage ist, langlebige, katalytisch essentielle Proteinradikale auszubilden.

Interessanterweise ist ein weiteres Enzym gefunden worden, die *anaerobe E.-coli*-Ribonucleotid-Reduktase, in dem sich ebenfalls ein Proteinradikal an einem Glycin (Gly681) mit sehr ähnlichen Eigenschaften wie bei PFL (1,5 mT-Dublett, sauerstoffempfindlich, durch Adenosylmethionin generierbar) befindet. Es hat den Anschein, daß das Auftreten proteingebundener *Glycin*radikale mit *anaeroben* Enzymreaktionen verknüpft sein könnte.

Cytochrom-*c*-Peroxidase: Cytochrom-*c*-Peroxidase (CCP) katalysiert als Fe^{3+}-Hämoprotein die Reduktion von H_2O_2 durch ein anderes Hämoprotein, Cytochrom *c*, vermittels eines Elektronentransfer-Pfades vom Häm des Cytochrom *c* zum Häm von CCP auf räumlichen Wege durch beide Proteinglobula hindurch. Nach H_2O_2-Zugabe wird in CCP ein Oxidationsäquivalent als Ferryl-Eisenkomplex und ein weiteres als proteingebundenes Tryptophanradikal (Trp191*) gebildet (bei anderen Peroxidasen entsteht anstelle des Trp-Radikals ein Porphyrin-Kationradikal). Umfangreiche ESR- und ENDOR-Studien haben – kombiniert mit Mutanten und Isotopmarkierungen – die Identität dieses proteingebundenen *Tryptophan*radikals belegt. Dies war sehr kompliziert, da die Linienform von Trp191* durch Austauschwechselwirkung mit dem 5 Å entfernten Ferryl-Eisenkomplex stark verändert ist (g-Faktor-Anisotropie) und das Radikal nur bei sehr tiefen Temperaturen (<10 K) mit der ESR nachweisbar ist. Trotz intensiver Untersuchungen ist der genaue Elektronentransfer-Pfad nur teilweise aufgeklärt. Als wesentliche Teile dieses Pfades in CCP wurde Trp191* als stabiles Ein-Elektronendepot eines Redoxäquivalents in Abwesenheit des reduzierten Substrats Cytochrom *c* erkannt. Trp191* steht über H-Brücken mit Asp235 und His175 (Fe-Ligand) und schließlich mit dem Hämeisen in Verbindung.

DNA-Photolyase: DNA-Photolyase katalysiert die lichtinduzierte Umwandlung von Pyrimidindimeren zu Pyrimidinen bei der Reparatur UV-geschädigter DNA unter Beteiligung von Flavinradikalen als Cofaktoren des Enzyms. Nach Pulsphotolyse (335 nm) inaktiver DNA-Photolyase mit einem neutralen Flavinradikal wurden sehr kurzlebige Tryptophanradikale mit zeitauflösender ESR im Mikrosekunden-Bereich nachgewiesen, die infolge Bildung eines Radikalpaars: Flavin*-Trp* deutlich spinpolarisiert waren (Überlagerung von ESR-Emissions- und Absorptionsspektren). Mittels ortsgerichteter Mutagenese wurde die Position als Trp306* bestimmt. Die ESR-Linienform (1:2:1-Triplett) wurde den beiden β-Methylenprotonen und eine Unteraufspaltung (gemessen an einem Trp-d_5-Protein) den Protonen des Indolrings zugeordnet.

Zusammenfassend kann man folgende ESR-spektroskopischen Besonderheiten von *proteingebundenen Aminosäureradikalen* hervorheben:

- *Pulverspektren-ähnliche Linienform auch in verdünnter wässriger Lösung.* Die räumlich genau fixierte Orientierung eines proteingebundenen Radikals in der Tertiärstruktur ist wichtig für den gerichteten Elektronentransfer innerhalb des globulären Proteins. Radikale, die nahezu starr im globulären Protein fixiert sind, bewegen sich mit der langen Rotationskorrelationszeit des Proteins. Das führt dazu, daß Hfs- und g-Faktor-Anisotropien nicht mehr ausgemittelt werden und die ESR-Spektren auch in flüssiger Phase verbreiterte Pulverspektren zeigen. In diesen Fällen sind zur Analyse der Hyperfeinstruktur proteingebundener Radikale hochauflösende ESR-Techniken wie ENDOR und ESEEM erforderlich (s. Abschn. 6.2.4.1).
- *Ungewöhnlich hohe Langzeit-Stabilität.* Die Reaktionsfähigkeit proteingebundener Radikale und damit ihre Lebensdauer ist bedingt durch die spezifische Proteinumgebung und ihre abschirmende Wirkung. Eine Einbettung des proteingebundenen Radikals tief im globulären Protein kann somit eine hohe Stabilität des Radikals ermöglichen, dennoch sind auch sehr kurzlebige Proteinradikale beschrieben worden (Trp* in DNA-Photolyase).
- *Linienform und Sättigungsverhalten atypisch für Radikale.* Durch Wechselwirkung mit benachbarten paramagnetischen Metallkomplexen können Linienform und Sättigungsverhalten stark vom typischen Radikalverhalten (geringe Linienbreite und leichte Sättigung) abweichen. Bei geringem Abstand zwischen Proteinradikal und Metallkomplex kann die Linienform des proteingebundenen Radikals durch Austauschverbreiterung so stark verändert sein, daß der Nachweis eines Proteinradikals schwierig (z. B. bei Cytochrom-c-Peroxidase) bzw. nicht mehr möglich ist (z. B. bei Galactoseoxidase). Zur sicheren Bestimmung von Typ und Position eines proteingebundenen Radikals sind neben der ESR- und ENDOR-Spektroskopie in der Regel Proteine mit Isotopsubstitution (^{2}H, ^{15}N, ^{13}C, ^{33}S) bzw. gezielt hergestellte Mutanten erforderlich. Ein *Dublett*-ESR-Spektrum mit der Aufspaltung von 1,6 - 2,0 mT wurde nämlich außer von Tyr* (aerobe RR, PHS, PSII) auch von Trp* (Y122F-R2 von RR) und Gly* (PFL, anaerobe RR) beobachtet.

Eine Verallgemeinerung der Rolle proteingebundener Radikale in den bisher bekannten Radikalenzymen wäre verfrüht, da das Gebiet der Proteinradikale sehr komplex ist und noch intensiv untersucht wird. Die *derzeitige* Hypothese geht davon aus, daß proteingebundene Radikale bei der Oxidation redox-aktiver Aminosäure-Seitenketten (Tyr, Trp, His, Cys, auch Gly) entstehen und *als Redoxäquivalent (gewissermaßen als Ein-Elektronenloch) an einem genau definierten Ort in der Proteinstruktur langzeitstabilisiert für den Empfang eines Elektrons beim Elektronentransfer im Protein zur Verfügung stehen.*

Es soll noch angemerkt werden, daß man Tyrosinradikale in Proteinen auch künstlich erzeugen kann, wenn man globuläre Proteine, wie etwa Hämoglobin oder Myoglobin, mit H_2O_2 oxidiert. Da die so erzeugten Proteinradikale bevorzugt von Tyrosinresten an der Proteinoberfläche gebildet werden, sind diese meistens kurzlebig und erfordern spezielle Nachweistechniken der ESR für transiente Radikale (Continuous-Flow, Abschn. 6.2.4.2).

6.3.2.2 Radikale bei Enzymreaktionen (Redoxenzyme)

Bei einer Reihe von Redoxenzymen mit Ein-Elektronentransfer-Schritten treten im Katalysecyclus Substratradikale bzw. proteingebundene Cofaktorradikale auf. Die Analyse ihrer Struktur und Kinetik liefert wesentliche Informationen zur Enzymfunktion. Andererseits enthalten die meisten Redoxenzyme ESR-aktive paramagnetische Metallkomplexe, deren Wertigkeit und Spinzustand des Metalls während der Enzymfunktion wechseln können. (s. Abschn. 6.3.1). Schließlich zählen die meisten bisher bekannten Radikalenzyme mit Aminosäureradikalen (s. Abschn. 6.3.2.1) zu den metallhaltigen Redoxenzymen (vgl. Tabelle 6.1 und 6.2).

In Enzymreaktionen natürlich auftretende Radikale wurden – wie auch die Metallenzyme – bereits in den 60er Jahren mittels ESR intensiv untersucht. Da es darüber zahlreiche Übersichtarbeiten gibt, sollen hier nur einige Beispiele diskutiert werden.

Proteingebundene Cofaktorradikale: Die große Gruppe der *Flavinenzyme* enthält als intrinsischen Cofaktor Flavine vom Typ substituierter Isoalloxazine. Diese bilden bei Ein-Elektronentransfer-Schritten ihrer katalytischen Funktion Flavinradikale vom Semichinontyp, die wegen der starken Delokalisierung des ungepaarten Elektrons relativ langlebig sind. Flavinradikale zeigen (im isolierten, nichtgebundenen Zustand) linienreiche ESR-Hyperfeinstrukturen von Stickstoffkernen und Protonen, deren entsprechende Spindichten insbesondere mit ENDOR-Spektroskopie ermittelt worden sind. Im proteingebundenen Zustand gehen die kleinen Hfs-Kopplungen wegen der größerer Linienbreite verloren, und anisotrope Hfs-Anteile werden wegen der langen Rotationskorrelationszeit des Proteins trotz flüssiger Phase nur partiell ausgemittelt.

Hämenzyme enthalten Eisen-Porphyrin (Häm) als Cofaktor. Bei einigen von ihnen, den Peroxidasen, sind Porphyrinradikale bei der Reaktion mit H_2O_2 in Abwesenheit eines zu oxidierenden Cosubstrats beobachtet worden. Neben dem aus Fe^{3+} gebildeten $Fe^{4+}=O$ (Ferryleisen) stellen diese Porphyrinradikale das zweite im Protein gespeicherte intermediäre Redoxäquivalent dar. Bei Cytochrom-*c*-Peroxidase dagegen wird anstelle des Porphyrinradikals ein proteingebundenes Tryptophanradikal gebildet (s. Abschn. 6.3.2.1).

Im *Photosynthese-Reaktionszentrum* treten in den Elektronentransfer-Ketten paramagnetische Metallkomplexe und Radikale von unterschiedlichen proteingebundenen Cofaktoren auf. Neben den in Abschn. 6.3.2.1 bereits erwähnten Tyrosinradikalen zählen dazu Radikale von Porphyrinen (Chlorophyll) und Chinonen. Ihre π-Elektronensysteme zeigen eine starke Delokalisation des ungepaarten Elektrons mit einer Spindichteverteilung über viele Kerne. Die Hfs dieser sehr komplexen Systeme ist intensiv mittels ENDOR und ESEEM untersucht worden.

Substratradikale: Während bei der *Katalase* lediglich H_2O_2 als Substrat dient, benötigen *Peroxidasen* zusätzlich ein Substrat, von dem durch Ein-Elektronen-Oxidation häufig Substratradikale gebildet werden können; langlebige biologisch wichtige Spezies sind z. B. Semichinonradikale und Semidehydroascorbinsäure-Radikale. Substratradikale sind nicht proteingebunden und gewöhnlich kurzlebig, so daß spezielle ESR-Nachweistechniken wie Continuous-Flow zu ihrer Strukturanalyse bzw. Stopped-Flow zur Kinetikanalyse erforderlich sind (s. Abschn. 6.2.4.2).

Cytochrom P_{450}, ein Hämenzym, das in der Leber Fremdstoffe hydroxyliert (wasserlöslich macht), kann ebenfalls Substratradikale ausbilden.

Ein enzymologisches Kuriosum stellt das Superoxidradikal ($\cdot O_2^-$) dar, das mit zahlreichen Krankheiten (u.a. Entzündungen, Rheuma) in ursächlichen Zusammenhang gebracht wird. Für *Superoxiddismutase*, die den Abbau von $\cdot O_2^-$ im Organismus katalysiert, ist $\cdot O_2^-$ Substrat, während ein anderes Enzym, *Xanthinoxidase*, $\cdot O_2^-$ als Produkt generiert. $\cdot O_2^-$ kann in flüssiger Phase indirekt mit Spin-Trapping (s. Abschn. 6.2.4.2) oder eingefroren bei 77 K direkt mittels ESR nachgewiesen werden.

6.3.3 Radikale als Defekte in bestrahlten Proteinen

Um die Wirkung ionisierender Strahlung (UV-, Röntgen- und Gammastrahlung) an Proteinen auf molekularer Ebene zu verstehen, wurde bereits in den 60er Jahren mit ESR untersucht, welche Art von Strahlenschäden an Proteinmolekülen auftreten.

Untersuchungen an unterschiedlichen bestrahlten festen Proteinen haben gezeigt, daß eine Radikalbildung bevorzugt an Glycin-Resten (Abstraktion eines CH-Protons) auftritt und sich als Dublett-ESR-Spektrum (Hfs von einem CH-Proton von Glycin) äußert. Es wurde beobachtet, daß dieser primäre Strahlenschaden, der zur Inaktivierung von Enzymen führen kann, sich bei Erwärmung der Probe häufig in ein sekundäres Schwefelradikal an einem Cysteinrest (an der charakteristischen g-Faktor-Anisotropie erkennbar) umwandelt. Proteingebundene Schwefelradikale können ihr ungepaartes Elektron leicht auf eingebrachte schwefelhaltige Strahlenschutzsubstanzen übertragen, wodurch der Strahlenschaden am Protein neutralisiert wird. Die in bestrahlten Proteinen gefundenen Radikale waren die ersten proteingebundenen Radikale an Aminosäureseitenketten von Glycin und Cystein, die lange *vor* der Entdeckung der Radikalenzyme in der Literatur beschrieben wurden.

6.3.4 Radikalische Spinsonden - Konformationsdynamik von Proteinen

Spinmarker als stabile Nitroxidradikale werden eingesetzt, um an Proteinen ohne natürliches paramagnetisches Zentrum, insbesondere die Dynamik *lokaler Strukturänderungen* mittels ESR zu studieren.

6.3.4.1 Prinzip der Spinmarkierung

Ein Spinmarkermolekül besteht aus zwei funktionell unterschiedlichen Teilen. Die anwendungsbestimmte, variable *Anheftungsgruppe R* (häufig eine Piperidin- oder Pyrrolidin-Gruppe (s. auch Kap. 10, speziell Abschn. 1.2.3) dient dazu, den Spinmarker an eine bestimmte Position des Proteins (z. B. SH-Gruppen, aktives Zentrum) zu binden. Der *ESR-spektroskopisch aktive* Teil ist ein *Nitroxidradikal* mit einer NO-Gruppe, die das ungepaarte π-Elektron trägt. Die hohe Stabilität des Radikals wird durch sterische Hinderung von vier Methylgruppen und Mesomerie innerhalb der NO-Gruppe bewirkt. (Abb. 6.6).

Das ESR-Spektrum eines ungebundenen Spinmarkers zeigt ein 1:1:1-Triplett (1,5–1,8 mT) von der Hfs des Stickstoffkerns. Die starke Hfs-Anisotropie hat zur Folge, daß die Linienform signifikant vom Grad der Mobilität (Rotationskorrelationszeit τ) des Markermoleküls abhängt. Das Erscheinungsbild des ESR-Spektrums eines Nitroxidradikals mit g- und Hfs-Anisotropie hängt stark von der Probentemperatur ab. Die Ursache dafür ist die temperaturabhängige

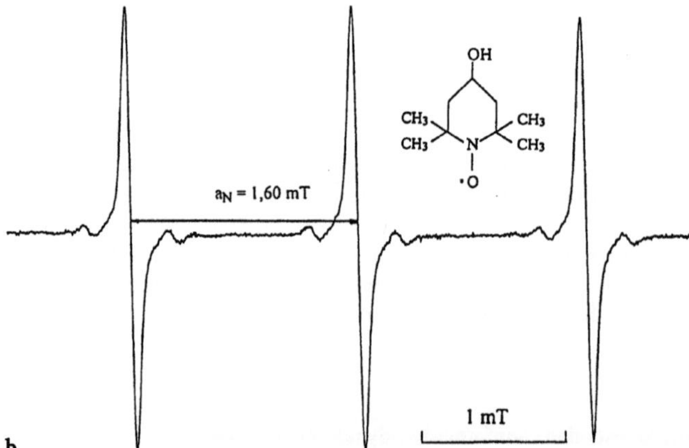

Abb. 6.6. a Schema eines Spinmarker-Moleküls und b ESR-Spektrum von 2,2,6,6-Tetramethylpiperidin-1-oxyl-4-ol (TEMPOL) in wässriger Lösung. Die schwachen Dubletts beiderseits der Hauptlinien stammen von der Hfs des ^{13}C-Isotops $\left(I=\tfrac{1}{2}\right)$ der beiden C-Atome in Nachbarschaft zum N-Atom in ihrer natürlichen Häufigkeit (1,1 %)

Rotationsdiffusion, die mit der Rotationskorrelationszeit τ (Zeit für eine Drehung der NO-Gruppe um 90°) beschrieben wird.

$$\tau = 4/3 \cdot \pi \cdot r^3 \cdot \eta \, / \, k \cdot T \tag{6.11}$$

(r – Molekülradius; η – Viskosität; T – absolute Temperatur; k – BOLTZMANN-Konstante)

Die durch die Rotationskorrelationszeit τ charakterisierte *Mobilität* des proteingebundenen Spinmarkers wird anhand der ESR-Linienform ermittelt und ist der wichtigste lokale Strukturparameter eines Proteins, der von einem proteingebundenen Spinmarker erhalten werden kann. Er dient zur Analyse der *Konformationsdynamik des Proteins am Ort des Markers*. Danach dominieren bei großen Molekülen (spinmarkierte Proteine) oder bei kleineren Molekülen bei tiefer Temperatur (bzw. hoher Viskosität) breite asymmetrische Spektren mit Pulver-Linienform (großes τ, geringe Mobilität), während mit zunehmender Temperatur und niedriger Viskosität (flüssige Phase) g- und Hfs-Anisotropien mehr oder weniger stark ausgemittelt werden und ein nahezu symmetrisches Triplett mit kleiner Linienbreite (schmale Linien, kleines τ, hohe Mobilität) auftritt (Abb. 6.6, s. auch Abschn. 6.2.2.3).

Ein weiterer Protein-Strukturparameter, der aus dem ESR-Spektrum eines Spinmarkers abgeleitet werden kann, ist die *lokale Polarität* in der Nähe des gebundenen Markers, die sich an der N-Hfs-Koppelkonstante a_N äußert. Entsprechend dem mesomeren Gleichgewicht

$$\mathrm{\overset{\cdot}{N}\!-\!\overset{-}{\underset{}{O}}\,|} \quad\longleftrightarrow\quad \mathrm{N\!-\!\overset{-}{\underset{}{O}}\cdot} \tag{6.12}$$

ist die Spindichte am N-Atom (und damit a_N) in polarer Umgebung (geladene NO-Gruppe) etwas größer als in hydrophober Umgebung. Das Anwendungsgebiet der Spinmarkierung von Proteinen zeigt gewisse Analogien zur Fluoreszenz-Markierung (Abschn. 4.5.5) und ist so umfangreich geworden, daß hier nur *prinzipielle* Aspekte bei der Analyse lokaler Strukturänderungen in Proteinen diskutiert werden können (s. weiterführende Literatur).

6.3.4.2 Kovalente Proteinmarkierung

Werden Spinmarker an bestimmte ausgewählte Positionen im Protein (z.B. an SH-Gruppen von Cysteingruppen) kovalent gebunden (s.a. Abschn. 10.1.2.3), so haben diese – abhängig davon, an welcher Stelle in der Tertiärstruktur sie sich befinden – meist noch eine gewisse Relativbeweglichkeit gegenüber dem globulären Proteinmolekül. In diesem Fall werden bereits *geringe* Konformationsänderungen der Proteinfaltung, z.B. infolge Wechselwirkung mit allosterischen Effektoren, bei Substrat- oder Inhibitorbindung oder bei Auffaltung (pH, Temperatur) bzw. Rückfaltung durch die Mobilität des Markers von der ESR-Linienform signifikant reflektiert. Diese Prozesse können stationär im

Gleichgewicht, aber auch als Kinetik in Zeitabhängigkeit (z. B. mittels Stopped-Flow-ESR, s. Abschn. 6.2.4.2) verfolgt werden.

6.3.4.3 Nichtkovalente Proteinmarkierung

Hydrophob an ein globuläres Protein gebundene Spinmarker sind in der Regel starr mit der betreffenden Untereinheit verbunden und spiegeln die Mobilität (Rotationskorrelationszeit τ) des *gesamten* Proteins wider. In diesem Fall können z. B. Assoziations- und Dissoziationsprozesse oder Domänenbeweglichkeit untersucht werden.

Diese Markierungsart ist häufig für *Membranproteine* eingesetzt worden. Membranproteine, z. B. Cytochrom P_{450}, sind als globuläre Proteine in Lipid-Doppelschichten von Membranen eingelagert und stehen an ihrer Oberfläche mit Lipiden der Doppelschicht in unmittelbarem Kontakt. Membranproteine haben deshalb – anders als bei wasserlöslichen globulären Proteinen – *hydrophobe* Aminosäuren an der Oberfläche exponiert. Durch Einbringen spinmarkierter Lipide in den Protein-Membran-Verband kann die Mobilität der unmittelbar am Protein haftenden Lipidmoleküle gemessen werden. Die Dynamik (Rotationsdiffusion) des *gesamten* Membranproteins innerhalb der Lipid-Doppelschicht läßt sich bestimmen, wenn ein Spinmarker starr an das Membranprotein gebunden ist, z. B. über einen markierten Effektor oder im Falle einer kovalenten Bindung und starken Immobilisierung des Markers.

6.3.4.4 Markierte Effektormoleküle

Um Spinmarker gezielt ins aktive Zentrum von Enzymen einzubringen, werden spezifische niedermolekulare Effektoren, wie z. B. Substratanaloga, Inhibitoren, allosterische Effektoren, Cofaktoren oder an Proteine gebundene Pharmaka, problemangepaßt mit dem Spinmarker chemisch verknüpft. Spinmarkierte Effektoren, die auf diese Weise (meistens starr) an ein Protein gebunden sind, können eine Reihe von Aussagen, z. B. über Topologie (Stereogeometrie der Bindungsstelle), Mobilität des gebundenen Effektors, Polarität im aktiven Zentrum, Stöchiometrie und Bindungskonstante am Protein liefern.

Die Spinmarkierungs-Technik ist außer bei Proteinen insbesondere auch bei Modell- und Biomembranen sowie bei Nucleinsäuren und synthetischen Polymeren zur Analyse dynamischer Bewegungsprozesse vielfältig eingesetzt worden.

Detaillierte Darstellungen sind aus den im Anhang zitierten Monographien und Übersichtsartikeln zu entnehmen.

Literatur

a) Grundlagen und Methodik der ESR

Berliner LJ and J Reuben (1993) EMR of Paramagnetic Molecules. In: Biological Magnetic Resonance, Vol 13. Plenum Press, New York, London

Hoff AJ (1989) Advanced EPR, Application in Biology and Biochemistry. Elsevier, Amsterdam

KURRECK H, B KIRSTE and W LUBITZ (1988) ENDOR Spectroscopy of Radicals in Solution, Application to Organic and Biological Chemistry. Verlag Chemie, Weinheim

WEIL JA, JR BOLTON and JE WERTZ (1994) Electron Paramagnetic Resonance, Elementary Theory and Practical Application. John Wiley & Sons, New York

b) Periodische Übersichten und Tabellenwerke

Electron Spin Resonance: A Special Periodical Report (1973–1992 ff). The Royal Society of Chemistry, Thomas Graham House, Cambridge, Vol 1–13 ff.

LANDOLT-BÖRNSTEIN (1965–1980): Zahlenwerte und Funktionen aus Naturwissenschaft und Technik, Gruppe II: Atom- und Molekülphysik, Band 9: Magnetische Eigenschaften freier Radikale, Teil a–d Springer, Heidelberg

c) Biologische Anwendungen der ESR (allgemein)

BERLINER LJ and J REUBEN (1989) Spin Labelling (Theory and Application). In: Biological Magnetic Resonance, Vol 8. Plenum Press, New York

CAMPBELL ID and RA DWEK (1984) Biological Spectroscopy, Chapter 7: ESR-Spectroscopy. S 179–215. The Benjamin / Cummings Publ, London

GALLA HJ (1988) Spektroskopische Methoden in der Biochemie, Kap 6: Elektronenspinresonanz. S 72–97. Thieme, Stuttgart

d) Radikalenzyme

BARRY BA (1993) The Role of Redox-active Amino Acids in the Photosynthetic Water-oxidizing Complex. Photochem Photobiol 57, 179–188

GRÄSLUND A, M SAHLIN and BM SJÖBERG (1985) The Tyrosyl Free Radical in Ribonucleotide Reductase. Environm Health Persp 64, 139–149

KNOWLES PF and MJ MCPHERSON (1993) Free Radical Enzymes. Biochem Soc Transact 21, 727–756

NORDLUND P and H EKLUND (1993) Structure and Function of *E. coli* Ribonucleotide Reductase Protein R2. J Mol Biol 232, 123–164

PETERSEN JZ and A FINAZZI-AGRO (1993) Protein Radical Enzymes. FEBS Letters 325, 53–58

7 Lichtstreuung und Sedimentationsanalyse

7.1 Einleitung

Die Beobachtungen, daß gelöste Proteine in der Lage sind, das sichtbare Licht zu streuen und im erhöhten Schwerefeld zu sedimentieren, führte schon vor vielen Jahrzehnten zu der Erkenntnis, daß diese Substanzen eine hohe Molmasse und somit Kolloideigenschaften besitzen.

Um die Proteine als Makromoleküle besser charakterisieren zu können, wurden mit Streulichtphotometern und analytischen Ultrazentrifugen Geräte entwickelt, mit denen es gelang, Detailfragen bezüglich Reinheit, Mono- oder Polydispersität, Molekülgröße, Molekülform und Moleküldichte der entsprechenden Eiweiße zu beantworten. Mit fortgeschrittener Technik konnten die Proteine auch als „gelöstes Makromolekül" untersucht werden im Hinblick auf die Bestimmung der Verdünnungsenthalpie, der Aktivitätskoeffizienten, des chemischen Potentials, der Virialkoeffizienten oder des ausgeschlossenen Volumens. Von biochemischer und biotechnologischer Bedeutung waren auch die Beobachtungen der pH-, Temperatur-, Ionen- bzw. Liganden-abhängigen reversiblen Konformationsänderungen an verschiedenen Proteinen sowie die Selbstassoziationsvorgänge oder heterologen Assoziationen mit anderen Proteinen oder Makromolekülen. Die Analyse dieser Vorgänge bezüglich des Gleichgewichtes und der Kinetik haben viel zum Verständnis der Funktion von Enzymen und anderen biologisch aktiven Proteinen beigetragen. Auf diesen Gebieten sind auch in Zukunft noch wesentliche neue Beiträge zur Proteinanalytik zu erwarten.

7.2 Lichtstreuung

Wird monochromatisches Licht auf eine Proteinlösung gerichtet, so verläßt es diese mit verminderter Intensität. Ein geringer Teil des eingestrahlten Lichtes wird in verschiedene Richtungen gestreut. Während der überwiegende Teil dieses Lichtes seine Wellenlänge beibehält und als RAYLEIGH-Streuung bezeichnet wird, beobachtet man bei einem Anteil des gestreuten Lichtes eine Wellenlängenänderung. Dieser von dem Physiker RAMAN erstmals beobachtete Effekt wird als RAMAN-Streuung für proteinanalytische Zwecke genutzt (s. Abschn. 4.7). Das von einer Proteinlösung, aber auch von anderen Partikelsuspensionen, gestreute Licht kann im Dunkeln gut beobachtet werden (TYNDALL-Effekt). Die Erarbeitung der Theorie der Lichtstreuung und die Anwendung auf Proteinlösungen geht auf DEBYE zurück. Als Absolutmethode, d. h. ohne Verwendung von Eichsubstanzen, können mit der Lichtstreuung die Molmasse, Form und Größe gelöster Proteinmoleküle bestimmt werden. Darüber hinaus sind auch Angaben zur Wechselwirkung der gelösten Proteinmoleküle untereinander sowie mit dem Lösungsmittel Wasser möglich.

Der Vorteil der Streulichtmessungen liegt in der hohen Geschwindigkeit, mit der die Nachweisreaktion erbracht werden kann. Das ermöglicht es, Streulichtmessungen auch für kinetische Experimente, z. B. bei der Analyse von Assoziations- oder Polymerisationsreaktionen, einzusetzen, wo andere Methoden versagen.

Die Lichtstreuung kann auch zur Bestimmung der Molmasse M von Proteingemischen verwendet werden. Dabei wird im Gegensatz zur Bestimmung der Molmasse z. B. unter Ausnutzung des osmotischen Druckes, wo ein Zahlenmittel (number average) erhalten wird, für die Streulichtmessungen ein Gewichtsmittelwert (weight average) bestimmt.

Die beiden Molekulargewichtsmittelwerte, die durch die Indices n bzw. w gekennzeichnet sind, berechnen sich aus der Anzahl der Moleküle n_i bzw. den Partialkonzentrationen c_i sowie den diskreten Molmassen M_i

$$M_n = \frac{\sum\limits_i n_i \cdot M_i}{\sum\limits_i n_i} = \frac{\sum\limits_i c_i}{\sum\limits_i \dfrac{c_i}{M_i}} \tag{7.1}$$

$$M_W = \frac{\sum\limits_i n_i \cdot M_i^2}{\sum\limits_i n_i \cdot M_i} = \frac{\sum\limits_i c_i \cdot M_i}{\sum\limits_i c_i} \cdot \tag{7.2}$$

Beide Molmassenmittelwerte stehen miteinander in Beziehung und sind ineinander umrechenbar, wenn Kenntnisse über die Verteilungsbreite der einzelnen Proteinkomponenten vorliegen. Andererseits gibt ein Verhältnis M_w/M_n > 1 Auskunft über die Breite der Molekülgrößenverteilung. Sie ist um so größer, je mehr das Verhältnis von der Zahl 1 abweicht (s. Abb. 7.14). Nur im Falle identischer Proteinpopulationen sind die Mittelwerte der Molmassen gleich. Die Berechnung und Auftragung verschiedener Mittelwerte kann zur Analyse von Selbstassoziationsvorgängen genutzt werden (s. Abschn. 7.9.5). Obwohl Streulichtmessungen sehr schnell ausführbar sind, muß der Meßprobenvorbereitung große Aufmerksamkeit gewidmet werden, da in der Proteinlösung vorhandene Aggregate oder Staubpartikel sich störend auf das Meßergebnis auswirken und deshalb vorher sorgfältig entfernt werden müssen.

7.2.1 Grundlagen der klassischen Lichtstreuung

Streulichtmessungen werden in der Regel in speziellen Photometern, die von verschiedenen Firmen angeboten werden, gemessen. Abbildung 7.1 zeigt eine Prinzipskizze eines Streulichtphotometers.

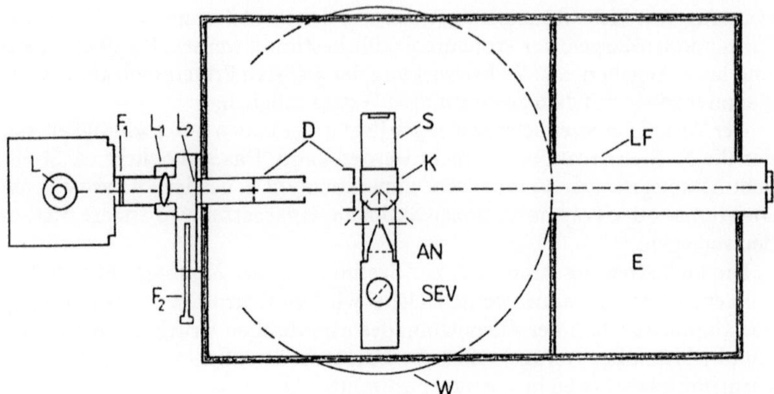

Abb. 7.1. Prinzipskizze eines Streulichtphotometers. L: Lichtquelle, F_1: monochromatisches Filter, F_2: Neutralfilter, L_1: Achromatische Linse, L_2: Planzylindrische Linse, D: Diaphragmen, S: Schwenkarm mit Winkeleinteilung, AN: Analysator, SEV: Sekundärelektronenvervielfacher, LF: Lichtfalle für den Primärstrahl, E: elektronischer Teil des Streulichtphotometers. Nach Angaben der Fa. Brice, Phoenix, USA

Der Anteil des gestreuten Lichtes, auch die „Trübung" oder „Turbidität" τ genannt, hängt neben dem Streuvolumen oder der Länge der durchstrahlten Lösung noch von der Wellenlänge λ des gewählten Lichtes ab. Außerdem nimmt τ mit der Zahl der gelösten Proteinmoleküle und deren Molmasse zu.

$$\tau = \frac{32\,\pi^3 \cdot n_o \cdot c \cdot M \cdot \left[\dfrac{n - n_o}{c}\right]^2}{3\,\lambda^4 \cdot N_A} \tag{7.3}$$

Die Gl. (7.3) kann man vereinfachen, wenn man die Konstanten zu einer neuen Größe, H zusammenfaßt:

$$H = \frac{32\,\pi^3 \cdot n_o \cdot c \cdot \left[\dfrac{n - n_o}{c}\right]^2}{3\,\lambda^4 \cdot N_A}. \tag{7.4}$$

Darin bedeuten n und n_o die Brechungsindices von Lösung und Lösungsmittel, λ die Wellenlänge des eingestrahlten Lichtes und N_A die AVOGADRO-Zahl. Die Konzentration c wird in g/ml angegeben. Der Zusammenhang zwischen der konzentrationsabhängigen Streuintensität und der Molmasse ergibt sich aus Gl. (7.5):

$$\frac{H \cdot c}{\tau} = \frac{1}{M} + 2\,B_2 c + 3\,C_3 c^2 + \dots \tag{7.5}$$

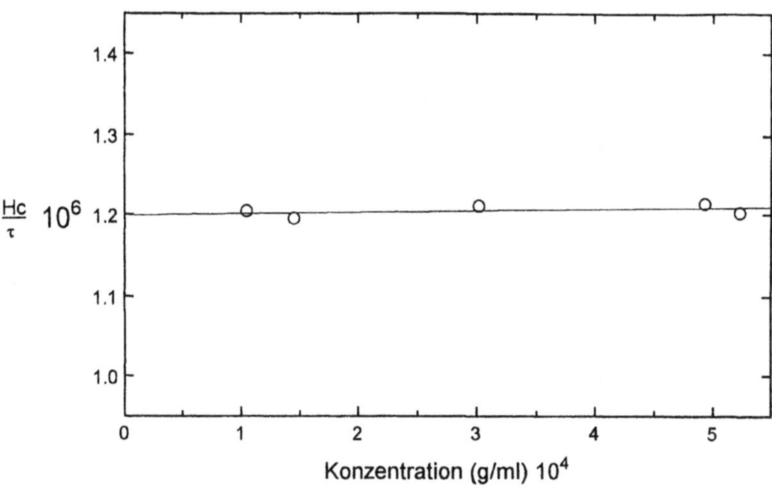

Abb. 7.2. Reduzierte Streuintensität $H \cdot c/\tau$ von Phosphofructokinase gemessen beim Winkel $\theta = 90°$ in Lösungen unterschiedlicher Konzentration. Der Ordinatenschnittpunkt $H \cdot c/\tau = 1{,}2 \cdot 10^{-6}$ entspricht einer Molmasse von 833.000 Dalton für dieses Enzym

Hier stehen B_2 und C_3 für den 2. bzw. 3. Virialkoeffizienten, die aus der kinetischen Gastheorie bekannt sind. Die Bedeutung der Virialkoeffizienten für die Proteinanalytik wird im Kap. 7.9.3 behandelt. Werden die bei verschiedenen Konzentrationen erhaltenen Werte für $H \cdot c/\tau$ nach Abzug der Lösungsmittelturbidität über der Konzentration aufgetragen und diese Daten auf unendliche Verdünnung extrapoliert, so erhält man einen Ordinatenwert, der dem reziproken Molekulargewicht 1/M oder, im Falle eines Proteingemisches, $1/M_w$ entspricht. Die Neigung der Geraden wird durch die thermodynamischen Nichtidealität des Systems bestimmt. Aus ihr kann problemlos der 2. Virialkoeffizient B_2 für die Proteinlösung berechnet werden, wenn die gewählte Proteinkonzentration 5mg/ml nicht überschreitet. Werden Lösungen mit einer höheren Konzentration vermessen, so können Abweichungen von der Geraden auftreten, die auf den Einfluß höherer, meistens des 3. Virialkoeffizienten C_3, zurückzuführen sind.

Das durch die Gl. (7.3) beschriebene Streuverhalten gilt für Makromoleküle, deren Durchmesser 1/20 der eingestrahlten Wellenlänge nicht übersteigt. In der Regel trifft das für Proteine mit $M < 10^6$ Dalton zu. Proteine oder deren Assoziate mit einer Größe im Bereich der Wellenlänge des eingestrahlten Lichtes zeigen ein gegenüber den kleineren Molekülen abweichendes Streuverhalten, das vom Beobachtungswinkel θ abhängig ist.

Bedingt durch eine größere Anzahl destruktiver Interferenzen im gestreuten Licht, besonders für große Winkel um 180° (Rückwärtsstreuung), wächst dort die Streuintensität mit der Molekülgröße weniger stark als im Kleinwinkelbereich (Vorwärtsstreuung). Das asymmetrische Streuverhalten großer Proteinmoleküle erfordert deshalb neben der konzentrationsabhängigen Messung noch eine zusätzliche winkelabhängige Detektion. Der von B. Zimm erarbeitete Formalismus

$$\frac{H \cdot c}{R_0} = \frac{1}{M}\left(1 + \frac{16}{3}\pi^2 \frac{R_g^2}{\lambda^2}\sin^2\frac{\theta}{2}\right) + 2\,B_2c + 3\,C_3c^2 + \dots \tag{7.6}$$

mit

$$H = \frac{4\,\pi^2 \cdot n_0^2}{\lambda_0^4 \cdot N_A} \tag{7.7}$$

ermöglicht eine Auftragung der konzentrations- und winkelabhängigen reduzierten Streuintensität und deren Extrapolation auf die Konzentration c = 0 und

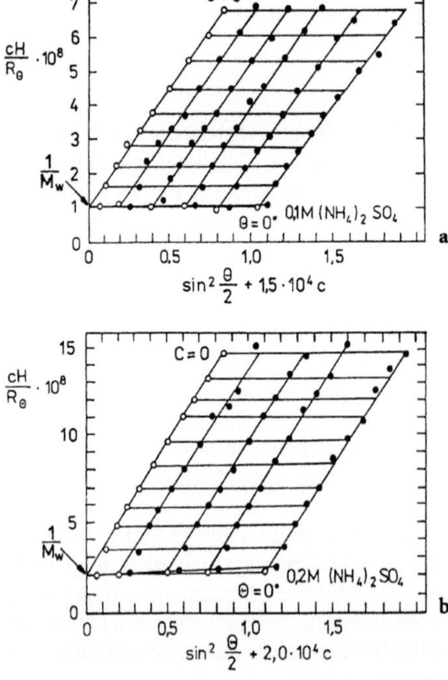

Abb. 7.3. Zimm-Diagramme für lösliches Chromatin in 0,1 M **a** bzw. 0,2 M **b** $(NH_4)_2SO_4$. (●) Streudaten, erhalten für verschiedene Konzentrationen und Winkel. (○) Auf die Konzentration c = 0 bzw. den Winkel θ = 0 extrapolierte Streudaten. Der Schnittpunkt der Geraden mit der Ordinate ist dem reziproken Molekulargewicht proportional

den Winkel $\theta = 0$. Neben dem reziproken Molekulargewicht (Ordinatenabschnitt) und dem Nichtidealitätsterm (Neigung der konzentrationsabhängigen Streuintensität bei den verschiedenen Winkeln) kann aus der Neigung der Winkelabhängigkeit (Extrapolation auf $\theta = 0$) zusätzlich der Trägheits- oder Streumassenradius des Proteins abgeschätzt werden. Die Darstellung der Einzelwerte $H \cdot c/R_\theta$ gegen $\sin^2 \dfrac{\theta}{2} + k \cdot c$ und die doppelte Extrapolation kann in der von ZIMM vorgeschlagenen Auftragung ermöglicht werden. Dabei stellt k eine beliebig wählbare Zahl dar. Sie wird so gewählt, daß das Netzwerk der miteinander verbundenen Meßdaten etwas auseinander gezogen wird und eine sichere Extrapolation jener auf $c = 0$ und $\theta = 0$ errechneten Meßwerte bequem möglich ist (s. Abb. 7.3). Aus dem ZIMM-Diagramm lassen sich die Molmasse, der Nichtidealitätsterm (Virialkoeffizient) und der Streumassenradius R_g eines Teilchens berechnen. Der Streumassenradius eines Proteins mit einer konstanten Elektronendichte ist definiert als die Wurzel aus dem mittleren Abstandsquadrat sämtlicher Volumenelemente vom Massenschwerpunkt des Teilchens. Für ein globuläres Protein beträgt der Streumassenradius 60 % des Kugelradius.

7.3 Dynamische Lichtstreuung

Neben der klassischen, auch statische oder elastische Lichtstreuung genannt (s. Abschn. 7.2), ist in den letzten zwei Jahrzehnten die dynamische oder quasielastische Lichtstreuung entwickelt worden. Sie gestattet schnell und exakt die Bestimmung von Translationsdiffusionskoeffizienten von Proteinen und anderen Makromolekülen. Da dieser Parameter durch Größe und Form des streuenden Partikels beeinflußt wird, können aus den gewonnenen Diffusionskoeffizienten Informationen über die Molmasse (zusammen mit Sedimentationskoeffizienten, s. Abschn. 7.4), den STOKES-Radius oder die Form von Proteinen bzw. deren Änderungen abgeleitet werden.

7.3.1 Grundlagen der dynamischen Lichtstreuung

Wird die Konzentration einer Proteinlösung z. B. in einer Küvette analysiert, so ergeben sich orts- und zeitabhängige Schwankungen. Diese Fluktuationen beruhen auf der BROWNschen Molekularbewegung. Sie sind diffusionsbedingt und lassen sich durch die FICKschen Gesetze beschreiben. Die gewünschten Informationen werden aus den Fluktuationen des gestreuten Lichtes auf der Grundlage von Konzentrationsvariationen gewonnen. Zu dem Zweck wird kohärentes Licht eines Lasers auf eine Proteinlösung gerichtet und die Streustrahlung bei einem bestimmten Beobachtungswinkel θ über einen Sekundärelektronenvervielfacher (SEV) als Photostrom gemessen. Die durch die Molekülbewegungen induzierten kurzzeitigen Schwankungen des Photostroms, die um einen Mittelwert erfolgen, werden mittels eines Correlators aufgezeichnet und die Intensitäts-Autokorrelationsfunktion

$$g^{(2)}(t) = \langle I(t)\, I(t + \tau)\rangle \tag{7.8}$$

berechnet. Diese kann in die Feld-Autokorrelationsfunktion $g^{(1)}(\tau)$ gemäß Gl. (7.9) überführt werden:

$$g^{(1)}(\tau) = [g^{(2)}(\tau) - 1]^{1/2}. \tag{7.9}$$

Damit wird eine Beziehung zum Translationsdiffusionskoeffizienten D hergestellt.

$$g^{(1)}(\tau) = e^{(-Dq^2\tau)} \tag{7.10}$$

Darin stellt q den Betrag des Streuvektors dar.

$$q = |\vec{q}| = \frac{4\pi \cdot n}{\lambda} \cdot \sin\frac{\theta}{2} \tag{7.11}$$

In den oben genannten Gleichungen bedeuten I die Intensität, t, τ, die Zeit, n das Brechungsindexinkrement, λ die Wellenlänge des eingestrahlten Laserlichtes und θ der Beobachtungswinkel.

Durch Logarithmieren der Gl. (7.10) erhält man

$$\ln g^{(1)}(\tau) = -q^2 D\tau. \tag{7.12}$$

Die Auftragung von $\ln g^{(1)}(\tau)$ über τ ergibt eine Gerade, aus deren Neigung bei Kenntnis von q^2 (aus Gl. (7.11)) bequem der Diffusionskoeffizient eines Proteins berechnet werden kann. Besteht die Proteinlösung aus mehreren Komponenten, so wird ein z-Mittelwert für den Diffusionskoeffizienten bestimmt,

$$D_z = \frac{\sum\limits_{i} c_i \cdot D_i^2}{\sum\limits_{i} c_i \cdot D_i} \tag{7.13}$$

mit den Partialkonzentrationen c_i und den diskreten Diffusionskoeffizienten D_i.

Die Diffusionskoeffizienten können in Kombination mit den Sedimentationskoeffizienten zur Berechnung der Molmasse eines Proteins genutzt werden (s. Abschn. 7.4).

Unter Berücksichtigung der EINSTEIN-Beziehung

$$D = \frac{k_B T}{f} \tag{7.14}$$

mit k_B der BOLTZMANN-Konstante, T der absoluten Temperatur und f dem molaren Reibungskoeffizienten, der sich nach STOKES für globuläre Makromoleküle aus dem Molekülradius R und der Viskosität des Lösungsmittels η gemäß Gl. (7.15) errechnet,

$$f = 6\pi\eta R \tag{7.15}$$

kann der sog. STOKESsche Radius über den Diffusionskoeffizienten bestimmt werden:

$$R = \frac{k_B T}{6\pi\eta D}. \tag{7.16}$$

Dieser Parameter entspricht zwar nur im Falle globulärer Proteine nahezu dem Molekülradius, gilt aber auch für das hydratisierte Protein.

7.4 Sedimentationsverhalten von Proteinen

Suspendierte Partikel oder gelöste Proteine unterliegen in einem Schwerefeld einer Kraft F_{sed}, die diese Teilchen zum Herabsinken oder zur Sedimentation bewegt. Die Kraft ist dem Gewicht G oder der Masse m der Proteine proportional. Eine entgegengesetzt gerichtete Wirkung wird durch den Auftrieb A erreicht, der dem Volumen der verdrängten Flüssigkeit entspricht. Die effektive Kraft ergibt sich demnach aus der Differenz der zwei Parameter:

$$F_{Sed} = G - A \tag{7.17}$$

oder

$$F_{Sed} = m \cdot g - V \cdot \rho \cdot g \tag{7.18}$$

mit der Masse m, der Erdbeschleunigung g, dem Volumen V und der Dichte ρ des verdrängten Lösungsmittels. Durch eine Erweiterung des 2. Teils von Gl. (7.18) mit m/m und einer Substitution von V/m durch $\bar{v}$, dem partiellen spezifischen Volumen, und anschließender Zusammenfassung erhält man:

$$F_{Sed} = m \cdot g \cdot (1 - \bar{v} \cdot \rho). \tag{7.19}$$

Der Wert für den Klammerausdruck, auch Auftriebsterm genannt, bestimmt die Richtung, in die sich die Partikel oder Proteinmoleküle bewegen. Ist der Wert positiv, so sedimentieren die Teilchen. Nimmt der Auftriebsterm einen negativen Betrag an, vor allem durch hohe Werte für das partielle spezifische Volumen ($\bar{v} \sim 1$), so flotieren die Proteine. Diese Erscheinung wird hauptsächlich für Lipoproteine beobachtet (s. Abschn. 7.4.5).

Da die Sedimentations- oder Flotationsbewegungen für Proteine und andere Makromoleküle im Erdschwerefeld zu gering sind, werden derartige Vorgänge in Ultrazentrifugen untersucht. In Gl. (7.19) wird dann die Erdbeschleunigung g durch die Zentrifugalbeschleunigung $r\omega^2$ ersetzt:

$$\omega = \frac{2\pi \cdot n}{60} \tag{7.20}$$

$$F_{Sed} = m \cdot r \cdot \omega^2 \cdot (1 - \bar{v} \cdot \rho). \tag{7.21}$$

Dabei bedeutet n die Drehzahl des Rotors pro Minute und r der Abstand der Probe von der Rotorachse.

Unter dem Einfluß der Zentrifugalbeschleunigung nehmen die gelösten Proteine mit steigender Umdrehungsgeschwindigkeit eine erhöhte Sedimentationsgeschwindigkeit an. Diese kann aber nur begrenzt zunehmen, da eine Reibungskraft F_{Reib} die Bewegung verlangsamt. Die Reibungskraft

$$F_{Reib} = f \cdot \frac{dr}{dt} \tag{7.22}$$

ist der Sedimentationsgeschwindigkeit $\frac{dr}{dt}$ und dem molaren Reibungsfaktor f proportional.

Die Proteinmoleküle nehmen schließlich eine gleichförmige Sedimentationsgeschwindigkeit an, und zwar wenn die Sedimentationskraft der Reibungskraft $F_{Sed} = F_{Reib}$ entspricht. Die Gleichsetzung der Gln. (7.21) und (7.22) führt dann zu:

$$m \cdot r \; \omega^2 (1 - \bar{v} \cdot \rho) = f \cdot \frac{dr}{dt}. \tag{7.23}$$

Substituiert man m durch den Ausdruck M/N_A (M = Molmasse), so ergibt sich für dr/dt die Beziehung

$$\frac{dr}{dt} = \frac{M \cdot r \cdot \omega^2 (1 - \bar{v} \cdot \rho)}{N_A \cdot f} \tag{7.24}$$

die den Zusammenhang zwischen Sedimentationsgeschwindigkeit, Molmasse sowie der Winkelgeschwindigkeit widerspiegelt. Die Molmasse, das partielle spezifische Volumen, die Dichte und der molare Reibungsfaktor sind proteinspezifische Konstanten. Deshalb kann auch der Quotient

$$s = \frac{(dr/dt)}{r \cdot \omega^2} \tag{7.25}$$

als eine charakteristische Größe betrachtet werden. Der Sedimentationskoeffizient s hat die Dimension einer reziproken Zeit und wird in SVEDBERG-Einheiten angegeben ($1S = 10^{-13}$ Sekunden).

Aus den Gln. (7.24) und (7.25) ergibt sich die allgemeine Beziehung

$$s = \frac{M\,(1 - \bar{v}\rho)}{N_A \cdot f} \qquad (7.26)$$

die die direkte Proportionalität des Sedimentationskoeffizienten zur Molmasse und die umgekehrte Proportionalität zum Reibungskoeffizienten beschreibt. Der molare Reibungskoeffizient eines Proteins wird sowohl durch die Masse und Form als auch durch seine Konzentration bestimmt. Desweiteren beeinflußt die Reibung des Hydratwassers (relativ fest an das Protein gebundene Wassermoleküle) mit dem umgebenden Lösungsmittel diesen Parameter. In idealen Lösungen sowie bei unendlicher Verdünnung erlangt der molare Reibungskoeffizient eines Proteins seine eigentliche Bedeutung.

Neben der Gl. (7.26) gibt es noch eine von EINSTEIN abgeleitete Beziehung, die den Zusammenhang zwischen dem molaren Reibungsfaktor und dem Diffusionskoeffizienten beschreibt.

$$f = \frac{k_B T}{D} \cdot \qquad (7.27)$$

Darin bedeuten k_B die BOLTZMANN-Konstante und T die absolute Temperatur. Diese Gleichung gilt ebenfalls nur für ideale Lösungen. Durch Zusammenfassung der Gln. (7.26) und (7.27) sowie durch Substitution von $N_A \cdot k_B$ mit R, der Gaskonstanten, erhält man die SVEDBERG-Gleichung,

$$M = \frac{s \cdot R \cdot T}{(1 - \bar{v} \cdot \rho)} \qquad (7.28)$$

die die Berechnung der Molmasse aus Sedimentations- und Diffusionsmessungen ermöglicht. Sedimentations- und Diffussionskoeffizienten, die jeweils von der Proteinkonzentration abhängen, müssen auf die Konzentration c = 0 extrapoliert werden. Die erhaltenen Werte s° und D° sind stoffspezifische Konstanten.

7.4.1 Experimentelle Bestimmung der Sedimentationskoeffizienten mit der analytischen Ultrazentrifuge

Sedimentationskoeffizienten werden in der Regel in analytischen Ultrazentrifugen, die Rotordrehzahlen von über 60000 Umdrehungen pro Minute zulassen, bestimmt. Daneben sind aber auch Sedimentationsgeschwindigkeits-Experimente in präparativen Ultrazentrifugen im Dichtegradienten möglich. Die heute kommerziell verfügbaren Zentrifugen besitzen ein elektrisches Antriebssystem mit einer Drehzahlkonstanz für den Rotor von etwa 0,1 %. Zur Vermeidung von Reibungswärme wird die Rotorkammer mittels Vakuumpumpen evakuiert. Es herrscht ein Unterdruck von etwa 10^{-3} Torr. Ein Regel(kühl)-

system ermöglicht darüber hinaus, die Temperatur auch über eine längere Versuchszeit konstant zu halten. Die Rotoren für die analytischen Ultrazentrifugen aus einer Aluminiumlegierung oder Titan können üblicher Weise 2, 4 oder 6 sogenannte Zellen mit Schichtdicken von 1,5 – 30 mm in Durchstrahlungsrichtung aufnehmen. Eine Zelle (Gegengewichtszelle) wird zum Ausbalancieren des Gewichtes der gegenüberliegenden Meßzelle und zur Bestimmung des Faktors für die Bildvergrößerung bzw. der Festlegung des Radienbereiches, in dem sich die zu analysierende Substanz bewegt, benutzt. Die Meßzellen bestehen aus einem Zellgehäuse, einem verschraubbaren Hohlzylinder aus einer Aluminiumlegierung und einem Mittelstück aus Aluminium oder Kunststoffen, das ein oder zwei sektorförmige Aussparungen besitzt, in denen sich die Meßlösung und oder das Lösungsmittel befinden. Die Meßzellen werden durch Quarz- bzw. Saphirscheiben in Strahlungsrichtung verschlossen. Spezielle leistungsstarke Lampen oder Laser dienen als Lichtquelle. Sie durchstrahlen die Meßprobe in dem Moment, in dem sich der Rotor mit der entsprechenden Bohrung, die eine Zelle enthält, in die Position des Strahlenganges bewegt hat.

Die Vorgänge innerhalb der Zelle können mit verschiedenen optischen Systemen beobachtet werden. Für Proteine eignet sich besonders die Absorptionsoptik mit einem Monochromator. Sie ermöglicht es, mit monochromatischem Licht in spezifische Absorptionsbanden der Proteine einzustrahlen und andere vorhandene Komponenten „unsichtbar" werden zu lassen. Neben der spezifischen Absorption der Proteine kann auch das Brechungsindexinkrement (Interferenzoptik) genutzt werden, um den Konzentrationsgradienten darzustellen.

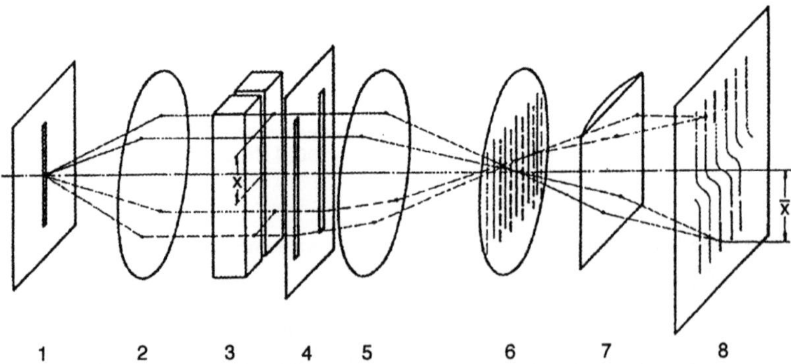

Abb. 7.4. Die Rayleigh-Optik liefert ein Bild aus parallelen Interferenzlinien. Jede Linie stellt eine Funktion der Konzentration c, z. B. eines Proteins, in radialer Richtung dar. Das Licht einer Quecksilberhochdrucklampe trifft zunächst auf einen vertikalen Spalt (hier mit x bezeichnet), ein Liniengitter (1) und wird dann über eine Linse (2) auf die Zentrifugenzelle (3) gerichtet. Die austretenden Strahlen werden durch einen Doppelspalt (4) und eine weitere Linse (5) auf eine Objektivlinse (6) gelenkt, wo ein Zwischenbild erzeugt wird. Über eine Zylinderlinse (7) wird dann das Interferenzbild auf der Photoplatte (8) abgebildet

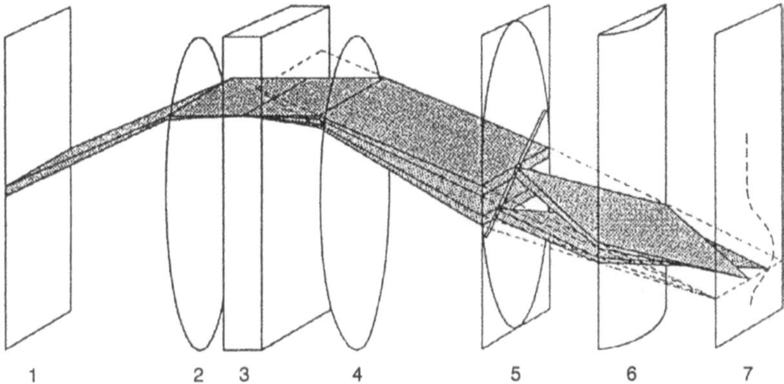

Abb. 7.5. Schlierenoptik. Um den Konzentrationsgradienten dc/dr der gelösten Makromoleküle als Funktion vom Radius r darzustellen, wird der horizontale Spalt (1), der sich in einem bestimmten Abstand vom Rotationsmittelpunkt befindet, durch eine Quecksilberhochdrucklampe beleuchtet. Mit Hilfe einer Projektionslinse (2) wird das Licht auf die Zentrifugenzelle (3) gerichtet. Der austretende Strahl wird über eine weitere Projektionslinse (4) auf eine Objektivlinse (5) mit Phasenkante (Schrägspalt) gelenkt und schließlich über eine Zylinderlinse (6) das Bild des Konzentrationsgradienten auf der Photoplatte (7) erzeugt

Weiterhin gibt es, besonders in älteren Ultrazentrifugen, die Schlierenoptik, die die Ableitung des Konzentrationsgradienten dc/dr in Form einer GAUSS-Kurve aufzeichnet.

Beobachtet wird die Sedimentation z.B. einer homogenen Proteinfraktion durch die gleichförmige Bewegung ihrer Moleküle in radialer Richtung vom Meniskus (Radiusposition der Lösungsoberfläche) zum Boden der Zelle. Dabei verarmt zunächst der Meniskusbereich an Proteinmolekülen, während diese sich am Zellboden anreichern. Die sich ausbildende sedimentierende Grenzschicht zwischen Lösungsmittel und gelöstem Material ist nicht scharf. Die Konzentrationsverteilung in diesem Gradienten besitzt eine sigmoide Form, die sich bedingt durch die Rückdiffusion infolge der BROWNsche Molekularbewegung allmählich verbreitert. Die sedimentierende Grenzschicht kann zeitabhängig entweder durch ein Analogsignal erfaßt oder in digitaler Form erhalten werden.

Die Bestimmung der Sedimentationskoeffizienten basiert auf der Gl. (7.25). Nach Umformung und Integration mit der Randbedingung $r = r_m$ für $t = 0$ (r_m = Entfernung der Meniskusposition vom Rotationszentrum) erhält man:

$$\int_{r_m}^{r} \frac{dr}{r} = \int_{0}^{t} \omega^2 s\, dt \tag{7.29}$$

$$\ln\left(r / r_m\right) = \omega^2 \cdot s \cdot t \tag{7.30}$$

oder unter Berücksichtigung des dekadischen Logarithmus:

$$\lg r = \frac{\omega^2 \cdot s\, t}{2{,}303} + \lg r_m.$$
(7.31)

Durch Umformung ergibt sich der Sedimentationskoeffizient

$$s = \frac{2{,}303 \cdot \lg (r/r_m)}{\omega^2\,(t - t_0)}$$
(7.32)

bzw.

$$s = \frac{2{,}303 \cdot \Delta\,(\lg r)}{\omega^2 \cdot \Delta t}.$$
(7.33)

Im Sedimentationsgeschwindigkeits-Experiment wird eine lineare Beziehung zwischen dem Logarithmus der Radiuspositionen r und der Zeit t erhalten.

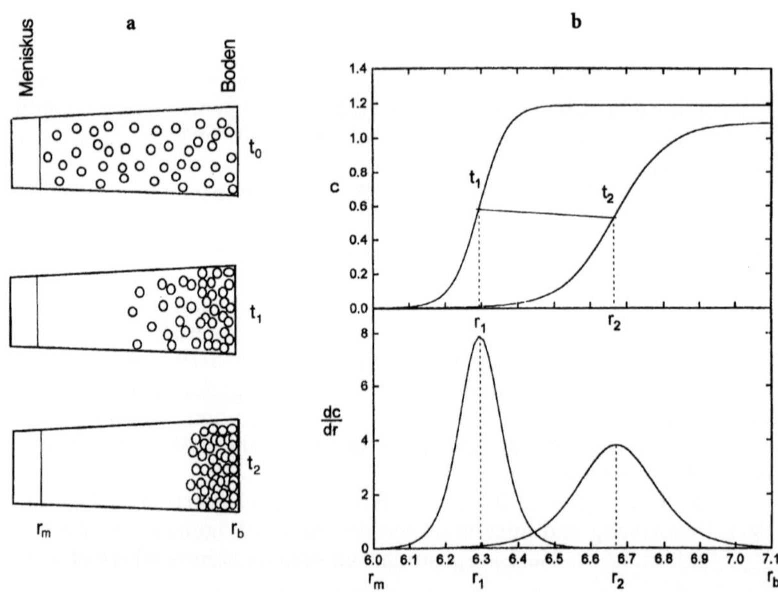

Abb. 7.6. Sedimentation monodisperser Makromoleküle in radialer Richtung vom Meniskus zum Boden **a** bzw. Darstellung der integralen Konzentrationsverteilung (Absorptionsoptik) oder differentiellen Konzentrationsverteilung zu verschiedenen Experimentierzeiten **b**. r_1 und r_2 sind die Radialpositionen zu den Zeiten t_1 und t_2; r_m und r_b sind die Radiuspositionen am Meniskus bzw. Boden der Zelle

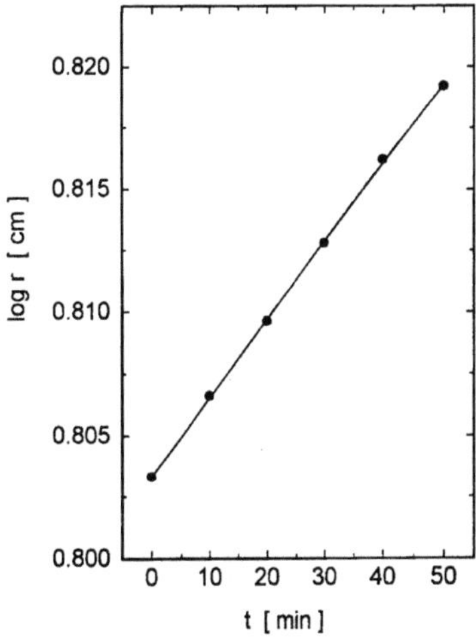

Abb. 7.7. Zeitliche Wanderung der Grenzschicht (lg r) im Sedimentationsgeschwindigkeits-Experiment. Aus dem Anstieg wird gemäß Gl. (7.33) der Sedimentationskoeffizient berechnet

Die Radiuspositionen werden am 50 %-Punkt des Konzentrationsgradienten (Absorptionsoptik) oder im Maximum der dc/dr-Darstellung (Schlierenoptik) gewählt. Damit die Sedimentationskoeffizienten miteinander verglichen werden können, müssen sie auf einheitliche Bedingungen der Temperatur (in der Regel 20 °C) sowie der Viskosität und Dichte des Wassers gemäß Gl. (7.34) umgerechnet werden.

$$s_{20,\,W} = s_{T,\,LM} \cdot \frac{\eta_{T,\,W}}{\eta_{20,\,W}} \cdot \frac{\eta_{T,\,LM}}{\eta_{T,\,W}} \cdot \frac{(1 - \rho_{20,\,W} \cdot \bar{v}_{20,\,W})}{(1 - \rho_{T,\,LM} \cdot \bar{v}_{T,\,LM})} \qquad (7.34)$$

Dabei bedeutet W = Wasser, T = Meßtemperatur, LM = Lösungsmittel. Für die Temperaturabhängigkeit der Viskosität des Wassers ($\eta_{T,\,W}/\eta_{20,\,W}$) und z. T. für den Temperatureinfluß auf $\bar{v}$ bzw. ρ gibt es Tabellenwerte.

Die Durchführung der Sedimentationsgeschwindigkeits-Experimente in reinem Wasser als Lösungsmittel ist nicht empfehlenswert, da die Proteine präparationsbedingt an ihren geladenen Aminosäurenseitenketten entsprechende Gegenionen von Puffersubstanzen mit sich führen können. Zwischen diesen und dem Proteinmolekül baut sich bei der unterschiedlich schnellen Sedimentation der Teilchen ein elektrisches Potential auf, das zu einer verringerten Sedimentationsgeschwindigkeit des Proteins führt (primärer Ladungseffekt). Um diese störenden Einflüsse zu beseitigen, sollten die Sedimentationsgeschwindigkeits-Experimente in Gegenwart von ca. 0,1 M eines Neutralsalzes (KCl, NaCl oder dergleichen) durchgeführt werden.

Die bei endlichen Konzentrationen durchgeführten Sedimentationsexperimente liefern in der Regel Sedimentationskoeffizienten, die etwas niedriger sind als jener Wert, der durch Extrapolation auf die Konzentration c = 0 erhalten und als substanzspezifische Sedimentationskonstante s° bezeichnet wird.

Grund für diese Abweichungen sind u.a. sterische Behinderungen der Makromoleküle. Dieser Einfluß ist in der Konstante k_s der Gl. (7.35) enthalten.

$$\frac{1}{s_{20,w}} = \frac{1}{s_{20,w}^{o}} (1 + k_s \cdot c).$$

(7.35)

Sie gilt für nicht zu hohe Konzentrationsbereiche bis etwa 2 mg/ml. Für die Konzentration c ist die Dimension g/ml einzusetzen. Der Betrag k_s wird von physikalischen Eigenschaften der Makromoleküle wie Molmasse, Form oder Hydratation bestimmt. Globuläre Eiweiße mit einer kompakten Struktur besitzen einen verhältnismäßig kleinen Wert. Für Proteinlösungen von 1 mg/ml trägt k_s zur Verringerung des Sedimentationskoeffizienten von ca 1 % gegenüber dem auf die Konzentration c = 0 extrapolierten Wert bei. Fibrilläre und flexible Proteine besitzen dagegen erheblich höhere k_s-Werte. Es scheint eine Korrelation dieses Parameters zur intrinsischen Viskosität $[\eta]$ entsprechend Gl. (7.36) zu geben.

$$\frac{k_s}{[\eta]} = 1{,}6.$$

(7.36)

7.4.2 Aktive Enzymsedimentation

Während die sedimentierende Grenzschicht der Makromoleküle in der Regel über das Brechungsindex-Inkrement oder eine Absorptionsbande verfolgt wird, können sedimentierende Enzyme auch indirekt über ihren Substratumsatz in der analytischen Ultrazentrifuge nachgewiesen werden. Experimente dieser Art werden als aktive Enzymsedimentation bezeichnet. Die Methode ist an das Vorhandensein einer Absorptionsoptik mit Monochromator geknüpft. Der Substratumsatz zum Metaboliten muß schnell und eindeutig durch das Auftreten einer neuen Absorptionsbande oder das Verschwinden der Bande des Substrates gekennzeichnet sein (z.B. Beobachtung der Bildung bzw. des Verbrauchs von $NADH_2$ bei 340 nm). Die Experimente werden in einer speziellen Überschichtungszelle durchgeführt. Bei Erreichen der Arbeitsdrehzahl werden aus einem Vorratsgefäß ca. 10 µl des Enzyms durch eine vorsichtige Überschichtung auf die das Substrat enthaltende Pufferlösung des einen Sektors gebracht (s. Abb. 7.8). Beim Erscheinen am Meniskus wandelt das Enzym das Substrat um. Dieser Vorgang setzt sich dann bei der Sedimentation des Enzyms durch den Substratgradienten fort und kann durch die Wanderung der Bande als Absorptionsdifferenz von Substrat und Metabolit verfolgt werden. Die so erhaltenen Sedimentationskoeffizienten sind bezüglich Viskosität und Dichte der substrathaltigen Pufferlösung zu korrigieren. Für diese Experimente werden in der Regel nur kleine Enzymmengen von ca 1 µg benötigt. Die Enzyme müssen nicht vollständig von Begleitkomponenten befreit sein, sollten jedoch keine den Substratumsatz störenden Komponenten enthalten.

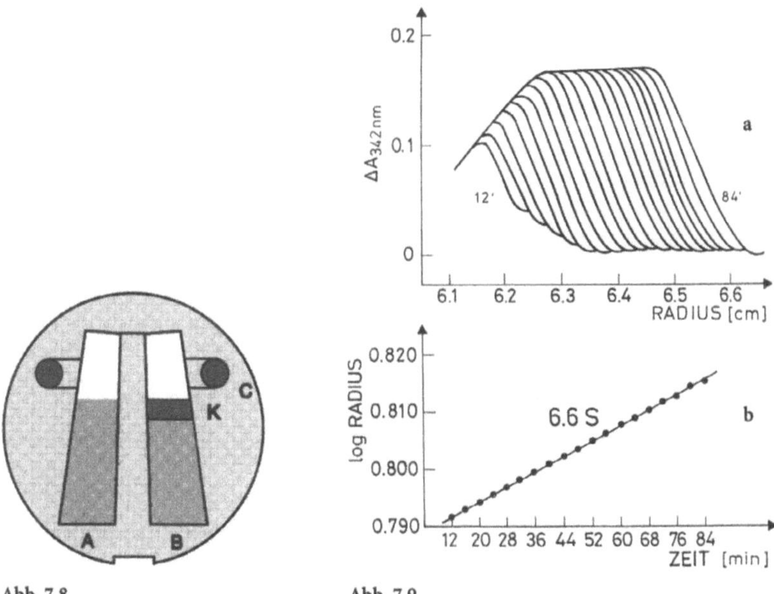

Abb. 7.8   Abb. 7.9

Abb. 7.8. Mittelstück (engl. centerpiece) einer speziellen Überschichtungszelle (engl. band forming cell). Beide Sektoren (A) und (B) enthalten eine substrathaltige Lösung. Bei einer bestimmten Rotordrehzahl wird aus dem Vorratsgefäß (C) das dort eingebrachte Enzym durch den unteren Kanal (K) auf das Substrat des einen (hier den rechten) Sektors geschichtet und sedimentiert durch diese Lösung

Abb. 7.9. Zeitabhängiges Auftreten einer Absorptionsbande bei 342 nm, die durch Bildung von Thioguanosinmonophosphat aus 6-Thioguanin und Phosphoribosyl-pyrophosphat in Gegenwart des Enzyms Hypoxanthin-Guanin-Phosphoribosyltransferase (HGPRT) in Tris-Puffer, pH 7.8 und Anwesenheit von 10 mM $MgCl_2$ gebildet wird. Aus der Wanderung des Gradienten im vierminütigem Abstand registriert **a** wurde ein Sedimentationskoeffizient von 6,6 S berechnet **b**

7.4.3 Nachweis einer molekularen Heterogenität

Isolierte Eiweiße sind in der Regel monodispers bezüglich ihrer Molmasse, falls sie nicht durch einen proteolytischen Abbau modifiziert wurden. Ausnahmen bilden jedoch einige Quartärstrukturproteine, die in der Lage sind, ein konzentrationsabhängiges Dissoziations-Assoziationsgleichgewicht einzugehen. Desweiteren sind Membranproteine, polymerisierbare Proteine, wie z. B. Actin und Tubulin oder Konjugate von Eiweißen an synthetische Polymere, als heterogene Systeme zu betrachten. Die analytische Ultrazentrifuge ermöglicht die Bestimmung von Mittelwerten der Sedimentationskoeffizienten der Assoziate bzw. Komplexe. Im Gegensatz zu anderen Methoden können darüber hinaus mit den Sedimentationsgeschwindigkeits-Experimenten auch Informationen über die Verteilungsbreite der zu analysierenden Makromoleküle gewonnen werden. Entsprechend Gl. (7.26) nehmen die Sedimentationskoeffizienten mit steigender Molmasse zu. Demzufolge verbreitet sich der Konzentrationsgradient in der sedimentierenden Grenzschicht für ein Gemisch unterschiedlich großer Moleküle. Da auch die Diffusion zur Verbreiterung der sedimentierenden Grenzschicht beiträgt (s. Abschn. 7.5), bleiben oftmals erwartete Separationen in Fraktionen aus. Eine Trennung verschiedener Proteine mit unterschiedlichem Sedimentationskoeffizienten gelingt deshalb nur bei entsprechend hohen Umdrehungsgeschwindigkeiten, wo der Einfluß der Diffusion von untergeordneter Bedeutung ist. Weiterhin muß auch eine genügend lange Sedimentationsstrecke vorhanden sein, um eine partielle oder vollständige Separierung von zwei Proteinfraktionen mit unterschiedlichen Sedimentationskoeffizienten zu erreichen (weiteres dazu: s. Abschn. 7.7).

Sind in einem Sedimentationsgeschwindigkeits-Experiment eindeutige Auftrennungen von zwei oder mehreren Komponenten möglich (s. Abb. 7.10), so können die Sedimentationskoeffizienten für die einzelnen Fraktionen in diesem paucidispersen System (es enthält im Gegensatz zum polydispersen

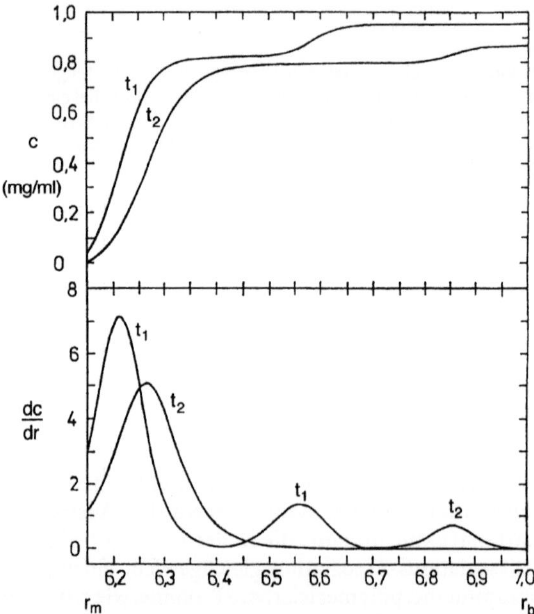

Abb. 7.10. Integrale (oben) und differentielle (unten) Konzentrationsverteilungen im Sedimentationsgeschwindigkeits-Experiment eines aus zwei unterschiedlichen Makromolekülen bestehenden paucidispersen Systems zu verschiedenen Zeiten. r_m und r_b sind die Radiuspositionen am Meniskus und Boden der Zelle

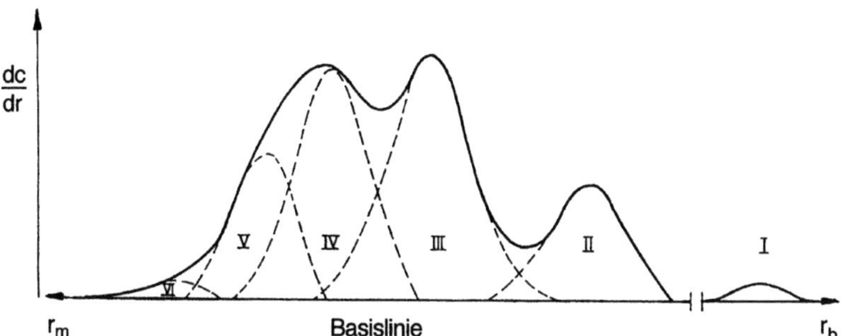

Abb. 7.11. Mit der Schlierenoptik erhaltenes, partiell aufgelöstes Sedimentationsdiagramm von verschiedenen Komponenten eines pathologischen Humanserums. Die gestrichelten Linien stellen GAUSS-Kurven für die einzelnen Spezies dar; I: Makroglobuline, II: atypische Makroglobuline, III: β-Globuline, IV: Albumin, V: α-Globuline, VI: niedermolekulare Proteine (BENCE-JONES-Proteine)

System eine endliche Zahl von Komponenten) in üblicher Weise bestimmt werden. Mit dieser Technik kann u. a. die Analyse der hauptsächlichen Serumproteine im Plasma (Albumin, Globulin, Makroglobuline) vorgenommen werden (s. Abb. 7.11).

Im Gegensatz zur integralen Konzentrationsverteilung ist deren differenzierte Form dc/dr (schlierenoptische Darstellung) günstiger für das Erkennen von Heterogenitäten. Läßt sich für ein Proteingemisch keine Auftrennung der sedimentierenden Grenzschicht in einzelne Fraktionen erreichen, so kann trotzdem aus dem asymmetrischen Konzentrationsgradienten mit einer empirischen, statistischen Näherungsformel (7.37) ein Gewichtsmittel s_w des Sedimentationskoeffizienten

$$s_w = \frac{3 \cdot s_m - s_{max}}{2} \tag{7.37}$$

berechnet werden. Für die Berechnung des Sedimentationskoeffizienten ist s_m jene Position der Gradientenkurve, wo die Flächenhalbierende senkrecht auf der Abzisse steht und s_{max} der Abzissenwert des Maximums der GAUSS-kurvenähnlichen Darstellung. Exakter und mathematisch besser nachvollziehbar ist die Berechnung der Sedimentationskoeffizienten für „schiefe" Konzentrationsgradienten nach der Methode des 2. Momentes, die in jedem Fall das Gewichtsmittel für einen Sedimentationskoeffizienten ergibt. Das Quadrat des 2. Momentes r_2^2 kann durch die Gl. (7.38) dargestellt werden.

$$r_2^2 = \frac{\int_{r_m}^{r_p} r^2 \, (\Delta c / \Delta r) \, dr}{\int_{r_m}^{r_p} (\Delta c / \Delta r) \, dr} . \tag{7.38}$$

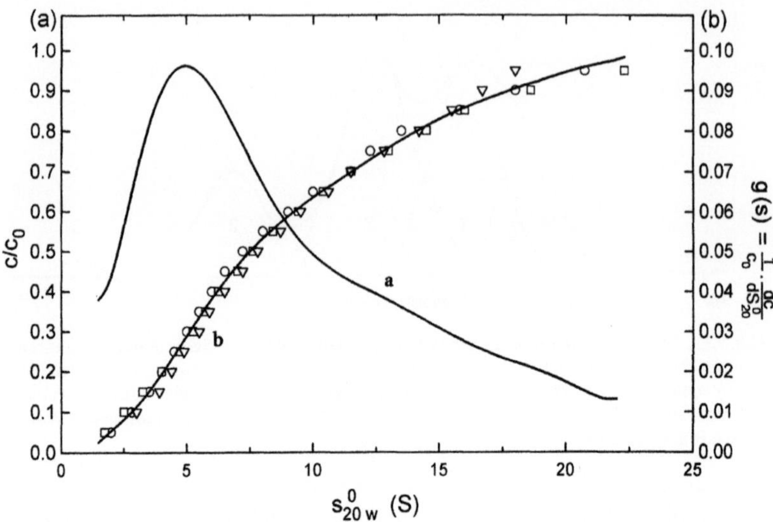

Abb. 7.12. Integrale **a** und differentielle **b** Sedimentationskonstantenverteilung eines polydispersen Systems von solubilisiertem trägerfixierten Hämoglobin. Die Proben enthalten 0,10 mg/ml (o) 0,24 mg/ml (∇) bzw. 0,36 mg/ml ($\square$)

Diese Methode eignet sich besonders für die Sedimentationsanalyse von Eiweißen mit einer starken Konzentrationsabhängigkeit, z.B. für assoziierende Proteine.

Ist die Heterogenität eines makromolekularen Systems sehr groß (polydisperses System), so wird eine Auftrennung der sedimentierenden Grenzschicht in einzelne Fraktionen unmöglich. Aufgrund der unterschiedlichen Sedimentationskoeffizienten, natürlich auch diffusionsbedingt, tritt eine starke Verbreiterung des Konzentrationsgradienten auf (s. Abb. 7.12). Aus solchen Sedimentationsdiagrammen kann der Sedimentationskoeffizient der 50%-Fraktion (r^+) und in bezug auf diesen Wert, die Sedimentationskoeffizienten der anderen Subfraktionen mit den Ortskoordinaten r_i gemäß Gl. (7.39) errechnet werden.

$$s_i = s^+ \frac{\lg (r_i / r_m)}{\lg (r^+ / r_m)} .\qquad (7.39)$$

Dabei bedeutet r_m die Radiusposition am Meniskus.

Die Analyse der Sedimentationskonstantenverteilung setzt eine konzentrations- und zeitabhängige Durchführung der Experimente voraus.

Die relativen Konzentrationen c_i / c_0 der individuellen Subfraktionen i mit den Sedimentationskoeffizienten s_i werden nach Gl. (7.40) berechnet.

$$\frac{c_i}{c_0} = \frac{1}{\sum\limits_{k=1}^{n} c_{k,t} \cdot r_k^2} \left[\sum\limits_{k=1}^{i-1} c_{k,t} \cdot r_k^2 + \frac{1}{2} c_{i,t} \cdot r_i^2 \right]. \tag{7.40}$$

Darin bedeuten $c_{k,t}$ die Konzentrationen der Subfraktionen k zur Zeit t, n die Zahl der Subfraktionen und c_0 die Ausgangskonzentration. Der Ordinatenwert in der integralen Sedimentationskonstantenverteilung gibt jene Konzentration an, die z.B. unterhalb einer bestimmten Sedimentationskonstante in dem heterogenen Gemisch vorliegt. Die Differentiation der Kurve nach dS führt zur differentiellen Sedimentationskonstantenverteilung. Aus dieser Verteilungs-funktion (s. Abb. 7.12) können auch die Konzentrationen der Subfraktionen zwischen den Sedimentationskonstanten s und s + Δs erhalten werden.

7.4.4 s-M-Beziehung

Die Bestimmung der Sedimentationskoeffizienten und die Ermittlung der Se-dimentationskonstante aus diesen Daten ist der erste Schritt zur Berechnung der Molmasse nach Gl. (7.28). Zur Abschätzung der Molmasse direkt aus der Sedimentationskonstante wurden für bestimmte Klassen von Eiweißen Bezie-hungen zwischen s und M abgeleitet. So fanden ATASSI und GANDHI für globuläre Proteine folgenden Zusammenhang:

$$M = (s_0 - s_i) / k \tag{7.41}$$

mit $s_i = 1{,}62$ und $k = 4{,}17 \cdot 10^{-5}$ für M > 40.000 bzw. $s_i = 0{,}68$ und $k = 7{,}416 \cdot 10^{-5}$ für M < 30000. Allgemeiner ist die Beziehung

$$s^o = k \cdot M^{a_s} \tag{7.42}$$

mit einem Exponenten $a_s = 0{,}67$ für globuläre und einem etwas geringeren Wert für fibrilläre Proteine.

Im Falle polydisperser Systeme ist es ratsam, eine Separierung in mehrere Fraktionen vorzunehmen. Aus der getrennten Bestimmung der Sedimenta-tionskoeffizienten und Molmassen kann entsprechend Gl. (7.42) die spezielle s-M-Beziehung abgeleitet (s. Abb. 7.13) und die Sedimentationskonstantenver-teilung in die Molekulargewichtsverteilung (s. Abb. 7.14) umgerechnet werden.

7.4.5 Flotation

Proteine haben eine Dichte $\rho > 1{,}1$ g/ml. In Komplexen mit verschiedenen Li-piden kann die Dichte auf Werte unterhalb 1,06 g/ml abnehmen. Werden diese Lipoproteine, die auf Grund ihrer verschiedenen Zusammensetzung, Dichte und Größe in 5 verschiedene Klassen eingeteilt werden, in einer salzhaltigen Lösung (z.B. KBr) zentrifugiert, so sedimentieren diese komplexen Systeme

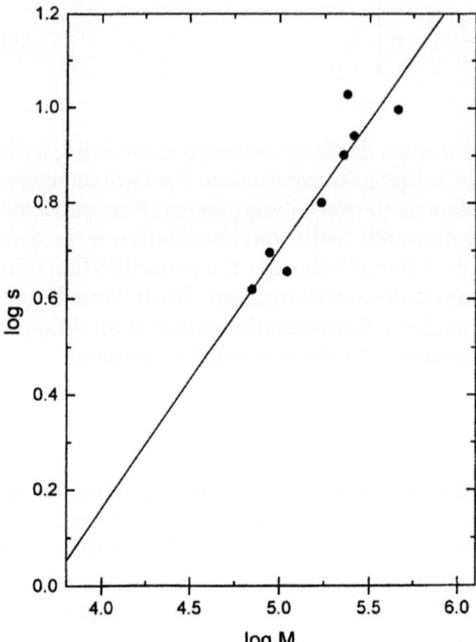

Abb. 7.13. Doppelt-logarithmische Darstellung einer s-M-Beziehung von solubilisierten trägerfixierten Hämoglobinfraktionen. Der Anstieg der Geraden entspricht $s = 0{,}712 \cdot 10^{-2} \cdot M^{0{,}564}$

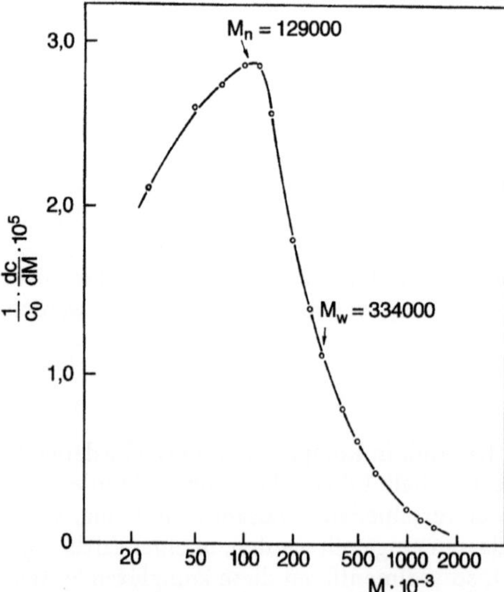

Abb. 7.14. Molekulargewichtsverteilung errechnet aus der Sedimentationskonstanten-Verteilung von trägerfixiertem Hämoglobin (s. Abb. 7.12). Die großen Unterschiede von M_w und M_n sprechen ebenfalls für eine große Verteilungsbreite der Spezies

nicht, sondern bewegen sich entgegengesetzt zur Zentrifugalkraft vom Boden zum Meniskus. Die zeitabhängige Wanderung der Grenzschicht kann zur Bestimmung von Flotationskoeffizienten und somit zur Charakterisierung dieser Proteinkomplexe genutzt werden. Diese Art von Analysen haben für klinische Untersuchungen, z.B. bei der Diagnostik, von Fettstoffwechselerkrankungen eine gewisse Bedeutung.

7.5 Diffusion

Obwohl sich der Einfluß der Diffusion in den Sedimentationsgeschwindigkeits-Experimenten durch die Verbreiterung der sedimentierenden Grenzschicht bemerkbar macht, werden Diffusionskoeffizienten in der Regel in getrennten Experimenten bestimmt. Dafür können die Methoden der dynamischen Lichtstreuung (s. Abschn. 7.3) sowie Überschichtungsexperimente mit einer speziellen Zelle (*engl.* synthetic boundary cell, s. Abb. 7.15) in der analytischen Ultrazentrifuge benutzt werden.

Die Diffusion beruht auf der Fähigkeit gelöster Moleküle, eine ständige und ungeordnete Wärmebewegung (BROWNsche Molekularbewegung) auszuführen. Sie bewirkt einen Ausgleich von Konzentrationsunterschieden. Die Messung des Diffusionskoeffizienten ist bedeutsam für die Berechnung der Molmasse nach Gl. (7.28) in Kombination mit dem Sedimentationskoeffizienten. Ferner wird mit dem Diffusionskoeffizienten die Modell-unabhängige Berechnung des Reibungskoeffizienten nach Gl. (7.27) ermöglicht. Die Diffusionsvorgänge lassen sich durch die FICKschen Gesetze beschreiben. Die in einer Zeiteinheit dt durch einen Querschnitt Q der Dicke x wandernden Moleküle dn sind dem Konzentrationsgradienten dc/dx sowie Q und einem Faktor D proportional.

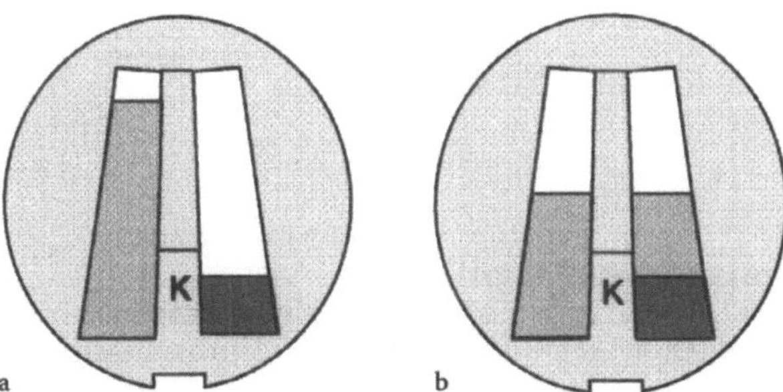

Abb. 7.15. Mittelstück einer Überschichtungszelle (*engl.* synthetic boundary cell). Aus dem linken Sektor **a** läuft bei Rotordrehzahlen von ca. 3000 rpm Lösungsmittel (Puffer) über den unteren Kanal (K) in den rechten Sektor und überschichtet bei vorsichtigem Experimentieren die Lösung unter Ausbildung einer Grenzschicht **b**, die sich zeitabhängig verbreitert

$$\frac{dn}{dt} = -DQ\,\frac{dc}{dx} \qquad \text{1. Ficksches Gesetz} \tag{7.43}$$

In diesem 1. Fickschen Gesetz ist der Substanz-spezifische Faktor D der Diffusionskoeffizient. Er wird in cm^2/s angegeben. Die heute weniger gebräuchliche Einheit 1 F (Fick) gilt für $10^{-7} cm^2/s$. Der Diffusionskoeffizient entspricht der Zahl der Mole, die bei einem Konzentrationsgradienten von 1 Mol/cm^3 pro cm in einer Sekunde einen Querschnitt von 1 cm^2 passieren. Bedingt durch eine Konzentrationsabnahme in Diffusionsrichtung ergibt sich in Gl. (7.43) ein negatives Vorzeichen.

Für die Analyse der zeitlichen Änderung des Konzentrationsgradienten kann das 2. Ficksche Gesetz herangezogen werden.

$$\frac{\partial c}{\partial t} = D\,\frac{\partial^2 c}{\partial x^2} \qquad \text{(2. Ficksches Gesetz)} \tag{7.44}$$

Diese partielle Differentialgleichung 2. Ordnung ermöglicht die Berechnung der Konzentration als Funktion der Zeit und des Ortes. Für die Lösung der Gl. (7.44) sind bestimmte Randbedingungen zu berücksichtigen.

Zur Ausbildung eines Konzentrationsgradienten wird in einem Überschichtungsexperiment vorsichtig Lösungsmittel auf eine Proteinlösung gebracht (s. Abb. 7.15). Der unmittelbar danach beginnende Konzentrationsausgleich kann in Abhängigkeit vom Ort und von der Zeit durch die Absorption des Proteins verfolgt werden (s. Abb. 7.16). Zur Zeit t = 0 existiert am Ort x_0 eine scharfe Grenzschicht. Für den Bereich x > x_0 liegt die Ausgangskonzentration des Proteins c_0 vor, für die Ortskoordinaten x < x_0 hingegen gilt c = 0. Die Konzentrationsverläufe für die Vorgänge in Abb. 7.16 lassen sich durch die Gl. (7.45) beschreiben.

$$C = \frac{c_0}{2}\left[1 - I\left(\frac{x - x_0}{2\sqrt{Dt}}\right)\right]. \tag{7.45}$$

Der Ausdruck

$$I \cdot \left(\frac{x - x_0}{2\sqrt{Dt}}\right) = \frac{2}{\sqrt{\pi}} \cdot \int_{x_0}^{x} e - \left(\frac{x - x_0}{2\sqrt{Dt}}\right) dx \tag{7.46}$$

entspricht dem Gaussschen Fehlerintegral.

Wird jedoch an Stelle der Konzentration dc/dx unter Verwendung der Schlierenoptik gemessen, so kann die Darstellung wie folgt beschrieben werden.

$$\frac{dc}{dx} = -\frac{c_0}{2\sqrt{\pi Dt}} \cdot e^{-\frac{(x - x_0)^2}{4Dt}}. \tag{7.47}$$

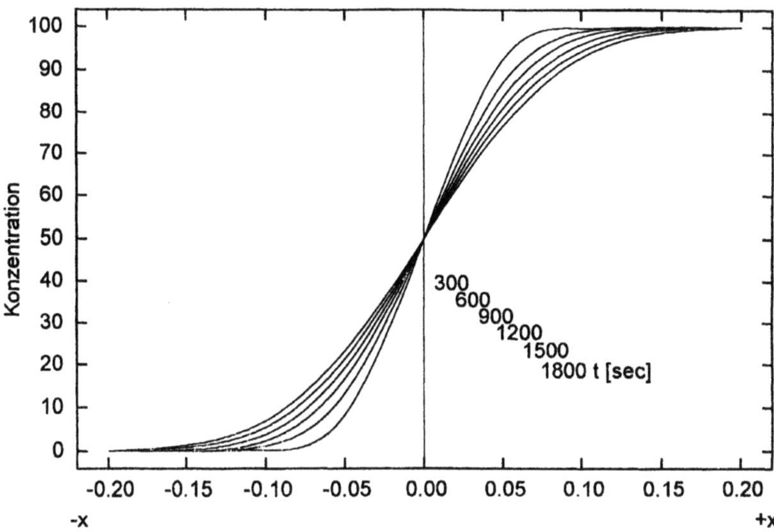

Abb. 7.16. Zeitabhängige, durch Diffusion bedingte Verbreiterung einer Grenzschicht. Die Zahlenangaben bedeuten die Zeit in Sekunden nach der Überschichtung

Natürlich gilt auch hier wie bei den Sedimentationsgeschwindigkeits-Experimenten die Annahme, daß der Berechnungsindex und die Konzentration proportional sind. Die zeitlichen Veränderungen der Glockenkurve gemäß Gl. (7.47) gestalten sich so, daß die durch die Kurve und x-Achse eingeschlossene Fläche konstant bleibt (s. Abb. 7.17). Diese Zusammenhänge beruhen auf der von EINSTEIN beschriebenen Beziehung,

$$(\bar{\Delta}x)^2 = 2\,Dt \tag{7.48}$$

nach der jedes Molekül in der Zeit t durch die statistische Molekularbewegung eine mittlere Diffusionsstrecke $[(\bar{\Delta}x)^2]^{1/2} = \bar{\Delta}x$ zurücklegt, die dem Diffusionskoeffizienten proportional ist.

7.5.1 Experimentelle Bestimmung der Diffusionskoeffizienten

In der Regel werden Diffusionskoeffizienten aus isolierten Experimenten gewonnen. Zu diesem Zweck kann z.B. eine Proteinlösung in einer „synthetic boundary"-Zelle mit dem Lösungsmittel vorsichtig überschichtet werden, so daß ein scharfer Konzentrationsgradient entsteht. Der zeitabhängige Abbau dieses Gradienten kann durch die Verbreiterung der Konzentrationsverteilungskurven verfolgt werden. Je nach Wahl des optischen Systems werden entweder

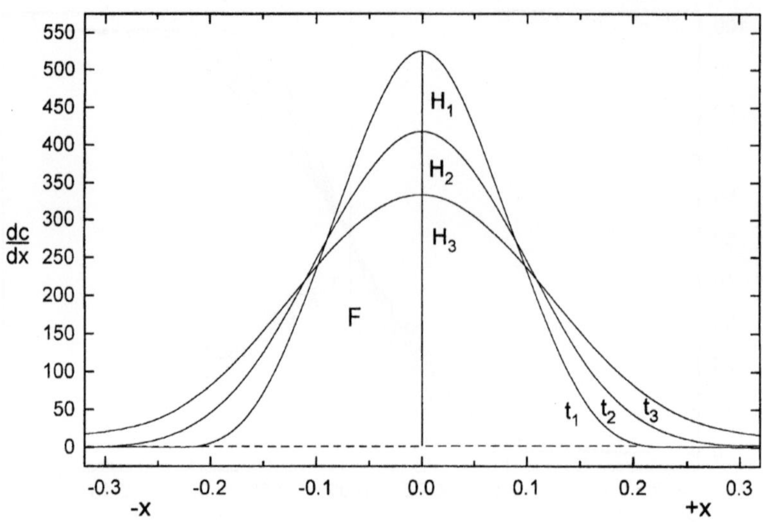

Abb. 7.17. Zeitabhängige Veränderung des Konzentrationsgradienten (Glockenkurve) mit abnehmender Höhe (H) bei gleichbleibender Fläche (F)

integrale (Absorptionsoptik) oder differentielle (Schlierenoptik) Verteilungskurven erhalten. Sie sind für monodisperse Proteine mit einer geringen Konzentrationsabhängigkeit der Diffusionskoeffizienten meistens symmetrisch.

7.5.1.1 Analyse integraler Konzentrationsverteilungskurven

Für die sigmoiden Verteilungskurven wird zunächst der Wert x_0 ermittelt, an dem die Ausgangskonzentration des Proteins c_0 auf 50 % reduziert ist. An diesem Punkt wird eine Senkrechte errichtet und die Verbreiterung der Kurve (Abstand der Kurve von der Senkrechten) bei $0,16 \cdot c_0$ bzw. $0,84 \cdot c_0$ gemessen. Die (Δx-Werte) werden gemittelt, quadriert und gegen die zweifache Zeit (in Sekunden) aufgetragen. Der Anstieg der Geraden liefert gemäß Gl. (7.48) direkt den Diffusionskoeffizienten.

7.5.1.2 Analyse differentieller Konzentrationsverteilungskurven

Die Flächen-Höhen-Methode

Die Fläche (F) unterhalb der Glockenkurve (s. Abb. 7.17) entspricht direkt der Proteinkonzentration. Während die Fläche innerhalb des Experimentes konstant bleibt, nimmt die Höhe (H) ständig ab. Trägt man $(F/H)^2$ über $4 \cdot \pi \cdot t$ auf, so erhält man aus dem Anstieg der Wertepaare ebenfalls den Diffusionskoeffizienten.

Die Wendepunktmethode

Bei diesem Auswerteverfahren werden zunächst die Koordinaten des Wendepunktes (W) ermittelt, die sich aus der maximalen Höhe (H_{max}) der Glockenkurve ableiten.

$$H_w = \frac{H_{max}}{\sqrt{e}}. \tag{7.49}$$

Die Verbreiterung der Kurve an diesem Punkt (Abstand der Kurve zur Flächenhalbierenden) liefert den Wert x_w. Die Auftragung von x_w^2 über $2 \cdot t$ ergibt gemäß Gl. (7.48) direkt den Diffusionskoeffizienten.

Die Diffusionskoeffizienten sind temperaturabhängig. Sie werden in der Regel auf 20 °C und die Bedingungen des Wassers normiert ($D_{20,\,w}$). Konzentrationsabhängige Diffusionswerte werden auf die Konzentration $c = 0$ extrapoliert und als Diffusionskonstanten $D_{20,\,w}^o$ bezeichnet.

7.6 Das partielle spezifische Volumen

Mit der Bestimmung der Sedimentations- und Diffusionskoeffizienten sind zwei wesentliche Parameter zur Berechnung der Molmasse entsprechend Gl. (7.28) erhalten worden. Eine weitere notwendige Größe, das partielle spezifische Volumen $\bar{v}$, läßt sich aus Dichtemessungen gemäß Gl. (7.50) ermitteln.

$$\bar{v} = \frac{1}{\rho_{LM}} \left(1 - \frac{\Delta\rho}{c} \right). \tag{7.50}$$

Dabei bedeutet $\Delta\rho$ die Dichtedifferenz zwischen der Lösung und dem Lösungsmittel ρ_{LM} sowie c die gelöste Menge des Makromoleküls in g/ml. Zur Bestimmung des partiellen spezifischen Volumens können verschiedene Techniken benutzt werden.

7.6.1 Wägemethoden

Da sich die Dichte einer Substanz aus dem Verhältnis Masse/Volumen ergibt, wurden sogenannte Wägepipetten bzw. Pyknometer entwickelt, die ein bestimmtes Volumen einer Lösung von 0,5 – 1,0 ml oder 5 – 50 ml aufnehmen können. Aus der Gewichtsdifferenz der bis zum Eichstrich gefüllten bzw. leeren Glaskörper läßt sich die Masse und in bezug auf das Volumen die Dichte der Lösungen, die unterschiedliche Mengen eines gelösten Proteins enthalten, bestimmen. Diese Experimente sind bei konstanter Temperatur durchzuführen.

7.6.2 Schwingungsmethoden

Basierend auf der THOMPSONschen Schwingungsformel kann aus der Beeinflussung der Schwingungsfrequenz oder Zeit, in der ein elektronisch angeregter Hohlkörper mit und ohne Füllung eine bestimmte Anzahl von Schwingungen ausführt, die Dichte einer Lösung mit unterschiedlichem Gehalt eines gelösten Proteins bestimmt werden. Diese von KRATKY und Mitarbeitern entwickelten Dichtemeßgeräte sind thermostatisiert und liefern exakte Dichtewerte, wobei die Eichung der Apparaturen mit Hilfe der Dichte von Wasser und Luft vorgenommen wird.

7.6.3 Zentrifugationsmethoden

Substanzen sedimentieren bekanntlich auf Grund ihrer gegenüber dem Lösungsmittel höheren Dichte. Enthält das Lösungsmittel noch zusätzliche Komponenten (z. B. Elektrolyte, Saccharose, Glycerol), die zur Erhöhung seiner Dichte beitragen, so wird die Sedimentation in solchen Medien erschwert. In einem Dichtegradienten sedimentieren die Makromoleküle bis zu der Position der eigenen Dichte oder Isodichte. Die Lösungsmitteldichte kann refraktometrisch oder über Eichsubstanzen ermittelt werden.

Oftmals begnügt man sich mit der Bestimmung der Sedimentationsgeschwindigkeit in verschieden dichten Lösungsmitteln und extrapoliert auf den Dichtewert mit ausbleibender Sedimentation. Diese Methode ist einfach durchzuführen, aber wegen der Extrapolation über einen größeren Bereich nicht besonders genau. Mit Hilfe der Sedimentationsgleichgewichts-Technik (s. Abschn. 7.8) in H_2O bzw. D_2O können unterschiedliche radiale Konzentrationsverteilungen für ein Protein in den jeweiligen Lösungsmitteln gewonnen werden, aus denen neben dem partiellen spezifischen Volumen auch gleichzeitig die Molmasse bestimmt werden kann. Dieses elegante Verfahren setzt aber Kenntnisse über den Deuterierungsgrad des Proteins voraus.

7.6.4 Rechnerische Bestimmung

Da die experimentellen Methoden zur Bestimmung des partiellen spezifischen Volumens z. T. sehr arbeits- und materialaufwendig sind, werden immer häufiger rechnerische Verfahren zur Bestimmung dieses Parameters benutzt. Die Verfahren beruhen auf Erkenntnissen von COHN und EDSALL, die u. a. die $\bar{v}$-Daten für die 20 wichtigsten Aminosäuren aus den Dichteinkrementen der entsprechenden Atomgruppierungen berechneten. Diese Daten wurden von MCMEEKIN und MARSHALL bzw. ZAMYATNIN noch etwas korrigiert. Das partielle spezifische Volumen eines Proteins kann als Gewichtsmittel aus den Aminosäuren und den $\bar{v}$-Werten (s. Tabelle 7.1) errechnet werden. Da die $\bar{v}$-Daten der einzelnen Aminosäuren zwischen 0,6 und 0,9 ml/g variieren, ergeben sich für die Proteine zumeist $\bar{v}$-Daten von 0,7 – 0,75 ml/g je nach Anteil der einzelnen

Tabelle 7.1. Molmassen für die 20 natürlichen Aminosäurenreste R und die partiellen spezifischen Volumina für die entsprechenden Aminosäuren AS

AS		Molmasse von R[a]	partielles spezifisches Volumen der AS
(A)	Alanin	71,09	0,74
(C)	Cystein	103,16	0,63
(D)	Asparaginsäure	115,10	0,59
(E)	Glutaminsäure	129,13	0,66
(F)	Phenylalanin	147,19	0,77
(G)	Glycin	57,07	0,64
(H)	Histidin	137,16	0,67
(I)	Isoleucin	113,18	0,90
(K)	Lysin	128,10	0,82
(L)	Leucin	113,18	0,90
(M)	Methionin	131,21	0,75
(N)	Asparagin	114,12	0,60
(P)	Prolin	97,13	0,76
(Q)	Glutamin	128,15	0,67
(R)	Arginin	156,20	0,74
(S)	Serin	87,09	0,63
(T)	Threonin	101,12	0,70
(V)	Valin	99,15	0,86
(W)	Tryptophan	186,23	0,74
(Y)	Tyrosin	163,19	0,71

[a] Molmasse R = Molmasse AS − Molmasse H_2O

Aminosäuren. Für die meisten Proteine werden rechnerisch $\bar{v}$-Daten ermittelt, die z. T. nur 1–2 % von den experimentell bestimmten partiellen spezifischen Volumina abweichen.

7.7 Trennleistung der analytischen Ultrazentrifugen

Im Abschnitt Sedimentationsgeschwindigkeits-Experimente (Abschn. 7.4) wurde der Zusammenhang zwischen Sedimentationskoeffizient und Molmasse dargelegt. Daraus leitet sich zwangsläufig die Frage nach der Trennmöglichkeit von Makromolekülen unterschiedlicher Größe ab. Im Gegensatz zu den üblichen Separationstechniken für biologische Systeme, wie elektrophoretische und chromatographische Verfahren, ermöglicht die analytische Ultrazentrifuge nur eine begrenzte Trennleistung. Sie hängt von apparativen Bedingungen wie der Wanderungsstrecke während der Sedimentation in der Zelle (h: maximal 1,2 cm), dem Abstand vom Rotationszentrum (mittlerer Abstand r = 6,5 cm) und der Umdrehungsgeschwindigkeit oder Winkelgeschwindigkeit des Rotors (z. B. 60 000 rpm $\cong \omega^2 = 3,95 \cdot 10^7 \, s^{-2}$) als auch von den Sedimentations- und Diffusionskoeffizienten der zu trennenden Makromoleküle ab. Für zwei Proteine mit den Sedimentationskoeffizienten s_1 und

s_2 ($s_1 > s_2$) und den Diffusionskoeffizienten D_1 und D_2 ($D_1 < D_2$) ist eine partielle oder vollständige Trennung in der Zentrifuge möglich, wenn der Ausdruck

$$T = \frac{16\left[s_1 \cdot D_2 + (s_1 - s_2) \cdot \sqrt{D_1 \cdot D_2}\right]}{(s_1 - s_2)^2} \tag{7.51}$$

kleiner als $r \cdot h \cdot \omega^2$ (in unserem Falle $3{,}08 \cdot 10^8$) ist. Dabei sollten die Konzentrationsanteile der beiden Substanzen im Gemisch nicht so stark voneinander variieren. Unter den gewählten Bedingungen wäre eine Trennung des Albumins (s_A:4,6S; D_A:6,1$\cdot 10^{-7}$cm²/s) von α-Glycoprotein (s_{Gp}:3,11S; D_{Gp}:5,27$\cdot 10^{-7}$cm²/s) oder Globulin (s_G:7.1S; D_G:3,8$\cdot 10^{-7}$ cm²/s) möglich (s. Abb. 7.11, Abschn. 7.4.3), nicht jedoch von Transferrin (s_T: 5,5S; D_T: 5,0 $\cdot 10^{-7}$ cm²/s). Unterscheiden sich die Sedimentations- und Diffusionskoeffizienten der Proteine nur geringfügig, so kann das Vorhandensein von zwei oder mehreren Bestandteilen erst nach längeren Laufzeiten erkannt werden. Dabei ist die Schlierenoptik, die die differentielle Konzentrationsverteilung in Gradienten aufzeichnet, zwangsläufig empfindlicher als die Absorptionsoptik, mit der eine integrale Konzentrationsverteilung registriert wird.

7.8 Sedimentationsgleichgewichts-Experimente

Die Bestimmung der Molmasse eines Proteins kann nicht nur über Sedimentations- und Diffusionsexperimente entsprechend Gl. (7.28), sondern auch mit Hilfe der Sedimentationsgleichgewichts-Technik vorgenommen werden. Im Gegensatz zu den Sedimentationsgeschwindigkeits-Messungen, die bei hohen Rotordrehzahlen durchgeführt werden und bei denen die Sedimentationsgeschwindigkeit von Makromolekülen gemessen wird, erfolgen die Sedimentationsgleichgewichts-Versuche bei relativ geringen Umdrehungsgeschwindigkeiten des Rotors. Während des Sedimentationsgleichgewichts-Experiments stellt sich für das gelöste Makromolekül ein Konzentrationsgradient in der Zelle ein. Dieser ist durch einen von der Sedimentation bestimmten Stofftransport m_s in Richtung Zellboden und einem gleichstarken durch Diffusion bedingten Rücktransport m_D gekennzeichnet. Die Summe des Stofftransports in beiden Richtungen ist Null. Theoretisch müssen diese Bedingungen für alle Positionen in der Zentrifugenzelle erfüllt sein. Praktisch wird dieser Zustand jedoch nicht erreicht, es erfolgt im Verlaufe der Experimentierzeit nur eine asymptotische Annäherung.

Der durch die Sedimentation bedingte Massentransport m_s entspricht dem Produkt aus der Geschwindigkeit der Molekülbewegung und der Konzentration an der Radialposition r.

$$m_s = s \cdot \omega^2 \cdot r \cdot c\,(r)\,. \tag{7.52}$$

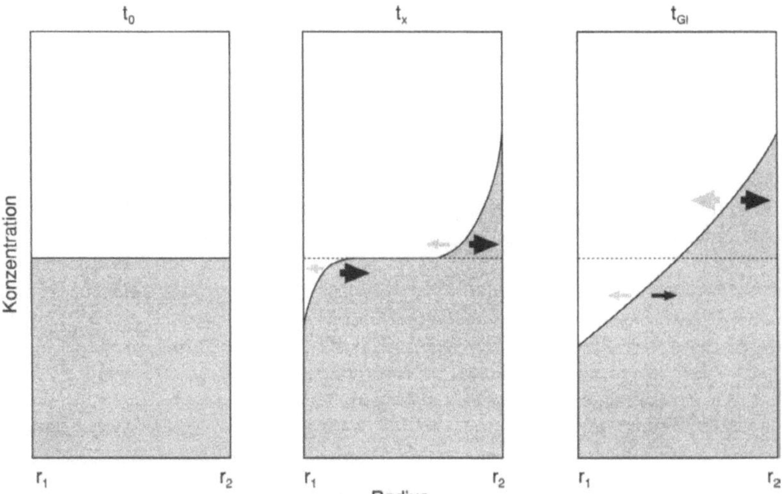

Abb. 7.18. Zeitabhängige Änderungen des Konzentrationsgradienten im Sedimentations-gleichgewichts-Experiment. *Links:* Beginn des Experiments. *Mitte:* In der ersten Phase sedimentiert gelöstes Material verstärkt zu Boden. Der Stofftransport durch die Sedimentation überwiegt den durch die Diffusion (ungleich große Pfeile). *Rechts:* Das Sedimentationsgleich-gewicht ist (annähernd) erreicht (gleich große Pfeile)

Der durch Diffusion bewirkte Rücktransport ergibt sich aus dem 1. FICKschen Gesetz

$$m_D = -D\frac{dc\,(r)}{dr}.$$
$$(7.53)$$

Der ausgeglichene Massentransport läßt sich durch Gl. (7.54) beschreiben:

$$s\cdot\omega^2\cdot r\cdot c\,(r) - D\frac{dc\,(r)}{dr} = 0$$
$$(7.54)$$

und nach Substitution von s und D durch Gln. (7.26) und (7.27) folgt:

$$\frac{M\cdot(1-\rho\cdot\bar{v})}{f\cdot N_A}\cdot\omega^2\cdot r\cdot c\,(r) - \frac{R\cdot T}{f\cdot N_A}\cdot\frac{dc\,(r)}{dr} = 0.$$
$$(7.55)$$

Aus dieser Beziehung läßt sich die Molekulargewichtsformel

$$M = \frac{R\cdot T}{(1-\rho\cdot\bar{v})\cdot\omega^2}\cdot\frac{dc/dr}{r\cdot c}$$
$$(7.56)$$

für die Bestimmung der Molmasse eines Makromoleküls mit Hilfe der Schlierenoptik oder

$$M = \frac{2 \cdot R \cdot T}{(1 - \rho \cdot \bar{v}) \cdot \omega^2} \cdot \frac{d\,(\ln c)}{d\,(r^2)} \qquad (7.57)$$

für die Verwendung der Interferenz- bzw. Absorptionsoptik ableiten. Es läßt sich leicht zeigen, daß die Konzentrationsverteilung $c\,(r)$ im Sedimentationsgleichgewicht einer e-Funktion entspricht.

$$c\,(r) = c_0 \cdot e^{M \cdot K\,(r^2 - r_0^2)} \qquad (7.58)$$

mit

$$K = \frac{(1 - \rho \cdot \bar{v}) \cdot \omega^2}{2 \cdot R \cdot T} \,. \qquad (7.59)$$

Die Gl. (7.57) kann durch Auftragung der Daten von ln c über r^2 direkt zur Molmassenbestimmung benutzt werden. Die Auswertung der Verteilung der Gleichgewichtskonzentration $c(r)$ erfolgt an verschiedenen Positionen zwischen Meniskus und Boden der Meßzelle. Für molekular einheitliche Makromoleküle erhält man eine Gerade mit der Steigung $d\,(\ln c)/d\,(r^2)$, die multipliziert mit den Konstanten in Gl. (7.57) die Molmasse ergibt.

Der Differenzenquotient $d\,(\ln c)/d\,(r^2)$, erhalten unter vergleichbaren Bedingungen (Drehzahl, Temperatur, Lösungsmitteldichte), gibt Auskunft über die Größe des zu untersuchenden Makromoleküls. Je größer der Anstieg, um so größer die Molmasse (s. Abb. 7.19). Ändert man die Lösungsmitteldichte durch Zusätze von Neutralsalz oder anderen Komponenten, so kann der Anstieg $d\,(\ln c)/d\,(r^2)$ z.T. bei gleichbleibender Molmasse erheblich beeinflußt werden. Diese Tatsache macht man sich beim Experimentieren in H_2O und D_2O (mit bekannter Dichte), u.a. zur Bestimmung des partiellen spezifischen Volumens ($\bar{v}$), zunutze.

$$\bar{v} = \frac{k - [d\,(\ln c)\,/\,d\,(r^2)]_{D_2O}\,/\,[d\,(\ln c)\,/\,d\,(r^2)]_{H_2O}}{(\rho_{D_2O} - \rho_{H_2O})\,[d\,(\ln c)\,/\,d\,(r^2)]_{D_2O}\,/\,[d\,(\ln c)\,/\,d\,(r^2)]_{H_2O}} \,. \qquad (7.60)$$

Aus dem Verhältnis der Differenzenquotienten eines Proteins in H_2O und D_2O, unter Berücksichtigung der Lösungsmitteldichten und des Faktors k, der den Grad der Deuterierung des Proteins in D_2O beschreibt, kann das partielle spezifische Volumen und gleichzeitig die Molmasse des Makromoleküls bestimmt werden.

Sedimentationsgeschwindigkeits-Experimente führt man in der Regel mit Proben unterschiedlicher Ausgangskonzentrationen durch. Die zunächst noch als „scheinbare" Molmassen bezeichneten Ergebnisse werden als Reziprokdaten $1/M_{app}$ gegen die Konzentration c aufgetragen (s. Abb. 7.20). Der auf die

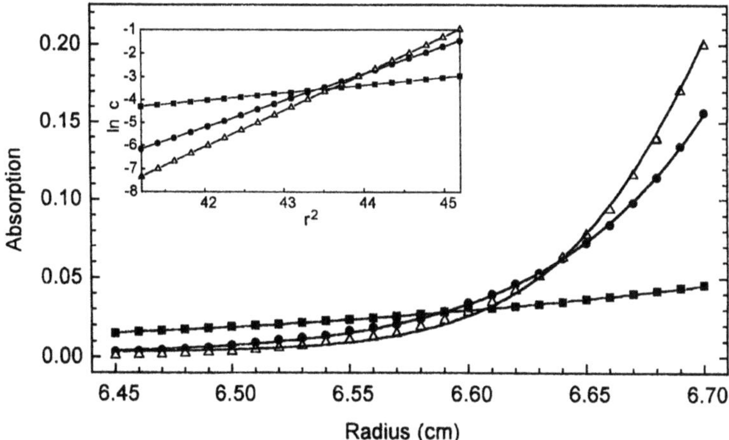

Abb. 7.19. Radiale Konzentrationsverteilung im Sedimentationsgleichgewicht, gemessen durch die Absorption bei 378 nm für die Proteine Adrenodoxin (■), Adrenodoxin-Reduktase (●) sowie des 1:1 Komplexes (△), bestehend aus den beiden Proteinen. Bedingungen: 20 000 rpm, 10 °C. Einfügung: ln c-über-r^2-Auftragung. Aus den Anstiegen der Geraden ergeben sich unter Verwendung von Gl. (7.57) Molmassen von 14 000 (Adrenodoxin), 51 700 (Adrenodoxin-Reduktase) sowie 65 700 für den 1:1 Komplex

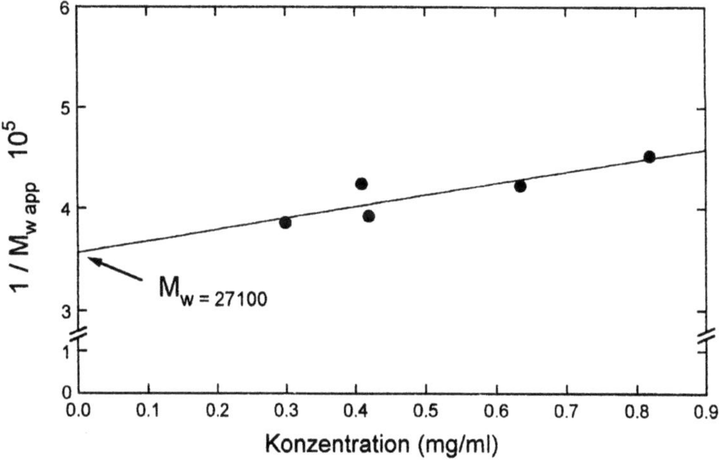

Abb. 7.20. Konzentrationsabhängige Auftragung der reziproken scheinbaren Molmassen von Histon H_1 aus dem Sperma des Seeigels. Der Ordinatenschnittpunkt entspricht einer Molmasse von 27 100 für das Protein

Konzentration $c = 0$ extrapolierte Wert $1/M_0$ stellt die reziproke Molmasse eines Makromoleküls dar. In ähnlicher Weise, wie bei den Sedimentationskoeffizienten beschrieben, erhält man aus der konzentrationsabhängigen Darstellung der reziproken Molmassen Zugang zu den Virialkoeffizienten (s. Abschn. 7.2.1), zumindest zu dem 2. Virialkoeffizienten B gemäß Gl. (7.61)

$$\frac{1}{M_{app}} = \frac{1}{M_0}(1 + B \cdot c). \tag{7.61}$$

Eine Linearität von $d(\ln c)/d(r^2)$ kann als Hinweis für die Homogenität eines Makromoleküls gewertet werden. Dieser Fakt muß jedoch in mehreren Experimenten mit unterschiedlichen Ausgangskonzentrationen bestätigt werden.

Abweichungen von der Linearität sprechen meistens für eine Inhomogenität des Makromoleküls. Sie muß nicht in jedem Fall auf eine Kontamination mit einer anderen Substanz zurückgeführt werden. Zahlreiche Proteine mit Quartärstruktur zeigen eine konzentrationsabhängige Molmasse. Bei starker Verdünnung kann vielfach eine Dissoziation der aus mehreren Subeinheiten bestehenden Molekülassoziate beobachtet werden. In der $d(\ln \cdot c)/d(r^2)$-Darstellung beobachten wir in diesen Fällen mit zunehmenden r^2-Werten einen nach oben durchgebogenen Kurvenverlauf. Der Differenzenquotient $d(\ln \cdot c)/d(r^2)$ zwischen zwei gemessenen Punkten im Gleichgewichtskonzentrationsgradient nimmt zum Zellboden hin zu (s. Abb. 7.21). Gemäß Gl. (7.57) nehmen dementsprechend die so erzielten „Punkt"-Molekulargewichtsmittelwerte vom Meniskus zum Zellboden zu (s. Abb. 7.22). Das ist nach Gl. (7.2) so zu erklären, daß die Partialkonzentrationen der Molekülassoziate am Zellenboden, wo auch höhere Proteinkonzentrationen vorliegen, gegenüber den Partialkonzentrationen der Dissoziationsprodukte überwiegen. Im Meniskusbereich, wo nach der Einstellung des Sedimentationsgleichgewichtes wesentlich niedrige Konzentrationen vorliegen, ist das Verhältnis der Partialkonzentrationen von Dissoziat und Assoziat gerade umgekehrt.

7.8.1 Technik des Sedimentationsgleichgewichts-Experiments

Während im Sedimentationsgeschwindigkeits-Experiment die Makromoleküle in der Ultrazentrifugenzelle als „Gradient" in etwa ein bis zwei Stunden zu Boden sedimentieren, ist die Einstellung der Konzentrationsverteilung im Sedimentationsgleichgewicht bei niedrigen Rotordrehzahlen ein sehr langwieriger Prozeß, der einige Tage bis zu einer Woche in Anspruch nehmen kann. Grob gerechnet muß die doppelte Zeit veranschlagt werden, die das Makromolekül benötigt, um bei entsprechender Rotordrehzahl zu Boden zu sedimentieren.

Es ist verständlich, daß durch große Füllhöhen in den Ultrazentrifugenzellen eine Zeitverlängerung bewirkt wird. Eine Zeitersparnis in der Versuchsdurchführung kann einmal durch Verwendung der sog. „Overspeed"-Technik erreicht werden. Dabei wird zu Beginn des Experimentes für ca. 2 Stunden eine

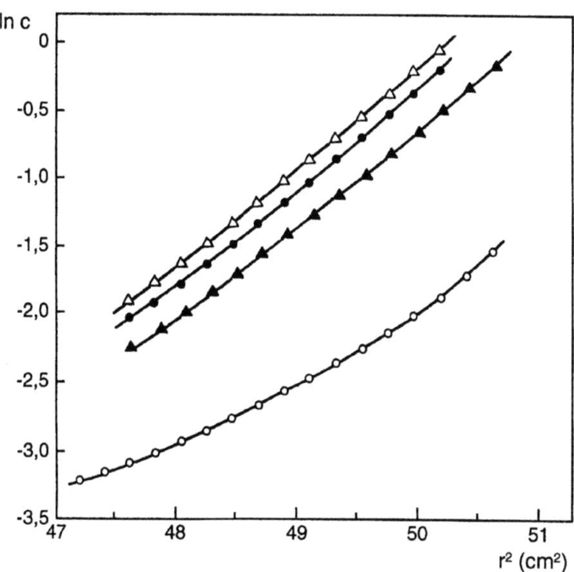

Abb. 7.21. Konzentrationsgradienten ln c über r^2 für verschiedene Methämoglobin-Proben unterschiedlicher Ausgangskonzentrationen im Zustand des Sedimentationsgleichgewichts. Der Anstieg $d(\ln c)/d(r^2)$ zwischen zwei Punkten variiert mit dem r^2-Wert und entspricht unterschiedlichen Punkt-Molekulargewichtsmittelwerten

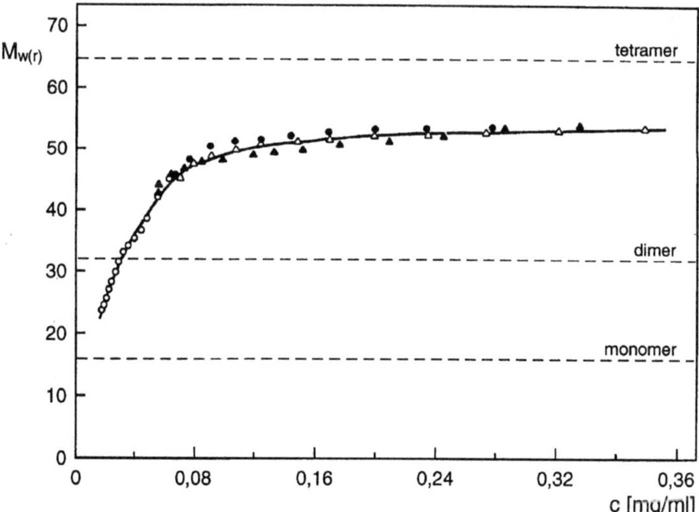

Abb. 7.22. Konzentrationsabhängige Darstellung der Punkt-Molekulargewichtsmittelwerte für Methämoglobin, abgeleitet aus den Daten in Abb. 7.21. Es existieren Gleichgewichte zwischen den aus vier, zwei und einer Polypeptidkette bestehenden Spezies

20–30 % höhere Drehzahl als für das eigentliche Sedimentationsgleichgewicht gewählt. Durch diese Prozedur wird eine stärkere Konzentrationsanreicherung in der Nähe des Zellbodens erreicht, so daß die Konzentrationsverteilung durch die geschwindigkeitslimitierende Rückdiffusion schon früher erreicht wird. Weiterhin kann durch eine erhebliche Verringerung der Füllhöhe in der Ultrazentrifugenzelle eine drastische Reduktion der zur Annäherung an das Sedimentationsgleichgewicht benötigten Zeit erzielt werden. Man kann diese Zeit durch folgende Formel schätzen:

$$t_{0,1\%} \cong 0{,}7 \, \frac{(r_b - r_m)^2}{D}. \tag{7.62}$$

Die Zeit in Sekunden, mit der sich die Konzentrationsverteilung dem Gleichgewicht auf 0,1 % nähert (erreicht wird es streng genommen nie!) hängt von der Füllhöhe, dem Quadrat der Differenz der radialen Positionen am Boden (r_b) und Meniskus (r_m) und von der Molmasse ab. Je größer das Makromolekül und je kleiner damit der Diffusionskoeffizient ist, um so mehr Zeit wird für die asymptotische Annäherung an den Gleichgewichtszustand benötigt. Für Proteine mit einer Molmasse von 10.000 bis 30.000 und einer Füllhöhe von ca. 0,3 cm (entspricht etwa 100 µl in der Doppelsektorzelle) kann eine weitgehend dem Gleichgewicht gehorchende Konzentrationsverteilung in etwa 24 Stunden erreicht werden. Wird die Füllhöhe auf 0,1 cm oder weniger verringert, so reduziert sich die Gleichgewichtseinstellung auf ein bis zwei Stunden. Dabei muß man natürlich eine „verkürzte Datenstrecke" zum Auswerten der Konzentrationsverteilung in Kauf nehmen, was die Genauigkeit der erzielten Daten verringern kann. Um der Langwierigkeit solcher Gleichgewichtsexperimente rationell zu begegnen, werden in der Regel solche Versuche mit Mehrlochrotoren durchgeführt, die entweder mit 3, 5 z. T. auch 7 Meßzellen bestückt werden können. Außerdem werden auch sogenannte Mehrkanalzellen (s. Abb. 7.23) verwandt, die mindestens drei verschiedene Proben in den unterschiedlichen Kammern aufnehmen können.

Die richtige Wahl der Rotordrehzahl ist eine weitere wesentliche Voraussetzung für die erfolgreiche Durchführung der Sedimentationsgleichgewichts-Experimente. Man kann sich einmal für die sogenannte low-speed-Technik ent-

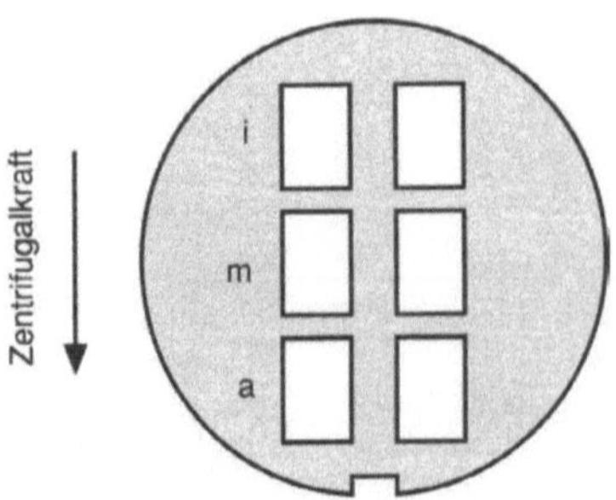

Abb. 7.23. Mittelstück einer Sechskanalzelle. Paarweise können Lösungsmittel und Lösung in die Kompartments in unterschiedlicher radialer Anordnung i, m, a: innere, mittlere und äußere Position eingebracht werden

scheiden, bei der durch die gewählte Rotordrehzahl im Gleichgewichtszustand eine wesentliche Konzentration am Meniskus verbleibt oder high-speed-Experimente durchführen, bei denen die makromolekulare Substanz am Meniskus nicht mehr vorhanden ist (s. Abb. 7.24). Im allgemeinen sollte für das Gleichgewichtsexperiment eine solche Rotordrehzahl gewählt werden, die die Konzentration am Boden gegenüber der Ausgangskonzentration um den Faktor 5 ansteigen läßt.

Eine Grobabschätzung der zu wählenden Umdrehungsgeschwindigkeit ergibt sich auch aus der folgenden Formel

$$\frac{M \cdot (1 - \rho \cdot \bar{v}) \cdot \omega^2}{R \cdot T} = 5 - 10. \tag{7.63}$$

7.8.2 Auswertung von Sedimentationsexperimenten

Die Konzentrationsverteilung im Sedimentationsgleichgewichts-Experiment kann mit den verschiedenen optischen Systemen in Form eines Analogsignals erfaßt werden. Im Falle der Schlieren- bzw. interferenzoptischen Erfassung der Kurvenverläufe werden diese vorwiegend auf einen Film oder eine fotographische Platte registriert. Die Koordinaten der Kurvenverläufe als radiale Konzentrationsverteilung können mit Hilfe eines Meßmikroskopes, eines Komperators oder mit Bildverarbeitungsprogrammen erfaßt werden. Steht eine Absorptionsoptik zur Verfügung, so wird der Konzentrationsverlauf unter

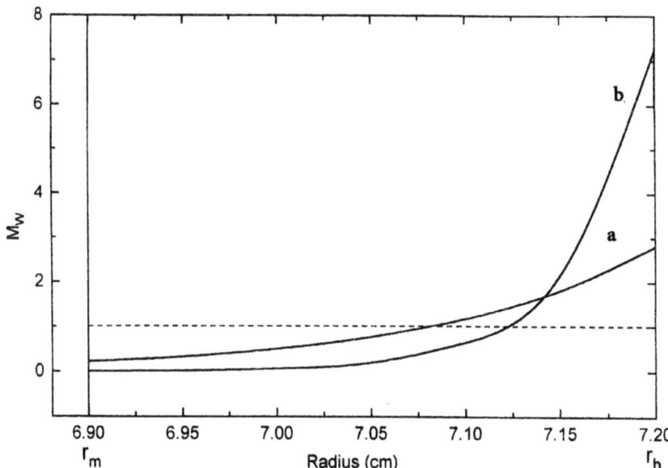

Abb. 7.24. Konzentrationsverteilungskurven im Sedimentationsgleichgewicht. a „lowspeed"-Technik, b „high-speed"-Technik. Die gestrichelte Linie stellt die Konzentrationsverteilung zum Zeitpunkt t = 0 dar

Verwendung monochromatischen Lichtes über einen photoelektrischen Scanner in Analogform auf einem Schreiber oder neuerdings, bei Verwendung der analytischen Ultrazentrifuge XL-A (Fa. Beckman, USA), in digitalisierter Form als Daten-File ausgegeben. Für die Weiterverarbeitung der Daten werden spezielle Rechenprogramme benutzt, die direkt die Molmasse, den Virialkoeffizienten oder andere stoffspezifische Parameter ermitteln.

7.9 Berechnung weiterer Molekülparameter aus den Primärdaten

7.9.1 Molekülgestalt

Die Sedimentations- und Diffusionskoeffizienten in Kombination mit dem partiellen spezifischen Volumen werden in der Regel für die Berechnung der Molmasse nach Gl. (7.28) benutzt. Mit Hilfe dieser stoffspezifischen Parameter können aber auch Hinweise über die mögliche Form eines Proteins erhalten werden. So kann z. B. das Reibungsverhältnis f/f_0 eines Makromoleküls wie folgt berechnet werden:

$$\frac{f}{f_0} = 10^{-8} \cdot \sqrt[3]{\frac{1 - \rho \cdot \overline{v}}{D^2 \cdot s \cdot \overline{v}}} . \tag{7.64}$$

Das Reibungsverhältnis gibt Auskunft darüber, ob beispielsweise ein Protein eine nahezu kugelförmige Gestalt annimmt oder davon mehr oder weniger stark abweicht. Für die Kugel als dem geometrischen Körper mit der im Verhältnis zu seiner Masse kleinsten Oberfläche kann der Reibungsfaktor f_0 gemäß Gl. (7.15) berechnet werden. Jede Abweichung von der Kugelgestalt, z. B. in Richtung eines Rotationsellipsoides, führt zu einer Vergrößerung der Moleküloberfläche und damit zu einem größeren Reibungsfaktor f. Demzufolge nimmt f/f_0 Werte größer als 1,0 an.

Warum spielt die Oberfläche eines gelösten Makromoleküls eine so wesentliche Rolle bei der hydrodynamischen Beweglichkeit? Bekanntlich falten lösliche Proteine dergestalt, daß die hydrophoben Aminosäuren ins Molekülinnere weisen und einen hydrophoben Kern bilden. Die hydrophilen Aminosäuren sind zur Oberfläche gerichtet. Mit ihren positiv (His, Lys, Arg) und negativ (Asp, Glu) geladenen Seitenketten oder jenen Aminosäureresten mit einem Dipolcharakter (z. B. Ser, Thr) treten die Proteine mit den Lösungsmittelmolekülen in Kontakt unter Ausbildung von Ionen-Dipol- oder Dipol-Dipol-Wechselwirkungen. So entsteht eine Hydrathülle (*engl.* shell) in Form einer monomolekularen Schicht um das Protein. Die in der Hydrathülle befindlichen Wassermoleküle sind austauschbar. Sie können aber auch mit weiteren Wassermolekülen des Lösungsmittels in einen vorübergehenden Kontakt treten. Während der Bewegung, z. B. der Sedimentation des Proteins, tritt dann die Reibung zwischen den verschiedenen am Makromolekül gebundenen Wassermolekülen und denen des Lösungsmittels auf. Die Abweichung von der Kugelform führt demzufolge zu einer gestaltsabhängigen (sh) und hydratationsabhängigen (hy) Zunahme des Gesamt-Reibungsverhältnisses $(f/f_0)_{ges.}$, das eine komplexe Größe darstellt:

$$(f/f_0)_{ges.} = (f/f_0)_{sh} \cdot (f/f_0)_{hy}. \tag{7.65}$$

Erst durch eine unabhängige Bestimmung des Hydratationsanteiles w in g/g

$$\left(\frac{f}{f_0}\right)_{hy} = \sqrt[3]{1 + \frac{w}{\rho \cdot \bar{v}}} \tag{7.66}$$

kann eine quantitative Aussage der Abweichung von der Kugelform in Richtung eines approximierten Rotationsellipsoides entweder vom gestreckten Typ (Zigarrenform mit 2 kleinen und einer großen Halbachse) oder vom abgeflachten Typ (Oblate mit einer kleinen und 2 großen Halbachsen) getroffen werden.

Globuläre Proteine besitzen meistens einen hohen Anteil an hydrophoben Aminosäuren. Da diese den Kontakt mit dem Wasser meiden, strebt das Makromolekül die geometrische Struktur mit der relativ kleinsten Oberfläche, die Kugelform, an. Proteine mit einem erhöhten Anteil an hydrophilen Aminosäuren weichen oftmals von der Kugelform ab, da die polaren Aminosäuren zur Oberfläche tendieren und den Kontakt zum Lösungsmittel suchen.

Neben der globalen Aussage über die mögliche Form eines Proteins sind in den letzten Jahren verstärkt Anstrengungen unternommen worden, ein Makromolekül oder eine Substruktur durch Kugeln, Zylinder oder andere geometrische Körper zu approximieren. Je nach Anordnung dieser Bausteine kann eine Änderung der Oberflächenbeschaffenheit und damit Reibung erreicht werden. Über die Berechnung der Reibungskonstanten können die theoretischen Sedimentations- bzw. Diffusionskoeffizienten für die gewählten Modelle gemäß Gln. (7.26) bzw. (7.27) berechnet und diese mit den experimentell bestimmten Daten verglichen werden. Die Übereinstimmung der Ergebnisse kann als Hinweis für eine mögliche Strukturidentität gewertet werden. Mit größerer Sicherheit lassen sich jedoch mit dieser Methode falsch interpretierte Modellvorstellungen ausschließen.

7.9.2 Das Molekülvolumen

Ist die Molmasse eines Makromoleküls nach einem der beschriebenen Verfahren bestimmt worden, so können auch zusätzlich Angaben zu dem Volumen gemäß Gl. (7.67) getroffen werden.

$$V = M \cdot \bar{v}/N_A. \tag{7.67}$$

Das Volumen ist der Molmasse und dem partiellen spezifischen Volumen proportional und der AVOGADROschen Zahl umgekehrt proportional. Da das partielle spezifische Volumen prinzipiell für das wasserfreie Makromolekül bestimmt wird, ist auch das so berechnete Volumen der nicht hydratisierten Form zuzuordnen. Das hydratisierte Makromolekül ist um das Ausmaß der schon erwähnten Hydrathülle von 0,3–0,5 nm größer. Ist die geometrische Form eines Proteins eine Kugel, so kann deren Durchmesser (d) wie folgt berechnet werden.

$$d = 2 \cdot \sqrt[3]{\frac{0,75 \cdot M \cdot \bar{v}}{\pi \cdot N_A}}. \tag{7.68}$$

Diese Abschätzungen können eine praktische Bedeutung erlangen, wenn z. B. die Durchlässigkeit von Dialysemembranen mit einem bestimmten Porendurchmesser in Betracht zu ziehen oder die Beladung einer Nucleinsäure mit einem Protein zu diskutieren sind.

7.9.3 Der Virialkoeffizient

Aus der Konzentrationsabhängigkeit der reziproken scheinbaren Molmassen kann gemäß Gl. (7.61) der 2. Virialkoeffizient B_2 eines Makromoleküls ermittelt werden. Er besitzt für nicht assoziierte Proteine einen positiven Wert, der dem ausgeschlossenen Volumen u direkt proportional ist:

$$B_2 = \frac{u \cdot N_A}{2 \cdot M^2}. \tag{7.69}$$

Da der 2. Virialkoeffizient globulärer Partikel sich auch aus der Beziehung

$$B = \frac{4 \, \bar{v}}{M} \tag{7.70}$$

ergibt, kann das ausgeschlossene Volumen eines Makromoleküls als der von einem anderen Molekül nicht einzunehmende Raum leicht berechnet werden.

Aus Gl. (7.70) ist zu entnehmen, daß der 2. Virialkoeffizient der Molmasse eines Proteins umgekehrt proportional ist und wir demzufolge für Proteine mit relativ niedrigen Molmassen eine stärkere Konzentrationsabhängigkeit beobachten als für hochmolekulare Systeme. Diese Betrachtungen gelten jedoch nur für entsprechende Makromoleküle mit einer geringen Nettoladungszahl ($Z \approx 0$, d. h. für Proteine am oder in der Nähe des isoelektrischen Punktes). Werden Eiweißlösungen hinsichtlich ihrer Molmassen bei pH-Werten weit entfernt vom isoelektrischen Punkt analysiert, so steigen jene konzentrationsabhängigen reziproken scheinbaren Molekulargewichte wesentlich stärker an. Der aus Gl. (7.61) zu ermittelnde Virialkoeffizient nimmt dann größere Werte an, als man auf Grund des ausgeschlossenen Volumens erwarten kann. Dieser nettoladungsbedingte Betrag B_2^* kann durch die Anwesenheit von Neutralsalzen (KCl oder NaCl) in Konzentrationen von 0,1–0,2 molar kompensiert werden.

Andererseits kann aber dieser Term auch zur groben Abschätzung der Nettoladungszahl von Proteinen entsprechend Gl. (7.71) genutzt werden.

$$Z = \pm \sqrt{\frac{(B_2 - B_2^*) \cdot 4 \cdot m \cdot M^2}{1000 \cdot \bar{v}}} \, . \tag{7.71}$$

Dabei bedeutet m die molare Konzentration an Neutralsalz, M die Molmasse des Makromoleküls und $\bar{v}$ das partielle spezifische Volumen.

7.9.4 Konformationsänderungen

Proteine besitzen am isoelektrischen Punkt (pI) die größte Dichte und die geringste Löslichkeit, denn, bedingt durch die Nettoladung $Z = 0$ sind die Abstoßungskräfte durch die gleichartigen Ladungen von Aminosäurenketten gering. Es überwiegen die Anziehungskräfte zwischen ungleichartigen Ladungsträgern (Elektrostriktion). Entfernen wir uns vom isoelektrischen Punkt des Proteins, so steigt die Nettoladungszahl und die Abstoßungskräfte nehmen zu. Das kann im Extremfall dazu führen, daß globuläre Proteine „expandieren" und eine von der Kugelgestalt erheblich abweichende Form annehmen. Werden z. B. basische Proteine mit einem pI von etwa pH 9 in ein saures Milieu von pH 4 gebracht, so beobachtet man bei diesen Eiweißen eine erhebliche Abnahme der hydrodynamischen Beweglichkeit. Es werden gleichermaßen die Sedimentations- und Diffusionskoeffizienten verringert. Daten milieubedingter Konformationsänderungen sind am Beispiel von zwei ribosomalen Proteinen in Tabelle 7.2 vorgestellt.

Da beide Parameter gemäß Gl. (7.28) einen umgekehrten Einfluß auf die Molekülgröße haben, wird die Molmasse bei dieser Prozedur nicht beeinflußt. Die Konformations- oder Gestaltsänderung der Proteine kann in diesem Falle

Tabelle 7.2. Sedimentationskoeffizient s, Diffusionskoeffizient D, Molmasse M und Reibungsverhältnis f/f_0 für die ribosomalen Proteine S2 und S17 der kleinen Untereinheit von Rattenleber-Ribosomen

Protein	Bedingung[a]	$s_{20,w}$ [S]	$D_{20,w}$ [10^7 cm^2/s]	$M \cdot 10^{-3}$	f/f_0
S2	A	$3{,}11 \pm 0{,}10$	$8{,}90 \pm 0{,}20$	$32{,}6 \pm 1{,}8$	$1{,}13 \pm 0{,}01$
S17	A	$2{,}15 \pm 0{,}20$	$10{,}80 \pm 0{,}30$	$18{,}1 \pm 2{,}2$	$1{,}13 \pm 0{,}05$
S2	B	$2{,}00 \pm 0{,}05$	$5{,}90 \pm 0{,}10$	$31{,}7 \pm 1{,}3$	$1{,}70 \pm 0{,}02$
S17	B	$1{,}50 \pm 0{,}10$	$7{,}95 \pm 0{,}20$	$17{,}6 \pm 1{,}9$	$1{,}56 \pm 0{,}16$
S2	C	$3{,}05 \pm 0{,}05$	$9{,}00 \pm 0{,}10$	$32{,}0 \pm 0{,}9$	$1{,}12 \pm 0{,}01$
S17	C	$2{,}20 \pm 0{,}20$	$11{,}30 \pm 0{,}40$	$17{,}7 \pm 1{,}0$	$1{,}09 \pm 0{,}01$

[a] A: natives Protein in 10 mM 2-Mercaptoethanol, B: denaturierte Proteine in 0,1 M Essigsäure, C: Renaturierte Proteine nach Behandlung mit 6 M Guanidinium-hydrochlorid sowie Dialyse gegen 10 mM 2-Mercaptoethanol.

Tabelle 7.3. Sedimentations- und Diffusionskonstanten sowie Molmassen und Reibungsverhältnisse von Fibrinogen und Kobalt-Fibrinogen

Paramter	Fibrinogen	Kobalt-Fibrinogen
$s_{20,w}$ (S)	7,63 – 8,10	11,62
$D_{20,w} \cdot 10^7\ cm^2/s$	1,82 – 2,18	3,05
$M_{SD} \cdot 10^{-3}$	381 – 399	340
f/f_0	2,17 – 2,38	1,52

an der Änderung des Reibungsverhältnisses f/f_0 wahrgenommen werden, da sowohl der Diffusions- wie der Sedimentationskoeffizient sich im Nenner der Gl. (7.64) befinden. Die beobachteten pH-abhängigen Abweichungen von der Kugelgestalt gehen oftmals mit Änderungen der Sekundärstruktur einher. In vielen Fällen sind pH-Einflüsse mit Variationen in den Molmassen verknüpft (s. Abschn. 7.9.5).

Formänderungen können aber auch bei gestreckten und flexiblen Proteinen beobachtet werden. Sie können durch zwei- und mehrwertige Metallionen, die an bestimmte Aminosäurereste angreifen, stabilisiert und durch die veränderte hydrodynamische Beweglichkeit nachgewiesen werden. Durch Komplexierung mit Kobaltionen kann z.B. das fibrilläre Fibrinogen in eine mehr globuläre Form mit erhöhten Sedimentations- und Diffusionskoeffizienten bei gleichbleibender Molmasse umgewandelt werden (vgl. Tabelle 7.3).

7.9.5 Assoziationsgleichgewichte

Eine Vielzahl von Proteinen besitzt eine Quartärstruktur. In den meisten Fällen werden die einzelnen Polypeptidketten durch nicht kovalente Wechselbeziehungen in der Assoziatstruktur stabilisiert. pH-bedingte Veränderungen im Ladungsmuster der Proteine können zur Ausbildung oder Schwächung von elektrostatischen Beziehungen zwischen ungleichen Ladungsträgern in den unterschiedlichen Polypeptidketten führen. Diese Vorgänge sind qualitativ durch Änderungen der Sedimentationskoeffizienten nachweisbar. Die Assoziation von zwei monomeren Proteinen zu einem dimeren System ist mit Änderungen in den Sedimentationskoeffizienten um einen Faktor von etwa 1,6 verbunden. Die Sedimentationskoeffizienten der Assoziate s_n lassen sich aus dem Parameter des monomeren Proteins gemäß Gl. (7.72) abschätzen:

$$s_n = s_1 \cdot \sqrt[3]{n^2} \tag{7.72}$$

Für ein monomeres Protein mit $s_1 = 1,95$ (S) würden wir für die Dimerisierung einen Wert $s_2 = 3,10$ (S) erwarten.

Proteinassoziate, deren Bildung auf die Existenz von elektrostatischen Beziehungen beruht, zeigen in der Regel ein konzentrationsabhängiges Dissoziationsverhalten mit einer Abnahme der Sedimentationskoeffizienten (s_{exp}) von dem Wert des Assoziates (s_a) zu dem des monomeren Proteins (s_1) für unendliche Verdünnung. Der Übergang erfolgt stufenlos.

Mit der Erhöhung oder Erniedrigung der Gesamtkonzentration des Proteins verändern sich kontinuierlich die Partialkonzentrationen des Dissoziates (hier c_1) bzw. des Assoziates (c_a). Die experimentell bestimmten Sedimentationskoeffizienten stellen Gewichtsmittel entsprechend der Gl. (7.73) dar:

$$s_{exp} = \frac{c_1 \cdot s_1 + c_a \cdot s_a}{c_1 + c_a}. \tag{7.73}$$

Die Dissoziation eines Proteinassoziates kann durch den Dissoziationsgrad α bestimmt werden.

$$\alpha = \frac{s_a - s_{exp}}{s_a - s_1}. \tag{7.74}$$

Die Dissoziation z.B. eines Dimeren in zwei Monomere läßt sich in Analogie zum OSTWALDschen Verdünnungsgesetz durch die Gleichgewichtskonstante K_D beschreiben,

$$K_D = \frac{\alpha^2 \cdot c}{1 - \alpha} \tag{7.75}$$

wobei $1-\alpha$ den Anteil nichtdissoziierten Proteins darstellt. Die Assoziations-Dissoziationsvorgänge an Proteinen (A bzw. A_2) werden oftmals durch eine Protonisierung oder Deprotonisierung an Aminosäureresten ausgelöst

$$2A + nH^+ \rightleftharpoons H_n A_2^+. \tag{7.76}$$

Demzufolge kann Gl. (7.75) erweitert werden:

$$K_D = \frac{[A]^2 \cdot [H^+]^n}{[A_2 \cdot H^+_n]} = \frac{\alpha^2 \cdot c \cdot [H^+]^n}{1 - \alpha}. \tag{7.77}$$

Der Protonen-abhängige Assoziationsvorgang (Gl. (7.76)) läßt sich mit Hilfe der quadratischen Gl. (7.77) beschreiben. Für eine bestimmte Anzahl von n ($n = 1, 2, 3, 4 \ldots$) Protonen können die Übergänge zwischen zwei unterschiedlichen Assoziationszuständen berechnet und den experimentellen Daten angepaßt werden. So kann die wahrscheinliche Zahl der an diesem Prozeß beteiligten Protonen oder protonisierbaren Gruppen ermittelt werden. Da die Sedimentationskoeffizienten nicht nur von der Molmasse eines Makromoleküls abhängen, sondern auch durch Formänderungen beeinflußt werden können, sind die Assoziationsreaktionen zweckmäßiger über die Molmassenänderung zu analysieren. Zur Bestimmung von Assoziations- oder Dissoziationskonstanten (z.B. gemäß Gl. (7.75)) können die verschiedenen

Sedimentationskoeffizienten in Gl. (7.74) durch die entsprechenden Molmassen ersetzt werden.

$$\alpha = \frac{M_a - M_{exp}}{M_a - M_d}.$$ (7.78)

Der Wert für α kann aus den sogenannten Punkt-Molekulargewichtsmittelwerten, die ein Gewichtsmittel entsprechend Gl. (7.2) darstellen, gewonnen und daraus nach Gl. (7.75) die Dissoziationskonstante für ein einfaches Gleichgewicht berechnet werden. Da die Punkt-Molekulargewichtsmittelwerte durch Differenzierung der radialen Konzentrationsverteilungskurve im Sedimentationsgleichgewicht ermittelt werden und demzufolge größeren Schwankungen unterliegen können, ist es vielfach günstiger, die direkte e-Funktionsanalyse nach Gl. (7.58) zu wählen. Im Falle eines idealen aus nur zwei Komponenten bestehenden Gleichgewichts, z.B. eines konzentrationsabhängigen Monomer-Dimer-Gleichgewichts, kann die radiale Konzentrationsverteilungskurve als Summe von zwei e-Funktionen gemäß der allgemeinen Formel

$$c\,(r) = \sum_i c_{0,\,i} \cdot e^{M_i K(r^2 - r_0^2)}$$ (7.79)

oder in unserem speziellen Fall nach

$$c\,(r) = c_0 \left(\alpha \cdot e^{M_1 K(r^2 - r_0^2)} + (1 - \alpha) \cdot e^{2M_1 K(r^2 - r_0^2)} \right)$$ (7.80)

analysiert werden. Aus den Partialkonzentrationen können dann wiederum die Gleichgewichtskonstanten berechnet werden.

$$i \cdot M_1 \rightleftharpoons M_i.$$ (7.81)

Ist über den Typ der Selbstassoziationsreaktion entsprechend Gl. (7.81) (Monomer-Dimer, Monomer-Trimer, oder allgemein) nichts bekannt, so müssen verschiedene Modelle getestet werden. Die daraus berechneten konzentrationsabhängigen Molmassen werden den experimentellen Daten angepaßt und über eine Minimierung der Summe der Abweichungsquadrate das wahrscheinlichste Modell ausgewählt.

Ein unabhängiges Verfahren zur Analyse der Assoziationsgleichgewichte kann aus der Auftragung der Molekulargewichtsmittelwerte, z.B. M_w gegen die Reziprokwerte des nächst niedrigeren Molekulargewichtsmittel, also $1/M_n$, abgeleitet werden (s. Abb. 7.25). Dieses Verfahren beruht auf der allgemeinen Gleichung

$$M_k(r) = - M_1 \cdot M_i [1\,|\,M_{k-1}\,(r)] + M_1 + M_i$$ (7.82)

wo z.B. $k = w$ und $k-1 = n$ und M_1, bzw. M_i Komponenten der Gl. (7.81) mit $i = 2, 3, 4 \ldots$ bedeuten.

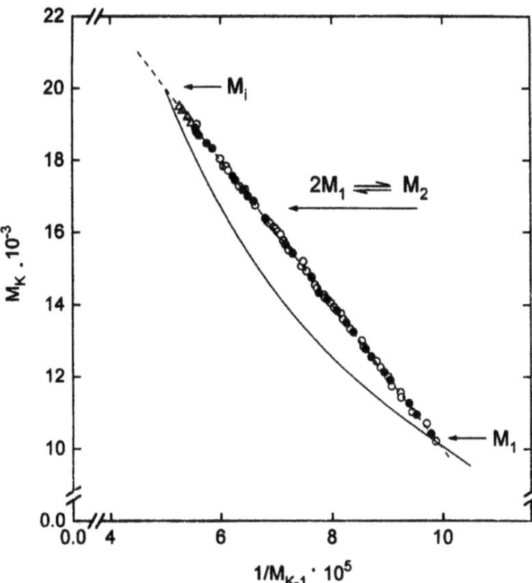

Abb. 7.25. Auftragung der Molekulargewichtswerte des k-ten Mittelwertes (z. B. M_w) gegen die reziproken Werte des (k–1)-ten Mittels (z. B. $1/M_n$) für ein ideales Monomer-Dimer Gleichgewicht mit $M_1 = 10\,000$. Die hyperbole Kurve ergibt sich aus der Darstellung M_k gegen $1/M_k$. Sie schneidet die Gerade mit den experimentellen Daten bei $M_1 = 10\,000$ und $M_i = 20\,000$ (i = 2) entsprechen

Die experimentellen Daten eines solchen Assoziationsgleichgewichts lassen sich durch eine Gerade mit dem Anstieg $M_1 \cdot M_i$ verbinden. Diese wird bei der gleichzeitigen Auftragung der M_w-Daten gegen die Reziprokwerte $(1/M_w)$ durch einen hyperbolischen Kurvenzug an zwei definierten Positionen geschnitten. Diese entsprechen der Molmasse des Monomeren M_1 bzw. des i-meren (z. B. 2 M_1, 3 M_1, ... oder i M_1).

Welche Bedeutung haben solche Analysen von Selbstassoziationsvorgängen der Proteine? Die Assoziationskonstanten geben einmal Aufschluß über die Art und Stärke der Wechselwirkungen zwischen den Submolekülen. Mit der Konzentrations-, pH- oder Ligandenabhängigen Änderung der Quartärstruktur insbesondere von Enzymen variieren oftmals die funktionellen Eigenschaften (Substratbindung, kinetische Konstanten usw.). Bei Kenntnis der Gleichgewichtskonstanten lassen sich aus den Werten die Partialkonzentrationen der einzelnen im Assoziationsgleichgewicht befindlichen Spezies berechnen.

Trägt man die Eigenschaftsmerkmale der Enzyme gegen die Partialkonzentrationen auf, so können aus diesem Zusammenhang Hinweise über die biologischen Aktivitäten der verschiedenen Substrukturen erhalten bzw. abgeleitet werden, etwa, welche Komponenten enzymatisch aktiv sind. Desweiteren kann z. B. aus der Gleichgewichtskonstanten der D-Aminosäureoxidase der Anteil an

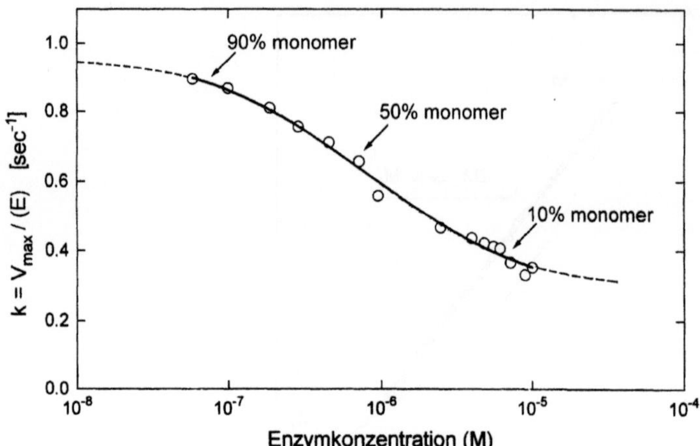

Abb. 7.26. Konzentrationsabhängige Darstellung der kinetischen Parameter $k = V_{max}/[E]$ für die D-Aminosäureoxidase unter Berücksichtigung des Anteils von monomerem Enzym (Monomer-Dimer Gleichgewicht) und einer Gleichgewichtskonstanten $K_D = 10^{-6}$ M. Aus den Daten können k-Werte von 0,95 bzw. 0,32 sec für das monomere bzw. dimere Enzym geschätzt werden

Monomeren und Dimeren über einen großen Konzentrationsbereich des Enzyms berechnet werden. Werden zusätzlich bei mindestens zwei verschiedenen Konzentrationen des Enzyms die Geschwindigkeitskonstanten für den Substratumsatz bestimmt, so können aus diesen Informationen die kinetischen Parameter für das monomere bzw. dimere Enzym geschätzt werden.

Die Bedingungen, unter denen jeweils nur die eine Form existiert, sind experimentell schwer zugänglich (s. Abb. 7.26).

Neben den Selbstassoziationsvorgängen (homologe Assoziation) interessieren natürlich auch die Wechselbeziehungen zwischen unterschiedlichen Proteinen oder z. B. Proteinen und Nucleinsäuren. Diese Vorgänge lassen sich nach ähnlichen Prinzipien auch mit Hilfe der Sedimentationsgleichgewichts-Technik analysieren. Für diese Aufgabenstellung muß jedoch auf Speziallliteratur verwiesen werden.

Literatur zur Lichtstreuung

Berne BJ and R Pecora (1976) Dynamic Light Scattering: With Applications to Biology, Chemistry and Physics. John Wiley, New York

Bloomfield VA (1981) Quasielastic light scattering in biochemistry and biology. Ann Rev Biophys Bioeng 10, 421–450

Chu B (1974) Laser Light Scattering. Academic Press, New York

Harding SE, DB Sattelle and VA Bloomfield (eds) (1991) Laser Light Scattering in Biochemistry. Royal Society of Chemistry, Cambridge, UK

Huglin MB (ed) (1972) Light Scattering from Polymer Solutions. Academic Press, London
Phillies GDJ (1990) Quasielastic Light Scattering. Anal Chem 62, 1049A
Schmitz KS (1990) Dynamic Light Scattering by Macromolecules. Academic Press, Boston
Stacey KA (1956) Light Scattering in Physical Chemistry. Academic Press, Butterworths, London

Literatur zur Sedimentationsanalyse

Autorenkollektiv (1976) Strukturuntersuchungen an Biopolymeren mit spektroskopischen und hydrodynamischen Methoden. Akademie Verlag, Berlin
Behlke J, O Ristau and A Knespel (1994) Analysis of interaction of the small heat shock protein hsp25 with actin by analytical ultracentrifugation. Progr Colloid & Polymer Science 94, 40–45
Bowen TJ (1970) An Introduction to Ultracentrifugation. Wiley-Interscience, London
Chervenka, CH (1969) A Manual of Methods for the Analytical Ultracentrifuge. Beckman Instruments, Palo Alto, CA P43
Creeth JM, and RH Pain (1967) The determination of molecular weights of biological macromolecules by ultracentrifuge methods. Progr Biophys Mol Biol 17. 217–287
Elias HG (1961) Ultrazentrifugen-Methoden. Beckman Instr., München
Fujita H (1975) Foundations of ultracentrifuge Analysis. John Wiley, New York
Harding SE, Rowe, AJ and Horton JC (eds) (1992) Analytical Ultracentrifugation in Biochemistry & Polymer Science. Royal Society of Chemistry, Cambridge, UK
Lewis MS, R Schrager and SJ Kim (1994) Ultracentrifugal analysis of protein-nucleic acid interactions using multi-wavelength scans. Progr. Colloid & Polymer Science, 94, 46–53
Schachman HK (1959) Ultracentrifugation in Biochemistry. Academic Press, New York
Schuster TM and TM Laue (eds) (1994) Modern Methods in Analytical Ultracentrifugation. Birkhäuser Verlag, Boston
Tanford C (1961) Physical Chemistry of Macromolecules. John Wiley, New York
Yphantis, DA (1964) Equilibrium ultracentrifugation of dilute solutions. Biochemistry 3, 297–317

Thermodynamische Untersuchungen an Proteinen sind heute ein fester Bestandteil der biochemischen und biophysikalischen Forschung. Derartige
Untersuchungen helfen bei der umfassenden Aufklärung biochemischer und
biologischer Systeme, insbesondere bei der Analyse von Triebkräften biochemischer Reaktionen. Dies gilt für einfache und komplexe biochemische
Reaktionen ebenso wie für Bindungsphänomene, für Prozesse der Struktur-
bildung, für Phänomene des Membrantransports und sogar für lebende
Systeme. Thermodynamische Untersuchungen haben eher eine grundlagen-
wissenschaftliche Bedeutung bei der Analyse der Struktur und Funktion von
Biopolymeren und weniger den Charakter von analytischen Hilfsmitteln, etwa
im Sinne eines analytischen Reinheitsnachweises.

Dieses Kapitel gliedert sich in fünf Abschnitte. Zunächst werden einige
Grundgleichungen vorgestellt, die zur Bestimmung thermodynamischer
Größen benutzt werden können. Dieser Abschnitt setzt Kenntnisse der physikalischen Chemie voraus. In einem weiteren Abschnitt werden Kalorimeter erläutert, soweit sie in der Biochemie und Biophysik benutzt werden. Dem
schließt sich ein Abschnitt über Bindungsstudien an sowie ein weiterer Abschnitt über die Proteinfaltung. Bindungsphänomene und Proteinfaltung sind
besonders geeignet, einige Probleme aufzuzeigen, die bei biochemischen Untersuchungen auftreten. Schließlich sollen weitere Anwendungsfälle, u.a. auch
analytische Anwendungssituationen, dargestellt werden.

8.1 Grundgleichungen

Wenn eine biochemische Reaktion betrachtet wird, z.B. die Hydrolyse von Glu-
cose-6-phosphat

$$\text{Glucose-6-phosphat} + H_2O \rightleftharpoons \text{Glucose} + H_3PO_4,$$

so beschreibt die Reaktionsgleichung den stofflichen Umsatz von Glucose-6-
phosphat zu Glucose bei gleichzeitiger Bildung von anorganischem Phosphat.
Die Reaktionsgleichung macht in dieser Form aber keine Aussage über die
Gleichgewichtslage und über freiwerdende Energie.

Im vorliegenden Falle der Hydrolyse von Glucose-6-phosphat beträgt die
Standard-Reaktionsenthalpie $\Delta H^\circ = -12.6$ kJ/Mol, d.h., es liegt eine exotherme
Reaktion vor. Die Gleichgewichtskonstante $K = 261$ besagt, daß das Reaktions-
gleichgewicht mehr auf der Seite der Hydrolyseprodukte liegt. Unter Stan-

dardbedingungen[1] entspricht dies wegen $\Delta G° = - RT \ln K$ einer freien Reaktionsenthalpie von $\Delta G° = -13.8$ kJ/Mol.

Wenn man mit Hilfe der GIBBS-HELMHOLTZschen Gleichung

$$\Delta G = \Delta H - T\Delta S \tag{8.1}$$

die Reaktionsentropie errechnet, so ergibt sich diese zu $\Delta S° = 4$ J/K/Mol. Bei der betrachteten Reaktion ist der Entropieanteil, verglichen mit dem Enthalpieanteil, relativ gering. Die Hydrolyse des Glucose-6-phosphates ist somit im wesentlichen eine enthalpiegetriebene Reaktion.

Derartige thermodynamische Betrachtungen helfen dabei, die Triebkräfte biochemischer Reaktionen besser zu verstehen. Diese Zusammenhänge sollen in den folgenden Abschnitten anhand weiterer Sachverhalte vertieft werden. Dabei wird deutlich werden, daß der Entropieterm bei biochemischen Prozessen sehr unterschiedlich ausfallen kann.

Für die weiteren Betrachtungen ist es günstiger, allgemeinere Formulierungen zu wählen. Für die Reaktionsgleichung

$$\alpha A + \beta B \rightleftharpoons \gamma C + \delta D \tag{8.2}$$

ergibt sich die Gleichgewichtskonstante K wie folgt:

$$K = \frac{[C]^\gamma \cdot [D]^\delta}{[A]^\alpha \cdot [B]^\beta} \,. \tag{8.3}$$

Aus der Gleichgewichtskonstanten K errechnet sich die freie Reaktionsenthalpie ΔG:

$$\Delta G = - RT \ln K, \tag{8.4}$$

mit der Gaskonstanten $R = 8{,}314$ J/K/Mol und der absoluten Temperatur T [2].

---

[1] *Standardbedingungen:* Thermodynamische Parameter sind allgemein von Temperatur, Druck und weiteren Zustandsvariablen abhängig. Dementsprechend bezieht man sich häufig auf Standardbedingungen und kennzeichnet die benutzten Symbole durch den Index (°). Standardtemperatur ist $T° = 298{,}2$K, (entsprechend 25 °C, gelegentlich wird für biologische System davon abweichend auch eine Temperatur von 310,2 K entsprechend 37 °C verwendet). Standarddruck ist $p° = 1$ atm $= 1{,}013225$ bar $= 1{,}01325 \cdot 10^5$ Pa. Für gelöste Stoffe, auch für verdünnte Lösungen, bezieht man sich allgemein auf 1 M (exakt bei der Aktivität a = 1). Bei pH-empfindlichen Reaktionen legt man als Standard $pH° = 7{,}0$ fest ggf. bei einer Ionenstärke $I° = 0{,}1$).
Standardgrößen, die sich auf 1 molare Konzentrationen beziehen, sind in biochemischen Systemen oftmals unrealistisch. Um die freie Reaktionsenthalpie ΔG bei anderen Konzentrationen (exakter bei anderer Aktivität a) zu bestimmen, kann von der folgenden Gleichung Gebrauch gemacht werden: $\Delta G = \Delta G° + RT \, \Sigma v_i \ln \{a_i\}$.
[2] Bitte beachten, daß die Temperatur in allen Gleichungen grundsätzlich in Kelvin definiert ist. Im Text wird die Temperatur gelegentlich in °C angegeben.

Die Gleichgewichtskonstante K ist eine wichtige Schlüsselgröße. In der biochemischen Praxis kommt es deshalb häufig vor, daß Gleichgewichtskonstanten experimentell bestimmt werden müssen. Man nutzt hierfür vielfach spektralphotometrische Titrationstechniken (s. Abschn. 8.3, Ligandenbindung).

Im Sinne der obigen Betrachtung ist eine Reaktionsgleichung erst dann vollständig, wenn sie außer dem stofflichen Umsatz auch die Reaktionswärme enthält:

$$\alpha A + \beta B \rightleftharpoons \gamma C + \delta D + \Delta H. \tag{8.5}$$

Die Reaktionsenthalpie ΔH ist eine weitere Schlüsselgröße. Sie kann auf zwei Wegen experimentell bestimmt werden. Der eine Weg ist die Messung von Reaktionswärmen mit kalorimetrischen Techniken. Ein zweiter Weg ist die Bestimmung von ΔH mit Hilfe der VAN'T HOFF-Gleichung aus der Temperaturabhängigkeit der Gleichgewichtskonstanten:

$$d \ln K / dT = \Delta H / RT^2. \tag{8.6}$$

Um mit dieser Gleichung zu arbeiten, wird die Gleichgewichtskonstante K bei verschiedenen Temperaturen experimentell bestimmt.

Dies soll im folgenden am Beispiel eines Proteins dargestellt werden, das einen temperaturinduzierten Konformationsübergang durchläuft. In diesem Falle wird von einer reversiblen Gleichgewichtsreaktion ausgegangen:

$$A \rightleftharpoons B \quad \text{mit der Gleichgewichtskonstanten } K = [B] / [A].$$

Dabei wird in einem temperaturabhängigen Prozeß die Konformation A in eine Konformation B überführt. Weil sich bei diesem Prozeß die Gesamtkonzentration des Proteins nicht ändert, sondern nur die Verteilung der beiden Konformeren, kann man mit dem Umwandlungsgrad α arbeiten und

$$K = \alpha / (1 - \alpha) \tag{8.7}$$

ansetzen. Wenn sich die beiden Konformeren in ihren biophysikalischen Eigenschaften unterscheiden, etwa in der optischen Absorption, so können diese Eigenschaften zur Bestimmung des Umwandlungsgrades α benutzt werden, wie dies in Abb. 8.1 dargestellt ist.

Mit Hilfe des Umwandlungsgrades α und Gl. (8.7) kann die Gleichgewichtskonstante K bestimmt werden. Aus einer graphischen Auftragung von $\ln K = \ln [\alpha / (1 - \alpha)]$ über $1/T$ (T in K) ergibt sich als Anstieg $\Delta H / R$ (Abb. 8.2). Dieser Weg zur Bestimmung der Reaktionsenthalpie wird häufig als ein indirektes Bestimmungsverfahren bezeichnet, im Gegensatz zu der direkten Messung von Wärmemengen mit kalorimetrischen Verfahren. Diese Unterscheidung ist deshalb wichtig, weil bei der indirekten Bestimmung von ΔH als *a-priori*-Annahme vorausgesetzt wird, daß außer den Konformeren A und B keine weiteren Reaktionsprodukte auftreten. Ein solcher Nachweis ist meist sehr schwierig, es sei

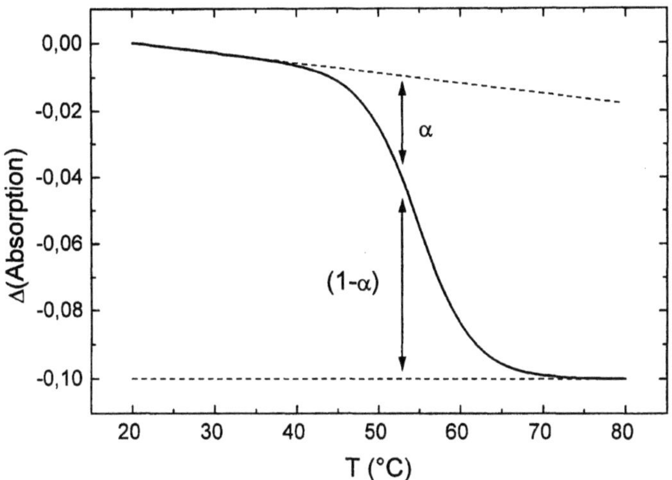

Abb. 8.1. Umwandlungskurve einer temperaturinduzierten Reaktion, gemessen durch Differenzspektroskopie. Dargestellt ist die Bestimmung des Umwandlungsgrades α

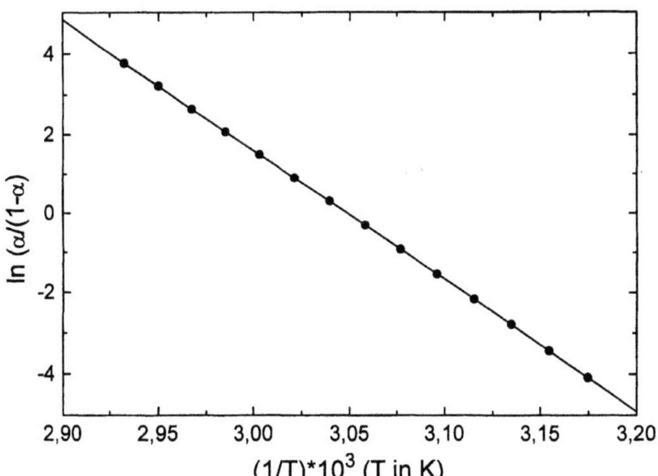

Abb. 8.2. Der VAN'T HOFF-Plot. Für die Darstellung von ln K über 1/T wurden aus Abb. 8.1 α-Werte zwischen 48 und 68 °C im Abstand von jeweils 2° abgegriffen. Es ergibt sich eine Umwandlungstemperatur $T_{trs} = 55\,°C$ und Reaktionsenthalpie $\Delta H = 270$ kJ/Mol

denn, man kann auf die Scanning-Kalorimetrie zurückgreifen (s. u.). Mit Rücksicht auf diese Besonderheiten werden im folgenden Text die Symbole ΔH^{cal} für kalorimetrisch bestimmte Werte und ΔH^{eff} (ΔH effektiv) bzw. $\Delta H^{v.H.}$ (ΔH nach der VAN'T HOFF-Gleichung) für indirekt bestimmte Werte benutzt.

Schließlich ist noch anzumerken, daß auch die Reaktionsenthalpie temperaturabhängig sein kann gemäß dem KIRCHHOFFschen Satz:

$$d(\Delta H)/dT = \Delta Cp. \tag{8.8}$$

ΔCp, die Wärmekapazitätsänderung, ist die Differenz der Molwärmen der Reaktionspartner A und B, d.h.,

$$\Delta Cp = [Cp]_B - [Cp]_A. \tag{8.9}$$

Die Größe ΔCp hat u. a. für die Beurteilung hydrophober Wechselwirkungen bei biochemischen Reaktionen Bedeutung.

8.2 Kalorimetrie

Es gibt eine Vielzahl unterschiedlicher Konstruktionsprinzipien für Kalorimeter. Für biochemische Anwendungen sind im wesentlichen drei Gerätetypen interessant: Mischungskalorimeter, Titrationskalorimeter und Scanning-Kalorimeter.

8.2.1 Mischungs- und Titrationskalorimeter

Mischungs- und Titrationskalorimeter dienen zur Untersuchung von Reaktionen, bei denen zwei oder mehr Komponenten miteinander umgesetzt werden. Dies ist z. B. bei den Bindungsreaktionen vom Typ Antigen-Antikörper oder Enzym-Inhibitor der Fall. In Betracht kommt aber auch die Überführung von Biopolymeren von einem Medium in ein anderes (Solvent 1 in Solvent 2) mit voneinander abweichender Zusammensetzung (pH-Wert, Salze, Detergensgehalt etc.).

Der schematische Aufbau eines Mischungskalorimeters ist in Abb. 8.3 dargestellt. Die eigentliche kalorimetrische Meßanordnung befindet sich allgemein in einem exakt temperierten Raum, der eine Abschirmung von Schwankungen der Umgebungstemperatur sicherstellt. Die Meßanordnung besteht aus einem nochmals thermisch isolierten Metallblock. Im Metallblock sind Bohrungen enthalten, in die eine Meß- und Referenzzelle eingepaßt sind. Diese sind jeweils mit Thermoelementen versehen. Durch sie kann die Reaktionswärme in einer der Kammern erfaßt werden. Die entstehende Temperaturdifferenz ΔT zwischen Meßkammer und Metallblock bringt einem Wärmefluß (dQ/dt) und als Meßsignal eine elektrische Spannung (U) an den Thermoelementen hervor. Der Temperaturausgleich mit dem umgebenden Metallblock erfolgt gemäß

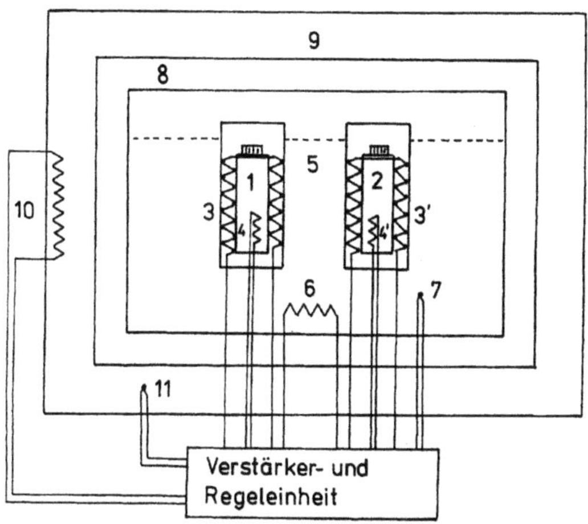

Abb. 8.3. Schematische Darstellung eines Mischungskalorimeters. 1, 2 – Meß- und Referenzzelle, 3, 3′ – Thermoelemente, 4, 4′ – Kalibrationsheizer, 5 – Metallblock, 6, 7 – Heizelement und Temperaturfühler für den Metallblock, 8 – thermische Isolierung, 9 – Thermostat, 10, 11 – Heizung und Temperaturfühler des Thermostaten

$dQ/dt \sim k_i \Delta T$ mit einer gerätetypischen Zeitkonstante k_i. Wenn man eine Kalibrierungskonstante ε einbringt, durch welche die Empfindlichkeit der Meßanordnung beschrieben wird, ergibt sich die Proportionalität von Wärmefluß und Meßsignal zu

$$dQ/dt = \varepsilon \cdot U. \tag{8.10}$$

Durch Integration über der Zeit ermittelt man die freigesetzte Wärme

$$Q = \varepsilon \int U \, dt. \tag{8.11}$$

Die Kalibrationskonstante ε wird entweder durch eine elektrische Eichung des Gerätes oder durch eine Testreaktion mit bekannter Reaktionsenthalpie bestimmt. Die elektrische Kalibrierung, überhaupt die Nutzung von Stromwärme, ist in der Kalorimetrie sehr wichtig. Sie basiert darauf, daß 1 Joule einem Volt · Ampere · Sekunde entspricht. Somit ergibt sich die Stromwärme über die Stromstärke I, die Spannung U und die Zeit t zu

$$Q = I \cdot U \cdot t, \tag{8.12}$$

bzw. mit dem OHMschen Widerstand R_W des Kalibrierungs-Heizelementes aus

$$Q = R_\Omega \cdot I^2 \cdot t. \tag{8.13}$$

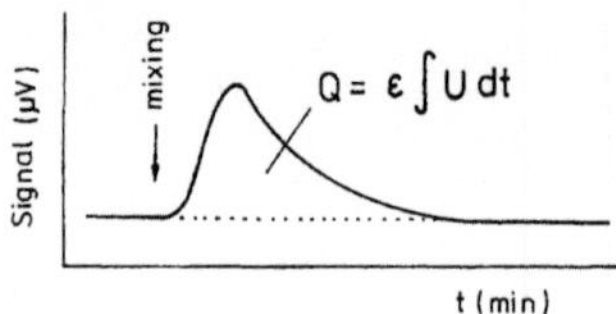

Abb. 8.4. Zusammenführung der Komponenten in einem Mischungskalorimeter (batch calorimeter) durch Drehen des kalorimetrischen Blockes und die entsprechende Signal/Zeit-Kurve

Das Zusammenführen der Reaktionspartner kann gemäß Abb. 8.4 in Mischzellen (Batch-Kalorimeter) oder gemäß Abb. 8.5 in einem Durchflußsystem (Flow-Kalorimeter) erfolgen. Mischungskalorimeter werden häufig als sogenannte Differentialkalorimeter gebaut. Sie sind dann mit einer Proben- und Referenzzelle ausgestattet.

Für die praktische Durchführung von Messungen wird der temperierte Außenraum des Kalorimeters auf die gewünschte Temperatur eingestellt und das gesamte Meßsystem ausreichend thermisch äquilibriert. Die weitere Durchführung der Messung mit Mischungskalorimetern gestaltet sich unterschiedlich, je nachdem welcher Gerätetyp vorliegt. Beim sogenannten Batch-Typ werden die Meß- und Referenzzelle mit den zu mischenden Lösungen gefüllt, indem man Spritzen verwendet. Die Füllmenge wird durch Differenzwägung bestimmt (zusätzlich muß die Dichte der Lösungen bekannt sein). Wenn nach einer ausreichenden thermischen Äquilibrierung der Proben im Kalorimeter eine konstante Basislinie vorliegt, kann der Mischungsvorgang gestartet werden. Bei der in Abb. 8.4 dargestellten Konstruktion geschieht dies durch Drehung der Meßzelle, wodurch die halbhohe Trennwand der Meßzelle überspült wird. Das auftretende Meßsignal wird über eine ausreichende Versuchsdauer verfolgt, die von der Kinetik der zu untersuchenden Reaktion und von der Zeitkonstante des Kalorimeters abhängt. Anschließend wird in analoger Weise die Kalibrierung des Gerätes durchgeführt. Die Reaktionswärme ergibt sich bei bekannter Probenmenge durch Integration des Meßsignals über der Gerätegrundlinie.

Beim Durchflußkalorimeter werden die Lösungen über motorgetriebene Spritzen oder über peristaltische Pumpen kontinuierlich in die Kalorimeteranordnung eingebracht. Sie durchlaufen in der Regel einen Wärmeaustauscher zur Angleichung an die Meßtemperatur, ehe sie in die kalorimetrische Mischkammer eingespeist werden. Zunächst wird durch Mischung von Ligandenlösung und Puffer die Gerätegrundlinie registriert. Die Reaktionswärme wird bestimmt, indem für einen bestimmten Zeitraum der Zufluß der Pufferlösung gegen den der Probenlösung ausgetauscht wird. Zur elektrischen Kalibrierung wird eine Stromstärke gewählt, die in etwa das gleiche Signal hervorbringt, wie

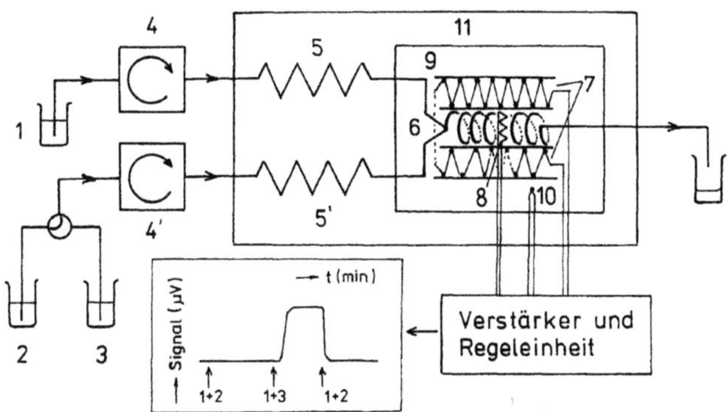

Abb. 8.5. Zusammenführung der Komponenten in einem Durchflußkalorimeter mit einer entsprechenden Signal/Zeit-Kurve. 1 – Lösung des Liganden, 2 – Pufferlösung, 3 – Proteinlösung, 4, 4′ – peristaltische Pumpen, 5, 5′ – Wärmeaustauscher, 6 – Mischkammer mit Wärmeaustauscher, 7 – Thermoelemente, 8 – Kalibrationsheizer, 9 – Metallblock, 10 – Temperaturfühler, 11 – Thermostat

der Meßvorgang. Die Reaktionswärme ergibt sich beim Durchflußkalorimeter direkt aus der Amplitude des Meßsignals bei Kenntnis der Probenkonzentration, der Durchflußgeschwindigkeit und der Gerätekonstante. Durch zusätzliche Versuche mit Variation der Pumpgeschwindigkeit ist sicherzustellen, daß in der Meßanordnung tatsächlich das Reaktionsgleichgewicht erreicht wurde.

Die Mischungskalorimetrie erfordert allgemein mehrere Versuche mit einem unterschiedlichen Mischungsverhältnis der Reaktanden, um einen vollständigen Umsatz sicherzustellen. Neben der eigentlichen Messung sind zusätzliche Korrekturgrößen zu bestimmen. Dies gilt z. B. für die Verdünnungswärmen der Proben- und Ligandenlösung und mechanische Reibungswärme bei der Mischung der Komponenten. Besondere Aufmerksamkeit verdient jedoch bei biochemischen Reaktionen die Korrektur überlagerter Ionisationsgleichgewichte. Als Beispiel sei auf einige bekannte Reaktionen verwiesen:

$$2\,\text{Cys} \rightleftharpoons (\text{Cys})_2 + 2\text{H}^+ + 2\text{e}^- \qquad \Delta H = 40{,}2\ \text{kJ/Mol}$$
$$\text{NADH} \rightleftharpoons \text{NAD}^+ + \text{H}^+ + 2\text{e}^- \qquad \Delta H = 29{,}2\ \text{kJ/Mol}$$
$$\text{NADPH} \rightleftharpoons \text{NADP}^+ + \text{H}^+ + 2\text{e}^- \qquad \Delta H = 25{,}3\ \text{kJ/Mol}.$$

In einer ungepufferten Probenlösung könnten durch die freiwerdenden Protonen unerwünschte pH-Änderungen eintreten. Bei Verwendung von Pufferlösungen sind dagegen die Ionisationsenthalpien der Puffersubstanzen zu berücksichtigen. Die daraus resultierenden Korrekturen können erheblich sein. So beträgt die Ionisationsenthalpie des Tris-Puffers, der für solche Untersuchungen unvorteilhaft ist, $\Delta H = 47{,}4\ \text{kJ/Mol}$ (einige weitere Ionisationsenthalpien sind in Tabelle 8.1 enthalten).

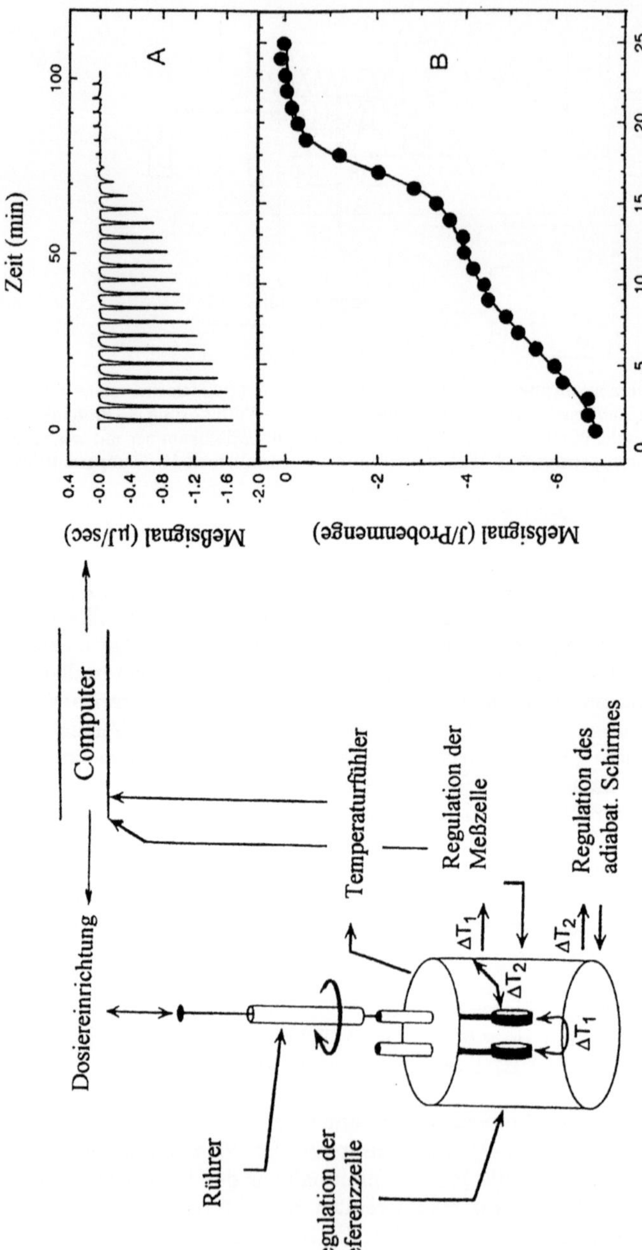

Abb. 8.6. Schematischer Aufbau eines Titrationskalorimeters. Der rechte Teil der Abb. enthält Meßergebnisse für die Bindung eines Eisenkomplexes an Ovotransferrin bei 27°C und pH 7.5. Das Protein besitzt zwei Bindungsplätze: $K_1 = 25 \cdot 10^{-6}$ und $\Delta H_1 = -32$ kJ/Mol, $K_2 = 2.3 \cdot 10^{-6}$ und $\Delta H_2 = -15$ kJ/Mol (nach Daten aus LIN et al. (1990) Biochemistry 30, 11660)

Tabelle 8.1. pK und Ionisationsenthalpie von ausgewählten Puffersubstanzen

Puffersubstanz	pK	ΔH_i	d(pH)/dT
Glycin(–COOH)	2,35	4,2	–0,002
Acetat	4,75	0	0
PIPES	6,9	11,3	–0,007
MOPS	7,2	20,5	–0,012
Phosphat	7,2	3,3	–0,002
HEPES	7,5	20,5	–0,012
TRIS	8,0	47,4	–0,028
HEPPS	8,0	20,9	–0,012
Glycin($-NH_3^+$)	9,8	44,4	–0,026

Die Titrationskalorimetrie ist eine Version der Mischungskalorimetrie, bei der eine wiederholte Zugabe des Reaktanden (Liganden) zur Probe in vorher bestimmten Inkrementen erfolgt. Der Aufbau eines Titrationskalorimeters ist aus Abb. 8.6 ersichtlich, wobei als Besonderheit die Injektionsspritze zugleich als Rührer für eine optimale Durchmischung der Reaktanden dient. Moderne Titrationskalorimeter sind computergesteuert, um automatisch die Registrierung der Signale, die erneute Äquilibrierung sowie die nächste Probenzugabe zu bewerkstelligen. Der Vorteil der Titrationskalorimetrie liegt darin, daß eine komplette Meßkurve erhalten wird, aus deren Analyse nicht nur die Reaktionsenthalpie ΔH, sondern auch die freie Enthalpie ΔG erhalten werden kann. Die Bestimmung von ΔG basiert darauf, daß die Halbumwandlungskonzentration bestimmt wird, bei der definitionsgemäß $K = 1$ ist. Die Titrationskurven ermöglichen es weiterhin, kompliziertere Bindungsgleichgewichte hinsichtlich des Vorhandenseins von mehreren Bindungsplätzen zu analysieren, die sich bei Anwendung indirekter Methoden oftmals nicht nachweisen lassen.

Die praktische Handhabung eines Titrationskalorimeters ist der eines Batch-Kalorimeters ähnlich und soll deshalb nicht näher ausgeführt werden. Auch die Titrationskalorimetrie erfordert zusätzliche Messungen für die Bestimmung von Korrekturgrößen. Dies gilt wiederum für die Verdünnungswärmen der Komponenten und für Ionisationsphänomene. Weiterhin ist die Wärme aus der mechanischen Rührbewegung während des Meßvorganges zu beachten.

8.2.2 Scanning-Kalorimetrie

Die Scanning-Kalorimetrie ist eine Technik, die sich wesentlich von der Mischungs- und Titrationskalorimetrie unterscheidet. Bei der Mischungs- und Titrationskalorimetrie werden Wärmemengen bestimmt, die bei der Zusammenführung von Reaktanden entstehen, wobei die Temperatur nahezu konstant bleibt (daher auch die oft benutzte Bezeichnung isotherme Kalorimetrie). Bei der Scanning-Kalorimetrie werden dagegen vorbereitete Proben, deren stoffliche Zusammensetzung unverändert bleibt, einer programmierten Aufheizung ausgesetzt. Die Methode ist damit geeignet, thermotrope Übergänge von Biopolymeren in Lösung nachzuweisen. Dies können z. B. Prozesse wie das „Aufschmelzen" von Protein- oder Nucleinsäurestrukturen sein, aber auch Phasenübergänge in Lipidsuspensionen.

Der Aufbau eines Scanning-Kalorimeters besteht aus je einer Proben- und Referenzzelle, die mit einem System von Temperaturfühlern und Heizelementen ausgestattet sind. Beide Zellen haben exakt das gleiche Volumen (meist 0,5 – 1,0 ml). Proben- und Referenzzelle werden durch genau dimensionierte Heizwicklungen simultan aufgeheizt. Wenn sich in einer der Kammern eine temperaturinduzierte Reaktion vollzieht, würde die auftretende Reaktionswärme zu einer minimalen Temperaturdifferenz ΔT führen. Sobald die Steuerelektronik des Gerätes ein solches Temperaturungleichgewicht von Meß- und Referenzzelle erkennt, wirkt sie dahin, daß sich in der einen Zelle der Heizstrom um ΔI erhöht und in der anderen erniedrigt. Damit wird der aufgetretene Wärmeeffekt kompensiert und die Bedingung $\Delta T = 0$ aufrecht erhalten. Die Heizleistung (1 Watt = 1 Joule/Sekunde) ergibt sich analog den o. a. Gleichungen zu

$$Q/t = R_{\Omega} \cdot I^2 . \qquad (8.14)$$

Es genügt also, wenn bei konstanten Versuchsbedingungen der zusätzliche Heizstrom ΔI registriert wird.

Bei biochemischen Untersuchungen muß ein Scanning-Kalorimeter empfindlich genug sein, um mit hinreichend kleinen Substanzmengen arbeitsfähig zu sein. Vor allem muß eine möglichst niedrige Konzentration der Biopolymeren eingesetzt werden, um Wechselwirkungen der Makromoleküle untereinander auszuschließen. So haben bestimmte Konformationszustände von

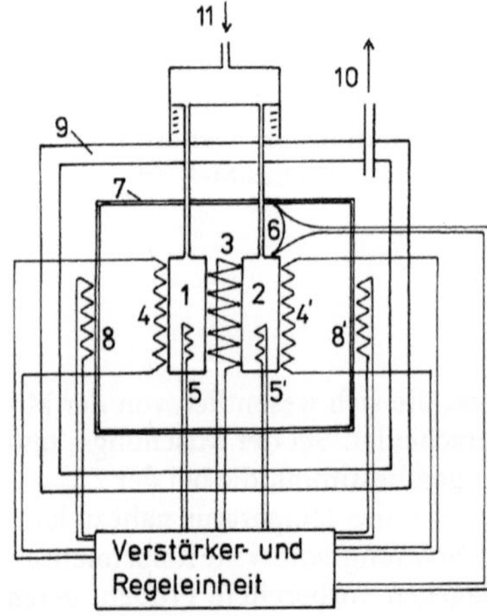

Abb. 8.7. Schematische Darstellung eines Scanning-Kalorimeters. 1, 2 – Meß- und Referenzzelle, 3 – Differentialthermoelemente zwischen beiden Zellen, 4, 4' – Heizelemente, 5 – Zusatzheizelemente, 6 – Differentialthermoelement zwischen Zelle und adiabatischem Schirm, 7 – adiabatischer Schirm, 8, 8' – Heizelemente für den adiabatischen Schirm, 9 – thermische Isolierung und Thermostat, 10 – Anschluß zur Vakuumpumpe, 11 – Anschluß für Stickstoffdruck

Proteinen eine Tendenz zur Aggregation, durch die Versuchsergebnisse verfälscht werden, weil auch solche Prozesse Wärmeeffekte hervorbringen. Die notwendige Empfindlichkeit der Scanning-Kalorimeter für biochemische Zwecke wird durch eine besondere Bauweise erreicht. Die Geräte werden grundsätzlich als Differentialkalorimeter gebaut, und die Zellenanordnung wird mit einem oder mehreren adiabatischer Schirmen umgeben. Deren Temperatur wird exakt mit der Meßzelle mitgeführt.

Die praktische Durchführung einer scanning-kalorimetrischen Messung gestaltet sich so, daß zunächst mit der Pufferlösung in Meß- und Referenzzelle eine Gerätegrundlinie registriert wird. Danach wird in einem zweiten Versuch die zu untersuchende Probe gegen die entsprechende Pufferlösung gemessen. Es ist wichtig, die Probenlösung vor der Messung durch Chromatographie oder Dialyse in dem Puffer zur äquilibrieren. Es ist weiterhin zweckmäßig, alle Lösungen vor der Messung zu entgasen. Andernfalls könnte die Bildung von Bläschen den Meßvorgang stören, der auf einer Verwendung von Meßzellen konstanten Volumens basiert. Bei der Auswahl der Pufferlösungen ist es empfehlenswert, Substanzen mit geringer Ionisationsenthalpie auszuwählen. Entsprechend der VAN'T HOFF-Gleichung bewirkt die Ionisationsenthalpie der Puffersubstanz, daß sich mit der Temperatur der pH-Wert der Lösung verändert. Mit dem Ausdruck pH = – log H$^+$ ergibt sich aus Gl. (8.6) die Gl. (8.15):

$$-\frac{d\,(pH)}{dT} = \frac{\Delta H_i}{2{,}303 \cdot R \cdot T^2}. \tag{8.15}$$

Dies kann anhand der Daten in Tabelle 8.1 am besten beim Vergleich von Tris- und Phosphatpuffer veranschaulicht werden.

Im Ergebnis scanning-kalorimetrischer Messungen werden Kurven erhalten, wie sie an einem Beispiel in Abb. 8.8 dargestellt sind. Die Basislinie, die mit Pufferlösung in beiden Zellen des Kalorimeters registriert wird, zeigt allgemein einen gerätetypischen Verlauf. Die Meßkurve in dem gewählten Beispiel wurde am α-Lactalbumin erhalten, einem kleinen, dem Lysozym ähnlichen globulären Protein mit der Molmasse M ~ 14,2 kDa. Die Meßkurve ist gegenüber der Basislinie versetzt und zeigt als ein auffälliges Merkmal einen Wärmeabsorptionspeak um etwa 60 °C.

Die Verschiebung der Meßkurve gegenüber der Basislinie in Abb. 8.8 ist nicht zufällig. Sie resultiert daraus, daß die partielle spezifische Wärme des Proteins von der spezifischen Wärme des Wassers (Cp = 4,18 J/g/K bei 20 °C) abweicht. Diese Verschiebung kann bei Kenntnis der Probenkonzentration, der Kalibrationskonstante des Gerätes sowie einiger zusätzlicher Größen zur Bestimmung der partiellen spezifischen Wärme von Proteinen genutzt werden. Allgemein haben globuläre Proteine eine partielle spezifische Wärmekapazität von Cp ≈ 1,3 J/g/K bei 20 °C. Dieser Wert ist selbst temperaturabhängig, wie dies am Beispiel des α-Lactalbumins aus Abb. 8.9 ersichtlich ist. Die partielle spezifische Wärme von Proteinen kann zu Beurteilung von Konformationszuständen genutzt werden, weil Cp bei teilweise oder ganz entfalteten Proteinen

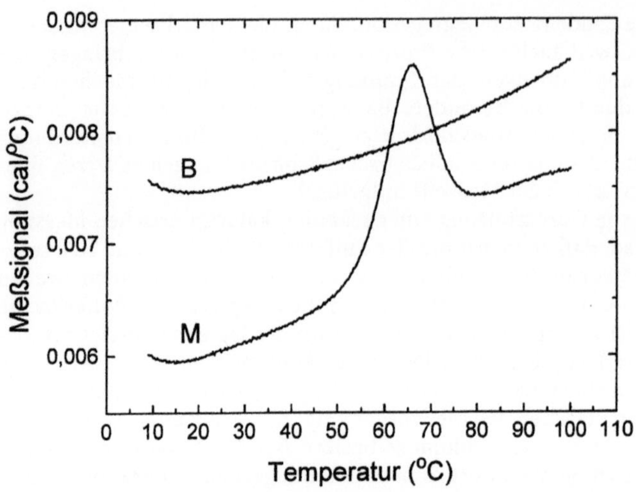

Abb. 8.8. Unbearbeitete scanning-kalorimetrische Kurven. B – Basislinie des Gerätes (10 mM HEPES-Puffer, mit 0,1 mM $CaCl_2$, pH 7.0, in beiden Zellen). M – Meßkurve mit α-Lactalbumin (3,52 mg/ml) im gleichen Puffer. Heizrate 60 K/h

aufgrund der Solvatation apolarer Reste deutlich höher ausfällt. Als Beispiel sei auf die kalorimetrische Kurve für entfaltetes α-Lactalbumin (unf. = Abkürzung für unfolded) in Abb. 8.9 verwiesen.

Das Hauptinteresse an kalorimetrischen Untersuchungen von Proteinen gilt in der Regel jedoch den temperaturinduzierten Strukturübergängen, bei denen die gefaltete Struktur des nativen Proteins in eine mehr oder weniger ungeordnete Struktur des thermisch entfalteten Proteins übergeht. Eine derartige Entfaltung der Tertiär- und Sekundärstruktur des α-Lactalbumins ist die Ursache des endothermen Peaks in Abb. 8.8. Da man für derartige Auswertungen auf die Bestimmung der spezifische Wärme verzichten kann, vereinfacht sich die Auswertung. Man subtrahiert hierfür die Basislinie von der Meßkurve und setzt die Wärmekapazität des nativen Proteins gleich Null. Bei Berücksichtigung der Probenkonzentration und der Kalibrierungsfaktoren des Gerätes erhält man die sogenannte „excess heat capacity", die im folgenden als Cp,ex. abgekürzt wird. Eine solche Funktion, abgeleitet aus dem Beispiel des α-Lactalbumins (Abb. 8.8) ist in Abb. 8.10 dargestellt.

Aus einer Wärmekapazitätsfunktion, wie sie in Abb. 8.10 dargestellt ist, können die folgenden Größen erhalten werden:
- die Temperatur des Peakmaximums, die in erster Näherung der Halbumwandlungstemperatur T_{trs} (bei der $\Delta G = 0$ ist) entspricht,
- die molare Reaktionsenthalpie ΔH^{cal}, die wegen $\int C_{p,ex.}\ dT$ (mit Cp,ex. in kJ/Mol/K) der Fläche des kalorimetrischen Peaks oberhalb der punktierten Basislinie entspricht,

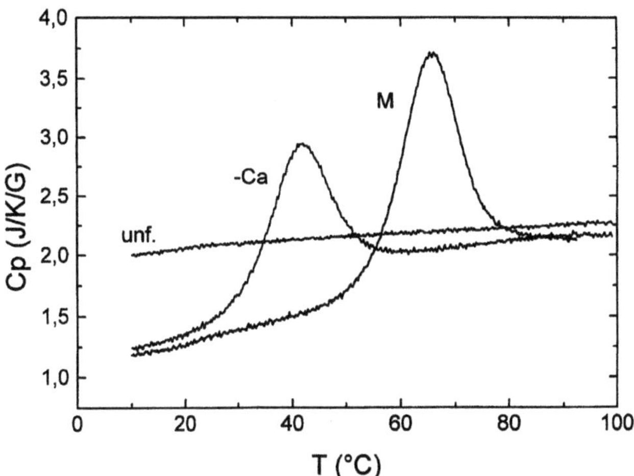

Abb. 8.9. Scanning-kalorimetrische Kurven aufbereitet als Temperaturfunktionen der partiellen spezifischen Wärme in $J \cdot K^{-1} \cdot g^{-1}$. M – α-Lactalbumin in Gegenwart von 0,1 mM $CaCl_2$ (Kurve M aus Abb. 8.8), –Ca – Calcium-freies α-Lactalbumin, unf. – entfaltetes α-Lactalbumin nach reduktiver Spaltung der Disulfidbrücken

– die Änderung der Wärmekapazität ΔCp, die sich als Stufe ergibt, wenn man die linearen Abschnitte der Wärmekapazitätsfunktion vor und nach dem Peak extrapoliert.

– die effektive Reaktionsenthalpie, die sich aus der Peakhöhe nach folgender Formel ergibt:

$$\Delta H^{eff} = 2 \cdot T_{trs} \cdot \sqrt{\Delta C_{trs} \cdot R \cdot M}. \tag{8.16}$$

Hierbei ist M die Molmasse des Proteins und ΔC_{trs} die Peakhöhe, wie aus Abb. 8.10 ersichtlich. ΔH^{eff} kann auch aus der Halbwertsbreite ($\Delta T_{1/2}$) des kalorimetrischen Peaks abgeschätzt werden mit Hilfe der Näherungsformel

$$\Delta H_{eff} \approx \frac{4 \cdot R \cdot T_{trs}^2}{\Delta T_{1/2}}. \tag{8.17}$$

Damit sind, streng genommen, alle wichtigen thermodynamischen Größen aus einer einzigen scanning-kalorimetrischen Kurve bestimmbar. In der Praxis versucht man, diese Ergebnisse abzusichern und zusätzliche Informationen zu erhalten, indem man die Milieubedingungen (z. B. den pH-Wert) variiert. Auf diese Weise kann man Meßkurven erhalten, bei denen das Protein unterschiedliche Halbumwandlungstemperaturen aufweist. Aus dem resultierenden Zusammenhang der erhaltenen ΔH-Werte in Abhängigkeit von den T_{trs}-Werten kann dann ΔCp zusätzlich mit Hilfe des KIRCHHOFFschen Satzes bestimmt werden.

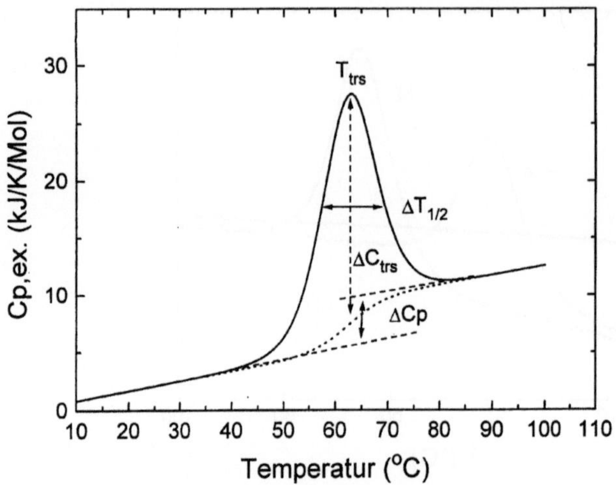

Abb. 8.10. Molare Wärmekapazitätsfunktion eines Proteins mit T_{trs} = 62 °C, ΔH = 270 kJ/Mol und ΔCp = 4,2 kJ/K/Mol. Erläuterung siehe Text

Es ist wichtig, hervorzuheben, daß die scanning-kalorimetrisch ermittelte Enthalpieänderung ΔH^{cal} modellfrei ist, während für die Bestimmung von ΔH^{eff} eine Annahme über den Reaktionsmechanismus gemacht werden muß. Diese ist als Zweizustandsmodell (die sogenannte ‚two-state'-Annahme) bereits in der Formulierung des Denaturationsgleichgewichtes verborgen:

$N \rightleftharpoons U$ mit der Gleichgewichtskonstanten K = [U] / [N]

und den Proteinkonformationen N = ‚nativ' und U = ‚unfolded' bzw. ‚denaturiert'. Für diesen Fall würde sich $\Delta H^{eff} = \Delta H^{cal}$ ergeben.

Bei der Kompliziertheit von Proteinstrukturen kann aber nicht ausgeschlossen werden, daß die Entfaltung der Struktur schrittweise erfolgt, d. h., daß ein (oder mehrere) Intermediat(e) X vorliegen:

$N \rightleftharpoons X \rightleftharpoons U$.

In diesem Falle wären drei Zustände (nämlich N, X und U) zu berücksichtigen. Das Zweizustandsmodell, das den Gln (8.16) und (8.17) zugrunde liegt, wäre hierfür unzutreffend. Dies hätte eine Nichtübereinstimmung von $\Delta H^{v.H.}$ und ΔH^{cal} zur Folge. Man kann deshalb ein Kooperativitätsverhältnis CR (*engl.* cooperative ratio)

$$CR = \Delta H^{cal} / \Delta H^{eff} \tag{8.18}$$

als diagnostisches Hilfsmittel benutzen. CR = 1 würde bedeuten, daß ein temperaturinduzierter Konformationsübergang dem Zweizustandsmodell folgt.

Wenn weitere Zustände am Reaktionsgleichgewicht beteiligt sind, würde sich $CR > 1$ ergeben.

Die soeben dargestellten Zusammenhänge sollen an einem Beispiel veranschaulicht werden. Es sollen durch Simulation drei scanning-kalorimetrische Kurven erzeugt werden für die folgenden Fälle:

(1) $N \rightleftharpoons U$ mit T_{trs} $= 50\,°C$ und $\Delta H^{cal} = \Delta H^{v.H.} = 400$ kJ/Mol,

(2) $N \rightleftharpoons X \rightleftharpoons U$ mit T_{trs1} $= T_{trs2} = 50\,°C$ und $\Delta H_1^{cal} = \Delta H_1^{v.H.}$
                                                $= \Delta H_2^{cal} = \Delta H_2^{v.H.} = 200$ kJ/Mol

und

(3) $N \rightleftharpoons X \rightleftharpoons U$ mit $T_{trs1} = T_{trs2} = 50\,°C$
                      und $\Sigma(\Delta H_1 + \Delta H_1)^{cal} = 400$ kJ/Mol.

Diese Kurven sind in Abb. 8.11 dargestellt.

Die Kurven 1 und 2 in Abb. 8.11 repräsentieren entsprechend den vorgegebenen Werten jeweils Zweizustands-Übergänge ($CR = 1$), allerdings mit unterschiedlicher Enthalpie und deshalb auch unterschiedlicher Fläche. Infolge des geringeren ΔH-Wertes weist die Kurve 2 eine doppelt so große Halbwertsbreite auf wie die Kurve 1 (s. Gl. (8.17)). In Kurve 3 sind zwei Zweizustandsübergänge mit insgesamt 400 kJ/Mol enthalten. Dementsprechend resultiert die gleiche Peakfläche wie bei Kurve 1, aber ein breiteres und flacheres Profil mit einer doppelt so großen Halbwertsbreite. In diesem Falle ergibt sich CR zu 2.

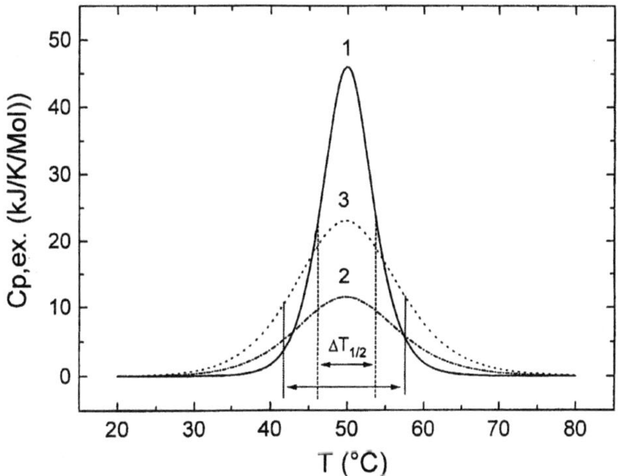

Abb. 8.11. Simulierte (excess) Wärmekapazitätsfunktionen mit den im Text angegebenen Parametern

Die hier dargestellten Kurven zeigen, daß man anhand scanning-kalori-metrischer Kurven die Gültigkeit des Zweizustandsmodelles überprüfen kann. Die Scanning-Kalorimetrie liefert somit nicht nur modellfreie ther-modynamische Größen, sondern darüber hinaus Informationen über die An- oder Abwesenheit von Intermediaten bei der Proteinfaltung. Diese Zusam-menhänge ermöglichen eine mathematische Analyse überlagerter Peaks. Das Verfahren wird allgemein als Dekonvolution bezeichnet. Hierbei wird die ex-perimentell bestimmte „excess heat capacity" (Cp,ex.) rechnerisch in Teil-peaks zerlegt, die ihrerseits 'two-state'-Übergänge sind. Weil beim ‚two-state'-Übergang die oben dargestellten Zusammenhänge zwischen Peakhöhe, Halbwertsbreite und Peakfläche bestehen, basiert die Dekonvolution intern auf eindeutigen Kriterien. Die Dekonvolution, also die Kurvenzerlegung, ist ein Iterationsverfahren zur nichtlinearen Kurvenanpassung. Das Verfahren liefert im Ergebnis die Anzahl der Teilpeaks und deren T_{trs} sowie ΔH. Das Verfahren ist insbesondere für die Aufklärung der Domänenstruktur größe-rer Proteine nützlich. Ein entsprechendes Beispiel wird im Abschn. 8.4 (Abb. 8.19) noch dargestellt.

8.3 Ligandenbindung

Die Bindung von Liganden an Proteine ist in der Biochemie ein sehr wichtiger Prozeß. Bindungsreaktionen sind enzymatischen Prozessen, metabolischen Rückkopplungsmechanismen, Immunreaktionen, der Signaltransduktion etc. vorgelagert. Solche Prozesse können sehr vielfältig sein. Einmal kommt eine nahezu unbegrenzte Auswahl von Liganden in Frage, z. B. Gase, gelöste Stoffe, nieder- und hochmolekulare Verbindungen, dabei auch biologische Makro-moleküle, wie Proteine, Nucleinsäuren und Lipide. Zum anderen gibt es un-spezifische und hochspezifische Bindungsreaktionen und es kommen einfache sowie multiple Bindungsphänomene in Betracht.

Für das einfache Bindungsgleichgewicht

$$M + L \rightleftharpoons ML \tag{8.19}$$

mit M = Makromolekül und L = Ligand ergibt sich die Gleichgewichtskonstante aus

$$K = \frac{[ML]}{[M] \cdot [L]}. \tag{8.19a}$$

Gl. (8.19a) beschreibt die Bindungskonstante. In der englischsprachigen Lite-ratur wird dagegen vielfach die Dissoziationskonstante K_D angegeben:

$$K_D = \frac{1}{K} = \frac{[M] \cdot [L]}{[ML]}. \tag{8.19b}$$

Man kann als Definition den Sättigungsgrad Θ einführen, der den Anteil gebundener Moleküle darstellt. Dies ist die Molzahl gebundener Liganden pro Mol Makromolekül, ausgedrückt durch die Konzentration des Komplexes [ML] bezogen auf die Gesamtkonzentration an Makromolekül. Letztere ergibt sich aus der Konzentration der noch freien Makromoleküle [M] und der Konzentration des Komplexes [ML]. Daraus folgt:

$$\Theta = [ML] / [M] + [ML]. \tag{8.20}$$

Durch Ersetzen von [ML] in Gl. (8.20) ergibt sich

$$\Theta = K[L] / (1 + K[L]) \tag{8.21}$$

bzw. nach Umformung

$$K \cdot [L] = \Theta / (1 - \Theta). \tag{8.22}$$

Für die experimentelle Bestimmung von Bindungskonstanten ist entsprechend Gl. (8.22) der Sättigungsgrad Θ in Abhängigkeit von der Ligandenkonzentration [L] zu ermitteln. Man bezeichnet eine solche Messung, die bei konstanter Temperatur durchgeführt wird, als die Aufnahme einer Bindungsisotherme. Die Bestimmung des Sättigungsgrades Θ kann vorteilhaft durch spektralphotometrische Titrationen geschehen.

Als Beispiel für derartige spektralphotometrische Titrationen sind in Abb. 8.12 Spektren dargestellt, die bei der Azidbindung an Methämoglobin registriert wurden. Methämoglobin und der Methämoglobin-Azid-Komplex weisen in der sichtbaren Region unterschiedliche Absorptionsspektren auf. Indem zu einer Methämoglobin-Lösung bekannter Konzentration eine Azidlösung ebenfalls bekannter Konzentration in geeigneten Mengen hinzugegeben wird, kann die schrittweise Umwandlung des Ausgangsspektrums (mit $\Theta = 0$) in das des Komplexes (mit $\Theta = 1$) verfolgt werden. Für diese einzelnen Titrationsschritte kann bei einer geeigneten Wellenlänge der Sättigungsgrad Θ bestimmt werden.

Um die Spektren in Abb. 8.12 in der vorliegenden Form registrieren zu können, ist die unvermeidliche Verdünnung der Probenlösung bei Zugabe der Ligandenlösung ausgeglichen worden. Dies kann durch rechnerische Hilfsmittel oder differenzspektroskopische Verfahren erfolgen. Vereinfachend kann man die Titration mit dem Komplex des Proteins durchzuführen, der die Ligandenlösung in einem definierten Überschuß enthält.

Die Auswahl der methodischen Hilfsmittel für Bindungsstudien hängt in erster Linie von den Eigenschaften des zu untersuchenden Systems ab. Allgemein können sehr verschiedene Meßtechniken zur Bestimmung des Sättigungsgrades in Abhängigkeit von der Ligandenkonzentration genutzt werden. Bevorzugt werden allerdings radiochemische Methoden sowie spektroskopische Verfahren aller Wellenlängen, z.B. Kernresonanz, Fluoreszenz, Absorptionsspektroskopie. Häufig macht man dabei auch von markierten Ligandenmolekülen

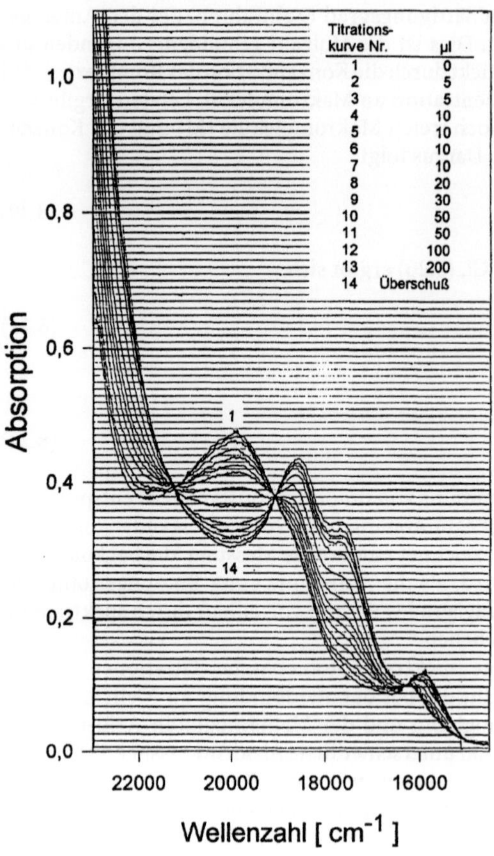

Abb. 8.12. Spektrale Änderungen von *Chironomus th.th.*-Methämoglobin bei Azidbindung; pH 7.2, 21 °C, 1-cm-Küvette, 1,0 mM NaN$_3$. Siehe Text

Gebrauch, z. B. von Fluoreszenzmarkern, radioaktiver Markierung oder Spinlabeln für die Elektronenspinresonanz. Auf kalorimetrische Verfahren zur Untersuchung der Ligandenbindung wird noch eingegangen.

Neben der Bestimmung des Umwandlungsgrades muß die Ligandenkonzentration bekannt sein. Hiermit ist die Gleichgewichtskonzentration, die manchmal als freie Ligandenkonzentration bezeichnet wird, gemeint:

$$[L]_{frei} = [L]_{gesamt} - [L]_{gebunden} \, .$$

Im obigen Beispiel der Azidbindung an Methämoglobin wurde die Gleichgewichtseinstellung anhand einer Titration mit Lösungen bekannter Konzentration verfolgt. Man ermittelt danach rechnerisch den Anteil des freien und gebundenen Liganden unter der Annahme einer 1:1-Stöchiometrie der Bindung. Andere Verfahren beruhen auf einer direkten Messung der Gleichgewichtskonzentration. Bei der Gleichgewichtsdialyse trennt man eine Meßkammer mit einer halbdurchlässigen Membran in zwei Teile. Während Protein und Komplex in einem Teil verbleiben, kann der Ligand die Dialysemembran passieren und steht zur Bestimmung der Gleichgewichtskonzentration zur Verfügung. Vorteilhaft können auch elektrochemische Nachweisverfahren zur Bestimmung der Ligandenkonzentration genutzt werden, z.B. ionensensitive Elektroden oder Enzymelektroden.

Die Ergebnisse von Bindungsstudien können gemäß Gl. (8.22) als Bindungsisothermen dargestellt werden, indem man in einer Graphik den Sättigungsgrad Θ über der Ligandenkonzentration [L] aufträgt (Abb. 8.13a). Aus Gl. (8.22) folgt, daß bei [L] $\to$ 0 auch Θ gegen 0 tendiert, während sich bei großen Ligandenkonzentrationen ([L] $\to \infty$) der Sättigungsgrad $Q \to 1$ nähert. Interessant ist wiederum die Halbsättigung, d.h. $\Theta = 1/2$, weil dann $K \cdot [L] = 1$ wird. Die Ligandenkonzentration (exakt die Aktivität), die zur Halbsättigung benötigt wird, ist somit identisch mit der Gleichgewichtskonstanten für das Bindungsgleichgewicht.

Es ist üblich, Ligandenbindungsdaten in geeigneten Plots darzustellen, die aus einer Umformung der Gl. (8.22) resultieren und zumeist eine Geradendarstellung ermöglichen. In der Literatur sind unterschiedliche Kurvendarstellungen üblich. Im folgenden soll gezeigt werden, daß diese Plots auf einem gemeinsamen Ansatz beruhen und die zugrunde liegenden Gleichungen leicht ineinander überführt werden können. In den folgenden Abbildungen wird das gleiche Punktmuster wie in Abb. 8.13a benutzt, um zu zeigen, daß einige der Plots die äquidistanten Meßpunkte erheblich verzerren.

Die gebräuchlichsten Plots ergeben sich wie folgt:

Analog zu Abb. 8.13a kann man in einer Graphik den Sättigungsgrad Θ über dem log [L] auftragen (Abb. 8.13b), womit die Meßkurve über ein weiteres Konzentrationsintervall besser beurteilt werden kann. Auch diese Darstellung ergibt log K bei $\Theta = 1/2$.

Ohne Umformung der Gl. (8.22), durch Darstellung des Ausdruckes [Θ/(1−Θ)] über [L] ergibt sich eine Gerade, deren Anstieg gleich K ist (Abb. 8.13c).

Die reziproke Gl. (8.22) führt zu

$$[1/\Theta] = 1 + (1/K) \cdot (1/[L]) \tag{8.23}$$

mit einer doppelt reziproken Darstellung von 1/Θ über 1/[L]. Es folgt eine Gerade, deren Anstieg 1/K ergibt (Abb. 8.13d).

Durch eine Umformung, bei der die Gl. (8.22) mit dem Ausdruck (1−Θ)/[L] multipliziert wird, erhält man

$$\Theta/[L] = K - K \cdot Q. \tag{8.24}$$

Die Darstellung von Θ/[L] über Q ergibt den verbreiteten SCATCHARD-Plot, eine Gerade mit dem Anstieg -K und den Achsenschnittpunkten 1 und K (Abb. 8.13e).

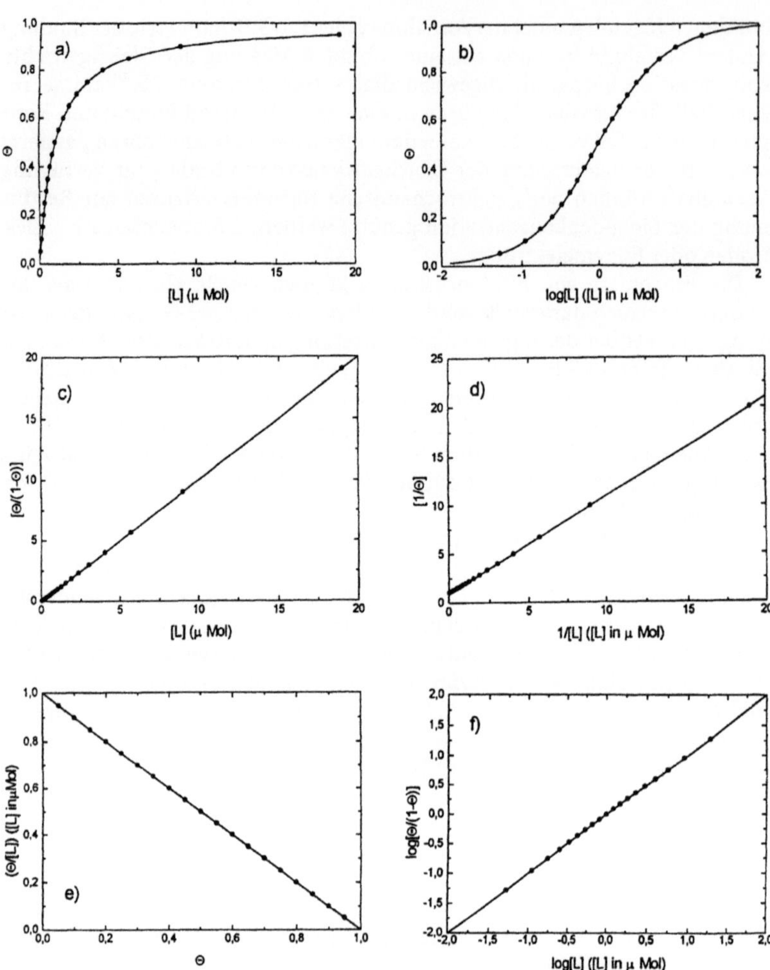

Abb. 8.13. Verschiedene Darstellungen für Bindungskurven (siehe Text): **a** Darstellung einer Bindungsisotherme in den Koordinaten Θ über [L] mit einer Bindungskonstante $K = 1/\mu$Mol. **b** Halblogarithmische Darstellung der Bindungsisotherme von Abb. 8.13a; **c** Darstellung des Ausdruckes $[\Theta/(1-\Theta)]$ über [L]. Das Punktmuster von Abb. 8.13a wird erheblich verzerrt. Zugleich tritt eine komplizierte Fehlerfortpflanzung auf; **d** Doppelt reziproke Darstellung $(1/\Theta$ über $1/[L])$. Auch hier wird das Punktmuster von Abb. 8.13a verzerrt; **e** SCATCHARD-Plot, Darstellung von $\Theta/[L]$ über Θ; **f** HILL-Plot unter Verwendung der Bindungsdaten von Abb. 8.13a

Durch Logarithmieren der Gl. (8.22) erhält man folgenden Ausdruck:

$$\log\left[\Theta/(1-\Theta)\right] = \log K + \log[L]. \tag{8.25}$$

Die Auftragung von $\log\left[\Theta/(1-\Theta)\right]$ über $\log[L]$ ergibt eine Gerade mit dem Anstieg 1. Bei Halbumwandlung gilt wegen $\log\left[\Theta/(1-\Theta)\right] = 0$ die Beziehung $-\log K = \log[L]$. Diese Darstellung ist als HILL-Plot bekannt (Abb. 8.13f) [3].

Die Darstellung der Bindungsdaten in den o.a. Plots hat trotz der Verfügbarkeit von geeigneten Computerprogrammen für die Bestimmung der Gleichgewichtskonstanten eine bestimmte Bedeutung. Diese liegt darin, daß anhand der Plots Unzulänglichkeiten der experimentellen Durchführung oder auch eine Nichtübereinstimmung mit dem vorgegebenen Ansatz erkannt werden können. Bei der Durchführung von Ligandenbindungsstudien in der oben dargestellten Weise muß strikt der Ansatz einer spezifischen Bindung eines Liganden an ein Makromolekül mit einer 1:1-Stöchiometrie vorgegeben werden. Es kann jedoch nicht immer ausgeschlossen werden, daß das zu untersuchende Protein weitere Bindungsstellen aufweist. Um dies zu erkennen, gibt es zwei notwendige, aber nicht hinreichende Kriterien. Das eine dieser Kriterien besteht darin, daß keine Abweichungen von der Linearität in den Plots auftreten, z.B. Knickpunkte im SCATCHARD-Plot. Ein weiteres Kriterium für das Vorliegen eines Bindungsmodells mit 1:1-Stöchiometrie ist das Vorhandensein gemeinsamer Schnittpunkte in den Spektren, sogenannter isosbestischer Punkte (s. Abb. 8.12). Solche isosbestischen Punkte treten nicht auf, wenn außer dem Ausgangsspektrum der Substanz M und dem Spektrum des Komplexes ML eine dritte, spektral erkennbare Komponente, etwa ML_2 vorliegt. Schließlich hilft der HILL-Plot, kooperative Bindungsphänomene zu erkennen, die einen Anstieg > 1 zur Folge hätten. Dieser Fall wird unten im Zusammenhang mit der Sauerstoffbindung an Hämoglobin noch diskutiert (Gln. (8.26)–(8.30), Abb. 8.16).

Ein Nachteil der graphischen Darstellung besteht in der komplizierten Fehlerfortpflanzung, z.B. wenn reziproke Größen gebildet werden. Insofern ist für die exakte Bestimmung von Gleichgewichtskonstanten aus Bindungskurven die nichtlineare Kurvenanpassung an das Ursprungsmodell am günstigsten. Zudem können auf diese Weise sehr rasch alternative Modelle überprüft werden. Ein weiterer Vorteil der Rechenverfahren liegt darin, daß mit ihrer Hilfe das zu erwartende Meßsignal für eine 100%ige Sättigung der Bindungsstellen errechnet werden kann. Mitunter erlaubt die begrenzte Löslichkeit der Liganden (z.B. bei hydrophoben Verbindungen) nicht, den ‚Endwert‘ der Titrationskurve unter experimentellen Bedingungen zu erreichen.

Die bisherigen Betrachtungen galten gemäß Gl. (8.19) für ein einfaches Bindungsgleichgewicht, bei dem ein Mol eines Liganden pro Mol Makromolekül gebunden wurde. Liegen jedoch mehrere Bindungsstellen vor, ergeben sich neue Aspekte, wie sie vom Beispiel der Sauerstoffbindung an Myoglobin und Hämoglobin bekannt sind (Abb. 8.14).

---

[3] Zum Vergleich verschiedener graphischer Auswertungsverfahren und der ihnen zugrunde liegenden Werteumwandlungen s. auch Kap. 13.

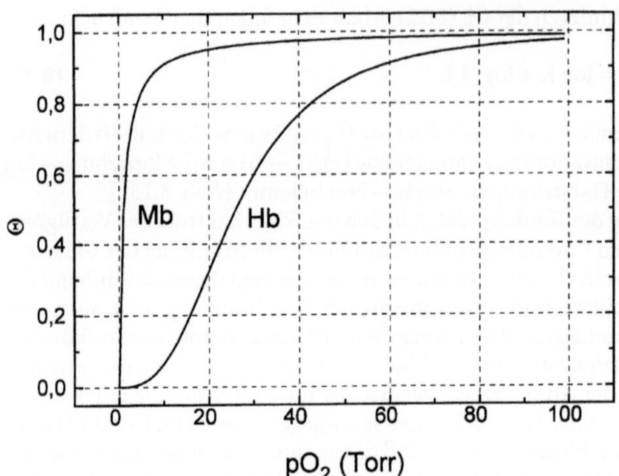

Abb. 8.14. Sauerstoff-Bindungskurven an Myoglobin (Mb) mit $n = 1{,}0$ und $pO_{2(50\%)} = 1{,}0$ Torr
und Hämoglobin mit $n = 2{,}8$ und $pO_{2(50\%)} = 26$ Torr

Das Beispiel ist zugleich methodisch interessant, weil hierbei das Gleichgewicht des Makromoleküls in Lösung mit einem gasförmigen Liganden zu messen ist. In einer klassischen Versuchsanordnung, die heute durch elegantere Verfahren ersetzt werden kann, wird mit der Tonometerküvette gearbeitet (Abb. 8.15). Diese besteht aus einem Kolben bekannten Volumens mit angeschmolzener optischer Küvette. Unter Stickstoffbegasung wird zunächst die Probe vorbereitet. Anschließend wird über eine Einstichmembran Sauerstoff zudosiert. Die Gleichgewichtseinstellung erfolgt wegen der Empfindlichkeit der Hämoproteinlösungen durch Rollen der Tonometerküvette. Der Sauerstoffpartialdruck in der Anordnung wird unter Beachtung von Gaskorrekturen berechnet, zumal die unerläßlichen Entspannungsschritte zwischen einzelnen Dosierungen berücksichtigt werden müssen.

Um ein entsprechendes Bindungsgleichgewicht zu formulieren, soll zur Vereinfachung als Beispiel die Ligandenbindung an ein Makromolekül mit zwei Bindungsstellen diskutiert werden. Dies führt zur schrittweisen Reaktion mit den Konstanten K_1 und K_2:

$$M + L \rightleftharpoons ML \quad \text{mit } K_1 = [ML] / [M] \cdot [L] \text{ und} \tag{8.26}$$

$$ML + L \rightleftharpoons ML_2 \quad \text{mit } K_2 = [ML_2] / [ML] \cdot [L]. \tag{8.27}$$

Analog dem obigen Beispiel ergibt sich mit Hilfe des Sättigungsgrades Θ:

$$\Theta = ([ML] + 2[ML_2]) / ([M] + [ML] + [ML_2]) \tag{8.28}$$

$$\Theta = (K_1 \cdot [L] + 2K_1 \cdot K_2 \cdot [L]^2) / (1 + K_1 \cdot [L] + K_1 \cdot K_2 \cdot [L]^2). \tag{8.29}$$

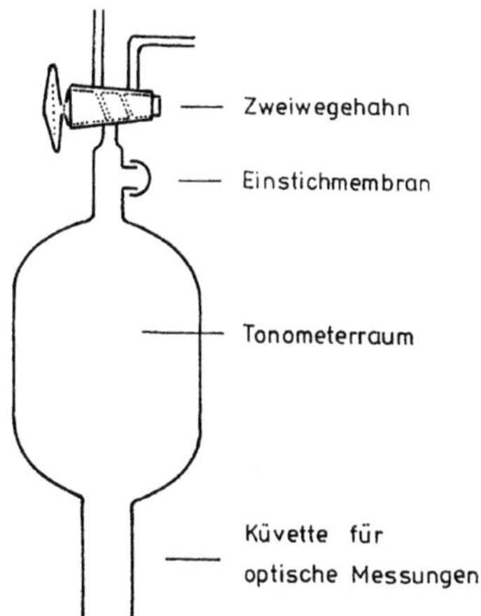

Abb. 8.15. Darstellung einer Tonometer-Küvette zur spektralphotometrischen Messung von Sauerstoff-Bindungskurven an Hämoglobin

Der HILL-Plot ergibt sich analog den Gln. (8.22) und (8.25). Allerdings muß der Sättigungsgrad für zwei Bindungsplätze angesetzt werden, d. h. für $[\Theta/(2-\Theta)]$:

$$[\Theta/(2-\Theta)] = (K_1 \cdot [L] + 2K_1 \cdot K_2 \cdot [L]^2) / (2 + K_1 \cdot [L]). \tag{8.30}$$

Bei Gl. (8.30) ist die Extremwertbetrachtung aufschlußreich: bei geringer Sättigung, also $[L] \to 0$, ergibt sich $[\Theta/(2-\Theta)] = (1/2) \cdot K_1 \cdot [L]$ und bei hoher Sättigung, also $[L] \to \infty$, ergibt sich $[\Theta/(2-\Theta)] = 2 \cdot K_2 \cdot [L]$.

In den Ausläufern wird der HILL-Plot linear und symmetrisch. Im Mittelbereich besitzt die Kurve infolge der Kooperativität der Bindung eine größere Steigung (Abb. 8.16). Bei Halbsättigung ist $\Theta = 1$ und $[\Theta/(2-\Theta)] = 1$. Mit der Halbsättigungskonzentration $[L_{1/2}]$ ergibt sich $K_1 \cdot K_2 \cdot [L_{1/2}]^2 = 1$. Das hier dargestellte Beispiel hat durchaus eine biologische Bedeutung. Es gibt z. B. dimere Hämoglobine bei niederen Organismen, bei denen der HILL-Plot eine Steigung von etwa 1,5 anzeigt.

Analog den bisher dargestellten Ansätzen lassen sich Gleichungen auch für kompliziertere Bindungssituationen entwickeln. Dies gilt beispielsweise, wenn weitere Bindungsplätze vorliegen, wenn eine Bindung von zwei unterschiedlichen Liganden erfolgen kann, oder wenn das bindende Protein ligandenabhängigen Assoziations-Dissoziations-Gleichgewichten unterliegt.

In gleicher Weise, wie dies bereits an anderen Beispielen gezeigt wurde, können Bindungskonstanten bei unterschiedlichen Temperaturen bestimmt werden. Damit kann unter Anwendung der VAN'T HOFF-Gleichung die Bindungsenthalpie ermittelt werden. Bei derartigen Untersuchungen ist die Anwendung der Titrationskalorimetrie besonders vorteilhaft. Erstens liefert die Titrationskalorimetrie gleichzeitig ΔG und ΔH als thermodynamische Schlüsselgrößen. Zweitens ist die Technik auch dann anwendbar, wenn andere Untersuchungsverfahren, wie spektroskopische Methoden, wegen mangelnder optischer

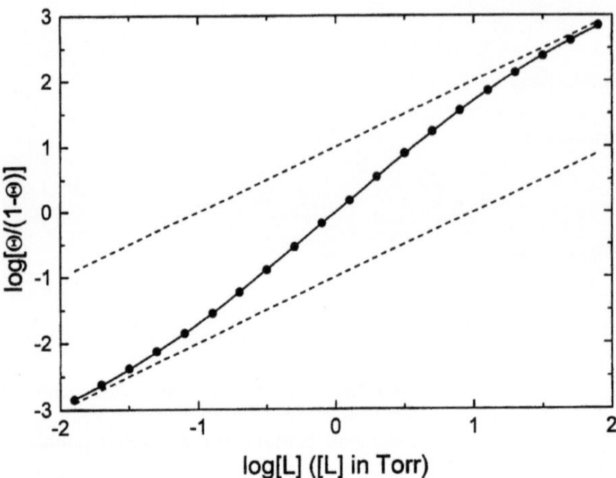

Abb. 8.16. HILL-Plot für ein dimeres Hämoglobin mit $K_1 = 0,2$ und $K_2 = 5$ sowie den entsprechenden Asymptoten

Transparenz versagen. Schließlich können multiple Bindungsgleichgewichte erkannt werden, auch wenn sie sich einer direkten Beobachtung mit optischen Methoden oder Markierungstechniken entziehen. Die Titrationskalorimetrie ist insofern geeignet, Annahmen über Bindungsmodelle zu überprüfen, die unvermeidlich bei der Anwendung indirekter Methoden gemacht werden müssen. In diesem Punkt besteht eine gewisse Ähnlichkeit mit den Überlegungen, die im Zusammenhang mit der Zweizustandshypothese in der Scanning-Kalorimetrie angestellt wurden.

Tabelle 8.2. Ausgewählte thermodynamische Daten zur Protein-Ligand-Wechselwirkung

Protein	Ligand	$\Delta G°$ kJ/Mol	$\Delta H°$ kJ/Mol	$\Delta S°$ J/Mol/K	ΔCp kJ/Mol/K
Alkohol-Dehydrogenase	NADH	– 37,1	2,5	116	– 1,70
Alkohol-Dehydrogenase	NAD^+	– 21,6	– 3,6	60,2	– 0,45
Alkohol-Dehydrogenase	ADP	– 20,4	– 40,2	– 66,5	– 0,56
Flavodoxin	FMN	– 46,0	– 120,8	– 250,8	
Flavodoxin	FAD	– 33,8	– 72,7	– 129,6	
Glutamat-Dehydrogenase	L-Glutamat	– 11,7	– 2,5	30,9	0,04
Hämoglobin	Haptoglobin	– 38,5	– 139	– 337	– 3,93
Hexokinase	D-Glucose	– 21,3	– 3,1	61,1	
Lysozym	GlcNAc [a]	– 9,0	– 24,3	– 51	– 0,22
Ribonuclease S-Peptid	S-Protein	– 44,3	– 166,5	– 410	– 6,1
Trypsin (Rind)	Inhibitor (Soja)	– 54,8	– 16,7	128	

[a] GlcNAc = N-Acetylglucosamin.

In Tabelle 8.2 sind einige Ligandenbindungsreaktionen zusammengefaßt, an denen sowohl niedrigmolekulare Stoffe als auch Proteine als Liganden beteiligt sind. Die entsprechenden thermodynamischen Daten zeigen überwiegend exotherme Reaktionen mit Bindungsenthalpien von nahe Null bis zu mehr als -150 kJ/Mol an. Die Bindungsentropien variieren sehr stark, so daß positive und auch negative Werte möglich sind. Die Wärmekapazitätsänderung ΔCp ist allgemein kleiner Null und besagt, daß bei der Ligandenbindung apolare Reste vom Wasserkontakt abgeschirmt werden.

Als Beispiel für eine Bindungsreaktion mit zwei unabhängigen Bindungsplätzen sei auf Abb. 8.6 verwiesen. Dieses Beispiel zeigt sehr überzeugend die Vorzüge der Titrationskalorimetrie.

8.4 Proteinfaltung und Proteinstabilität

Proteine besitzen eine unikale dreidimensionale Struktur. Man hat seit langem vermutet, daß die Faltung der ungeordneten Polypeptidkette ein thermodynamisch kontrollierter Vorgang ist. Auf der Grundlage experimenteller Untersuchungen konnte ANFINSEN 1973 die thermodynamische Hypothese der Proteinfaltung formulieren. Diese besagt, daß die dreidimensionale Struktur eines nativen Proteins diejenige ist, bei der das Gesamtsystem Protein-Wasser den niedrigsten Wert der freien Enthalpie annimmt. Das heißt letztlich, daß die native Konformation von Proteinen durch die Aminosäuresequenz bestimmt wird. Dem steht entgegen, daß der Zeitbedarf für eine Zufallssuche der richtigen Struktur selbst bei einem relativ kleinen globulären Protein bestehend aus 100–150 Aminosäureresten astronomisch wäre. Diese Abschätzungen sind als Levinthal's Paradox bekannt geworden. Man hat aus ihnen abgeleitet, daß sich zunächst begrenzte Faltungsbezirke bilden. Ein solcher Faltungsvorgang kann mit großer Geschwindigkeit ablaufen, wenn nur eine begrenzte Anzahl von Aminosäureresten an diesem Prozeß beteiligt ist. Thermodynamische Untersuchungen zur Proteinfaltung haben somit zwei Aufgaben:

1. am „fertig" gefalteten Protein die strukturstabilisierenden Kräfte zu untersuchen, und
2. den Nachweis für thermodynamisch stabile Intermediate bei der Proteinfaltung zu erbringen.

Wenn man die thermische Auffaltung von Proteinen untersucht, so wie das methodische Vorgehen bereits geschildert worden ist, kann man die thermodynamischen Schlüsselgrößen der Halbumwandlungstemperatur T_{trs}, der Enthalpieänderung ΔH und der Wärmekapazitätsänderung ΔCp erhalten. Einige Beispiele sind in Tabelle 8.3 enthalten.

Die Daten in der Tabelle 8.3 sind etwas vereinfacht: es wurden nur solche Proteine ausgewählt, deren thermische Auffaltung einem Zweizustandsmodell (CR = 1) folgt. Außerdem wird vernachlässigt, daß ΔCp selbst auch temperaturabhängig ist. Aus den Schlüsselgrößen kann man die Temperaturabhängig-

Tabelle 8.3. Thermodynamische Größen für die thermische Auffaltung ausgewählter globulärer Proteine

Protein	pH	T_{trs} °C	ΔH [a] kJ/Mol	ΔCp kJ/Mol/K
Adrenodoxin	8,5	51,4	355	6,9
Chymotrypsin	3,8	57	675	13,2
Cytochrom b_5	7,4	71	336	6,0
Cytochrom c	4,8	78	445	4,7
α-Lactalbumin	6,3	62	276	4,0
Lysozym, Hühnereiweiß	4,5	78,5	590	6,6
Lysozym, Phage T4	2,8	51,7	517	9,8
Myoglobin-CN	9,5	82	763	11,7
Ribonuclease A	5,5	64	487	4,0
Ribonuclease T1	7,0	52	445	5,9
Trypsin-Inhibitor	7,0	103	293	0,1

[a] ΔH bei der Halbumwandlungstemperatur T_{trs}.

keit der Denaturationsenthalpie, Denaturationsentropie und der freien Enthalpie berechnen:

$$\Delta H(T) = \Delta H - \Delta Cp \cdot (T_{trs} - T) \tag{8.31}$$

$$\begin{aligned}\Delta S(T) &= \Delta S - \Delta Cp \cdot (T_{trs} - T) / T_{trs} \\ &= \Delta H / T_{trs} - \Delta Cp \cdot (T_{trs} - T) / T_{trs}\end{aligned} \tag{8.32}$$

$$\Delta G(T) = \Delta H \cdot (T_{trs} - T) / T_{trs} - \Delta Cp \cdot (T_{trs} - T) + T \cdot \Delta Cp \cdot \ln(T_{trs} / T) \tag{8.33}$$

In Abb. 8.17 ist an einem der in Tabelle 8.3 enthaltenen Beispiele der Verlauf dieser Temperaturfunktionen verdeutlicht. ΔH und ΔS haben bei der Umwandlungstemperatur beträchtliche Werte. Die Temperaturfunktion von ΔH ist eine Gerade, die von ΔS eine leicht gekrümmte Kurve. Beide Funktionen nehmen, wenn man sie in Richtung abnehmender Temperatur verfolgt, den Wert Null an und wechseln das Vorzeichen. Die Temperaturfunktion für die Änderung der freien Enthalpie, ΔG, ist stark gekrümmt und die numerischen Werte sind deutlich kleiner als etwa die für ΔH nahe der Halbumwandlungstemperatur. Diskutiert man die Kurve, so sind zwei Punkte wichtig:

1. die Funktion ist definitionsgemäß gleich Null bei der Halbumwandlungstemperatur T_{trs} wegen K = 1, und
2. die Funktion hat einen Maximalwert bei einer Temperatur, bei der wegen $d(\Delta G)/dT = -\Delta S = 0$ der Schnittpunkt der Entropiefunktion mit der Null-Achse vorliegt.

Die Temperaturfunktion für ΔG fällt zu tieferen Temperaturen wiederum ab, d.h. es gibt neben der thermischen auch eine Kältedenaturierung von Proteinen.

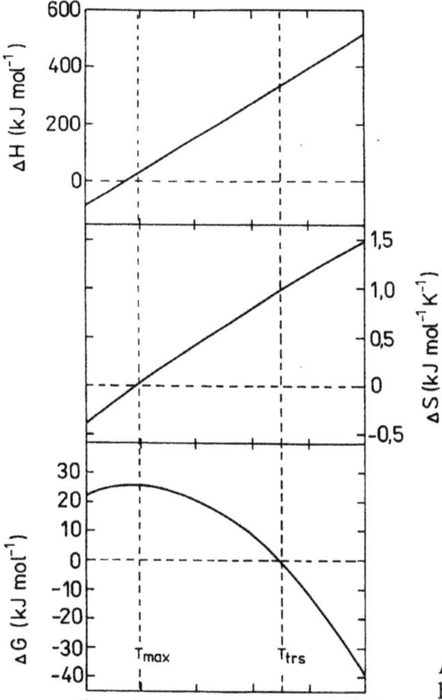

Abb. 8.17. Darstellung der Temperaturabhängigkeit von ΔH, ΔS und ΔG für die thermische Entfaltung der Struktur des Cytochroms b_5 bei pH 7.4

Die Größe $-\Delta G$, d.h. die Änderung der freien Enthalpie bei der Entfaltung der Proteinstruktur, ist ein Maß für die Konformationsstabilität eines Protein. Deshalb sind in Tabelle 8.4 einige Zahlenwerte für globuläre Proteine zusammengestellt worden. Sie sind mit Hilfe von Gl. (8.33) aus den Daten in Tabelle 8.3 berechnet worden. Sie zeigen, daß Proteine allgemein eine durch ΔG ausgedrückte Stabilität zwischen 25 und 60 kJ/Mol aufweisen. Es ist literaturüblich, solche Stabilitätsdaten als positive Werte anzugeben (exakt ist $\Delta G_{unf.} = -\Delta G_{stab.}$). Wenn ausschließlich ΔG ermittelt werden soll, ohne daß T_{trs}, ΔH und ΔCp benötigt werden, stehen auch andere Bestimmungsverfahren für ΔG zur Verfügung. Sehr verbreitet ist in diesem Falle die Proteindenaturierung durch Harnstoff oder Guanidiniumhydrochlorid. Hierzu wird das zu untersuchende Protein mit einem dieser Stoffe in steigenden Konzentrationen inkubiert und mittels geeigneter Methoden (meist Absorptionsspektroskopie, Circulardichroismus oder Fluoreszenz) der Umwandlungsgrad (analog α in Abb. 8.1) der Auffaltungsreaktion gemessen. Die daraus bestimmbaren Gleichgewichtskonstanten werden dann auf die Denaturant-Konzentration $c = 0$ extrapoliert (für die Durchführung siehe PACE et al., 1989).

Tabelle 8.4. Stabilitätsdaten für ausgewählte Proteine bei 25 °C, ausgedrückt durch ΔG für die Auffaltung der Struktur

Protein	M kDa	pH	ΔG kJ/Mol
Adrenodoxin	14,0	8,5	22
Chymotrypsin	23,8	3,8	44
Cytochrom b_5	10,5	7,4	25
Cytochrom c	12,4	4,8	47
α-Lactalbumin	14,2	6,3	22
Lysozym, Hühnereiweiß	14,3	4,5	61
Lysozym, Phage T4	16,7	2,8	31
Myoglobin-CN	17,0	9,5	65
Ribonuclease A	13,6	5,5	47
Ribonuclease T1	11,1	7,0	30
Trypsin-Inhibitor	6,5	7,0	60

Die Konformationsstabilität globulärer Proteine ist mit $\Delta G = 25$ bis 60 kJ/Mol sehr gering. Proteine sind dementsprechend empfindliche Substanzen. Dies reflektiert biologische Erfordernisse. Proteine müssen eine ausreichende Stabilität besitzen, um im Organismus bestehen zu können. Gleichzeitig müssen sie eine hinreichende Flexibilität aufweisen, um (etwa als Enzyme) eine bestimmte Funktion erfüllen zu können. Schließlich müssen Proteine hinreichend labil sein, damit aus regulatorischen Gründen eine Degradation stattfinden kann. Die Konformationsstabilität von Proteinen korreliert in bemerkenswerter Weise mit der *in-vivo*-Stabilität gemessen am Turnover in der lebenden Zelle. Die Ursache für die mäßige Stabilität von globulären Proteinen liegt darin, daß betragsmäßig große stabilisierende und destabilisierende Anteile vorliegen. Diese Anteile werden in Tabelle 8.5 am Beispiel eines Proteins diskutiert, das aus etwa 100 Resten besteht.

Aus Tabelle 8.5 kann man entnehmen, daß die Balance der stabilisierenden und destabilisierenden Anteile leicht gestört werden kann. Die Proteinstabilität ist tatsächlich sehr leicht durch externe Faktoren beeinflußbar, etwa pH-Wechsel, Zugabe von Liganden, Trägerfixierung usw. Besonders interessant ist es, die Rolle einzelner Aminosäurereste für die Stabilität und Faltung zu ermitteln. Das folgende Beispiel (Abb. 8.18) und Daten in Tabelle 8.6 zeigen eine Situation beim Lysozym aus Phagen T4:

Wenn im Lysozym T4 der Rest Threonin 157 durch Isoleucin substituiert wird, entsteht eine Störung in einem lokalen Wasserstoffbrücken-Netzwerk mit erheblichen Konsequenzen für die Stabilität. Dennoch zeigt die Röntgenstrukturanalyse, daß alle in Tabelle 8.6 aufgeführten Mutanten die gleiche Raumstruktur aufweisen.

Die bisherigen Betrachtungen gelten für kleine, globuläre Proteine mit einer Molmasse bis zu etwa 25 kDa. Proteine, deren Molmasse 30 kDa übersteigt, sind in der Regel aus Domänen aufgebaut. Domänen sind im Sinne der thermodynamischen Ansätze separate Faltungseinheiten. Solche Domänen sind dann

Tabelle 8.5. Beiträge verschiedener Faktoren zur Proteinstabilität [a]

Faktor	Beitrag zu ΔG kJ/Mol	Beitrag zu ΔH
Konformationsentropie (25°C)	– 1400 bis – 4000	vernachlässigbar
unvorteilhafte Wechselwirkungen im gefalteten Protein	– 800	positiv
hydrophobe Wechselwirkung	+ 1100	positiv
Zunahme der VAN-DER-WAALS-Wechselwirkung infolge dichterer Packung im gefalteten Protein	+ 950	negativ
Beiträge der Wasserstoffbrückenbindungen	+ 200 bis + 3000	negativ
beobachteter Nettoeffekt	+ 20 bis + 50	

[a] Die Tabelle wurde entnommen aus CREIGHTON, T.E. (1983) Proteins – Structures and Molecular Principles. W.H. Freeman Co., New York.

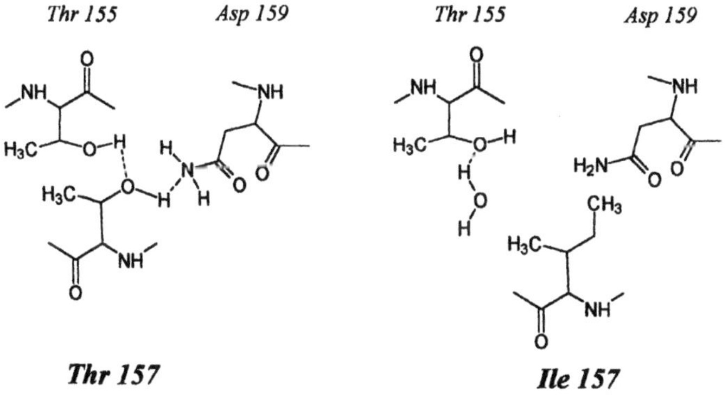

Abb. 8.18. Wasserstoffbrücken des Lysozyms T4 in der Umgebung von Threonin 157 (Wildtyp, **a** sowie in der temperatursensitiven Mutante Thr157 → Ile **b**

leicht erkennbar, wenn sie sehr unterschiedliche Thermostabilität aufweisen. Dann können sie als aufeinanderfolgende Peaks in einer scanning-kalorimetrischen Kurve identifiziert werden. Haben sie jedoch eine sehr ähnliche Thermostabilität, so führt dies lediglich zu einem verbreiterten Schmelzpeak. Die Verbreiterung bewirkt, daß das Kooperativitätskriterium (Gl. (8.18)) CR = $\Delta H^{cal} / \Delta H^{eff} > 1.0$ wird. Mit Hilfe einer rechnerischen Kurvenanalyse können die Teilpeaks identifiziert werden. Ein solches Beispiel ist in Abb. 8.19 wiedergegeben. In der Biochemie legt man Wert darauf, Erkenntnisse über Domänenstrukturen abzusichern, indem man durch limitierte Proteolyse die separaten Domänen gewinnt und wiederum kalorimetrisch untersucht.

Tabelle 8.6. Aminosäuresubstitutionen in Position 157 des Lysozyms aus Phagen T4 [a]

Mutante	ΔT [b] (°C)	$\Delta(\Delta G)$ [c] (kJ/Mol)	Bemerkungen
Wildtyp (Thr157)	0,0	0,0	Referenzprotein [d]
Thr157 → Ala	− 5,4	− 5,4	
Thr157 → Arg	− 5,1	− 5,1	
Thr157 → Asn	− 1,7	− 1,9	
Thr157 → Asp	− 4,2	− 4,6	
Thr157 → Cys	− 4,9	− 5,4	
Thr157 → Glu	− 5,8	− 6,3	
Thr157 → Gly	− 4,2	− 4,6	
Thr157 → His	− 7,9	− 8,8	
Thr157 → Ile	− 11	− 12,1	TS-Mutante [e]
Thr157 → Leu	− 5	− 5,4	
Thr157 → Phe	− 9,2	− 2,4	
Thr157 → Ser	− 2,5	− 2,8	
Thr157 → Val	− 6	− 6,7	

[a] Daten nach ALBER, T et al. (1987) Nature 330, 41.
[b] $\Delta T = (T_{trs})_{Mutante} - (T_{trs})_{Wildtyp}$.
[c] $\Delta(\Delta G) = (\Delta G)_{Mutante} - (\Delta G)_{Wildtyp}$.
[d] T_{trs} des Wildtyps beträgt $42,0 \pm 0,5$ °C bei pH 2.
[e] TS-Mutante = temperatursensitive Mutante.

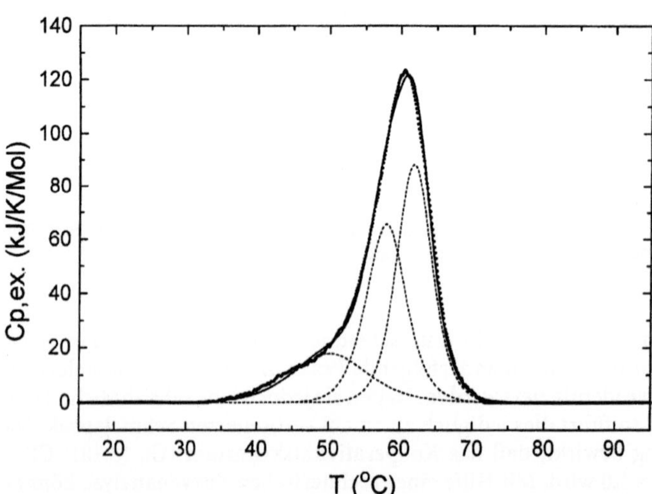

Abb. 8.19. Experimentelle (excess) Wärmekapazitätsfunktion von Cytochrom P_{450} aus *Pseudomonas putida* (M ~ 46 kDa) in Gegenwart des Substrates Campher (Punkte). Durch Dekonvolution wurden die drei Teilpeaks erhalten (punktierte Linien). Die Summe der Teilflächen ergibt die ausgezogene Kurve

Während bei der Domänenstruktur die Abweichungen vom Zweizustandsmodell offenkundig sind, können solche Abweichungen mitunter auch bei der Entfaltung von kleinen globulären Proteinen beobachtet werden. Dies ist der Fall, wenn ein Intermediat X vorliegt:

$$N \rightleftharpoons X \rightleftharpoons D.$$

Dieser Fall ist am Beispiel der Guanidiniumhydrochlorid-induzierten Auffaltung des α-Lactalbumins erstmals eingehend analysiert worden. Die dabei erhaltenen Ergebnisse haben dazu geführt, die „molten globule"-Hypothese zu formulieren. Sie besagt, daß es relativ kompakte Intermediate bei der Proteinfaltung gibt, die eine stark fluktuierende Sekundärstruktur aufweisen.

Faltungsintermediate sind allgemein instabil und proteaseempfindlich. In der lebenden Zelle sind deshalb besondere Mechanismen wirksam, die den Faltungsprozeß unterstützen und der Fehlfaltung entgegenwirken. Besondere Bedeutung haben hierbei Chaperons, Disulfidisomerasen und *cis/ trans*-Prolinisomerasen. Dennoch nimmt die Polypeptidkette sowohl unter *in-vivo-* wie auch unter *in-vitro*-Bedingungen die thermodynamisch vorteilhafteste Konformation ein, die bereits durch die Aminosäuresequenz vorbestimmt ist.

8.5 Weitere analytische Anwendungen thermodynamischer Methoden

Dieser Abschnitt soll nur kurz in das Prinzip einiger analytischer Verfahren einführen, die letztlich auf thermodynamischen Ansätzen beruhen.

8.5.1 Der Enzymthermistor

Die Wärmeentwicklung bei einer biochemischen Reaktion kann in der Analytik genutzt werden, ohne daß man zu ihrer Messung Kalorimeter benötigt. Als Meßprinzip kann, wie in Abb. 8.20 schematisch dargestellt, ein Thermistor in eine kleine Säule mit trägerfixiertem Enzym eingebracht werden. Dieses Prinzip läßt sich weiter vervollkommnen und miniaturisieren, z.B. mit Hilfe enzymbeschichteter Thermistoren in einer Durchflußzelle. Die Reaktionswärme der enzymkatalysierten Reaktion führt dann zu einem Signal, das der angebotenen Substratkonzentration proportional ist. Der Enzymthermistor repräsentiert streng genommen kein kalorimetrisches, sondern ein thermometrisches Meßprinzip. Durch Anwendung von trägerfixierten Enzymen wird das sonst relativ unspezifische Meßverfahren hochspezifisch.

Die Anordnung kann mit Eichsubstanzen kalibriert werden. Für den Enzymthermistor ist eine präzise Temperierung erforderlich, bzw. Temperaturkompensation durch einen zweiten, nicht beschichteten Meßfühler. Die Ionisationswärme eines Puffers kann ggf. zur Verstärkung des Meßsignals benutzt werden, wenn die zu untersuchende Reaktion mit Protonenfreisetzung gekop-

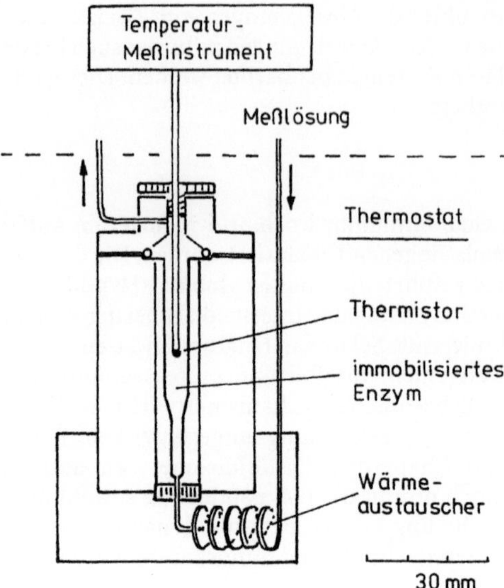

Abb. 8.20. Prototyp eines Enzymthermistors. Nach Angaben von MOSBACH, K., B. DANIELSSON, A. BORGERUD und M. SCOTT (1975) Biochim. Biophys. Acta 403, 256

pelt ist. Als Beispiel sei die Bestimmung von Glucose in Serumproben angeführt, wofür trägerfixierte Hexokinase verwendet wird:

$$\text{Glucose} + \text{ATP}^{4-} \rightarrow \text{Glucose-6-Phosphat} + \text{ADP}^{3-} + \text{H}^+.$$

Wenn bei dieser Reaktion Tris-Puffer mit einer Ionisationsenthalpie von
47,4 kJ/Mol eingesetzt wird, ergibt sich eine Reaktionsenthalpie von
−61,4 kJ/Mol, d.h. eine entsprechende Vergrößerung des Meßsignals.

8.5.2 Die kalorimetrische Reinheitsanalyse von Lipiden

Lipide zeigen in der Scanning-Kalorimetrie gut beobachtbare Phasenübergänge. Als Beispiel ist in Abb. 8.21 ein Thermogramm des Dimyristoylphos-
phatidylcholins dargestellt. Im Vergleich zu Proteinen ist der Hauptübergang
hochkooperativ, d.h. schmal und hoch. Bei Lipiden wird die kooperative Einheit von vielen Einzelmolekülen gebildet.

Wenn Lipide verunreinigt sind, kommt es wegen des Vorliegens von Misch-
phasen zur Verkleinerung der kooperativen Einheit und entsprechenden Ver-
breiterungen der Phasenübergänge. Diese sind auf der Grundlage der VAN'T
HOFF-Enthalpie auswertbar und insbesondere zum Spurennachweis von Ver-

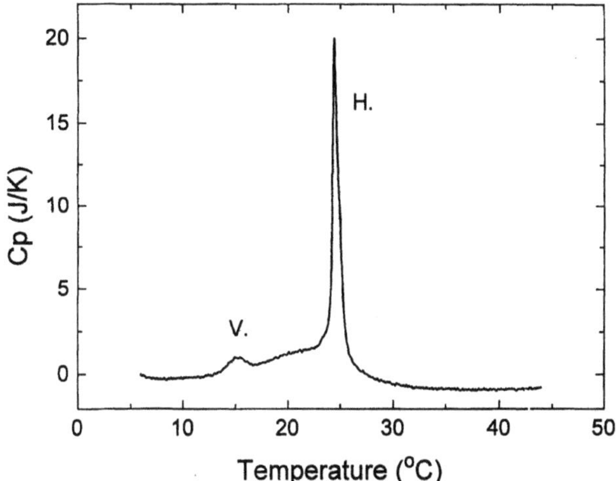

Abb. 8.21. Scanning-kalorimetrische Kurve für eine Dimyristoylphosphatidylcholin-Suspension (1 mg/ml). V – Vorpeak, H – Hauptpeak

unreinigungen geeignet. Die Grundlage hierfür ist nach einem Ansatz von STURTEVANT (1978) die folgende Gleichung:

$$(T_0 - T)^{v.H.} = (RT_0^2/\Delta H^{v.H.}) \ln [(1-\alpha)/\alpha].$$ (8.34)

Die Gleichung beschreibt eine Funktion von der Temperatur T. T_0 ist die Phasenübergangstemperatur der reinen Hauptkomponente, $\Delta H^{v.H.}$ ist die experimentell bestimmte VAN'T HOFF-Wärme und α der Umwandlungsgrad, d.h. der Anteil geschmolzenen Lipids. Dabei wird zugrunde gelegt, daß die Verunreinigung mit dem Lipid sowohl in der Gelphase als auch in der flüssigkristallinen Phase eine ideale Lösung bildet.

8.5.3 Kalorimetrie an lebenden Mikroorganismen

Kulturen von Mikroorganismen können in die Meßzelle eines Mischungskalorimeters eingebracht werden. Das Gerät registriert dann die Stoffwechselwärme über einen längeren Zeitraum, bis der Stoffwechsel durch Verbrauch des Mediums oder anderer Faktoren zum Erliegen kommt. Kulturen verschiedener Mikroorganismen zeigen bei diesem Verfahren sogar unterscheidbare Profile für die Stoffwechselwärme in Abhängigkeit von der Zeit. Man kann derartige Stoffwechselwärme/Zeit-Profile für Meßzwecke ausnutzen, indem man nach einer ersten Beobachtungsphase eine zu testende Substanz mit der Kultur vermischt. Dies kann z.B. eine der Umwelt entnommene, möglicherweise belastete Probe sein. Wenn sich z.B. in der Probe Xenobiotika befinden, wird der Stoff-

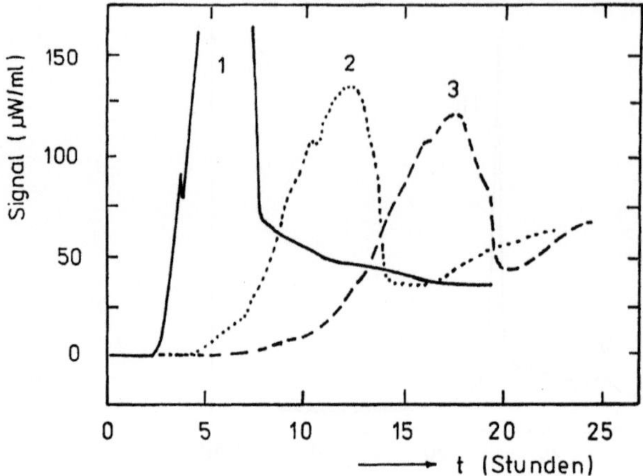

Abb. 8.22. Thermogramme von *Escherichia-coli*-Kulturen. 1 – Kontrollkurve, 2 – *E. coli* in Gegenwart von Tetracyclin, 3 – *E. coli* in Gegenwart von Doxycyclin (jeweils 4 µg/ml). Nach Daten von P.-A. MÅRDH, K.-E. ANDERSSON, T. RIPA und I. WADSÖ (1976) Scand J. Infect Dis. Suppl. 9, 12

wechsel der Kultur beeinträchtigt, eventuell sogar völlig zum Erliegen gebracht. Damit eröffnet sich ein Weg zu einer empfindlichen *in-vivo*-Testung auf Umweltschadstoffe. Das Verfahren kann in gleicher Weise für die versuchstierfreie Testung von Arzneimitteln eingesetzt werden. Die kalorimetrische Bestimmung von Stoffwechselwärmen an mikrobiellen Kulturen wird als „Biomonitoring" bezeichnet. Man hat hierfür spezielle Apparaturen entwickelt, in denen parallel mehrere Meßzellen betrieben werden können.

Literatur

ACKERMANN T (1992) Physikalische Biochemie, Springer, Berlin
COOPER A, and CM JOHNSON (1994) In: JONES C, B MULLOY, and AH THOMAS (eds) Methods in Molecular Biology, vol. 22: Microscopy, Optical Spectroscopy, and Macroscopic Techniques. Humana Press, Totowa, NJ, S 109–150
CREIGHTON TE (1993) Proteins – Structures and Molecular Properties, 2nd ed, WH Freeman & Co, New York
HAMAGUCHI K (1992) The Protein Molecule – Conformation, Stability, and Folding, Japan Scientific Societies Press, Tokyo, und Springer, Berlin
HINZ H-J (ed) (1986) Thermodynamic Data for Biochemistry and Biotechnology, Springer, Berlin
HOPPE W, W LOHMANN, H MARKL und H ZIEGLER (Hrsg) (1982) Biophysik, 2. Aufl., Springer, Berlin
PACE CN, BA SHIRLEY and JA THOMSON (1989) In: TE CREIGHTON (Ed), Protein Structure – A Practical Approach, S 311–330, IRL Press, Oxford
PFEIL W (1988) In: MN JONES (ed) Biochemical Thermodynamics, Studies in Modern Thermodynamics, vol. 8, 2nd ed., S 53–99. Elsevier, Amsterdam
PRIVALOV PL (1992) In: TE CREIGHTON (ed) Protein Folding, S 83–126. WH Freeman & Co, New York
WYMAN J and SJ GILL (1990) Binding and Linkage. University Science Books, Mill Valley, California

9 Bioinformatik: Proteinsequenzen und Sekundärstruktur-Vorhersagen

Die Aufklärung von Proteinsequenz, Proteinstruktur und Funktion ist eine wichtige Aufgabe der modernen molekularbiologischen Forschung. Dies findet Ausdruck in der starken Zunahme der Anzahl erforschter Proteine, deren Daten nur noch in großen, international zugänglichen Datenbanken verwaltet und abgerufen werden können. Dabei gibt es einen wesentlichen Unterschied: Die Aufklärung von Proteinsequenzdaten, also die Reihenfolge der Aminosäuren in der Proteinkette, ist über den Umweg der Aufklärung der entsprechenden codierenden DNA-Sequenzen und deren Übersetzung mittels des genetischen Codes wesentlich einfacher als die Aufklärung der Raumstruktur über die theoretisch und experimentell viel kompliziertere Röntgenkristallstruktur-Untersuchung oder die kernmagnetische Resonanz (NMR).

So überrascht es nicht, daß am Ende des Jahres 1993 einer Zahl von über 30 000 aufgeklärten Proteinsequenzen in einer der Datenbanken (SWISSPROT oder PIR) nur etwa 1500 aufgeklärte Protein-Raumstrukturen in der Protein Data Base (PDB) gegenüberstanden, und ein Schließen dieser Lücke beim Verhältnis der Zuwachsraten von SWISSPROT zu PDB im folgenden Halbjahr von 3400 Sequenzen zu 450 Raumstrukturen auf absehbare Zeit nicht zu erwarten ist (eine Übersicht der biomolekularen Datenbanken und ihres Zugangs befindet sich am Ende dieses Kapitels).

Nichtsdestoweniger ist es aber gerade die Struktur des Proteins, die für die Beurteilung seiner Funktion und biologischen Wirksamkeit von Interesse ist. Damit ergibt sich aus dem Mißverhältnis der Anzahl bekannter Sequenzen und Strukturen die biomathematisch-bioinformatorisch anspruchsvolle Aufgabe, bei bekannter Aminosäuresequenz eines Proteins, die Raumstruktur vorherzusagen. An diesem Problem wird seit etwa zwanzig Jahren gearbeitet, eine befriedigende Lösung erscheint ausgesprochen schwierig:

Nur für etwa ein Fünftel der sequenzaufgeklärten Proteine ergibt sich eine so hohe Sequenzähnlichkeit zu einem strukturaufgeklärten Protein in der PDB, daß diese Struktur in erster Näherung sehr gut auch für das in Frage stehende Protein übernommen werden kann und nur noch geringfügig modifiziert werden muß. Für die restlichen Proteine (vier Fünftel!) ohne Sequenzhomologe in der PDB ist eine solche Vorhersage auf dem Niveau von Raumkoordinaten zur Zeit noch illusorisch, hier beschränkt man sich auf die Vorhersage der Sekundärstruktur, also die Vorhersage, welche Aminosäuren der Proteinkette sich in einer α-Helix, einem β-Strang (β-Faltblatt) oder in einer ungeordneten Struktur befinden.

Das ist deutlich weniger Information als eine komplette Raumstruktur, bietet aber doch schon die Chance, aus Kombination von Sekundärstrukturelementen die Tertiärstruktur zu entwickeln, die weitere wesentliche Aufschlüsse über eine mögliche Funktion gibt, oder im Fall gezielter Mutagenese, strukturerhaltende Mutationen von strukturbrechenden zu unterscheiden.

Um eine möglichst präzise Vorhersage zu machen, ist es unumgänglich, die gesamte zur Verfügung stehende Sequenz- und Strukturinformation auszunutzen. Wir werden im folgenden die wichtigsten Verfahren der Sekundärstrukturvorhersage beschreiben und dabei besonders auf den Grad der Ausnutzung der gegebenen Information achten.

Dabei wollen wir zusätzlich die Vorhersagen der einzelnen Verfahren an einem Protein demonstrieren, das eine deutliche Sequenzähnlichkeit zu einem strukturaufgeklärten Protein aus der PDB zeigt. Abbildung 9.1 zeigt die über das Forschungsnetz gewonnenen Vorhersagen und das in einem hinteren Kapitel erklärte Sequenzalignment beider Sequenzen.

9.1 Verfahren von CHOU und FASMAN

Eines der ersten häufig benutzten Standardverfahren zur Vorhersage der Sekundärstruktur eines Proteins wurde von CHOU und FASMAN entwickelt, das wir aus methodischem Interesse an den Anfang unseres Streifzugs stellen wollen.

Auf der Grundlage bekannter Raumstrukturen von Proteinen (in der ersten Version ganze 15 Proteine!) wurden sogenannte Konformationsparameter P_{rs} bestimmt, die das Verhältnis der Häufigkeit jeder der zwanzig Aminosäuren r in einem bestimmten Sekundärstrukturtyp s (α-Helix, β-Strang, Turn) zur Häufigkeit ihres Vorkommens im gesamten Datensatz wiedergeben:

$$P_{rs} = \frac{\dfrac{n_{rs}}{n_s}}{\dfrac{n_r}{N}} \tag{9.1}$$

mit n_{rs} – Zahl der Aminosäuren r im Zustand s, n_s – Zahl aller Aminosäuren im Zustand s, n_r – Zahl der Aminosäuren r im Datensatz, N – Totalanzahl der Aminosäuren im Datensatz.

Ein Wert $P_{rs} > 1$ deutet an, daß die Aminosäure r überdurchschnittlich oft im Zustand s auftritt. Mit Hilfe der so bestimmten Konformationsparameter werden längs der Sequenz nach heuristischen Regeln (die wir nur verkürzt wiedergeben wollen) Zentren starker Präferenz eines Strukturtyps bestimmt und nach beiden Seiten so weit ausgedehnt, bis ein anderer Strukturtyp wahrscheinlicher wird:

a) Ein Cluster von vier helicalen Resten mit $P_{rh} > 1,1$ in einem Fenster von sechs aufeinander folgenden Aminosäuren längs der Sequenz initiiert eine Helix. Die Helix wird in beide Richtungen fortgesetzt, bis eine gewisse An-

```
         .             .             .             .             .
 1 VDAFVGTWKLVSSENFDDYMKSLGVGFATRQVGNMTKPTLIISVNGDTVI 50  MDGI
   || ||||: ..||:::.:|..:|:....|.:|. .. .|.|. :|:...
 1 ..AFDGTWKVDRNENYEKFMEKMGINVVKRKLGAHDNLKLTITQEGNKFT 48  1IFB


   ....eeeeeeeeeehhhhhhhh..hhhhhhhhhheeeeeeeeee..eee         PDB
   .....eeeeeeee.hhhhhhh....hhhhhhh.....eeeeeee..eee         DSSP
   .....eeeeeeee...hhhhhhhhhheeeeeeeeee...eeeeeee...e        CF
   hhhhhhhh.......hhhhhhhhh.................eeeee..eee        ALB
   hhhhhhhehhe.....hhhhhee...eeeehe.......eeeee...eee        GOR
   .hh.e..eee.......hhhhh.ee.............eeee......ee         SIMPA



         .             .             .             .             .
51 IKTQSTFKNTEISFKLGVEFDETTADDRKVKSIVTLDGGKLVQVQKW..N 98  MDGI
   :|. |.|:|.:: |.|||:|. . ||: .:.:. |::|.||. |: |
49 VKESSNFRNIDVVFELGVDFAYSLADGTELTGTWTMEGNKLVGKFKRVDN 98  1IFB


   eeeee.eeeeeeee...eeeeee.eeeeeeeeee..eeeeeeeee..         PDB
   eeee....eeeeeee....eeee.....eeeeeeeee..eeeeeee...       DSSP
   eeee.......hhhhhhhhhhhhhhhhhhh..eeeee....hhhhhhhh.      CF
   e.........eeeeeeeee..........eeeee..eeeee......        ALB
   eee.......hhhhee..hhhhh.hhhhhh.eeehh....eeeee.....     GOR
   ee.........e.eeeeeee........hh.eeee....eeee.......     SIMPA


99 GQETSLVREMVDGKLILTLTHGTAVCTRVYEKQ    131        MDGI.
   |.|    |||: :..|| |.|.:.. ..|::.|:
99 GKELIAVREISGNELIQTYTYEGVEAKRIFKKE    131        1IFB


   .eeeeeeeeee.eeeeeeeee..eeeeeeeeee               PDB
   ..eeeeeeeee..eeeeeee..eeeeeeeee.               DSSP
   ..hhhhhhhhhh.eeeeeeeeeeeeeeee.hhhh              CF
   ....hhhhhh...eeeeee..eeeee......               ALB
   .....hhhhhh.h.hheeee...eee.......              GOR
   ....hhhhhhh...eeeee.......eeeee.               SIMPA
```

Abb. 9.1. Sekundärstruktur-Vorhersagen sowie Alignment des Proteins MDGI mit dem strukturbekannten Protein 1IFB aus der PDB. Das MDGI (mamma derived growth inhibitor), ein Protein, das das Wachstum von Krebszellen hemmt, weist eine deutliche Sequenzähnlichkeit (32,5 % Sequenzidentität) zum 1IFB , einem Fettsäure bindenden Protein aus dem Darmtrakt der Ratte, auf, was ein Garant für eine starke Strukturähnlichkeit beider Proteine ist. Für das 1IFB sind die aus der PDB entnommenen Sekundärstrukturtypen (h für α-Helix, e für β-Strang) angegeben, sowie die schärfer gefaßten Typisierungen von KABSCH und SANDER (DSSP), die mit den einzelnen Vorhersagen von CHOU-FASMAN (CF), GARNIER (GOR), GARNIER und LEVIN (SIMPA) sowie PTYTSIN-FINKELSTEIN (ALB) verglichen werden können. Im Sequenzalignment werden die Aminosäuren im Einbuchstaben-Code (vgl. Tab. 7.1) wiedergegeben. Die Ähnlichkeit der einzelnen Positionen wird durch „|" für identische Aminosäuren (matches) abfallend über „:" bis „." gekennzeichnet. Das Alignment macht eine Lücke von zwei Aminosäuren nach Position 97 des MDGI deutlich. Sequenzalignment sowie Sekundärstruktur-Vorhersagen wurden über GENIUSnet am EMBNet-Knoten des DKFZ Heidelberg gewonnen. Die Strukturdaten wurden über das Internet Service Programm Mosaic aus den Datenbasen PDB, NRL_3D entnommen

zahl von Aminosäuren mit $P_{rh} < 1,0$ erreicht ist. Prolin kommt im Inneren einer Helix oder am C-terminalen Ende nicht vor, darf aber unter den drei letzten Resten des N-terminalen Endes sein. Jedes Segment mit wenigstens sechs Aminosäuren und einem Mittelwert $\langle P_{bh}\rangle > 1,03$ und $\langle P_{bh}\rangle > \langle P_{bh}\rangle$ ist helical (b für β-Strang).

b) Ein Cluster von drei Aminosäuren in einem Fenster von fünf Resten längs der Sequenz mit $P_{rb} > 1,1$ initiiert einen β-Strang. Dieser Strang setzt sich in beide Richtungen fort, bis ein Satz von Tetrapeptiden mit einem Mittelwert von $\langle P_b\rangle < 1,0$ erreicht ist. Jedes Segment von fünf Resten mit $\langle P_b\rangle > 1,05$ und $\langle P_b\rangle > \langle P_h\rangle$ ist ein β-Strang.

c) Jede überlappende Region ist helical, wenn $\langle P_h\rangle > \langle P_b\rangle$ oder ein β-Strang, wenn $\langle P_b\rangle > \langle P_h\rangle$ ist.

Wenn die Berechnung der Konformationsparameter und ihrer Mittelwerte längs der Sequenz auch übersichtlich und einfach ist, war die Umschreibung dieser heuristischen Regeln in ein Rechenprogramm recht kompliziert. Da das Verfahren auch bei Aktualisierung der Konformationsparameter unter Ausnutzung der immer umfangreicheren Strukturdatenbanken nicht allzu präzise Vorhersagen liefert, wird es heute zunehmend von moderneren Verfahren abgelöst.

9.2 Die GOR-Methode

Das Verfahren GOR (GARNIER, OSGUTHORPE und ROBSON) ersetzt die heuristischen Regeln des CHOU-FASMAN-Verfahrens durch einen Algorithmus, der den Einfluß benachbarter Aminosäuren auf die Struktur unter Ausnutzung von Formalismen aus der Informationstheorie beschreibt:

Die Information, die zur Vorhersage des Strukturtyps S einer Aminosäure R bereitsteht, ergibt sich zu

$$I(S;R) = \log(P(S|R)/P(S)) \tag{9.2}$$

mit $P(S|R)$ als Wahrscheinlichkeit dafür, daß der Strukturtyp S vorliegt, wenn der Aminosäurerest R vorliegt, und $P(S)$ als Wahrscheinlichkeit, den Zustand S überhaupt zu finden.

Für jede Aminosäure und alle Strukturtypen S wird die *Differenz* des Informationsgehalts für den Typ „S" und den Typ $\bar{S}$ (nicht „S") bestimmt,

$$I(S;\bar{S};R) = I(S;R) - I(\bar{S};R) = \log(P(S|R)/P(\bar{S}|R)) + \log(P(\bar{S})/P(S)) \tag{9.3}$$

wobei der Strukturtyp mit der höchsten Differenz des Informationsgehaltes vorhergesagt wird.

An Stelle der heuristischen Regeln bei CHOU und FASMAN wird zur Bestimmung des Informationsgehaltes nicht nur die in Frage stehende Aminosäure selbst, sondern auch der Einfluß von je acht Aminosäuren unmittelbar davor und danach berücksichtigt und näherungsweise bis zu den Paarwechselwirkungen beschrieben:

$$I(S;\overline{S};R_{j-8},\ldots,R_j,\ldots,R_{j+8}) = I(S;\overline{S};R_j) + \sum_{\substack{m=-8\\m\neq 0}}^{8} I(S;\overline{S};R_{j+m}|R_j). \tag{9.4}$$

Für jeden Sekundärstrukturtyp sind für den ersten Summanden 20 Parameter aus der Strukturdatenbank abzuschätzen, für jeden der Terme unter der Summe aber schon 400 wegen der paarweisen Aminosäuren. Um eine solche Anzahl verläßlich abzuschätzen, sind umfangreiche Strukturdaten erforderlich, oder man muß, wie hier geschehen, einzelne Parameter durch Interpolation ausgleichen.

Die GOR-Methode ist einfach zu programmieren, in der Berücksichtigung der benachbarten Aminosäuren leicht zu erweitern, wobei sich eine Fensterlänge von 17 Aminosäuren als optimal erwiesen hat, und zählt zu den verläßlichen Methoden dieser Generation von Verfahren.

9.3 Die SIMPA-Methode von Garnier und Levin

In diesem Verfahren wird die Ähnlichkeit von Sequenzmustern mit bekannter Struktur zur Sekundärstrukturvorhersage ausgenutzt. Wie schon im GOR-Verfahren erweist sich eine Musterlänge von 17 Aminosäuren als optimal.

In einem ersten Schritt werden aus der Strukturdatenbank PDB alle 17-mere mit bekannter Raumstruktur aufgelistet. Diese Liste gilt dann für alle Vorhersagen als Wissensbasis und kann bei Zunahme der PDB gegebenenfalls erweitert werden.

Zur Vorhersage der Sekundärstruktur läßt man nun ein Fenster von 17 Aminosäurepositionen über die Gesamtlänge des Proteins gleiten, dessen Sekundärstruktur vorhergesagt werden soll, und sieht nach, welche der bekannten 17-mere der Liste zu dem im aktuellen Sequenzfenster ähnlich sind. Dabei zählt man die Anzahl der übereinstimmenden Aminosäuren ab und berücksichtigt nur die 17-mere der Liste, deren Trefferwert (Maximum 17) einen bestimmten Schwellenwert überschreitet.

Jeder Position des aktuellen Sequenzfensters im Protein wird nun der Trefferwert, der sich aus dem 17-mer der Liste ergab, für den entsprechenden Sekundärstrukturtyp dieser Position zugeordnet und über alle akzeptierten 17-mere addiert. Als Vorhersage pro Position gilt der Sekundärstrukturtyp mit dem höchsten kumulativen Trefferwert.

Erwartungsgemäß ist das Verfahren besonders gut, wenn ähnliche Proteine im Satz der Strukturdaten sind , dann findet man bis zu 87 % Vorhersagegenauigkeit. Aber auch ohne diese Voraussetzung ist das SIMPA-Verfahren recht leistungsfähig und in seiner Vorhersagegenauigkeit dem GOR-Verfahren vergleichbar.

9.4 Die Verfahren von Lɪᴍ sowie von Fɪɴᴋᴇʟsᴛᴇɪɴ und Pᴛɪᴛsʏɴ

Zur gleichen Generation von Verfahren, wenn auch mit unterschiedlicher Methodik, gehören die Vorhersageverfahren von Lɪᴍ sowie von Fɪɴᴋᴇʟsᴛᴇɪɴ und Pᴛɪᴛsʏɴ. Auch hinsichtlich der Vorhersagegenauigkeit sind sie dem GOR- und SIMPA-Verfahren ebenbürtig.

Lɪᴍs Verfahren untersucht im wesentlichen lokale hydrophile oder hydrophobe Sequenzmuster, da Sekundärstrukturelemente häufig ganz bestimmte hydrophobe Muster zeigen. So erwartet man etwa für eine α-Helix, deren *i-te* Position ins Innere des Proteins zeigt und mit großer Wahrscheinlichkeit hydrophob ist, weitere hydrophobe Reste bei *i + 3, i + 4* sowie bei *i – 1, i – 4*, da diese auf derselben Seite der Helix liegen. Auf der Basis der vorliegenden Strukturdaten hat Lɪᴍ eine ganze Reihe solcher Regeln entwickelt, die auch weitere wesentliche Aminosäureeigenschaften einbeziehen. Trotz der teilweise recht willkürlich anmutenden Regeln und trotz der Schwierigkeiten, diese Regeln effektiv zu programmieren, ist Lɪᴍs Verfahren eine wertvolle Erweiterung des Methodenspektrums, wie auch das auf einer physikalischen Theorie der Proteinsekundärstruktur beruhende Verfahren ALB von Pᴛɪᴛsʏɴ und Fɪɴᴋᴇʟsᴛᴇɪɴ.

Zur Vorhersage werden hier sowohl kurzreichende Wechselwirkungen innerhalb der Sequenz als auch weiterreichende Wechselwirkungen zwischen Sekundärstrukturelementen sowie das umgebende Lösungsmittel berücksichtigt und durch ein statistisch-mechanisches Modell beschrieben. Dabei werden die spezifischen weitreichenden Wechselwirkungen und der Einfluß des Lösungsmittels durch ein allgemeines hydrophobes Feld beschrieben, die Parameter der kurzreichenden Wechselwirkungen werden durch Messungen an synthetischen Polypeptiden gewonnen. Als Resultat wird für jede Aminosäure längs der Sequenz die Wahrscheinlichkeit dafür angegeben, sich in einem bestimmten Sekundärstrukturtyp zu befinden. Schwellenwerte für relativ sichere Vorhersagen erleichtern die Auswertung.

9.5 Grenzen einer Generation von Vorhersageverfahren

Die Vielzahl der Verfahren und Herangehensweisen an das Problem der Sekundärstrukturvorhersagen waren ein Indiz dafür, daß keines der bisher vorgestellten Verfahren die Erwartungen voll erfüllen konnte. Kennzeichnend für diese Situation sind auch die Widersprüche der einzelnen Vorhersagen bezüglich desselben Proteins (s. auch Abb. 9.1). Verfahren, die in einigen Fällen erstklassige Ergebnisse lieferten, versagten in anderen völlig. Auch der Vergleich der einzelnen Verfahren untereinander erwies sich als schwierig, da es dafür nötig war, sich auf vergleichbare Testsätze von Proteinen und denselben Satz von Sekundärstrukturtypen zu beziehen. Verfahren, die neben α-Helix, β-Strang und ungeordnetem Rest zusätzlich etwa Turns vorhersagten, mußten auf den kleineren gemeinsamen Satz von Strukturtypen reduziert werden. Wichtig war auch die richtige Wahl des Testsatzes von Proteinen. Hier mußte verhindert werden, daß die Proteine des Testsatzes im Lernsatz der Datenbanken auftauchen, da einzelne Verfahren (etwa SIMPA) dann deutliche Vorteile in der Vorhersagegenauigkeit haben.

Das einfachste Maß für die Vorhersagegenauigkeit ist als

$$Q = \frac{\text{Summe der richtig vorhergesagten Aminosäuren}}{\text{Totalanzahl der Aminosäuren}} \qquad (9.5)$$

definiert. Man kann sich dabei aber auch auf die einzelnen Sekundärstrukturtypen S beziehen:

$$Q_S = \frac{\text{Summe der richtig vorhergesagten Aminosäuren im Zustand } S}{\text{Totalanzahl der Aminosäuren im Zustand } S} \quad .(9.6)$$

Während Q die Vorhersagegenauigkeit im Ganzen beurteilt und damit die für den Anwender relevante Frage beantwortet, welcher Anteil der Proteinsequenz korrekt vorhergesagt wird, geben Q_α und Q_β an, welcher Anteil an α-Helix bzw. β-Strang richtig vorhergesagt wird. Dabei ist zu berücksichtigen, daß α-Helix, β-Strang und ungeordneter Rest nicht zu gleichen Anteilen in Proteinen auftreten. Einem Anteil von 45–50 Prozent ungeordneter Struktur stehen etwa 30–35 Prozent Helix und 20–25 Prozent β-Strang gegenüber. Aus diesem Grunde liegt eine völlig zufällige (ausgewürfelte) Vorhersage der Sekundärstruktur für die drei Sekundärstrukturtypen nicht bei 33 Prozent sondern mit 38 Prozent etwas darüber, da jede Vorhersage ungeordneter Struktur schon eine höhere Trefferwahrscheinlichkeit besitzt.

Ausführliche Analysen der Leistungsfähigkeit von Sekundärstrukturvorhersage-Verfahren u.a. auch von ROST, SANDER und SCHNEIDER ergeben für die bisher vorgestellten Verfahren durchgängig eine totale Vorhersagegüte Q zwischen 60 und 65 Prozent. Dabei zeigt sich eine generelle Tendenz, α-Helices präziser vorherzusagen als β-Strang-Strukturen. Während Q_α um die Werte der totalen Vorhersagegüte Q schwankt, liegen die Werte für Q_β mit 45 bis 55 Prozent deutlich niedriger.

Gründe dafür sollten in der Reichweite der verarbeiteten Sequenzinformation zu suchen sein. Für Helices scheinen Fenster der Länge von 17 Aminosäuren optimaler als für β-Stränge, die in ihrem Entstehen und in ihrer Stabilisierung innerhalb von β-Faltblättern offenbar durch weiterreichende Wechselwirkungen beeinflußt werden.

Aus den Untersuchungen der Vorhersagegüte wird aber auch folgendes deutlich: Wie sehr man auch die vorliegenden Verfahren und Algorithmen durch Einbeziehung der Information aus den immer umfangreicheren Sequenz- und Struktur-Datenbanken zu verbessern versuchte, die totale Vorhersagegenauigkeit kam nicht über die magische Grenze von 65 Prozent hinaus. Diese immerhin 25 %–30 % Gewinn gegenüber einer reinen Zufallsvorhersage bilden so etwas wie eine Schallmauer für diese Generation von Verfahren.

Auch Kombinationen einzelner Verfahren, die nach ausgeklügelten Algorithmen zur Vorhersage herangezogen wurden, wie etwa das Verfahren COM von GARNIER brachten da keine signifikanten Verbesserungen. Dasselbe Schicksal teilten die ersten Anwendungen von neuronalen Netzen zur Sekundärstrukturvorhersage (HOLLEY, BOHR, QIAN). Immerhin konnten sich diese Verfahren im Vorderfeld der Vorhersagegenauigkeit behaupten und damit ihre potentiellen Möglichkeiten zu einem Qualitätssprung andeuten.

Diese Hoffnungen auf einen Qualitätssprung bei den Sekundärstrukturvorhersagen wurden durch zwei Entwicklungstendenzen begründet:

- Parallel zur starken Zunahme sowohl der Sequenz- als auch der Strukturdatenbanken ging eine stürmische Entwicklung mathematisch-informatorischer Verfahren zur Analyse biologischer Sequenzen einher, deren Ausdruck auch die schon erwähnte Anwendung neuronaler Netze war. Vor allem betraf dies die Entwicklung und Optimierung von Verfahren zur Bestimmung von Sequenzähnlichkeiten und der Herausarbeitung evolutionärer Zusammenhänge zwischen den Sequenzen.
- Zum anderen wurden große Fortschritte bei der Bereitstellung biologischer Sequenz- und Strukturdaten sowie der entsprechenden Software für Ausverteverfahren in Datenbanken und Informationsnetzen erzielt, die eine optimale Kombination von Information und Informationsverarbeitung für anspruchsvolle Vorhersagen gestattet.

Da die Ausnutzung dieser Entwicklungstendenzen insbesonders für die Sekundärstrukturvorhersage essentiell ist, sollen diese beiden Aspekte der Sequenzbearbeitung, die Nutzung von Informationsnetzen sowie die sequenzanalytischen Verfahren zum paarweisen und multiplen Alignment von Proteinsequenzen näher erläutert werden, bevor ihr Einfluß auf die Sekundärstrukturverfahren der „zweiten Generation" untersucht werden soll.

9.6 Datenbanken und Forschungsnetze

Die Speicherung und Verarbeitung der anfallenden biologischen Information insbesonders zu Sequenz und Struktur von Biomakromolekülen, aber auch zur Kartierung ganzer Genome ist heute nur noch mit den Mitteln moderner Informationstechnologien zu bewältigen.

Dazu zählen die Entwicklung immer leistungsfähigerer Rechner, etwa massive Parallelrechner, die Entwicklung von Speichermedien wie CD-ROM und die immer mehr fortschreitende Vernetzung von Forschungsrechnern im Internet.

Internet ist eine Zusammenschaltung zahlreicher nationaler, regionaler und lokaler Rechnernetze, die die Informationsübertragung nach einem einheitlichen Standard durchführen. Dadurch stellt sich Internet dem Nutzer als ein großes weltweites Netz dar, über das er mit allen angeschlossenen Nutzern in Kontakt treten und Informationen übermitteln und abfragen kann. Dabei sind verschiedene Nutzungsmöglichkeiten gegeben. Die einfachste Art ist electronic mail (e-mail) zum Versenden und Empfangen von Nachrichten.

Der folgende Unix-Befehl nach dem Rechnerprompt (Eingabeaufforderung)
„ > „

>mail retrieve@ncbi.nlm.nih.gov <query.file

etwa schickt die im Datenfile query.file enthaltene Information an den Empfänger retrieve@ncbi.nlm.nih.gov. Im EDV-Kauderwelsch steht vor dem Zei-
chen „@" der Name des Empfängers und dahinter die hierarchisch vom speziellen zum allgemeinen fortschreitende Netzadresse.

Hier handelt es sich um einen
e-mail-Server (retrieve)
beim National Center of Biotechnology Information (ncbi)
der National Library of Medicine (nlm)
des National Institute of Health (nih)
als Teil der staatlichen (gov ..ernemental) Bereichs der USA (In Deutschland
steht an dieser Stelle etwa „de").

Ein solcher Server ist nicht nur ein normaler Netzknoten, sondern er liest die
einkommende Information, bearbeitet sie und schickt das Ergebnis an den Absender der Anfrage zurück. In unserem Fall haben wir einen Server vor uns,
der Sequenzdatenbanken am NCBI nach in der Anfrage enthaltenen Schlüssel-
worten durchsucht, und passende Sequenzen per e-mail an den Absender
zurückschickt. Ein Server, der ähnliche Dienste in Europa anbietet, befindet
sich am EMBL in Heidelberg unter der Adresse NetServ@embl-heidelberg.de.
Auch Sequenzvergleiche einer Suchsequenz mit allen Sequenzen einer Datenbank lassen sich über e-mail Server abfragen.

Ein weiterer oft gewählter Dienst ist das ftp (für file transfer protocol), das
vorrangig dem Datenaustausch (file transfer) zwischen den an das Internet angeschlossenen Rechnern dient. Von besonderer Bedeutung ist hier die Verbindung zwischen einzelnen Nutzern (clients) und den Datenbanken und Infor-
mationszentren (server).

In diesen Zentren wird ein großer Teil der Information öffentlich gehalten,
sodaß man nach Eingabe des Befehls, etwa

>ftp felix.embl-heidelberg.de

und der Beantwortung der Anfrage nach dem Nutzernamen mit „anonymous",
und nach dem Password mit der eigenen e-mail Adresse, eingeschränkten Zugang zu den Filesystemen des Server-Rechners hat. Man kann Anfragen depo-
nieren und sowohl Datenbankinformation als auch Software zu deren Verarbeitung auf den eigenen Rechner kopieren.

Das dabei noch offene Problem, wie ein Nutzer möglichst schnell die für ihn
relevanten Serveradressen und die dort befindliche Information findet, wird
mittlerweile von nutzerfreundlichen Informationssystemen wie „gopher" und
„WWW-mosaic" (world wide web) gelöst. Hier benötigt der Nutzer nur die entsprechenden Programme, die kostenfrei über das Internet auf den eigenen
Computer kopiert werden können (public domain).

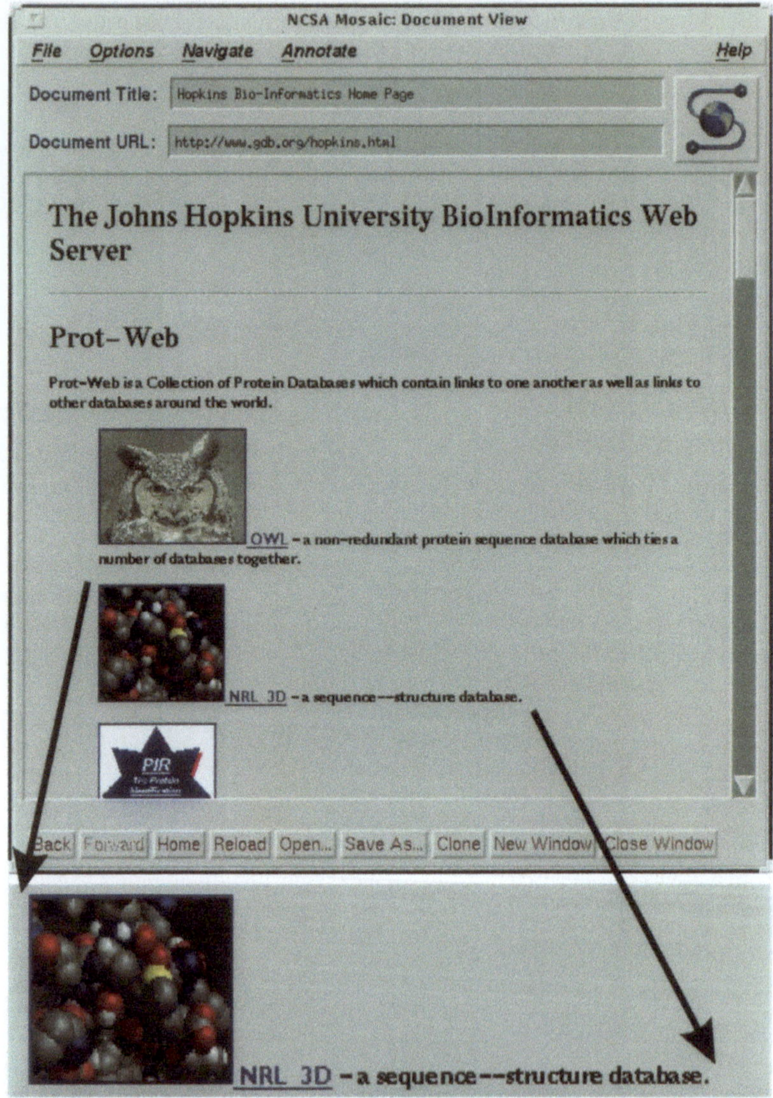

Abb. 9.2. Bildschirmfenster des Internet-Programms Mosaic. Hier ist gerade der Bioinformatik-Server der Johns Hopkins Universität, Maryland, USA, angewählt (Netzadresse hhtp://www.gdb.org/hopkins/html). Man sieht die drei Schaltflächen zu den Proteinsequenz-Datenbasen OWL und PIR sowie zur Sequenz-Struktur-Datenbank NRL_3D. Ein Mausdoppelklick auf die Schaltfläche der NRL_3D (nach unten herausgezogen) öffnet ein Suchfenster dieser Datenbank, über die man die Sequenz und die Raumstruktur aufgeklärter Proteine (z. B. auch das 1IFB) laden und weiterverarbeiten kann

9 Bioinformatik: Proteinsequenzen und Sekundärstruktur-Vorhersagen

Die Aufklärung von Proteinsequenz, Proteinstruktur und Funktion ist eine wichtige Aufgabe der modernen molekularbiologischen Forschung. Dies findet Ausdruck in der starken Zunahme der Anzahl erforschter Proteine, deren Daten nur noch in großen, international zugänglichen Datenbanken verwaltet und abgerufen werden können. Dabei gibt es einen wesentlichen Unterschied: Die Aufklärung von Proteinsequenzdaten, also die Reihenfolge der Aminosäuren in der Proteinkette, ist über den Umweg der Aufklärung der entsprechenden codierenden DNA-Sequenzen und deren Übersetzung mittels des genetischen Codes wesentlich einfacher als die Aufklärung der Raumstruktur über die theoretisch und experimentell viel kompliziertere Röntgenkristallstruktur-Untersuchung oder die kernmagnetische Resonanz (NMR).

So überrascht es nicht, daß am Ende des Jahres 1993 einer Zahl von über 30 000 aufgeklärten Proteinsequenzen in einer der Datenbanken (SWISSPROT oder PIR) nur etwa 1500 aufgeklärte Protein-Raumstrukturen in der Protein Data Base (PDB) gegenüberstanden, und ein Schließen dieser Lücke beim Verhältnis der Zuwachsraten von SWISSPROT zu PDB im folgenden Halbjahr von 3400 Sequenzen zu 450 Raumstrukturen auf absehbare Zeit nicht zu erwarten ist (eine Übersicht der biomolekularen Datenbanken und ihres Zugangs befindet sich am Ende dieses Kapitels).

Nichtsdestoweniger ist es aber gerade die Struktur des Proteins, die für die Beurteilung seiner Funktion und biologischen Wirksamkeit von Interesse ist. Damit ergibt sich aus dem Mißverhältnis der Anzahl bekannter Sequenzen und Strukturen die biomathematisch-bioinformatorisch anspruchsvolle Aufgabe, bei bekannter Aminosäuresequenz eines Proteins, die Raumstruktur vorherzusagen. An diesem Problem wird seit etwa zwanzig Jahren gearbeitet, eine befriedigende Lösung erscheint ausgesprochen schwierig:

Nur für etwa ein Fünftel der sequenzaufgeklärten Proteine ergibt sich eine so hohe Sequenzähnlichkeit zu einem strukturaufgeklärten Protein in der PDB, daß diese Struktur in erster Näherung sehr gut auch für das in Frage stehende Protein übernommen werden kann und nur noch geringfügig modifiziert werden muß. Für die restlichen Proteine (vier Fünftel!) ohne Sequenzhomologe in der PDB ist eine solche Vorhersage auf dem Niveau von Raumkoordinaten zur Zeit noch illusorisch, hier beschränkt man sich auf die Vorhersage der Sekundärstruktur, also die Vorhersage, welche Aminosäuren der Proteinkette sich in einer α-Helix, einem β-Strang (β-Faltblatt) oder in einer ungeordneten Struktur befinden.

Das ist deutlich weniger Information als eine komplette Raumstruktur, bietet aber doch schon die Chance, aus Kombination von Sekundärstrukturele-

9.7 Ähnlichkeit von Sequenzen und Alignments

Der enorme Umfang der Sequenzdatenbanken macht es in immer stärkerem Maße möglich, ganze Proteinsequenzfamilien durch ihre wechselseitige Sequenzähnlichkeit zu identifizieren, die von einer gemeinsamen Abstammung und/oder von einer gemeinsamen Funktion herrührt.

Intensive Untersuchungen des vorliegenden Datenmaterials in Sequenz- und Strukturdatenbanken durch CHOTIA und LESK sowie SCHNEIDER und SANDER haben gezeigt, daß solche Sequenzfamilien häufig eine hohe Strukturähnlichkeit aufweisen. Leider findet sich nur für etwa 20 % der Proteine aus den Sequenzdatenbanken ein entsprechendes sequenzähnliches Protein in der Strukturdatenbank, dessen Raumstruktur dann übernommen werden kann.

Aber auch für die restlichen 80 % der Proteine ohne Sequenzhomologe in der PDB, bei denen man sich vorerst auf eine Sekundärstrukturvorhersage beschränken muß, liefern bestehende sequenzähnliche Proteine und die Einordnung in Proteinsequenzfamilien wesentliche Zusatzinformationen.

Innerhalb einer solchen Familie lassen sich nämlich über die Sequenzähnlichkeit evolutionäre Zusammenhänge (Stammbäume) bestimmen. Man findet Regionen, die innerhalb der Familie streng konserviert sind, und kann ihnen eine gemeinsame Funktion und Struktur zuordnen. Variablen Regionen etwa ordnet man Nahtstellen zwischen relativ festen Sekundärstrukturelementen zu. Auch das Maß der Variabilität bestimmter Sequenzpositionen gibt Aufschluß über mögliche Sekundärstrukturtypen.

Die Bestimmung der Ähnlichkeit zweier Sequenzen ist durchaus nicht trivial. Sie wird durch ein sogenanntes Sequenzalignment mit einem Ähnlichkeitsmaß, dem Similarity Score, wiedergegeben (Abb. 9.1, 9.4).

In einem Sequenzalignment werden die Proteinsequenzen so angeordnet, daß möglichst viele übereinstimmende Aminosäuren übereinander zu stehen kommen (*engl.* matches), wobei an anderen Positionen unterschiedliche, wenn möglich aber ähnliche, Aminosäuren in Kauf genommen werden müssen, oder sogar an manchen Positionen einer Aminosäure in der einen Sequenz eine Lücke (*engl.* gap) in der anderen Sequenz gegenübersteht. Dabei wird so positioniert, daß die Summe der positiven Trefferwerte für „matches", der Werte für „mismatches" (positiv für ähnliche Aminosäuren, negativ für nicht austauschbare) sowie der negativen („penalty")Werte für die „gaps" über die Sequenzlänge optimiert wird. Ein Standardverfahren für diese Aufgabe, das in eleganter Manier alle möglichen Alignments bestimmt und bewertet und das optimale herausfindet, wurde zuerst von NEEDLEMAN und WUNSCH angegeben und wird heute in einer Vielzahl von Varianten genutzt.

Wichtig für die Güte des Alignments ist die richtige Wahl der Trefferwerte zwischen den einzelnen Aminosäuren sowie die Wahl der Bestrafungen (*engl.* penalties) für Sequenzlücken. Auch diese Werte werden aus Vergleichen ähnlicher Sequenzen in Datenbasen gewonnen, indem man in akzeptierten Sequenzalignments abzählt, wie häufig eine bestimmte Aminosäure durch eine andere in der Sequenz ersetzt wird und diese Zahlen entsprechend der Häufigkeit der einzelnen Aminosäuren wichtet. Jedem Aminosäurepaar entspricht

```
GAP of: mdgi.sw  check: 7392  from: 1  to: 131

 .

 .
 to: 1IFB.sw  check: 2533  from: 1  to: 131
 .

 .
 Symbol comparisontable: .../gcg/gcgcore/data/rundata/nwsgappep.cmp
 CompCheck: 1254

           Gap Weight:  3.000      Average Match:   0.540
        Length Weight:  0.100      Average Mismatch: -0.396

              Quality:  91.0             Length:    133
                Ratio:  0.695             Gaps:      1
 Percent Similarity: 52.713     Percent Identity: 32.558

 mdgi.sw x 1IFB.sw            August 22, 1994  10:44  ..


             .           .          .          .         .
     1 VDAFVGTWKLVDSKNFDDYMKSLGVGFATRQVGNMTKPTTIIEVNGDTVI 50
       || ||||:   ..|::.:|..:|:....|.:|. .. . .|. :|:...
     1 ..AFDGTWKVYRNENYEKFMEKMGINVVKRKLGAHDNLKLTITQEGNKFT 48

            .           .          .
    51 IKTQSTFKNTEISFKLGVEFDETTADDRKVKSIVTLDGGKLVHVQKW..N 98
       :|. |.|:|.:: |.|||:|. . ||: .:.:.:|::|.||| |: |
    49 VKESSNFRNIDVVFELGVDFAYSLADGTELTGTLTMEGNKLVGKFKRVDN 98

            .           .
    99 GQETSLVREMVDGKI.ILTLTIIGTAVCTRIYEKQ 131
       |.| |||: :..|| |.|.:.. ..|.:.|:
    99 GKELIAVREISGNELIQTYTYEGVEAKRIFKKE 131
```

Abb. 9.4. Paarweises Sequenzalignment der Proteine MDGI und 1IFB. (Verkürzter Rechnerausdruck, erhalten über das Internet-Dienstprogramm telnet auf dem EMBNet-Knoten GENIUSnet am DKFZ Heidelberg). Wichtige Parameter des Alignments sind die ausgewählte Austauschmatrix (Symbol Comparison Table) sowie Bestrafungen für Lücken (Gap Weight). Charakterisiert wird das Alignment u. a. durch seine Güte (*engl.* quality), die Anteile ähnlicher und identischer Aminosäuren, die sich gegenüberstehen (*engl.* percent similarity und identity) sowie durch die Anzahl der Lücken (*engl.* gaps). Das Alignment ist im Einbuchstaben-Code dargestellt und in Abb. 9.1 schon vorweggenommen

dann ein gewisser Trefferwert in einer Austauschmatrix. Bewährte Austauschmatrizen sind etwa die PAM250 oder BLOSUM, die in den meisten Standardroutinen verwendet werden.

Eine Erweiterung des Verfahrens auf mehrere Sequenzen ist formal möglich und liefert ein „echtes" multiples Alignment. Die Erhöhung der Dimension des Verfahrens (statt eines optimalen Weges durch eine zweidimensionale Matrix, die durch die zwei zu vergleichenden Sequenzen aufgespannt wird, muß nun ein Weg durch eine mehrdimensionale Matrix gefunden werden) macht die praktische Realisierung für mehr als eine Handvoll Sequenzen jedoch undurchführbar. Ein Ausweg zur Berechnung der multiplen Alignments führt über die schrittweise Bestimmung paarweiser Alignments und deren Kombination.

In einem ersten Schritt werden alle möglichen paarweisen Alignments in bekannter Manier bestimmt. Das ergibt bei *n* Sequenzen *n(n-1)/2* Alignments mit ihren Similarity-Scores. Die beiden ähnlichsten Sequenzen (die mit dem höchsten Trefferwert) werden als erstes kombiniert. Als Ergebnis entsteht eine „Sequenz", bei der anstelle einer Aminosäure pro Position, ein Vektor steht, der die Häufigkeit der einzelnen Aminosäuren an dieser Position beschreibt, bzw. das Auftreten eines gaps, wenn erforderlich. Eine solche kombinierte „Sequenz" wird auch als Sequenzprofil bezeichnet.

Die verbleibenden *n-2* Sequenzen und das gerade erhaltene Sequenzprofil werden nun wieder paarweise verglichen, wobei sich der Trefferwert pro Position bei einer kombinierten „Sequenz", dem Sequenzprofil, über den Mittelwert der vorkommenden Aminosäuren leicht bestimmen läßt. Wieder werden die Sequenzen (Profile) mit dem höchsten Similarity Score zusammengefaßt.

Das Verfahren bricht erst ab, wenn ein einziges Sequenzprofil, das resultierende multiple Alignment, übrig bleibt, und liefert über die Reihenfolge der Verknüpfung gleichzeitig ein Dendrogramm (Stammbaum) der beteiligten Proteinsequenzen, das auf die evolutionären Zusammenhänge innerhalb der Proteinfamilie schließen läßt. Dieses Grundprinzip, in einzelnen Punkten modifiziert, liegt den am häufigsten benutzten Verfahren CLUSTAL und PileUp zugrunde, die auch im GENIUSnet des DKFZ-Heidelberg abrufbar sind. Da es vorkommt, daß die Verfahren in komplizierten Situationen fragwürdige Alignments liefern, ist zu empfehlen, das erhaltene multiple Alignment kritisch zu überprüfen, und wenn nötig, an kritischen Positionen manuell zu ändern (editieren).

Die neue Generation von Verfahren zur Sekundärstrukturvorhersage zeichnen sich vor allem durch die ausführliche Einbeziehung multipler Alignments als wesentliche zusätzliche Informationsquelle aus.

9.8 Strukturvorhersage durch Sequenzhomologie

Nach ersten Versuchen, Sequenzähnlichkeit bei der Strukturvorhersage zu nutzen, die nur noch nicht durch die notwendige extensive Datenbankauswertung untermauert werden konnten, waren es CHOTIA und LESK, die frühzeitig eine Beziehung zwischen Sequenz- und Strukturähnlichkeit herstellen konnten.

Auf der Basis von ganzen 32 Paaren strukturhomologer Proteine aus der Proteindatenbank PDB bestimmten sie einen Zusammenhang von Strukturähnlichkeit, gemessen über den Abstand zweier Proteinstrukturen als Wurzel aus der mittleren quadratischen Abweichung der C_α-Positionen, und der Sequenzähnlichkeit als Prozentwert identischer Aminosäurereste. Daß die Strukturähnlichkeit mit steigender Sequenzähnlichkeit zunimmt, war erwartet worden, daß diese Zunahme oberhalb einer Sequenzähnlichkeit von 50% aber einem Sättigungswert entgegenstrebte, nährte die Hoffnung, daß sogar Proteine mit eher mäßiger Sequenzähnlichkeit um 50% eine deutliche Strukturähnlichkeit aufweisen könnten.

SANDER und SCHNEIDER gingen dieses Problem unter konsequenter Ausnutzung der vorhandenen umfangreicher gewordenen Sequenz- und Strukturdatenbanken sowie verfeinerter Alignmentroutinen an. Sie untersuchten dabei die zum damaligen Zeitpunkt in der Strukturdatenbank vorhandenen etwa 100 unterschiedlichen Proteinstrukturen.

In einem ersten Schritt wurde jede Sequenz dieser Strukturen mit jeder anderen verglichen, wobei eine Variante des NEEDLEMAN-WUNSCH-Verfahrens angewendet wurde, die erlaubt, zu einem vorgegebenen Ähnlichkeitsmaß (Trefferwert) alle globalen und lokalen Alignments zu finden, d.h. auch solche, bei denen zwei Proteinketten nicht über die gesamte Sequenz ähnlich sind, sondern nur in gewissen Regionen begrenzter Länge.

Jedes aus dieser Vielzahl unterschiedlicher Alignments kann nun durch seine Länge, die Güte seines Sequenzalignments und die seines Strukturalignments charakterisiert werden. Trägt man nun alle Alignments mit ihrer Sequenzähnlichkeit S, vereinfacht als Prozent Identität gemessen, über der Länge L auf, finden sich die Alignments mit höherer Strukturähnlichkeit in einem Bereich wieder, der sich deutlich von dem Bereich geringerer Strukturähnlichkeit unterscheidet. Dabei liegen die strukturähnlichen Alignments oberhalb einer Kurve, die in konservativer Schätzung durch

$$S(L) = 290{,}15 \cdot L^{-0,5845} \approx \frac{300}{\sqrt{L}} \tag{9.7}$$

wiedergegeben werden kann.

Man erkennt sofort, daß bei recht kurzen Sequenzstücken eine hohe Sequenzähnlichkeit von etwa 80% Voraussetzung für eine strukturelle Ähnlichkeit ist, für Sequenzlängen von über 80 Aminosäuren pegelt sich die Schwelle auf etwa 25% ein und bleibt dann nahezu konstant. Für Sequenzlängen unter 10 Aminosäuren sind selbst bei hoher Sequenzähnlichkeit unterschiedliche Strukturen zu erwarten. Hier ist der Einfluß der dem Sequenzstück benachbarten Aminosäuren sehr groß.

Neben der erstaunlichen Feststellung, daß für Proteine von über 100 Resten (die durchschnittliche Länge in Sequenzdatenbanken liegt über 200) schon die recht geringe Anzahl von 25% Identität für eine ähnliche Raumstruktur ausreicht, ergibt sich dadurch die Möglichkeit, Raumstrukturen aufgrund von Sequenzähnlichkeiten auf dem Niveau von Raumkoordinaten vorherzusagen.

Außerdem bietet sich nun die faszinierende Gelegenheit, die Zahl der bekannten Raumstrukturen in der PDB dadurch künstlich zu erhöhen, daß man in allen potenten Sequenzalignments mit nur einem Partner in der Strukturdatenbank beiden Sequenzen die gleiche Raumstruktur zuordnet.

Diese so erweiterte Datenbank HSSP (Homology-Derived Secondary Structure of Proteins) hat, konservativ geschätzt, den zehnfachen Umfang der Proteindatenbank PDB, und bietet wertvolles Material für Aussagen über Sequenz-Struktur-Relationen, insbesonders auch mit Blick auf die diffizilen Beziehungen zwischen Sequenzähnlichkeiten, die sich in einem multiplen Alignment manifestieren, und die alle zur gleichen Raumstruktur führen.

Die HSSP ist über Internet zugänglich und über den e-mail Server unter der Adresse NetServ@embl-heidelberg.de zu erreichen.

9.9 Die Methode von BENNER und GERLOFF

Nach der erstmaligen Ausnutzung multipler Alignments zur Sekundärstruk-turvorhersage durch ZVELEBIL waren BENNER und GERLOFF die ersten, die in der systematischen Ausnutzung der in multiplen Alignments enthaltenen Information neue Wege wiesen. Spektakulär war ihre Vorhersage der Struktur der katalytischen Untereinheit der cyclisches-Adenosinmonophosphat abhängigen Proteinkinase, die von der nachfolgenden Kristallstrukturuntersuchung glänzend bestätigt wurde, wobei über 90 % der Positionen richtig vorherge-sagt wurden.

Ähnlich dem Verfahren von LIM ist die Methode von BENNER und GERLOFF ein heuristisches Herangehen an die Sekundärstrukturvorhersage, wobei nicht nur Muster entlang der in Frage stehenden Sequenz interpretiert werden, son-dern deren Entwicklung und Variation im gesamten (multiplen) Alignment, also auch längs der Zeitachse der Evolution, betrachtet und bewertet werden. Damit wird eine neue Dimension der Information für die Sekundärstruktur-vorhersage nutzbar gemacht. Ohne ein „informatives" multiples Alignment ist das Verfahren nicht denkbar. Unter „informativ" verstehen wir dabei ein mul-tiples Alignment, das im Idealfall sowohl sehr ähnliche als auch entfernt ver-wandte Sequenzen enthält. Das ist wichtig, da für Sequenzen, die in einem Be-reich eine hohe Ähnlichkeit aufweisen, einzelne dort befindliche Variationen aufschlußreich sind, ebenso wie konservierte Aminosäuren an einzelnen Alignmentpositionen in sonst variablen Bereichen.

Die Vorhersage von BENNER und GERLOFF läuft in mehreren Schritten ab:

- Erstellung eines „informativen" multiplen Alignments. Dabei können die schon besprochenen Standardverfahren genutzt werden.
- Zerlegung der Sequenz oder des multiplen Alignments in Struktureinheiten, die späteren Sekundärstrukturtypen entsprechen sollen. Eine Reihe von Kri-terien sondern diese Schnittstellen aus, wobei es sowohl harte Kriterien (etwa das Vorkommen von Lücken an Sequenzpositionen oder voll konser-vierte, d.h. ausschließlich an dieser Position vorkommende Proline oder Gly-cine) als auch weniger stringente gibt, die nur dann herangezogen werden, wenn die Zerlegung noch nicht hinreichend fein genug war.
- Suche nach Sequenzpositionen, die eindeutig im Inneren oder dem Äuße-ren des Proteins zugeordnet werden können. Dafür wird eine Reihe heuri-stischer Kriterien zur Variabilität bestimmter Aminosäuren ausgenutzt (so etwa, daß eine Position mit nur hydrophoben Resten im Alignment vor al-lem im Innern des Proteins liegt).
- Zuordnung der einzelnen Struktureinheiten zu bestimmten Sekundär-strukturtypen. Unter Ausnutzung aller vorhandenen Information, wie der Untersuchung auf hydrophile oder hydrophobe Muster entlang der Sequenz wird hier entschieden, ob eine α-Helix oder ein amphiphiler β-Strang (β-Faltblatt) vorliegt, bei denen hydrophile und hydrophobe Aminosäuren auf räumlich entgegen gerichteten Seiten der Struktur liegen. Ist das nicht der Fall, wird bei auffallender Regularität der Struktureinheit trotzdem auf

β-Strang entschieden. Trifft weder α-Helix noch β-Strang zu, bleibt als Vorhersage Turn oder ungeordnete Struktur übrig.

Die sorgfältige Vorhersage der Sekundärstruktur, der Eigenschaften, inbesonders der Polarität und der Hydrophobizität, die Zuordnung einzelner Positionen zum Inneren oder zur Oberfläche des Proteins geben zusätzliche wertvolle Hinweise auf die weitere Faltung der Sekundärstrukturelemente zur möglichen Tertiärstruktur.

Wenn sich auch bei allen Vorhersagen von Benner und Gerloff die hohe Genauigkeit von 90 % nicht erreichen lassen wird, zeigt die Methode den Weg zu einer signifikanten Erhöhung der lange Zeit stagnierenden Vorhersagegenauigkeit. Durch die Vielzahl heuristischer Kriterien, die im Einzelfall immer wieder gegeneinander abgewogen werden müssen, wobei der subjektive Einfluß stark zum Tragen kommt, ist die Methode jedoch eher etwas für die Hand des Experten und taugt weniger als Standardroutine in einem Programmpaket.

9.10 Das PHD-Verfahren von Rost und Sander

Das zweite Verfahren der neuen Generation von Sekundärstrukturvorhersagen mit Einbeziehung evolutionärer Zusammenhänge in die Methodik ist das PHD-Verfahren. An ihm kann gleichzeitig die Anwendung von Methoden der künstlichen Intelligenz (neuronale Netze) auf Klassifizierungsprobleme in der Molekularbiologie demonstriert werden, die immer häufiger erfolgreich zum Zuge kommen.

Ausgangspunkt des PHD-Verfahrens, das hier nur in seinen prinzipiellen Schritten erläutert werden soll, ist wiederum ein möglichst „informatives" multiples Alignment. Das Verfahren scheitert aber auch nicht, wenn nur eine Sequenz ohne Homologe in den Datenbanken zur Verfügung steht.

Diese Sequenz bzw. dieses Alignment wird nun Schritt für Schritt durch ein Fenster von 13 Positionen betrachtet (sechs Positionen vor und nach der zentralen Aminosäure, deren Struktur vorhergesagt werden soll). Die von jeder Fensterposition einkommende Information ist ein Vektor von 24 Komponenten: 20 für die Häufigkeit der einzelnen Aminosäuren an dieser Position und weitere Zusatzinformationen, etwa das Vorkommen von Lücken oder Angaben über die Konservierung von Aminosäuren an dieser Stelle.

Diese Information fließt in eine Zwischenschicht des neuronalen Netzes, das aus sechs Knoten (Neuronen) besteht, die den Input wie folgt verarbeiten (s. Abb. 9.5.):

Sei s_{j0} der Inputvektor der j-ten Sequenzposition in der 0-ten Schicht des Netzes, dann summiert jedes Neuron die einkommenden 13 Fensterpositionen auf

$$h_{i1} = \sum_{j=1}^{13} J_{ij,1} \cdot s_{j0} \quad i = 1, \ldots, 6. \tag{9.8}$$

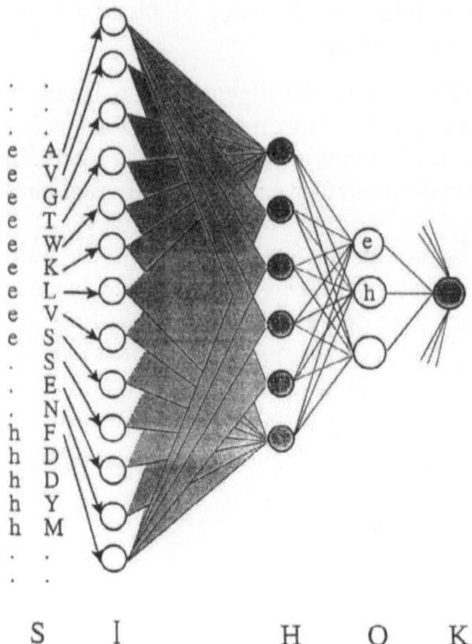

Abb. 9.5. Neuronales Netz zur Sekundärstrukturvorhersage. Die Information aus einem über die Sequenz S gleitenden Fenster von 13 Aminosäuren trifft auf die Input-Schicht **I** von 13 Neuronen, die jeweils eine Fensterposition (eine Aminosäureposition) kontrollieren. Jedes dieser Input-Neuronen übermittelt seine Eingangsinformation gewichtet an alle sechs Neuronen einer zweiten „verborgenen" Schicht **H**, die ihre Eingangsinformation wiederum gewichtet an jedes der drei Output-Neuronen **O** (je ein Neuron für jeden Strukturtyp) weiterleiten. Hier wird die Sekundärstruktur der zentralen Aminosäure im Fenster vorentschieden. Um den Einfluß der weiter entfernt liegenden Aminosäuren auf die Sekundärstruktur zu berücksichtigen, werden jeweils fünf aufeinander folgende Sätze der drei Output-Neuronen zum Input einer zweiten Stufe eines neuronalen Netzes **K**, das diese Information in gleicher Weise über sechs Neuronen einer verborgenen Schicht auf drei resultierende Outputneuronen projiziert. Hier fällt die letztendliche Entscheidung für einen Strukturtyp. Man beachte, daß fünf, sich überlappende, aufeinander folgende Fenster mit je 13 Aminosäure-Positionen wieder die magische Zahl von 17 aufeinander folgenden Aminosäure-Positionen ergeben

Weitergegeben wird von diesen Neuronen der ersten Schicht anstelle des h_{i1} der auf das Intervall zwischen 0 und 1 beschränkte logit-Wert

$$s_{i1} = \frac{1}{1 + e^{-h_{i1}}} \tag{9.9}$$

Diese Information der sechs Neuronen der ersten „verborgenen" Schicht wird nun auf drei Neuronen der Output-Schicht reduziert:

$$h_{i2} = \sum_{j=1}^{6} J_{ij,2} \cdot s_{j1} \quad i = 1, \dots, 3 \tag{9.10}$$

wobei die drei Outputneuronen für die drei Strukturtypen α-Helix, β-Strang und ungeordnete Struktur stehen, und der Strukturtyp vorhergesagt wird, der den höchsten h-Wert anzeigt. Die Größen $J_{ij,1}$ und $J_{ij,2}$ sind Gewichte im Algorithmus, die so gewählt werden, daß die Vorhersage optimal wird.

Dazu nutzt man einen Trainingssatz mit bekannten Alignments und Strukturen und führt die Vorhersage mit einem gewählten Anfangswert der Gewichte durch. Nach der Methode des steilsten Abstiegs lassen sich die J_{ij} nun schrittweise so verändern, daß die Abweichung der vorhergesagten Strukturtypen von den beobachteten des Trainingssatzes minimal wird. Ein so getrimmtes Netz läßt sich dann für die Vorhersage einer noch unbekannten Sekundärstruktur ausnutzen.

Das einfache Schema mit nur einer verborgenen Schicht zwischen Input- und Outputschicht bestimmt die Struktur eines Restes aus dem Input des lokalen Fensters mit 13 Positionen. Der Einfluß weiter entfernt liegender Bereiche kann so aber nicht berücksichtigt werden. Deshalb wird an dieses erste Netz ein zweites angeschlossen, dessen Input ein Fenster von 5 der entlang der Sequenz verteilten 3er Neuronen der Outputschicht des ersten Netzes ist. Diese Eingangsinformation wird wieder auf eine verborgenen Zwischenschicht projiziert und danach wiederum auf eine Schicht von 3er Output-Neuronen reduziert.

Trainings- und Vorhersagealgorithmus bleiben gleich, nur die Anzahl der zu schätzenden Gewichtsfaktoren nimmt zu. Das macht das Verfahren auf der einen Seite empfindlicher, macht andererseits aber umfangreichere Lernsätze erforderlich, und verlangt die effektive Ausnutzung der vorhandenen Datenbanken. Rost und Sander konnten zeigen, daß ihr Verfahren bei weitgehender Einbeziehung multipler Alignments mit $Q = 71{,}4\,\%$ die Schallmauer von 70 % Vorhersagegenauigkeit übertrifft.

Das PHD-Verfahren ist über den e-mail-Server

PredictProtein@embl-heidelberg.de

abrufbar. Ein Nutzer schickt seine Sequenz oder ein mit PileUp auf dem GE-NIUSnet-Knoten am DKFZ erstelltes multiples Alignment an den Server und erhält je nach gewählter Option eine mehr oder weniger ausführliche Sekundärstrukturvorhersage zurückgesandt.

In Abb. 9.6 ist die über e-mail erhaltene Sekundärstrukturvorhersage des PHD-Verfahrens am Beispiel des Proteins MDGI verkürzt wiedergegeben. Der Vergleich mit der realen Struktur des 1IFB in Abb. 9.1 und 9.3 zeigt die bemerkenswert präzise Vorhersage der 10 β-Stränge und der zwei Helices, was keinem der Verfahren der ersten Generation gelang. Die Positionen, die diesen Verfahren die größten Schwierigkeiten bereiteten, werden jedoch folgerichtig auch bei PHD als die mit der geringsten Verläßlichkeit (*engl.* reliability; s. Zeile Rel in Abb. 9.6) markiert.

```
From PHD@EMBL-Heidelberg.DE Thu Apr  7 11:25:39 1994
.
The following information has been received by the server:
------------------------------------------------------------
.


Klaus Rohde Max-Delbrueck-Centrum
Berlin-Buch, Germany
rohde@bioinf.mdc-berlin.de
#mdgi
VDAFVGTWKLVSSENFDDYMKSLGVGFATRQVGNMTKPTLIISVNGDTVI
IKTQSTFKNTEISFKLGVEFDETTADDRKVKSIVTLDGGKLVQVQKWNGQ
ETSLVREMVDGKLILTLTHGTAVCTRVYEKQ


PHD output for your protein:
-----------------------------
.


            ....,....1....,....2....,....3....,....4....,....5....,....6
        AA  |VDAFVGTWKLVSSENFDDYMKSLGVGFATRQVGNMTKPTLIISVNGDTVIIKTQSTFKNT|
        PHD | EEEEEEEEE   HHHHHHHH   EEEHHE      EEEEE  EEEEEEEEEEEEE|
        Rel |94256565699985375378887632531111321157861799927955899987664127|
detail:
        prH-|00100000000000016888876521234455542100000000000000000000000000
        prE-|02577778998731000000011222244443343211248998510278999887765558
        prL-|96322220001267731001112465100000146887510003897210001123441
subset: SUB |L..EEEEEEEE.LL.HHHHHH..L.........LLLL.EEEE.LLLEEEEEEEEE...E|


            ....,....7....,....8....,....9....,...10....,...11....,....1
        AA  |EISFKLGVEFDETTADDRKVKSIVTLDGGKLVQVQKWNGQETSLVREMVDGKLILTLTHG|
        PHD |EEEEEEEEE       EEEEEEE  EEEEEEE      EEEEEEEEEEEEEEEEEE |
        Rel |89875214441444277414799998467167998637962158987651169999834|
detail:
        prH-|00000100000000000000000000000000000000000000000000000000000
        prE-|88887546664222311246789998621578898761014478887765578999763
        prL-|10012343224666577643100001378421001138975420011124420000236
subset: SUB |EEEEE.........LL...EEEEE.LL.EEEEE.LLL..EEEEEEE..EEEEEE..|


            2....,...13....,...14....,...15....,...16....,...17....,....1
        AA  |TAVCTRVYEKQ|
        PHD | EEEEEEEEE |
        Rel |45899999868|
detail:
        prH-|00000000000|
        prE-|37899999871|
        prL-|62100000128|
subset: SUB |.EEEEEEEEEL|


END
```

9.11 Vorhersagen über die Sekundärstruktur hinaus

Die immer besser werdenden Verhersagen der Sekundärstruktur von Proteinen dürfen aber nicht darüber hinwegtäuschen, daß die lineare Abfolge von Sekundärstrukturelementen noch nicht die räumliche Topologie eines Proteins wiedergibt. Zur Lösung dieser Problematik gibt es bisher nur erste vielversprechende Ansätze.

Naheliegend erscheint eine räumliche Kombination von Sekundärstrukturelementen in der Weise, daß hydrophobe Cluster auf Helices oder β-Faltblättern vorrangig im Innern des Proteins liegen und durch hydrophobe Cluster anderer Helices oder Faltbätter abgedeckt werden. Die Schwierigkeiten bei der Anwendung diese Verfahrens liegt weniger in der Anzahl möglicher Kombinationen der endlichen Anzahl von Sekundärstrukturelementen eines Proteins, die gegeneinander abgewogen werden müssen, sondern in der möglichen Wechselwirkung zwischen Sekundär- und Tertiärstruktur. Das kann dazu führen, daß relative sichere Vorhersagen der Sekundärstruktur durch die Wechselwirkungen innerhalb einer Tertiärstruktur in Frage gestellt werden können.

Um diesem Problem aus dem Wege zu gehen, gibt es in letzter Zeit Ansätze, die versuchen, eine Sequenz direkt ohne vorherige Sekundärstruktur mit bestimmten Raumstrukturelementen zu verknüpfen. Die Grundidee dabei ist, die Position einer Aminosäure in einer gegebenen Raumstruktur durch einen von 18 möglichen Strukturtypen zu charakterisieren. Jeder der bekannten drei Sekundärstrukturtypen (α-Hclix, β-Strang und ungeordneter Rest) wird dabei in sechs Typen unterteilt, die zusätzliche Eigenschaften wie die Einbettung der Aminosäureseitenketten in das Protein und die Zugänglichkeit polarer Atome widerspiegeln. In ähnlicher Weise wie bei der Methode von CHOU und FASMAN lassen sich durch Studien einer Vielzahl realer Proteinstrukturen aus der PDB Parameter bestimmen, die für jede Aminosäure die Wahrscheinlichkeit wiedergeben, sich in einer dieser 18 Strukturklassen zu befinden.

Dann läßt sich der Abstand einer Sequenz zu einer realen Raumstruktur über die Wahrscheinlichkeit der Sequenz bestimmen, die vorgegebenen Strukturty-

<hr>

Abb. 9.6. PHD-Sekundärstrukturvorhersage des Proteins MDGI als verkürzter Rechnerausdruck der über e-mail erhaltenen Sekundärstrukturvorhersage. Die an den PHD-Server ergangene Anforderung wird von ihm wiederholt und besteht aus Name und Adresse des Fragestellers, seiner e-mail Adresse und im einfachsten Fall nur der zu bearbeitenden Sequenz. Nach der durch das Doppelkreuz „#" gekennzeichneten Zeile, die den Namen des Proteins enthält, folgt die Sequenz im Einbuchstaben-Code. Die Vorhersage (hier verkürzt) besteht aus der Sekundärstrukturvorhersage für jede Aminosäureposition (Zeile AA und PHD), wobei strikt der Strukturtyp mit dem höchsten Wert des Outputneuron genommen wird (H für Helix, E für β-Strang und L(oop) für Schleife). Die dritte Zeile (Rel..iability) gibt die Verläßlichkeit der Vorhersage wieder als Differenz des Wertes des höchsten und zweithöchsten Outputneurons, skaliert auf das Intervall 0 bis 9. Eine 9 ist also eine starke Vorhersage, eine 0 kaum verläßlich. Die vier folgenden Zeilen (detail) bieten weitere Information, drei Zeilen für die auf das Intervall 0 bis 9 skalierten Werte der drei Output-Neuronen, sowie eine strengere Vorhersage, die nur Positionen vorhersagt, deren erwartete Vorhersagegenauigkeit größer als 82 % ist

pen positonsweise zu erfüllen. Dazu wird ein Verfahren in der Art des NEEDLE-MAN-WUNSCH-Algorithmus genutzt, das wir schon vom Sequenzalignment her kennen. Es konnte gezeigt werden, daß eine Sequenz mit geringem Abstand zur verglichenen dreidimensionalen Struktur (hohe Wahrscheinlichkeit der Anpassung der einzelnen Aminosäuren an die gegebenen Positionen und Strukturklassen in der Raumstruktur) eine deutliche Ähnlichkeit der Raumstrukturen auch bei recht abweichender Aminosäuresequenz zeigen kann.

Bei einem allgemeineren Herangehen an dieses Problem wird die Beziehung zwischen Sequenz und Struktur nicht durch Präferenzen von Aminosäuren für bestimmte Strukturtypen, sondern durch Aminosäure-abhängige Potentiale beschrieben, für die man dann mit komplizierten Methoden aus der statistischen Mechanik stabile Raumstrukturelemente sucht.

Erste Erfolge in diesen Ansätzen dürfen aber nicht darüber hinwegtäuschen, daß für die Vorhersage der Struktur jenseits der Sekundärstrukturvorhersage noch keine allgemein befriedigende Lösung gefunden worden ist.

Datenbanken:

- SWISSPROT Protein Sequence Database, Amos Bairoch, Department de Biochimie Medicale, Centre Medical Universitaire, CH-1211 Geneva 4
    neuerdings über: European Bioinformatics Institute, Hinxton, Cambridge CB101RQ, UK
    e-mail   : NetServ@EBI.AC.UK
    anonymous ftp   : ftp.EBI.AC.UK
    gopher   : gopher.EBI.AC.Uk
    mosaic   : hhtp://www.ebi.ac.uk

- PIR Protein Identification Resource, National Biomedical Research Foundation, Georgetown University, Medical Center, 3900 Reservoir Road, N.W. Washington D.C., USA
    in Europa über:
    MIPS Martinsrieder Institut für Protein Sequenzen am Max-Planck-Institut für Biochemie, D-82152 Martinsried bei München

- PDB Protein Database, Chemistry Departement, Brookhaven National Laboratory, Upton, NY 11973, USA
    BERNSTEIN F.C., T.F. KOETZLE, G.J.B. WILLIAMS, E.F. MEYER, M.D. BRICE, J.R. RODGERS, O. KENNARD, T. SHIMANOUCHI and M. TASUMI (1977) The Protein Data Bank: a computerbased archival file for macromolecular structures. J. Mol. Biol. 112, 535-542
    anonymous ftp   : pdb.pdb.bnl.gov
    mosaic   : hhtp//www.nih.gov.htbin/pdb

- EMBnet Knoten am DKFZ Heidelberg, Im Neuenheimer Feld 280, D-69012 Heidelberg

Informationen und Zugangsberechtigung über:
Weiyun Chen, Tel. 0 62 21 / 42 23 49, e-mail: dok419@genius.embnet.dkfz-heidelberg.de
K.-H. Glatting, Tel. 0 62 21 / 42 23 34, e-mail: tech1@genius.embnet.dkfz-heidelberg.de

(Aufgrund der stürmischen Entwicklung im Internet und der biomolekularen Datenbanken unterliegen die in diesem Kapitel angegebenen Internet-Adressen einer gewissen Veränderung.)

Literatur

ARGOS P and KM RAO (1986) Prediction of protein structure. Meth Enzymol 130, 185–207
BRANDEN C and J TOOZE (1991) Introduction to Protein Structure. Garland, New York
DOOLITTLE RF (Ed) (1990) Molecular Evolution: Computer Analysis of Protein and Nucleic Acid Sequences. Meth Enzymol 183
FASMAN GD (Ed) (1989) Prediction of Protein Structure and the Principles of Protein Conformation. Plenum Press, New York
GARNIER J and JM LEVIN (1991) The protein structure code: what is its present status? CABIOS 7.2, 133–142
GRIBSKOV M and J DEVEREUX (Eds) (1992) Sequence Analysis Primer. WH Freeman, New York
IKEHARA M (Ed) (1986) Protein engineering, Protein design. Current communications in molecular biology. Cold Spring Harbor Laboratory, Cold Spring Harbor
KABSCH W and C SANDER (1983) How good are predictions of protein secondary structure? FEBS Lett 155, 179–188
KABSCH W and C SANDER (1983) Dictionary of protein secondary structure: Pattern recognition of hydrogen bonded and geometrical features. Biopolymers 22, 2577–2637
ROBSON B and J GARNIER (1986) Introduction to Proteins and Protein Engineering. Elsevier, Amsterdam
ROST B, R SCHNEIDER and C SANDER (1993) Progress in protein structure prediction? TIBS 18, 120–123
SCHELLER M, KP BODEN, A GEENEN und J KAMPERMANN (1994) Internet: Werkzeuge und Dienste. Von Archie bis World Wide Web Springer, Berlin
SCHULZ GE and RH SCHIRMER (1979) Principles of Protein Structure, Springer, New York

Die molekularen Eigenschaften von Proteinen erlauben es nicht immer, sie empfindlich und selektiv genug in einem Analysensystem aufzuspüren. Auch erscheinen bestimmte Molekülabschnitte, denen das besondere Interesse der Untersuchung gilt, oft zu wenig herausgehoben gegenüber den anderen Molekülbereichen. Um sowohl ein meßbares Signal zu erhalten bzw. die Empfindlichkeit des Nachweisverfahrens zu steigern als auch bestimmte Moleküleigenschaften einer Beobachtung zugänglich zu machen, bedient man sich Markierungsmethoden.

Als Marker oder Sonde (*engl.* label) werden Moleküle verwendet, die sensitiv nachzuweisen sind und/oder in ihren physikalischen oder chemischen Eigenschaften vom markierten Protein beeinflußt werden. Marker können Atome (stabile oder radioaktive Isotope), niedermolekulare Verbindungen (Haptene, Substrate, Liganden, Cofaktoren usw.), Enzyme, Bindungsproteine bzw. Rezeptoren, Proteine mit besonderen Eigenschaften (z.B. das eisenhaltige Ferritin) oder Antikörper sein und kovalent oder adsorptiv (z.B. Metallkolloide oder organisch-chemische Latices oder Farbstoffkolloide) mit dem nachzuweisenden Protein verbunden sein. Die Marker können das Meßsignal direkt (z.B. durch radioaktive Strahlung, Lichtabsorption, Fluoreszenz u.a.m.) oder indirekt (z.B. Enzym-katalysierte Bildung farbiger Reaktionsprodukte) liefern und unmittelbar oder über ein zwischengeschaltetes Molekül an das Protein gebunden sein. An einen idealen Marker werden folgende Anforderungen gestellt:

- leichter und empfindlicher Nachweis,
- spezifische Reaktion mit dem zu markierenden Protein,
- gezielter Einbau in das Protein,
- einfache Entfernung des nicht gebundenen Markers bzw. keine Interferenz des ungebundenen Markers,
- stabile Bindung an das Protein,
- Langzeitstabilität des Markers,
- keine Beeinträchtigung der biologischen Funktion und/oder Struktur des Proteins.

Ein Marker, der all diese Forderungen erfüllt, ist nicht zu finden, er ist auch häufig in dieser Komplexität nicht nötig, da oft nur bestimmte Proteineigenschaften untersucht werden. Um aber nicht Artefakten aufzusitzen, sollten nach Markierungen mit unabhängigen Methoden weitere relevante Proteineingenschaften auf Veränderungen gegenüber dem Ausgangsmolekül untersucht werden.

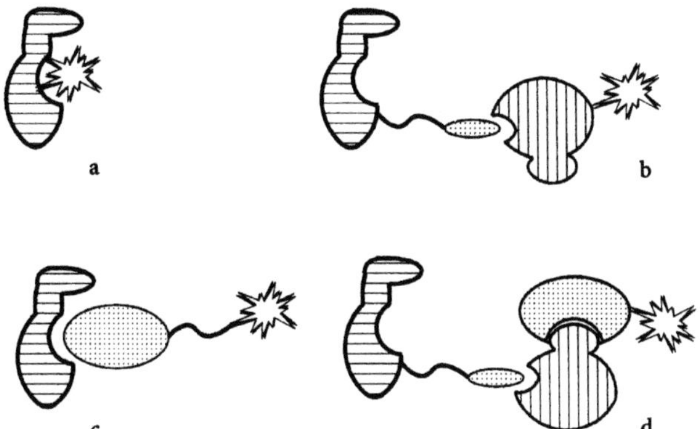

Abb. 10.1. Prinzipielle Markierungsmöglichkeiten von Makromolekülen. **a** direkte Markierung durch Inkorporation oder chemische Kopplung, **b** Nachweis eines für das Nachweissystem keine erfaßbare Eigenschaft tragendes Sondenmoleküls durch einen leicht nachweisbaren Rezeptor bzw. Bindungsprotein, **c** Nachweis durch einen spezifischen markierten Liganden bzw. Bindungsprotein, **d** zweistufiger Nachweis durch primäre Reaktion mit einem Bindungsprotein und dessen Identifizierung durch einen zweiten markierten Liganden

Prinzipielle Möglichkeiten, ein Protein oder ein anderes Makromolekül mit einer Markierung zu versehen, sind in Abb. 10.1 schematisch dargestellt.

10.1 Kovalente Markierung

Eine kovalente Markierung kann durch unterschiedliche chemische Reaktionen erfolgen. Die wichtigsten Reaktionen an Proteinen und Peptiden sind:

- biologisch mit markierten Metaboliten, wie z. B. Aminosäuren, ATP, Coenzym A,
- Acylierung, z. B. mit Acylhalogeniden, Anhydriden, Carbonsäureimiden, Isocyanaten, Isothiocyanaten, *N*-Hydroxysuccinimidestern, *N*-Acylimidazolen,
- Alkylierung bzw. Arylierung, z. B. mit Alkylhalogeniden bzw. Arylhalogeniden oder Alkyl-maleinimiden,
- elektrophile Substitution, z. B. mit Diazonium-Verbindungen
- Hydrierung mit Hydriden,
- reduktive Alkylierung mit Aldehyden und nachfolgender Hydrierung.

Diese Reaktionswege können in den meisten Fällen sowohl mit radioaktiven als auch nichtradioaktiven Markern beschritten werden. Mit welcher Reaktion welche Aminosäuren im Protein markiert werden können, listet Tabelle 10.1 auf.

Die genannten Reaktionstypen können in Abhängigkeit vom Mikromilieu (Ladungsdichten, Zugänglichkeit u. a. m.) um die Zielgruppe am Protein zu

Tabelle 10.1. Chemische und biochemische Modifizierungsmöglichkeiten an Aminosäure-Seitenketten

Reaktion	Cys	Met	Lys	Arg	His	Phe	Tyr	Trp	Asp/Glu	Ser
Acylierung	+		+	+	+		+		+	+
Alkylierung/Arylierung	+	+	+	+	+		+	+		(+)
Amidierung			+					+		
Diazotierung			+		+	+	+			
Iodierung	+				+		+			
Nitrierung						+	+			
Oxidation	+	+			+		+	+		
Reaktion mit Dicarbonylverb.			+	+						
- „ - mit Sulfonylhalogeniden	+							+		
- „ - mit Bromcyan		+								
- „ - mit Hg-Derivaten	+									
Veresterung	+						+			+

sehr unterschiedlichen Reaktionsgeschwindigkeiten und -ausbeuten führen, trotz einer sehr breiten und langen Anwendung von Proteinmodifizierungen müssen die Reaktionsbedingungen für neue Reaktanten stets aufs neue optimiert werden.

Selbstverständlich liegen den Enzym-katalysierten biologisch-biochemischen Modifizierungsreaktionen die gleichen Reaktionen zugrunde, Tabelle 10.1 ist hier sinngemäß zu verstehen.

In der Regel ist es erforderlich, nach den Markierungsreaktionen überschüssiges Markierungsreagens vom markierten Protein abzutrennen und/oder zu inaktivieren, um Interferenzen beim Nachweis zu vermeiden. Da die meisten Markierungsreagenzien viel kleinere Moleküle als die markierten Proteine sind, ist häufig eine Gelausschlußchromatographie (s. Abschn. 2.1) die Methode der Wahl.

10.1.1 Radioaktive Markierung

Radioaktive Markierungen sind oft die einfachsten und empfindlichsten Markierungen und, besonders wenn radioaktive Metabolite verwendet werden, die Markierungen, die die physiologische Funktion von Proteinen am besten erhalten. Ihr entscheidender Nachteil besteht in ihrer Natur, d.h. in den Problemen beim Umgang mit und bei der Entsorgung von radioaktiven Verbindungen.

Die für biochemische Untersuchungen wichtigsten radioaktiven Nuclide sind ^{3}H, ^{14}C, ^{32}P, ^{33}P, ^{35}S, ^{125}I und ^{131}I, für spezielle Anwendungen auch ^{22}Na, ^{45}Ca, ^{51}Cr, ^{55}Fe und ^{60}Co. Tabelle 10.2 faßt Halbwertszeiten und Strahlungsenergien dieser Isotope zusammen.

^{3}H wird entweder über tritierte Metaboliten (z.B. entsprechend ^{3}H-markierte Aminosäuren) oder durch reduktive Tritierung mit NaB^{3}H$_4$ oder LiAl^{3}H$_4$

Tabelle 10.2. Charakteristika biochemisch wichtiger radioaktiver Isotope

Isotop	Halbwertszeit		Zerfallsenergie in fJ	Strahlungsart [a]
^3H (Tritium)	12,32	Jahre	2,98	β^-
^{14}C	5715	Jahre	25	β^-
^{32}P	14,28	Tage	274	β^-
^{33}P	25,3	Tage	39,9	β^-
^{35}S	87,2	Tage	26,8	β^-
^{45}Ca	162,7	Tage	41,2	β^-
^{51}Cr	27,7	Tage	120,3; 51,3	E.C.; γ
^{55}Fe	2,73	Jahre	37,5	E.C.
^{60}Co	5,27	Jahre	375,1; 187,5–213,1	β^-; γ
^{125}I	59,4	Tage	28,7; $\approx$ 4,8	E.C.; γ
^{131}I	8,04	Tage	155,6; 12,8–83,1	β^-; γ

Daten aus: LIDE, D.R. (Hrsg.) (1992) CRC Handbook of Chemistry and Physics, 72. Aufl., Boca Rato.
[a] β^- – Elektronenstrahlung, E.C. – Elektroneneinfang.

direkt in Proteine eingebaut. Der Vorteil des Tritiums als Sonde besteht vor allem darin, daß es einerseits in allen Biomolekülen vorkommt und damit auch eingebaut werden kann und anderseits, daß der Strahlenschutz wegen der niedrigen Strahlungsenergie wenig problematisch ist. Auch ist meßtechnisch eine Doppelmarkierung der Verbindung, z.B. mit ^{14}C, relativ einfach zu bewältigen. Nachteilig ist, daß wegen der geringen Strahlungsintensität ^3H nicht direkt, sondern mit Hilfe von Szintillationstechniken nachgewiesen werden muß und daß bisweilen ein relativ rascher Isotopenaustausch mit ^1H aus dem Lösungsmittel Wasser erfolgt, der eine Verringerung der spezifischen Radioaktivität und damit eine Herabsetzung der Nachweisempfindlichkeit nach sich zieht.

Radioaktiver Kohlenstoff wird in Proteine über entsprechend markierte Aminosäuren oder andere Metabolite (z.B. $^{14}CO_2$ in Zellkulturen) auf vielfältigsten biologischen Wegen eingebaut. Die Verwendung ^{14}C-markierter Verbindungen für eine chemische Markierung von Proteinen ist weniger gebräuchlich, da für diesen Zweck besonders das radiometrisch leichter zu beobachtende Iod zur Verfügung steht. Allerdings besitzen die ^{14}C- wie die ^3H-Markierungen den Vorteil, daß, von geringen Isotopeneffekten abgesehen, die markierten Verbindungen sich biochemisch-physiologisch nicht von den unmarkierten Molekülen unterscheiden.

Die Phosphorylierung von Proteinen an Serin-, Threonin-, Tyrosin- oder Asparagin-Resten besitzt eine große Bedeutung für metabolische Regulationen im zellulären Geschehen. Dabei wird durch spezielle Enzyme, die Kinasen, *in vitro* oder *in vivo* die endständige (γ-)Phosphatgruppe von ATP oder GTP in einer als Phosphorylierung bezeichneten Reaktion auf das Protein übertragen. [γ-^{32}P]ATP bzw. [γ-^{32}P]GTP sind die Lieferanten für radioaktive Markierung, die sowohl chemisch (alkalische oder saure Hydrolyse) als auch enzymatisch durch Proteinphosphatasen wieder aufgehoben werden kann. Durch die energiereiche β^--Strahlung ist ^{32}P ein leicht durch Autoradiographie, Szintillation oder CERENKOV-Strahlung nachzuweisendes Isotop, das auch, im Gegensatz zu ^{3}H und ^{14}C, wegen seiner kurzen Halbwertszeit relativ wenig Entsorgungsprobleme verursacht.

Besonders für die Untersuchung neu synthetisierter Proteine bietet sich eine Markierung mit ^{35}S an. Die Translation einer mRNA zum (Pro)Protein beginnt immer mit einem Methionin, so daß zur Markierung des nascierenden Proteins lediglich [^{35}S]Met im Translationsansatz angeboten werden muß und jedes entstehende Protein mindestens eine Markierung trägt. Da aber im Verlauf der Proteinreifung oft die primär entstandene N-terminale Sequenz abgespalten wird, kann zumindest diese Markierung verloren gehen.

Weitere wichtige Verbindungen zur Markierung mit radioaktivem Schwefel sind die Thiophosphat-Analoga der Nucleosid-Triphosphate (γ-S- und α-S-NTP). Sie werden von Kinasen ebenso wie „normales" Phosphat übertragen, allerdings werden die entstehenden Thiophosphorsäureester von Phosphatasen wesentlich schlechter gespalten und sind auch hydrolytisch stabiler als die Phosphate, so daß es auf diese Weise gelingt, als Intermediat vorkommende Acylphosphate nachzuweisen und zu verfolgen.

Die wichtigsten radioaktiven Isotope für chemische Proteinmarkierungen sind die Iod-Isotope ^{125}I und das kürzerlebige, aber stärker strahlende ^{131}I [1]. Vorteilhaft ist auch, daß die Iod-Isotope pro Grammatom eine etwa 30 000fach höhere Zählausbeute als ^{14}C und eine 1000fach höhere als ^{3}H haben. Ihre Einführung in Proteine kann entweder oxidativ mit Chloramin T, Natriumhypochlorit, Lactoperoxidase oder 1,3,4,6-Tetrachlor-3α,6α-diphenyl-glycuril (IodoGen) (andere über I$^+$ erfolgende Reaktionswege werden seltener angewandt) direkt erfolgen. Hierbei werden Tyrosinreste ein- oder mehrfach iodiert (Abb. 10.2). Alternativ verwendet man BOLTON-HUNTER- oder WOOD-Reagens, die mit den primären Aminogruppen von Lysin oder Arginin reagieren (Abb. 10.3). Da in beiden Fällen relativ große Atome (Iod hat etwa die Größe eines Benzenrings) bzw. Atomgruppen in das Protein eingefügt werden und auch Nebenreaktionen möglich sind, ist mit weiteren Methoden zu überprüfen, inwieweit biologische und/oder strukturelle Eigenschaften des Proteins verändert worden sind.

Bei den oxidativen Verfahren, ausgenommen die Iodierung mit IodoGen, entsteht immer radioaktives I$_2$, das wegen seiner Flüchtigkeit und wegen des Umstandes, daß es beim Einatmen rasch in die Schilddrüse inkorporiert wird, besonders gefährlich ist. Wegen der dadurch notwendigen erhöhten Sicherheitsvorkehrungen sollten daher Iodierungen mit der Chloramin-T- oder Lactoperoxidase-Methode Speziallaboratorien vorbehalten bleiben.

Da IodoGen in wäßrigen Medien praktisch unlöslich ist, wird es vor der Iodierung auf die Wand des Reaktionsgefäßes aufgezogen. Durch einfaches Ausgießen der Reaktionslösung aus dem beschichteten Reaktionsgefäß kann

---

[1] Problematisch bei ^{131}Iod ist, daß es wegen seiner härteren γ-Strahlung gefährlicher ist als ^{125}I und wegen geringerer Isotopenreinheit und geringeren Zählausbeute nur eine änliche Zähleffizienz hat wie ^{125}I.

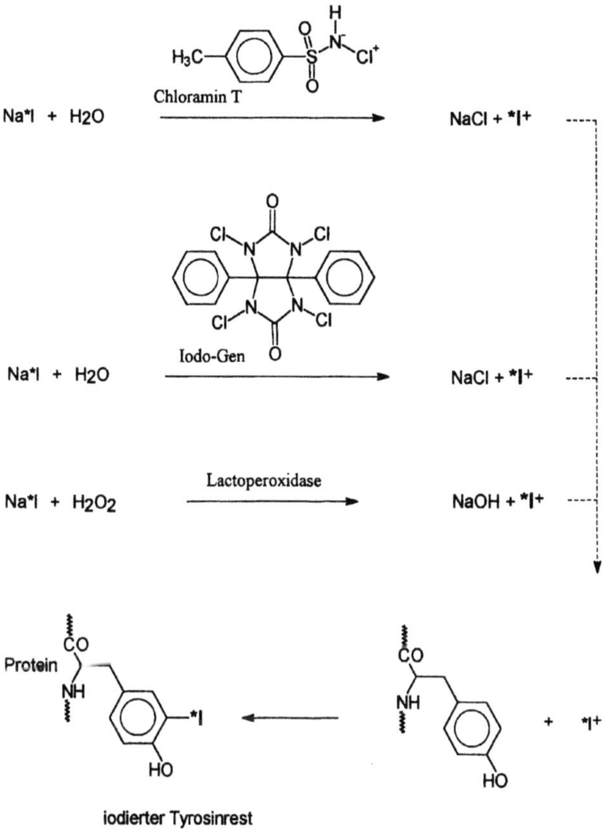

Abb. 10.2. Oxidative Iodierung von Tyrosin-Seitenketten (Chloramin-T-, Iodo-Gen- und Lactoperoxidase-Methode)

die Oxidation des I^--Ions sofort gestoppt und damit die Iodierungsreaktion viel leichter als bei den anderen Methoden kontrolliert werden. Bei einem molaren Verhältnis von Na*I : Tyrosinrest wie $1 - 1{,}2 : 1$ wird das Iod fast quantitativ an den aromatischen Ring gebunden.

Ein schwierig zu beherrschendes Problem bei der Radiomarkierung von Proteinen ist die Radiolyse (Tabelle 10.3). Dabei tritt zusätzlich zu der normalen Abnahme der Radioaktivität durch den radioaktiven Zerfall des Radioisotops (Zerfallsgesetz s. Gl. (10.1)) eine Zerstörung des Proteins auf. Diese Zerstörung erfolgt einerseits durch die direkte Einwirkung der hochenergetischen radioaktiven Strahlung auf das Protein (primäre Radiolyse) und anderseits durch die Reaktion strahlungsinduzierter Radikale des Lösungsmittels

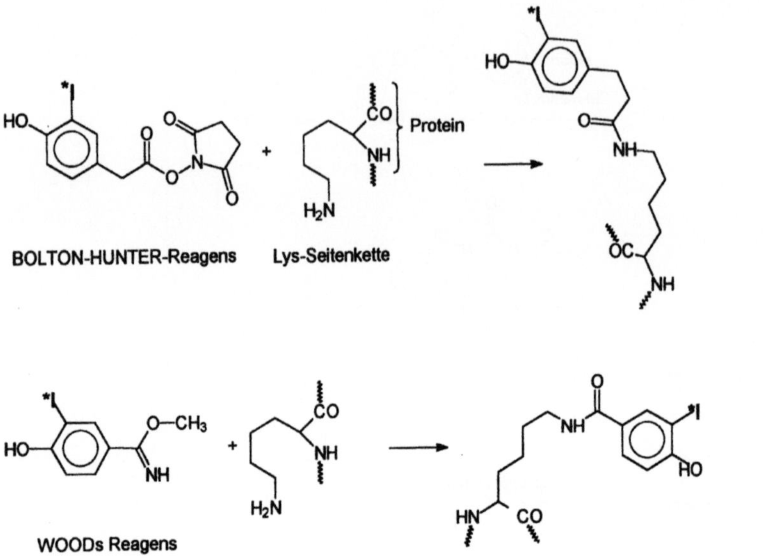

Abb. 10.3. Konjugation von Proteinen mit Iod-Markierungsreagenzien (BOLTON-HUNTER- und WOODs Reagens)

(sekundäre Radiolyse) mit dem Protein. Diese Radiolyse ist proportional der Strahlungsstärke und der spezifischen Radioaktivität (Anzahl der Radionuclide pro Proteinmolekül). Daraus folgt, daß trotz theoretisch höheren Markierungsraten (z.B. zwei Iodatome pro Tyrosinrest), die höhere Nachweisempfindlichkeiten ermöglichen würden, im Interesse einer verbesserten Lagerungsstabilität der markierten Verbindungen geringere Markierungsraten angestrebt werden. Die sekundäre Radiolyse kann teilweise dadurch verringert werden, daß den Lösungsmitteln Radikalfänger (z.B. 2-Mercaptoethanol,

Tabelle 10.3. Arten der Zersetzung (Radiolyse) von Radiochemikalien

Zersetzungstyp	Ursache	Gegenmaßnahme
primär (intern)	Isotopenzerfall	keine
primär (extern)	direkte Zersetzung des Moleküls durch Strahlung	Verdünnung der markierten Substanz
sekundär	Reaktion(en) von Radiolyseprodukten mit der Substanz	Verdünnung; Kühlung; Zugabe Radikalfängern
von		
chemische und/oder	ungünstige Umgebungsbedingungen	Kühlung; Verwendung inerter
mikrobielle Zersetzung		Lösungsmittel; Sterilisierung; Antibiotika
setzung		

reduziert aber Disulfidbrücken) zugesetzt und die markierten Substanzen bei möglichst tiefen Temperaturen gelagert werden.

$$N = N_0 \cdot e^{\frac{-t \cdot \ln 2}{t_{1/2}}} \tag{10.1}$$

mit N – radioaktive Menge zur Zeit t, N_0 – radioaktive Menge zur Zeit, t = 0, $t_{1/2}$ – Halbwertszeit des Isotops

10.1.2 Nichtradioaktive Markierung

Während radioaktive Markierungsverfahren fast ausschließlich der Detektion von Proteinen dienen, ist es möglich, mittels nichtradioaktiver Methoden zusätzlich auch funktionelle und strukturelle Eigenschaften der Proteine zu untersuchen. So können z. B. Fluoreszenz- und Spinsonden (vgl. Abschn. 4.5 bzw. 6.3.4.2) Informationen über Konformationsänderungen während biochemischer Prozesse liefern, Effektoren mit photoaktivierbaren Gruppen oder quervernetzende Reagenzien können Hinweise auf an Interaktionen beteiligte Aminosäuresequenzabschnitte des untersuchten Proteins geben. Bei all diesen Experimenten ist aber eine sorgfältige Auswahl der Kontrollexperimente nötig, um sicher zu stellen, daß die Meßsignale auch den erwarteten Reaktionen entsprechen und Nebenreaktionen zu anderen intra- oder extramolekularen Reaktionspartnern und neue, den nativen Verhältnissen wenig entsprechende Konformationen und Proteinflexibilitäten nicht die Aussagen beeinträchtigen.

Im folgenden sollen einige nichtradioaktive Markierungsmöglichkeiten vorgestellt werden. Sofern es sich um kovalente Verknüpfungen zwischen Sonde und Protein handelt, sind einige chemische Reaktionen favorisiert. Diese Reaktionen, die mit den unterschiedlichsten Markern durchgeführt werden können, sind in Tabelle 10.4 zusammengefaßt.

Tabelle 10.4. Reaktive Gruppen zur kovalenten Markierung von Proteinen

Reaktive Gruppe zur Kopplung	Reaktionspartner am Protein	Bemerkung
(N-Hydroxysuccinimid-Ester-Struktur)	$-NH_2$ (Lys, Arg)	N-Hydroxysuccinimid-Ester (NHS-Ester); Acylierung der NH_2-Gruppen mit dem Rest R–CO– (zum Mechanismus vgl. Abb. 10.3)
$-N=C=S$	$-NH_2$ (α-NH_2, Lys, Arg)	Isothiocyanat (ITC); Bildung von Thioharnstoffen (vgl. Abb. 3.1)
$OCH-(CH_2)_3-CHO$	$-NH_2$ netzung	vor allem zur Protein-Protein-Quervernetzung

Tabelle 10.4 (Fortsetzung)

Reaktive Gruppe zur Kopplung	Reaktionspartner am Protein	Bemerkung
Cl–CO–O–R	–NH$_2$	Reaktion mit Chlorameisensäureestern unter Bildung hydrolysestabiler Urethane
–CO–CH$_2$X	–SH	X = Br, I; Bildung stabiler Thioether
(CH$_2$)n-Maleinimid	–SH	Addition der SH-Gruppe an Maleinimid-Doppelbindung
R–S–S–Pyridyl	–SH	heterobifunktionelle Pyridyldisulfid-Derivate; Bildung spaltbarer Modifizierungen an Cys
–CO–NH–NH$_2$ (Hydrazide)	–CHO	Aldehydfunktion aus oxid. Kohlenhydrat-Seitenketten von Glycoproteinen; Bildung von Hydrazonen
H$_2$N–O–CH$_2$–CO–R (Hydroxylamine)	–CHO	Aldehydfunktion aus oxid. Kohlenhydrat-Seitenketten von Glycoproteinen; Bildung von Oximen
–CO–NH–NH$_2$ (Hydrazid)	–COOH	Kopplung unter Verwendung wasserlösl. Carbodiimide
R–NH$_2$ (prim. Amine)	–COOH	Kopplung unter Verwendung wasserlösl. Carbodiimide
R–O–CO–C$_6$H$_4$–N$^\pm$≡N	Tyr, His	zur Kopplung an aromat. Aminosäureseitenketten
R–C$_6$H$_4$–N=N$^\pm$=N$^-$	=C(H)	photoaktivierbare Arylazide zur Affinitätsmarkierung
R–C(H)(Diazirin N=N)	=C(H)	photoaktivierbare Azirine zur Affinitätsmarkierung

Die zu den nichtradioaktiven Markierungsverfahren gehörende Protein-markierung mit stabilen Isotopen ist hier nicht als gesonderter Punkt aufge-führt, da sie einmal analog zur radioaktiven erfolgt und zum anderen kurz bei den relevanten NMR-Verfahren (^{15}N und ^{13}C, Abschn. 5.4.) und bei der Schwingungsspektroskopie (Abschn. 4.6.) erwähnt wurde.

Während für analytische Zwecke vorwiegend die in den nachstehenden Abschnitten beschriebenen Sonden benutzt werden, können für bestimmte Trennungen und damit Nachweise auch kovalente oder biospezifische Kopplungen an Partikeln erfolgen. Als solche Partikeln, die vorzugsweise zur immunchemischen Separation von Proteinen (Immunpräzipitation) verwendet werden, sind magnetisierbare Partikeln mit hydrophiler Oberfläche (Magnetobeads), Latices und Zellen (z. B. abgetötete *Staphylococcus-aureus*-Bakterien) zu nennen.

10.1.2.1 Das Biotin-(Strept-)Avidin-System

Biotin (Vitamin H) wird von mehreren Proteinen spezifisch gebunden. Unter diesen Proteinen ragen für analytische Anwendungen die Proteine Avidin (aus Hühner-Eiklar) und Streptavidin (aus *Streptomyces avidinii*) heraus. Es sind beide aus vier identischen Untereinheiten mit einer Molmasse von ca. 15,6 bzw. 14 kD aufgebaut. Jede dieser Untereinheiten bindet ein Molekül Biotin. Mit Ausnahme der Biotin-Bindungsstelle zeigen beide Proteine kaum Sequenzhomologien. Im Gegensatz zu Streptavidin ist Avidin ein Glycoprotein mit vier bis fünf Mannose- und drei Glucosamin-Resten pro Untereinheit. Die Bindung von Biotin an (Strept-)Avidin gehört zu den stärksten bekannten biologischen Interaktionen mit einer Dissoziationskonstante von ca. $1 \cdot 10^{-15}$ M für die tetrameren Proteine und ca. $5 \cdot 10^{-8}$ M für die Monomere. Dabei liegt die Bindungsstelle für Biotin im Streptavidin tiefer im Molekül als beim (Hühner)Avidin. Der Biotin-Avidin-Komplex kann in Abhängigkeit von Einflüssen, die von kovalent biotinylierten Partnern ausgeübt werden, stabil gegenüber kurzzeitigem Erhitzen auf Temperaturen über 100 °C sein und wird in der Regel zwischen pH 2.5 und 13, durch 1 % Tensid, wie SDS, Tween 20, Triton X-100 oder Zwittergent, oder durch 8 M Guanidinium-hydrochlorid (pH um 7) praktisch nicht gespalten. Wegen der hohen Bindungsfestigkeit ist Biotin kein idealer Partner für Affinitätsreinigungen. Hierfür ist das strukturell verwandte Iminobiotin wegen seiner größeren Dissoziationskonstante besser geeignet, da die Elutionsbedingungen weniger drastisch sein können.

Obwohl Biotin direkt über seine COOH-Gruppe an Proteine oder andere Verbindungen gekoppelt werden kann, bedient man sich meist spezieller Derivate, die einerseits eine Spacergruppe einführen und anderseits die Möglichkeiten erweitern, an bestimmte Gruppen im Protein zu koppeln. Die wesentlichsten Biotin-Derivate zeigt Tabelle 10.5.

10.1.2.2 Markierungen mit Haptenen

Ähnlich wie die selektiven Interaktionen zwischen Biotin und (Strept-)Avidin können immunchemische für Proteinmarkierungen ausgenutzt werden. Dabei

Tabelle 10.5. Biotin und ausgewählte Derivate für Konjugationsreaktionen

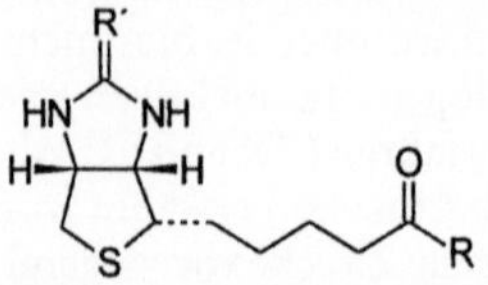

Derivat	R′	R
Biotin	O	OH
Iminobiotin	NH	OH
Biotin-Hydrazid	O	NH–NH$_2$
Sulfo-NHS-Biotin	O	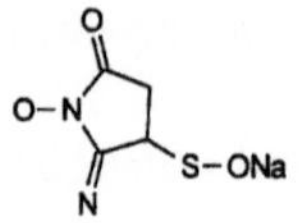
NHS-Capryl-Biotin	O	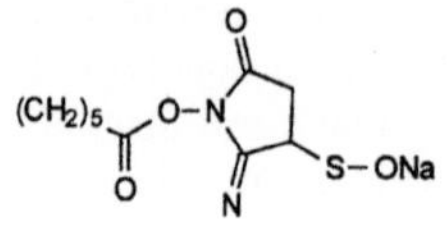
Azido-Biotin	O	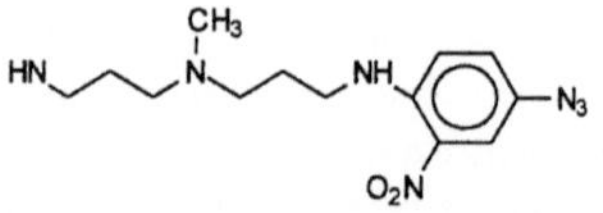
Pyridyldithio-Biotin	O	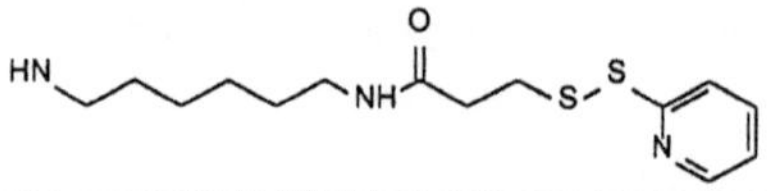

dient als Antigen nicht eine Struktur des Proteins selbst, sondern ein Hapten, gegen das in Form eines Konjugats mit einem beliebigen Trägerprotein spezifische Antikörper erzeugt wurden. Um einerseits eine optimale Markierung des zu untersuchenden Proteins mit dem Hapten zu erreichen und anderseits das Risiko von Kreuzreaktivitäten mit in der Probe vorkommenden ähnlichen oder gleichen Haptenen zu verringern, werden solche Haptene eingesetzt, die praktisch nicht natürlich vorkommen. Vor allem zwei Haptene sind in der Literatur gut dokumentiert: Fluorescein (Abb. 10.5a) und Digoxigenin (Abb. 10.4).

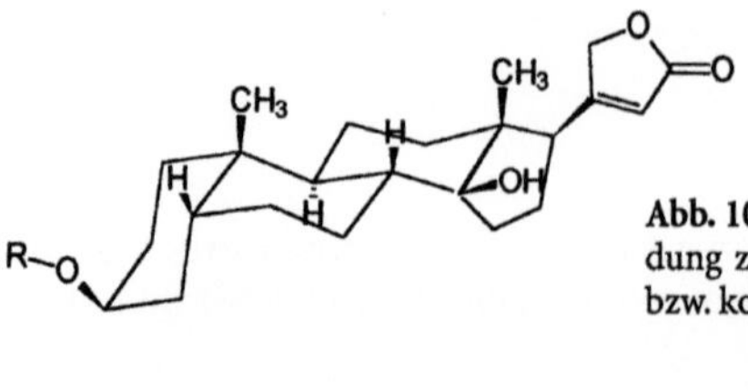

Abb. 10.4. Digoxigenin. R steht für die die Verbindung zu Liganden etc. herstellenden Molekülteile bzw. kopplungsfähigen Gruppen

Diese beiden Haptene erfüllen die oben genannten Anforderungen, aber selbstverständlich sind auch andere möglich, sofern man Antikörper bzw. deren Fab-Fragmente hat, die sowohl eine hohe Affinität als auch eine genügende Spezifität besitzen und die somit dem Biotin/(Strept)Avidin-System äquivalent sind.

10.1.2.3 Markierungen mit Fluoreszenz- und Spinmarkern

Fluoreszenzfarbstoffe lassen sich viel sensitiver nachweisen als Absorptionsfarbstoffe. Sie stellen damit geeignete Indikatoren für Stoffe in kleinsten Mengen und Konzentrationen dar. Sie zeichnen sich dadurch aus, daß die Anregungswellenlängen (λ_A) zum Teil weit von den Emissionswellenlängen (λ_E) entfernt sind (z. B. Fluorescein mit λ_A 495 nm und λ_E 525 nm, Tetramethylrhodamin mit λ_A 552 nm und λ_E 570 nm, Eu^{3+}-BCPDA mit λ_A 280-300 nm und λ_E 615 nm; Formeln s. Abb. 10.5; λ_A und λ_E können in Abhängigkeit von der koppelnden Gruppe und vom Kopplungsprodukt etwas variieren) und somit durch Verwendung geeigneter optischer Filter eine selektive Beobachtung ermöglicht wird und daß wegen der Verschiedenfarbigkeit der Emissionen bei Verwendung z.B. verschiedener Antikörper mit jeweils unterschiedlichen Fluoreszenzmarkierungen Mehrfachmarkierungen in einem histologischen Bild möglich sind.

Fluorenzenzmarker werden vorwiegend in vier Bereichen für die Proteinanalytik angewandt:

- direkter Proteinnachweis durch Umsatz des Analyten mit einem geeigneten Farbstoffderivat (z.B. FITC, DTAF, TMRITC, Dansylchlorid),
- indirekter Proteinnachweis mit Fluoreszenz-markierten Antikörpern oder analogen Bindungsproteinen auf Blots und in der Immunfluoreszenz-Mikroskopie,
- als Sonden in der Fluoreszenzspektroskopie (vgl. Abschn. 4.5.6) und -photometrie (Fluoreszenz-unterstütze Zellsortierung, FACS),
- fluoreszierende Reaktionsprodukte in enzymatischen Reaktionen (vgl. Abschn. 10.1.2.5).

Für Arbeiten mit FACS-Geräten werden Zellen direkt oder über mit Fluoreszenzfarbstoffen markierte Antikörper oder Rezeptoren gekennzeichnet. Für diesen Zweck sind neben den erwähnten Fluorochromen Fluorescein und Rhodamin R-Phytoerythrin (PE, λ_E 575 nm), Propidiumiodid (PI, λ_E 620 nm), Quantum Red (λ_E 670 nm) u.a.m. in Verwendung.

Einige gebräuchliche organisch-chemische Fluoreszenzfarbstoffe, von denen z. T. nur einige Isomere (z.B. R-Isomeres des Tetramethylrhodamins oder Isomer I des FITC) sich eignen, sind in Abb. 10.5 dargestellt, aber auch Biomoleküle wie Phytocyanine und Phytoerythrin werden eingesetzt.

Trotz der hohen Fluoreszenzausbeuten sind vor allem in der Fluoreszenzmikroskopie Grenzen gesetzt durch eine zu geringe lokale Dichte des Analyten, durch Fluoreszenzlöschungen, durch Wechselwirkung der Fluoreszenzsonde mit Komponenten des Präparats und durch das oxidative Ausbleichen einiger Farbstoffe.

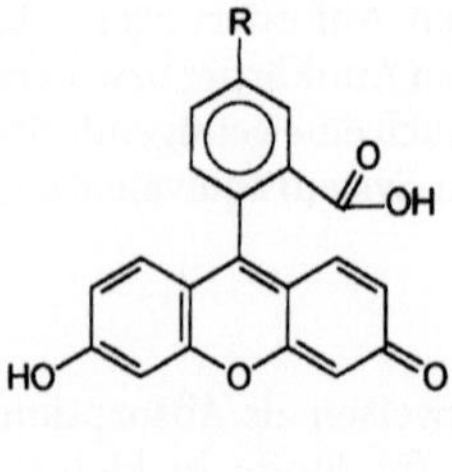

a

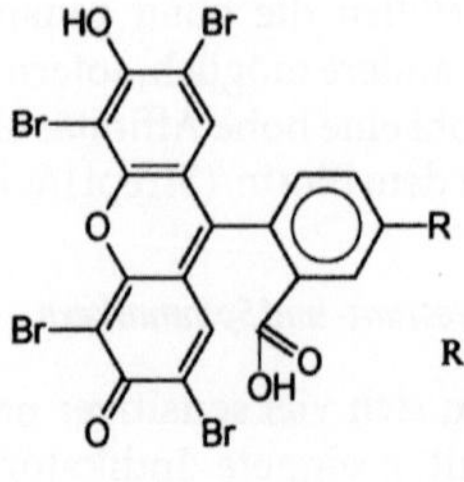

b

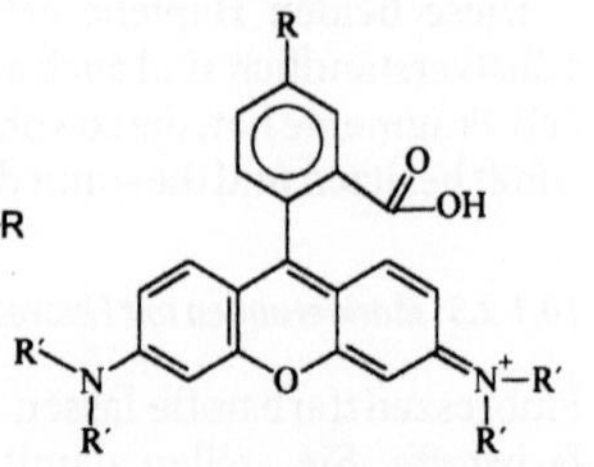

c bzw. d

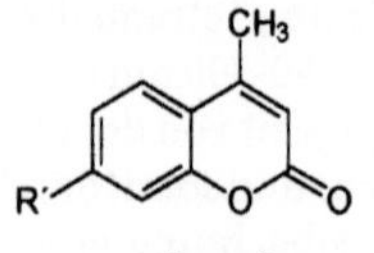

e bzw. f

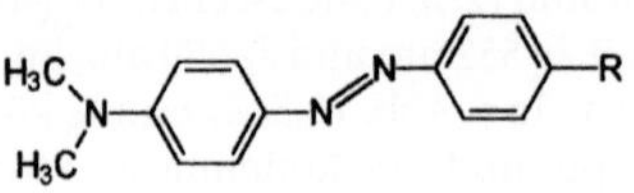

g

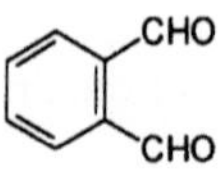

h

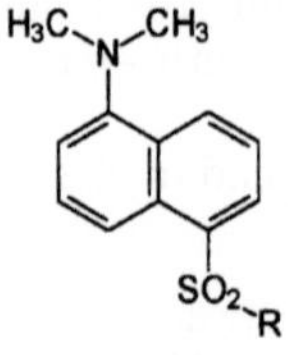

i

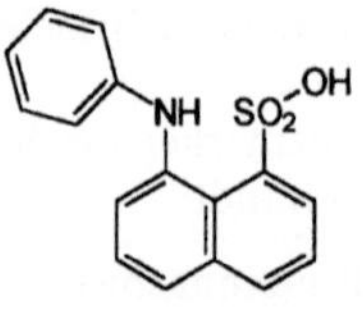

k

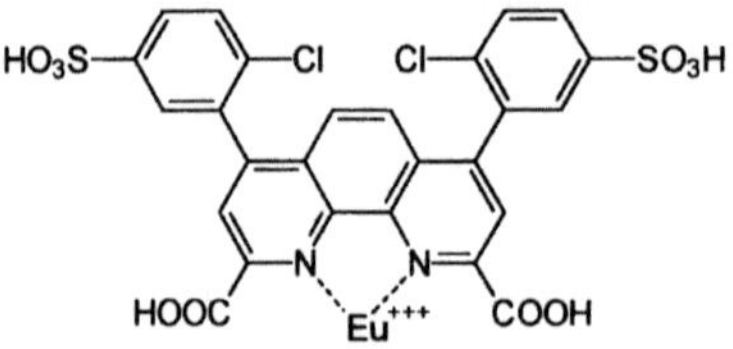

l

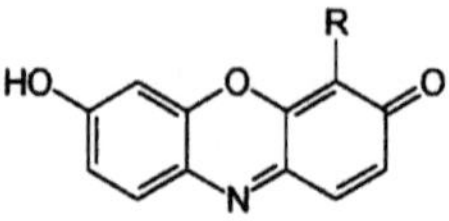

m

Abb. 10.5. Fluoreszenz-Farbstoffe. **a** Fluorescein, **b** Eosin, **c** Tetramethylrhodamin (R′ = CH_3), **d** Rhodamin B (R′ = C_2H_5), **e** 7-Amino-4-methylcumarin (AMC, R′ = NH_2), **f** 4-Methylubelliferon (R′ = OH), **g** Dimethylamino-azobenzen, **h** *o*-Phthaldialdehyd (OPA), **i** 5-Dimethylamino-1-naphthalensulfonsäure, **k** 8-Anilino-1-napthalensulfonsäure (ANS), **l** Eu^{3+}-4,7-bis(2-Chlor-5-sulfophenyl)-1,10-phenanthrolin-2,9-dicarbonsäure (BCPDA), **m** Resorufin (7-Hydroxy-3H-phenoxazin-3-on). R steht für die die Verbindung zu Liganden etc. herstellenden Molekülteile bzw. kopplungsfähige Gruppen (z.B. (A) bzw. (C) mit R = (4,6-Dichlortriazin-4-yl)-amino- (DTAF) oder R = -NCS: Fluoresceinisothiocyanat (FITC) bzw. Tetramethylrhodamin-isothiocyanat (TMRITC) oder (G) mit R = SO_2Cl: Dabsylchlorid)

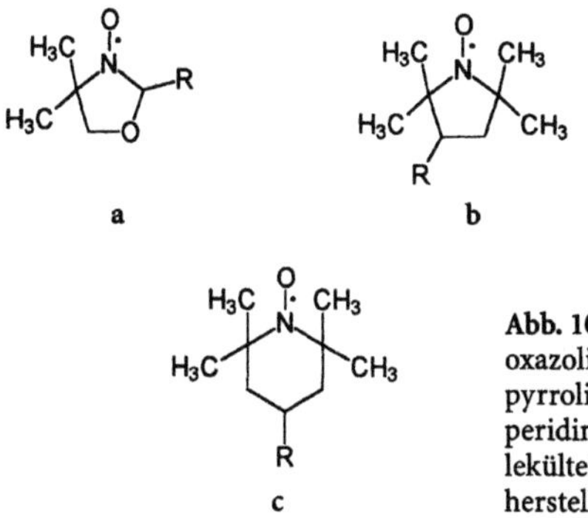

Abb. 10.6. Spinmarker. a DOXYL (4,4-Dimethyl-oxazolidin-3-oxyl), b PROXYL (2,2,5,5-Tetramethyl-pyrrolidin-1-oxyl), c TEMPO (2,2,6,6-Tetramethylpi-peridin-1-oxyl). R steht für Liganden bzw. für Molekülteile, die die Verbindung zu Liganden etc. herstellen, bzw. für kopplungsfähige Gruppen

Wenn indirekte Markierungen angewandt werden, können die Fluoreszenz-ausbeuten durch Vielfachmarkierung eines Partners erhöht werden, z. B. wurde ein Komplex aus Streptavidin, Thyroglobulin und Eu^{3+}-BCPDA im Molver-hältnis 1:3, 3:480 beschrieben, d.h. pro Biotin-Markierung am zu untersu-chenden Protein können theoretisch fast 500 fluoreszierende Gruppen angela-gert werden.

Der fluoreszenzmikroskopische Nachteil der Lösung ist dagegen ein fluo-reszenzspektroskopischer Vorteil bei der Untersuchungen von Proteinstruk-turen und -interaktionen, wie im Abschn. 4.5 erläutert.

Spinmarker werden immer dann eingesetzt, wenn ESR-Untersuchungen an Systemen vorgenommen werden sollen, die keine eigenen freien Radikale besitzen. Auch hier können die stabilen Radikale (Abb. 10.6) direkt an das in-teressierende Protein über die beschriebenen reaktiven Gruppen gekoppelt werden oder es werden, wie z.B. bei Untersuchungen von Membranproteinen, entsprechend markierte Lipide verwendet, deren Signal durch die Protein-Lipid-Interaktionen verändert werden (näheres s. Kap. 6).

10.1.2.4 Affinitätsmarkierung

Oft interessiert die Frage, an welches Molekül bzw. an welche seiner Abschnitte sich ein Ligand bzw. Substrat bindet, oder ein Rezeptor ist nur durch die Bin-dung eines spezifischen Liganden charakterisiert. Da diese Bindungen in der Regel nicht kovalent sind, zerfallen sie, wenn das Protein in langdauernden Pro-zessen (z. B. Reinigungsoperationen) und/oder unter denaturierenden Bedin-gungen weiter untersucht wird. Hinweise auf das Bindungszentrum bzw. eine Stabilisierung der Bindung können Substrat/Ligand-Moleküle liefern, die mit reaktionsfähigen Gruppen für eine kovalente Verknüpfung ausgestattet sind. Voraussetzung ist natürlich, daß diese modifizierten Moleküle gleiche oder sehr ähnliche Enzym- bzw. Rezeptor-kinetische Bindungscharakteristika (K_M, K_D, v_{max}, B_{max} etc.) besitzen. Zusätzlich zu den reaktiven Gruppen müssen diese Liganden/Substrate noch weitere Markierungen, wie z. B. radioaktive Isotope, tragen, da sie selbst in der Regel kein Signal liefern.

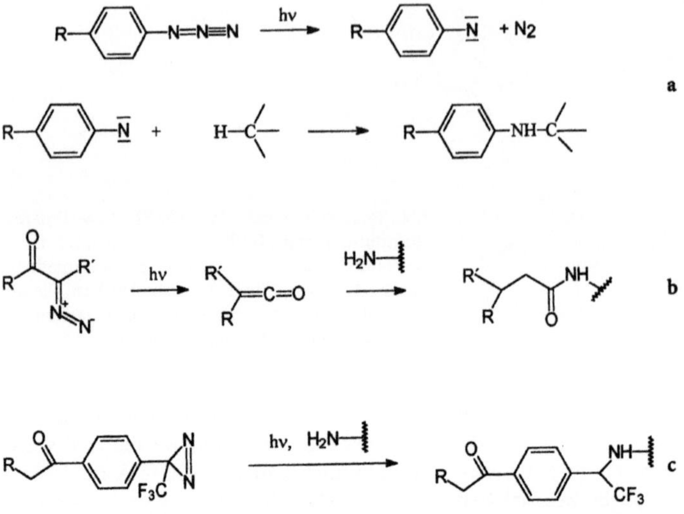

Abb. 10.7. Umsetzung von Proteinen mit photoaktivierbaren Reagenzien. **a** Reaktion mit Arylaziden, **b** Reaktion mit α-Keto-Diazoniumsalzen, **c** Reaktion mit Aziridinen

Als besonders geeignete reaktive Gruppen an den Liganden haben sich photoaktivierbare Substituenten erwiesen. Da die Rezeptor-Ligand- bzw. Substrat-Enzym-Bindung meist kein sehr schneller Prozeß ist, läßt man den entsprechenden Liganden im Dunkeln oder bei energiearmen Licht mit seinem Proteinpartner reagieren und startet dann die Kopplung durch Einstrahlung energiereichen (UV)Lichts in Form eines Laser-Pulses oder längerdauernder Bestrahlung. Photoaktivierbare Gruppen sind vorwiegend Arylazide und Diazirine (vgl. Abb. 10.7 und Tabelle 10.4) bzw. Diazoniumsalze, die bei Bestrahlung zu sehr reaktionsfähigen Nitrenen bzw. Ketenen führen. Diese intermediär entstehenden Nitrene bzw. Ketene koppeln wiederum schnell und bezüglich der beteiligten Aminosäure-Seitenketten unspezifisch an Proteine oder Moleküle mit entsprechend reaktionsfähigen Gruppen.

10.1.2.5 Enzym-Konjugate

Unter Enzymkonjugaten versteht man die kovalente Verbindung zwischen einem Enzym und einem anderen Molekül, das nicht aufgrund biospezifischer Interaktionen mit dem Enzym interagiert. Mit der Ausnahme von Enzymen, die in Form von Reportergenen gentechnisch mit der Sequenz des zu untersuchenden Proteins fusioniert werden und die somit eine direkte Verfolgung des interessierenden Proteins auf transkriptionaler und translationaler Ebene gestatten (Abb. 10.8), werden Enzymkonjugate fast ausschließlich für den indirekten Nachweis verwendet. Es wird also das zu untersuchende Protein (Ana-

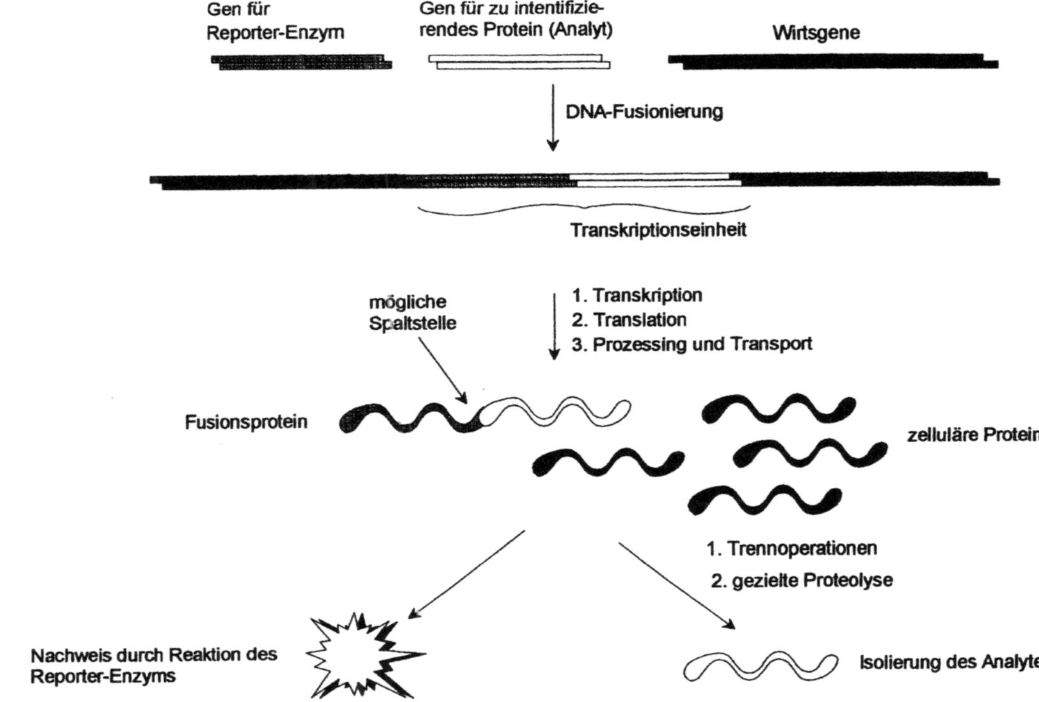

Abb. 10.8. Analytische Anwendung von Fusionsproteinen durch gentechnische Markierung eines Proteins (Analyt) mit einem Reporterenzym. Durch das Reporterenzym kann die Expression des Analyten nachgewiesen werden, nach proteolytischer Spaltung ist eine Isolierung des Analyten möglich

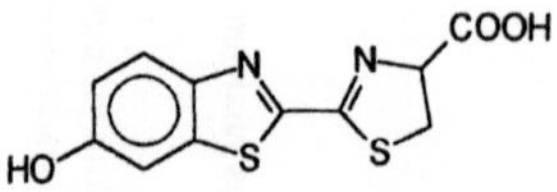

Abb. 10.9. D-Luciferin aus *Photinus pyralis*

lyt) mit einer Verbindung gekoppelt, die selbst kein Signal liefert. Diese Markierung reagiert spezifisch mit dem Enzymkonjugat und zum Nachweis der Präsenz des Analyten dient die Enzymreaktion.

Als in der Gentechnik verwendete Reporterenzyme zur Bildung von Fusionsproteinen für analytische Zwecke dienen vor allem die alkalische Phosphatase, Luciferasen verschiedener Spezies (z.B. der Leuchtkäfer *Photinus pyralis* oder *Pyrophorus plagiophthalamus*). Die Luciferasen haben verschiedene Luciferine (Abb. 10.9) als Cosubstrate und liefern demzufolge verschiedenfarbige Biolumineszenzen. Neomycin-Phosphotransferase II phosphoryliert unter Verwendung von ATP das Antibiotikum Neomycin, was eine in den meisten Translationsassays ungewöhnliche und damit sehr signifikante Reaktion darstellt. Um als Reporterenzym Verwendung zu finden, sollte dieses Enzym im Expressionssystem nicht vorhanden sein, es muß auch als Fusionsprotein in einer enzymatisch aktiven Form vorliegen und es sollte eine hohe Umsatzrate besitzen, um schnell ein möglichst starkes Signal zu liefern.

Zur Bildung von Enzymkonjugaten werden meist die in Tabelle 10.6 aufgeführten Enzyme verwendet, die sich vor allem durch eine relativ leichte Darstellung, durch hohe Lagerstabilität und Robustheit imsignalbildenden Reaktionsansatz auszeichnen.

Enzyme haben als Marker den Vorteil, daß sie das Signal verstärken (amplifizieren), indem ein Markermolekül eine Vielzahl von detektierbaren Molekülen als Reaktionsprodukt erzeugt. Diese Verstärkung kann noch erhöht werden, indem man Marker benutzt, die eine Vielzahl von Enzymmolekülen enthalten. Da z.B. ein an ein biotinyliertes Protein gebundenes Avidinmolekül noch drei freie Bindungsstellen für Biotin besitzt, können an diese Orte bis zu drei Markerenzym-Biotin-Konjugate gebunden werden oder man verwendet

Tabelle 10.6. Marker-Enzyme bzw. -Enzymkombinationen

Enzym bzw. Enzymkombination	Kurzbezeichnung
alkalische Phosphatase	AP
Meerrettich-Peroxidase (*engl.* horse radish peroxidase)	POD (HRP)
β-Galactosidase	β-Gal
Urease	
Glucoseoxidase / Meerrettich-Peroxidase	GOD / POD
Hexokinase / Glucose-6-phosphat-Dehydrogenase	HK / G-6-PDH
alkalische Phosphatase / Luciferase	

für einen immunchemischen Nachweis anti-Enzym-Antikörper-Enzym-Komplexe (z. B. PAP, Peroxidase-anti-Peroxidase), die ebenfalls zahlreiche Enzymmoleküle enthalten und die ein wesentlich stärkeres Signal liefern als bei einem 1:1-Protein-Enzym-Komplex.

Je nach Testsystem werden verschiedene Reaktionsprodukte genutzt: lösliche vor allem für Absorptions-, Fluoreszenz- und Chemoluminiszenz-photometrische Tests, unlösliche, einen farbigen Niederschlag erzeugende (präzipitierende) für Blotting-Tests und in der Histochemie. Einige solcher Substrate für die hauptsächlich verwandten Markerenzyme sind Tabelle 10.7 zu entnehmen.

Tabelle 10.7. Substrate für Markerenzyme

Enzym	Substrat
a) lösliche, farbige Reaktionsprodukte	
AP	p-Nitrophenylphosphat (pNPP)
	Naphthol-AS-phosphat
HRP	o-Phenylendiamin (OPD)
	3,3'-Dimethoxybenzidin (o-Dianisidin)
	2,2'-Azinobis-(3-ethylbenzothiazolin-6-sulfonsäure) (ABTS)
β-Gal	p-Nitrophenyl-β-D-galactopyranosid
	Napthol-AS-D-galactopyranosid
b) unlösliche, präzipitierende, farbige Reaktionsprodukte	
AP	5-Brom-4-chlor-3-indolylphosphat (BCIP, X-Phosphat) + Nitroblautetrazoliumsalz (NBT)
	Naphthol-AS-phosphat + Echtrotsalz TR (Fast Red TR, C.I. 37085) u.a. Farbkuppler
HRP	3,3',5,5'-Tetramethylbenzidin (TMB)
	Bis-(3,4-diaminophenyl)-ether
	4-Brom-, 2-Chlor- oder 4-Chlor-naphthol
β-Gal	5-Brom-4-chlor-3-indolyl-β-D-galactopyranosid (BCIG, X-Gal) + Nitroblautetrazoliumsalz (NBT)
c) lumineszierende Reaktionsprodukte	
HRP	3-Aminophthalhydrazid (Luminol; Verstärkung mit p-Iodphenol)
	7-Dimethylamin-naphthalen-1,2-dicarbonsäurehydrazid
AP	3-(4-Methoxyspiro-[1,2-dioxethan-3,2'-tricyclo[3.3.1^{3,7}]decan]-4-yl)-phenylphosphat (AMPPD)
	3-(4-Methoxyspiro-[1,2-dioxethan-3,2'-(5'-chlor)-tricyclo[3.3.1^{3,7}]decan]-4-yl)-phenylphosphat (CSPD)
β-Gal	3-(4-Methoxyspiro-[1,2-dioxethan-3,2'-tricyclo[3.3.1^{3,7}]decan]-4-yl)-phenyl-β-D-galactopyranosid (AMPGD)
AP / Luciferase	D-Luciferin-O-Phosphat / ATP
d) fluoreszierende Reaktionsprodukte	
AP	4-Methylumbelliferyl-phosphat (4-Methyl-cumarin-7-yl-phosphat)
	Resorufin-phosphat
β-Gal	4-Methylumbelliferyl-β-D-galactopyranosid (7-β-D-Galactopyranosyloxy-4-methyl-cumarin)
	Resorufin-β-D-galactopyranosid

10.1.2.6 Quervernetzung von Proteinen (cross-linking)

Vernetzungsreagenzien werden meist angewandt, um nicht kovalente Interaktionen zwischen (Bio)Molekülen, d.h. Protein-Protein-, Protein-Lipid-, Protein-Nucleinsäure-Wechselwirkungen für nachfolgende Untersuchungen zu stabilisieren. Während bei Konjugationsreaktionen normalerweise nicht oder nicht spezifisch mit einander interagierende Moleküle kovalent verknüpft und bei der Affinitätsmarkierung ein Substrat bzw. Ligand kovalent am oder in der Nähe des Bindungszentrums immobilisiert wird, ist das Ziel der Quervernetzung die Verhinderung der spontanen Dissoziation von Makromolekülkomplexen.

Für die Quervernetzung verwendet man bifunktionelle Reagenzien, die nach den in Tabelle 10.1 genannten Reaktionstypen reagieren und im Idealfall folgende Anforderungen erfüllen:

- Beide funktionelle Gruppen sind in Hinblick auf eine sequenzielle Reaktion chemisch verschieden.
- Die selektive Inkorporation des Vernetzungsreagens in die Proteine erfolgt in einem Medium, das die Proteinkonformation optimal erhält.
- Die Vernetzung spiegelt die korrekten (nativen) Protein-Protein-Wechselwirkungen wider.
- Die chemische Reaktion mit dem zweiten Bindungspartner ist nicht an bestimmte strukturelle oder chemische Voraussetzungen geknüpft, d.h. sie ist weitestgehend unspezifisch.
- Die Quervernetzung verläuft schneller als die Dissoziation der interagierenden Proteine und langsamer als eine mögliche intramolekulare Quervernetzung.
- Der Grad an Quervernetzungen ist analytisch leicht erfaßbar.
- Überschüssiges Vernetzungsreagens ist leicht zu entfernen.
- Der Vernetzer läßt sich einfach spalten, um die Analyse der Einzelkomponenten nach ihrer Vernetzung zu gestatten.

Diese bifunktionellen Reagenzien können die gleiche reaktive Gruppe tragen [homobifunktionelle Reagenzien: z.B. Glutaraldehyd, Korksäure-bis-*N*-hydroxysuccinimidester (*engl.* suberic acid bis(*N*-hydroxysuccinimide ester)] und besitzen somit an beiden Molekülseiten die gleiche Reaktivität, oder das Vernetzermolekül besitzt verschiedene koppelnde Gruppen mit unterschiedlichen Reaktivitäten [heterobifunktionelle Reagenzien: z.B. *N*-Succinimidyl-3-(2-pyridyldithio)-propionat (SPDP), 3-(4-Azidophenyldithio)-propionsäure-*N*-hydroxysuccinimidester, 2-Iminothiolan (TRAUTS Reagens)]. Beide Vernetzertypen können Molekülbereiche enthalten, die in einer nach der Proteinvernetzung liegenden Reaktion gespalten werden können, um die vernetzten Proteine wieder in Monomere zu überführen. Solche Molekülbereiche in spaltbaren Quervernetzern können z.B. Glycolstrukturen (oxidativen Periodat-Spaltung von vicinalen OH-Gruppen des Typs $-CH(OH)-CH(OH)-$) oder Disulfide (reduktive Spaltung von $-S-S-$ mit SH-Reagenzien) sein. Die kopplungsfähigen Gruppen sind auch die für Konjugationen verwendeten (vgl. Tabelle 10.4).

Sowohl hinsichtlich ihrer Hydrophilie/Hydrophobizität als auch ihrer Länge sind die Molekülteile zwischen den kopplungsfähigen Gruppen in Quervernetzern sehr unterschiedlich. Dadurch können die Quervernetzer sowohl in hydrophobe Bereiche von Proteinen eindringen oder ausgeschlossen werden oder Quervernetzer können in biologische Membranen eindringen oder durch sie hindurchtreten. Aus der Kenntnis der chemischen Eigenschaften der Quervernetzer können so Rückschlüsse auf die Orientierung von Protein-Protein-Komplexen in Membranen gezogen werden.

Weitere Informationen über die relative Lage von vernetzbaren Sequenzbereichen sind aus der Länge von Quervernetzern erhältlich. Untersucht man einen Proteinkomplex mit einer Reihe von Quervernetzern, die bei gleichen kopplungsfähigen Gruppen über unterschiedliche Zwischenbereiche (spacer) verfügen, wie z.B. mit den bis-N-Hydroxysuccinimidestern der Bernsteinsäure ($HOOC-(CH_2)_2-COOH$), Adipinsäure ($HOOC-(CH_2)_4-COOH$), Pimelinsäure ($HOOC-(CH_2)_5-COOH$) und Korksäure ($HOOC-(CH_2)_6-COOH$), kann man aus der Kenntnis der Molekülgröße den ungefähren Abstand zwischen den gekoppelten Aminosäuren abschätzen (der Abstand zwischen zwei CH_2-Gruppen beträgt unter Berücksichtigung der tetraedrischen Verknüpfung etwa 0,13 nm).

Schematisch ist die Quervernetzung von Proteinen in Abb. 10.10 dargestellt.

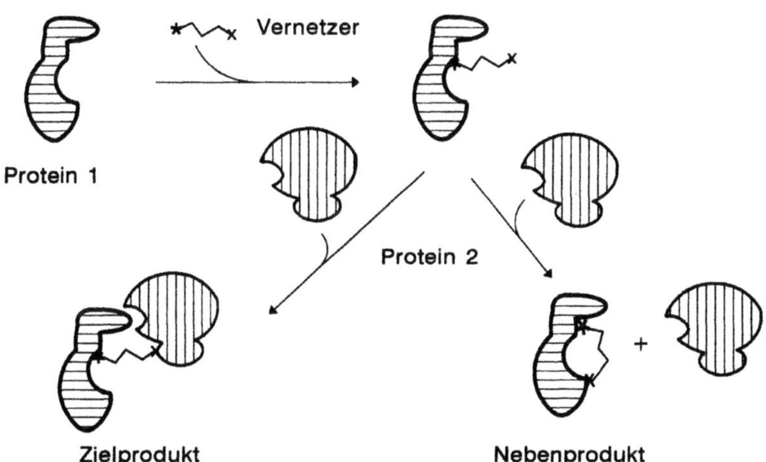

Abb. 10.10. Prinzip der intermolekularen Protein-Vernetzung (cross-linking). Neben der kovalenten Immobilisierung von Protein-Protein-Wechselwirkungen (intermolekulare Verknüpfung, hier: Hauptprodukt aus Protein 1 und Protein 2) sind auch intramolekulare Verknüpfungen zwischen verschienden Abschnitten der Polypeptidkette eines Proteins (hier: Nebenprodukt in Protein 1) zu erwarten.

x⌁* – bifunktioneller Vernetzer

10.2 Adsorptive und biospezifische, nichtkovalente Markierung

Der Umstand, daß Proteine sich unspezifisch, meist durch elektrostatische Wechselwirkungen an die Oberfläche von Metallkolloiden, Latices und Kolloiden organisch-chemischer, wasserunlöslicher Farbstoffe adsorbieren, kann ebenfalls zur Markierung von Proteinen herangezogen werden.

Unter den Metallkolloiden wird besonders kolloidales Gold benutzt, das in Partikeln mit einem Durchmesser von etwa 1 bis 40 nm hergestellt wird. Während man bei den kleinen Partikeln (Durchmesser < 5 nm) von einem 1:1-Verhältnis zwischen adsorbiertem Protein und Partikel ausgehen kann, sind bei größeren Partikeln eine Vielzahl von Proteinen auf die Oberfläche aufgezogen. Da zwar Unterschiede in der Festigkeit der Adsorption von Protein zu Protein angenommen werden können, aber diese Adsorption einem Gleichgewicht gehorcht, wurden sowohl ein Ablösen des adsorbierten Proteins als auch eine Verdrängung durch andere gelöste Proteine beschrieben, was zu einem Verlust an Empfindlichkeit und Spezifität des Signals führen kann.

Mit kolloidalem Gold können wegen der rötlichen Eigenfärbung des Kolloids Proteine auf Blots nachgewiesen werden. Diese Färbung kann durch eine Reaktion mit Silberionen, die dem photographischen Prozeß entspricht, verstärkt werden (silver enhancement).

Kolloidales Gold wird besonders in der Transmission- und Raster-Elektronenmikroskopie eingesetzt, da die Metallpartikeln Elektronen stark absorbieren bzw. Sekundär- und Rückstreuungselektronen erzeugen. Der Umstand, daß Goldpartikel mit genau definierten Durchmessern erzeugt werden können, gestattet es, Mehrfachmarkierungen durchzuführen, indem z. B. Partikeln mit dem Durchmesser a mit Antikörpern gegen das Antigen 1 und solche mit dem Durchmesser b mit anti-(Antigen 2)-Antikörpern beladen werden. Im elektronenoptischen Bild sind dann die Goldpartikeln unter der Voraussetzung, daß die Durchmesserdifferenz ausreichend deutlich ist, gut zu unterscheiden.

Protein-beladene organisch-chemische Farbstoffkolloide ergeben, wenn sie in einer Immunoassay-analogen Verfahrensweise spezifisch an einen entsprechenden immobilisierten Partner gebunden wurden, nach Zusatz eines nichtwäßrigen organischen Lösungsmittels eine gefärbte Lösung, deren Farbintensität (Lichtabsorption) der Partikelmenge und damit der Analytmenge proportional ist. Da hierbei eine Verstärkung des Signals nicht möglich ist, ist die Empfindlichkeit dieser Markierungen meist geringer als die entsprechender Enzymkonjugate.

Biospezifische Markierungen können erfolgen, wenn Bindungsproteine (Rezeptoren, Enzyme usw.) mit Liganden zur Reaktion gebracht werden und die Gleichgewichtsreaktion einmal eine ausreichend kleine Dissoziationskonstante besitzt und anderseits der Ligand bzw. sein Derivat eine meßtechnisch leicht zugängliche Markierung selbst trägt. Da diese Art der Markierung zur Methodik der Enzym- und Rezeptoruntersuchungen gehört, wird sie ausführlicher im Kap. 13 behandelt, die nichtkovalente Markierung von Antigenen mit Antikörpern ist in Kap. 12 beschrieben.

Literatur

BäUMERT HG and FASOLD H (1989) Cross-Linking Techniques. Meth Enzymol 172, 584–609
BAYLEY H and JR KNOWLES (1977) Photoaffinity Labeling. Meth Enzymol 46, 69–114
HAYAT MA (Ed) (1989) Colloidal Gold. Principles, Methods and Applications. Academic Press, New York
HOSODA H and E ISHIKAWA (1993) Coupling of Haptens to Carriers and to Labels. In: RF MASSEYEFF, WH ALBERT and NA STAINES: Methods of Immunological Analysis, Bd 2, S 432–446. VCH, Weinheim.
KESSLER C (Ed) (1992) Nonradioactive Labeling and Detection of Biomolecules. Springer, Berlin
SAVAGE MD, G MATTSON, S DESAI, S MORGENSEN and EJ CONKIN (1992) Avidin-Biotin Chemistry – A Handbook. Pierce Chem Comp, Rockford
SLATER RJ (Ed) (1990) Radioisotopes in Biology – A Practical Approach. IRL Press, Oxford
WONG SS (1991) Chemistry of Protein Conjugation and Cross-Linking. CRC Press, Boca Raton

Kaum eine Trenntechnik ist in der Biochemie so weit verbreitet wie die Elektrophorese, die in erster Linie analytisch, aber auch präparativ eingesetzt wird.

Allen elektrophoretischen Verfahren liegt zugrunde, daß sich Teilchen, deren Nettoladung ≠ 0 ist, in einem elektrischen Feld bewegen. Die Bewegungsgeschwindigkeit ist dabei abhängig vom angelegten elektrischen Feld und der elektrophoretischen Beweglichkeit dieser Teilchen. Die elektrophoretische Beweglichkeit hängt von der Nettoladung bei einem bestimmten pH-Wert, der Teilchenform und -größe, der Temperatur und dem Widerstand, den das umgebende Medium einer Bewegung entgegensetzt, ab. Die Beweglichkeit einzelner Komponenten kann durch Wechselwirkungen mit dem Träger, z. B. durch spezielle Zusätze (s. Affinitäts- oder Immunelektrophorese) oder durch den Molsieb-Effekt eines Gels, selektiv herabgesetzt werden. Geladene (immobilisierte) Gruppen im Träger können im elektrischen Feld durch Elektroosmose zu einem Wasserstrom führen, der einen positiven oder negativen Einluß auf den Transport des Analyten ausüben kann.

Eine Elektrophorese wird in einer Lösung (*trägerfreie Elektrophorese*) oder in einem Träger durchgeführt. Träger können wäßrige Gele sein (Agarose, Stärke, Polyacrylamid), Dünnschicht(chromatographie)platten, Papier oder semisynthetische Folien (z. B. Celluloseacetat). Die Zusammensetzung des Trägers kann homogen oder in Form eines Konzentrationsgradienten gestaltet werden.

Die Elektrophorese erfolgt entweder im Durchlauf, d. h. die Probenmoleküle wandern im elektrischen Feld durch ein Trennmedium hindurch und/oder an einem Detektor vorbei, oder sie wird zu einem Zeitpunkt abgebrochen, zu dem entweder eine optimale Trennung erfolgte oder ein bestimmter Gleichgewichtszustand erreicht wurde.

Eine Elektrophorese im engeren Sinn (*Zonenelektrophorese*) liegt dann vor, wenn der Grundelektrolyt, der die zu analysierenden Teilchen umgibt, während der Trennung homogen verteilt ist. Eine apparative Sonderform sind der *Elektrotransfer*, bei dem die aufgetrennten Moleküle elektrophoretisch aus dem Trenngel senkrecht zur Elektrophoreselaufrichtung eluiert und auf eine Empfängerschicht übertragen werden, und die *Elektroelution*, bei der aus einem Gel in einen wäßrigen Puffer überführt wird.

Bei der *Isotachophorese* wandern die zu trennenden Stoffe langsamer als ein Leitelektrolyt (Pufferionen mit hoher elektrophoretischer Beweglichkeit) und schneller als ein terminierender Elektrolyt (Pufferionen mit geringer elektrophoretischer Beweglichkeit).

In der *isoelektrischen Fokussierung* wird im Trennmedium ein stabiler pH-Gradient erzeugt und die Analyt-Moleküle wandern so lange, bis ihre Nettoladung = 0 ist, d.h. sie ihren isoelektrischen Punkt erreicht haben.

Der Grundelektrolyt (Elektrophoresepuffer) muß eine ausreichende Leitfähigkeit besitzen, um einen Stromfluß zu gewährleisten. Dabei sollte die aufgewendete elektrische Leistung W (W = U · I, U = R · I; mit U – Spannung in Volt, I – Stromstärke in Ampere, W in Watt, R – elektrischer Widerstand in Ohm) so gering wie möglich sein, da der überwiegende Teil der Leistung in Wärme umgewandelt wird, die wegen der begrenzten Wäremleitfähigkeit bis zur Zerstörung des Trennsystems führen kann. Die Pufferzusammensetzung im Trennsystem kann hinsichtlich Konzentration und pH-Wert gleichförmig (kontinuierlich) oder diskontinuierlich (*Disk-Elektrophorese*) sein.

Apparativ kann die Elektrophorese in Röhrchen, vertikalen oder horizontalen Platten (slab gels) oder in Kapillaren durchgeführt werden. Je nach Trennsystem kann die angelegte (Gleich)Spannung bis zu mehreren kV betragen. *Pulsfeld-Elektrophoresen* werden vorwiegend für sehr große und rigide Moleküle (z.B. Nucleinsäuren), kaum aber für Proteintrennungen eingesetzt.

Die Detektion der aufgetrennten Probenkomponenten kann qualitativ oder quantitativ im Trennmedium oder nach Elution vorgenommen werden und mittels spezifischer oder unspezifischer Färbung, Lichtabsorptionsmessung, Fluoreszenz, Chemoluminiszenz, Autoradiographie, nach kovalenter Modifizierung, enzymatisch oder immunchemisch erfolgen.

Da die trägerfreie Elektrophorese für analytische Zwecke mit Ausnahme der *Kapillarelektrophorese* kaum noch Bedeutung besitzt, soll im folgenden die *Trägerelektrophorese* behandelt werden.

11.1 Polyacrylamid-Gelelektrophorese (PAGE)

Die wichtigsten Trennmedien für die analytische Protein-Elektrophorese bestehen heute aus makroporösen Polyacrylamidgelen, die durch radikalische Polymerisation von Acrylamid in Gegenwart eines Quervernetzers (Formeln s. Abb. 11.1) entstehen. Durch die Verwendung der spaltbaren Quervernetzer 11.1d bis 11.1f können die Gele nachträglich durch Periodat-Oxidation (bei 11.1d und 11.1e) bzw. Reduktion (im Falle von 11.1f) wieder löslich gemacht werden.

Zur Charakterisierung der Polymerzusammensetzung werden üblicherweise die Begriffe „%T" und „%C" verwendet, wobei T für die Gesamt-(gewichts)menge an Acrylamid (Acrylamid + Quervernetzer) und C für den Anteil an Quervernetzer in T stehen:

$$\%T = \frac{Gramm_{Acrylamid} + Gramm_{Bis}}{ml_{Lösung}} \cdot 100 \quad bzw.$$

$$\%C = \frac{Gramm_{Bis}}{Gramm_{Acrylamid} + Gramm_{Bis}} \cdot 100.$$

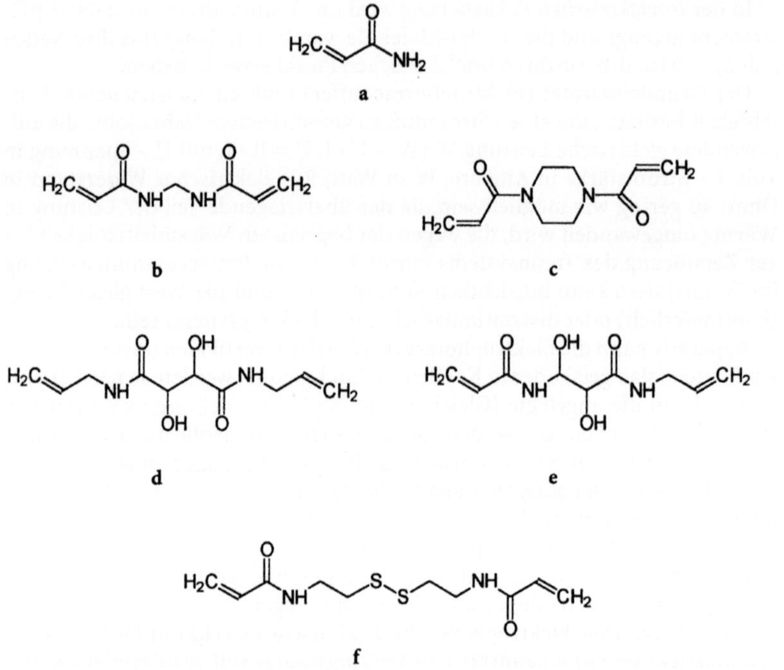

Abb. 11.1. Formeln von Acrylamid und Quervernetzern. a Acrylamid, b N,N'-Methylen-bis-acrylamid (Bis) c Diacrylylpiperazin, d N,N'-Diallyl-L-weinsäurediamid (Diallyltartardiamid, DATD); e 1,2-Bis-(acrylamido)ethylenglycol (Dihydroxyethylen-bis-acrylamid, DHEBA); f N,N'-Diacryloyl-cystamin (BAC)

Die Porengröße der Gele ist abhängig von T *und* C, wobei die kleinsten Poren bei C zwischen 2 und 5 % entstehen und von der Polymeristationsgeschwindigkeit, die wiederum von der Menge an Radikalbildner und der Polymerisationstemperatur beeinfluß wird. Man unterscheidet zwischen dem Trenngel, in dem die Auftrennung nach der elektrophoretischen Beweglichkeit erfolgt, und dem Sammelgel (*engl.* stacking gel), das der Probenkonzentrierung dient. Trenngele haben meist einen Gehalt von 5 bis 20 % T bei 2 bis 5 % C. Sie können eine gleichförmige Zusammensetzung haben (*homogene Gele*) oder mit einem Porengradienten (Acrylamid-Konzentrationsgradienten, *Gradientengele*) hergestellt werden. Gradientengele besitzen vor allem in der SDS-PAGE (s. u.) oft einen linearen Konzentrationsgradienten von 5 → 20 oder 7,5 → 15 % T.

Als Radikalbildner werden vor allem Ammoniumpersulfat (APS)/Tetramethylethylendiamin (TEMED) oder Riboflavin/TEMED/UV-Licht eingesetzt.

11.1.1 SDS-PAGE

Proteine werden in der PAGE in denaturierter oder nichtdenaturierter Form getrennt. In der nichtdenaturierenden PAGE wandern die Proteine entsprechend ihrer vom jeweiligen pH-Wert abhängigen elektrophoretischen Beweglichkeit, d.h. auch in makroporösen Gelen erfolgt die Auftrennung nicht primär nach der Molekülgröße. Zur Denaturierung von Proteinen verwendet man Harnstoff und ganz besonders Natrium-dodecylsulfat (Natrium-laurylsulfat, *engl.* sodium dodecylsulfate, SDS) als anionisches Tensid, in einigen Fällen auch Cetyltrimethylammoniumbromid (CTAB) als SDS-analoges kationisches Tensid.

SDS lagert sich infolge von hydrophoben Wechselwirkungen an Proteine und Polypeptide in einem durchschnittlichen Verhältnis von etwa 1,4 mg SDS pro mg Protein an. Dabei wird die Sekundär- bis Quartärstruktur weitgehend aufgebrochen und es bilden sich stäbchenförmige Partikeln mit nahezu konstanter negativer Ladung pro Masseneinheit. Durch Erhitzen der Probe in Gegenwart des Tensids, d.h. Kombination von thermischer und Tensid-induzierter Denaturierung, wird dieser Beladungsvorgang vervollständigt (es gibt aber auch Fälle, bei denen bei Raumtemperatur in einer relativ langsamen Reaktion SDS wieder abgegeben wird, sich also ein SDS-Protein-Aggregat mit anderer elektrophoretischer Beweglichkeit ausbildet, als es das „frisch gekochte" Material besitzt).

Die sehr hydrophilen Kohlenhydrate der Oligosaccharid-Seitenketten von Glycoproteinen vermögen SDS nicht zu binden. Dadurch haben SDS-Glycoprotein-Komplexe eine deutlich geringere Ladung pro Masseeinheit, d.h. geringere Beweglichkeit und scheinbar eine größe Molmasse[1] als gleich große reine Polypeptide.

Bei der Verwendung von SDS ist zu beachten, daß es in Konzentrationen über 1 % bei Temperaturen unter 5 °C ausfällt, in diesen Situationen kann das besser lösliche Lithium-Salz verwendet werden, und daß die Gegenwart von Kalium-Ionen im Proben- oder Elektrophoresepuffer zum schwerlöslichen Kaliumdodecylsulfat führt, das für eine vollständige Beladung erforderliche Tensid-Protein-Verhältnis also nicht mehr eingehalten wird.

Eine weitere Auffaltung des Proteins erfolgt durch reduktive Spaltung von intra- und/oder intermolekularen Disulfidbrücken mit 2-Mercaptoethanol (ME) oder CLELANDs Reagens (*rac*-1,4-Dimercapto-2,3-butandiol; die reinen optischen Isomere Dithiothreitol (DTT, *threo*-1,4-Dimercapto-2,3-butandiol) bzw. Dithioerythritol (DTE, *erythro*-1,4-Dimercapto-2,3-butandiol) besitzen für diese Zwecke die gleiche Reaktivität[2]. Wenn Polypeptidketten nur durch diese Disulfidbrücken gehalten werden (z.B. L- und H-Ketten der Immunoglobuline oder A- und B-Kette des Insulins), ist das komplette Molekül unter S-S-

---

[1] Oligosaccharide haben eine andere Molmassen-Wanderungsgeschwindigkeits-Realation als Proteine, d.h. Kalibrierungen, die auf der Beweglichkeit von Proteinen basieren, können im Fall von Glycoproteinen falsche Werte ergeben, vgl. auch Abschn. 2.1

[2] Die SH-Gruppen haltigen Reduktionsmittel können bei einigen Färbeverfahren Färbungen erzeugen, die Proteinbanden vortäuschen.

reduzierenden Bedingungen nicht in der Elektrophorese zu erfassen. Es sollte daher eine Probe parallel in Gegenwart und Abwesenheit von Reduktionsmitteln untersucht werden (Beobachtung der reduktiven Veränderung der elektrophoretischen Beweglichkeit, sogenannter „Molmasse-Shift").

Laufen beide Proben zu dicht nebeneinander, kann durch die rasche seitliche Diffusion des Reduktionsmittels eine partielle Reduktion auch in der reduktionsmittelfreien Bahn erfolgen.

Zum Schutz vor degradativen und oxidativen Prozessen kann die Probe vor der Elektrophorese alkyliert werden. N-Ethyl-maleinimid (NEM) alkyliert sowohl primäre Aminogruppen als auch SH-Gruppen, Iodacetamid verhindert eine Oxidation (u.a. Neubildung von Disulfidbrücken) von Cystein-Resten.

Während die Tensid-induzierte Denaturierung häufig reversibel ist, lassen sich Disulfidbrücken nach ihrer Reduktion meist nicht mehr korrekt rekonstituieren.

Durch die gleichförmige Gestalt der SDS- bzw. CTAB-beladenen Proteine und ihre der Masse proportionalen Ladung erhält man Partikeln mit theoretisch gleicher elektrophoretischer Beweglichkeit. Überlagert man nun die elektrophoretische Bewegung mit einem Molsiebeffekt eines makroporösen Trägers wie Polyacrylamid, kann man die Proteine nach ihrer Molmasse trennen (es gelten allerdings die gleichen Einschränkungen wie bei der Gelpermeationschromatographie, vgl. Abschn. 2.1).

Zur Bestimmung der Molmasse (M_r) eines Proteins vergleicht man die zu einer bestimmten Zeit zurückgelegte Strecke bzw. die relative Wanderungsstrecke (R_f-Wert)

$$R_f = \frac{\text{Wanderungsstrecke}_{\text{Analyt}}}{\text{Wanderungsstrecke}_{\text{Elektrophoresefront}}} \tag{11.1}$$

mit der von Proteinen bekannter Molmasse (Markerproteine). Aus der Darstellung der Beziehung $R_f = f(\lg M_r)$ kann man analog zur Gelpermeationschromatographie die Molmasse des interessierenden Proteins ermitteln.

Um sicherzustellen, daß die ermittelte Molmasse korrekt ist, bzw. um Hinweise auf ein anomales elektrophoretisches Verhalten (z. B. von Glycoproteinen) zu bekommen, werden die Resultate in einem sog. FERGUSON-Plot überprüft: Man führt die SDS-PAGE in Gelen mit unterschiedlicher Acrylamidkonzentration durch und vergleicht die R_f-Werte des untersuchten Proteins bzw. eines Markerproteins mit ähnlicher Molmasse. Weisen die Geraden der Darstellung $R_f = f(\%T)$ oder $\log_{10} M_r = f(\%T)$ einen gleichen Anstieg auf, ist die Molmassenermittlung durch Vergleich mit dem Markerprotein zulässig (Abb. 11.2 a), d. h. die Proteine haben die gleiche Größe, aber Ladungsheterogenitäten.

Besitzen die Geraden im FERGUSON-Plot unterschiedliche Anstiege, kann man drei Möglichkeiten in Betracht ziehen: a) die Geraden schneiden sich nicht - das obere Protein ist kleiner und besitzt eine höhere Nettoladung (Abb. 11.2 b); b) die Geraden schneiden sich im Bereich T = 2 % - das größere der beiden Proteine ist stärker geladen; c) das Schneiden der Geraden in einem Bereich T < 2 % weist auf verschiedene Oligomere eines Proteins hin.

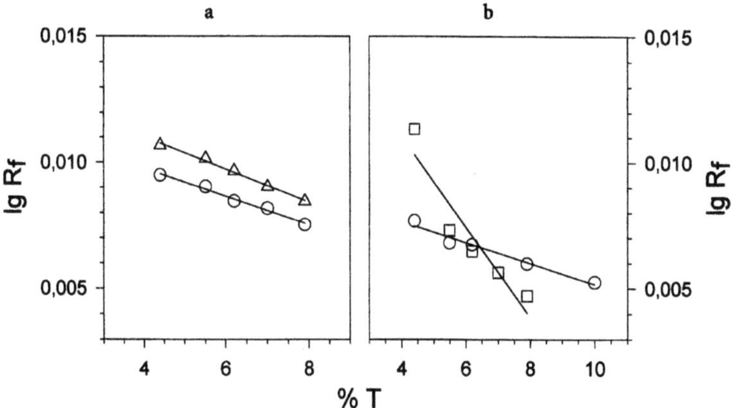

Abb. 11.2. FERGUSON-Diagramm nichtdenaturierter Proteine. **a** Protein 1 (○) und 2 (△) besitzen die gleiche Molmasse, aber unterschiedliche Nettolandung (z. B. Isoenzyme aus ähnlichen Untereinheiten), **b** Protein 1 (○) und 3 (□) besitzen unterschiedliche Molmassen. nach: ROTHE, G. M. and W. D. MAURER (1986) In: M. J. DUNN (ed.) Gel Electrophoresis of Proteins, S. 58 ff. Wright, Bristol

Das verbreitetste SDS-PAGE-System ist das diskontinuierliche Tris-Glycin-System, das 1970 von U. LAEMMLI erstmalig vorgestellt wurde und das besonders scharfe Banden wegen der Verwendung eines pH-, Puffer- und Acrylamid-Konzentrationssprungs gibt. Eine Zusammenstellung von SDS-PAGE-Systemen wurde in Tabelle 11.1 vorgenommen.

Durch die Verwendung eines Polyacrylamid-Konzentrationsgradienten (s. o) kann man mit dem Tris-Glycin-System (LAEMMLI-System) einen weiten Molmassebereich, etwa zwischen 15 und 250 kD, in einem Lauf abdecken. Durch die Gradiententechnik wird erreicht, daß die durchschnittlichen Laufgeschwindigkeiten der einzelnen Proteinspezies nicht zu stark differieren und die Trennung in den verschiedenen Molmassenbereichen gleichmäßig ist. Sollen jedoch nur bestimmte Molmassenbereiche analysiert werden, können homogene Gele verwendet werden, allerdings werden dann der höhere oder niedere Molmassenbereich ungenügend aufgelöst.

Als Faustregel kann man davon ausgehen, daß Proteine mit einer Molmasse > 150 kD in 4 – 6 %T, ≈ 100 kD 7 – 8 %T, 30 – 100 kD ca. 10 %T, < 30 kD 12 – 15 %T gut getrennt werden. Abbildung 11.3 gibt R_f-Werte für Markerproteine in homogenen Trenngelen (weiße Symbole) bzw. in einem Gradientengel (schwarze Dreiecke) wieder.

Da die Auflösung der R_f-Differenz zwischen zwei benachbarten Banden entspricht, kann man je nach Aufgabenstellung anhand dieser Abbildung die günstigste Gelzusammsetzung abschätzen. Als Trenngel-Länge sind im Regelfall 5 bis 15 cm für optimal anzusehen.

Da die elektrophoretische Beweglichkeit und der pH-Wert im Gel auch von der Temperatur abhängt, sollte sie nicht zu niedrig gewählt werden. Wichtig ist,

Tabelle 11.1. Puffersysteme für die SDS-PAGE

Elektroden-Puffer	pH im		Bemerkungen
	Sammelgel	Trenngel	
Tris-Glycin	6.8	8.8	universelles Disk-System[a]
Tris-TRICIN	8.3	8.4	für Peptide im Peptidmapping[b]
Tris-Borat	8.3	8.3	Tris-Sulfat im Gel, Tris-Borat im Laufpuffer[c]
Tris-Acetat		7.4	[d]
Na-Phosphat	6.8	6.8	homogenes System; Salz-empfindlich[e]
Tris-Phosphat	–	6.8	Harnstoff/SDS; besonders für Peptide < 20 kD[f]
Phosphorsäure	–	2.4	für Alkali-labile (Phospho-)Proteine[g]

[a] LAEMMLI-System.
[b] SCHÄGGER-V. JAGOW-System.
[c] zit. nach: E. HARLOW/D. LANE „Antibodies".
[d] Pharmacia-System.
[e] WEBER-OSBORN-System.
[f] SWANK-MUNKRES-System.
[g] AURUCK-FAIRBANKS-System.

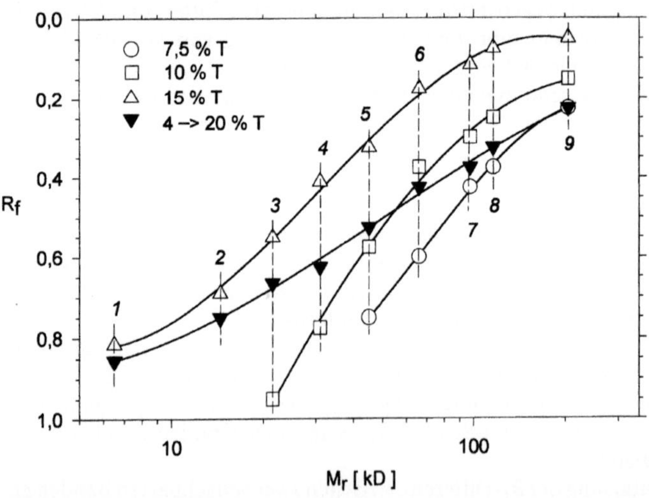

Abb. 11.3. Relative Laufstrecke (R_f) für Markerproteine in SDS-Gelen mit unterschiedlichen Acrylamid-Konzentrationen (homogene Gele mit 7,5, 10 und 15% T, Acrylamid-Konzentrationsgradient 4 → 20 % T). Markerproteine: *1* – Aprotinin (6,5 kD), *2* – Lysozym (14,5 kD), *3* –Trypsininhibitor (Soja) (21,5 kD), *4* – Carbonsäureanhydrase (31 kD), *5* – Ovalbumin (45 kD), *6* – Serumalbumin (Rind) (66 kD), *7* – Phosphorylase b (97,4 kD), *8* – β-Galactosidase (116 kD), *9* – Myosin (205 kD). Daten nach BIORAD

daß die Temperatur im Gel während des Laufes konstant gehalten wird, d. h. die entstehende COULOMBsche Wärme gut abgeführt wird. Ein Durchhängen der Elektrophoresefront („Smiling-Effekt") ist ein Indikator für einen ungünstigen Wärmegradienten im Gel. Abhilfe schaffen eine bessere Kühlung durch einen intensiveren Kontakt zwischen Gel und Kühlflüssigkeit (Einsatz von elektrisch nicht-leitenden Kontaktflüssigkeiten wie Hexan oder Petrolether in der horizontalen Elektrophorese), dünnere Glasplatten in der vertikalen Elektrophorese oder Lauf mit geringerer Leistung (geringere Stromstärke durch weniger konzentrierte Lauf- und Trenngelpuffer bzw. geringere Feldstärke (Volt pro cm Gellänge)).

Die Menge an Probe, die auf ein SDS-Gel aufgetragen werden kann, hängt von vielen Parametern ab. Die wichtigste Größe ist dabei das Detektionssystem, das zur Verfügung steht. Das empfindlichste Nachweisverfahren ist sicherlich die Messung von radioaktiven Isotopen. Starke Strahler wie ^{125}I, ^{35}S oder ^{32}P und eine hohe spezifische Radioaktivität (Radioaktivität pro Gewichtseinheit) vorausgesetzt, sind Femtogramm-Mengen zu identifizieren. Durch den Einsatz von sekundären, z. T. amplifizierenden Nachweissystemen (Antikörper-Enzym-Konjugate, Biotin-Avidin-Technologie) ist noch der Picogramm-Bereich erfaßbar. Direkte Färbemethoden (s. u.) sind um Größenordnungen unempfindlicher.

Da das Detektionssignal von der Fläche abhängt, auf die sich die individuelle Proteinbande im Gel verteilt, gehen in die Signalgröße Bandenbreite (Bandenbreite rechtwinklig zur Laufrichtung), Bandenschärfe (Bandenbreite in Laufrichtung) und in gewissem Umfang auch die Geldicke ein. Zur Optimierung von Trennung und Nachweis ist es also zu empfehlen, eine Probe auf einem (Platten)Gel in unterschiedlichen Mengen aufzutragen und eventuell auch Geldicke, Trenngellänge und Gelzusammensetzung in getrennten Experimenten zu variieren. Als Faustregel kann gelten, daß auf ein 1 mm dickes SDS-PAGE-Plattengel bei 5 mm Taschenbreite bis zu 100 µg Protein aufgetragen werden können. Sind in der Probe im Verhältnis zu den anderen Proteinen große Mengen sehr hydrophober Proteine oder Lipide vorhanden, leidet die Trennung unter lokalen Inhomogenitäten des elektrischen Felds.

Schematisch sind einige Störungen in einem SDS-Gel in Abb. 11.4 skizziert.

11.1.2 Nichtdenaturierende PAGE und Affinitätselektrophorese

Eine nichtdenaturierende Elektrophorese wird immer dann durchgeführt, wenn spezifische, mit höheren Proteinstrukturen verknüpfte Eigenschaften untersucht werden sollen. Daher liegen die Hauptanwendungen dieser Elektrophoreseart in der *Enzym-, Immun-* und der *Affinitätselektrophorese*.

Der pH-Wert des Elektrophorese-Puffersystems ist so zu wählen, daß er ausreichend weit vom p*I* des zu untersuchenden Proteins entfernt ist. Da ein Proteingemisch in der Regel Proteine mit sehr divergierenden isoelektrischen Punkten enthält, sollte der Startbereich der Elektrophorese so gewählt werden, daß sowohl kathodisch (+ → −) als auch anodisch (− → +) wandernde Proteine erfaßt werden. Es sei nochmals betont, daß in der nichtdenaturierenden Elek-

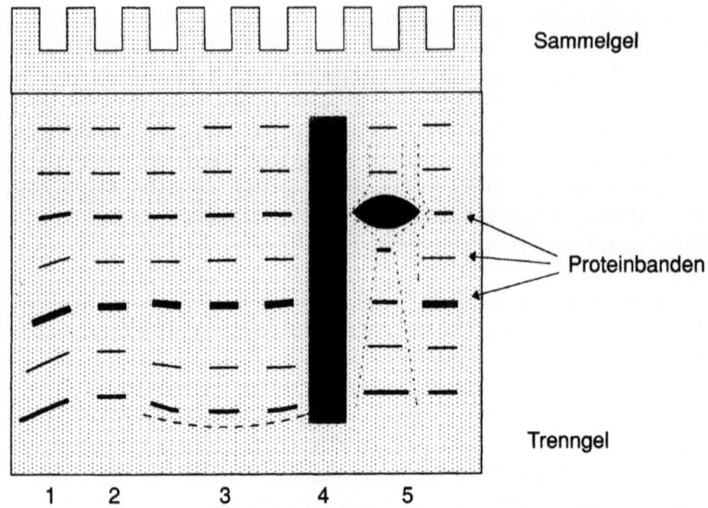

Abb. 11.4. Einige mögliche Störungen im Muster der elektrophoretisch erhaltenen Proteinbanden. 1 – Randeffekt, 2 – korrektes Elektrophorese-Bandenmuster, 3 – „Smiling"-Effekt, 4 – überladene Elektrohoresebahn, 5 – Feldinhomogenitäten infolge relativ großer Mengen stark hydrophober Proteine

trophorese eine Molmassenzuordnung wie in der SDS-PAGE nicht möglich ist, da die Wanderungsgeschwindigkeit von der Molekülgröße *und* der Nettoladung abhängig ist.

Die *Enzymelektrophorese* erlaubt die Auftrennung z. B. von Isoenzymen, die sich qualitativ (hier besonders hinsichtlich ihrer Nettoladung) unterscheiden. Die Identifizierung der Enzyme erfolgt meist in sog. *Zymogrammen* (s. Abschn. 11.4.3) anhand einer Reaktion mit einem geeigneten Substrat, das letzlich meist einen unlöslichen Farbstoff ergibt.

Da die *Immunelektrophorese* vorwiegend in Agarose- und nicht in Polyacrylamid-Gelen durchgeführt wird, ist sie im Abschn. 11.2 beschrieben.

Der *Affinitätselektrophorese* liegen die gleichen Prinzipien zugrunde wie der Affinitätschromatographie, d. h. die selektive Wechselwirkung zwischen einem Liganden und einem Ligaten, nur, daß im ersten Fall die treibenden Kraft im Trennsystem ein elektrisches Feld ist. Aber im Gegensatz zur Affinitätschromatographie muß der Ligand nicht kovalent immobilisiert sein, wenn er, wie z. B. Polysaccharide, praktisch keine Ladung trägt, oder wenn er so groß ist, daß der mechanische Widerstand der Gelmatrix keine Bewegung erlaubt oder wenn der pH-Wert, bei dem der Elektrophoreselauf erfolgt, dem isoelektrischen Punkt des Liganden entspricht. Der Ligand kann sowohl in einer „Filterzone" am Beginn der Trennstrecke als auch homogen im gesamten Trenngel verteilt sein.

Wenn vor allem niedermolekulare Liganden immobilisiert werden sollen, eignen sich dazu am besten Allyl- (CH_2=CH–CH_2–) oder Acryloyl-(CH_2=CH–CO–)Derivate der entsprechenden Verbindung, die bei der Polymerisationsreaktion in das Netzwerk des Gels eingebaut werden.

Ist die molare Konzentration [L] des Liganden viel größer als die des Ligaten (hier: das zu untersuchende Protein), kann aus der (relativen) Wanderungsstrecke des Ligaten im Elektrophoresesystem in Abwesenheit (R_0) bzw. in Liganden-Gegenwart (R) die scheinbare Dissoziationskonstante K_D^{app} aus Gl. (11.2) bestimmt werden:

$$\frac{R_0}{R} = 1 + \frac{[L]}{K_D^{app}}. \tag{11.2}$$

Auf diese Weise können relativ einfach in parallelen Ansätzen enzymologische Daten, z. B. für Isoenzyme oder verschiedene Substrat-Affinitäten, oder Gleichgewichtskonstanten für Rezeptor-Ligand-Wechselwirkungen ermittelt werden.

Wenn der Ligand-Ligat-Komplex durch die Anlagerung des mobilen Ligaten selbst im Elektrophoresesystem zu wandern beginnt, ist Gl. (11.2) durch die Einführung der Wanderungsstrecke R_m in Gegenwart des mobilisierbaren Liganden zu modifizieren (R_0 ist hier die Ligat-Wanderungsstrecke in Gegenwart eines immobilisierten Liganden):

$$\frac{R_0 - R_m}{R - R_m} = 1 + \frac{[L]}{K_D^{app}}. \tag{11.3}$$

Analog lassen sich auch durch Elektrophorese bei verschiedenen Temperaturen bzw. pH-Werten die Temperatur- bzw. pH-Abhängigkeiten der Dissoziations-(K_D) bzw. Assoziationskonstante (K_A) ermitteln (K_D = 1/K_A).

11.2 Agarose-Gelelektrophorese und Immunelektrophorese

Die breiteste Anwendung der Agarose als Gelbildner erfolgt in der Nucleinsäure-Elektrophorese, die hier nicht behandelt wird. Agarosegele sind besonders als Gelfiltrationsmatrices wegen ihrer Großporigkeit bei relativ hoher mechanischer Stabilität für die elektrophoretische Trennung großer Proteine oder Proteinkomplexe geeignet. Trotzdem sind Agarosegele in der Proteinanalytik fast ausschließlich auf die Immunelektrophorese beschränkt.

In der Immunelektrophorese werden zwei prinzipielle Wege beschritten, die z. T. auch miteinander kombiniert werden:

a) Es erfolgt eine elektrophoretische Auftrennung des Analyten in einem Elektrophorese-System (Agarosegel oder PAGE), anschließend gibt man Antikörper zu und läßt Analyten (Antigen) und Antikörper aufeinander zu diffundieren. Im Äquivalenzbereich bilden sich große Präzipitate, die nach

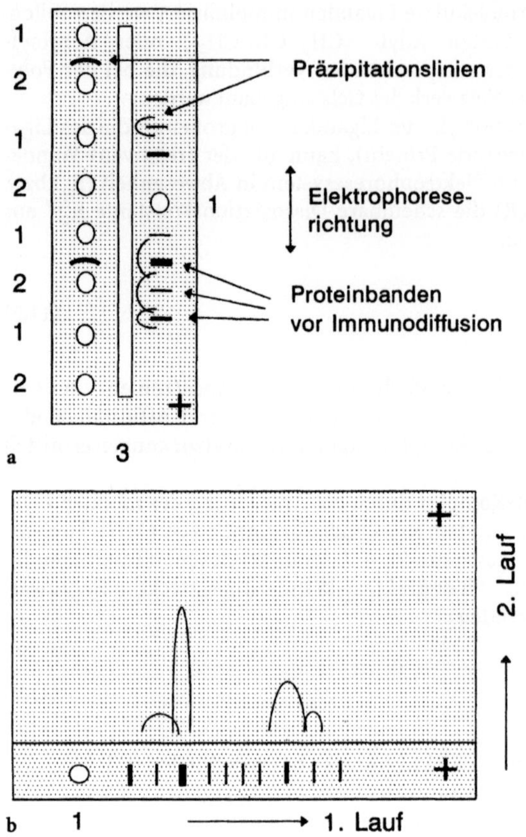

Abb. 11.5. Immunelektrophorese-Typen. **a** links: Überwanderungselektrophorese (*engl.* cross-over electrophoresis), 1 – Probenloch für Antigen, 2 – Probenloch für Antiserum) und rechts: Immunelektrophorese (3 – Rinne für Antiserum). **b** Rocket-Immunelektrophorese (1 – Probenloch für Antigen; 1. Lauf – Elektrophorese im Agarose- oder Polyacrylamidgel, 2. Lauf – Überwanderungselektrophorese). Erläuterungen im Text

Auswaschen der freien Antigen- und Antikörpermoleküle nachgewiesen werden (Abb. 11.5a).

b) Es wird ein Elektrophoresesystem gewählt, dessen pH-Wert so eingestellt ist, daß er etwa dem pI-Wert der Antikörper entspricht. Dadurch wandern die Antikörper im elektrischen Feld praktisch nicht im Gegensatz zum Analyt, der natürlich einen deutlich verschiedenen pI besitzen muß (*Überwanderungselektrophorese*).

11.3 Isoelektrische Fokussierung und zweidimensionale Elektrophorese

11.3.1 Isoelektrische Fokussierung

In der isoelektrischen Fokussierung (IEF) wird im Elektrophoreseträger ein pH-Gradient aufgebaut. Dazu verwendet man entweder sog. Carrier-Ampholyte (CA) oder in die Gelmatrix einpolymerisierbare schwache Säuren oder Basen (Immobiline). Carrier-Ampholyte sind organisch-synthetische Polymere mit M_r ca. 300 bis 1000 D, die eine gewisse Anzahl sowohl Carboxyl- als auch Amino-Funktionen tragen und die wie alle amphoteren Verbindungen (Moleküle, die gleichzeitig schwache Säure- als auch schwache Basen-Gruppierungen enthalten) als puffernde Substanzen wirken.

Mischt man diese Carrier-Ampholyte beispielsweise einem Polyacrylamid-Gel zu und unterwirft sie einer Elektrophorese, bilden sie im Gel bei Verwendung von Säuren und Basen als Anoden- bzw. Kathodenflüssigkeiten einen pH-Gradienten aus, dessen Breite bzw. Steilheit von ihrer Menge im Gel und ihrer chemischen Zusammensetzung abhängt. Werden nun Proteine auf solche CA-Gele aufgegeben, wandern sie, unabhängig davon, ob sie am Start eine negative oder positive Überschußladung tragen, so lange im elektrischen Feld, bis sie einen pH-Bereich erreicht haben, der ihrem isoelektrischen Punkt (0 = Nettoladung = $\Sigma z_i^+ + \Sigma z_j^-$) entspricht und bei dem sich ein Gleichgewicht einstellt. Durch die Auswahl der CA ist es möglich, Proteine voneinander zu trennen, die nur um 0,02 pH-Einheiten differieren.

Die Auflösung, d. h. die erreichbare Trennung zweier Proteine mit ähnlichem pI, ist entsprechend der SVENSSON-Gleichung (11.4) dem Diffusionskoeffizienten der Proteine und damit deren Molmasse, der angelegten elektrischen Feldstärke und der Steilheit des pH-Gradienten proportional:

$$x_i = \pm \sqrt{\dfrac{D}{E \cdot \dfrac{-d\mu}{d(pH)} \cdot \dfrac{d(pH)}{dx}}} \tag{11.4}$$

mit x_i – Halbwertsbreite der normalverteilten Intensitätskurve der Bande des Proteins i, D – Diffusionskoeffizient des Proteins i, E – elektrische Feldstärke, $\dfrac{d\mu}{d(pH)}$ – Änderung der elektrophoretischen Beweglichkeit mit der Änderung des pH-Werts, $\dfrac{d(pH)}{dx}$ – räumliche Änderung des pH-Werts (Steilheit des pH-Gradienten).

Aus Gl. (11.4) folgt u. a., daß für die Ausbildung schmaler Proteinbanden hohe Gleichspannungen (hohe elektrische Feldstärken) erforderlich sind, außerdem müssen diese Hochspannungen angewandt werden, um einen nennenswerten Strom fließen zu lassen, da im IEF-Gel wegen der geringen Elektrolytkonzentration nur relativ wenige Ionen zum Stromtransport zur Verfügung stehen.

Da der pH-Wert stark temperaturabhängig ist, sind die IEF-Gele gut zu thermostatieren.

Um Proteine mit unterschiedlichster Größe rasch wandern zu lassen und der Fokussierung nicht einen Gelfiltrationsprozeß zu überlagern, werden für die IEF Gele mit geringer Acrylamidkonzentration (T ca. 5 %, C ca. 6 %), d. h. weiten Poren, verwendet. Allerdings kann der Fall auftreten, daß Proteine nicht ganz den Gleichgewichtszustand am isoelektrischen Punkt erreichen, da ihre Löslichkeit in der Nähe des pI stark abnehmen kann und sie vor Erreichen des entsprechenden pH-Bereichs ausfallen.

Da die CA selbst Überschußladungen besitzen, wandern sie auch langsam im Feld, d. h. der pH-Gradient ist bei langer Fokussierung nicht stabil. Dieses Wandern der Carrier-Ampholyte wird durch die Verwendung von immobilisierbaren Puffersubstanzen, den sog. Immobilinen, verhindert. Immobiline sind Acrylyl-Derivate von organischen Säuren und Aminen mit unterschiedlichem pK-Wert. Erzeugt man in einem Acrylamid-Gel einen Konzentrationsgradienten unterschiedlicher Immobiline, erhält man ein Gel, in dem sich infolge der unterschiedlichen Pufferzusammensetzung ein pH-Gradient ausbildet. Durch die kovalente Einbindung der Immobiline bleibt der pH-Gradient im Gel fixiert. Je nach Auswahl der Immobiline kann man einen flachen oder steilen pH-Gradienten erzeugen. Die isoelektrische Fokussierung von Proteinen verläuft dann in diesen Gelen wie bei der Verwendung von Carrier-Ampholyten, allerdings muß durch die Elektrodenpuffer kein H^+-Gradient mehr erzeugt werden, d. h. als Elektrodenlösung kann Wasser verwendet werden. Ein weiterer Vorteil der Immobiline ist, daß mit ihnen erzeugte Gele viel höhere Salzmengen in der Probenlösung tolerieren können als CA-IEF-Gele. Die Auflösung der Immobilin-Gele ist der der CA-IEF-Gele vergleichbar.

Der pH-Gradient und damit die Ermittlung des pI von Probenproteinen in CA-IEF-Gelen kann sowohl durch die Verwendung von Markerproteinen mit bekanntem pI als auch durch direkte pH-Messung mit Oberflächenelektroden oder in Gelabschnitten nach Auslaugung bestimmt werden. In Immobilon-Gelen kann der pH-Gradient nur durch Markerproteine ermittelt werden.

11.3.2 Zweidimensionale Elektrophorese

Trennt man ein Gemisch erst unter den Bedingungen 1 auf und unterwirft anschließend das Produkt der ersten Trennung einem Lauf unter den Bedingungen 2, die sich in einigen Parametern von 1 unterscheiden, spricht man von einem zweidimensionalen (2D) Trennsystem.

So kann man nach einer isoelektrischen Fokussierung (1. Dimension, Trennung nach p*I*) die aufgetrennten Proben einer zweiten Elektrophorese, deren Laufrichtung senkrecht zur IEF-Laufrichtung gewählt wird, unter anderen Bedingungen (2. Dimension) unterziehen. Als 2. Dimension wird meist eine SDS-PAGE (Trennung nach M_r) verwendet, aber auch andere 2D-Systeme können gewählt werden, z. B. eine nichtdenaturierende Elektrophorese in der 1. Dimension und eine Acrylamid-Gradienten-SDS-PAGE in der 2. oder eine SDS-PAGE in der 1. und eine Immun(überwanderungs)Elektrophorese in der 2.

Die Kombination CA-IEF/SDS-PAGE, bei der während der IEF kein Gleichgewichtszustand angestrebt wird (*engl.* non-equilibirum pH-gradient electrophoresis, NEPHGE), wird als O'FARREL-Technik, eine IEF-SDS-PAGE mit immobilisierten Puffern in dünnen Gelen (Schichtdicke 0,2 mm und kleiner) als hochauflösende 2D-Elektrophorese bezeichnet. In beiden Fällen wird nach dem IEF-Lauf eine Denaturierung der Proteine mit SDS durch Äquilibrierung in einem, den Bedingungen der zweiten Dimension entsprechenden Puffer angeschlossen, der die SDS-PAGE folgt. Während die O'FARREL-Technik sowohl in Vertikal- als auch in Horizontalapparaturen durchgeführt wird, ist für die hochauflösende 2D-PAGE die Horizontaltechnik mit Trägerfolien-stabilisierten Gelen zu empfehlen.

11.4 Nachweisverfahren in der Elektrophorese

11.4.1 Färbemethoden

Proteine können durch Färbemethoden individuell, als Proteingruppen oder unspezifisch in Gelen oder auf Folien direkt oder indirekt nachgewiesen und, mit Einschränkungen, quantifiziert werden. Spezifische direkte Färbemethoden in Gelen sind in erster Linie auf Enzyme beschränkt, deren katalytische Aktivität durch die Bildung unlöslicher farbiger Reaktionsprodukte identifiziert wird (s. Abschn. 11.4.3). Spezifische indirekte Verfahren bedienen sich meist Hilfsenzymen, die über eine selektive Reaktion an den jeweiligen Analyten herangeführt werden. Zur gruppenspezifischen Färbung werden für die jeweilige Gruppe (z. B. Kohlenhydrate) charakteristische chemische Reaktionen ausgenutzt, für möglichst allgemeine unspezifische Proteinnachweise bedient man sich der Komplexbildung von Proteinen mit organischen Farbstoffen oder Metallionen.

Eine Übersicht von Farbstoffen für Protein-Nachweise ist in Tabelle 11.2 gegeben.

Gruppenspezifische Färbungen in Gelen verwendet man zum nicht sehr empfindlichen Nachweis z. B. von Proteinen mit großen hydrophoben Anteilen (Proteolipiden, Einsatz von Lipidfarbstoffen wie Sudanschwarz) oder zum Nachweis von Glycoproteinen durch Periodat-Oxidation der Kohlenhydratkomponente und anschließendem Umsatz mit SCHIFFschem Reagens (*engl.* periodic acid Schiff's reagent staining, PAS staining). Eine weitere gruppenspezifische Färbemethode besteht in der Nutzung der pseudoenzymatischen Aktivität von Häm-Gruppen zur Oxidation von Leukomalachitgrün oder 3,3',5,5'-Tetramethylbenzidin.

Bei der allgemeinen Proteinfärbung mit organischen Farbstoffen fixiert man die Proteine nach der Elektrophorese meist mit Trichloressigsäure, Sulfosalicylsäure oder Essigsäure/Alkohol, um eine Bandenverbreiterung durch Diffusion während der Färbe- und Entfärbeschritte zu vermeiden.

Tabelle 11.2. Nachweis-Farbstoffe für Elektropherogramme

Farbstoff	Colour Index (C.I.)	Färbung		Bemerkungen
		im Gel	auf Blots	
Amidoschwarz 10B	20470	×		weniger empfindlich als Coomassie
8-Anilino-naphthalen-sulfonsäure (ANS)		×		Fluoreszenz-Detektion
Azocarmin BX	50090	×		
Coomassie Brillant Blau G250	42655	×		weniger empfindl. als R250
Coomassie Brillant Blau R250	42660	×	×	auch für PVDF[a]
Coomassie Violett	42650	×		
Fast Green FCF	42053	×	×	
Ponceaurot S	27195		×	für NC[b]
Stains all		×		unterschiedliche Färbungen für verschiedene Stoffklassen; bleicht relativ leicht aus
Sudanschwarz B	26150	×		für Proteolipide
Sulforhodanin B	45100		×	für PVDF

[a] PVDF – Polyvinylidendifluorid-Blottingmembran.
[b] NC – Nitrocellulose-Blottingmembran.

Besonders bei der Verwendung von Coomassie-Farbstoffen können Fixierung und Färbung in einem Schritt durchgeführt werden oder es wird eine der BRADFORD-Proteinbestimmung (s. Abschn. 12.1) analoge Reaktion angewandt. Von den organischen Farbstoffen gibt Coomassie Brillant Blau R250 die empfindlichsten Färbungen. Es können Proteine im Submikrogramm-Bereich identifiziert werden. Allerdings ist die Färbbarkeit sehr proteinabhängig, d. h. es gibt Proteinspezies, die sich nur schlecht, andere, die sich überproportional gut anfärben lassen. So beträgt die relative Absorption (Lichtabsorption gleicher Protein-Gewichtsmengen) der Coomassie-Komplexe beispielsweise mit β-Galactosidase 0,78, mit RNase 0,53 oder mit Rinder-Serumalbumin 2,11, wenn die Absorption des entsprechenden Ovalbumin-Komplexes gleich 1 gesetzt wird. Das macht eine quantitative Auswertung durch densitometrische Messung der gefärbten Proteinbanden schwierig.

In einem Densitometer wird die Lichtabsorption bei einer bestimmten Wellenlänge entlang der Elektrophorese-Laufrichtung gemessen. Man erhält ein dem Bandenmuster entsprechendes Kurvenprofil, das sowohl eine qualitative Bestimmung der R_f-Werte als auch durch Integration der Peak-Flächen eine quantitative Analyse ermöglicht. Für eine korrekte Quantifizierung eines Proteins ist zu fordern, daß es 1. vollständig von benachbarten Proteinen getrennt ist (die Intensitätskurve im Densitogramm muß die Basislinie erreichen) und 2. seine Menge muß mittels einer Kalibrierungskurve bekannter Mengen dieses Proteins aus dem Integral der Densitometerkurve, die über die gesamte Bande aufgenommen wurde, ermittelt werden.

Eine weitere universelle Färbemethode beruht auf der Adsorption von Silberionen an Protein mit anschließender Reduktion des gebundenen Silbers (Silber-Färbung). Die Adsorption kann durch Formaldehyd oder Glutaraldehyd verstärkt werden, die Reduktion kann sauer oder alkalisch erfolgen. Je nach den Reaktionsbedingungen braun-orange bis schwarze Banden im Elektrophoresegel.

Obwohl die Silber-Färbung ein exakteres Arbeiten erfordert als etwa eine Coomassie-Färbung, lohnt die höhere Sensitivität den größeren Arbeitsaufwand. In den meisten Fällen lassen sich mit Silber-Färbungen 1/100 oder weniger der mit Coomassie-Färbungen detektierbaren Proteinmenge nachweisen, allerdings gibt es auch hier starke Intensitätsschwankungen zwischen einzelnen Proteinspezies. Auch gibt es Proteine, die sich mit Silber kaum anfärben lassen. In letzterem Fall kann an die Silber-Färbung eine mit organischen Farbstoffen angeschlossen werden. Für eine densitometrische Quantifizierung von Proteinbanden gilt das für die Färbung mit Coomassie Gesagte.

Auch aus gefärbten Gelen kann, nach einer Äquilibrierung in einem leicht alkalischen Puffer, ein Elektrotransfer durchgeführt werden. Allerdings sind die Transferausbeuten meist niedrig, da die durch die Fixierung säuredenaturierten Proteine im Gel nur unvollständig wieder solubilisiert werden.

Auf Transferogrammen (Blots) lassen sich Proteine ebenfalls allgemein mit organischen Farbstoffen (s. Tabelle 11.2), Metallkolloiden, wie z. B. kolloidalem Gold, oder indirekt mit Hilfe verstärkender Enzyme nachweisen. Von den organischen Farbstoffen ist Ponceau R von besonderem Interesse, da es sehr leicht wieder ausgewaschen werden kann und somit nicht nachfolgende spezifische Nachweise beeinträchtigt.

Bei der indirekten Identifizierung erfolgt in einem ersten Schritt eine Kopplung beispielsweise eines Biotin-Succinimidyl-Derivats an primäre Aminogruppen der Proteine. In weiteren Schritten werden dann ein Streptavidin-Enzymkonjugat gebunden und die Indikatorreaktion durchgeführt. Analog lassen sich gruppenspezifische Glycoprotein-Färbungen durchführen: Auf den Blots werden die Kohlenhydrat-Seitenketten mit Periodat oxidiert. Die entstandenen Aldehyd-Gruppen werden mit Hydrazin-Biotin- oder -Antigen-Derivaten (z.B. Digoxigenin-Derivate) zu Azomethinen umgesetzt. Die so erhaltenen Biotin- bzw. Antigen-Markierungen werden dann mit Streptavidin- bzw. Antikörpter-Enzymkonjugaten detektiert.

Selektive Proteinfärbungen auf Blots können für Glycoproteine mit Lectinen (vgl. Tabelle 2.6) bzw. deren Derivaten oder mit spezifischen Antikörpern (s. Abschn. 11.5 und 12.5) durchgeführt werden. Selbstverständlich können, wenn die enzymatischen Aktivitäten nach der Elektrophorese noch vorhanden sind, auch diese für spezifische Farbreaktionen verwendet werden.

11.4.2 Autoradiographie und Chemoluminiszenz

Der empfindlichste Nachweis von Substanzen in Elektropherogrammen erfolgt durch *Autoradiographie*. Voraussetzung ist, daß die entsprechenden Proben (hier: Proteine) eine radioaktive Markierung tragen. Die gebräuchlichsten Isotope sind ^{3}H, ^{14}C, ^{32}P, ^{35}S und ^{125}I. Ihre kovalente Einführung in Proteine wurde in Kap. 10 beschrieben. Protein-Antigene können nach einer Reaktion mit ihren spezifischen Antikörpern durch eine Bindung von ^{125}I-iodiertem Protein A oder Protein G an die Fc-Teile der Antikörper nachgewiesen werden. Auch als Fusionspartner geeignete, wenig denaturierungsanfällige Enzyme können, wenn sie radioaktiv markierte Substrate nutzen, zur hochspezifischen und extrem sensitiven Detektion von Fusionsproteinen genutzt werden.

Energiereiche Strahler, wie ^{32}P, können mit speziellen Detektoren (PhosphoImager) direkt im Gel lokalisiert werden, meist ist man aber auf eine Exposition von Röntgenfilm angewiesen. Für ^{32}P und ^{125}I sowie hohe Radioaktivitätsmengen von ^{14}C und ^{35}S legt man dazu in einer lichtdichten Kassette den Röntgenfilm direkt auf das getrocknete oder mit einer wasserundurchlässigen Folie abgedeckte Gel und entwickelt den Film in Abhängigkeit der Radioaktivitätsmenge nach Stunden oder Tagen.

Um schwache Strahler wie ^{3}H oder geringe Aktivitätsmengen von ^{14}C und ^{35}S zu detektieren, muß das Gel vor der Exposition auf den Röntgenfilm mit einem Scintillator getränkt werden, der die radioaktive Strahlung in Licht, das dann den Film schwärzt, umwandelt (Fluorographie). Die Exposition kann Wochen betragen und sollte möglichst bei −75 °C erfolgen, da bei tiefen Temperaturen die Quantenausbeute und damit die Empfindlichkeit wesentlich höher ist als bei Raumtemperatur.

Eine ebenfalls sehr empfindliche, aber nichtradioaktive Detektionsmethode ist der Nachweis von enzymvermittelter *Chemoluminiszenz*. Dabei werden in Folge enzymkatalysierter Reaktionen Lichtquanten freigesetzt, die eine Schwärzung eines Röntgenfilms bewirken. Als Enzyme finden gegenwärtig Meerrettich-Peroxidase (POD) und alkalische Phosphatase (AP) praktische Verwendung, z. B. als (Strept-)Avidin- oder Antikörper-Konjugate nach entsprechenden Vorbehandlungen von Proteinen auf Blotting-Membranen. So entwickelt Luminol (2-Amino-phthalsäurehydrazid) bei seiner Oxidation durch den bei der POD-katalysierten Spaltung von H_2O_2 entstehenden Sauerstoff eine intensive Chemoluminiszenz. Für die AP-vermittelte Chemoluminiszenz sind geeignete Substrate die Phosphorsäure-Ester AMPPD (3,2′-Spiroadamantan)-4-methoxy-4-(3″-phosphoryloxy)-phenyl-1,2-dioxetan) und CSPD (Dinatrium-3-(4-methoxyspiro{1,2-dioxethan-3,2′-(5″-chlor)tricyclo[3.3.1.1.^{3,7}] decan-4-yl)-phenylphosphat).

Die Luminiszenz-Kinetiken dieser Substrate sind sehr verschieden. So entsteht die Luminol-Luminiszenz rasch und klingt nach wenigen Minuten wieder ab, während AMPPD und CSPD eine sich wesentlich langsamer entwickelnde, dafür aber viel länger, über Stunden anhaltende Chemoluminiszenz aufweisen.

11.4.3 Zymogramme

Enzyme lassen sich auch in Elektrophoresegelen und auf Blots anhand ihrer Reaktionen selektiv und sensitiv nachweisen. Neben dem Vorhandensein geeigneter Substrate ist eine weitere Vorbedingung, daß die Enzyme nichtdenaturierend aufgetrennt wurden oder daß ihre aktiven Zentren nach der Elektrophorese renaturiert werden können. Diese Nachweismethode ist besonders für die Identifizierung von Isoenzymen (gleiche katalysierte Reaktion, aber unterschiedliche elektrophoretische Beweglichkeit infolge verschiedener Molmassen und/oder isoelektrischer Punkte) oder bestimmten Enzymaktivitäten (z. B. Proteasen, Nucleasen o. ä.) in Proteinpräparationen geeignet.

Der einfachste Nachweis der Enzymaktivität erfolgt dadurch, daß das Reaktionsprodukt farbig ist oder mit weiteren Reaktionspartnern farbige Produkte bildet. Die enzymkatalysierten Reaktionen können im Gel oder auf einer Blottingmembran (s. u.) erfolgen. Der prinzipielle Nachteil einer Inkubation im Gel, die langsame Diffusion der Komponenten in das Gel bzw. aus ihm hinaus, kann aber von Vorteil sein, wenn z. B. so langsam diffundierende hochmolekulare Substrate von schneller auswaschbaren kleineren Reaktionsprodukten getrennt werden können oder hochmolekulares Substrat bzw. Reaktionsprodukt am Reaktionsort ohne zusätzliche Fixierungsreaktion lokalisiert wird.

Zur praktischen Durchführung des Zymogramms wird entweder das Gel mit einer Substratlösung inkubiert und die Reaktion findet im Gel statt, oder es wird auf das nicht fixierte Gel eine geeignete Empfängerschicht (Papier, Celluloseacetat-, Nitrocellulose-Membran, Agarosegel u. a. m) aufgelegt, die mit dem Substrat getränkt ist (Kontakt-Replika-Methode). Im zweiten Fall kann das elektrophoretisch aufgetrennte Enzym aus dem Trenngel in den Empfänger diffundieren und dort wirken. Das jeweilige Reaktionsprodukt wird dann in der Replik mit einer Farbreaktion oder durch Autoradiographie nachgewiesen. Die Diffusion aus dem vergleichsweise dicken Elektrophoresegel bewirkt eine Bandenverbreiterung, daher ist es günstiger, entweder die Replik von einem Blot, bei dem sich das Enzym auf der Trägeroberfläche befindet, abzunehmen oder die Reaktion direkt auf dem Blot durchzuführen.

Eine Auswahl von zymographisch identifizierten Enzymen ist bei KLEINERT (loc. cit., S. 167) zu finden.

11.5 Blottingtechniken

Die einfache Durchführung von Blotting-Techniken, verbunden mit der Möglichkeit, parallel eine Vielzahl von Reaktionsbedingungen an dem gleichen Analyten zu testen, haben diese Techniken sowohl zum Standardverfahren in Suchstrategien (screening) als auch zur Identifizierung individueller Komponenten werden lassen.

Als Blotting-Techniken bezeichnet man Methoden, bei denen ein Biomolekül auf eine Folie ("Flächenträger") aufgebracht und dort nachgewiesen wird. Diese Folien binden die Biomoleküle entweder adsorptiv durch vorwiegend hydrophobe Wechselwirkungen oder, im Falle von aktivierten Flächenträgern, kovalent. Diese Folien sind poröse, flächige Materialien (Membranen) mit Porendurchmessern < 1 µm, wie sie zur Steril- oder Ultrafiltration benutzt werden.

Der Vorteil von Blottingverfahren besteht darin, daß das nachzuweisende Protein sich nach dem Blotting an der Oberfläche eines mechanisch stabilen Trägers befindet, dort in Lösung befindlichen Reaktionspartnern leicht zugänglich und der Wechsel von Reaktionsmedien einfach und ohne Diffusionsprozesse möglich ist. Nachteilig ist, daß Proteine bei Adsorption an Oberflächen denaturieren können (räumliche Veränderung eines Epitops oder aktiven Zentrums!), daß Adsorptionsmenge und -festigkeit von Proteinspezies zu Proteinspezies schwanken können und daß meist nur eine semiquantitative Auswertung möglich ist.

Die Übertragung der Probe bei gleichzeitiger Immobilisierung erfolgt entweder durch Auftropfen auf die trockene Folie (*dot blot*), Filtration durch die feuchte Membran (Vakuum-Blot), Diffusion aus einem Trenngel auf die feuchte Empfängerschicht (Diffusionsblot) oder durch Elektrophorese (*Elektrotransfer*, im Falle von Proteinen aus Elektrophoresegelen: Western blot).

Als Blottingmembranen in der Proteinanalytik werden Folien aus Nitrocellulose (NC), Polyamid (Nylon) oder Polyvinylidenfluorid (PVDF) sowie deren chemische Modifizierungen verwendet, deren Porendurchmesser meist 0,2 oder 0,45 µm betragen. NC-Membranen sind leichter zu handhaben, da sie besser benetzbar sind als PVDF, und lassen sich auch leichter mit (unspezifischen) Proteinfärbemethoden anfärben, allerdings hat PVDF eine höhere Bindungskapazität für Proteine. Ferner können Proteine bzw. Peptide auf den chemisch sehr inerten PVDF-Membranen direkt für die automatisierte Aminosäure-Sequenzanalyse verwendet werden. Die Proteinbindungskapazität beträgt etwa $50-200$ µg/cm^2 für Nitrocellulose und bis zu 500 µg/cm^2 für PVDF-Membranen.

Aus SDS-Polyacrylamid-Elektrophoresegelen oder 2D-Elektropherogrammen wird der Elektrotransfer entweder im Tank bei relativ hohen Stromstärken ($1-3$ A bei ca. $15-20$ V) nach TOWBIN oder mit dem sog. semi-dry-Verfahren nach KYHSE-ANDERSON, bei dem das Elektrophoresepuffer-Reservoir aus mit Laufpuffer getränkten Filterpapieren besteht und das mit wesentlich geringeren Stromstärken (etwa 1 mA/cm^2 bei $5-15$ V) arbeitet, durchgeführt. Transferpuffer ist bei beiden Systemen meist der Elektrophorese-Laufpuffer, der bis zu 20 % mit Methanol versetzt sein kann. Die Transferzeiten, die sich nach der Molmasse der zu transferierenden Proteine und der Acrylamid-Methylenbisacrylamid-Konzentration des Trenngels, aus dem transferiert werden soll, richten, liegen bei beiden Verfahren zwischen 0,5 und 2 Stunden (höhere Molmasse und/oder höhere Acrylamidkonzentration erfordern längere Transferzeit). Der Transfer erfolgt orthogonal zur Elektrophorese-Laufrichtung, beim Transfer aus SDS-Gelen befindet sich die Empfängermembran (Blottingmembran) auf der dem +-Pol (Anode) zugewandten Seite des Elektrophoresegels.

Da die Blottingmembranen unspezifisch Protein aus wäßrigen Lösungen binden, versteht es sich von selbst, daß vor dem Transfer die Membran nicht mit Proteinen oder wasserabweisenden Stoffen (Fetten), z. B. durch Berühren mit den Fingern, in Kontakt gebracht werden darf.

Obwohl der Elektrotransfer in der Regel aus dem unbehandelten Elektrophoresegel unmittelbar nach der Elektrophorese oder nach Zwischenlagerung im Kühl- oder Tiefkühlschrank erfolgt, ist ein Elektrotransfer auch aus einem Coomassie-gefärbten Gel möglich. Dazu muß das Gel aber nach der normalen Entfärbeprozedur (die blauen Proteinbanden sind noch zu sehen), im Transferpuffer äquilibriert werden, um wenigstens einen Teil der denaturierten und im Polyacrylamid-Netzwerk ausgefällten Proteine wieder in einen gelösten Zustand zu bringen. Die Transferausbeute aus gefärbten Gelen ist naturgemäß schlechter als die aus frischen Gelen.

Generell wird in der Praxis ein Protein nicht vollständig aus einer Bande im Gel auf die Blottingmembran übertragen, wie Untersuchungen an radioaktiv markierten Proteinen und Nachfärbungen des Gels gezeigt haben. Besonders hochmolekulare Proteine werden trotz der relativ hohen Feldstärke (drei- bis viermal höher als im Elektrophoreselauf) und des Zusatzes von bis zu 20 % Methanol in den Transferpuffern nur unvollständig aus dem Gel elektroeluiert, so daß auf dem Blot mit einer nicht den Verhältnissen in der Ausgangsprobe entsprechenden Mengenverteilung zu rechnen ist.

Nach dem Transfer und einer unspezifischen Proteinfärbung, z. B mit. Ponceaurot S, müssen die noch freien Areale der Membran für eine weitere Proteinbindung blockiert werden. Das geschieht durch eine 5- bis 30minütige Inkubation der Membran in einer pH-neutralen Pufferlösung, die Serumalbumin, Magermilch bzw. Casein, Gelatine oder verdünntes Kälber-Serum enthält. Bei der Auswahl der Blockierungslösung ist zu berücksichtigen, daß sie keine Komponenten enthält, die mit späteren Reaktionspartner reagieren können (immunologische Kreuzreaktivität, unspezifische Substrat- oder Produktadsorption, unspezifische Enzymbindung, pseudoenzymatische Reaktionen u. a. m.). Ferner ist zu bedenken, daß die Adsorption eines Proteins auf eine Oberfläche eine Gleichgewichtsreaktion ist, d.h. eine zu hohe Konzentration des Blockierungsreagenzes oder eine zu lange Blockierungszeit können zu einer teilweisen Ablösung des transferierten Proteins oder zu einem Überdecken mit Blockierungsreagens und damit zu einem geringeren Signal führen.

Eine schematische Darstellung des semi-dry-Verfahrens und der Blotting-Prozedur ist in Abb. 11.6 gegeben.

Die wichtigste Anwendung des Western Blottings ist der Nachweis von elektrophoretisch aufgetrennten Protein-Antigenen mit Antikörpern. In der Regel verlaufen die immunchemischen Reaktionen problemlos, aber durch die Adsorption an den Träger und/oder durch die Denaturierung im Gel, z. B. durch SDS, kann die Antigenität beeinträchtigt werden. So kann bisweilen beobachtet werden, daß ein Antigen erst nach Reduktion von Disulfiden oder nach Behandlung mit Harnstoff ein deutliches Immunsignal liefert. Besonders bei Verwendung von Peptid-spezifischen Antikörpern, die in der Regel gegen ein lineares Peptid erzeugt werden, ist eine weitestgehende Entfaltung der Proteinstruktur auf dem Blot wichtig, Denaturierung allein mit SDS genügt bisweilen nicht.

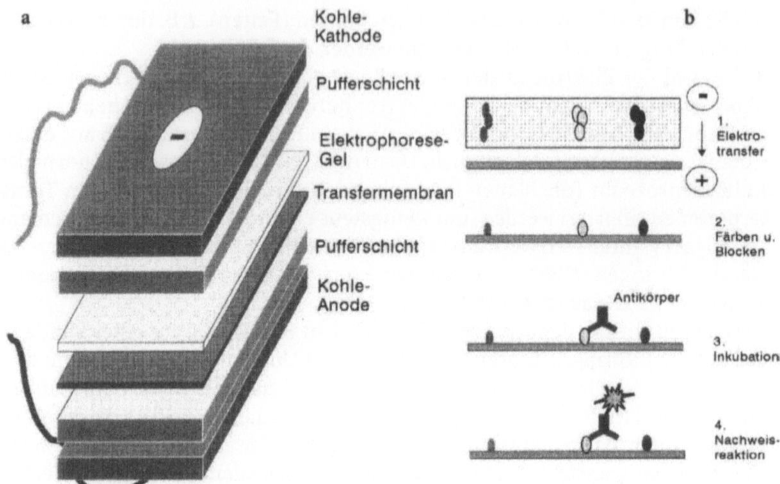

Abb. 11.6. Schema des semi-dry blottings. **a** Aufbau der Apparatur, **b** Prinzip der Verfahrensschritte im Western blot

Wenn Enzymaktivitäten oder biospezifische Protein-Protein-Wechselwirkungen auf dem Blot nachgewiesen werden sollen, sollte entweder eine nichtdenaturierende Elektrophorese angewandt werden oder das transferierte Protein sollte in einen Puffer überführt werden, in dem es optimale Bedingungen für eine Rekonstitution hat.

Die mittels Gel- oder Kapillarelektrophorese separierten und auf PVDF-Membranen transferierten Proteine oder Proteinfragmente können direkt für eine Mikro-Sequenzanalyse (s. Abschn. 3.1) in Seqenzierautomaten genutzt werden. Dazu werden die Proteine auf der Transfermembran beispielsweise mit Coomassie Brillant Blau gefärbt, die farbigen Spots werden ausgeschnitten und zusammen mit der Membran in den Sequenator gegeben. Besonders vorteilhaft ist dabei, daß die auf einer Blotting-Membran befindlichen Proteine sehr einfach von störenden Salzen und Pufferkomponenten befreit werden können.

11.6 Kapillarelektrophorese

Die Kapillarelektrophorese (*engl.* capillary electrophoresis, CE) vereint Vorzüge der Chromatographie wie geringe Trennzeiten, hoher Probendurchsatz, Miniaturisierung und Automatisierbarkeit mit der hohen Trennleistung für Moleküle biologischen Ursprungs in der Elektrophorese.

Die Elektrophorese wird als *Durchwanderungselektrophorese* (*engl.* continuous flow electrophoresis) durchgeführt, d. h. der Trennvorgang erfolgt so lange,

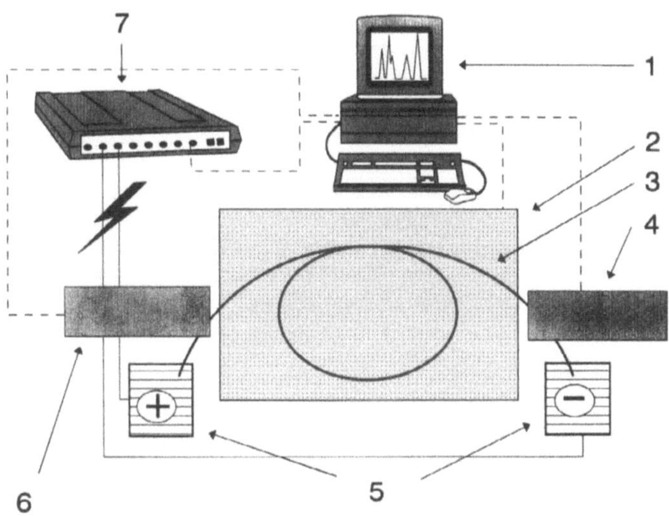

Abb. 11.7. Prinzipbild der Kapillarelektrophorese. 1 – Steuer- und Auswerteeinheit, 2 – Thermostat, 3 – Trennkapillare, 4 – Probendosiereinrichtung, 5 – Elektrodenkammern, 6 – Detektor, 7 – Hochspannungsquelle

bis die Analyten am Detektor vorbeigewandert sind. Die Trennung erfolgt wie in der Gelelektrophorese nach der elektrophoretischen, vom Masse-Ladungs-Verhältnis nativer und/oder SDS- oder Harnstoff-denaturierter Teilchen und der Viskosität des Trennsystems abhängigen Beweglichkeit (Kapillar-Elektrophorese in Lösung, *engl.* free solution capillary electrophoresis, FSCE, bzw. Gel-Kapillar-Elektrophorese, *engl.* capillary gel electrophoresis), nach deren isoelektrischem Punkt (Kapillar-isoelektrische Fokussierung, *engl.* capillary isoelectric fousing, CIEF) oder nach der elektrophoretischen Beweglichkeit von Tensid-Analyt-Mizellen (*engl.* micellar electrokinetic capillary chromatography, MECC).

Kernstück der CE-Apparatur ist eine etwa 50 cm lange Quarz- oder Kunststoffkapillare mit einem Innendurchmesser von 25 bis 100 µm. Die Proben werden durch diese nur mit Puffer oder auch mit Gel gefüllte Kapillare mit konstanten oder variablen Gleichspannungen von etwa 20 bis 40 kV getrieben. Abbildung 11.7 illustriert das Prinzip einer solchen Apparatur.

Die CE benötigt sehr geringe Probenmengen, die häufig nicht durch Mikroliterspritzen, sondern durch ein Unterdrucksystem appliziert werden. Die Probenvolumina liegen unter 5 µl, durch spezielle Vorrichtungen kann z.B. das Cytosol einer einzigen Zelle in seinen Hauptkomponenten analysiert werden. Hochleistungs-UV-Detektoren gestatten den Nachweis für Proteine im pg-Bereich (10^{-12} g). Laser-Fluoreszenzdetektoren lassen den Nachweis von Peptiden oder Neurotransmittern im unteren aMol-Bereich ($<10^{-16}$ Mole, ca. $5 \cdot 10^7$ Moleküle) zu. Weiter wurden radiometrische γ-und elektrochemische Detektoren beschrieben.

Die Trennzeiten liegen in Abhängigkeit von der Probenart und Geräteparametern in der Regel unter einer Stunde. Durch den Anschluß von Probeninjektionssystemen können automatisch die zu analysierenden Materialien aufgegeben werden, was einen hohen und präzisen Probendurchsatz bewirkt.

Für weitere, z.B. immunchemische Untersuchungen lassen sich an den Kapillarausgang „Fraktionssammler" anschließen, bei denen die Proteine von einer vorbeigleitenden Blottingmembran gebunden werden.

Es ist hier nicht der Platz, auf technische Details und Modifikationen dieser überaus leistungsfähigen und sich rasch entwickelnden Methode näher einzugehen, daher wird auf die unten aufgeführte Literatur und die Anwendungs- und Begleitschriften der Gerätehersteller verwiesen.

Literatur

CHRAMBACH A, MJ DUNN and BJ RADOLA (Eds) (1987 ff) Advances in Electrophoresis. Bd 1 ff, VCH, Weinheim (es erscheint jährlich ein Band)

DUNBAR BS (1987) Two-Deimensional Electrophoresis and Immunological Techniques. Plenum Press, New York

HAMES BD and D RICKWOOD (Eds) (1990) Gel Electrophoresis of Proteins – A Practical Approach. 2. Aufl, IRL Press, Oxford

HOLTZHAUER M (1995) Biochemische Labormethoden. 2. Aufl, Springer, Berlin

LI SFY (1993) Capillary Electrophoresis (J Chromatogr Library Vol 52). Elsevier, Amsterdam

WAGNER H und E BLASIUS (Hrsg) (1989) Praxis der elektrophoretischen Trennmethoden. Springer, Berlin

WESTERMEIER R (1990) Elektrophorese-Praktikum. VCH, Weinheim

12 Immunchemie

12.1 Einleitung. Klassifizierung und Aufbau von Antikörpern

Die Immunchemie ist der Teil der Immunologie, der sich vorwiegend mit chemischen Veränderungen von Antikörpern (Ak, *engl.* antibody, ab) und mit der Verwendung von Antikörpern als Hilfsmittel in Forschung und Technologie befaßt. In bezug auf die Veränderungen sind die Grenzen fließend, da besonders bei der Modifizierung von Antikörpern durch gentechnische und biologische Methoden häufig auf der zellulären Ebene unter Nutzung immunologischer Prozesse gearbeitet wird. In diesem Zusammenhang, d.h. bei der Betrachtung von Methoden der Proteinanalytik, sind Antikörper meist nicht Objekt, sondern Werkzeug. Deshalb soll die biologische Ebene hier weitestgehend ausgeklammert und auf weiterführende Literatur verwiesen werden.

Der besondere Vorzug dieser Protein-Werkzeuge besteht vor allem in der hohen Spezifität immunchemischer Reaktionen, mit der es möglich ist, eine bestimmtes Molekül in einem milliardenfachen Überschuß anderer Moleküle zu finden und nachzuweisen.

Antikörper, zur Proteinklasse der Immunoglobuline gehörend, haben im tierischen Organismus die Funktion, zur Unterscheidung zwischen „eigen" und „fremd" beizutragen und die als fremd erkannten Moleküle (Antigene, Ag) einem Abbau- oder Aussonderungsprozeß zuzuleiten.

Fremdsubstanzen, d.h. Stoffe, die eine Immunantwort auslösen können, d.h. die eine Immunantwort auslösen können, aktivieren das Immunsystem auf verschiedenen Wegen, wobei besonders die cytotoxische Immunität (Vernichtung fremder Zellen durch Killerzellen) und die humorale Immunität (Vernichtung gelöster Makromoleküle nach Bindung an Antikörper) zu unterscheiden sind.

a) Cytotoxische Immunität
Ein Antigen wird von Macrophagen durch Phagocytose internalisiert und partiell abgebaut. Die entstehenden Fragmente, die wiederum eigenständige Antigene darstellen, werden von Ak-ähnlichen Proteinen, den MHC-Proteinen, gebunden und auf der Oberfläche der Makrophagen präsentiert. In der Zellmembran spezieller Lymphocyten, der T-Zellen, befinden sich Rezeptoren, die spezifisch die MHC-Ag-Komplexe erkennen können. Kommt es zu einer Bindung zwischen dem MHC-Ag-Komplex und dem komplementären T-Zell-Rezeptor, verbunden mit einer durch die Multivalenz der Rezeptoren bewirkten Bildung von Rezeptor-Clustern durch eine Vernetzung (*engl.* cross-linking), beginnen die beteilig-

ten Zellen mit der Produktion von Cytokinen wie Interleukinen und Interfero-
nen. Diese Botenstoffe bewirken eine Vermehrung der beteiligten T-Zellen und
deren Differenzierung zu T-Killerzellen und T-Helferzellen, die Rezeptoren gegen dieses spezifische Antigen tragen, sowie der dazugehörigen T-Gedächtnis-
zellen. Letztere sind in der Lage, bei erneutem Eindringen des Antigens sofort
eine Amplifizierung der entsprechenden T-Zellen und eine Vernichtung der Antigene, ohne den Umweg über die Makrophagen, einzuleiten.

b) Humorale Immunität

Ein anderer Lymphocyten-Typ, die B-Zellen, verfügen an ihrer Oberfläche
ebenfalls über Rezeptoren, die spezifisch gelöste Antigene binden können
(jede B-Zelle verfügt dabei über einen in seiner Bindungsregion von anderen
B-Zellen verschiedenen Rezeptortyp). Das gebundene Ag wird, wie beim Makrophagen, internalisiert und partiell abgebaut. Die Spaltstücke werden dann
auch an MHC-Proteine gebunden und zur Zelloberfläche transportiert. Kommt
es dann zu einer Bindung zwischen dem B-Zell-MHC-Ag-Komplex und kom-
pelmentären T-Helferzellen, werden Interleukine produziert, die eine Vermehrung und Reifung der beteiligten B-Zelle bewirken. Es entstehen ausdiffe-
renzierte, nicht mehr teilungsfähige Plasmazellen, die Immunoglobuline
(Antikörper) produzieren und sezernieren. Die löslichen Ak können nun unabhängig von Zellen in Körperflüssigkeiten (Blut, Lymphe, Speichel, Tränen,
Schleim) mit Ag zu AgAk-Komplexen reagieren. Aufgrund der Mehrfachvalenz
der Ak (Bivalenz bei IgD, IgE, IgG, Multivalenz bei IgA und IgM) können sehr
große polymolekulare Komplexe (Aggregate) entstehen.

Wird ein Antigen von einem Antikörper erkannt und gebunden, wird durch
diesen AgAk-Komplex in einem bestimmten Abschnitt (Fc) des Antikörpers
eine Veränderung induziert, die nach Bindung an Fc-Rezeptoren von Makrophagen das Signal zur Phagozytose des AgAk-Komplexes ist.

Besitzt das Antigen ein zweites gleiches oder anderes Epitop, bindet sich
daran ebenfalls ein Antikörper, der mit einem weiteren Ag reagiert. Die so entstehende Vernetzung (engl. cross-linking) von Antigenen und Antikörpern
kann bei etwa äquimolaren Mengen an Ag und Ak zu unlöslichen oder leicht
sedimentierbaren Proteinaggregaten führen (Präzipitation).

Für körperfremde, unter gewissen Umständen auch fälschlicherweise als
fremd erkannte körpereigene Proteine (Ursache u.a. für Autoimmun-Erkran-
kungen), gilt die Regel, daß sie ab einer Molmasse von etwa 4000 Dalton als Antigen wirken. Die Antigenität eines Moleküls, d.h. das Vermögen, die Immunantwort eines Organismus auszulösen, ist speziesabhängig. Ein Protein oder
Polypeptid, das in einer Spezies nicht oder nur schwach immunogen wirkt,
kann in einer anderen, meist evolutionär weiter entfernten, durchaus eine An-
tikörperbildung induzieren.

Kleinere Moleküle oder solche, die nicht immunogen sind, können durch
Kopplung (Konjugation) an ein Trägerprotein (engl. carrier) ebenfalls Antikörper induzieren. Man bezeichnet dann diese selbst nicht immunogenen
Moleküle als Haptene. Auf diese Weise ist es möglich, Antikörper auch gegen
selbst nicht immunogene Moleküle, wie z.B. Oligopeptide oder Steroide, oder

Molekülgruppen, wie beispielsweise Phosphat-, Fluorescein- oder Nitroreste, zu erzeugen.

Schwach immunogen wirkende Proteine können durch relativ geringfügige (chemische) Modifizierungen oder durch Aggregationen zu stark antigen reagierenden umgewandelt werden.

Tabelle 12.1 gibt einen Überblick über einige Daten menschlicher Immunoglobuline. Der Aufbau der Immunoglobuline aus mit Disulfidbrücken verknüpften schweren Polypeptidketten (*engl.* heavy chain) und leichten Ketten (*engl.* light chain) ist in anderen Tierarten ähnlich, allerdings differieren die Subklassen, z. B. durch Unterschiede in Struktur und Verknüpfung der schweren Polypeptidkette, hinsichtlich ihres Vorkommens und ihrer Feinstruktur zum Teil beträchtlich.

Die mengenmäßig bedeutendste Subklasse von Immunoglobulinen in einem normalen Antiserum sind die Immunoglobuline G (IgG). Ihre Struktur ist in Abb. 12.1 schematisch wiedergeben.

Tabelle 12.2 listet die IgG-Subklassen verschiedener Säugerarten auf. Die Subklassen-Nomenklatur ist für die verschiedenen Spezies nicht homolog, d. h. das IgG3 des Menschen ist strukturell signifikant verschieden von dem ebenfalls als IgG3 bezeichneten Immunoglobulin der Maus.

Für die Bindung des Antigens sind in den Immunoglobulinen Molekülbereiche verantwortlich, die gemeinsam von Teilen der leichten und der schweren Ketten gebildet werden. Spaltet man Antikörper vom IgG-Typ mit der Protease Papain, erhält man u. a. als Fab bezeichnete Fragmente, die den Bindungsort für das Antigen tragen. Verwendet man aber Pepsin, findet man $F(ab')_2$-Fragmente, die aus durch Disulfidbrücken zusammengehaltenen Dimeren etwas größerer Bruchstücke bestehen und die, da jedes Monomere über einen Bindungsort verfügt, bivalent sind. Das nur aus Schwere-Ketten-Fragmenten bestehende Bruchstück wird, weil es relativ leicht kristallisierbar ist, als Fc-Fragment bezeichnet (s. a. Abschn. 12.4). Seine Bedeutung im körpereigenen Immunsystem besteht in der Wechselwirkung mit anderen Komponenten (Rezeptoren) dieses Systems.

Vergleicht man die Aminosäuresequenzen verschiedener Antikörper einer Subklasse, so registriert man Bereiche mit konstanter Sequenz (C_H bzw. C_L – konstanter Bereich der schweren bzw. leichten Kette), während andere Sequenzabschnitte eine große Aminosäuresequenz-Variabilität besitzen (V_H bzw. V_L). Sowohl in den variablen als auch den konstanten Bereichen sind, abhängig vom Immunoglobulintyp, charakteristisch strukturierte Abschnitte, die Domänen, ausgebildet.

In die variablen Kettenabschnitte sind die Strukturbereiche (CDR, *engl.* complementarity determining region) eingebettet, die, immunologisch gesprochen, den *Idiotyp* eines Antikörpers repräsentieren und die mit dem Antigen in Wechselwirkung treten. Diese CDR, auf jeder leichten bzw. schweren Kette hat man drei solche Regionen gefunden, bestehen nur aus wenigen Aminosäuren (um 10 Aminosäuren). Die V_H- und V_L-CDR bilden zusammen das Paratop, dessen dreidimensionale Struktur dem Epitop des Antigens komplementär ist.

In (Protein)Antigenen können mehrere Strukturen auf der Moleküloberfläche als Epitope wirken. Diese Strukturen können dabei von Seitenketten im

Tabelle 12.1. Physiologische und chemische Parameter der Immunoglobuline des Menschen

Immunoglobulin	IgG1	IgG2	IgG3	IgG4	IgM	IgA1	IgA2	IgD	IgE
Mittlere Serum-konzentration [mg/ml]	9	3	1	0,5	1,5	3,0	0,5	0,03	0,00005
Sedimentationskonstante [S]	7	7	7	7	19	7	11	7	8
isoelektr. Punkt [pH]	5.0–9.5	5.0–8.5	8.2–9.0	5.0–6.0	5.1–7.8	5.2–6.6	5.2–6.6	4	
Molmasse [kD]	146	146	170	146	970	160	160	184	188
Molekülformel	$\gamma_2\kappa_2$ od. $\gamma_2\lambda_2$	$\gamma_2\kappa_2$ od. $\gamma_2\lambda_2$	$\gamma_2\kappa_2$ od. $\gamma_2\lambda_2$	$\gamma_2\kappa_2$ od. $\gamma_2\lambda_2$	$(\mu_2\kappa_2)_5$+1J od. $(\mu_2\lambda_2)_5$+1J	$(\alpha_2\kappa_2)_n$+1J od. $(\alpha_2\lambda_2)_n$+1J	$(\alpha_2\kappa_2)_n$+1J od. $(\alpha_2\lambda_2)_n$+1J	$\delta_2\kappa_2$ od. $\delta_2\lambda_2$	$\varepsilon_2\kappa_2$ od. $\varepsilon_2\lambda_2$
Molmasse der schweren Kette [kD]	51	51	60	51	65	56	52	69	72,5
Anzahl der Schwere-Ketten-Domänen	4	4	4	4	5	4	4	4	5
Kohlenhydratgehalt [%]	2–3	2–3	2–3	2–3	12	7–11	7–11	9–14	12
Kohlenhydrattragende Domäne	C_H2	C_H2	C_H2	C_H2	C_H1–4	C_H1–3	C_H1–3	C_H1–3	C_H1–3
Anzahl an Disulfidbrücken zwischen den schweren Ketten	2	4	15	2	1	1	1	1	2

γ, α, δ, μ, ε – schwere Kette; κ bzw. λ – leichte Kette; n: 2 bis 5; J – Verbindungskette (*engl.* joining chain).

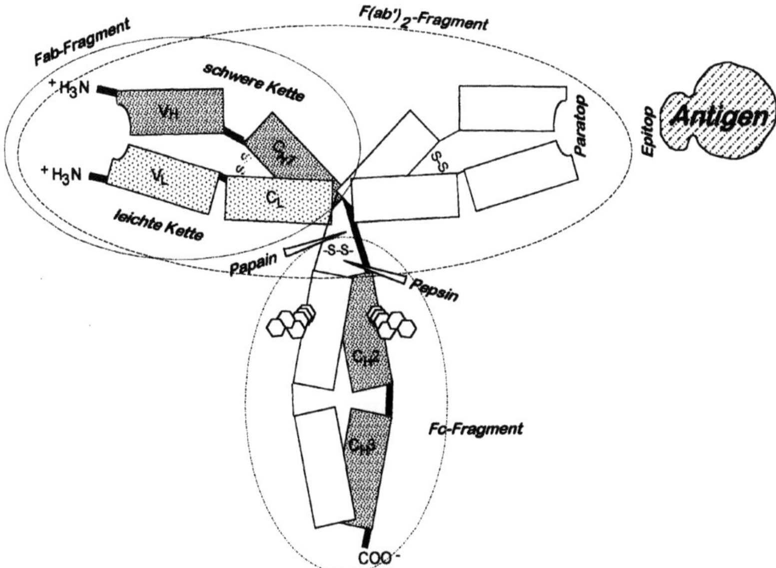

Abb. 12.1. Schema eines IgG-Moleküls. Zur leichteren Übersicht ist jeweils nur eine schwere und eine leichte Kette hervorgehoben und bezeichnet. „Papain" bzw. „Pepsin" markieren die Spaltstellen, die zu den Fab- bzw. F(ab')$_2$ – Fragmenten führen.   – Oligosaccharid-Reste. Weitere Erläuterungen im Text

Tabelle 12.2. Immunoglobulin-G-Subklassen verschiedener Säugetiere

Spezies	IgG-Subklassen	Serumkonzentration in mg/ml
Kaninchen	IgG1, IgG2	≈ 11
Maus	IgG1 (IgF), IgG2a, IgG2b (IgH), IgG3 (IgI)	6–8[a]
Ratte	IgG1, IgG2a, IgG2b, IgG2c	8–9
Meerschweinchen	IgG1, IgG2	≈ 8
Mensch	IgG1, IgG2, IgG3, IgG4	8–14[b]
Pferd	IgGa, IgGb (IgB), IgGc (IgT)	≈ 14
Schwein	IgG1, IgG2, IgG3	15–22
Schaf	IgG1, IgG2	≈ 19
Ziege	IgG1, IgG2	≈ 18

[a] IgG1, IgG2a u. IgG2b etwa zu gleichen Teilen; BALB/c-Mäuse, 2 Monate alt: 0,9, 0,2 bzw. 0,4 mg/ml, BALB/c, 8 Monate alt: 1,9, 0,6 bzw. 1,5 mg/ml.

[b] mittlere Serumkonzentrationen in mg/ml: IgG1: 9, IgG2: 3, IgG3: 1, IgG4: 0,5.

Polypeptid aufeinanderfolgender Aminosäuren gebildet werden, sie können aber auch durch Aminosäuren erzeugt werden, die in der Sequenz mehr oder weniger weit voneinander entfernt sind, durch die Faltung der Polypeptidkette aber zu einer strukturellen Einheit werden.

Je nachdem, wie gut diese Anpassung der CDR an das Antigen ist bzw. wie gut eine Anpassung induziert werden kann, desto selektiver ist die Antigen-Antikörper-Interaktion, desto sensitiver wird das „Werkzeug" Antikörper. Die CDR besitzen eine gewisse strukturelle Flexibilität, derzufolge nach der Bindung eines Antigens an einen Bindungsort weitere Bindungsmöglichen in Grenzen induziert oder verstärkt werden können.

Die CDR bilden zusammen eine mehr oder minder tiefe Tasche oder Grube im variablen Teil (variables Fragment, Fv) des Fab-Fragments, in die das Antigen genau paßt. Dabei liegen Bereiche, die über hydrophobe Wechselwirkungen interagieren, mehr im Inneren, ionische Wechselwirkungen (z. B. zwischen Arg oder Lys des Antikörpers mit Carboxylgruppen des Antigens) erfolgen an der dem umgebenden Wasser zugewandten Oberfläche.

Eine Bindung eines diskreten Antigen-Epitops an einen Antikörper-Paratop ist also unter dem Blickwinkel der Ausbildung chemischer Bindungen ein Mehrzentren-Mechanismus. Je nachdem, in welcher Anzahl und welcher Intensität diese einzelnen Zentren an der Bindung beteiligt sind, ist die Bindung des Antigens an den Antikörper mehr oder minder fest (vgl. Abb. 12.2).

Die Bindungsfähigkeit eines Antikörpers an ein Antigen unter Bildung eines 1:1-Komplexes wird als Affinität bezeichnet und kann durch eine Dissoziationskonstante K_D charakterisiert werden. In erster Näherung kann diese Konstante K_D mit Hilfe des Massenwirkungsgesetzes (Gl. (12.1)) beschrieben werden:

$$K_D = \frac{[Ag] \cdot [Ak]}{[Ag - Ak]}. \tag{12.1}$$

Die Dissoziationskonstante für AgAk-Komplexe liegt zwischen 10^{-5} und $10^{-12}\,M^{-1}$.

In einem Antiserum, das gegen ein makromolekulares Antigen erzeugt wurde, befinden sich in der Regel viele verschiedene Antikörper, die mit dem Antigen an verschiedenen Epitopen mehr oder minder intensiv binden. Untersucht man nun dieses Antiserum hinsichtlich seiner Reaktionsfähigkeit auf ein bestimmtes Antigen, kann man diese mit dem Terminus Avidität beschreiben. Die Avidität ist als die durchschnittliche Affinität einer spezifischen Antikörperpopulation gegenüber einem Antigen definiert.

Aus dem Umstand, daß ein Antikörper über mehrere Bindungsstellen mehr oder minder gut ein Antigen bindet, folgt, daß Moleküle, die in einigen Molekülabschnitten ähnliche Strukturen aufweisen wie das Antigen, ebenfalls, meist aber schwächer gebunden werden. In diesem Fall spricht man von einer Kreuzreaktivität eines spezifischen Antikörpers mit einem anderen Antigen (diese Kreuzreaktivitäten sind sowohl bei poly- oder monoklonalen Antikörpern als auch bei gentechnisch erzeugten single-chain-Antikörpern, die vorwiegend aus einem V_L- oder V_H-Polypeptid bestehen, zu beobachten).

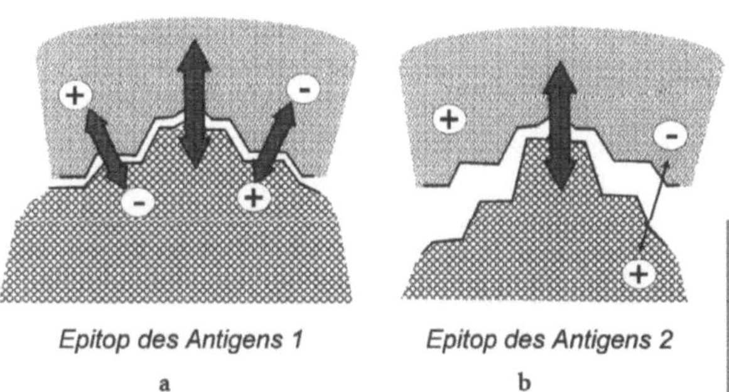

Abb. 12.2. Wechselwirkungen zwischen Antigen und Antikörper. a mehrere enge Kontakte zwischen paßfähigem Epitop 1 und Paratop des Antikörpers, daher z. B. Ionenbindungen möglich; b wenig paßfähiges Epitop 2, daher wenige oder schwache Wechselwirkungen

In der Abb. 12.2 wird versucht, die Mehrzentrenbindung eines Antigen-Epitops an einen Antikörper zu verdeutlichen. Für den tatsächlichen Bindungsverlauf muß man sich jedoch immer vorstellen, daß erstens der Bindungsort ein dreidimensionales Gebilde ist und zweitens die an der Bindung beteiligten Aminosäuren in ihrer räumlichen Lage begrenzt flexibel sind. Ein Antikörper bindet daher nicht an eine Folge von Aminosäuren, sondern an das durch diese Aminosäuren geformte räumliche Gebilde.

An der Ausbildung der chemischen Bindungen zwischen der auf dem Antigen vom Antikörper erkannten Struktur (Epitop) und der Bindungsstelle des Antikörpers (Paratop) sind im wesentlichen ionische, hydrophobe, Dipol-Dipol- und Wasserstoffbrücken-Wechselwirkungen beteiligt.

Aus dem voranstehenden läßt sich ableiten, daß Antikörper nahezu ideale Werkzeuge sind, wenn es gilt, ein Protein, oder allgemeiner: Antigen, selektiv und hochempfindlich zu erfassen. Allerdings gilt auch, daß, je spezifischer ein Antikörper ist, um so weniger kann er verschiedene Proteinspezies erkennen (das läßt sich aber durch die Markierung von Proteinen mit geeigneten Haptenen und die Verwendung Hapten-spezifischer Antikörper umgehen).

In der Proteinanalytik können Antikörper für folgende Zwecke eingesetzt werden:

- quantitative Bestimmungen (Imunoassays, Diffusionstests, Immunelektrophorese),
- qualitative Bestimmungen (Western blot, dot blot, Immunopräzipitation, Immunelektrophorese),
- intrazelluläre und Gewebslokalisation (Immunultrahistologie, Fluoreszenzmikroskopie),
- präparative Methoden (Immunaffinitätschromatographie),
- Epitopmapping.

12.2 Quantitative Proteinbestimmungen

Quantifizierungen der Untersuchungsgegenstände sind die Voraussetzung aller vergleichenden Verfahren in den Naturwissenschaften. In der Proteinanalytik nehmen daher quantitative Methoden eine zentrale Stellung ein. Aber auch hier spiegelt sich die Vielfalt der Proteine wider: die Zahl der quantitativen Analysenmethoden ist Legion.

Leider gibt es bis heute keine universelle, empfindliche Methode, die sowohl für Proteingemische wie für isolierte Proteine, für lösliche wie unlösliche oder membrangebundene gleichermaßen geeignet ist und die von in der Biochemie gebräuchlichen (Puffer)Substanzen nicht gestört wird.

Die angewendeten quantitativen Verfahren kann man folgendermaßen klassifizieren:

- chemische Bestimmung charakteristischer Proteinbestandteile
  - Stickstoffbestimmung
  - Komplexbildung und/oder Redoxverhalten
  - Bestimmung aromatischer Aminosäuren
- Farbstoffadsorption
- Lichtabsorption und -emission
  - UV-Absorptions-Messung
  - Absorptionsmessungen in anderen Wellenlängenbereichen
  - Fluoreszenzmessung
    - Messung der natürlichen Fluoreszenz
    - Messung nach Fluoreszenzmarkierung
- Isotopen-Verfahren
  - stabile Isotope
  - radioaktive Isotope
    - Markierung mittels natürlicher Vorstufen
    - enzymatische Markierung
    - chemische Markierung
- immunchemische Verfahren
  - Immunoassay
  - Radio-Immunoassays
  - Enzym-Immunoassayxs
  - Biosensoren
  - Immunpräzipitation
  - Immunelektrophorese
- biologische Tests
  - *in-vivo*-Tests (Ganztier-, Organtests)
  - *in-vitro*-Test (Tests an Zellen oder Zellbestandteilen)
  - Rezeptorbindungsstudien

In diesem Kapitel sollen vorwiegend die in den beiden ersten Punkten genannten „klassischen" Proteinbestimmungsverfahren diskutiert werden.

Eine der ältesten für Proteinanalytik benutzten Bestimmungsmethoden ist die Stickstoff-Bestimmung nach KJELDAHL. Ihr Vorteil gegenüber anderen Verfahren besteht darin, daß sie keine Anforderungen hinsichtlich der Probe stellt, d.h. es können sowohl lösliche als auch unlösliche Proteine untersucht werden. Nachteilig ist, daß einerseits relativ große Probenmengen (auch für miniaturisierte Vorschriften im mg-Bereich) benötigt werden, daß stickstoffhaltige nicht-proteinogene Verbindungen wie, z.B. Nucleinsäuren, stark stören und daß die Probe unwiderruflich für weitere Untersuchungen verloren ist. Die Nachteile bringen es mit sich, daß die KJELDAHL-Methode im normalen biochemischen Labor kaum eingesetzt wird, sie durchaus aber ihren Wert für Untersuchungen, z.B. in der Lebenmittelchemie, hat, wo die Probenmenge nicht die limitierende Größe darstellt.

Die quantitative Proteinbestimmungsmethode, die wohl am häufigsten benutzt wird, ist die von LOWRY u. Mitarb. entwickelte, die eine Kombination der Komplexierung von Cu^+-Ionen durch die Peptidbindung mit einer Oxidation aromatischer Aminosäurereste mittels des Phenolreagenz nach FOLIN und CIOCALTEU verbindet. Zahlreiche Abänderungen haben erreicht, daß einerseits die Empfindlichkeit gesteigert und die benötigte Menge gesenkt werden konnte. Die prinzipielle Schwäche dieser Methode, daß zahlreiche Substanzen störend wirken, ist aber nicht völlig zu unterdrücken. Besonders bei der Untersuchung von Membranproteinen, die nur in Gegenwart von Detergenzien in Lösung zu halten sind, ist ein besonders hoher Blindwert zu verzeichnen (die Tenside Triton X-100 und NP 40 enthalten Phenylreste, die ebenfalls mit dem FOLIN-Reagens reagieren).

Schnell und relativ empfindlich kann Protein in Lösung nach der BRADFORD-Methode bestimmt werden. Hierbei wird die Verschiebung des Absorptionsmaximums einer Lösung von Acid Blue (Coomassie Brillant Blau, Serva Blau) in Phosphorsäure durch die Adsorption des Farbstoffs an Protein für die Quantifizierung ausgenutzt. Hauptnachteil dieser Methode ist der Umstand, daß die Farbstoffmenge, die sich an Protein bindet, von Proteinspezies zu Proteinspezies sehr unterschiedlich ist und daher, wenn auf ein bestimmtes Standardprotein bezogen wird, erhebliche Abweichungen vom Sollwert auftreten können. In ihrer Empfindlichkeit ist die Methode nach BRADFORD mit der nach LOWRY vergleichbar[1].

Wenn die Proteinprobe oder ein Teil von ihr nicht verloren gehen darf, ist die Messung der UV-Absorption die quantitative Bestimmungsmethode der Wahl, da nach der Analyse die Probe unverändert wieder zur Verfügung steht. Auch ist bei zu hoher oder zu niedriger Proteinkonzentration eine einfache Messung durch Veränderung der Küvetten-Schichtdicke möglich. Nachteilig ist hierbei, daß einerseits die Empfindlichkeit der Methode bei der gebräuchlichsten Meßwellenlänge von 280 nm trotz verbesserter Meßtechnik nicht sehr hoch ist (die Absorptionskoeffizienten für Lösungen mit einer Konzentration von 1 mg Protein pro ml liegen zwischen 0,8 und 2 und betragen nur etwa 10 % der Extinktionen[2] bei 205 bis 215 nm) und anderseits sehr viele Substanzen, seien sie

---

[1] Zur Diskussion verschiedener Proteinbestimmungsmethoden s. a. C.H. SUELTER (1985) A Pracitcal Guide to Enzymology. S. 43 – 46. J. Wiley & Sons, New York.
[2] Zur Definition von Extinktion und Absorption vgl. Abschn. 4.1.3. Häufig wird, besonders in der englischsprachigen Literatur, Absorption synonym für Extinktion verwendet.

Pufferbestandteile oder Überbleibsel aus dem Gewebeaufschluß, ebenfalls zwischen 200 und 280 nm absorbieren und somit zu einem hohen Blindwert führen. Versuche, mit Umrechnungsformeln diesem Nachteil abzuhelfen, sind nicht sehr befriedigend ausgefallen. Trotzdem können sie für Lösungen unbekannter Proteingemische verwendet werden, allerdings treten zwischen den nach den einzelnen Formeln erhaltenen Werten für die gleiche Lösung zum Teil beträchtliche Abweichungen auf, besonders, je einheitlicher eine Proteinlösung ist.

Die Gln. (12.2) bis (12.5) sind solche Umrechnungsformeln für 1-cm-Meßküvetten:

$$c = 1{,}55 \cdot A_{280}^{lcm} - 0{,}76 \cdot A_{260}^{lcm} \qquad [mg/ml] \tag{12.2}$$

$$c = 1{,}45 \cdot A_{280}^{lcm} - 0{,}74 \cdot A_{260}^{lcm} \qquad [mg/ml] \tag{12.3}$$

$$c = \frac{(A_{235}^{lcm} - A_{285}^{lcm})}{2{,}35} \qquad [mg/ml] \tag{12.4}$$

$$c = \frac{27 \cdot (A_{205}^{lcm} + 120 \cdot A_{280}^{lcm})}{A_{205}^{lcm}} \qquad [mg/ml] \tag{12.5}$$

Eine Formel zur genauen Konzentrationsbestimmung einer homogenen Proteinlösung bei bekannter Aminosäurezusammensetzung ist Gl. (4.22) in Abschn. 4.3.4.

Schließlich sei noch darauf hingewiesen, daß die für die Gültigkeit des LAMBERT-BEERschen Gesetzes (Gl. (12.6)), das den grundlegenden Zusammenhang zwischen Lichtabsorption und Stoffkonzentration herstellt, geforderte Linearität zwischen Lichtabsorption und Stoffkonzentration für Proteine oft in einem größeren Konzentrationsbereich nicht aufrecht zu erhalten ist (vgl. Abschn. 4.1.3).

$$E_\lambda = \lg \frac{I_0}{I} = \varepsilon_\lambda \cdot c \cdot d \tag{12.6}$$

mit E_λ - Absorption (eigentl. Extinktion) bei der Wellenlänge λ, I_0 bzw. I – Eingangs- bzw. Ausgangsintensität des Lichts mit der Wellenlänge λ, ε_λ – molarer Absorptionskoeffizient (eigentl. Extinktionskoeffizient) bei der Wellenlänge λ, c – Stoffkonzentration, d – durchstrahlte Schichtdicke

Wenn Proteine spezifische Chromophore, wie die Häm-Gruppe, tragen, können sie gut im Absorptionsbereich dieser Gruppe gemessen werden, da diese Gruppierungen meist relativ hohe molare Absorptionskoeffizienten besitzen.

Fluoreszenzspektroskopische Verfahren, ob nach chemischer Einführung von Fluorochromen (z.B. Fluoram) oder unter Ausnutzung der natürlichen Fluoreszenzeigenschaft von Tryptophan, sind zwar sehr empfindlich, aber

Tabelle 12.3. Vergleich einiger allgemeiner Proteinbestimmungsmethoden

Methode	Empfindlichkeit	Störungen durch
nach KJELDAHL	> 5 mg	N-haltige Vebindungen (Nucleinsäuren, Amine, N-haltige Puffer)
nach LOWRY et al.	0,1 µg – 1500 µg	Tris, Histamin, Imidazol u. ä. Puffer, SH-haltige Verbindungen, Kohlenhydrate, Tenside wie Desoxycholat, Triton X-100, NP-40, K$^+$; ungenügende Linearität im oberen Empfindlichkeitsbereich
nach BRADFORD	1 µg – 1500 µg	große Unterschiede zwischen einzelnen Proteinen; Triton X-100; ungenügende Linearität im oberen Empfindlichkeitsbereich
BCA (Bicinchoninsäure)	0,5 µg – 1500 µg	SH-haltige Verbindungen, Amine, Cu-komplexierende Verbindungen
Fluroam	0,1 µg – 100 µg	primäre Amine (z.B. Tris u. ä. Puffer)
UV-Messung	> 1 µg	Nukleinsäuren, aromatische Aminosäuren, Aromaten oder Heteroaromaten enthaltende Verbindungen

meßtechnisch nicht einfach zu beherrschen und werden auch von zahlreichen Störfaktoren beeinflußt.

Die empfindlichsten Quantifizierungsmethoden für Proteine sind Immunoassays, radioaktive Methoden (z.B. nach Radioiodierung oder nach Inkorporation von ^{35}S-Methionin) oder die Messung von biologischen Aktivitäten (*in vivo* und *in vitro*). Diese Verfahren, die bis in den Femtogramm-Bereich (10^{-15} g) reichen, sind allerdings jeweils nur für ein ganz spezifisches Protein oder Proteine mit zumindest partiell gleichen Eigenschaften (z.B. gemeinsame Domänen oder größere identische Sequenzbereiche) möglich. Sie sind die Methode der Wahl, wenn es um Verlaufskontrollen oder Gehaltsbestimmungen bei präparativen Aufgabenstellungen geht, in denen nur ein einziges Protein beobachtet werden soll.

12.3 Antikörpergewinnung

12.3.1 Immunisierung

Die Erzeugung von Antikörpern im Tier ist ein sehr komplexer biologischer Prozeß, für den es bis heute kein absolut sicheres, allgemeingültiges Versuchsprotokoll gibt. Überspitzt könnte man die Wahrscheinlichkeit, die gewünschten Antikörper zu erhalten, als Produkt aus experimenteller Erfahrung und glücklichen Umständen definieren.

Die meisten Proteine eignen sich so, wie sie sind, d.h. ohne Modifizierungen, als Antigene. Sie werden entweder im Gemisch mit einem Adjuvans (s. u.), das die Immunreaktion im Versuchstier verstärkt, selbst aber kaum immunogen ist, in die Nähe lymphatischer Organe injiziert. Bevorzugte Injektionsorte sind subkutan unter die Rückenhaut oder in periphäre Lymphknoten.

Die zu verabreichende Antigenmenge pro Immunisierung richtet sich nach der Antigenität und dem verwendeten Versuchstier. Für Kaninchen und Mäuse liegt sie meist zwischen 20 und 100 μg. Zu geringe oder zu hohe Antigenmengen können zu einer Toleranz führen, d. h. das Tier produziert nicht nach einer Anfangsphase die gewünschten Antikörper. Weiter ist die Immunantwort innerhalb einer Spezies individuell durchaus verschieden, so daß, da keine Vorhersagen getroffen werden können, mehrere Tiere mit dem gleichen Antigen immunisiert werden sollten, um die Wahrscheinlichkeit zu erhöhen, optimale Antiseren zu erhalten.

Es sollte für eine Versuchsreihe die gleiche Antigen-Charge verwendet werden. Daher ist es günstig, das Antigen vor Beginn aliquotiert einzufrieren, da ein mehrfacher Frost-Tau-Wechsel die Struktur des Antigen bzw. des Hapten-Carrier-Konjugats verändern kann. Selbstverständlich dürfen der Probe auch keine Konservierungsmittel wie Natriumazid oder Merthiolat (Thiomersal) zugeführt werden. Auf jeden Fall ist es empfehlenswert, die Probe steril zu filtrieren und steril abzufüllen.

Ist die Antigenität zu gering, kann man versuchen, durch partielle Denaturierung (z.B. Hitzedenaturierung), Aggregation nach Vernetzung mit bifunktionellen Reagenzien (cross-linker wie z.B. Glutardialdehyd oder Dimethylsuberimidat-hydrochlorid) oder chemische Modifizierung, wie z.B. durch Umsatz mit Dinitrofluorbenzen, die Immunantwort zu verstärken. Bei der Erzeugung polyklonaler Antikörper (Antiseren) ist dabei die Wahrscheinlichkeit hoch, Antikörper zu erhalten, die auch das unmodifizierte Protein erkennen.

Wichtig für eine gute Immunreaktion ist, daß das Antigen den immunkompetenten Zellen möglichst lange präsentiert wird. Das kann man erreichen, indem das Antigen auf ein inertes Material wie Aluminiumoxid oder Kieselgel absorbiert appliziert wird. Auch die Injektion von Antigenen in Polyacrylamid, als Ausschnitt aus der Polyacrylamid-Gelelektrophorese, oder die Implantation von blotting-Membranen nach Western blotting ist erfolgreich praktiziert worden. Dabei ist jedoch zu beachten, daß das Versuchstier nicht zu sehr belastet wird. Reagenzien wie Harnstoff, die zu Entzündungen führen, sind vor der Applikation zu entfernen.

Sollen Peptide zur Gewinnung von Peptid-spezifischen Antikörpern eingesetzt werden, sind diese in der Regel an einen Träger (Carrier) zu koppeln (konjugieren). Als Trägerproteine eignen sich besonders Serumalbumin einer anderen Spezies als der immunisierten oder das Hämocyanin der Napfschnecke *Patella sp.* (*engl.* keyhole limpet hemocyanin, KLH) oder der Weinbergschnecke *Helix pomatia*. Dabei entstehen natürlich auch Antikörper gegen das Trägerprotein, was bei der Testung der Antikörper zu berücksichtigen ist: für den Test sind Konjugate an einen zweiten, immunologisch vom ersten verschiedenen Carrier zu verwenden.

Einige Stoffdaten zu Carrier-Proteinen sind in Tabelle 12.4, allgemeine Angaben zu Kopplungsreaktionen sind in Tabelle 12.5 aufgelistet.

Tabelle 12.4. Häufig verwendete Carrier-Proteine [a]

Protein	Abkürzung	M_r		Anzahl an	
		in kD	$\varepsilon\text{-}NH_2$	SH	Tyr-Resten
Serumalbumin (Rind)	BSA	67	59	35	19
Ovalbumin (Huhn) [b]		43	20	4	10
Myoglobin (Pferd)		17	19	0	3
Tetanus-Toxoid	TT	150	106	10	81
Hämocyanin (Napfschnecke = keyhole limpet) [c]	KLH	> 2000	0,69	0,17	0,7
Hämocyanin (Weinbergschnecke, *Helix pomatia*)		≈ 9000	?	?	?

[a] Angaben nach M.H.V. VAN REGENMORTEL, J.P. BRIAND, S. MULLER, S. PLAUÉ (eds.) (1990) Snythetic polypeptides as antigens, S. 98. Elsevier, Amsterdam.

[b] Glycoprotein, Konjugation auch nach Periodat-Oxidation der Kohlenhydrat-Seitenketten möglich.

[c] Angabe in Resten pro mg Protein.

In Grenzen ist die Bildung der anti-Carrier-Antikörper zu unterdrücken, indem Antikörper gegen den Carrier (z.B. anti-KLH-Antiserum) aus der gleichen Tierspezies zusammen mit dem Antigen bei der Immunisierung gegeben werden.

12.3.2 Polyklonale Antikörper

Ob polyklonale Antiseren erzeugt werden oder ob man versucht, monoklonale Antikörper zu gewinnen, hängt in jedem Fall von der Fragestellung ab. Antiseren haben den Vorteil, daß die Wahrscheinlichkeit, besonders Peptid- bzw. Protein-spezifische Antikörper zu erhalten, die das gesuchte Antigen in Western blots oder Immunoassays erkennen, hoch ist, da im Tier viele verschiedene Antikörper mit unterschiedlichen Affinitäten gegen einzelne Epitope des Antigens gebildet werden. Auch reichen die Mengen an Antiserum, die man aus einem Tier gewinnt, in der Regel für Laborversuche aus. Es ist dabei auch nicht unbedingt erforderlich, eine (immun)affinitätschromatographische Reinigung der Antikörper vorzunehmen, da infolge unterschiedlicher Affinitäten der Antikörper zum am Träger immobilisierten Antigen keine dem Serumgehalt proportionale Bindung und Elution erreicht wird. Auch werden, besonders bei der Elution hochaffiner Antikörper, meist so extreme Elutionsbedingungen notwendig, daß ein unverhältnismäßig großer Anteil der besonders „guten" Antikörper mehr oder minder irreversibel denaturiert werden.

Die Beladungsdichte eines Konjugats kann elegant mit der MALD-Massenspektroskopie (s. Abschn. 3.4) ermittelt werden: Man bestimmt die Molmassen von Carrier, Hapten und Konjugat und berechnet daraus die Anzahl der an den Carrier konjugierten Hapten-Moleküle.

Tabelle 12.5. Auswahl von Verfahren zur Kopplung von Haptenen an Träger bzw. Konjugation von Proteinen

Methode	Aktivierungsreagenz	aktivierbare Gruppe	aktives Intermediat	zu koppelnde Gruppe	Produkt	geeignet
gemischtes Anhydrid	$Cl–CO–O–R^2$	$R^1–COO^-$	$R^1–CO–O–CO–O–R^2$	$R^3–NH_2$	$R^1–CO–NH–R^3$	H–P[a]
Carbodiimid	$R^2–N{=}C{=}N–R^4$	$R^1–COO^-$	$R^1–CO–O–C{=}N–R^2(–NH–R^4)$	$R^3–NH_2$	$R^1–CO–NH–R^3$	H–P
NHS-Ester[b]	(N-Hydroxysuccinimidyl-Carbonat, R^2)	$R^1–CH_2OH$	(Succinimidyl-$N{-}O{-}CO{-}O{-}R^1$)	$R^3–NH_2$	$R^1–O–CO–NH–R^3$	H–P
NHS-Ester	(N-Hydroxysuccinimidyl-Carbonat, R^2)	$R^1–NH_2$	(Succinimidyl-$N{-}O{-}CO{-}NHR^1$)	$R^3–COOH$	$R^1–O–CO–NH–R^3$	H–P, P–P
Maleinimid	(Maleinimid, $R^2–N$)	(R^2)	(Maleinimid, $R^2–N$)	$R^1–SH$	(Succinimid, $R^2–N$, $S–R^1$)	H–P, P–P
Pyridyldisulfid	(Succinimidyl-Pyridyldisulfid, $S–S$-Pyridyl)	$R^1–SH$	(Succinimidyl-$N{-}O{-}CO$, $S–S–R^1$)	$R^3–NH_2$	($R^2NH–CO$, $S–S–R^1$)	P–P, H–P

[a] H–P, Hapten-Protein-Konjugat; P–P, Protein-Protein-Konjugat.
[b] NHS: *N*-Hydroxysuccinimid.

TRAUTs Reagenz	[2-iminothiolane · HCl]	R^1-NH_2	$HS-(CH_2)_3-C(=NH)-NH-R^1$	R^2-COCH_2Cl	$R^2-COCH_2-S-(CH_2)_3-C(=NH)-NH-R^1$	H–P
Diazo	HNO_2	$R^2-C_6H_4-NH_2$	$R^2-C_6H_4-N_2$	$R^1-C_6H_4-OH$	[azo dye structure]	H–P
Glutaraldehyd	$OCH-(CH_2)_3-CHO$	R^2-NH_2	$R^2-N=CH-(CH_2)_3-CHO$	R^3-NH_2	$R^2-N=CH-(CH_2)_3-CH=N-R^3$	P–P, H–P
Periodat	HIO_4	[glycoside structure]	[dialdehyde structure]	R^3-NH_2	[Schiff base structure]	P–P, H–P
Hydroxam		$R^1-CH=O$		R^2-NHOH	$R^1-CH=N-R^2$	H–P

Um die Immunantwort im Tier zu verstärken, werden in der Regel die Antigenlösungen mit Hilfsstoffen, den Adjuvantien, gemischt und in dieser Form injiziert. Manche Carrier-Hapten-Komplexe wie KLH-Konjugate sind allein schon immunogen genug, so daß auf ein Adjuvans verzichtet werden kann.

Als gebräuchliche Adjuvantien sind N-Acetylglucosaminyl-N-acetylmuraminyl-L-alanyl-D-isoglutamin (GMDP, GERBU Adjuvant) oder synthetische Copolymere (z. B. TiterMax, Vaxcel Inc.) o. ä. zu nennen (Details s. weiterführende Literatur)[3].

Welche Tierspezies zur Immunisierung verwendet wird, hängt, neben Kostengründen, sowohl von der benötigten Menge Antiserum als auch von Faktoren ab, die häufig erst im Verlauf der Untersuchungen bekannt werden. Zum Beispiel können bei immunhistochemischen Untersuchungen, bei denen man in der Regel mit relativ geringen Antikörperverdünnungen arbeitet und die an Zellen oder Gewebeschnitten durchgeführt werden, speziesabhängig unspezifische Adsorptionen auftreten, die entweder ein falsch-positives Ergebnis liefern oder die eine Auswertung wegen eines hohen Untergrundsignals stark erschweren. In solchen Fällen müssen neue (primäre) Antikörper in einer anderen Tierart erzeugt werden. So können anstelle von Kaninchen Meerschweinchen oder Hühner immunisiert werden. Besonders letztere sind recht interessante Antikörperproduzenten, da einerseits das von ihnen gebildete IgY (Hühner-IgA, M_r 180 000, Konzentration ca. 50–100 mg/Ei, Anteil an spezifischem Antikörper 2–10 %) in Säugetier-Systemen nur selten störende Interferenzen zeigt und anderseits die Antikörper unblutig aus den Eidottern isoliert werden. Die Mengen an spezifischen Antikörpern, die aus Hühnereiern gewonnen werden können, sind denen aus Kaninchenserum vergleichbar. Wahrscheinlich bedingt durch die evolutionäre Distanz ist es auch möglich, aus Dotter Antikörper gegen Proteine zu isolieren, die im Säugetier-System wegen ihrer stark konservativen Aminosäuresequenz nur schlechte Antigene sind.

Die Bildung von Antikörpern ist ein zeitaufwendiger Prozeß. Oft erhält man ein sehr gutes Antiserum einige Tage nach einer Booster-Injektion, die zehn oder mehr Wochen bis Monate nach der Erstimmunisierung vorgenommen wird. Als Richtschnur kann man bei der Immunisierung von Kaninchen folgendes Protokoll anwenden:

1. Tag   Abnahme von Präimmunserum (als Kontrolle) in 1. Immunisierung
14. Tag   1. Booster-Immunisierung (ca. 2/3 der 1. Antigenmenge)
28. Tag   2. Booster-Immunisierung (ca. 2/3 der 1. Antigenmenge)
35. Tag   1. Antiserum-Abnahme
56. Tag   3. Booster-Immunisierung (Antigenmenge der 1. Immunsierung)
63. Tag   2. Antiserum-Abnahme

---

[3] Das in der Vergangenheit oft eingesetzte komplette bzw. inkomplette FREUNDsche Adjuvans sollte nicht mehr benutzt werden, da es zu schweren gesundheitlichen Schäden für das Versuchstier führt.

Bei der Verwendung von synthetischen Peptiden als Haptene kann auch das Peptid am (speziellen) Syntheseharz als Konjugat ohne Adjuvanszusatz zur Immunisierung verwendet werden.

Selbstverständlich kann man ab dem 7. Tag alle zwei Tage etwas Blut entnehmen, um eine Verlaufskontrolle der Titerentwicklung vorzunehmen (der Titer ist die Antiserum-Verdünnung, bei der noch eine deutliche Nachweisreaktion von spezifischen Antikörpern erfolgt und damit vom jeweiligen Testsystem abhängig), doch meist ist dies für die Gewinnung von polyklonalen Antiseren nicht erforderlich, man erhält hochtitrige Antiseren, deren Antikörper vorwiegend zur IgG-Klasse gehören.

Eine Verlaufskontrolle der Titerentwicklung sollte auch vorgenommen werden, wenn monoklonale Antikörper gewonnen werden sollen, um die Milz zu dem optimalen Zeitpunkt zu entnehmen, zu dem eine besonders große Anzahl spezifische Antikörper produzierende, fusionsfähige Lymphozyten in diesem Organ lokalisiert sind. Als Faustregel gilt, daß der günstigste Entnahmezeitraum 3 bis 4 Tage nach der Booster-Injektion liegt, während das Maximum des Serumgehalts an spezifischen Antikörpern etwa 7 bis 10 Tage nach der Injektion erreicht wird.

Zur Antiserum-Gewinnung wird das Blut ohne Zusatz von anderen Stoffen aufgefangen, etwa fünf Minuten mit einem Glasstab gerührt und dann 1 Stunde bei Raumtemperatur stehengelassen. Es bildet sich dabei ein Blutkuchen, der das Serum absondert. Dieses wird dekantiert, mit etwa $2000 \cdot g$ zentrifugiert, portioniert, Schock-gefroren und bei mindestens $-20\,°C$ gelagert. Die Antiserumportionen sollten so dimensioniert werden, daß sie möglichst nur für einen Test genommen werden müssen, da wiederholtes Auftauen und Einfrieren zu Antikörper-Aggregaten führen, die einerseits den Titer senken und anderseits, weil sie auf Blots oder in Mikrotestplatten schwerer auszuwaschen sind, leicht zu falsch-positiven Signalen führen.

12.3.3 Monoklonale Antikörper

Monoklonale Antikörper (mAk, *engl.* monoclonal antibody, mAB) sind, im Gegensatz zu polyklonalen Antiseren (die als Mischung von monoklonalen Antikörpern in unbekannten Verhältnissen aufzufassen sind), gegen ein einziges Epitop eines Antigens gerichtet. Damit besitzen sie, von möglichen Kreuzreaktivitäten mit sehr ähnlichen anderen Epitopen abgesehen, eine extrem hohe Selektivität. Allerdings ist aufgrund der Selektionsmethodik nicht immer gewährleistet, daß man Klone vermehrt, die Antikörper mit sehr hohen Assoziationskonstanten produzieren.

Durch den Einsatz eines einzigen Antikörper-Idiotyps ist die Untersuchungen von Antikörper-induzierten Reaktionen möglich, die mit Antiseren nicht immer meßbar sind, weil dort die entscheidende Antikörperpopulation in zu geringer Menge vertreten sein kann.

mAk gegen ein bestimmtes Antigen sind immer dann unverzichtbar, wenn entweder eine ganz besonders homogene Antikörperpopulation für standardisierte Tests benötigt wird oder streng definierte Epitope auf dem Antigen erfaßt werden sollen, was mit Antiseren wegen eines unvertretbar hohen Aufwands an verlustreichen Reinigungsoperationen kaum möglich ist.

Tabelle 12.6. Vergleich zwischen polyklonalen (pAk) und monoklonalen (mAk) Antikörpern

geeignet für:	pAk	mAk	mAk-Gemisch[a]
Immunoblots	gut	mAk-abhängig	gut
Ligand in der Immun-Affinitätschromatographie	mäßig	mAk-abhängig	mäßig
Immunoassay mit			
markiertem Antikörper	schwierig[b]	gut	sehr gut
markiertem Antigen	gut	mAk-abhängig, meist sehr gut	sehr gut
Immunopräzipitation	gut	mäßig	gut
Immunhistochemie	gut	mAk-abhängig, meist sehr gut	sehr gut

[a] gegen ein und dasselbe Antigen gerichtete mAk verschiedener Klone.
[b] wenn die pAk gegen den Analyten gerichten sind.

Monoklonale Antikörper haben gegenüber Antiseren den Vorteil, daß ihre Produktion theoretisch unerschöpflich ist, während die Immunoglobulin-Zusammensetzung von Antiseren sich selbst bei Verwendung des gleichen Tieres, erst recht natürlich bei der Immunisierung verschiedener Individuen, ständig ändert.

Ein Vergleich zwischen mAk und Antiseren ist in Tabelle 12.6 gegeben.

Bei der Gewinnung monoklonaler Antikörper ist, wie bereits angeführt, der erste Schritt auch die Immunisierung eines Tieres, meist einer Maus. Aus ihm werden die Immunoglobulin-bildenden, weitgehend ausdifferenzierten und selbst nicht unbegrenzt lebensfähigen Lymphozyten gewonnen und mit einer immortalen, teilungsfähigen Zellinie fusioniert. Anschließend wird durch eine entsprechende Wahl der Kulturbedingungen erreicht, daß nur die Zellen überleben, die genetische Eigenschaften beider Elternzellen besitzen. Der Vorgang ist schematisch in Abb. 12.3 dargestellt.

Die überlebensfähigen Hybridzellen werden vermehrt, vereinzelt und wieder vermehrt. In den Überständen wird dann auf die interessierenden Antikörper geprüft. Die positiven Zellpopulationen werden dann wieder Vereinzelungs- und Vermehrungsschritten unterworfen, bis man eine Zellpopulation erhält, die nur noch aus einer genetisch einheitlichen Zellmenge, einem Klon, besteht. Dieser Zellklon wird dann vermehrt und zur Antikörperproduktion ausgenutzt. Die erhaltenen monoklonalen Antikörper werden aufgereinigt, in der Regel durch Affinitätschromatographie an Protein A oder durch Hydroxyapatit-Chromatographie (s. Abschn. 12.4), und hinsichtlich Bindungseigenschaften und Immunoglobulin-Klasse bzw. -Subklasse charakterisiert und stellen einen weitestgehend einheitlichen Proteinpool dar, der mittels klassen- und subklassenspezifischer Antikörper typisiert wird.

mAK sind gegen ein einziges Epitop des jeweiligen Antigens gerichtet, Kreuzreaktivitäten mit ähnlichen Epitopen anderer Antigene sind aber möglich (vgl. Antikörperentstehung Abschn. 12.1). Der Umstand, daß ein (monomeres) Protein-Antigen oft nur ein vom mAk erkanntes Epitop besitzt, verhindert trotz des Vorliegens von zwei identischen Bindungsstellen im mAk die

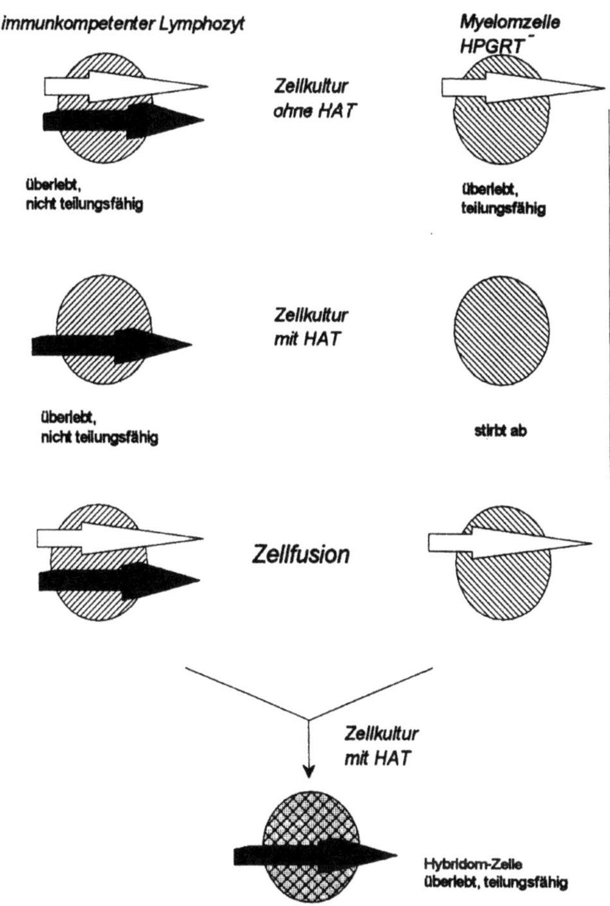

Abb. 12.3. Schema der Zellselektionierung zur Gewinnung von monoklonalen Antikörpern. HAT – Zellmedium mit Hypoxanthin, Aminopterin und Thymidin, HPRT⁻ – Zelle, der das Enzym Hypoxanthin-Guanin-Phosphoribosyltransferase fehlt

Bildung vernetzter Aggregate, so daß mAk nicht zur Bildung von Präzipitaten befähigt sind.

12.3.4. Phagen-Display-Technik

Diese Technik beruht auf der Möglichkeit, mittels rekombinanter DNA funktionstüchtige Fab-Fragmente in Prokaryonten (z. B. *Escherichia coli*) und einigen ihrer Bakteriophagen zu exprimieren. Man kann dabei sowohl von DNA-Banken aus B-Lymphozyten nach erfolgter Immunisierung mit einem bestimmten Antigen ausgehen als auch von Genbanken, die alle Gene für die variablen Anteile der leichten und schweren Immunoglobulin-Ketten enthalten, da im Pool der B-Lymphozyten alle Kombinationen, die für die Bindung eines Antigens notwendig sind, als Voraussetzung für eine Immunantwort vorhanden sind. Vor allem durch letzteren Umstand ist es prinzipiell möglich, Einzelketten-Fragmente (V_L oder V_H), aber auch Fab-Fragmente ohne vorhergehende Immunisierung von Tieren zu erhalten, was sowohl aus immunologischer Sicht als auch hinsichtlich der Reduzierung von Tierversuchen sehr interessant ist, da so Antikörper aufgespürt werden können, deren Antigene nicht zu Immunisierungen geeignet sind.

Die Vorgehensweise bei der Generierung von Phagen, die Fab-Fragmente in ihren Hüllproteinen präsentieren, ist in Abb. 12.4 schematisch aufgezeigt. Unter den *Coli*-Phagen werden die filamentösen Phagen der M13-Gruppe verwendet.

Die CDR-enthaltenden Gene der leichten bzw. schweren Ketten werden durch ein einem Linker-Peptid entsprechendes Oligonucleotid verbunden und mittels der Polymerase-Kettenreaktion (PCR) amplifiziert. Die Aufgabe dieses Linkers besteht darin, eine korrekte Faltung und Zusammenlagerung der variablen L- und H-Kettenanteile unter Ausbildung eines Paratops zu ermöglichen. Dann wird das Konstrukt mit einem Phagemid-Vektor in das Phagengenom eingeschleust.

Durch weitere Manipulation des Phagengenoms und/oder unter Mitwirkung von Helferphagen werden die Wirtsbakterien infiziert. Während der Reifung des Phagen werden dann auch die Fab-Fragmente als Fusionsproteine mit Phagen-Hüllproteinen auf dem Phagen exprimiert und können mit einem Pla-

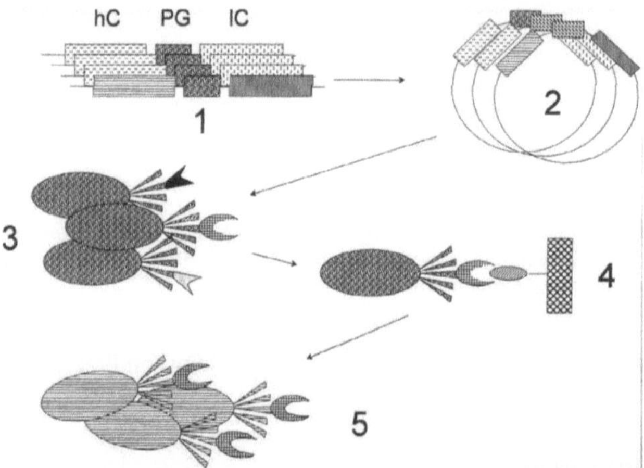

Abb. 12.4. Prinzip der Phagen-Display-Technik. 1 – Insertion der schweren-Ig-Ketten- (hC-) und leichte-Ig-Ketten-(lC-)cDNA in das Phagen-Genom; 2 – Konstruktion eines Phagemid-Oberflächen-Expressionsvektor; 3 – Infektion der Bakterien mit Expression und Komplettierung der Phagen (Phagen-Oberflächenfilamente tragen Immunoglobulin-CDR's); 4 – Screening auf gesuchtes Paratop; 5 – Vermehrung der Phagen mit den gewünschten Antikörper-Eigenschaften

que-Test unter Verwendung eines radioaktiv oder ähnlich sensitiv markierten Antigens detektiert und an immobilisiertem Antigen angereichert werden. Die Fusion, Expression und korrekte Faltung nach der Translation kann auch mit Peptid-spezifische Antikörpern kontrolliert werden.

Da die Plaque-Tests die Identifizierung und damit Klonierung von bis zu 10^3 Klonen (insgesamt 10^8 bis 10^9 Klone) mehr als die Hybridom-Technik bei vertretbarem Aufwand erlauben und die Bakterien/Phagen-Vermehrung einfacher ist als die der Hybridome, kann so eine effektivere und empfindlichere Suche nach und Isolierung von entsprechenden Fab-Fragmenten erfolgen.

Durch analoge Techniken ist es auch möglich, Fab-enthaltende Fusionsproteine auf der Bakterienmembran zu exprimieren und so leichter, z. B. nach Reaktion mit einem fluoreszenzmarkierten Antigen in einem Zellsorter (*engl.* fluorescence activated cell sorter, FACS), zu identifizieren und zu selektieren. Das Hauptproblem bei dieser Vorgehensweise besteht allerdings in der doppelten Bakterienhülle, deren äußere Hülle Fusionsproteine oft nicht durchdringen können.

12.4 Antikörper-Reinigung und -Fragmentierung

Die gebräuchlichsten Reinigungsmethoden für Antikörper sind die Ammoniumsulfat-Fällung, Gelfiltration (Gelpermeationschromatographie, GPC), Hydroxyapatit-, (Immun)Affinitätschromatographie (IAC) und die als Pseudo-Affinitätschromatographie bezeichnete thiophile Chromatographie (s. Abschn. 2.4).

Bei der Verwendung von Antiseren ist meist eine sorgfältige Ammonsulfatfraktionierung als Reinigungsoperation ausreichend (vgl. Tabelle 12.7). Bei ihr

Tabelle 12.7. Ammoniumsulfatfraktionierung von Seren verschiedener Spezies (Angabe in % Sättigung bei Raumtemperatur)

Spezies	% Ammoniumsulfatsättigung bei Raumtemperatur			
	1. Fällung	2. Fällung[a]	3. Fällung[a]	% Ig im präzipit. Protein
Hamster	35	35	35	68
Huhn	35	35	35	73
Kaninchen	35	35	35	91
Katze	35	35	30	71
Maus	40	40	35	75
Meerschweinchen	40	40	35	74
Pferd	30	30	30	45
Schaf	35	35	35	84
Schwein	35	35	35	72
Ziege	45	30	–	83

[a] aus der vorhergehenden Fällung resultierende Ammoniumsulfat-Menge des Niederschlags berücksichtigen.
Angaben nach: G. L. Jones, G. A. Hebert, W. B. Cherry (1978) Fluorescent Antibody Techniques and Bacterial Applications. H. E. W. Publishers, Atlanta.

werden störende Serumproteine weitgehend eliminiert, Immunglobulinaggre-
gate können leicht durch Zentrifugation entfernt werden.

Antikörperfragmente werden nach enzymatischer Spaltung (s. u.) von nie-
dermolekularen Bruchstücken durch Gelfiltration, z.B. an Sephadex G-100 (die
F(ab')$_2$-Fragmente erscheinen zu Beginn der Elution), durch Ionenaustausch-
chromatographie an einem DEAE-Träger (Maus-IgG) oder CM-Träger (Kaninchen-IgG) oder durch Affinitätschromatographie an einem Protein-A-Träger (Fab- und F(ab')$_2$-Fragmente im Durchlauf, Fc- und Fc'-Bruchstücke werden gebunden) befreit und können anschließend durch Ultrafiltration
konzentriert werden.

Monoklonale Antikörper werden aus der Kulturflüssigkeit nach Ammon-
sulfatpräzipitation und Entsalzung an Sephadex G-10 durch Affinitätschromatographie an einem Protein-A-oder Protein-G-Träger, durch Ionenaustausch an z.B. MonoQ (Anionenaustauscher) oder MonoS (Kationenaustauscher), durch Chromatographie an Hydroxyapatit (Kationenaustauscher
mit speziellen Bindungseigenschaften) oder mittels thiophiler Chromatographie gereinigt. Welches Verfahren angewandt wird, hängt neben der Ausrüstung von der mAk-Subklasse ab. So lassen sich z.B. Maus-IgG1 gut an Anio-
nen- oder Kationenaustauschern isolieren. Durch die relativ milde Elution
mit NaCl in schwach alkalischen (20 mM Bistrispropan, pH 9.5) bzw. sauren
(50 mM MES, pH 6.0) Bereich kommt es kaum zu Verlusten an aktiven Antikörpern.

Etwas diffiziler ist die Affinitätschromatographie an den mikrobiellen Fc-
Bindungsproteinen Protein A bzw. G wegen der energischeren Elutionsbedingungen (Protein-A-Träger, z.B. 100 mM Citrat/Citronensäure-Puffer pH
5.0, Protein-G-Träger, z.B. 100 mM Glycin-HCl-Puffer pH 2.7). Die größten
Probleme treten bei der eigentlichen Immunaffinitätschromatographie auf
(s.a. Abschn. 12.9), da hierbei die Elution in der Regel durch partielle Denaturierung, die zu Ausbeuteverlusten führen kann, erfolgen muß. Auch sollte
man nicht übergroße Erwartungen an die theoretisch 100%ige Selektivität
richten, da auch bei einem hochspezifischen immobilisierten Liganden durch
unspezifische Wechselwirkungen mit dem Träger und schon gebundenen Antikörpern meist keine vollständige Reinigung in einem Schritt erzielt werden
kann.

Gereinigte Antikörper sollten durch Dialyse gegen phosphatgepufferte
Kochsalzlösung (PBS) oder Umpufferung an Sephadex G-10 in eine physiologische Lösung überführt, durch Ultrafiltration aufkonzentriert und bei mindestens –20°C gelagert werden. Es hat sich als günstig erwiesen, die Antikör-
perfraktionen 1:1 mit Glycerol zu mischen, da diese etwa 50%ige Glycerol-
lösung nicht einfriert und Verluste durch mehrfaches Einfrieren und Auftauen
vermieden werden.

Enzymatische Antikörperspaltungen werden meist zur Gewinnung von Fab-
und F(ab')$_2$-Fragmenten eingesetzt. Diese Fragmente enthalten den Immuno-
globulin-Molekülteil, der für proteinanalytisch-immunchemische Prozesse relevant ist, d.h. das (im Fall Fab) bzw. die (im Fall F(ab')$_2$) antigenbinden-
dende(n) Paratop(e). Die Verkürzung des Immunoglobulin-Moleküls auf diese

Abschnitte hat den Vorteil, daß weitere Molekülteile, die zu unspezifischen (adsorptiven) oder spezifischen (z. B. mit Fc-Rezeptoren) Interaktionen in der Lage sind, nicht störend im immunchemischen Prozeß wirken. Durch die erhebliche Verringerung der Molekülgröße werden auch Diffusions- und Permeationsprozesse erheblich erleichtert.

Zur Fragmentierung von Immunoglobulinen werden Papain (im Falle von IgM auch Trypsin) (ergibt Fab) oder Pepsin (ergibt F(ab')$_2$) verwendet. Für eine leichtere Handhabbarkeit der Proteasen emfiehlt es sich, diese Enzyme immobilisiert an einem Trägermaterial einzusetzten. So lassen sich die Enzyme schnell und vollständig nach der Inkubation (s. Tabelle 12.8b) von den Immunoglobulinen durch Filtration oder Zentrifugation abtrennen.

Die Fragmente können ebenso wie die Gesamtmoleküle markiert und in Blots, Immunoassays, für Immunhistochemie u.a.m. eingesetzt werden. Da aber die enzymatische Spaltung auch zu Verlusten an Antigenbindungsstellen führt, sollte besonders bei kleinen Mengen hochreiner Antikörper sorgfältig abgewogen werden, ob die oben erwähnten Verbesserungen den Verlust kompensieren.

Tabelle 12.8. Immunoglobulin-Fragmente nach enzymatischer Spaltung

a) IgM-Spaltung

Spezies	Fragmentierung mit Trypsin bei 55 °C[a] Enzym:Substrat 1:100	Fragmentierung mit Trypsin bei 25 °C[b] Enzym:Substrat 1:50	Fragmentierung mit Pepsin bei 37 °C[c] Enzym:Substrat 1:100
Kaninchen			Fab, F(ab')$_2$, Fc$_5$
Maus	Fab, F(ab')$_2$	Fab, F(ab')$_2$, Fc$^*_5$, Fc$_5$	F(ab')$_2$, Fab
Mensch	Fab, Fc$_5$	Fab, Fc$^*_5$, Fc$_5$	F(ab')$_2$, Fab
Rind	Fab, Fc$_5$	Fab, Fc$_5$	Fab, Fc$_5$
Schaf	Fab	Fab, Fc$_5$	
Schwein	Fab, Fc$_5$	Fab, Fc$_5$	Fab, Fc$_5$

[a] 100 mM Tris · HCl pH 8.3, 200 mM NaCl, 10 mM CaCl$_2$;
[b] 200 mM Tris · HCl pH 8.0, 400 mM NaCl, 4–6 M Harnstoff;
[c] 100 mM Na-acetat/Essigsäure pH 4.6, 200 mM NaCl.
Daten aus: Pierce-Instructions „ImmunoPure IgM Fragmentation Kit".

b) IgG-Spaltung

Enzym	pH	Temperatur	Zeit	Fragmente
Pepsin	4.5	37°	8–2 h	F(ab')$_2$, Fab', Fc'
	3.5	37°	12–24 h	F(ab')$_2$, Fab', Fc'
Papain	8.0	37°	4 h	Fab, Fc
	5.5	37°	8–12 h	Fab, Fc

12.5 Bispezifische Antikörper

Ein normales Antikörpermolekül ist monospezifisch, d.h. seine Paratope sind gegen *ein* Epitop *eines* Antigens gerichtet, bivalent (mit Ausnahme des IgA und IgM), d.h. es besitzt zwei identische Antigenbindungsorte, und es ist multifunktionell, d.h. es enthält verschiedene Molekülbereiche, die zu spezifischen Wechselwirkungen mit unterschiedlichen Komponenten des Immunsystems befähigt sind, und es kann selbst als Antigen wirken, wobei vielfältige Molekülabschnitte als Epitope fungieren können (z.B. können Antikörper gegen das Paratop 1, die Antigen-Bindungsstelle des Antikörper 1 (Ak 1), erzeugt werden). Man erhält so anti-idiotypische Antikörper (Ak 2), deren Paratop am Paratop (jetzt zum Epitop geworden) des Ak 1 bindet und in einer Konkurrenzreaktion eine Wechselwirkung des ursprünglichen Antigens mit dem Ak 1 verhindert. Dabei können auch solche Ak 2 entstehen, die einer „Positivkopie" des Epitops des ursprünglichen Antigens entsprechen und die in biologischen Systemen wie das ursprüngliche Antigen wirken.

Für verschiedene Anwendungen ist es wünschenswert, Antikörper zu erhalten, deren Fab-Fragmente Bindungsstellen für unterschiedliche, verschiedenartige Antigene sind. Drei Hauptanwendungen für solche bispezifische Antikörper sind zur Zeit im Gespräch:

- bispezifische Antikörper für Immunoassays, die einerseits den Analyten und anderseits das Markerenzym binden, um so die Dauer eines Immunoassays zu verkürzen (gleichzeitige Durchführung der verschiedenen Inkubationsschritte, Reduzierung der Waschschritte);
- bispezifische Antikörper zur (selektiven) Immobilisierung von Biomolekülen, z.B. in Immunosensoren;
- bispezifische Antikörper zum Cell-targeting, z.B. zum Antikörper-vermittelten Kontakt zwischen einer Krebszelle und einer Feßzelle mit dem Ziel, die Immuntoleranz der Krebszelle zu überwinden;
- bispezifische Antikörper zum Drug-targeting, d.h. zum gezielten Transport von Wirkstoffen (Therapeutika) an diskrete Zelltypen (ein Paratop ist z.B. gegen ein Zelloberflächenantigen einer Tumorzelle gerichtet, das andere bindet den Wirkstoff).

Bispezifische Antikörper lassen sich nun entweder chemisch erzeugen, indem Fab-Fragmente unterschiedlicher Antikörper kovalent, z.B. durch Ausbildung von Disulfid-Brücken, miteinander verknüpft werden. Dabei beträgt die theoretische Ausbeute an bispezifischen Antikörpern jedoch nur etwa 33%.

Die Variante zur Erzielung höherer Ausbeuten, die jedoch technisch viel schwieriger zu realisieren ist, ist die gentechnische, bei der entweder die Gene für die variablen Abschnitte der leichten und schweren Kette des Antikörpers A und des Antikörpers B gemeinsam in einer Hybridomzelle zur Expression gebracht werden oder durch eine erneute Fusion der den monoklonalen Antikörper A mit der den monoklonalen Antikörper B produzierenden Myelomzelle. Die so entstandene Zelle, die u.a. den gewünschten bispezifischen Antikörper produziert, wird als Hybrid-Hybridom- oder Quadrom-Zelle bezeichnet.

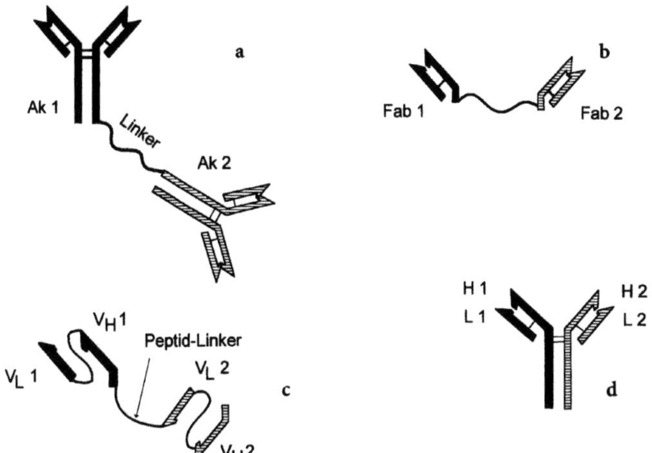

Abb. 12.5. Schema der Erzeugung bispezifischer Antikörper. **a** kovalente Verknüpfung von Antikörper 1 (Ak 1) und 2 (Ak 2) über einen Linker (Disulfidbrücke oder bivalenter cross-linker; **b** kovalente Verknüpfung von Fab 1 mit Fab 2; **c** gentechnisch erzeugtes Polypeptid, das die Sequenzen von V_H 1, V_L 1, V_H 2 und V_L 2 enthält, die durch ein kurzes Linker-Peptid verbunden sind; **d** bispezifischer Antikörper, entweder erhalten aus der kovalenten Verknüpfung von jeweils „halben" Antikörper 1 (schwere Kette H 1 und leichte Kette L 1) und 2 (H 2 und L 2) oder durch Koexpression der jeweiligen Gene in einer Hybrid-Hybridomzelle (Quadromzelle)

Die Verwendung von Fab-Fragmenten auch für die Erzeugung bispezifischer Antikörper hat den Vorteil, daß *in vitro* unerwünschte Wechselwirkungen mit dem Fc-Teil nicht auftreten können und *in vivo* über diesen Molekülteil gesteuerte immunologische Prozesse verhindert werden.

Die folgende Abb. 12.5 soll die unterschiedlichen Möglichkeiten zur Erzeugung bispezifischer Antikörper illustrieren.

Gentechnisch sind bispezifische Fab-Fragmente auch durch die Isolation der Genabschnitte der variablen Bereiche des Antikörpers 1 bzw. 2, deren Verknüpfung durch Oligonucleotide, die verbindenden, aber nicht zur Antigen-Antikörper-Wechselwirkung beitragenden Peptiden (Peptid-Linker od. -Spacer) entsprechen und anschließende Expression in einem geeigneten Wirtssystem (z. B. *Escherichia coli*).

12.6. Immunoblotting-Techniken

Der Nachweis eines Proteins (Antigens) in Blots kann auf unterschiedliche Weise erfolgen (s. Abschn. 11.5.). Die häufigste Methode ist eine immunchemische, bei der in der Regel ein Elektrotransfer des Antigens aus einem PAGE-Gel (Western blot) erfolgt, dem sich dann einem heterogenen Immunoassay mit an die feste Phase gebundenem Antigen (vgl. Abb. 12.6a in Abschn. 12.7.1) analoge Reaktionsschritte anschließen. Selbstverständlich kann eine Antigenlösung auch direkt auf die Trägermembran aufgetragen werden (dot blot), die weitere Vorgehensweise ist dann dem Western blot analog. Diese immunchemischen Nachweisverfahren zeichnen sich durch hohe Selektivität und hohe Sensitivität aus, ihre wesentlichsten Limitierungen werden durch die Qualität des verwendeten Antiserums bzw. der Antikörper und der Reagenzien für die Indikatorreaktion wie, z. B. Enzymkonjugate, gesetzt.

Wird zur Detektion ein Enzym-Antikörper-Konjugat verwendet, kann entweder eine Farbreaktion durchgeführt oder die oft empfindlichere Chemolumineszenz genutzt werden. Nachstehende Tabelle 12.9 listet eine Auswahl von Nachweissystemen auf.

Farbgebende Substrate für Immunoblots unterscheiden sich von den für Enzymimmunoassays verwendeten dadurch, daß sie wasserunlösliche Reaktionsprodukte liefern, die am Ort ihrer Entstehung fixiert bleiben.

Selbstverständlich können auch andere immunchemische Nachweisverfahren verwendet werden: [125]Iod-, Biotin- oder Gold-markierter 2. Antikörper oder entsprechend markiertes Protein A oder Protein G.

Wenn immunchemische Nachweisverfahren eingesetzt werden, können zum Teil überraschende Effekte auftreten. Wurde beispielsweise ein Antikörper gegen ein natives Protein gewonnen, kann er für den Nachweis in Western blots versagen, denn durch die mehr oder weniger starke Denaturierung in der (SDS-)Elektrophorese kann das Epitop so stark verändert worden sein, daß es praktisch nicht mehr vom Paratop des Antikörpers erkannt und gebunden werden kann. Analoges gilt für peptidspezifische Antikörper, denn die dreidimen-

Tabelle 12.9. Markerenzyme für Immunoblots und ihre gebräuchlichsten Substrate (Enzymkurzbezeichnungen s. Tabelle 12.12)

Enzym	farbgebendes Substrat	luminiszierendes Substrat
HRP	4,4'-Diaminobenzidin/H_2O_2 (unlösl.)[a] 4-Chlornaphthol/H_2O_2 (unlösl.) o-Phenylendiamin/H_2O_2 (lös.) 2,2'-Azino-di-[3-ethylbenzthiazolin-sulfonat-(6)] (ABTS)/H_2O_2 (lös.)	Luminol/H_2O_2[b]
AP	5-Brom-4-chlor-3-indoylphosphat (BCI, X-Phosphat)/Nitroblautetrazolium (NBT) (unlösl.)	3-(4-Methoxyspiro{1,2-dioxethan-3,2'-(5'-chlor)tricyclo[3.3.1.1^{3,7}]decan}-4-yl)-phenylphosphat (CSPD)[c]
	p-Nitrophenylphosphat (lös.)	3-(2'-Spiroadamantan)-4-methoxy-4-(3"-phosphoryloxy)-phenyl-1,2-dioxethan (AMPPD)[c]

[a] unlösl. – unlösliches Produkt (für Blots, Immunhistochemie u. ä.), lös. – lösliches Produkt (für Enzymimmunoassays).
[b] z. B. ECL (Amersham).
[c] z. B. Rad-Free (Schleicher & Schuell), Western-Light (Serva-Tropix).

sionale Struktur des Peptids in Lösung in einer proteinreichen Flüssigkeit (der Lymphe bzw. dem Blut beim Antigenkontakt im Versuchstier) kann durchaus anders sein als in einem praktisch proteinfreien Puffer[4]. Ebenso kann die dem Peptid zugrundeliegende Aminosäuresequenz im nativen und/oder im denaturierten Protein von der entsprechenden Struktur auf der Transfermembran verschieden sein. Ferner können, besonders bei der Verwendung von Antiseren, auf dem Blot Kreuzreaktivitäten auftauchen, die mit anderen Verfahren, bei denen die Reaktionspartner in ihrer ursprünglichen Struktur vorlagen, nicht nachgewiesen wurden. Diese Probleme kann man teilweise dadurch überwinden, daß man z.B. zu nichtdenaturierenden Elektrophoresesystemen oder anderen Transfermaterialien wechselt. Schließlich kann durch ein zu intensives Blocken oder durch die Verwendung eines weniger geeigneten Blockierungsreagens das Antigen mehr oder weniger maskiert werden, was sich in ungewöhnlich schwachen (Farb)Signalen äußert. In diesen Fällen sollte von der Standardvorschrift abgewichen und eine weniger konzentrierte Blockierungslösung, ein anderes Blockierungsreagens oder kürzere Blockierungszeiten verwendet werden.

12.7 Immunoassays

Spricht man von Immunoassays, denkt man in erster Linie an Radioimmunooder Enzymimmunoassays. Aber selbstverständlich sind auch andere Techniken wie Diffusions-, Agglutinations- oder Blottingtests Immunoassays (Tabelle 12.10), sofern ihnen eine Antigen-Antikörper-Wechselwirkung zugrunde liegt.

Für Forschungszwecke sind Immunoassays relativ einfach aufzubauen und bieten in ihrer Handhabung wenig Schwierigkeiten, zumal auf eine Vielzahl kommerziell angebotener Komponenten zurückgegriffen werden kann.

Aus Gründen der Übersichtlichkeit und ihrer weiten Verbreitung sollen in diesem Abschnitt lediglich die beiden erstgenannten Gruppen und, allerdings mehr aus historischen Gründen, die Diffusions- und Präzipitationstests besprochen werden. Blotting-Methoden wurden im vorstehenden Abschnitt behandelt und für die Agglutinationstests sei auf die weiterführende Literatur verwiesen.

Praktisch alle Immunotests mit Ausnahme der Diffusions- und Präzipitationstests sind indirekte Methoden, d.h. das Meßsignal wird in der Regel nicht durch den Analyten hervorgerufen, sondern entsteht durch ein (konkurrierendes) Analogon oder die spezifische Reaktion geeigneter Hilfsmoleküle. Die Vielfalt der experimentellen bzw. technologischen Durchführungsmöglichkeiten von Immunoassays erfordert eine Klassifizierung, die unter verschiedenen Aspekten vorgenommen werden kann: Einteilung nach der Art der Mar-

---

[4] Proteine und Peptide, besonders, wenn sie nicht durch starke chemische Bindungen stabilisiert sind, können in stark verdünnten Lösungen ohne kolloidosmotischen Schutz, bei Änderung von pH-Wert, Ionenstärke, Temperatur u.a.m. in ihrer Struktur (partiell) so verändert werden, daß ihr Antigencharakter beeinträchtigt oder verloren gegangen ist.

kierung (Tests ohne Markierung – Verwendung von markierten Antikörpern
– Verwendung von markierten Antigenen) oder nach den experimentellen Bedingungen (Reagenz im Unterschuß bzw. Reagenz im Überschuß – Separation
des Antigen-Antikörper-Komplexes von den ungebundenen Reaktionspartner
(heterogener Assay) bzw. keine Separation (homogener Assay) – Art der Markierung (radioaktiv bzw. nicht-radioaktiv). Dieser Einteilungsversuch ist etwas
detaillierter in Tabelle 12.10 vorgestellt.

Tabelle 12.10. Klassifizierungsmöglichkeiten für Immunoassays

---

Bestimmung der Reagenzverteilung
ohne Verwendung von Markierungsgruppen
    Präzipitation in Lösung (HEIDELBERGER-Kurve, Turbidimetrie, Nephelometrie)
    Immunodiffusion in Gelen (Methoden nach OUCHTERLONY oder MANCINI)
    Immunelektrophorese (Rocket-IE bzw. nach LAURELL, Überwanderungs-IE u.a.m.)

an Partikel gebundene Reaktionspartner (Agglutinationstests)
    Art der Partikel
        Mikroorganismen
        Blutzellen
        Latices und Kolloide

    Art des aktiven Reaktionspartners an der Partikeloberfläche
        Antigen
        Antigen-Komplex
        Antikörper
        biospezifischer Rezeptor

    Herkunft des an der Oberfläche bindenen Moleküls
        natürlich (Membranbestandteil, z.B. Fc-Rezeptor)
        künstlich durch chemische Immobilisierung oder Adsorption

    Typ des agglutinierenden Agens
        Antikörper
        Antikörper-Komplement-Komplex
        Antigen
        Komplement

    Detektionsmethode
        visuell (qualitativ oder semiquantitativ)
        photometrisch
        Partikelzählung

Markierung von Reaktionspartnern
    mit radioaktiven Isotopen
    mit Enzymen
    mit Fluorophoren oder Luminophoren
    mit Elektronen- oder Kernspinlabeln
    mit Metallkolloiden
    mit Farbstoffkolloiden

technologische Gestaltung des Assays
    Tests in beschichteten Mikrotestplatten oder Probenröhrchen
    Tests an Folien (Teststreifen, dot blot)
    Verwendung magnetischer Trägerpartikel
    Immunosensoren

Tabelle 12.10 (Fortsetzung)

Messung der Modulation der Indikatorreaktion (Label-Aktivität)
Partikel-Label
    Komplement-abhängige Hämolyse
    Rezeptor-abhängige Liposomen-Lyse

radioaktive Markierung in homogene-Phase-Assays
    Modulation (quenching) der Szintillation

Enzym-Markierung in homogene-Phase-Assays
    Modulation von Enzymaktivitäten durch Antigen-Antikörper-Bindung
    Modulation von Enzymaktivitäten durch Verwendung von Coenzym-Labeln
    Modulation von Enzymaktivitäten durch Verwendung von Substrat-Labeln (z.B. durch
    Farbstoffbildung oder Chemoluminiszenz)

Verwendung von Fluoreszenz-Markierungen in homogene-Phase-Assays
    Fluoreszenzenergie-Transfer
    Fluoreszenzlöschung
    Fluoreszenzpolarisation

Die Bezeichnungen RIA (*engl.* radioimmunoassay), EIA (*engl.* enzyme immunoassay) oder ELISA (*engl.* enzyme-linked immunoassay, Speziallfall eines EIA) beziehen sich auf das verwendete Nachweissystem und enthalten nur geringe Hinweise auf die praktische Durchführung der Tests.

Wichtig für alle Markierungen (Tabelle 12.11) ist einmal, daß im Interesse einer hohen Reproduzierbarkeit die Markierung eine ausreichende Stabilität sowohl hinsichtlich der Bindung der Markierung, z.B. an den Antikörper bzw. das jeweilige Trägermolekül (keine Hydrolyse der chemischen Verknüpfung unter den Reaktionsbedingungen des Tests, kein Isotopenaustausch), der Markierung selbst (Verwendung von „robusten" Enzymen mit geringer Denaturierungsneigung) als auch bezüglich einer möglichen Autolyse (z.B. Radiolyse der markierten Verbindung durch die Strahlung des Isotops oder durch strah-

Tabelle 12.11. Markierungsmöglichkeiten für Antikörper und Antigene

Markierung	Antikörper	Antigen
Antigen (Hapten)	×	×
(bispezifische Antikörper)	×	×
Enzym (s. Tabelle 12.12)	×	(×)
Farbstoffkolloid	×	
Fluoreszenzmarker (z.B. Fluorescein, Seltene- Erde-Metall)	×	×
hochaffiner Ligand (z.B. Biotin)	×	×
Latices (z.B. Polystyren)	×	
Metallkolloid (z.B. Gold)	×	
radioaktiv (z.B. ^{125}I, ^{131}I, ^{3}H, ^{14}C)	×	×
Spinlabel	×	×
Zellen (z.B. Erythrozyten)	×	

Tabelle 12.12. Markerenzyme in Immunoassays

Enzym		EC-Nummer[a]	homogener	heterogener
			Immunoassay	
alkalische Phosphatase	AP	3.1.3.1	×	
β-D-Galactosidase		3.2.1.23	×	
Glucoseoxidase	GOD	1.1.3.4	×	
Glucose-6-phosphatdehydrogenase	G6PDH	1.1.1.49		×
β-Lactamase (Penicillinase)		3.5.2.6	×	
Meerrettich-Peroxidase	HRP, POD	1.11.1.7	×	
Urease		3.5.1.5	×	
Lysozym		3.2.1.17		×
L-Malatdehydrogenase	L-MDH	1.1.1.37		×

[a] vgl. Abschn. 13.2: Enzymklassifizierung.

lungsinduzierte reaktive Moleküle, z. B. des Lösungsmittels) besitzt. Um bei der Verwendung von markierten Verbindungen über längere Zeit hinweg nicht zu falschen Ergebnissen zu kommen, ist eine kontinuierliche Registrierung der Reaktionen der beteiligten Partner in Abwesenheit des Analyten (Bestimmung des Blankwerts und der mit der Eichsubstanz erhaltenen Werte) unverzichtbar.

12.7.1 Heterogene Immunoassays

Bei dieser Art der Immunoassays besteht, neben der Spezifität der verwendeten Antikörper und der Sensitivität und Stabilität der jeweiligen nachzuweisenden Markierung, das Hauptproblem in der reproduzierbaren Trennung von Antikörper-Antigen-Komplex („bound") von den freien Reaktionspartnern („free"). Dabei erfolgt meist ein Nachweis des jeweiligen Immunkomplexes.

Zur Abtrennung des Immunkomplexes wird entweder das Antigen (Abb. 12.6b) oder ein „Fänger-"Antikörper oder eine dritte, den Immunkomplex bindende Komponente an eine feste Phase gebunden (Abb. 12.6a bzw. c). Die festen Phasen können Kunststoff-Latices, -Partikeln oder -Platten, (Chromatographie)Trägerpartikeln, spezielle abgetötete Bakterien (z.B. Staphylokokken), magnetisierbare Teilchen u.a.m. sein.

Die Bindung an die feste Phase kann kovalent oder adsorptiv erfolgen, entscheidend ist nur, daß sie ausreichend chemisch stabil ist, nicht im Verlaufe des Tests in merklichem Maße gelöst wird und sie nicht die Interaktion zwischen Antikörper und Antigen stört. Bei adsorptiver Bindung an Plastoberflächen werden Beladungsdichten zwischen 100 ng/cm^2 (Nitrocellulose) und 300 ng/cm^2 (Polystyren), bei kovalenter Kopplung an Partikel bis zu 10 mg/ml Bettvolumen erzielt.

Ferner sollte die Bindung zwischen Antikörper bzw. Antigen und Trägermaterial nicht am oder in unmittelbarer Nähe zum Paratop bzw. Epitop erfolgen. Das gebundene (Makro)Molekül darf durch die adsorptive oder kovalente

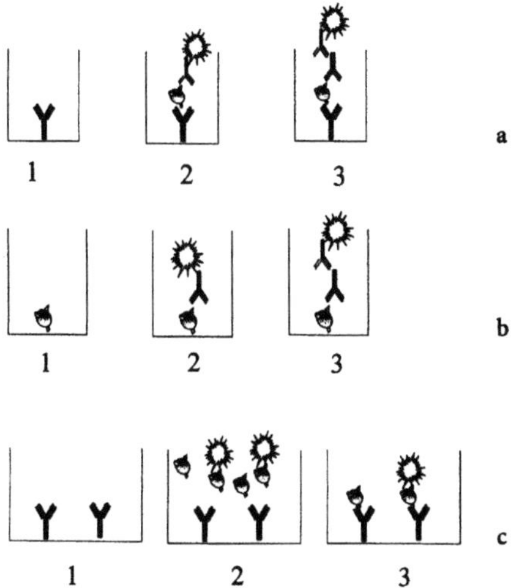

Abb. 12.6. Grundprinzipien für heterogene Immunoassays. **a** „Sandwich-Immunoassay":
1 – Bindung des (Fänger)Antikörpers an die unlösliche Matrix, 2 – Nachweis des spezifisch
gebundenen Antigens durch einen gegen ein zweites Epitop gerichteten markierten Antikörper, 3 – Nachweis des Antigens durch einen zweiten Antikörper, der durch einen markierten z.B. speziesspezifischen Antikörper identifiziert wird. **b** Blot-ähnlicher Immunoassay:
1 – Bindung des Antigens an die feste Phase, 2 u. 3 wie A2 u. A3. **c** kompetitiver Immunoassay:
1 – Bindung des Fänger-Antikörpers an die feste Phase, 2 – Konkurrenzreaktion des gleichzeitig anwesenden Analyten und seines markierten Analogons um die Antikörper-Bindungs-
stellen, 3 – Signalbildung nach Abtrennung der nicht gebundenen Antigene

(Mehrzentren-)Bindung nicht so in seiner Struktur verändert werden, daß die
Voraussetzungen für eine Antigen-Antikörper-Wechselwirkung nicht mehr gegeben sind (z.B. können Adsorptionen an entsprechende aktive Oberflächen
solche Strukturveränderungen induzieren).

Immunoassay-Variante b in Abb. 12.6 entspricht weitestgehend einem Western blot. Diese Vorgehensweise ist besonders für qualitative und semiquantitative Screening-Analysen gut geeignet und infolge günstigerer Gestaltungen
der Reaktionsräume und -bedingungen Quantifizierungen von Proteinen auf
Western blots überlegen. Ferner ist diese Variante des Immunoassays immer
dann von Vorteil, wenn Antikörper nur aus *einer* Spezies oder gegen *ein* Epitop vorhanden ist. Die Grenzen der Empfindlichkeit dieser Test-Variante werden rasch erreicht, wenn das Antigen nur in geringen Mengen in einem zur Adsorption an die feste Phase vorgesehenen Proteingemisch vorliegt, weil bei der
Bindung an die Matrix eine statistische Immobilisierung erfolgt, d.h. die Wahrscheinlichkeit, daß pro Flächeneinheit Antigen gebunden und damit detek-
tierbar ist, wird bei kleinen Antigenkonzentrationen gering.

Dieser Nachteil kann umgangen werden, wenn ein Fänger-Antikörper immobilisiert wird. Durch seine Spezifität erfolgt eine Konzentrierung des Antigens auf dem Träger. Der Nachweis des Antigens setzt allerdings voraus, daß es

entweder selbst eine Markierung trägt (z. B. durch ^{35}S-Methion-, ^{32}P-Phosphat-
o. a. radioaktive Markierung), ein zur Konkurrenz um den Antikörper geeignetes, radioaktiv oder nichtradioaktiv markiertes definiertes Antigen oder ein
zweiter, gegen ein weiteres, nicht durch die Reaktion mit dem Fänger-Antikörper abgeschirmtes Epitop gerichteter Antikörper mit vorhanden sind.

Bei Verwendung eines zweiten spezifischen Antikörpers, der gegen ein anderes Epitop des Antigens gerichtet ist, spricht man auch von einem Sandwich-
Immunoassay (Abb. 12.6a). Wenn der Nachweis schließlich mit einem gegen
den zweiten Antikörper gerichteten (spezies)spezifischen, die Markierung tra-
genden dritten Antikörper erfolgen soll (Abb. 12.6a3 bzw. Abb. 12.6b3), muß
selbstverständlich eine Reaktion zwischen Fänger- und markiertem Antikörper ausgeschlossen sein.

Eine Trennung zwischen gebundenem und gelöstem Antigen kann auch
nach Bildung des Immunkomplexes in Lösung erfolgen. In diesem Fall werden
z. B. bakterielle Fc-Rezeptoren wie Protein A oder Protein G oder (Strept-)Avi-
din (bei Verwendung biotinylierter Antikörper) immobilisiert, an die sich dann
der Antigen-Antikörper-Komplex zusammen mit freiem Antikörper binden.
So können sehr kleine Mengen Antigen ohne Denaturierung aus Lösungen ab-
getrennt und nach Spaltung des Immunkomplexes, beispielsweise einer Elektrophorese, zugeführt werden („Immunpräzipitation").

Ob der Nachweis radioaktiv (RIA) oder nichtradioaktiv (z. B. EIA) erfolgt,
hängt in erster Linie von der Laborausrüstung ab, sofern nicht die Frage durch
die Verwendung radioaktiver Bausteine, z. B. bei *in-vitro*- oder *in-vivo*-Synthe-
sen des Antigens (z. B. Translation in Gegenwart radioaktiv markierter Aminosäuren), entschieden ist.

Durch die Verwendung hochselektiver nichtradioaktiver Markierungen
(z. B. Biotin) und entsprechender Enzymsubstrate (z. B. Chemoluminiszenz-
Substrate für alkalische Phosphatase oder Peroxidase) sind die erreichbaren
Nachweisempfindlichkeiten den radiometrischen vergleichbar.

Zur Messung des Signals können sowohl an die Matrix gebundene als auch
die nicht gebundenen markierten Moleküle herangezogen werden: Wenn ein
Fänger-Antikörper an einen relativ großen Festkörper (z. B. Mikrotestplatte
oder Röhrchen) gebunden ist, ist der Anteil an (immunchemisch) gebundener
Markierung leichter zu bestimmen. Werden jedoch durch Filtration, Zentrifugation oder Magnetisierung abtrennbare Partikel verwendet, die gegenüber
Platten oder Röhrchen den Vorteil einer viel größeren spezifischen Oberfläche
und damit, bei gleicher Beladungsdichte, höheren Bindungskapazität besitzen,
ist sowohl die Messung des gebundenen als auch des freien Anteils an Markierung möglich.

Ein heterogener, nichtkompetitiver Immunoassay wird üblicherweise wie
folgt durchgeführt:

1. Bindung des Antigens oder (Fänger)Antikörpers an die Matrix
   – absorptiv an Polystyren-Platten oder -Röhrchen: z. B. 2–10 µg/ml IgG in
   10 mM NaHCO$_3$, pH 9.5, über Nacht bei 4 °C oder 1–2 Stunden bei Raumtemperatur, für andere Proteine auch Phosphatpuffer, pH 7.4 oder Citrat-

puffer, pH 6.5 mit niedriger Ionenstärke in Abhängigkeit vom jeweils zu adsorbierenden Protein;
- kovalente Immobilisierung: erfolgt in Abhängigkeit von den Reaktionsbedingungen der Kopplungsreaktion.

Bei der Verwendung von Mikrotestplatten können Inhomogenitäten in der Beladungsdichte besonders durch Temperaturunterschiede zwischen Plattenrand und -mitte auftreten, deshalb ist es hinsichtlich der Reproduzierbarkeit wichtig, während der Beschickung der Platten und der Adsorptionsreaktion über die ganze Platte konstante Bedingungen einzuhalten.

2. Mehrmaliges Waschen mit neutraler Pufferlösung (Phosphat- (PBS) oder Tris-gepufferte (TBS) physiologische Kochsalzlösung).
3. Blockierung der nicht durch Antigen bzw. Antikörper besetzten kopplungsfähigen Gruppen am Träger, z. B. mit Serumproteinen, Milchproteinen, Gelatine, je 0,1–1 % in PBS (auf eventuelle Kreuzreaktivitäten oder unspezifische Adsorptionen der Reaktionspartner testen), nichtionische Tenside wie Tween 20 (0,05–0,5 % in PBS); bei kovalenter Immobilisierung Ethanolamin oder Glycin oder Tris). In Abhängigkeit des verwendeten Systems (Art des 1. und/oder 2. Antikörpers, Enzymkonjugats, Enzyms, Inkubationsdauer und -temperatur, pH-Wert des Adsorptionspuffers, der Art des Waschpuffers, des Blockierungsreagens) können relativ hohe Blankwerte auftreten, die die Empfindlichkeit des Tests beeinträchtigen. Eine allgemeine Regel, wie dieses Problem zu überwinden ist, kann nicht aufgestellt werden. Es empfiehlt sich aber, z. B. den Waschpuffer zu wechseln (z. B. TBS statt PBS), das Blockierungsreagens zu wechseln (z. B. statt Serumalbumin Casein bzw. Magermilchpulver) oder das Blockierungsreagens durch eine etwas erhöhte Konzentration an Tween 20 (max. 0,2 %) zu ersetzen.
4. Mehrmaliges Waschen mit neutraler Pufferlösung (PBS oder TBS)
5. Inkubation mit Antikörper (bei Antigen-Immobilisierung) oder Antigen (bei Antikörper-Immobilisierung). Für die Gestaltung der Bindungsreaktion zwischen Antikörper und Antigen gibt es kein Universalrezept. Als Faustregel kann man annehmen: Reaktion bei physiologischem pH (7.2 bis 7.4) und physiologischer Ionenstärke (0,15 M), 37 °C, 1 Stunde. Durch Optimierung des Systems können diese Werte besonders bezüglich der Verringerung des Testzeit verändert werden (optimierte Tests dauern insgesamt erheblich weniger als eine Stunde), aber auch erheblich längere Zeiten können erforderlich sein. Zur Unterdrückung unspezifischer Interaktionen können dem Bindungs- und dem Waschpuffer Tenside (z. B. Tween 20 bis 0,1 %) zugesetzt werden.
6. Mehrmaliges Waschen mit PBS oder TBS + 0,05 % Tween 20.
7. Werden ein zweiter und ein dritter Antikörper eingesetzt, wird entsprechend den vorhergehenden Schritten 5. und 6. verfahren.
8. Messung des Signals (Radioaktivität, Fluoreszenz, Zählung der Partikel etc.) bzw. Durchführung der Indikatorreaktion (Farbentwicklung, Chemolumineszenz). Besonders bei Markerenzymen sind die Enzymcharakteristika zu berücksichtigen (pH-, Ionen-, Inhibitoren-, Temperatureinflüsse, Reaktionsgeschwindigkeit). Da meist eine Signalentwicklung innerhalb einer

bestimmten Zeit ermittelt wird (Endpunktsmessung), ist die Reaktionszeit für alle Proben einer Serie exakt einzuhalten (Zugabe von Substratlösung zum Start und Zugabe der Stoplösung im gleichen Rhythmus).

Es versteht sich von selbst, daß eine Automatisierung aller genannter Schritte die Reproduzierbarkeit und die Präzision der Bestimmung erheblich verbessert.

In Abhängigkeit von der verwendeten Indikatormarkierung erfolgt eine Lichtabsorptions-, Fluoreszenz-, Luminiszenz- oder Radioaktivitätsmessung. Erreichbare Empfindlichkeiten bei der Verwendung chromogener Substrate in Enzymimmunoassays liegen im Bereich von 10^{-13} bis 10^{-15} mol/l, bei fluorogenen Substraten zwischen 10^{-14} bis 10^{-16} mol/l, d.h. in der Größenordnung von Radioimmunoassays.

Bei Immunosensoren wird durch die Antigen-Antikörper-Reaktion ein elektrochemisches oder elektromechanisches Signal erzeugt, das dann die Meßgröße darstellt.

Die Auswertung erfolgt in der Regel über eine Standardkurve (Kalibrierungskurve, „Eichkurve"), die aus einer Verdünnungsreihe der im Test mitgeführten Standardsubstanzen erhalten wird. Ein Beispiel für eine solche Dosis-Effekt-Kurve ist in Abb. 12.7 gegeben. Es empfiehlt sich, daß für jede Standardkurve trotz erweiterter rechentechnischer Möglichkeiten nur ein bestimmter Analysenbereich, in dem die Änderung des Meßsignals möglichst linear proportional der Konzentration ist, für die Auswertung herangezogen werden sollte.

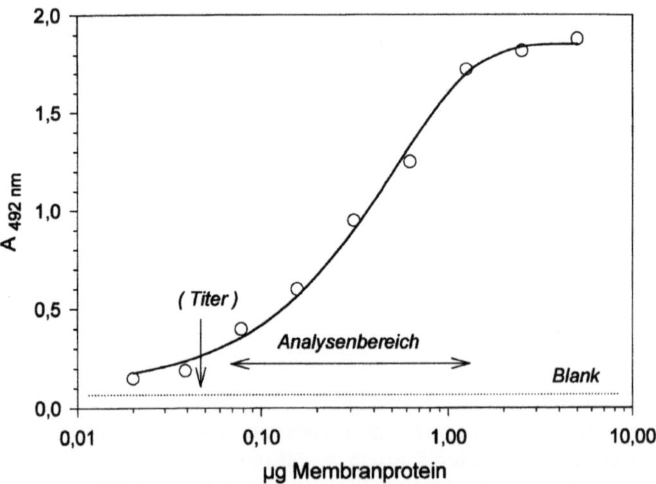

Abb. 12.7. Kalibrierungskurve für einen heterogenen Enzymimmunoassay. Das Antigen wurde im Gemisch mit anderen Membranproteinen an der festen Phase adsorptiv gebunden, dann erfolgte eine Inkubation mit einem Antigen-spezifischen Antiserum aus dem Kaninchen, dem eine Inkubation mit anti-(Kaninchen-IgG)-IgG-POD-Konjugat und die Farbentwicklung folgten

Als mit einem EIA ermittelten Titer eines Antiserums bzw. Antikörpers bezeichnet man die größtmögliche Verdünnung, deren Meßsignal noch sicher registriert werden kann, d.h. in der Regel das Zwei- bis Dreifach des Leerwerts (Blank) beträgt (vgl. Abb. 12.7).

Bei einem kompetitiven Immunoassay konkurrieren eine unbekannte Menge eines Antigens bzw. Haptens mit einer definierten Menge eines markierten Antigen- bzw. Haptenderivats um die Antigenbindungsstelle der spezifischen Antikörper (Abb. 12.6c). Anschließend an die Antigen-Antikörper-Bindung erfolgt wieder eine Trennung in freies und gebundenes (markiertes) Antigen. Da das markierte Antigen möglichst die gleichen immunologischen Bindungscharakteristika besitzen sollte wie die unmarkierte Verbindung, kann man von einer dem Massenwirkungsgesetz gehorchenden Gleichgewichtsverteilung ausgehen. Die Menge an gebundenem markiertem Antigen ist dann umgekehrt proportional der Menge an Analyten. Vor allem für Routineuntersuchungen sind kompetitive (Radio)Immunoassays besonders für Steroid- und Peptidhormone, Neurotransmitter und Metaboliten der verschiedensten Art erwickelt worden. Da die Bereitstellung einer definierten Menge an reinem markiertem Antigen bei Molekülen mit großer Molmasse nicht immer ganz einfach ist, werden für diese Antigene meist keine kompetitiven Imunoassays verwendet.

12.7.2 Homogene Immunoassays

Bei diesem Typ von Immunoassays erfolgt keine Trennung in „bound" und „free". Die mit dieser Trennung verbundenen Probleme, wie unspezifische Adsorptionen und Leakage, treten nicht auf, langwierige Waschoperationen sind nicht erforderlich, die Zeit bis zum Vorliegen des Ergebnisses ist also im Verhältnis zu heterogenen Tests wesentlich verkürzt.

Das Prinzip eines homogenen Immunoassays ist in Abb. 12.8 wiedergegeben. Es handelt sich in allen bisher beschriebenen Fällen um kompetitive Tests, bei denen ein enzym-, inhibitor- oder substratmarkiertes Antigen mit dem Analyten (unmarkiertes Antigen) um die Bindungsstellen am spezifischen Antikörper konkurriert.

Bei der Bindung des markierten Antigens an den spezifischen Antikörper wird die Markierung so abgeschirmt, daß sie nicht für die jeweilige Indikatorreaktion zur Verfügung steht. Um diese Hemmung zu erreichen, darf der molekulare Abstand zwischen Analyten und Markierung nicht zu groß sein. Da Proteine aber oft infolge ihrer räumlichen Ausdehnung wie ein Abstandhalter (spacer) wirken, sind die homogenen Immunoassays in der Regel auf niedermolekulare Verbindungen und kleinere Peptide beschränkt.

Bei der EMIT (*engl.* enzyme-multiplied immunoassay technique) ist das Antigen an ein Enzym gekoppelt. Bei Bindung an den Antikörper wird das aktive Zentrum des Enzyms blockiert. Eine analoge Situation besteht auch bei der Verwendung von Enzyminhibitor-Antigen-Konjugaten: Eine hohe Analytkonzentration vermindert den Anteil an gebundenem Konjugat, es bleibt also viel

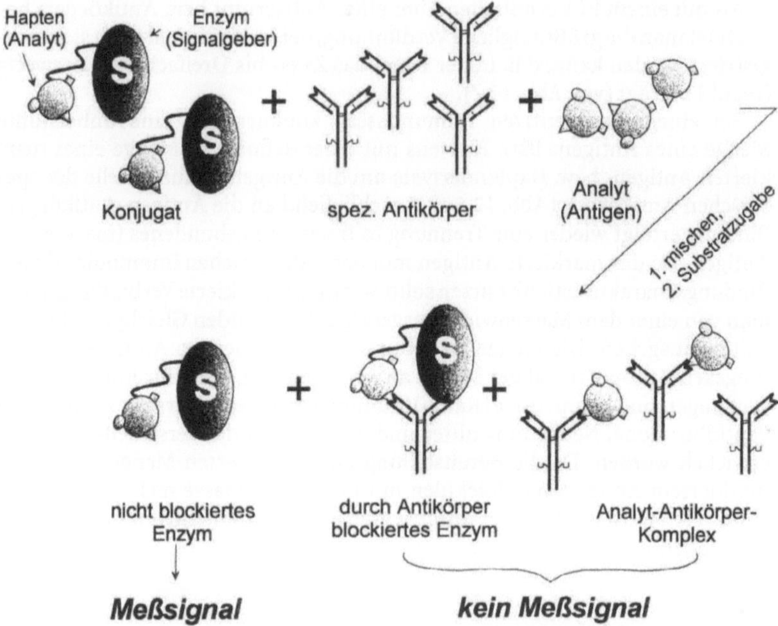

Abb. 12.8. Grundprinzipien für homogene Immunoassays. Erläuterungen im Text

Inhibitor in freier Form, der die Aktivität des signalgebenden Enzyms unterdrückt. Das Meßsignal ist somit der Analytkonzentration umgekehrt proportional, eine meßtechnisch ungünstige Situation. Dieses Problem wird umgangen, wenn ein Substrat (dessen Spaltung z.B. zu einem fluoreszierenden Produkt führt (SLFIA, *engl.* substrate-labeled fluorescence immunoassay), ein Enzym-Kofaktor (PGLIA, *engl.* prosthetic group-labeled immunoassay) oder ein Apoenzym (ARIA, *engl.* apoenzyme reactivation immunoassay) mit Hapten gekoppelt werden. Bei geringer Analytkonzentration wird viel Konjugat gebunden, es steht also wenig Substrat, Kofaktor bzw. Apoenzym zur Bildung des funktionstüchtigen (Meß)Enzyms zur Verfügung, das Meßsignal ist deshalb der Analytkonzentration proportional.

Die Probleme bei der Herstellung geeigneter Konjugate und bei der Optimierung des Tests bringen es mit sich, daß homogene Immunoassays relativ selten für bestimmte Anwendungen in der medizinischen Laboratoriumsdiagnostik entwickelt werden.

12.7.3 Immunosensoren

Immunosensoren lassen sich in zwei Gruppen einteilen:

- Immunosensoren, bei denen eine an die Antigen-Antikörper-Interaktion angeschlossene Indikatorreaktion elektrisch oder elektrochemisch nachgewiesen wird.
- Immunosensoren, bei denen die Antigen-Antikörper-Reaktion direkt gemessen wird.

Die erste Gruppe von Immunosensoren stellt eine Verknüpfung von Immunsorptions-Verfahren mit enzym-elektrochemischen Detektionsprinzipien dar und soll hier nicht näher behandelt werden.

Die zweite Gruppe ist in Biomolekül-Interaktions-Analysatoren (BIA) realisiert, die es gestatten, die Antigen-Antikörper-Reaktion direkt und in ihrem zeitlichen Ablauf zu messen. So kann man an piezoelektrischen Systemen, an denen Antikörper gebunden sind, die Veränderung der Schwingungsparameter nach Bindung des Antigens bestimmen. Allerdings ist eine Messung solcher Schwingungsänderungen wegen der Notwendigkeit, mit Proteinen in Lösung zu arbeiten, und der oft relativ geringen (absoluten) Masseänderungen dieses Verfahren noch in der Entwicklung.

Technisch bereits realisert ist ein Meßprinzip, das Änderungen des optischen Verhaltens von Rezeptor-Ligand- (hier: Antikörper-Antigen-)Wechselwirkungen direkt mißt (Pharmacia Biotech BIAcore bzw. BIAlite). Bei diesem als Oberflächen-Plasmonresonanz (*engl.* surface plasmon resonance) bezeichneten Meßprinzip wird die Anregungsenergie von Rumpfelektronen (Plasmonen) von Metallen, die sich in engem Kontakt mit einer Licht-reflektierenden Schicht befinden, in Abhängigkeit vom Reflexionswinkel bestimmt: Beschichtet man eine metallbedampfte Glasoberfläche mit einem Antikörper und bestrahlt die Oberfläche in einem bestimmten Winkel mit polarisiertem Licht, so wird dieses Licht reflektiert. Ein Teil der Lichtenergie wird bei der Reflexion für die Anregung der Plasmonen absorbiert. Interagiert nun der auf der Oberfläche befindliche Antikörper mit einem Antigen bzw. immobilisierte Peptide mit Antikörpern, ändern sich die optische Dichte und der Reflexionswinkel der Oberflächenschicht und damit die Anregungsenergie. Da die Änderungen der physikalischen Parameter sehr schnell verlaufen, lassen sich so Kinetik und Quantität biochemischer Assoziations- und Dissoziationsprozesse im nMol-Bereich messen.

12.8 Epitopmapping

An welche Stelle im Molekül bindet sich ein Antikörper? Ist ein Autoantikörper gegen eine intra- oder extrazelluläre Domäne eines Proteins gerichtet? Befindet sich eine Aminosäuresequenz an einer von außen leicht zugänglichen Stelle oder im Inneren eines Moleküls oder im Bereich spezifischer Wechselwirkungen mit anderen Molekülen? Welches Molekül bzw. welcher Abschnitt auf ihm ist das Antigen in Autoimmunerkrankungen? Diese Fragen versucht man mit dem Epitopmapping zu klären.

Die räumliche Ausdehnung eines linearen Epitops auf einem Protein ist nur wenige, in der Regel drei bis fünf Aminosäuren groß. Um diesen Abschnitt zu finden, kann man folgende Wege beschreiten:

- Herstellung peptidspezifischer Antikörper gegen vermutete Sequenzen (aus Modellvorstellungen und/oder Computeranalysen) und Detektion des Proteins oder limitierter Fragmente mit diesen Antikörpern.
- Herstellung einer Peptidbank aus unterschiedlich langen und sich überlappenden Sequenzen, z.B. durch Peptid-Simultansynthese (Peptidlänge bei Synthese am Harz oder Flächenträger 15–25 Aminosäuren, bei Synthese am Polystyrenstäbchen (PepScan) 5–10 Aminosäuren) und Testung des Bindungsverhaltens der Antikörper gegenüber den Peptiden.
- Kinetische Analyse der kompetitiven Hemmung der Antigen-Antikörper-Interaktion durch definierte Peptide.
- Gentechnische Veränderung (Insertion oder Deletion) der Peptidsequenz in dem Molekülabschnitt, in dem das Epitop vermutet wird.

Da ein einzelnes Epitop untersucht wird, können nur monoklonale Antikörper für diesen Zweck verwendet werden.

Ein prinzipielles Problem besteht beim Einsatz synthetischer Peptide. Wie am Beginn dieses Kapitels ausgeführt, sind Paratope gegen Strukturen gerichtet. Ein synthetisches Polypeptid hat zwar auch immer eine bevorzugte Raumstruktur, aber ob diese mit der der gleichen Aminosäuresequenz entsprechenden im fertig gefalteten Protein identisch ist, kann kaum vorhergesagt werden. Besonders dann, wenn das Epitop im zu untersuchenden Protein eine stabilisierte, von Zufallsfaltungen unterschiedene Struktur aufweist, werden Antikörper gegen synthetische Peptide nicht zum gewünschten Ziel führen.

Eine mögliche Strategie zum Epitopmapping ist in der Abb. 12.9 aufgezeigt.

12.9 Immunaffinitätschromatographie und Immunpräzipitation

Der Immunaffinitätschromatographie (IAC), einem Spezialfall der Affinitätschromatographie, liegt ebenfalls die immunchemische Antikörper-Antigen-Reaktion zugrunde. Sie kann sowohl für präparative als auch analytische Zwecke herangezogen werden, wie es generell in der Affinitätschromatographie möglich ist (vgl. Abschn. 2.5). Dabei kann sowohl der Antikörper bzw. sein Antigen-bindendes Fragment immobilisiert werden (Ligand sein), um Antigene zu isolieren, als auch das Antigen als fixierter Ligand zur Adsorption von Antikörpern dienen.

Die große Spezifität der Antikörper-Antigen-Wechselwirkung läßt von der IAC hohe Trennleistungen erwarten. Im folgenden sollen die Vorzüge, die Methoden und die Probleme der IAC erläutert werden, soweit dies nicht schon im Kap. 2 erfolgt ist.

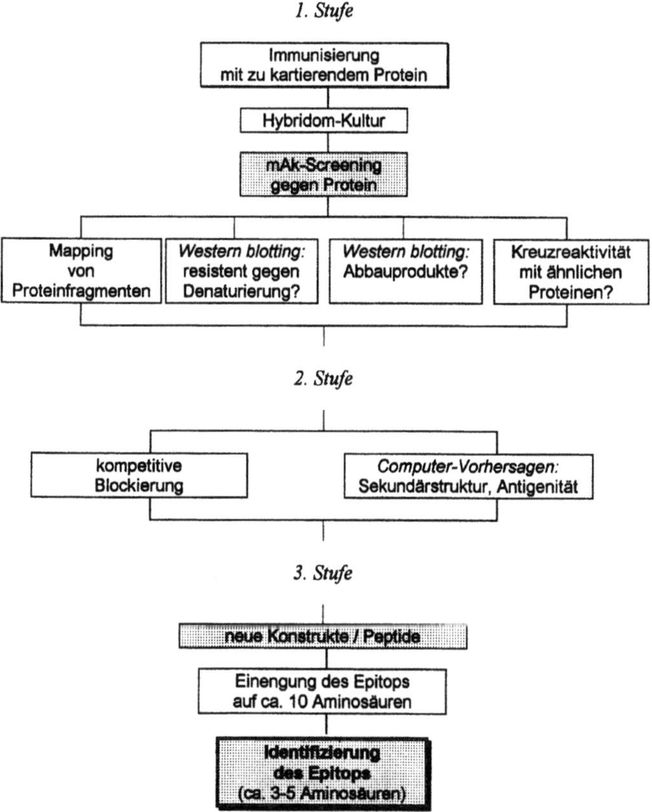

Abb. 12.9. Mögliche Strategie zum Epitopmapping. (nach: MOLE, S. E. (1992) In: MANSON, M. M. (ed.) Immunochemical Protocols. Humana Press, Totowa, S. 106)

Der erste Schritt der IAC sind die Auswahl des Trägermaterials und der Kopplungsreaktion des Liganden:

- Als Liganden kommen spezifische Antikörper bzw. ihre Fab- oder F(ab')$_2$-Fragmente, Antigene, Haptene oder Fc-Rezeptoren in Frage.
- Das Trägermaterial richtet sich nach der technischen Ausrüstung (Normal-, Mitteldruck- oder Hochleistungschromatographie).
- Die Kopplungsreaktion wiederum ist abhängig von den Möglichkeiten der Aktivierung von Träger und/oder Ligand.

Ein Antikörper hat zwei identische Bindungsstellen für ein Antigen, d.h. theoretisch können pro Mol Antikörper zwei Mole Antigen gebunden werden. In der Praxis wird das aber kaum erreicht, weil entweder nicht alle immobilisierten Antikörpermoleküle für das Antigen erreichbar sind, weil die Kopplung Antikörper-Träger in unmittelbarer Nachbarschaft zum Paratop erfolgte, weil die Größe des Antigens die Bindung eines zweiten am selben Antikörpermolekül verhindert oder weil die Beladungsdichte mit Antikörpern am Träger so hoch ist, daß einzelne Paratope von benachbarten Antikörpermolekülen verdeckt werden. Für die IAC hat sich eine Beladungsdichte von ca. 1–2 mg IgG/ml Träger (gequollenes Gel) als optimal erwiesen. Höhere Beladungsdichten erhöhen oft die Neigung zu unspezifischen Adsorptionen, ohne die Kapazität des Trägers (Mol Ag$_{gebunden}$/Mol Ak$_{immobilisiert}$) zu verbessern. Für eine wirklich gute Abtrennung, z. B. von nichtspezifischen Antikörpern, aus einem Antiserum an einem Antigen-IAC-Träger ist es daher empfehlenswert, lieber ein größeres Bettvolumen mit niedriger Ligandendichte als ein kleines Bettvolumen mit hoher Dichte einzusetzen. Das Verhältnis von Betthöhe : Bettdurchmesser sollte etwa 5 : 1 betragen.

Der Träger selbst sollte aus möglichst kleinen kompakten kugelförmigen Partikeln (Durchmesser 50 μm oder kleiner) aus einem hydrophilen Material ohne geladene oder hydrophobe Gruppen an der Oberfläche bestehen, um Wasch- und Elutionsprozeduren rasch und ohne Mitwirkung anderer Chromatographieformen, die ein Tailing (unsymmetrischer Elutionspeak) bewirken, durchführen zu können.

Um eine orientierte Immobilisierung der Antikörper zu erreichen, können sie entweder über ihre im Fc-Teil befindlichen Oligosaccharid-Seitenketten (Periodat-Oxidation der Kohlenhydrate und Kopplung an einen Hydrazid- oder NH$_2$-Träger) oder an bereits immobilisierte Fc-Rezeptoren (Protein-A- oder Protein-G-Träger) mit anschließender kovalenter Immobilisierung mit bifunktionellen Quervernetzern (cross-linker) gekoppelt werden.

Für die Isolierung kleinster hochspezifischer Antikörpermengen, z. B. für immunhistochemische Untersuchungen, können als IAC-Träger auch Western blots der jeweiligen Antigene verwendet werden, indem man die entsprechenden Banden ausschneidet und Adsorption, Waschung und Desorption in 0,5-ml-Reaktionsgefäßen durchführt. Die Bindung zwischen Blottingmembran und Antigen ist meist so fest, daß sie einige „Chromatographie"-Cyclen übersteht.

Für eine langlebige IAC-Säule ist die Auswahl der Kopplungsverfahrens essentiell. Eine Auswahl von Kopplungsverfahren ist in den Tabellen 2.5 und 12.5 aufgelistet. Die Bromcyan-Aktivierung an Polysaccharid-Trägern wird zwar noch häufig angewandt, ist aber der Aktivierung mit Chlorameisensäure- oder anderen N-Hydroxysuccinimid-Derivaten sowohl hinsichtlich der Einstellbarkeit des Aktivierungsgrades als auch der Hydrolysebeständigkeit der kovalenten Bindung Träger-Protein deutlich unterlegen. Bei der Verwendung makroporöser Träger wird oft eine Kopplungsdichte erzielt, die nur wenig über die Effektivität des IAC-Materials aussagt: Zahlreiche Immunoglobulin-Moleküle befinden sich im Inneren der Trägerporen und verkleinern sie, so daß makromolekulare Antigene nicht oder nur langsam, d.h. diffusionskontrolliert gebunden oder eluiert werden können. Gute IAC-Träger erhält man, wenn bei Aktivierungsgraden von 5 bis 10 μMolen aktiven, schnell reagierenden Gruppen pro ml Träger 0,5 bis 2 mg Immunoglobulin pro ml Träger angeboten werden.

Die Adsorptionsreaktion zwischen IAC-Träger und Antigen (bzw. Antikörper bei immobilisierten Antigenen) erfolgt bei neutralem pH-Wert rasch. Bei Trägern, die den Hauptteil der Antikörper bzw. das Antigen an der Oberfläche gebunden haben, können Fließgeschwindigkeiten von etwa 1 cm/min (d.h. $1\,ml \cdot cm^{-2} \cdot min^{-1}$) bei 4° oder Raumtemperatur eingestellt werden. Wie generell bei Affinitäts- und Ionenaustauschchromatographie sind Säulen mit einem Verhältnis Bettdurchmesser : Betthöhe von 1 : 1 bis 1 : 2 günstiger als lange, dünne Säulen, vorausgesetzt, die Säule ist ohne Risse gepackt und der Flüssigkeitsstrom wird am Auftragungs- bzw. Austrittsort gleichmäßig über die ganze Fläche verteilt.

Bei der Chromatographie von Proteingemischen ist immer damit zu rechnen, daß unspezifische Adsorptionen auftreten (s.o.), die auf ionische und/oder hydrophobe Wechselwirkungen zwischen dem Proteinteil der immobilisierten Antikörper bzw. mit dem Trägermaterial sowie auf Gelpermeationseffekte zurückzuführen sind. Um den Anteil an unspezifisch gebundenen Proteinen zu reduzieren, sollte nach dem Auftragen des Probenmaterials mit mindestens 10 Säulenvolumina PBS-0,05 % Tween 20 und anschließend mit ebenso viel 2 M NaCl in dest. Wasser gewaschen werden, möglichst zweimal alternierend, bevor die eigentliche Elution beginnt. Besonders am Ende des Waschvorgangs sollte mit hoher Empfindlichkeit detektiert werden, um sicher zu gehen, daß die Ausgangsgrundlinie wieder erreicht, d.h. alles Fremdmaterial wirklich ausgewaschen wurde. Die hohe Stabilität der Antikörper bzw. -fragmente gestattet oft auch eine Reinigung des Affinitätsträgers mit Natriumcarbonat-Lösungen oder verdünnter NaOH bei pH 12, was vorteilhaft für eine Dekontamination unter Sterilbedingungen ist (cleaning in process, CIP).

Die Elutionsbedingungen richten sich nach der Affinität bzw. Avidität der Antikörper sowie nach der Stabilität des Antigens. Tabelle 12.13 listet einige gebräuchliche Elutionspuffer auf.

Tabelle 12.13. Puffersysteme für die Elution in der Immunaffinitätschromatographie

Puffer	pH-Wert
pH-Veränderung	
0,1 M Glycin-HCl	1.5 – 2.8
0,1 M Essigsäure/Ameisensäure	2.2
0,1 M Glycin-HCl, 0,5 M NaCl	2.5
0,1 M Na-Citrat/Phosphat	3.0 – 3.5
1 M Propionsäure	
0,15 M NaCl/NH$_4$OH	11.0
0,1 M Triethylamin	11.5
chaotrope Elution	
0,5 – 3 M NaSCN	ungepuffert
3 M Guanidinium-hydrochlorid	ungepuffert
6 M Harnstoff	ungepuffert
10 % 1,4-Dioxan (v/v)	ungepuffert
80 % Ethylenglycol	ungepuffert
hohe Ionenstärke	
6,8 M NaCl	ungepuffert
4 M MgCl$_2$, 10 mM Na-Phosphat	7.0
5 M LiCl, 10 mM Na-Phosphat	7.0

Da die meisten Puffer die Elution durch eine partielle Denaturierung von Antigen und Antikörper bewirken, sollte im Interesse einer schonenden Behandlung von Probe und IAC-Träger mit möglichst wenig extremen Puffern begonnen werden, z.B. bei pH 3.5 oder 9.5. Auf jeden Fall sollte das Eluat rasch wieder auf einen neutralen pH-Wert gebracht werden, indem man z.B. in die Fraktionsgefäße 0,5 Fraktionsvolumina eines gut puffernden neutralen Puffers vorlegt (z.B. 0,5 M Phosphatpuffer pH 7.4 oder Tris-HCl-Puffer pH 8.0).

Die Lebensdauer eines IAC-Trägers wird von mehreren Faktoren begrenzt:

- dem Ausbluten (*engl.* leakage) an Ligand durch Spaltung, meist Hydrolyse, der Bindung Ligand-Trägermatrix (Minimierung des Leakage durch Immobilisierung über Urethan anstelle Carbamylat, Amin anstelle Azomethin (SCHIFFsche Base) u.a.m.),
- der irreversiblen Denaturierung des Liganden (auch die relativ robusten Immunoglobuline werden bei sehr niedrigem oder hohen pH-Wert zu einem nicht unerheblichen Prozentsatz irreversibel denaturiert, Minimierung durch Verwendung weniger aggressiver Puffer bzw. nur kurzzeitiger Kontakt mit dem Elutionspuffer),
- Proteolyse durch Proteasen in der Probenlösung (Minimierung durch Zusatz von Proteaseinhibitoren),
- bakterielle und Proteinablagerungen auf dem Träger (*engl.* fouling) (Minimierung durch Verwendung von Bakteriostatika, milden Tensiden, gelegentliches Waschen mit Harnstoff- oder Natriumcarbonatlösungen).

Während die IAC in der Mehrzahl der Fälle für präparative Zwecke, d.h. zur Isolierung von Antigenen oder spezifischen Antikörpern eingesetzt wird, läßt sie sich auch für analytische Zwecke verwenden, wobei die Grenze zwischen „analytisch" und „präparativ" nicht scharf gezogen werden kann. So können immunologisch ähnliche oder identische Proteine, sofern ihre Menge die Kapazität eines IAC-Trägers nicht überschreitet, durch Kalibrierung und Integation über das Elutionspeaksignal quantifiziert werden. Auf diese Weise können Auto-Antikörper, die in vielen Krankheitsbildern eine Rolle spielen, aus der großen Vielzahl von Antikörper-Idiotypen eines polyklonalen Serums identifiziert und quantifiziert werden, vorausgesetzt, es gelingt, das entsprechende Antigen zu immobilisieren.

Eine Immunpräzipitation wird eingesetzt, um aus geringen Mengen und in Bezug auf die interessierende Verbindung stark verdünnten Lösungen selektiv ein Antigen anzureichern und einer weiteren Analyse, z.B. Elektrophorese oder Sequenzanalyse, zuzuführen. Dabei verwendet man entweder an Partikel immobilisierte Antikörper (antigen- oder speziesspezifisch) oder immobilisiertes Protein A oder G als „zweite Antikörper", an die der sich im Verlauf der immunchemischen Reaktion bildende Komplex aus Antigen und Antikörper gebunden wird. Diese Fängermoleküle müssen an Trägerpartikel kovalent gebunden sein, da häufig entweder ein der HEIDELBERGER-Kurve entsprechender präzipitierender Äquivalenzbereich zwischen Antigen und Antikörper nicht bekannt ist, die Menge (Konzentration) an Antigen-Antikörper-Komplex so gering, daß es nicht zu einer Präzipitation kommt oder die verwendeten Antikörper nicht befähigt sind, hochvernetzte, präzipitierende Aggregate auszubilden.

Bei der Verwendung der bakteriellen (*Streptococcus sp.*) Fc-Rezeptoren Protein A und Protein G ist zu berücksichtigen, daß sie Immunoglobuline verschiedener Spezies und Subklassen unterschiedlich gut binden (vgl. Tabelle 12.14), so daß u. U. Immunpräzipitationen nur unvollständig oder gar nicht erfolgen. Diese Spezifitäten sind auch in Betracht zu ziehen, wenn radioaktiv oder

Tabelle 12.14. Spezifität von Protein A und Protein G gegenüber IgG und Bindung von IgG an thiophile Chromatographieträger

Spezies bzw. IgG-Subklasse		Affinität zu		thiophiler Chromatographieträger
		Protein A	Protein G	
Maus	IgG1	+	++++	++
	IgG2a	++++	++++	++
	IgG2b	+++	+++	++
	IgG3	++	+++	++
Mensch	IgG1	++++	++++	++
	IgG2	++++	++++	++
	IgG3	–	++++	++
	IgG4	++++	++++	++
Ratte	IgG1	–	+	++
	IgG2a	–	++++	++
	IgG2b	–	++	
	IgG2c	+	++	
Huhn	IgG	+	+	
	IgY	–	–	++
Hamster		+	++	
Hund		++	–	++
Kaninchen		++++	+++	++
Katze		++	–	++
Meerschweinchen		++++	++	
Pferd		++	++	++
Rind		++	++++	++
Schaf		+/–	++	++
Schwein		+++	+++	+
Ziege		–	++	++
rekombinante Ak		–	–	++

++++ sehr starke Affinität.
+++ starke Affinität.
++ mäßige Affinität.
+ schwache Affinität.
+/– geringe oder keine Affinität.
– keine Affinität.

Daten nach: HARLOW, E. and D. LANE (1988) Antibodies – A Laboratory Manual, S. 618. Cold Spring Harbor Laboratories bzw. JACOB, L., E. MÜLLER und E. SCHMITT (1993) BioTec (Okt. 1993).

Enzym-markiertes Protein A oder G zum Nachweis von an Antigen gebundenen Antikörpern auf Blots oder in der Affinitätschromatographie verwendet werden sollen.

Die Immunpräzipitation von Membranproteinen kann durch die für die Solubilisierung notwendigen Tenside u. U. stark gestört werden. Einige Tenside wie SDS oder Digitonin lassen sich durch Triton X-100 maskieren, so daß nach Zugabe dieses Tensids bis zu einer Konzentration von 1 % in Verbindung mit einer Fällungshilfe wie fettsäurefreies Serumalbumin eine Fällung doch noch möglich ist. Man kann in solchen kritischen Fällen auch den ersten (Ak 1) gegen das gesuchte Antigen gerichteten Antikörper mit dem zweiten (speziesspezifischen), immobilisierten Antikörper (Ak 2) vorinkubieren und dann die Antigenlösung zugeben.

Nach Zentrifugation oder Filtration des Präzipitats und Auswaschen der Tenside und des Serumalbumins mit physiologischer Kochsalzlösung kann es dann mit SDS solubilisiert, d. h. der Antigen-Antikörper-Komplex kann durch Denaturierung gespalten und das wieder gelöste Antigen gelelektrophoretisch aufgetrennt und radiochemisch oder im Western blot nachgewiesen werden.

12.10 Katalytische Antikörper (Abzyme)

1948 schrieb L. Pauling: *„The ability of an enzyme to speed up a chemical reaction stemmed from the complementarity of the enzyme's active site structure to the active complex."* Von W. P. Jencks wurde dieses Konzept auf Antikörper übertragen: *„Antibodies raised against a synthetic mimetic of a transtion state might provide proteins with enzyme-like catalytic properties".* Bei der Untersuchung von Antikörpern gegen u. a. als Kampfstoffe und Pestizide entwickelte Phosphonsäureester stellte man fest, daß diese Antikörper in der Lage sind, Ester und Peptide zu hydrolysieren. Damit war eine Gruppe katalytisch wirksamer Biomoleküle gefunden, deren technologische Handhabbarkeit neue Möglichkeiten bei der Entwicklung maßgeschneiderter (semisynthetischer) Enzyme eröffnet.

Das Prinzip der Katalyse durch Abzyme (der Begriff wurde gebildet aus *antibody* und *enzyme*) besteht darin, daß Antikörper produziert werden, die in der Lage sind, Übergangszustände einer chemischen Reaktion zu stabilisieren und somit Zeit für die Entstehung einer neue Bindungen bzw. die Spaltung einer bestehenden zu lassen. Der Weg dazu besteht in der Synthese von Haptenen, die in ihrer Struktur (Ladungen, Polarisationen, Bindungslängen) diesen Übergangszuständen analog und chemisch stabil genug sind, im Wirtsorganismus nach Kopplung an geeignete Trägerproteine Antikörper gegen diese neuen Epitope auf den modifizierten Trägerproteinen zu erzeugen. Ein Übergangszustandsanalogon kann dabei chemisch sehr verschieden von den Partnern der katalysierten Reaktion sein, wie in Abb. 12.10 illustriert wird. Für Hydrolysen am Carbonyl-Kohlenstoff (–CO–) wie Peptidhydrolysen oder Esterspaltungen werden zur Zeit Phosphor- bzw. Phosphonsäure-Derivate verwendet.

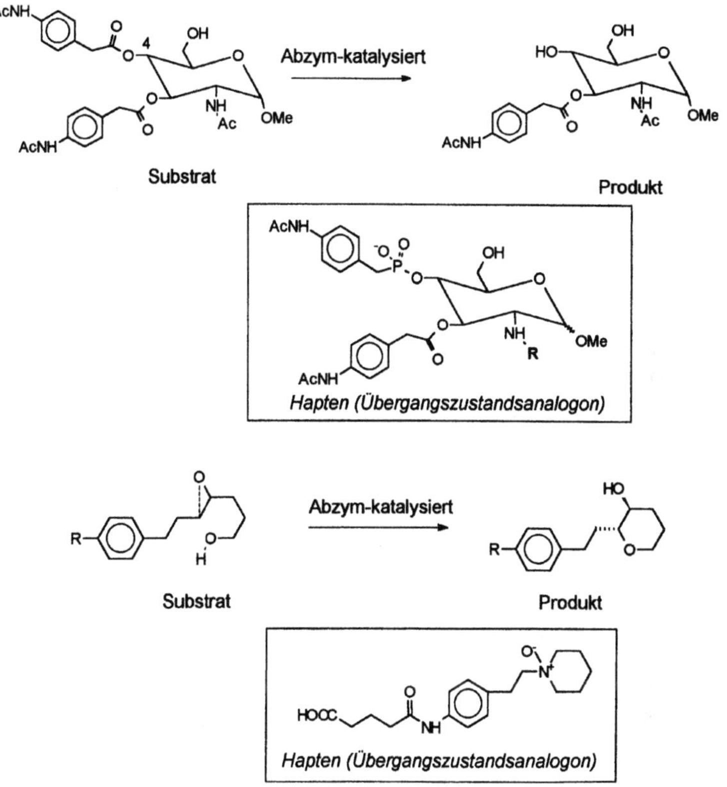

Abb. 12.10. Beispiele für Übergangszustandsanaloga und Abzym-katalysierte Reaktionen. **a** stereoselektive Schutzgruppen-Abspaltung an Hexosen (nach: IWABUCHI, Y. et al. (1994) J. Amer. Chem. Soc. 116, 771–772). **b** Cyclisierung in einer chemisch nicht favorisierten Reaktion (nach: JANDA, K. D. et al. (1993) Science 259, 490–493)

Inzwischen wurden katalytische Antikörper beschrieben, die eine Vielzahl von organisch-chemischen Reaktionen, auch im Gramm-Maßstab, katalysieren: Esterhydrolyse, Amidhydrolyse, DIELS-ALDER-Cyclisierung, Lactonisierung, Amidbildung, CLAISEN-Umlagerung, chemisch nicht bevorzugte Umlagerungen, Decarboxylierung, Peroxidation.

Zur Erzeugung von katalytisch wirksamen Abzym-Fragmenten bzw. zur Suche nach Klonen mit monoklonalen Abzymen wurde die Phagen-Display-Technik (vgl. Abschn. 12.3) ebenfalls erfolgreich eingesetzt.

Gegenüber Enzymen als (Bio)Katalysatoren besitzen Abzyme in biotechnologischer Hinsicht mehrere Vorteile:

- Aus proteinchemischer Sicht stellen Antikörper außergewöhnlich stabile Proteine dar (geringe Proteaseempfindlichkeit, Stabilität in einem relativ

weiten pH-Bereich, Stabilität gegenüber hohen Ionenstärken und chaotropen Verbindungen).
- Durch die Auswahl von Antigenen, die dem chemischen Übergangszustand der zu katalysierenden Reaktion analog sind, ist die Reaktion von vornherein hinsichtlich der Reaktionspartner zu bestimmen. Es können also chemische Reaktionen katalysiert werden, für die es keine natürlichen Katalysatoren (Enzyme) gibt oder in denen Reaktionspartner irreversible Inhibitoren von Enzymen sind.
- Für die katalytische Aktivität der Abzyme sind keine Cofaktoren oder Proteinkomplexe mit Quartärstruktur erforderlich, sofern nicht der Übergangszustand bzw. sein chemisches Analogon durch Cofaktoren stabilisiert wird.
- Es besteht keine oder nur geringe Empfindlichkeit gegenüber Reaktionsprodukten (Produkthemmung ist nicht zu erwarten) oder (unspezifischen) Inhibitoren, wie z. B. Schwermetallen oder Komplexbildnern.
- Ein breites etabliertes Methodenspektrum zur gentechnischen Manipulierung der Antikörper ist vorhanden (z. B. Bildung von Fusionsproteinen oder bispezifischen Antikörpern).
- Eine beliebige identische Vermehrung der Antikörper durch *in-vitro*-Produktion monoklonaler Antikörper und relativ einfache Verfahren zur präparativen Hochreinigung der Abzyme ist Stand der Technik.

Allerdings sollen auch wesentliche Nachteile der Abzyme nicht verschwiegen werden:

- Bis jetzt ist in den allermeisten Fällen die Katalyserate deutlich geringer als die vergleichbarer Enzyme.
- Antikörper sind, wie fast alle Proteine, auf eine überwiegend wäßrige Phase als Reaktionsmedium angewiesen.

Abzyme sind in mehrfacher Hinsicht von wissenschaftlichem Interesse:

- Es sind katalytische Reaktionen möglich, für die es in der Natur keine Enzyme gibt, die schwer zugänglich sind oder deren Reaktionspartner toxisch für die natürlichen Enzymsysteme sind.
- Abzyme können als Modelle aktiver Zentren von Enzymen dienen und somit ein weiteres Verständnis enzymkatalysierter Reaktionen ermöglichen.
- Sie können aufgrund ihrer hohen Bindungsspezifität als Katalysatoren in stereoselektiven Synthesen eingesetzt werden.
- Sie können aufgrund ihrer hohen Selektivität gleichzeitig ihre Substrate (Antigene) aus sehr verdünnten Lösungen anreichern.

Das Interesse an Abzymen und ihre biotechnologischen Potenzen werden einen starken Aufschwung dieses Gebiets der Immunchemie und -molekularbiologie in der nächsten Zukunft erwarten lassen.

Literatur

AMBROSIUS H und W RUDOLPH (Hrsg) (1990) Grundriß der Immunbiologie. 2. Aufl, VEB Gustav Fischer Verlag, Jena

CLACKSON T, HR HOOGENBOMM, AD GRIFFITHS and G WINTER (1991) Making antibody fragments using phage display libraries. Nature 352, 624–628

COLIGAN JE, AM KRUISBEEK, DH MARGULIES, EM SHEVACH and W STROBER (Eds) (1994) Current Protocols in Immunology, Vol 1 and 2, Greene Publ Ass and J Wiley & Sons

FANGER MW, PM MORGANELLI and PM GUYRE (1992) Bispecific Antibodies. Crit Rev Immunol 12, 101–124

FORSTER HL, JD SMALL and GG FOX (Eds) (1983) The Mouse in Biomedical Research. Vol 3. Academic Press Inc, Boston

HARLOW E and D LANE (1988) Antibodies – A Laboratory Manual. Cold Spring Harbor Laboratory

HAYAT MA (Ed) (1991) Colloidal Gold – Principles, Methods, and Applications. Bd 1–3. Academic Press, San Diego

HOLTZHAUER M (1995) Biochemische Labormethoden. Springer Labor Manual. 2. Aufl, Springer, Heidelberg

JANEWAY CA und P TRAVERS (Hrsg) (1995) Immunologie. Spektrum Akademischer Verlag, Heidelberg

LITTLE M, F BREITLING, B MICHEEL and S DÜBEL (1994) Surface display of antibodies. Biotech Adv 12, 539–555

MANSON MM (Ed) (1992) Immunochemical Protocols (Methods in Molecular Biology. Vol 10). Humana Press, Totowa

MASSEYEFF RF, WH ALBERT and NA STAINES (Eds) (1993) Methods of Immunological Analysis. Bd. 1: Fundamentals, Bd 2: Samples and Reagents. VCH, Weinheim

MOHR P, M HOLTZHAUER and G KAISER (1992) Immunosorption Techniques – Fundamentals and Applications. Akademie Verlag, Berlin

PETERS JH and H BAUMGARTEN (Eds) (1995) Monoclonal Antibodies. Springer Lab Manual, Springer, Berlin

PETTERSSON I (1992) Methods of epitope mapping. Molec Biol Rep 16, 149–153

PORSTMANN T und S KIESSIG (1992) Enzyme immunoassay techniques. An overview J Immunol Meth 150, 5–22

SUZUKI H (1994) Recent advances in abzyme studies. J Biochem 115, 623–628

Rezeptoren und Enzyme sind aufgrund ihrer Reaktionen mit anderen Stoffen definiert: Rezeptoren *binden* hochspezifisch Stoffe (Liganden) und vermitteln dabei ein biologisches Signal, Enzyme *katalysieren*, meist ebenfalls hochspezifisch, die chemische Umwandlung bestimmter Stoffe (Substrate). Strukturell gibt es zwischen den einzelnen Vertretern dieser Biomolekülgruppen kaum Gemeinsamkeiten, sieht man von dem Umstand ab, daß ein wesentlicher Teil ihrer Moleküle aus Polypeptidketten aufgebaut ist.

Sowohl Rezeptoren als auch Enzyme können, bei jeweils gleicher Bindung eines bestimmten Partners (Effektoren, Modulatoren, Liganden) bzw. Katalyse der gleichen Reaktion, von Spezies zu Spezies, von Organ zu Organ, ja selbst innerhalb eines Zelltyps unterschiedliche Zusammensetzungen (Isorezeptoren bzw. -enzyme) aufweisen. Das schließt aber nicht aus, daß ein diskreter Rezeptor bzw. ein bestimmtes Enzym in unterschiedlichen Zelltypen oder Geweben oder mit großer Homologie in anderen Spezies zu finden ist, und nicht selten vereint ein Molekül in sich sowohl Rezeptor- als auch Enzymeigenschaften.

Der folgende Abschnitt soll Grundprinzipien der Charakterisierung von Rezeptoren und Enzymen erläutern. Die sehr große Zahl von distinkten Enzymen und Rezeptoren macht es von vornherein unmöglich, in diesem Kapitel eine auch nur annähernd erschöpfende Auswahl einzelner Enzyme oder Rezeptoren zu treffen. Auch für eine tiefergehende Erörterung der Theorie der Rezeptor-Ligand-Bindung und der Enzymkatalyse sollte auf die weiterführende Literatur zurückgegriffen werden.

13.1 Charakterisierung von Rezeptoren (Rezeptor-Bindungstests)

Rezeptoren sind membrangebundene oder intrazellulär gelöst vorkommende Proteine, die selektiv andere Moleküle binden können, ohne an diesen eine chemische Veränderung herbeizuführen. Durch diese Bindung wird die räumliche Anordnung der Rezeptor-Polypetidkette in Teilen verändert und dadurch ein biologisches Signal erzeugt oder vermittelt. Rezeptoren sind entweder aus singulären Polypeptidketten aufgebaut oder bestehen aus Proteinkomplexen, die durch die Wechselwirkung mit dem Liganden ihr Dissozitations- oder Assoziationsverhalten untereinander oder zu weiteren Biomolekülen verändern. Eine bestimmte Rezeptorart in der Zelle kann aus inaktiven und aktiven Molekülen bestehen, die unterschiedliche Bindungseigenschaften gegenüber bestimmten Liganden aufweisen. So können Bindungsstudien mit radioaktiv markierten Liganden ganz andere Rezeptordichten in einer Zelle bestimmen lassen als z. B. immunchemische Messungen, d. h. der Rezeptor (als Ausdruck einer bestimmten biochemischen Funktion) „verschwindet", das Rezeptor-Protein oder Teile von ihm in solchen Fällen aber nicht.

Das Verhältnis zwischen aktivem und inaktivem Rezeptoranteil unterliegt einem Stoffwechsel-abhängigen Fließgleichgewicht und kann in vielen Fällen durch geeignete Liganden (Agonisten, inverse Agonisten) beeinflußt werden.

Auch Enzyme und andere aktiv in den Stoffwechsel eingreifende Proteine, wie z. B. Ionenkanäle, können Rezeptoren für Modulatoren der Zellaktivität darstellen, wobei die Bindung eines Liganden dann enzymatische bzw. analoge, vom Bindungstest unabhängig meßbare Parameter verändert.

Als Liganden können Proteine (z. B. Antigen-Antikörper-Komplexe, Proteohormone und -toxine), Oligopeptide (Peptidhormone, Peptidtoxine), Steroide und deren Derivate (Steroidhormone, von Steroiden abgeleitete Toxine), Aminosäure-Derivate (z. B. Katecholamine, Thyroxine), Lipid-Derivate wie Diacylglycerol, Nucleotide oder Nucleotid-Analoga (z. B. cyclisches AMP bzw. Coffein), Kohlenhydrate (Oligosaccharide) u. v. a. m. sein. Dabei können organismuseigene und -fremde Liganden für ein und denselben Rezeptor völlig verschiedenen Stoffklassen angehören, wie das Beipiel der Opiatrezeptoren illustriert: Die körpereigenen Endorphine und Enkephaline sind Oligopeptide, das Opiat Morphin ist ein pentacylisches N,O-heterocyclisches Ringsystem.

Untersuchungen an Rezeptoren haben zum Ziel,

- die subzelluläre Rezeptor-Verteilung und -Konzentration in verschiedenen Geweben,
- den Rezeptor-Metabolismus, seine Regelung und die Steuerung der Rezeptor-Inkorporation in zelluläre Membransysteme und Kompartimente,
- den Mechanismus der Ligandenbindung,
- die Rezeptor-Ligand-Wechselwirkung sowie
- die molekulare Pharmakologie von Rezeptoren

zu untersuchen.

Für die Lösung dieser Fragestellungen bedient man sich u. a. der Rezeptor-Ligand-Bindungsstudien.

Die Bindung zwischen Rezeptor R und Ligand L im Komplex RL ist nicht kovalent, allerdings bisweilen so fest und so resistent gegenüber denaturierenden Agenzien, daß eine kovalente Bindung vorgetäuscht wird.

Die Bildung bzw. der Zerfall von RL stellt ein chemisches Gleichgewicht entsprechend Gl. (13.1) dar und unterliegt somit dem Massenwirkungsgesetz (Gl. (13.2)), das eine Verknüpfung der Stoffkonzentrationen [R], [L] und [RL] im Gleichgewicht beschreibt:

$$R + L \underset{k_{-1}}{\overset{k_1}{\rightleftharpoons}} RL \tag{13.1}$$

$$K_D = \frac{1}{K_A} = \frac{k_{-1}}{k_1} = \frac{[R] \cdot [L]}{[RL]} \tag{13.2}$$

wobei K_D die Dissoziations-, K_A die Assoziations-(Bildungs-)Konstante, k_1 die Geschwindigkeitskonstante der Bildungs- (*engl.* on-rate constant) und k_{-1} die der Zerfallsreaktion (*engl.* off-rate constant) des Rezeptor-Ligand-Komplexes (RL) ist.

Unter der Voraussetzung, daß praktisch keine Änderung der Ligand-Konzentration erfolgt ($[L] \gg [R]$, Reaktion pseudoerster Ordnung), ist die zeitliche Änderung der Konzentration von RL nach Gl. (13.3) beschreibbar:

$$\frac{d\,[RL]}{dt} = k_1 \cdot [R] \cdot [L] - k_{-1} \cdot [RL]. \tag{13.3}$$

Die Bildung von RL erhält man aus Gl. (13.4)

$$[RL] = [RL_{Gg}] \cdot \left(1 - e^{-\,(k_1 \cdot [L] + k_{-1}) \cdot t}\right) \tag{13.4}$$

mit der Komplexkonzentration $[RL_{Gg}]$ im Gleichgewichtszustand und der Reaktionszeit t.

Der zeitliche Zerfall kann mit Gl. (13.5) ausgedrückt werden:

$$[RL] = [RL_0] \cdot e^{-k_{-1} \cdot t} \tag{13.5}$$

mit der Komplexkonzentration $[RL_0]$ zur Zeit $t = 0$.

Der Gleichgewichtszustand wird durch die LANGMUIR-Bindungsisotherme (Gl. (13.6)) beschrieben:

$$[RL] = \frac{[RL_t] \cdot [L]}{[K_D + [L])} \tag{13.6}$$

$[R_t] = [R] + [RL]$ ist dabei die Gesamtkonzentration an Rezeptor im Test und kann mit $[R_0]$ gleichgesetzt werden.

Der zeitliche Verlauf des Komplexzerfalls und der -bildung ist in Abb. 13.1 schematisch dargestellt.

Aus Gl. (13.6) folgen zwei Aussagen: Die Menge an Ligand, die an einen Rezeptor gebunden werden kann, erreicht einen Grenzwert, der auch bei Erhöhung von [L] nicht überschritten wird, d.h. die Bindung ist sättigbar ($[RL_{t \to \infty}] = B_{max}$, maximale Anzahl an Bindungsstellen im Test, eine notwendige Voraussetzung für das Vorliegen einer spezifischen Bindung) und die Ligand-Konzentration, bei der $[RL] = B_{max}/2$ ist, stellt die Dissoziationskonstante des Gleichgewichtssystems dar.

Für den Fall, daß die Ligandkonzentration im Test etwa der Rezeptorkonzentration entspricht ($[L] \approx [R]$), tritt durch die Bildung des Komplexes RL eine Verarmung an L auf. Es sind dann anstelle von Gl. (13.4) die Assoziationsglei-

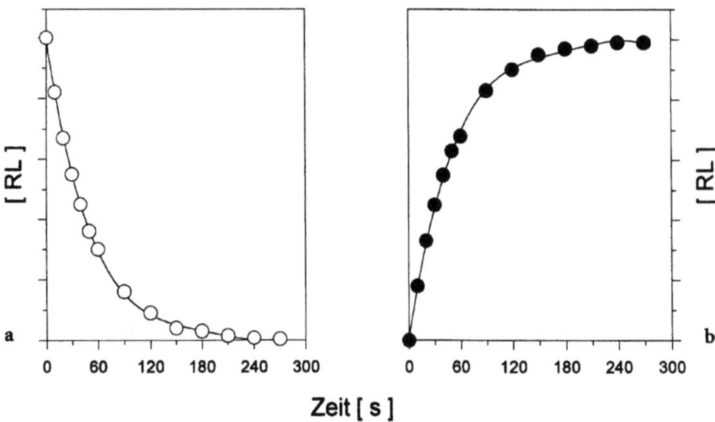

Abb. 13.1. Zerfallskinetik **a** und Bildungskinetik **b** eines Rezeptor-Ligand-Komplexes

chung (13.7), sowie anstelle von Gl.g (13.6) die modifizierte LANGMUIR-Isotherme (13.8) zu verwenden:

$$[RL] = \frac{[R_t] \cdot [L_t] \cdot \left(e^{\left([RL_{Gg}] - \frac{[R_t] \cdot [L_t])}{[RL_{Gg}]}\right) \cdot k_1 \cdot t} - 1\right)}{[RL_{Gg}] \cdot e^{\left([RL_{Gg}] - \frac{[R_t] \cdot [L_t]}{[RL_{Gg}]}\right) \cdot k_1 \cdot t} - \frac{[R_t] \cdot [L_t]}{[RL_{Gg}]}} \tag{13.7}$$

$$[RL] = \frac{1}{2} \cdot \left([L_t] + [R_t] + K_D - \sqrt{([L_t] + [R_t] + K_D)^2 - 4 \cdot [R_t] \cdot [L_t]}\right) \tag{13.8}$$

(Gg bzw. t indizieren die jeweiligen Konzentrationen im Gleichgewichtszustand bzw. die Gesamtkonzentrationen).

Für die Beschreibung eines Rezeptors ist neben der Spezifität der Bindung für einen definierten Liganden besonders die Bestimmung der Gleichgewichtsparameter K_D bzw. K_A, k_1, k_{-1} und die maximale Anzahl an Ligand-Bindungsstellen (B_{max}) im Testsystem von Bedeutung.

In Rezeptor-Bindungsstudien untersucht man die Reaktion zwischen Rezeptor und Ligand entweder nur mit dem (markierten) Liganden L nach Gl. (13.1) oder in Gegenwart eines um die Bindungsstelle(n) konkurrierenden Liganden L (Gl. (13.9)), für den eine der Gl. (13.2) analoge Beziehung existiert.

$$RL \underset{k'_{-1}}{\overset{k'_1}{\rightleftharpoons}} R + L + L' \underset{k'_{-1}}{\overset{k'_1}{\rightleftharpoons}} RL'. \tag{13.9}$$

Für die Durchführung eines Bindungsexperiments sind einige Voraussetzungen zu treffen:

- Auswahl eines Liganden, der spezifisch und reversibel an den Rezeptor bindet und der empfindlich genug nachzuweisen ist. In der Regel werden radioaktiv markierte Liganden mit entsprechend hoher spezifischer Radioaktivität (Radioaktivität pro Mol Ligand) verwendet.
- Auswahl eines unmarkierten Liganden, der mit etwa der gleichen Gleichgewichtskonstante wie der markierte Ligand an den Rezeptor bindet zur Bestimmung der unspezifischen Bindung (Blank). Die Konzentration des unmarkierten Liganden bei der Bestimmung des Blank-Werts sollte drei bis vier Zehnerpotenzen größer sein als die des markierten Liganden.
- Abschätzung einer günstigen Rezeptorkonzentration im Test (ca. 0,01 bis 1 pMol/mg Proteingemisch bei Zellhomogenaten, $[R_t]$ ca. 0,1 K_D für den jeweiligen Liganden im Ansatz). Die spezifische (total minus Blank) bzw. insgesamt gebundene Ligandmenge sollte mindestens zweifach höher sein als die unspezifisch gebundene.
- Festlegung der Menge an markiertem Liganden im Test, in der Regel zwischen 0,1 und 10 · B_{max}.
- Bestimmung der Reaktionsdauer und der Reaktionstemperatur für die Gleichgewichtseinstellung. Beide sind von der Dissoziationskonstante des Komplexes abhängig. Eine Vorstellung von der Dauer bis zum Erreichen des Gleichgewichtszustands gibt Abb. 13.2.
- Gewährleistung der Stabilität des Rezeptors und des Liganden während des Bindungsexperiments. Während die Ligand-Stabilität meist kein nennens-

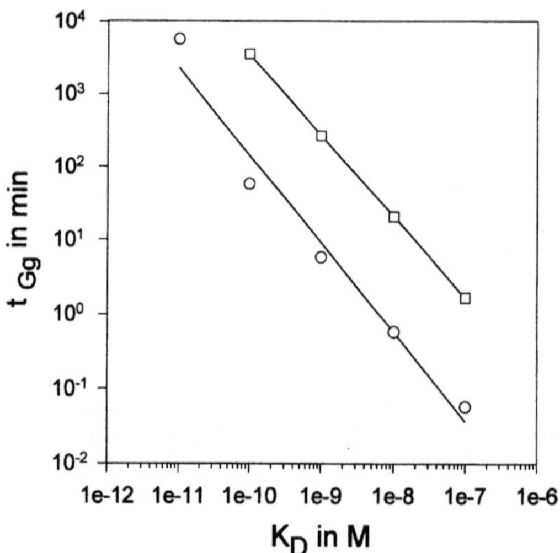

Abb. 13.2. Zusammenhang zwischen K_D und der Zeit bis zur vollen Gleichgewichtseinstellung (t_{Gg}). –O– bei Inkubation bei 30 °C, –□– bei Inkubation bei 0 °C

wertes Problem darstellt (wichtigste Störfaktoren können Hydrolyse, Photolyse oder Oxidation des Liganden sein), ist besonders bei der Verwendung von Zell- oder Gewebehomogenaten mit einer (partiellen) Proteolyse des Rezeptors durch anwesende Proteasen zu rechen (z.B. freigesetzt durch die Zerstörung von Zellkompartimenten wie Lysosomen).
Zur (irreversiblen) Hemmung von Proteasen dienen Inhibitoren, von denen einige in Tabelle 13.1 aufgeführt sind. Um einem proteolytischen Abbau von Rezeptoren vorzubeugen, sollte daher immer in Gegenwart eines Protease-Inhibitor-Cocktails gearbeitet werden. Dabei ist zu prüfen, ob die zugesetzten Protease-Inhibitoren nicht auch Inhibitoren oder Aktivatoren der Ligand-Bindung sind oder anderweitig den Test stören.
- Auswahl der geeigneten Trennmethode für eine möglichst schnelle und vollständige Separation von RL und L. Die am häufigsten verwendeten Trennverfahren sind in Tabelle 13.2 aufgelistet. Welche Methode verwendet wird, hängt u.a. von der Größe des Rezeptors oder der Art des Liganden ab: membrangebundene Rezeptoren lassen sich wegen der Größe der Protein-Lipid-Vesikel gut auf Filtern zurückhalten, stark hydrophobe Liganden, wie z.B. Steroide, werden schnell an Aktivkohle adsorbiert.

Für eine Auswertung der Bindungsdaten müssen folgende Werte ermittelt werden:
- Gesamtmenge an Ligand im Test $[L_t]$, z.B. aus der spezifischen Radioaktivität des Liganden zu erhalten.
- Gesamtmenge an gebundenem Liganden im Test $[RL_t]$, erhältlich aus dem Meßsignal für RL minus Untergrundsignal. Die Gesamtmenge setzt sich aus (sättigbarer) spezifischer und (nichtsättigbarer) unspezifischer und niedrigaffiner Bindung zusammen.
- Menge an spezifisch gebundenem Liganden im Test [RL], zu ermitteln als Signaldifferenz zwischen RL_t und Blank, wobei im einfachsten Fall als Blank eine Inkubation des Rezeptors mit dem markierten Liganden in Gegenwart eines mindestens tausendfachen molaren Überschusses an unmarkiertem Liganden verwendet wird.
- Bestimmung der freien Ligandkonzentration [L] im Test als Differenz zwischen $[L_t]$ und $([RL_t] + $ Untergrundsignal). Die Gültigkeit dieser Beziehung ist aber für den konkreten Fall wegen möglicher markierter Verunreinigungen in der Ligand-Stammlösung zu überprüfen.

Zur Auswertung der Bindungsdaten stehen mehrere Möglichkeiten zur Verfügung (Tabelle 13.3). Bisher wurden vorwiegend die Regressionsgeraden linearisierter Darstellungen der Gln. (13.4) bis (13.8) herangezogen. Die beiden bekanntesten Linearisierungsformen sind die Darstellung nach SCATCHARD oder ROSENTHAL (Abb. 13.3a) und die nach HILL (Abb. 13.3b). Durch die Linearisierung der Bindungsdaten erfolgt aber eine Fehlerfortpflanzung, die sich besonders bei relativ wenigen Datenpaaren ungünstig auf die Genauigkeit der ermittelten Parameter K_D und B_{max} auswirkt[1].

---

[1] Für die Auswertung und Darstellung der Bindungsdaten gelten die gleichen Einschränkungen wir für einzymkinetische Daten. vgl. dazu Abschn. 13.2 und z.B. H. BISSWANGER (1994) Enzymkinetik, S. 71ff. u. 177ff.

Tabelle 13.1. Proteaseinhibitoren (Auswahl)

Protease bzw. Protease-Gruppe	Inhibitor	Anwendungs-konzentration in µg/ml
Aminoexopeptidasen	Amastatin	1–10
Calcium-abhängige Proteasen	EGTA	40– 4000
Carboxypeptidasen	Benzyläpfelsäure	1–10
Carboxypeptidasen (Arginin-C.)	Guanidinoethyl-thiobernstein-säure (GEMSA)	20–50
Chymotrypsin	TPCK	10–100
Exopeptidasen	Bestatin	10–40
Metalloproteasen	EDTA	40–4000
Metalloproteasen	1,10-Phenanthrolin-hydrochlorid	20–200
saure Proteasen (Pepsin, Renin, Cathepsin D, Chymosin, u. a. m.)	Pepstain A	0,7
Serinproteasen (Acrosin, Chymo-trypsin, Elastase, Kollagenase, Plasmin, Trypsin, Thrombin)	α_1-Antitrypsin	1U/U[a]
Serinproteasen	Benzamidin-hydrochlorid	50–150
Serinproteasen	3,4-Dichlorisocumarin (DCI)	1–50
Serinproteasen	4-(2-Aminoethyl)-benzylsulfonyl-fluorid (APMSF, Pefabloc SC)	10–50
Serinproteasen	Phenylmethylsulfonyl-fluorid (PMSF)	20–200
Serinproteasen (Chymotrypsin, Kallikrein, Plasmin, Trypsin u. a. m.)	Aprotinin (Trasylol, PBTI)	0,1–5
Thiolproteasen (Cathepsin B u. L, Papain)	E-64	0,5–1
Thiolproteasen	Iodacetamid	200–2000
Thiolproteasen	N-Ethyl-maleinimid (NEM)	125
Thiolproteasen (Papain, Cathepsin B)	Leupeptin	0,5
Trypsin	Antipain (Trypsin-Inhibitor aus Rinderlunge)	1–10
Trypsin	TLCK	20–40
Trypsin	Trypsin-Inhibitor aus Soja	10–100

[a] ca. 1 Einheit (U) pro Protease-Enzymeinheit. Nach: HULME, E. C. und BIRDSALL, N. J. M. (1992) In: HULME, E.C.(ed.) Receptor-ligand Interactions - A Practical Approach. S. 63-176. IRL Press, Oxford, sowie: NORTH, M. J. (1989) In: BEYNON, R. J. and BOND, J. S. (eds.) Proteolytic Enzymes – A Practical Approach. S. 105-124. IRL Press, Oxford.

Tabelle 13.2. Techniken zur Trennung des Rezeptor-Ligand-Komplexes vom freien Liganden

Technik	Vollständig- keit der Trennung	techn. Auf- wand	Zeit- bedarf	spez./unspez. [a]	Reprodu- zierbarkeit	Grenzwerte für	
						K_D [b]	k_{-1} [c]
Filtration	++ [d]	–	Sekunden	++	++	10^{-9}	0,01
Zentrifugation	+	+	Minuten	+	+		
Dialyse	–	+	Tage	–	–		
Gelfiltration	+	+	Minuten	++	+	$3 \cdot 10^{-10}$	0,003
Fällung	+	+	Minuten	+	+		
Adsorption	+	+	Minuten	++	+	10^{-10}	0,001

[a] Verhältnis der Trennung von spezifischer und unspezifischer Bindung.
[b] M bei 30 °C.
[c] in s^{-1}.
[d] ++ hoch bzw. gut, + mäßig, – niedrig bzw. gering.
Modifiziert nach: Hulme, E. C.(ed.) (1990) Receptor Biochemistry – A Practical Approach. S. 304. IRL Press, Oxford.

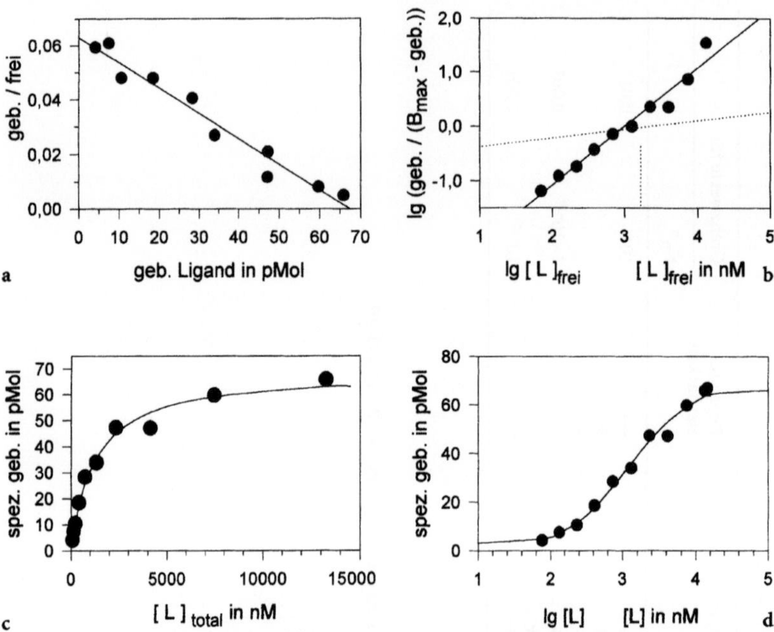

Abb. 13.3. Darstellungsformen für Bindungsdaten. **a** Scatchard- oder Rosenthal-Diagramm,
b Hill-Diagramm, **c** Darstellung als rechtwinklige Hyperbel, **d** halblogarithmische Darstellung
Für alle vier Darstellungen wurden die gleichen Meßdaten verwendet

Die Verwendung von Computerprogrammen zur nichtlinearen Regression
gestattet eine direkte Verwendung der hyperbolen Bindungsisothermen, was
den Einfluß von Fehlerfortpflanzungen durch zusätzliche mathematische Operationen (Lineariserung) verringert. Eine solche durch nichtlineare Regression erhaltene rechtwinklige Hyperbel ist in Abb. 13.3c wiedergegeben. Die
halblogarithmische Darstellung der Daten ergibt einen sigmoiden Kurvenverlauf (Abb. 13.3d).

Als Funktionsgleichung für eine nichtlineare Regression von Bindungsdaten eines Rezeptors mit einer Bindungsstelle für einen Liganden, deren Kurvenverlauf einer rechtwinkligen Hyperbel folgt (y-Achse: [RL], x-Achse: [L]),
dient Gleichung 13.10:

$$y = \frac{A \cdot x}{B + x} \tag{13.10}$$

mit B_{max}-Wert A und B als K_D.

Auch sigmoide Kurvenverläufe, wie sie bei der halblogarithmischen Darstellung (y-Achse: [RL], x-Achse: $\log_{10}[L]$) von Bindungsdaten besonders bei

Dosiswirkungskurven auftreten, sind durch nichtlineare Regressionsrechnungen auswertbar. Gl. (13.11) gilt für den Fall eines Rezeptors mit einer Bindungsstelle:

$$y = f(x) = A + \frac{(B - A) \cdot 10^{x \cdot D}}{10^{x \cdot D} + 10^{C \cdot D}} \qquad (13.11)$$

wobei A: das untere Plateau ($y \approx 0$), B: B_{max}, C: der dekadische Logarithmus der halbmaximalen Inhibitorkonzentration ($\log_{10} IC_{50}$) bzw. die K_D und D: der HILL-Koeffizient sind.

Gleichung (13.12)[2] gestattet die Auswertung für die nicht seltenen Fälle des Vorliegens einer hochaffinen *und* einer niedrigaffinen Bindungsstelle (kleine bzw. größere K_D) an einem Rezeptor bzw. eines Gemisches (uneinheitliche Rezeptorpopulation) von niedrigaffinem (große K_D) und hochaffinem Rezeptor (kleine K_D) im Bindungsansatz:

$$y = f(x) = A + \frac{B \cdot 10^{D \cdot x}}{10^{C \cdot D} + 10^{D \cdot x}} + \frac{F \cdot 10^{H \cdot x}}{10^{G \cdot H} + 10^{H \cdot x}} \qquad (13.12)$$

mit unterem Plateau ($y \approx 0$) A, B_{max} der hochaffinen Bindungsstelle (B), $\log_{10}$ IC_{50} bzw. K_D der hochaffinen Bindungsstelle (C), dem HILL-Koeffizient D der hochaffinen Bindungsstelle, dem Anteil F der niedrigaffinen Bindungsstelle, dem $\log_{10} IC_{50}$ bzw. K_D (G) und dem HILL-Koeffizienten H der niedrigaffinen Bindungsstelle.

Der aus den Funktionswerten der Gln. (13.11) und (13.12) bzw. dem Anstieg in der HILL-Darstellung (Tabelle 13.3) zu entnehmende HILL-Koeffizient gestattet eine Abschätzung, wieviele Bindungsstellen an dem Rezeptor bzw. im

Tabelle 13.3. Darstellungsformen zur graphischen Bestimmung von K_D, B_{max} und HILL-Koeffizient n

Darstellungsform	Auftrag auf der		K_D	B_{max}	n
	x-Achse	y-Achse			
SCATCHARD-Plot	$[F]^a$	$[B]/[F]$	$-1/a^b$	x für y = 0	–
EADIE-HOFSTEE-Plot	$[B]/[F]$	$[F]$	y für x = 0	a	–
HILL-Plot	$lg[L]$	$lg(B/(B_{max}-B))$	x für y = 0	–	a
Hyperbel	$[T]$	$[B]$	x für y = $B_{max}/2$	Asymptote	–
LANGMUIR-Plot	$lg[T]$	$[B]$	–	Asymptote	a am Wendepunkt

[a] F – freier (ungebundener) Ligand, B – (spezifisch) gebundener Ligand, T – gesamter Ligand; F = T – B.
[b] a – Anstieg der linearisierten Funktionsgeraden.

---

[2] Nach: ZERNIG; G. et al. (1994) J. Pharmacol. Expt. Therap. 269, 57–65.

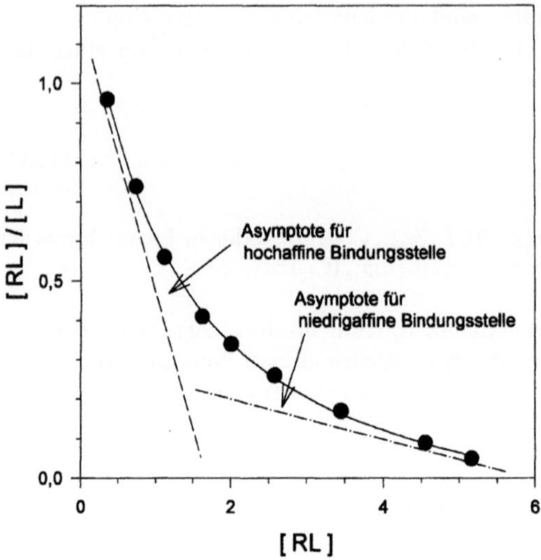

Abb. 13.4. SCATCHARD-Diagramm von Bindungsdaten beim Vorliegen von zwei unterschiedlich affinen Bindungsstellen

Bindungstest vorhanden sind. Solche Informationen sind auch aus einem SCATCHARD-Diagramm der Bindungsdaten ersichtlich: Wenn die Daten einen linearen Zusammenhang ergeben, ist *eine* Bindungsstelle vorhanden, bei hyperbolem Kurvenverlauf sind *mehrere* Bindungsstellen beteiligt, deren K_D und B_{max} aus den Asymptoten an die Äste der Hyperbel zu ermitteln sind. Ein solcher Fall ist in Abb. 13.4 dargestellt.

Manche Computer-Programme (z.B. InPlot oder Prism von Graphpad) gestatten den Vergleich der Güte der Anpassung der Meßdaten an zwei verschiedene Modelle (Funktionstest), so daß eine Entscheidungshilfe geboten wird, die eine Zuordnung zu dem einen oder anderen Modell (z.B. einfach-sigmoid oder doppelt-sigmoid) erleichtert[3].

Nicht immer sind körpereigene Liganden für Rezeptoren bekannt. Vielmehr führte oft der Nachweis eines Rezeptors mit natürlichen oder künstlichen „Fremd"-Liganden wie bakteriellen, pflanzlichen oder tierischen Toxinen oder (potentiellen) Pharmaka zur Unterscheidung von Rezeptor-Subtypen oder zum Auffinden körpereigener Liganden, wie umgekehrt unterschiedliche Liganden zur Klassifizierung von Rezeptor-Subtypen benutzt werden. Besonders organisch-chemische Wirkstoffe können dabei selektiv nur an einen Subtyp, mit abgestuften Bindungsparametern an mehrere oder praktisch gleichwertig an alle Subtypen binden.

---

[3] Eine ausführliche Betrachtung der Auswertung und Interpretation von Bindungsdaten ist zu finden bei E.C. HULME sowie J.W. WELLS (1992) In: HULME, E.C. (Ed.) Receptor-Ligand Interactions – A Practical Approach. IRL Press, Oxford, S. 63–176 bzw. 289–395.

Tabelle 13.4. Rezeptoren für Hormone und Transmitter (Auswahl)

Rezeptor (R.)	Rezeptor-Subtypen
Acetylcholin-R. (AChR)	
muscarinerge R.	M_1, M_2, M_3
nicotinerge R.	neuronaler Typ, muskulärer Typ
Angiotensin-II-R.	AII-1, AII-2
Atrial-natriumuretischer-Faktor-(ANF-)R.	ANF-R1 (B-R.), ANF-R2 (C-R.)
Bradykinin	B_1, B_2
Calcitonin-R.	
cAMP- und cGMP-R.	PDE [a] IA, PDE IB, PDE IC, PDE II, PDE IIIB, PDE IIIC; PKA [b], PKG
Cytokin-R.	(spezif. Rezeptoren jeweils für die Interleukine IL-1α, -1β, -2, -3, -4, -5, -6, -7, -8)
Dopamin	D1 (DA$_1$, DA$_2$ [c], D2
G-Proteine	G_i, G_{i2}, G_{i3}, G_s, G_0, $G_{z/x}$, G_{olf}, G_p, G_k u. a. m.
GABA-R.	GABA$_A$, GABA$_B$, Benzodiazepin-R.
Histamin	H_1, H_2, H_3
5-Hydroxytryptamin	5-HT$_{1A}$, 5-HT$_{1B}$, 5-HT$_{1C}$, 5-HT$_{1D}$, 5-HT$_2$, 5-HT$_3$, 5-HT$_4$
Ionentransport-Modulatoren	
Calcium-Kanal	L-Typ, N-Typ, P-Typ, T-Typ
Calcium-freisetzender Kanal	
Natrium-Kanal	TTX-sensitiv, TTX-resistent
Kalium-Kanal	K_{Na}, K_{ATP}, K_V, BK$_{Ca}$ IK$_{Ca}$, SK$_{Ca}$
H^+, K^+-ATPase	
Na^+-Transporter	Na^+, H^+-, Na^+, Ca^{++}-Austauscher, Na^+, K^+-ATPase
Katecholamine	
α-adrenerge R.	α_1, α_{1A}, α_{1B}, α_2, α_{2A}, α_{2B}
β-adrenerge R.	β_1, β_2
Opoid-R.	μ_1, μ_2, δ, κ_1, κ_2, κ_3
Plättchen-aktivierender-Faktor- (PAF-)R.	low-, high-affinity-Typ
Purine	P_1 (A_1, A_2), P_{2T}, P_{2X}, P_{2Y}, P_{2Z}
Steroid-Hormone	Estrogen-R. (ER), Progesteron-R. (PR), Androgen-R. (AR), Glucocorticoid-R. (GR), Mineralcorticoid-R. (MR), Vitamin-D3-R.
Vasopressin	V_1, V_2, OT

[a] PDE – Phosphodiesterase.
[b] PK – Proteinkinase.
[c] gewebsspezifische Subtypen von D1.

Eine Auswahl von Rezeptoren tierischer Zellen ist in Tabelle 13.4 getroffen. Diese Auflistung ist in mehrfacher Hinsicht fragmentarisch, weil einerseits durch gentechnische und pharmakologische Untersuchungen ständig neue Rezeptor-Subtypen entdeckt werden und anderseits durch verbesserte Diskriminierungsverfahren die Klassifizierungssysteme einer Wandlung unterworfen sind. Um bei der ohnehin großen Zahl von Rezeptoren der Gefahr der Unübersichtlichkeit zu begegnen, wurde auf die Aufführung von Rezeptoren der Zell-Zell-, Protein-Zell-, Wirt-Gast-, Protein-Kohlenhydrat- oder Protein-Nucleinsäure-Wechselwirkungen in Tabelle 13.4 verzichtet.

Mit Hilfe bekannter Liganden lassen sich nun Rezeptoren in Geweben, Zellen, Zellhomogenaten oder Zellfraktionen bestimmen und charakterisieren. Bei genügend langsamer off-Kinetik (geringer Dissoziationsgeschwindigkeit) lassen sich auch Rezeptor-Anreicherungen in Präparationsgängen verfolgen, ohne daß eine kovalente Verknüpfung von Rezeptor und Ligand erfolgen muß. Besonders durch Arbeiten bei konstant niedrigen Temperaturen können die Dissoziation verzögert (vgl. Abb. 13.2) und Degradationen vermieden werden.

An dieser Stelle soll auf eine weitere Proteingruppe hingewiesen werden: die Lectine. Sie werden zwar oft nicht zu den Rezeptoren im engeren Sinne gerechnet, doch bestehen gewisse Gemeinsamkeiten. Lectine sind im Pflanzen- und Tierreich vorkommende Proteine, die selektiv mit Kohlenhydrat-Strukturen nichtkovalent interagieren. Die Spezifität dieser Bindungen und ihre Bindungskonstanten sind von Lectin zu Lectin sehr unterschiedlich und erstreckt sich in der Regel über charakteristisch verknüpfte Di- bis Tetrasaccharide (vgl. Tabelle 2.6). Zahlreiche Zell-Zell- oder Virus-Zell-Wechselwirkungen werden durch Lectine vermittelt, aber auch innerhalb von Zellen können für die Sortierung und/oder Lokalisation von Proteinen lectinartige Protein-Kohlenhydrat-Wechselwirkungen nachgewiesen werden. Dabei ist dann als Ursache einer Protein-Protein-Wechselwirkung eine Glycoprotein-Lectin-Assoziation anzunehmen.

Die Hauptanwendungen vor allem pflanzlicher Lectine erfolgen in der Affinitätschromatographie (s. Abschn. 2.4) und bei der Identifizierung von Kohlenhydratstrukturen von Glycoproteinen unter Ausnutzung der Zuckerspezifitäten der Lectine vor und nach der Wirkung spezifischer Glycosidasen. Für diese Glycoproteinanalytik werden Lectin-Hapten-, Lectin-Biotin- oder Lectin-Enzym-Konjugate verwendet. Die Arbeitsweise ist ähnlich der des Antigennachweises in der Immunchemie.

13.2 Bestimmung von Enzym-Parametern

Hier soll der Versuch unternommen werden zu zeigen, welche enzymologischen Parameter genutzt werden können, um Enzyme als Vertreter einer sehr umfangreichen und bedeutungsvollen Proteinklasse zu identifizieren und zu charakterisieren. Eine umfassende Einführung in die Enzymologie entnehme man der weiterführenden Literatur.

Enzyme sind vor allem dadurch definiert, daß sie eine ganz bestimmte Reaktion katalysieren. Dabei können sie für eine einzige Molekülart spezifisch katalytisch wirksam sein, sie können aber auch gruppenspezifisch wirken, d.h. sie akzeptieren eine Vielzahl von Molekül-Individuen (Substraten), die als Gemeinsamkeit über eine bestimmte, in all diesen Molekülen gleiche oder ähnliche Struktur verfügen. Auf der Grundlage dieser Reaktionsspezifika wurde eine Klassifikation der Enzyme geschaffen, die nach Haupt-, Unter- sowie Unter-Unterklassen einteilt und zur weiteren Spezifizierung in den Unter-Unterklassen noch zusätzliche Nummern vergibt. Die Hauptklassen sind:

1. Oxidoreduktasen.
2. Transferasen.
3. Hydrolasen.
4. Lyasen (spaltende Enzyme mit Ausnahme hydrolysierender oder an Doppelbindungen addierender Enzyme).
5. Isomerasen.
6. Ligasen (Synthetasen).

Eine solche Enzymklassifikation sei am Beispiel der Meerrettich-Peroxidase demonstriert: Trivialname: POD, systematischer Name: Donor:Wasserstoffperoxid Oxidoreduktase, EC 1.11.1.7 (EC – Enzyme Commission[4], 1. – Hauptklasse, 11. – Unterklasse, 1. – Unter-Unterklasse, 7 – Enzymnummer in der Unter-Unterklasse).

Zur Beschreibung und/oder Identifizierung eines Enzyms sind eine Vielzahl von Parametern heranzuziehen, um in einem Proteingemisch die interessierende Spezies genau ausmachen zu können. Enzymkinetische Parameter wie Geschwindigkeitskonstanten, MICHAELIS-MENTEN-Konstante K_M und andere sind allein oft nicht ausreichend, da sie vor allem bei bisher wenig bekannten Enzymen von vielen, für dieses Enzym noch nicht beschriebenen Faktoren abhängen können. Die wichtigsten Parameter zur Beschreibung eines Enzyms sind die folgenden, ohne dabei eine Rangfolge angeben zu wollen:

- Art der Reaktion,
- Substratspezifität,
- Protein-Parameter wie Molmasse, Untereinheiten-Zusammensetzung und -Interaktionen, isoelektrischer Punkt,
- pH-, Ionenstärke-, Temperaturabhängigkeit der Enzymaktivität (diskontinuierliche Effekte besonders bei membrangebundenen oder Enzymen aus thermophilen oder psychrophilen Mikroorganismen),
- Einfluß von Kofaktoren (z.B. komplexierungsfähige Metallionen, wie Ca^{++}, Mg^{++}, Zn^{++} usw., Nucleotide, Lipide),
- Einfluß von Inhibitoren oder Aktivatoren (auch Schwermetallionen, SH-Reagenzien u.a.m.),
- Einfluß zugesetzter Stabilisatoren, wie z.B. Serumalbumin, Glycerol, Ethylenglycol,
- chemischer Zustand prosthetischer Gruppen (z.B. Häm-Gruppe, Eisen-Schwefel-Komplex).

Der Einfluß all dieser Faktoren auf ein Enzym hat Auswirkung auf die Reaktionskinetik der katalysierten Reaktion, die in vereinfacher Form durch Gl.

---

[4] WEBB, E.C. (1992) Enzyme Nomenclature. Academic Press, San Diego.

(13.13) (für Reaktionen 1. Ordnung) bzw. (13.14) (für Reaktionen 2. Ordnung) ausgedrückt wird:

$$E + S \underset{k_{-1}}{\overset{k_1}{\rightleftharpoons}} ES \underset{k_{-1}}{\overset{k_1}{\rightleftharpoons}} E + P, \tag{13.13}$$

$$E + S_1 + S_2 \underset{k_{-1}}{\overset{k_1}{\rightleftharpoons}} ES_1 S_2 \underset{k_{-1}}{\overset{k_1}{\rightleftharpoons}} E + P. \tag{13.14}$$

Die Geschwindigkeit der Ausbildung des Enzym-Substratkomplexes ES aus den Reaktionspartnern Enzym E und Substrat S wird für die jeweiligen Reaktionsbedingungen durch die Assoziationsgeschwindigkeitskonstante k_1 beschrieben, der Zerfall des Komplexes ohne eine chemische Umwandlung durch die entsprechende Konstante k_{-1}. Erfolgt eine Umwandlung des Substrats in das Produkt P, entsteht dieses mit der Konstante k_2. Da das Reaktionsprodukt häufig eine andere Konformation besitzt als das Substrat und demzufolge nicht oder schlecht an das für das Substrat bzw. den Übergangszustand in der Reaktionsfolge optimal angepaßte aktive Zentrum des Enzyms bindet, findet eine Rückreaktion von Produkt zu Substrat häufig nicht statt. Die im chemischen Sinn strenge Forderung der Reversibilität einer katalysierten Reaktion für Enzyme gilt oft nicht, d.h. die zu k_{-1} analoge Konstante k_{-2} existiert nicht[5].

Die Bildung des Enzym-Substrat-Komplexes ist jedoch eine echte Gleichgewichtsreaktion, und so gilt in Analogie zu Gl. (13.2) die Massenwirkungsgesetz-Gl. (13.15):

$$K_D = \frac{1}{K_A} = \frac{k_{-1}}{k_1} = \frac{[ES]}{[E] \cdot [S]}. \tag{13.15}$$

Diese Gleichung wird wesentlich komplizierter, wenn an einem Enzym mehrere identische Bindungsstellen für ein Substrat vorliegen (z. B. wenn ein Enzym aus mehreren identischen, nicht kooperativ wirkenden enzymatisch aktiven Untereinheiten gebildet wird). Zur Ableitung dieser Beziehungen sei auf die weiterführende Literatur verwiesen.

Die Reaktionsgeschwindigkeit der enzymkatalysierten Reaktion, d.h. die zeitliche Abnahme der Substratmenge, ist von der Enzym- und der Substratkonzentration abhängig. Wenn es sich nur um die Umsetzung einer Verbindung handelt (Reaktion 1. Ordnung) oder bei bimolekularen Reaktionen ein Reaktionspartner in so großem Überschuß vorliegt, daß seine Konzentration im

---

[5] Manche Enzymreaktionen lassen sich nur durch einen hohen „Produkt"-Überschuß umkehren. Die Katalyserate ist für solche „Umkehr"-Reaktionen zwar relativ gering, meist sind aber wesentliche andere Enzymparameter, wie z. B. Stereospezifität, für Hin- und Rückreaktion gleich und damit für bestimmte Fragestellungen von Interesse (z. B. Peptidsynthese mit proteolytischem Enzymen).

Reaktionsverlauf praktisch konstant bleibt (z.B. Hydrolyse in wäßrigem Medium: $[S] \ll [H_2O]$, $[H_2O] \approx$ konstant), dann wird die Reaktionsgeschwindigkeit v^6 durch Gl. (13.16) beschrieben:

$$-\frac{d[S]}{dt} = v = \frac{k_2 \cdot [E_0] \cdot [S]}{\dfrac{(k_{-1} + k_2)}{k_1} + [S]} \tag{13.16}$$

mit der Enzymkonzentration $[E_0]$ zum Zeitpunkt $t = 0$ (zu einem beliebigen Zeitpunkt ist die Enzymkonzentration $[E] = [E_0] - [ES]$).

Für den Fall, daß die Substratkonzentration groß gegenüber der Enzymkonzentration ist und beide praktisch über die Meßzeit konstant sind, d.h. ein Fließgleichgewicht (*engl.* steady state) aus ES- und P-Bildung nach Gl. (13.13) herrscht, erhält man eine Maximalgeschwindigkeit V für die jeweilige Reaktion:

$$V = k_2 \cdot [E_0] \tag{13.17}$$

Durch Einsetzen von Gl. (13.17) in Gl. (13.16) erhält man die MICHAELIS-MENTEN-Gleichung (13.18):

$$v = \frac{V \cdot [S]}{K_M + [S]} = \frac{V}{\dfrac{K_M}{[S]} + 1} \tag{13.18}$$

K_M ist die MICHAELIS-MENTEN-Konstante, die die Dimension einer Gleichgewichtskonstante besitzt, aber eine Geschwindigkeitskonstante im Fließgleichgewicht ist und die für ein Enzym unter definierten Bedingungen eine charakteristische Größe darstellt. Die MICHAELIS-MENTEN-Konstante ist die Substrat-Konzentration, bei der die Reaktionsgeschwindigkeit $v = 1/2\, V$ beträgt. Weiter ist K_M auch ein Maß für die Affinität des Enzyms zu seinem Substrat (eine kleine K_D des ES-Komplexes ergibt auch eine kleine K_M), vorausgesetzt, die Bedingungen des Fließgleichgewichts gelten, d.h. $k_2 < k_{-1}$.

Wegen der Gültigkeit der Gl. (13.16) erhält man nach Integration von Gl. (13.18) über die Zeit t die integrierte MICHAELIS-MENTEN-Gleichung (13.19):

$$V \cdot t = K_M \cdot \ln \frac{[S_0]}{[S]} + [S_0] - [S] \tag{13.19}$$

mit der Substratkonzentration $[S_0]$ zum Zeitpunkt $t = 0$ und der Substratkonzentration $[S]$ zum Zeitpunkt t.

---

[6] v wird verschiedentlich auch als Anfangsgeschwindigkeit bezeichnet. Es ist der nahezu lineare Anstieg der Reaktionsgeschwindkeit im Anfangsbereich der rechtwinkeligen Hyperbel nach Abschluß der Initialphase (vgl. Abb. 13.5 u. 13.6a).

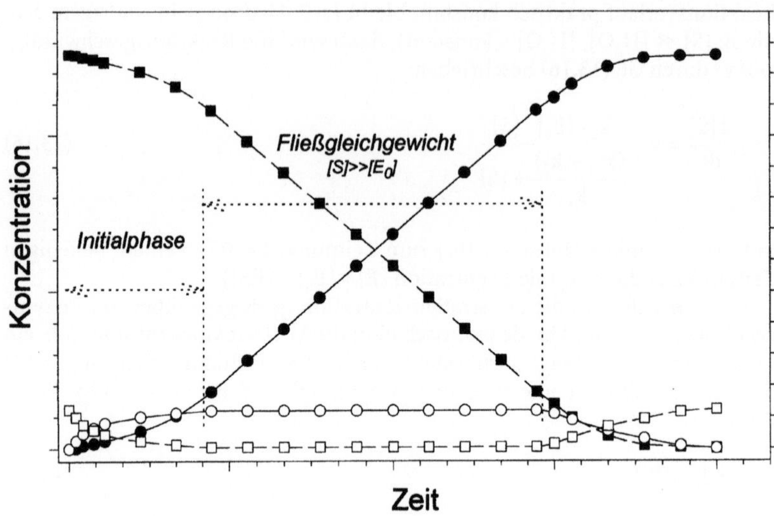

Abb. 13.5. Zeitlicher Verlauf der Bildung des Enzym-Substrat-Komplexes (○), der Konzentrationsänderung an freiem Enzym (), Konzentrationszunahme des Reaktionsprodukts (●) und des Substrat-Verbrauchs (■) (für ein Enzym ohne Substrat- oder Produkthemmung)

Abbildung 13.5 soll den Ablauf einer enzymkatalysierten Reaktion 1. Ordnung veranschaulichen, die über eine endliche Menge an Substrat und Enzym verfügt und bei der daher in einer definierten Zeit praktisch das gesamte Substrat in Produkt umgewandelt wird. Nach einer meist kurzen Initialphase, die nach Zugabe des Substrats bzw. des Enzyms (je nachdem, womit die Reaktion gestartet wird) einsetzt, bildet sich ein Zustand heraus, bei dem die ES-Menge, die P-Bildung und die Reaktionsgeschwindigkeit des Substratumsatzes konstant sind – das Fließgleichgewicht. Nur in diesem Zeitbereich gilt die MICHAELIS-MENTEN-Gleichung.

Zur Ermittlung von v, V und K_M kann man sich verschiedener Verfahren bedienen: die direkte Auftragung von v gegen [S], die eine rechtwinklige Hyperbel mit dem Grenzwert V ergibt (Abb. 13.6) oder verschiedene Linearisierungsverfahren, die in Tabelle 13.5 aufgelistet sind.

Nichtlineare Anpassungen der stets mit Fehlern behafteten Meßwerte an die Hyperbel der direkten Auftragung spiegeln den tatsächlichen Sachverhalt am besten wider, allerdings beeinträchtigen Fehler bei kleinen Substratkonzentrationen den Kurvenverlauf und damit die Bestimmung von K_M relativ stark.

Die Wirkung und der Typ von Inhibitoren (reversible, vollständige, partielle, kompetitive, nichtkompetitive, allosterische u. a. m.) wird relativ leicht aus dem LINEWEAVER-BURK-Diagramm ersichtlich. Hierbei, wie bei allen anderen Linearisierungsverfahren, ist durch die zusätzliche Manipulation der Daten mit erhöh-

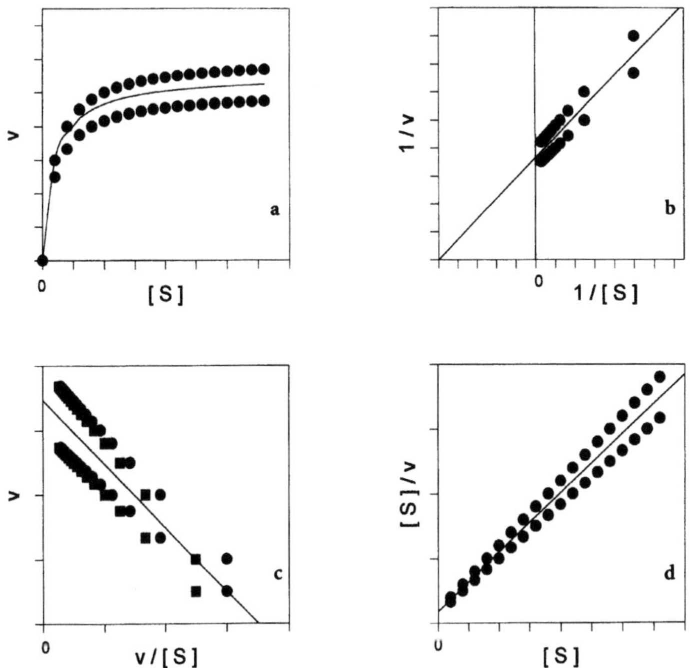

Abb. 13.6. Gebräuchliche Darstellungsformen in der Enzymkinetik für die Bestimmung von K_M und V (vgl. auch Tabelle 13.5). **a** direkte Auftragung (rechtwinklige Hyperbel), **b** Lineweaver-Burk-Diagramm (doppelt-reziproke Darstellung), **c** Eadie-Hofstee-Diagramm, **d** Hanes-Diagramm. Für alle Darstellungen wurden die gleichen [S]-v-Wertepaare verwendet. Die Punkte symbolisieren streuende Meßwerte, die Kurven resultieren aus Regressionsrechnungen

Tabelle 13.5. Linearisierte Darstellungsformen zu Bestimmung von K_M und V

Darstellungsform nach	Auftrag auf der		Schnittpunkt mit der		Steigung
	x-Achse	y-Achse	x-Achse	y-Achse	
Lineweaver-Burk	1/[S]	1/v	$-1/K_M$	1/V	K_M/V
Hanes	[S]	[S]/v	$-K_M$	K_M/V	1/V
Eadie/Hofstee	v/[S]	v	V/K_M	V	$-K_M$
Dixon	[I]	1/v		$1/V$ [a]	

[a] für hohen Substratüberschuß.

ter Fehlerfortpflanzung und unterschiedlich starkem Einfluß von Meßfehlern auf die Ausgleichsgerade, die für die Ermittlung von K_M und V benötigt wird, zu rechnen (in Abb. 13.6 sind die Streuungen der realen Meßwerte durch je einen größeren und einen kleinen Meßwert angedeutet; je nachdem, ob kleine oder große Meßwerte stärker streuen, ist der Einfluß auf die ungewichteten Ausgleichsgeraden der verschiedenen Linearisierungsformen unterschiedlich).

Für Reaktionen 2. Ordnung nach Gl. (13.14), d.h. für all die Fälle, wo zwei Reaktionspartner, die in ähnlichen Konzentrationen vorliegen und deren beider Abnahme im Verlauf der Reaktion merklich ist, gilt als Geschwindigkeitsgleichung

$$v = -\frac{d[S_1]}{dt} = -\frac{d[S_2]}{dt} = \frac{d[P]}{dt} = k_2 \cdot [S_1] \cdot [S_2]. \tag{13.20}$$

Integration ergibt Gl. (13.21):

$$k2 \cdot t = \frac{1}{[S_{1;0}] \cdot [S_{2;0}]} \cdot \ln \frac{[S_{2;0}] \cdot [S_1]}{[S_{1;0}] \cdot [S_2]} \tag{13.21}$$

mit den Substratkonzentrationen $[S_{1;0}]$ bzw. $[S_{2;0}]$ zur Zeit $t = 0$.

Diese beiden Gleichungen sind im Gegensatz zu den Gln. (13.18) bzw. (13.19) nicht mehr linearisierbar. Um die Enzymkinetik dennoch auswerten zu können, kann man entweder die Reaktionskinetik in eine sog. pseudoerste Ordnung überführen, indem man die eine Substratkonzentration so wählt, daß sie während der Dauer der Messung praktisch konstant bleibt und dann für dieses Substrat nach der oben beschriebenen MICHAELIS-MENTEN-Kinetik auswertet, oder es wird $[S_{1;0}] = [S_{2;0}]$ gewählt. Dadurch wird aus Gl. (13.29) die Gl. (13.22).

$$v = -\frac{d[S_1]}{dt} = \frac{d[P]}{dt} = k_2 \cdot [S_1]^2 \tag{13.22}$$

und nach Integration über die Zeit t die Gl. (13.23):

$$k_2 \cdot t = \frac{1}{[S_1]} - \frac{1}{[S_{1;0}]} \cdot \tag{13.23}$$

In dieser Gl. (13.23) ist die Geschwindigkeitskonstante k_2 der Anstieg der Funktionsgeraden $[S_1]^{-1} = f(t)$.

Die katalytische Wirksamkeit eines Enzyms wird definiert als

$$k_{kat} = \frac{V}{[E_0]} \tag{13.24}$$

und ist daher nach Gl. (13.17) die Geschwindigkeitskonstate des Zerfalls von ES zu E + P (Gl. (13.13)). k_{kat} wird auch als Wechselzahl (*engl.* turnover number) bezeichnet und gibt an, wieviele Mole eines Substrats je aktivem Zentrum des Enzyms pro Zeiteinheit umgesetzt werden.

Viele Reaktionen laufen auch ohne Enzymkatalyse ab, dann aber langsamer und/oder weniger spezifisch. Zum Vergleich der Effektivität eines katalysierten Prozesses wird daher auch der Quotient der Geschwindigkeitskonstanten des katalysierten und des unkatalysierten Reaktionsverlaufs gebildet (k_{kat}/k_{unkat}).

Die einfachste Weise, ein Enzym zu identifizieren, ist die Messung der spezifischen Enzymaktivität unter definierten Bedingungen (Temperatur, pH, Ionenstärke, Cofaktoren etc.) in Abwesenheit und in Gegenwart eines spezifischen Inhibitors (z. B. Ca^{++}-abhängige Enzyme unter Zusatz von Ca^{++} bzw. des selektiven Calcium-Chelators EGTA), wobei es für diesen Fall gleichgültig ist, ob es sich um eine reversible oder eine irreversible Hemmung handelt. Die spezifische Enzymaktivität wird meist in Internationalen Einheiten (*engl.* international units, I. U., in μMol/min) oder in der SI-Einheit kat (in Mol/s), bezogen auf 1 mg (Enzym)Protein, angegeben:

1 kat/mg = 1 Mol Produktbildung bzw. Substratverbrauch $\cdot\,s^{-1}\cdot mg^{-1} = 6\cdot 10^{7}$ I. U. $\cdot\, mg^{-1}$

Bei der Bestimmung arbeitet man im Bereich des Fließgleichgewichts mit einer Substratkonzentration, die im Interesse kurzer Meßzeiten und minimierter Fehlermöglichkeiten $10\cdot K_M$ betragen sollte, sofern das Enzym nicht durch das Substrat oder das Produkt gehemmt wird.

Für die Bestimmung der spezifischen Enzymaktivität muß nicht unbedingt die für die MICHAELIS-MENTEN-Kinetik nötige Substratabhängigkeit der Reaktionsgeschwindigkeit aufgenommen werden. Es genügt die Registrierung der Produktbildung bzw. des Substratverbrauchs über eine bestimmte Zeit, z. B. 5 oder 10 Minuten, oder, wenn man sich sicher ist, im linearen Geschwindigkeitsbereich zu arbeiten, die Messung der Produkt- bzw. Substratkonzentration zur Zeit t = 0 ($[P_0]$ bzw. $[S_0]$) und zur Zeit t ($[P_t]$ bzw. $[S_t]$). Der Quotient ($[P_0]$-$([P_t])/t$ bzw. $([S_0]-[S_t])/t$ ist dann die gesuchte Enzymaktivität.

Zur näheren Charakterisierung eines Enzyms sind zumindest einige der oben erwähnten Parameter genau zu bestimmen. Besonders aussagekräftig sind dabei das pH-Profil, der K_M-Wert und der Einfluß von Inhibitoren auf letzteren.

Die Bestimmung der Substratabnahme bzw. Produktbildung zur Ermittlung der Reaktionsgeschwindigkeit kann diskontinuierlich durch Probeentnahme zu bestimmten Zeiten oder kontinuierlich durch eine fortlaufende Registrierung der Signalentwicklung erfolgen. Die diskontinuierliche Methode hat den Vorteil, daß für die Bestimmung von Produkt bzw. Substrat das gesamte Methodenspektrum von chemischer, biochemischer oder physikalischer Analytik zur Verfügung steht. Nachteilig dagegen ist, daß z. B. kurzzeitig ablaufende Prozesse (z. B. Initialphase der Reaktion) nur schwer zu verfolgen sind, daß zeitliche Fehler bei der Probenentnahme sich stark auf das Ergebnis auswirken und daß Veränderungen im Anstieg des Signals (z. B. Übergang in eine Plateauphase) nur ungenau zu erfassen sind.

Wenn beispielsweise ein ATP-spaltendes Enzym (Gl. (13.25)) untersucht werden soll, können in definierten Zeitintervallen Proben aus dem Reaktions-

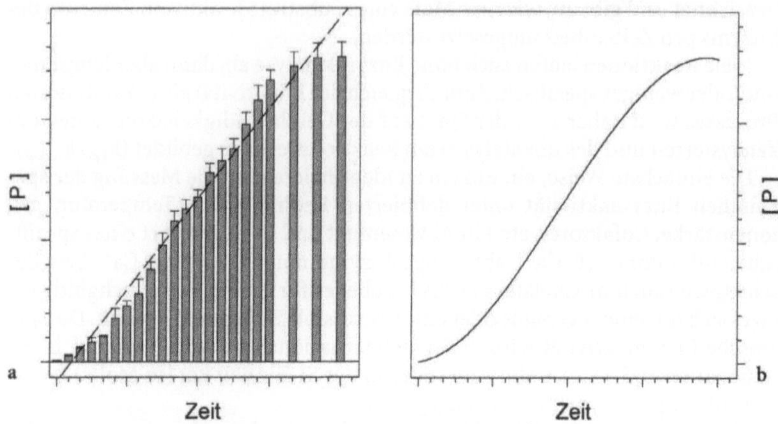

Abb. 13.7. Darstellung einer diskontinuierlichen **a** bzw. kontinuierlichen Registrierung **b** einer enzymkatalysierten Reaktion

ansatz entnommen werden, in denen dann mit chemischen Methoden Phosphat bestimmt wird.

$$\text{ATP} \xrightarrow{\quad \text{ATPase} + \text{H}_2\text{O} \quad} \text{ADP} + \text{H}^+ + \text{HPO}_4^{2-} \tag{13.25}$$

Die Darstellung der Reaktionskinetik müßte dann streng genommen in einem Säulendiagramm (Abb. 13.7 a) erfolgen, das aber üblicherweise durch Interpolation oder Regressionsrechnung in einen kontinuierlichen Kurvenverlauf umgewandelt wird.

Für eine kontinuierliche Signalerfassung (Abb. 13.7 b) ist es wünschenswert, daß das Signal direkt aus Eigenschaften des Produkts oder Substrats (z. B. Lichtabsorption) gewonnen wird.

Im obigen Besipiel der ATP-Hydrolyse kann die kontinuierliche Messung auf mehreren Wegen erfolgen:

Durch die Freisetzung von H^+ tritt eine pH-Veränderung auf, die entweder mit einer pH-Elektrode direkt oder in einem pH-Stat, der über eine pH-Messung durch Zugabe von Lauge den pH-Wert über eine pH-Messung konstant hält, über den Laugenverbrauch registriert wird.

Eine weitere Möglichkeit ist die Umsetzung des selbst nicht direkt photometrisch meßbaren Reaktionsprodukts[7] in einer weiteren Reaktion zu einem Reaktionsprodukt, das dann das Meßsignal liefert. So kann das im Reaktionsverlauf entstehende ADP durch Pyruvatkinase unter Verbrauch von Phosphoenolpyruvat wieder zu ATP phosphoryliert werden. Das entstehende Py-

---

[7] ATP und ADP können direkt z. B. durch [^{31}P]NMR gemessen werden.

ruvat wird durch Lactat-Dehydrogenase mittels NADH zu Lactat unter Bildung von NAD^+ umgesetzt.

NAD^+ bzw. $NADP^+$ und ihre Reduktionsprodukte NADH bzw. NADPH sind spektroskopisch leicht zu messen. Ihre Verwendung für die Bestimmung von Enzymaktivitäten, besonders in der klinischen Chemie, wird als optischer Test bezeichnet. Wenn, wie im obigen Beispiel, die Bildung bzw. der Verbrauch von NADH nicht in der zu untersuchenden Enzymkatalyse direkt erfolgt, sondern in einer zusätzlichen Enzymreaktion, spricht man von einem gekoppelten optischen Test. Einige Beispiele für Reaktionen, für die der optische Test verwendbar ist, sind in Tabelle 13.6 aufgeführt.

Für die Verwendung eines gekoppelten Tests, gleichgültig, ob ein optischer Test im engeren Sinne, ob Biosensoren o.a.m für die Signalgewinnung eingesetzt werden, gelten zwei Grundprämissen: 1. Die Nachfolgereaktionen müssen wesentlich schneller verlaufen als die zu untersuchende Reaktion, die somit zum geschwindigkeitsbestimmenden Reaktionsverlauf im Ansatz wird, und 2. die Reaktionsprodukte der Folgereaktionen oder für sie notwendige Cofaktoren dürfen nicht Inhibitoren oder Aktivatoren des interessierenden Enzyms sein.

Die Enzymbestimmungen werden meist in Lösung, d.h. in homogener Phase, vorgenommen. Sie können natürlich auch in Gelen (Zymogramme, vgl. Abschn. 11.4.3), auf Blotting-Membranen oder nach Immobilisierung an Trägermaterialien vorgenommen werden. Für qualitative Zwecke ist dann die Vor-

Tabelle 13.6. Beispiele für den „Optischen Test"

Reaktion		Veränderung von A_{340}
direkt		
Ethanol $\xrightarrow{ADH^a}$ Acetaldehyd	$NAD^+ \rightarrow NADH$	↑
Pyruvat $\xrightarrow{LDH^b}$ Lactat	$NADH \rightarrow NAD^+$	↓
Lactat $\xrightarrow{LDH}$ Pyruvat	$NAD^+ \rightarrow NADH$	↑
gekoppelt		
1. Aspartat $\xrightarrow{Aspartat-Transaminase}$ *Oxalacetat*		
2. *Oxalacetat* $\xrightarrow{Malat-Dehydrogenase}$ Malat	$NADH \rightarrow NAD^+$	↓
1. Glucose + ATP $\xrightarrow{Hexokinase}$ *Glc-6-phosphat* + ADP		
2. *Glc-6-phosphat* $\xrightarrow{G6P-DH^c}$ 6-P-gluconolacton	$NADP^+ \rightarrow NADPH$	↑

[a] Alkohol-Dehydrogenase.
[b] Lactat-Dehydrogenase.
[c] Glucose-6-Phosphat-Dehydrogenase.

gehensweise ähnlich wie in Lösung, wenn man von Besonderheiten der Produkte (z. B. Bildung schwerlöslicher Farbstoffe auf Blottingmembranen in der Histochemie) absieht. Die quantitative Beschreibung der Prozesse ist bei diesen Heterogene-Phase-Prozessen allerdings wesentlich komplizierter, da bei ihnen besonders Probleme des nicht mehr ungehinderten Stofftransports und der damit veränderten, inhomogenen Konzentrationsverteilungen auftreten. Hierzu sollte, ebenso wie für Fragen zur Behandlung schneller Kinetiken, die weiterführende Literatur konsultiert werden.

Literatur

BERGMEYER HU (Ed) (1983 ff) Methods of Enzymatic Analysis. 3. Aufl, Bd 1–12, VCH, Weinheim

BISSWANGER H (1994) Enzymkinetik. Theorie und Methoden. 2. Aufl, VCH, Weinheim

DOODS H. and JCA VAN MEEL (Eds) (1991) Receptor Data for Biological Experiments – A Guide to Drug Selectivity. E Horwood, New York

HULME EC (Ed) (1990) Receptor Biochemistry – A Practical Approach. IRL Press, Oxford

HULME EC (Ed) (1990) Receptor-Effector Coupling – A Practical Approach. IRL Press, Oxford

HULME EC (Ed) (1992) Receptor-Ligand Interactions – A Practical Approach. IRL Press, Oxford

LENNARZ WJ and GW HART (Eds) (1994) Guide to Techniques in Glycobiology. Meth Enzymol 230

SUELTER CH (1990) Experimentelle Enzymologie. Fischer, Stuttgart

VENTER JC and LC HARRISON (Eds) (1984) Receptor Biochemistry and Methodology. ARLiss, New York.

VINAYEK R and JD GARDNER (1990) Receptor Identification. Meth Enzymol 191, 609–639

ZOLLNER H (1989) Handbook of Enzyme Inhibitors. VCH, Weinheim

Springer-Verlag und Umwelt

MIX
Papier aus verantwortungsvollen Quellen
Paper from responsible sources
FSC® C105338

If you have any concerns about our products,
you can contact us on
ProductSafety@springernature.com

In case Publisher is established outside the EU,
the EU authorized representative is:
Springer Nature Customer Service Center GmbH
Europaplatz 3, 69115 Heidelberg, Germany

Printed by Libri Plureos GmbH
in Hamburg, Germany